气象卫星资料

——变分同化和质量保证

Atmospheric Satellite Observations

—Variation Assimilation and Quality Assurance

〔美〕邹晓蕾(Xiaolei Zou)　著

科学出版社

北　京

图字：01-2021-6786 号

内 容 简 介

本书简述如何从物理观测资料中提取大气变量有用信息的大气资料同化方法。内容包括资料同化在数值天气预报中的作用、大气控制方程组、函数拟合插值方法、逐步订正方法、最优插值方法、滤波器、极小化算法、伴随技术、三维和四维变分资料同化方法、极轨和静止环境气象卫星资料、全球定位系统无线电掩星资料和多种卫星观测资料中的热带气旋结构。书中还包含了微积分、线性代数、概率论和泛函分析中的一些基础数学理论，论述深入浅出，数学推导步骤完整，图示优美简洁，方便读者理解相关内容。

本书可作为本科高年级学生、硕士和博士研究生的教材和参考资料，也可供从事大气资料同化系统发展、科学研究和教学的科研人员和教师阅读。

审图号：GS 京(2023)0216 号

图书在版编目(CIP)数据

气象卫星资料：变分同化和质量保证/(美)邹晓蕾(Xiaolei Zou)著译. —北京：科学出版社，2023.3

书名原文: Atmospheric Satellite Observations: Variation Assimilation and Quality Assurance

ISBN 978-7-03-074912-3

Ⅰ. ①气… Ⅱ. ①邹… Ⅲ. ①气象卫星–资料 Ⅳ. ①V474.2

中国国家版本馆 CIP 数据核字(2023)第 029280 号

责任编辑：许 蕾/责任校对：胡小洁
责任印制：师艳茹/封面设计：许 瑞

科 学 出 版 社 出版
北京东黄城根北街 16 号
邮政编码：100717
http://www.sciencep.com
北京九天鸿程印刷有限责任公司 印刷
科学出版社发行 各地新华书店经销
*
2023 年 3 月第 一 版 开本：787×1092 1/16
2023 年 3 月第一次印刷 印张：25
字数：600 000

定价：269.00 元

Atmospheric Satellite Observations: Variation Assimilation and Quality Assurance
Xiaolei Zou
ISBN: 9780128209509

气象卫星资料：变分同化和质量保证(邹晓蕾译)
ISBN: 9787030749123

注意

本书涉及领域的知识和实践标准在不断变化。新的研究和经验拓展我们的理解，因此须对研究方法、专业实践或医疗方法作出调整。从业者和研究人员必须始终依靠自身经验和知识来评估和使用本书中提到的所有信息、方法、化合物或本书中描述的实验。在使用这些信息或方法时，他们应注意自身和他人的安全，包括注意他们负有专业责任的当事人的安全。在法律允许的最大范围内，爱思唯尔、译文的原文作者、原文编辑及原文内容提供者均不对因产品责任、疏忽或其他人身或财产伤害及/或损失承担责任，亦不对由于使用或操作文中提到的方法、产品、说明或思想而导致的人身或财产伤害及/或损失承担责任。

前　言

大气资料同化从物理观测资料中提取有关大气变量的有用信息，是一种反演方法。作为一本入门书，本书简述了大气资料同化所必须具备的数学基础，包括微积分、线性代数、概率论、泛函分析和极小化，深入浅出地论述了几种选定方法，较为详细地描述了三类卫星资料。本书适合高年级本科生和大多数一年级硕士研究生阅读。希望读者阅读本书后，可以在理解本书中未包含的其他资料同化内容时更为轻松，并能解决资料同化的一些难题，在这个领域做出成就。

本书共12章。第1章对数值天气预报中的资料同化和大气控制方程作了概括性介绍。第2章选择性地回顾了线性代数和统计学中的一些重要数学概念和理论。第3章重点介绍了计算机发明之前最早使用的大气数据分析方法——函数拟合插值方法，以及逐步订正方法和最优插值方法，后两种被称为客观分析方法。第4章简单讲解了滤波的概念和作用。第5章提供了求解获得变分资料同化问题的极小化算法。第6章深入讨论了伴随技术。第7章讨论了极轨环境气象卫星轨道特征、微波温度计特点以及资料质量保证。第8章和第9章分别介绍了三维和四维变分资料同化方法。第10章描述了全球定位系统(GPS)无线电掩星观测数据处理链和掩星资料同化的新挑战、新机遇。第11章介绍了地球静止环境气象卫星成像仪观测数据特征以及与资料同化相关的偏差估计和云检测方法。第12章描述了第7、10和11章所述的三种以及其他三种卫星仪器所观测到的热带气旋及其周围环境的各种有趣特征，体现了这些卫星资料对于飓风涡旋初始化和资料同化的潜在应用。本书中的大部分材料都力求自足详尽，包括足够仔细的数学推导、插图和详细的解释。

本书得到国家自然科学基金资助项目(91937302)、国家重点研发计划项目(2018YFC1507004)和2020年江苏高校品牌专业建设经费、双一流学科建设专项经费的共同资助。感谢佛罗里达州立大学气象系教授J. Stephen，他的客观分析讲稿让我能充分欣赏20世纪50年代大气数据分析的早期思想，并给了我很多灵感，让我知道如何在本科生和一年级研究生可接受的水平上讲解大气资料同化。感谢1989～1993年期间，与我同在美国国家环境预报中心(NCEP)从事开发全球中期预报业务模式的四维变分数据同化系统这一开创性工作时的合作者M. Navon、J. Derber、J. Sela、E. Kalnay 和 F. LeDimet；感谢自 1993 年以来我从未离开过的全球定位系统无线电掩星资料同化研究领域的早期合作者R. Anthes、Y.-H. Kuo、S. Ware、M. E. Gorbonov、S. Sokolovskiy、M. Exner 和 J. Hajj；感谢卫星资料同化领域的支持者和合作者B. Lapenta、C. Velden、A. J. Krueger、

M. A. Shapiro、G. D. Modica、A. E. Lipton 和 F. Weng；感谢在佛罗里达州立大学的 17 年(1997～2014)里支持过我的同事 P. Ray、A. Barcilon、T. N. Krishnamurti、J. Obrien 和 R. L. Pfeffer 教授；还要感谢我的博士后秦正坤、杨胜朋、诸葛小勇和林琳，以及研究生马原、田小旭、唐飞、董慧杰、韩阳、殷梦涛、徐徐、牛泽毅和夏新露，他们为本书绘制了高质量，甚至有些艺术欣赏价值的插图。特别感谢我的丈夫姚元正，在我不断地追求做得更好的过程中，他总是选择相信我；还有我的两个优秀的孩子，女儿姚逸梅和儿子姚逸歌，让我成为一个幸福妈妈。

目　录

前言
第 1 章　资料同化概述 …… 1
1.1　资料同化是干什么的? …… 1
1.2　热力学变量和大气状态方程 …… 6
1.3　数值天气预报中的大气控制方程 …… 12
第 2 章　线性代数和统计方法 …… 15
2.1　引言 …… 15
2.2　内积和线性映射的伴随映射 …… 15
2.3　最小二乘拟合 …… 16
2.4　高斯分布 …… 17
2.5　最大似然估计 …… 19
2.6　拟合误差 …… 20
2.7　线性回归 …… 21
2.8　拉格朗日乘子 …… 23
2.9　最小方差估计 …… 24
2.10　结束语 …… 26
第 3 章　插值 …… 27
3.1　引言 …… 27
3.2　多项式函数拟合 …… 27
3.3　局部多项式函数拟合 …… 30
3.4　区域多项式函数拟合 …… 37
3.5　引入背景场 …… 44
3.6　逐步订正 …… 46
3.7　最优插值 …… 48
3.8　位势场的背景误差协方差 …… 51
3.9　结束语 …… 54
第 4 章　滤波 …… 55
4.1　引言 …… 55
4.2　傅里叶变换 …… 55
4.3　不同尺度的方差贡献 …… 56
4.4　混淆 …… 57
4.5　非递归滤波器 …… 58
4.6　滤波器设计 …… 61

4.7 递归滤波器 …… 65
4.8 经验集合模态分解 …… 66
4.9 结束语 …… 69
第 5 章 极小化 …… 70
5.1 引言 …… 70
5.2 泛函极值 …… 70
5.3 标量函数、梯度和 Hesse 矩阵 …… 73
5.4 极小化迭代、线搜索与收敛速度 …… 75
5.5 最速下降法和牛顿法 …… 77
5.6 共轭梯度法 …… 77
5.7 搜索方向的秩一更新公式 …… 79
5.8 搜索方向的秩二更新公式 …… 80
5.9 L-BFGS 方法 …… 81
5.10 线搜索方法 …… 82
5.11 结束语 …… 84
第 6 章 伴随模式 …… 85
6.1 引言 …… 85
6.2 伴随常微分方程 …… 85
6.3 非线性模式 …… 86
6.4 切线模式 …… 87
6.5 伴随模式 …… 89
6.6 伴随变量与拉格朗日乘子之间的等价关系 …… 91
6.7 解析伴随模式方程 …… 92
6.8 数值伴随模式的计算程序编写 …… 99
6.9 伴随模式在敏感性和相对敏感性研究中的应用 …… 104
6.10 结束语 …… 107
第 7 章 微波温度计探测资料 …… 109
7.1 引言 …… 109
7.2 携带微波温度计的极轨环境卫星计划 …… 110
7.3 极轨卫星轨道特点 …… 112
7.4 辐射吸收和发射 …… 117
7.5 两点定标方程和观测资料误差 …… 119
7.6 辐射吸收和发射权重函数 …… 122
7.7 快速辐射传输模式 …… 124
7.8 通道特点、扫描模式、视场、权重函数 …… 129
7.9 ATMS 条带噪声分析与减噪 …… 138
7.10 风云三号卫星微波温度计 …… 147
7.11 AMSU-A 亮温的相对敏感性 …… 149

7.12 结束语……154
第 8 章 三维变分资料同化……155
8.1 引言……155
8.2 确定性数学公式……155
8.3 统计数学公式……158
8.4 构造 *B* 矩阵的 NMC 方法……160
8.5 构造 *B* 矩阵的递归滤波器……165
8.6 3D-Var 和卡尔曼滤波比较……168
8.7 AMSU-A 液态水路径反演和云检测……169
8.8 偏差估计和偏差订正……172
8.9 AMSU-A 资料同化对定量降水预报的影响……183
8.10 附加说明……188
第 9 章 四维变分同化……189
9.1 引言……189
9.2 4D-Var 公式和利用伴随模式的梯度计算……189
9.3 控制重力波振荡的惩罚方法……193
9.4 含有“开-关”过程的物理参数化方案的伴随算子……194
9.5 完整物理过程 4D-Var 全球同化系统研发……195
9.6 完整物理过程区域伴随模式系统研发……196
9.7 参数估计……198
9.8 增量 4D-Var 资料同化方法……200
9.9 4D-Var 与扩展卡尔曼滤波和集合卡尔曼滤波方法的比较……202
9.10 附加说明……203
第 10 章 GPS 无线电掩星技术……204
10.1 引言……204
10.2 GPS 和 LEO 卫星轨道特征以及 GPS 掩星计划……205
10.3 超相位延迟和超多普勒频移……208
10.4 弯角和影响参数……211
10.5 折射率反演……213
10.6 折射率和弯角的局地观测算子……214
10.7 弯角的非局地射线跟踪观测算子……218
10.8 超相位延迟的非局地切线连接观测算子……221
10.9 多路径现象的发生与检测……222
10.10 观测误差源……226
10.11 液态云和冰云的影响……228
10.12 温度、气压和水汽反演……232
10.13 卫星微波温度计探测资料的发射后校准……235
10.14 结束语……242

第 11 章　GOES 成像仪 …… 244
11.1　引言 …… 244
11.2　GOES 卫星高度 …… 244
11.3　GOES 计划和瞬时几何视场特性 …… 245
11.4　AHI 和 ABI 仪器特征 …… 250
11.5　云检测 …… 253
11.6　ABI 偏差特征 …… 261
11.7　GOES 成像仪资料同化 …… 267
11.8　GOES 和 POES 遥感资料的同时同化 …… 268
11.9　结束语 …… 277
第 12 章　卫星资料中的热带气旋及其环境 …… 278
12.1　引言 …… 278
12.2　热带气旋概述 …… 279
12.3　AHI 观测到的台风玛莉亚(2018) …… 282
12.4　AMSU-A 和 ATMS 台风暖核反演 …… 296
12.5　锥形扫描微波辐射计 AMSR2 和 MWRI …… 305
12.6　微波湿度计 MHS、ATMS、MWHS 和 MWHS2 …… 319
12.7　TOMS 和 OMPS 总柱臭氧卫星资料 …… 329
12.8　红外高光谱大气垂直探测仪 AIRS、IASI 和 CrIS …… 338
12.9　涡旋初始化 …… 345
12.10　附加说明 …… 352
参考文献 …… 353
索引 …… 381

第 1 章　资料同化概述

1.1　资料同化是干什么的?

本书读者可能对以下问题感兴趣：什么是资料同化？为什么需要做资料同化？资料同化主要关心什么问题？资料同化的理论基础是什么？怎么做资料同化？资料同化的关键技术是什么？需要储备多少资料特点和同化方法方面的知识才能解决不同资料同化情景下的关键技术？对解决某些问题为什么某个同化方法比其他方法更具优势？资料同化的主要挑战是什么？

大气资料同化的目的之一是为数值天气预报(NWP)提供初始条件。数值天气预报中的控制方程可以形式上表达为

$$\begin{aligned}&\frac{\partial \boldsymbol{x}(\lambda,\varphi,z,t)}{\partial t}=F\left(\boldsymbol{x}(\lambda,\varphi,z,t)\right)\\&\boldsymbol{x}(\lambda,\varphi,z,t)\big|_{t=t_0}=\boldsymbol{x}_0(\lambda,\varphi,z)\end{aligned} \tag{1.1}$$

其中，$\boldsymbol{x}_0$是模式变量向量的初始条件，譬如地球大气在初始时刻(t_0)和三维空间(λ, φ, z)的风矢量(u, v, w)、密度(ρ)、位温(θ)和比湿(q)；$\boldsymbol{x}(t)$是描述未来时刻($t, t > t_0$)大气状态的预报向量，它的分量所表达的大气变量与 $\boldsymbol{x}_0$ 相同；$F(\boldsymbol{x}(t))$包含所有影响时间倾向项 $\partial\boldsymbol{x}(\lambda, \varphi, z, t)/\partial t$ 的大气动力过程、外源强迫(地形、太阳辐射)、显式和隐式参数化物理过程(积云对流参数化、行星边界层过程、微物理过程、辐射参数化等)。

用欧拉和蛙跳格式来近似方程(1.1)左边的时间导数(Haltiner 和 Williams, 1980)，我们得到不同时间积分步长($t_0, t_1,\cdots, t_n= t_{n-1}+\Delta t,\cdots$)上的控制方程表达式：

$$\begin{cases}\boldsymbol{x}_1=\boldsymbol{x}_0+\Delta tF_0(\boldsymbol{x}_0)\\ \boldsymbol{x}_{n+1}=\boldsymbol{x}_{n-1}+2\Delta tF_n(\boldsymbol{x}_n)\end{cases}\quad(n=1, 2,\cdots) \tag{1.2}$$

其中，Δt 是数值积分步长。一旦能确定变量初始条件 $\boldsymbol{x}_0$，通过式(1.2)中的时间积分步骤，就能得到未来时刻的大气状态 $\boldsymbol{x}_n$(n=1, 2,$\cdots$)。这样的一个求解过程在数学上叫作正问题。因此，数值天气预报(NWP)得到的是正问题答案。

数值天气预报中需要解决的一个逆问题例子如下：给定一组观测资料($\boldsymbol{y}_n^{\text{obs}}$, n=0, 1, 2,$\cdots$, N)和一个根据模式变量($\boldsymbol{x}_n$, n=1, 2,$\cdots$, n)得到观测量($\boldsymbol{y}_n$)的观测算子(H_n)

$$\boldsymbol{y}_n=H_n(\boldsymbol{x}_0,\boldsymbol{x}_1,\cdots,\boldsymbol{x}_n) \tag{1.3}$$

其中，$\boldsymbol{x}_n$(n=1, 2,$\cdots$, $t_n > t_{n-1}$)满足式(1.2)。我们需要根据这些观测资料估计初始条件向量 $\boldsymbol{x}_0$ 的值，资料同化要解决的是类似这样的逆问题。资料同化的目的是要根据式(1.2)、式(1.3)和已知资料($\boldsymbol{y}_n^{\text{obs}}$, n=0, 1, 2,$\cdots$, N)，得到真实大气在某个时间和给定空间分辨率上的一个“最优”估计值。这里的“最优”是由最大似然或最小方差这两个统计估计方法来定义的(见第 2 章)。

大部分逆问题比相应的正问题难解得多。数学中的逆问题理论是关于求解逆问题的理论(Tarantola, 1987)。它可以为模式中未知参数提供信息，验证模式的正确性，在几个模式中筛选出一个最佳模式，为决策层设计外场观测试验，还可以从大量数据中获取关键信息。值得强调的是，逆问题理论和逆问题方法是对一个已有模式进行改进并提供更深入的分析，但不能提供一个崭新的模式。

我们用以下三个例子来说明为什么想做和需要做资料同化。图 1.1 展示了欧洲中期天气预报中心(ECMWF)的全球大尺度再分析资料 ERA5(Hoffmann 等, 2018)给出的 2018 年 9 月 6 日 0000 UTC 时飓风“佛罗伦斯”(Florence)的海平面气压分布。飓风中心的海平面气压(p_c^{model}=1002 hPa)比实际观测值(p_c^{obs}=956 hPa)高了 46 hPa。根据飓风 Florence 在2018年9月6日0000 UTC的中心气压(p_c^{obs}=956 hPa)、最大风速(V_{max}^{obs}=100 kt①)、最大风速半径(R_{max}^{obs} = 25 km)和 34 kt 风速半径(R_{34kt}^{obs} = 255 km)，利用 Fujita 经验公式(Fujita, 1952)，我们可以得到对应飓风 Florence 的人造涡旋海平面气压分布，如图 1.1b 所示。利用包含物理过程参数化的四维变分同化系统同化人造热带气旋，可以改进飓风路径和强度预报水平(Zou 和 Xiao, 2000; Xiao 等, 2000; Park 和 Zou, 2004; Tian 和 Zou, 2019b)。

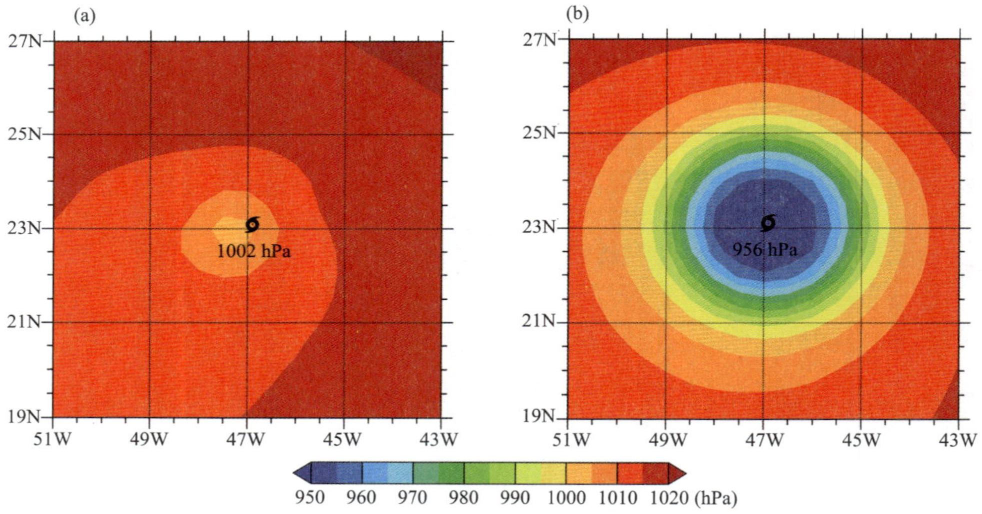

图 1.1　飓风 Florence 附近海平面气压分布：(a) ERA5 再分析资料，(b) 人造涡旋
数据时间：2018 年 9 月 6 日 0000 UTC
飓风中心最佳路径位置由图中的黑色飓风符号表示

第二个例子比较了 2000 年 9 月 17 日 0000 UTC 飓风“戈登”(Gordon)附近的 QuikSCAT 二维海面风分布(图 1.2a)(Ricciardulli 和 Wentz, 2015)和美国国家环境预报中心(NCEP)FNL 再分析资料(图 1.2b)(NCEP, 2000)、ECMWF Interim 再分析资料(图 1.2c)(Simmons 等, 2007)、ECMWF ERA5 再分析资料(图 1.2d)(Hoffmann 等, 2018)。飓风

① kt，节，速度单位，非法定。

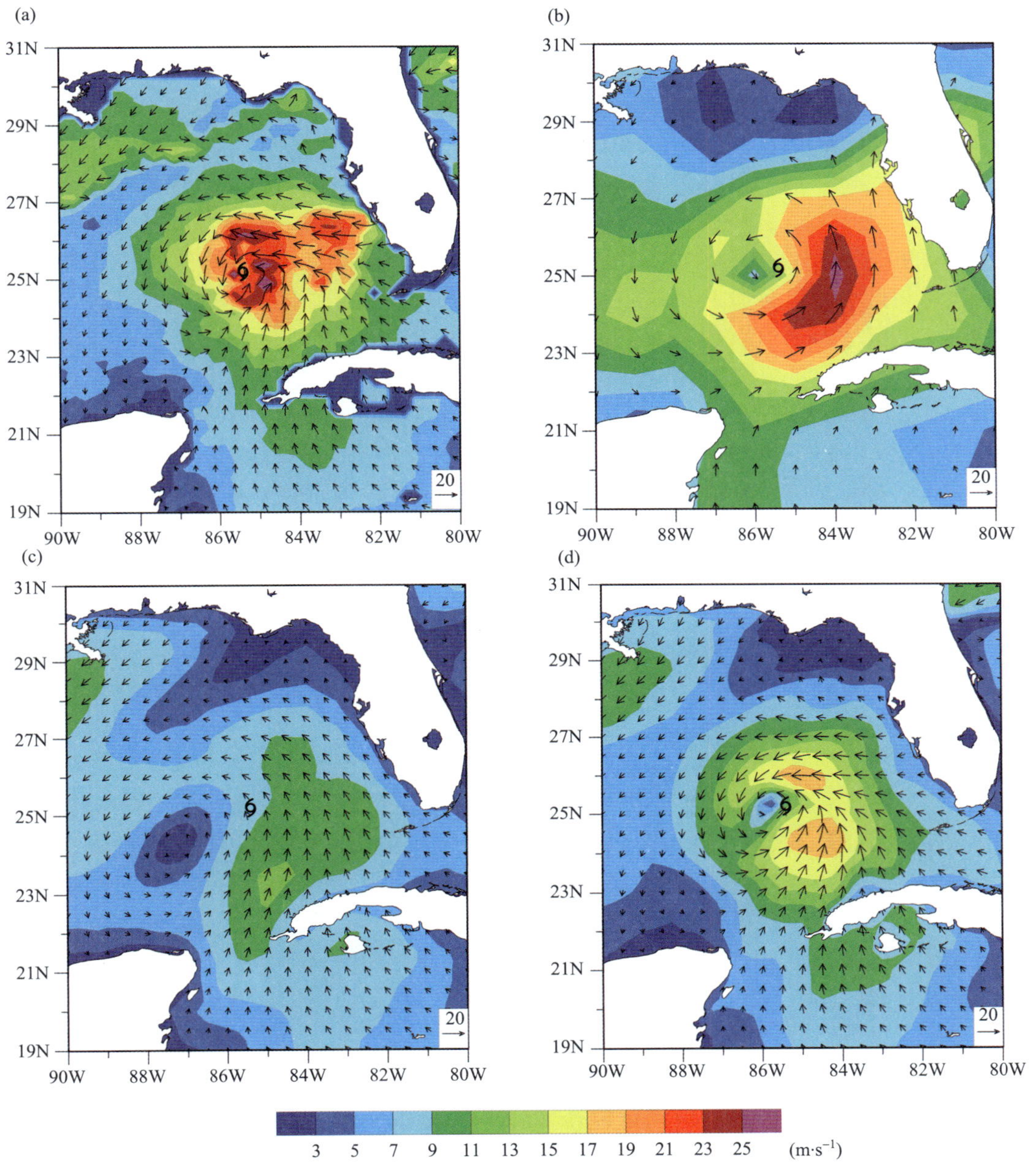

图 1.2　飓风 Gordon 附近的(a) QuikSCAT 卫星观测海面风，以及(b) NCEP FNL 再分析资料、(c) ECMWF Interim 再分析资料、(d) ECMWF ERA5 再分析资料中的 10m 高度的水平风矢量(箭头)和风速(彩色阴影)

数据时间：2000 年 9 月 17 日 0000 UTC

参考风矢量为 20 $m \cdot s^{-1}$，QuikSCAT、ECMWF Interim 和 ERA5 再分析资料的水平分辨率为 0.25°×0.25°，NCEP FNL 再分析资料的水平分辨率为 1.0°×1.0°

Gordon 在这个时间达到一级飓风强度。NCEP FNL 再分析资料中的海面风速比 QuikSCAT 观测的海面风速弱很多。这是因为 NCEP FNL 再分析资料的水平分辨率(1.0°×1.0°)比卫星 QuikSCAT 海面风、Interim 再分析资料和 ERA5 再分析资料的水平分辨率(0.25°×0.25°)低。QuikSCAT 海面风卫星观测资料在飓风 Gordon 内呈非对称分布，最强风速分布在飓风中心东北方向，最大风速半径略小于 100 km，最小风速在最佳观测路径飓风中心(图 1.2a)。然而，NCEP FNL 再分析资料和 ERA5 再分析资料中的海面风最小风速中心在最佳观测路径飓风中心的西面(图 1.2b, d)。由于分辨率较低，NCEP FNL 再分析资料最强风速与最小海平面气压中心的距离约为 200 km(图 1.2b)，比观测的最大风速半径大了一倍。虽然与 QuikSCAT 海面风观测资料的水平分辨率相同，Interim 再分析资料的海面风几乎完全没有反映飓风 Gordon 的反气旋环流特征(图 1.2c)，而 ERA5 再分析资料中飓风 Gordon 的海面风反气旋环流特征明显，接近 QuikSCAT 海面风观测特征。此外，以上三个全球再分析资料(图 1.2b～d)都没有显示 QuikSCAT 观测到的位于飓风中心东北方向的一个海面风速次大值(图 1.2a)。因此，我们有理由尝试把 QuikSCAT 海面风卫星观测资料应用到飓风涡旋初始化、资料同化和数值天气预报中去。

第三个例子显示了飓风“邦尼”(Bonnie)附近由特殊传感器微波成像仪(SSM/I)给出的中心频率分别为 19 GHz 和 89 GHz 的垂直极化通道的二维亮温观测分布图，如图 1.3a、b 所示(Raytheon, 2000)，观测时间是 1998 年 8 月 24 日 2230 UTC。19 GHz 低频通道观测亮温显示出飓风 Bonnie 的一个非对称分布特征，飓风 Bonnie 中的最高观测亮温区位于飓风中心的东北侧，在 275 K 左右，比飓风环境观测亮温高了约 55 K。然而，在 19 GHz 低频通道最高观测亮温区，89 GHz 高频通道观测亮温值低得多，约 225 K，远比飓风环境区域的观测亮温低。除温度和水汽外，SSM/I 观测亮温的这些分布特征与飓风 Bonnie 中云的分布特征有关。飓风 Bonnie 云中液态水路径和冰水路径的分布如图 1.3c～d 所示，液态水路径是 1998 年 8 月 24 日 2230 UTC 由 SSM/I 反演得到，冰水路径是 1998 年 8 月 24 日 1700 UTC 由热带降水测量任务微波成像仪 TMI 反演得到。液态云辐射增加了卫星微波成像仪接收到的 19 GHz 频率附近的红外辐射量；由于云冰散射作用，卫星微波成像仪接收到 89 GHz 频率附近的红外辐射量减小。卫星微波成像仪观测到的这些特征促成了飓风卫星资料同化的一系列相关研究(Amerault 和 Zou, 2003, 2006; Amerault 等, 2008, 2009)。同化受云影响的卫星高频通道亮温观测资料需要考虑辐射传输模式中的冰粒子分布与中尺度数值预报模式中微物理过程参数化方案的一致性(Amerault 和 Zou, 2003)，以及云水和冰水变量的背景场误差协方差矩阵(Amerault 和 Zou, 2006)，还要发展中尺度数值预报模式和微物理过程参数化方案的伴随算子(Amerault 等, 2008)。Amerault 等(2009)利用美国海军实验室(ONR)海洋和大气耦合中尺度预报系统 COAMPS(Coupled Ocean/Atmosphere Mesoscale Prediction System)及其伴随模式(包含 COAMPS 微物理过程伴随算子)，同化受云冰影响的 SSM/I 亮温观测资料后，改进了飓风预报水平。

观测资料是进行资料同化的原因。大气资料种类繁多，包括 GPS 无线电掩星弯角和折射率，搭载在极轨环境卫星上的微波和红外辐射仪辐射亮温，静止卫星成像仪红外通道辐射亮温，地基 GPS 总降水量资料，卫星总柱臭氧，卫星海面风，地面雷达径向风和

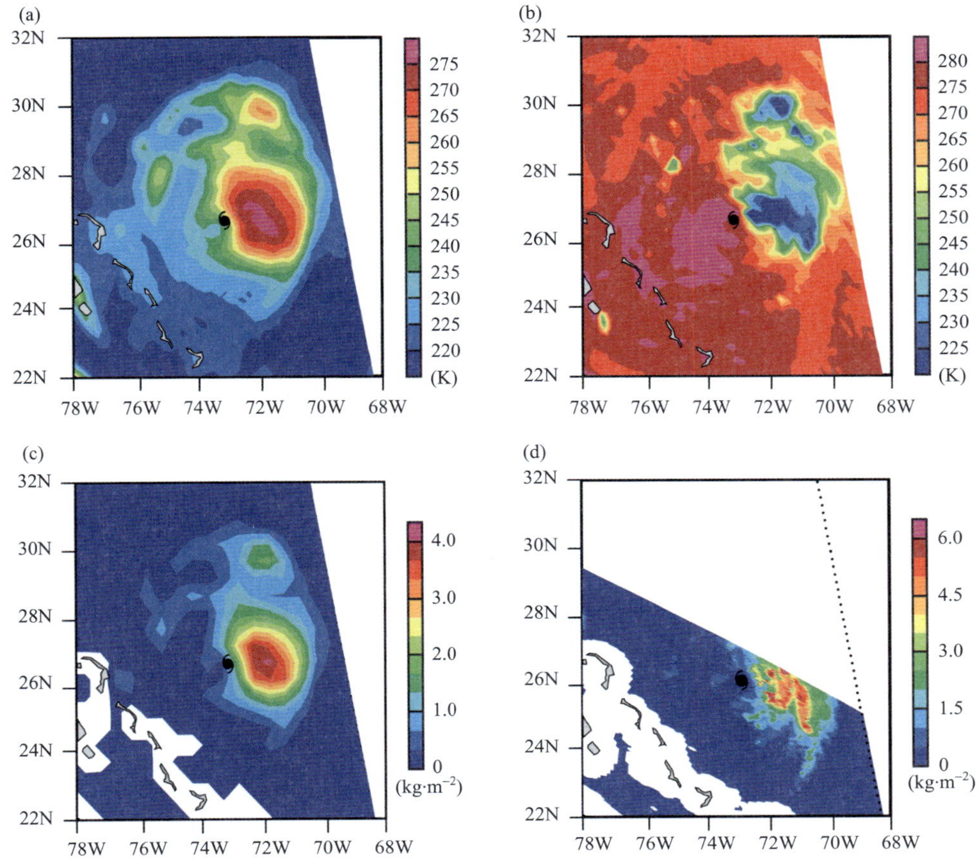

图 1.3　1998 年 8 月 24 日 2230 UTC 在飓风 Bonnie 附近由 SSM/I 资料得到的 (a) 通道 1 (19 GHz，垂直极化) 观测亮温、(b) 通道 6 (89 GHz，垂直极化) 观测亮温、(c) 液态水路径反演产品，以及 (d) 1998 年 8 月 24 日 1700 UTC 在飓风 Bonnie 附近由 TMI 资料反演得到的冰水路径分布

为方便起见，(d) 中用虚线显示了 SSM/I 刈幅 (swath) 的东部边缘

反射率，卫星水汽反演风矢量，无线电探空仪观测、地面站观测、飞机观测、机载雷达飓风观测、外场观测、下投式探空仪飓风观测数据，等等。即使是在已有的同化系统中加入这些资料，科学家们仍需要完成以下工作：开发合适的观测算子，定量估计资料和模式的误差偏差和方差，开发物理上合理的偏差订正、云检测、资料稀疏化和质量控制方法，保证极小化程序收敛，进行资料同化影响评估，分析资料同化改进或不改进数值天气预报水平的原因。

在过去的 80 年里，随着计算机、通信、卫星和雷达遥感观测仪器科学和技术的迅猛发展，资料同化从简单的函数拟合主观方法逐步发展成为越来越依赖于计算机能力且更复杂的客观方法。这些能在计算机上实现的方法包括逐步订正法、最优插值、三维变分、四维变分、增量四维变分、卡尔曼滤波、扩展卡尔曼滤波、集合卡尔曼滤波、混合集合卡尔曼滤波和三维变分、混合集合卡尔曼滤波和四维变分。重要的是，我们不仅要知道每个方法的数学公式，也要清楚每个方法中使用的近似假设的实施细节以及各自的含义。

在实际应用中选择某一个同化方法需要考虑该方法的优缺点，以及与其他同化方法的相似性，确定所选同化方法能服务于特定的应用目的。事实上，无论用什么方法，资料同化所产生的大气状态变量的分析场($\boldsymbol{x}^*$)可以近似写成下面的一般形式：

$$\boldsymbol{x}^* = \boldsymbol{x}^{\mathrm{b}} + \boldsymbol{W}(H(\boldsymbol{x}) - \boldsymbol{y}^{\mathrm{obs}}) \tag{1.4}$$

其中，$\boldsymbol{x}^{\mathrm{b}}$是背景场向量，矩阵$\boldsymbol{W}$被称为后验权重。所以，不同资料同化方法之间的最大差别是怎样获得后验权重，以及式(1.4)隔多长时间计算一次。当然，在实际应用中，只有在向量$\boldsymbol{x}^{\mathrm{b}}$的维数较小($\ll 10^3$)的情况下，才直接利用式(1.4)得到分析场$\boldsymbol{x}^*$。对大部分数值天气预报问题，向量$\boldsymbol{x}^{\mathrm{b}}$或$\boldsymbol{x}^*$的维数远大于$10^6$。在这种情况下，大气状态变量的分析场$\boldsymbol{x}^*$是通过别的数学计算方法间接得到的，式(1.4)近似成立。

资料同化需注意以下几点：①观测值被拟合到观测误差之内；②保证观测算子得到的模拟值与真实资料具有物理一致性；③充分利用已知背景场信息；④若模式和观测资料有偏差，要合理估计这些偏差，并在模拟值和观测资料值中减去偏差；⑤合理估计模式和观测资料的统计误差协方差特征；⑥在同化过程中加入在所关注大气尺度上成立的大气动力和物理限制条件；⑦确保计算误差和数据噪声被抑制；⑧计算速度和计算内存可承受；⑨定量估计并给出资料同化得到的大气状态变量分析场$\boldsymbol{x}^*$的误差统计特征。总之，通过把各类观测资料与数值预报模式结合，大气资料同化得到在指定分辨率上的、在统计意义上“最优”的大气状态变量估计值。大气资料同化不只是求解一个单纯的数学逆问题。掌握观测物理量和天气系统及其误差结构等知识，对大气资料同化至关重要。当然，计算条件的约束也很重要。

1.2　热力学变量和大气状态方程

大气状态是由三维空间的风速矢量$\boldsymbol{v}$和数个热力学变量决定的。这一节，我们简要介绍以下一些热力学变量的定义：温度(T)、气压(p)、密度(ρ)、比容(α)、比湿(q)、水汽混合比(w)、位温(θ)、内能(u)、热焓(h)、等容热容(c_α)、等压热容(c_{p})。不同形式的大气状态方程和热力学定律可以反映大气中不同热力学变量之间的一些约束关系。

地球大气可以近似为理想大气，大气内分子间的相互作用可以忽略。即使一个气团作为整体在某个时间是静止的，气团内的分子却不停地向四面八方运动着，分子运动的动能之和决定了该气团的温度。理想气体温度定义为(Bohren 和 Albrecht, 1998)

$$T = \frac{1}{3k}\left\langle m_{\mathrm{m}} v_i^2 \right\rangle \tag{1.5}$$

其中，m_{m}是单个分子质量，v_i是第i个分子运动速度(i=1,…, N)，k是玻尔兹曼常数(k=1.38×10^{-23}J·K^{-1})，⟨⟩表示对气团内所有分子求和的平均算子。

气体内的分子运动使其与气团边界发生碰撞而产生气压，因此，气压是分子运动作用在单位面积上的力。它的数学表达式可以写为

$$p = \left\langle \left(\frac{1}{2}\frac{N}{V} v_{i,x}\right) \times \left(2 m_{\mathrm{m}} v_{i,x}\right) \right\rangle = \frac{N}{V}\left\langle m_{\mathrm{m}} v_{i,x}^2 \right\rangle = \frac{1}{3}\frac{N}{V}\left\langle m_{\mathrm{m}} v_{i,x}^2 \right\rangle \tag{1.6}$$

其中，V 是气体体积，N 是体积 V 中的气体分子总数，$\frac{1}{2}\frac{N}{V}v_x$ 是气体分子数流量，即沿 x 方向单位时间内单位面积上分子总撞击数，$2m_\mathrm{m}v_x$ 表示单个分子由于撞击而产生的动量变化。

把气体温度的表达式(1.5)和气压的表达式(1.6)结合起来，我们便得到理想气体状态方程：

$$pV = NkT \tag{1.7}$$

上述方程也可以等价地写为

$$p\alpha = R'T \tag{1.8}$$

其中，α 是比容，R'是气体常数。它们的定义如下：

$$\alpha = \frac{V}{M} \tag{1.9}$$

$$R' = \frac{k}{m_\mathrm{m}} \tag{1.10}$$

其中，M 是体积 V 中所有分子质量的总和，即

$$M = m_\mathrm{m} N \tag{1.11}$$

大气密度 ρ 是单位体积内分子质量，即

$$\rho = \frac{M}{V} = \frac{1}{\alpha} \tag{1.12}$$

把式(1.10)代入式(1.7)，我们得到理想气体状态方程的第三种表达式：

$$pV = m_\mathrm{m} NR'T \tag{1.13}$$

现在，我们引入一个描述气体物质的量的重要单位：摩尔(mol)。1 mol 气体定义为 m_m 克的该气体，其中 m_m 为该气体的相对分子质量。譬如，1 mol O_2 是 32 g O_2，1 mol N_2 是 28.01 g N_2，1 mol 水汽是 18 g 水汽，1 mol 干空气是 28.96 g 干空气。我们用下面的符号来表示 1 mol 上述四种气体的质量：

$$O_2\text{：}\ m_{O_2} = 32\,\mathrm{g\cdot mol^{-1}},\qquad N_2\text{：}\ m_{N_2} = 28.01\,\mathrm{g\cdot mol^{-1}} \tag{1.14a}$$

$$\text{水汽：}\ m_\mathrm{v} = 18\,\mathrm{g\cdot mol^{-1}},\qquad \text{干空气：}\ m_\mathrm{d} = 28.96\,\mathrm{g\cdot mol^{-1}} \tag{1.14b}$$

意大利科学家阿伏伽德罗(Avogadro)发现 1 mol 的任何气体包含相同数量(N_a)的分子：

$$N_\mathrm{a} = 6.022\times10^{23}\,\mathrm{mol^{-1}} \tag{1.15}$$

N_a 被称为阿伏伽德罗常数。阿伏伽德罗常数(N_a)与玻尔兹曼常数(k)这两个重要常数的乘积被定义为通用气体常数：

$$R^* = kN_\mathrm{a} = 8.314\,\mathrm{J\cdot mol^{-1}\cdot K^{-1}} \tag{1.16}$$

若把理想气体状态方程(1.13)应用于 1 mol 理想气体，这时，分子质量为 $M = m_\mathrm{m}N_\mathrm{a}$，我们得到如下表达式：

$$pV = m_{\mathrm{m}} N_{\mathrm{a}} R'T = m_{\mathrm{m}} N_{\mathrm{a}} \frac{\overbrace{k}^{R'}}{m_{\mathrm{m}}} T = \overbrace{N_{\mathrm{a}} k}^{R^*} T = R^* T \tag{1.17}$$

不难注意到，适用于 1 mol 的任何理想气体的状态方程($pV = R^*T$)与 m_{m} 无关。我们也可以把理想气体状态方程(1.13)应用于任意质量(M)的理想气体，从而得到

$$\frac{pV}{M} = R'T = \frac{k}{m_{\mathrm{m}}} T = \frac{kN_{\mathrm{a}}}{m_{\mathrm{m}} N_{\mathrm{a}}} T = \frac{R^*}{m} T \tag{1.18}$$

把式(1.9)代入式(1.18)，得到适用于任意质量的理想气体的状态方程：

$$p\alpha = \frac{R^*}{m} T \tag{1.19}$$

其中，m 代表该气体的摩尔质量，单位为 $\mathrm{g \cdot mol^{-1}}$。这是一个最常用的理想气体状态方程。把式(1.19)应用于干空气，得到以下的干空气状态方程：

$$p\alpha = \frac{R^*}{m_{\mathrm{d}}} T \tag{1.20}$$

定义通用气体常数与 1 mol 干空气质量的比值为干空气气体常数 R_{d}：

$$R_{\mathrm{d}} \triangleq \frac{R^*}{m_{\mathrm{d}}} = 287\ \mathrm{J \cdot kg^{-1} \cdot K^{-1}} \tag{1.21}$$

把干空气气体常数 R_{d} 的表达式(1.21)代入式(1.20)，得到数值天气预报中比较常用的干空气状态方程：

$$p\alpha = R_{\mathrm{d}} T \tag{1.22}$$

再把适用于任意质量、任何理想气体的状态方程(1.19)应用于水汽，便可得到大气中水汽的状态方程：

$$e\alpha = \frac{R^*}{m_{\mathrm{v}}} T \tag{1.23}$$

其中，e 是水汽压，m_{v} 是水汽的摩尔质量($m_{\mathrm{v}} = 18\ \mathrm{g \cdot mol^{-1}}$)。水汽气体常数 R_{v} 定义为通用气体常数与 1 mol 水汽质量的比值：

$$R_{\mathrm{v}} \triangleq \frac{R^*}{m_{\mathrm{v}}} = 462\ \mathrm{J \cdot kg^{-1} \cdot K^{-1}} \tag{1.24}$$

把水汽气体常数 R_{v} 的表达式(1.24)代入式(1.23)，我们得到大气中水汽的状态方程：

$$e\alpha = R_{\mathrm{v}} T \tag{1.25}$$

实际上，大气是干空气和水汽的混合气体，简称为湿空气。除了水汽压 e，另外还有四个变量可以反映湿空气中的水汽含量：水汽密度(ρ_{v})、混合比(w)、比湿(q)和相对湿度(f)。下面是上述五个水汽变量之间的关系式：

$$w = \frac{\rho_{\mathrm{v}}}{\rho_{\mathrm{d}}} = \frac{q}{1-q} \tag{1.26a}$$

$$q=\frac{\rho_{\rm v}}{\rho_{\rm d}+\rho_{\rm v}}=\frac{w}{1+w}=\frac{e\varepsilon}{p}\left(\frac{1+w/\varepsilon}{1+w}\right)=\frac{e\varepsilon}{p}(1+0.608w) \tag{1.26b}$$

$$f=\frac{w}{w_{\rm s}}100\%\approx\frac{e}{e_{\rm s}}100\% \tag{1.26c}$$

其中，$e_{\rm s}$ 是饱和水汽压，ε 是干空气气体常数和水汽气体常数之比：

$$\varepsilon=\frac{R_{\rm d}}{R_{\rm v}}=\frac{m_{\rm v}}{m_{\rm d}}=0.622 \tag{1.27}$$

现在，让我们来推导湿空气的状态方程。因为气压是可相加的，湿空气的总气压(p)是干空气气压($p_{\rm d}$)和水汽压(e)之和，即

$$p=p_{\rm d}+e \tag{1.28}$$

把干空气状态方程(1.20)和水汽状态方程(1.23)代入式(1.28)，便可得到湿空气状态方程：

$$\begin{aligned}p&=\rho_{\rm d}\frac{R^*}{m_{\rm d}}T+\rho_{\rm v}\frac{R^*}{m_{\rm v}}T=R^*T\left(\frac{\rho_{\rm d}}{m_{\rm d}}+\frac{\rho_{\rm v}}{m_{\rm v}}\right)=\frac{R^*}{m_{\rm d}}T\left(\rho_{\rm d}+\frac{1}{\varepsilon}\rho_{\rm v}\right)\\&=\rho R_{\rm d}T\left(\frac{\rho_{\rm d}+\frac{1}{\varepsilon}\rho_{\rm v}}{\rho_{\rm d}+\rho_{\rm v}}\right)=\rho R_{\rm d}T\left(\frac{\rho_{\rm d}+\rho_{\rm v}+\left(\frac{1}{\varepsilon}-1\right)\rho_{\rm v}}{\rho_{\rm d}+\rho_{\rm v}}\right)\\&=\rho R_{\rm d}T(1+0.608q)\end{aligned} \tag{1.29}$$

其中，$\rho=\rho_{\rm d}+\rho_{\rm v}$。

如果引入虚温($T_{\rm v}$)这个假想变量：

$$T_{\rm v}\triangleq T(1+0.608q) \tag{1.30}$$

湿空气状态方程(1.29)可以表达成下面这个更简单的形式：

$$p=\rho R_{\rm d}T_{\rm v} \tag{1.31}$$

比较式(1.31)和式(1.22)，不难发现只需在干空气状态方程(1.22)中用虚温($T_{\rm v}$)代替温度(T)，干空气状态方程就可以用来表示湿空气状态方程。换句话说，虚温 $T_{\rm v}$ 是当干空气的气压和密度与湿空气的相同时干空气必须有的温度。

等容热容(c_α)和等压热容($c_{\rm p}$)是另外两个重要的热力学变量。等容热容(c_α)定义为体积不变情况下，加热产生的温度变化率：

$$c_\alpha=\left.\frac{{\rm d}q}{{\rm d}T}\right|_\alpha \tag{1.32a}$$

等压热容($c_{\rm p}$)定义为气压不变情况下，加热产生的温度变化率：

$$c_{\rm p}=\left.\frac{{\rm d}q}{{\rm d}T}\right|_{\rm p} \tag{1.32b}$$

如果加热的过程中被加热的系统体积不变，则所有热量都用于增加该系统的温度。对等压加热过程，被加热系统体积增大，部分热量用于系统对环境做功，剩下的那部分热量用于增加该系统的温度。假定所加热量(dq)相同，因为式(1.32b)中的分母(dT)比

式(1.32a)中的小，所以等容热容 c_α 的值小于等压热容 c_p 的值。

热力学第一定律是描述一个封闭系统的能量守恒定律。该定律可以描述如下：一个单位质量系统的内能变化(du/dt)是这个系统接收到的热能(dq/dt)减去这个系统对周围环境所做的功(dw/dt)：

$$\frac{\mathrm{d}u}{\mathrm{d}t}=\frac{\mathrm{d}q}{\mathrm{d}t}-\frac{\mathrm{d}w}{\mathrm{d}t} \tag{1.33}$$

即

$$\frac{\mathrm{d}q}{\mathrm{d}t}=\frac{\mathrm{d}u}{\mathrm{d}t}+\frac{\mathrm{d}w}{\mathrm{d}t} \tag{1.34}$$

根据式(1.34)，热力学第一定律有另外一种描述：当对一个系统加热时，一部分热量被系统吸收，内能增加；另外一部分热量被系统用来对其周围环境做功。如果我们所研究的热力学系统是气体，那么，气体系统的膨胀是它对其周围环境做功的唯一方式。气体系统的膨胀引起比容的增加，它对其周围环境所做的功的大小与气压有关，即

$$\frac{\mathrm{d}w}{\mathrm{d}t}=p\frac{\mathrm{d}\alpha}{\mathrm{d}t} \tag{1.35}$$

把式(1.35)代入式(1.34)得到

$$\frac{\mathrm{d}q}{\mathrm{d}t}=\frac{\mathrm{d}u}{\mathrm{d}t}+p\frac{\mathrm{d}\alpha}{\mathrm{d}t} \tag{1.36}$$

现在，引入焓(h)这个热力学变量：

$$h=u+p\alpha \tag{1.37}$$

利用焓这个变量，热力学第一定律(1.36)还可以表达为

$$\frac{\mathrm{d}q}{\mathrm{d}t}=\frac{\mathrm{d}h}{\mathrm{d}t}-\alpha\frac{\mathrm{d}p}{\mathrm{d}t} \tag{1.38}$$

大气是理想气体。因此，内能不随比容的变化而变化。换句话说，内能对比容的一阶偏导数为零，即

$$\frac{\partial u}{\partial \alpha}=0 \tag{1.39}$$

在这种情况下，当系统被加热时，所有热量都被系统吸收，使其内能增加。数学上可以表达为

$$\left.\frac{\mathrm{d}q}{\mathrm{d}t}\right|_\alpha=\frac{\mathrm{d}u}{\mathrm{d}t}=\frac{\mathrm{d}u}{\mathrm{d}T}\frac{\mathrm{d}T}{\mathrm{d}t}=c_\alpha\frac{\mathrm{d}T}{\mathrm{d}t} \tag{1.40}$$

把式(1.40)代入式(1.36)，得到热力学第一定律的第三种表达方程：

$$\frac{\mathrm{d}q}{\mathrm{d}t}=c_\alpha\frac{\mathrm{d}T}{\mathrm{d}t}+p\frac{\mathrm{d}\alpha}{\mathrm{d}t} \tag{1.41}$$

对等压过程，$\frac{\mathrm{d}p}{\mathrm{d}t}=0$。根据热力学第一定律(1.38)，得到以下表达式：

$$\left.\frac{\mathrm{d}q}{\mathrm{d}t}\right|_{\mathrm{p}}=\frac{\mathrm{d}h}{\mathrm{d}t}=\frac{\mathrm{d}h}{\mathrm{d}T}\frac{\mathrm{d}T}{\mathrm{d}t}=c_{\mathrm{p}}\frac{\mathrm{d}T}{\mathrm{d}t} \tag{1.42}$$

把式(1.42)代入式(1.36)，得到热力学第一定律的第四种表达方程：

$$\frac{\mathrm{d}q}{\mathrm{d}t}=c_{\mathrm{p}}\frac{\mathrm{d}T}{\mathrm{d}t}-\alpha\frac{\mathrm{d}p}{\mathrm{d}t} \tag{1.43}$$

方程(1.41)和方程(1.43)是大气科学领域最常用到的两个热力学第一定律方程。

根据式(1.40)和式(1.42)，等容热容(c_α)和等压热容(c_{p})分别是内能(u)和焓(h)对温度的一阶偏导数：

$$c_\alpha=\frac{\partial u}{\partial T} \tag{1.44a}$$

$$c_{\mathrm{p}}=\frac{\partial h}{\partial T} \tag{1.44b}$$

由于 u 和 h 都是热力学变量，c_α 和 c_{p} 也都是热力学变量。

事实上，c_α 与 c_{p} 之间存在一个定量关系式。利用理想气体状态方程和热力学第一定律，可以推导出 c_α 与 c_{p} 之间的关系式。首先，对理想气体，只有两个热力学独立变量。我们可以选择温度(T)和气压(p)为独立变量。这时，α、u 和 h 都是 T 和 p 的函数并可以表达为

$$\alpha=\alpha(T,p) \tag{1.45a}$$

$$u=u(T,\alpha(T,p)) \tag{1.45b}$$

$$h=u(T,\alpha(T,p))+p\alpha(T,p) \tag{1.45c}$$

然后，对方程(1.45c)两边的表达式进行一阶全微分运算，得到如下结果：

$$\left(\frac{\partial h}{\partial T}-\frac{\partial u}{\partial T}-\frac{\partial u}{\partial \alpha}\frac{\partial \alpha}{\partial T}-p\frac{\partial \alpha}{\partial T}\right)\mathrm{d}T+\left(\frac{\partial h}{\partial p}-\frac{\partial u}{\partial \alpha}\frac{\partial \alpha}{\partial p}-p\frac{\partial \alpha}{\partial p}-\alpha\right)\mathrm{d}p=0 \tag{1.46}$$

方程(1.46)对任何热力学过程都成立。因为 T 和 p 是两个独立变量，所以，方程(1.46)中 $\mathrm{d}T$ 和 $\mathrm{d}p$ 的系数必须都为零。将干空气状态方程(1.22)对温度求导得到

$$p\frac{\partial \alpha}{\partial T}=R_{\mathrm{d}} \tag{1.47}$$

将式(1.47)和式(1.44)代入方程(1.46)中与 $\mathrm{d}T$ 相乘的系数中并令其为零，可得到 c_α 与 c_{p} 之间的关系式：

$$c_{\mathrm{p}}=c_\alpha+R_{\mathrm{d}} \tag{1.48}$$

对于干空气，c_α 和 c_{p} 接近常数。它们的近似值是

$$c_\alpha=718\,\mathrm{J\cdot kg^{-1}\cdot K^{-1}},\quad c_{\mathrm{p}}=1005\,\mathrm{J\cdot kg^{-1}\cdot K^{-1}} \tag{1.49}$$

位温(θ)是本小节要定义的最后一个热力学变量。为此，我们考虑绝热过程，即 $\mathrm{d}q/\mathrm{d}t=0$。首先，将干空气状态方程(1.22)代入热力学第一定律(1.43)，得到：

$$\frac{\mathrm{d}q}{\mathrm{d}t}=c_{\mathrm{p}}\frac{\mathrm{d}T}{\mathrm{d}t}-\frac{R_{\mathrm{d}}T}{p}\frac{\mathrm{d}p}{\mathrm{d}t} \tag{1.50}$$

令 $\mathrm{d}q/\mathrm{d}t=0$，得到：

$$c_{\mathrm{p}}\frac{\mathrm{d}T}{\mathrm{d}t}-\frac{R_{\mathrm{d}}T}{p}\frac{\mathrm{d}p}{\mathrm{d}t}=0 \tag{1.51}$$

因此，绝热过程中温度变化和气压变化需满足常微分方程(1.51)。方程(1.51)的解析解为

$$\ln T-\ln p^{\frac{R_{\mathrm{d}}}{c_{\mathrm{p}}}}=\text{常数} \tag{1.52}$$

最后，我们假定一个温度为 T、气压为 p 的气团经历一个绝热下沉过程而到达参考气压 $p_0=1000\ \mathrm{hPa}$ 的高度，这时气团的温度为 T_0，即

$$\ln T-\ln p^{\frac{R_{\mathrm{d}}}{c_{\mathrm{p}}}}=\ln T_0-\ln p_0^{\frac{R_{\mathrm{d}}}{c_{\mathrm{p}}}} \tag{1.53}$$

温度 T_0 定义为温度为 T、气压为 p 的气团的位温(θ)：

$$\theta \triangleq T_0=T\left(\frac{1000}{p}\right)^{\frac{R_{\mathrm{d}}}{c_{\mathrm{p}}}} \tag{1.54}$$

总结一下，通过把热力学第一定律应用到大气中的绝热过程($\mathrm{d}q/\mathrm{d}t=0$)，我们不仅得到了位温这个热力学变量的分析表达式(1.54)，还得出绝热过程中位温守恒($\mathrm{d}\theta/\mathrm{d}t=0$)这个结论。对一个非封闭系统并经历得到或失去热量的非绝热过程($\mathrm{d}q/\mathrm{d}t\neq 0$)，该系统的位温不是守恒的($\mathrm{d}\theta/\mathrm{d}t\neq 0$)。

1.3 数值天气预报中的大气控制方程

大气控制方程是表达大气物理定律的一个数学方程组。数值天气预报是根据给定的初始和边界条件，利用数值方法把大气控制方程组离散化，通过时间积分预报未来大气状态。下面，我们先阐述与大气控制方程组有关的大气物理定律，再描述对应每个物理定律的数学方程。

动量守恒、质量守恒、能量守恒和水汽守恒是控制大气状态的四个物理定律。动量守恒来自牛顿第二运动定律，由三个偏微分方程组成，对应于三维空间速度向量的三个分量方程。由质量守恒可以推导出一个连续方程。能量守恒对应的是一个结合了热力学第一和第二定律的偏微分方程。最后，水汽守恒给出与水汽输送相关的一个偏微分方程。

自由大气中的任意一个气团受到气压梯度力($\boldsymbol{F}_{\mathrm{p}}$)和地心引力($\boldsymbol{F}_{\mathrm{g}}$)的作用，接近地面的大气还受到摩擦力($\boldsymbol{F}_{\mathrm{sf}}$)的作用。根据牛顿第二运动定律，气团相对于地球的加速度($\boldsymbol{a}$)等于它所受到的所有力的总和。因此，我们得到

$$\boldsymbol{a}=\boldsymbol{F}_{\mathrm{p}}+\boldsymbol{F}_{\mathrm{g}}+\boldsymbol{F}_{\mathrm{sf}} \tag{1.55}$$

另一方面，气团相对于地球的加速度($\boldsymbol{a}$)可以表达为(Haltiner 和 Williams, 1980)

$$\boldsymbol{a}=\frac{\mathrm{d}\boldsymbol{v}}{\mathrm{d}t}+2(\boldsymbol{\Omega}\times\boldsymbol{v})+\boldsymbol{\Omega}\times(\boldsymbol{\Omega}\times\boldsymbol{r}) \tag{1.56}$$

其中，$\boldsymbol{v}$ 表示气团相对于地球的三维速度向量，$\boldsymbol{r}$ 是气团离地球中心的三维位置向量，$\boldsymbol{\Omega}$ 代表地球自转角速度向量($\Omega=7.292\times10^{-5}\ \mathrm{rad\cdot s^{-1}}$)。气压梯度力的表达式是

$$\boldsymbol{F}_{\mathrm{p}} = -\frac{1}{\rho}\nabla p \tag{1.57}$$

其中，p 是气压，ρ 是空气密度。将式(1.56)和式(1.57)代入式(1.55)，得到以下方程：

$$\frac{\mathrm{d}\boldsymbol{v}}{\mathrm{d}t} + 2(\boldsymbol{\Omega}\times\boldsymbol{v}) + \boldsymbol{\Omega}\times(\boldsymbol{\Omega}\times\boldsymbol{r}) = -\frac{1}{\rho}\nabla p + \boldsymbol{F}_{\mathrm{g}} + \boldsymbol{F}_{\mathrm{sf}} \tag{1.58}$$

把上述方程中的左边第二项挪到右边，就是所谓的科里奥利力($-2(\boldsymbol{\Omega}\times\boldsymbol{v})$)。把上述方程中的左边第三项挪到右边即离心力($-\boldsymbol{\Omega}\times(\boldsymbol{\Omega}\times\boldsymbol{r})$)。地心引力($\boldsymbol{F}_{\mathrm{g}}$)和离心力($-\boldsymbol{\Omega}\times(\boldsymbol{\Omega}\times\boldsymbol{r})$)加起来即气团所受到的重力($-g\boldsymbol{k}$)：

$$-g\boldsymbol{k} = \boldsymbol{F}_{\mathrm{g}} - \boldsymbol{\Omega}\times(\boldsymbol{\Omega}\times\boldsymbol{r}) \tag{1.59}$$

其中，$g\approx 9.8\ \mathrm{m\cdot s^{-1}}$ 是重力常数，$\boldsymbol{k}$ 是垂直方向的单位向量。重力阻止大气逃逸到太空，把大气压缩到地表以上的一个浅层里，并把大气质量和成分垂直分层。大约 90%的大气质量都集中在离地球表面 15 km(约 100 hPa)以下的高度层内，这一高度远小于地球平均半径($r_{\mathrm{earth}} = 6.37\times10^3$ km)。因为重力的存在，大气的大尺度运动相对于地球表面是准水平的。

将式(1.59)代入式(1.58)，得到控制大气运动的动量变化方程：

$$\frac{\mathrm{d}\boldsymbol{v}}{\mathrm{d}t} = -\frac{1}{\rho}\nabla p - g\boldsymbol{k} - 2(\boldsymbol{\Omega}\times\boldsymbol{v}) + \boldsymbol{F}_{\mathrm{sf}} \tag{1.60}$$

根据质量守恒，通过辐合进入一个单位体积里的大气质量($-(\nabla\cdot\rho\boldsymbol{v})$)等于该单位体积内大气质量的增加：

$$\frac{\partial\rho}{\partial t} = -(\nabla\cdot\rho\boldsymbol{v}) \tag{1.61}$$

这是描述地球大气密度变化的一个方程。

根据能量守恒(热力学第一定律)，如上节所提，若 $\mathrm{d}q/\mathrm{d}t = 0$，则 $\mathrm{d}\theta/\mathrm{d}t = 0$。如果 $\mathrm{d}q/\mathrm{d}t \neq 0$，譬如气团受到潜热释放和辐射的影响，位温变化($\mathrm{d}\theta/\mathrm{d}t$)和加热率($\mathrm{d}q/\mathrm{d}t$)之间存在怎样的关系？首先，我们引入大气的熵($\phi$)这个热力学变量：

$$\phi = c_{\mathrm{p}}\ln\theta \tag{1.62}$$

根据热力学第二定律，一个封闭的理想气体系统的熵不变($\Delta\phi = 0$)；一个非封闭的理想气体系统的熵的变化等于该系统的加热率($\mathrm{d}q/\mathrm{d}t$)除以系统温度(T)。适用于理想气体的热力学第二定律可以统一写为

$$\frac{\mathrm{d}\phi}{\mathrm{d}t} = \frac{1}{T}\frac{\mathrm{d}q}{\mathrm{d}t} \tag{1.63}$$

将式(1.54)和式(1.62)代入式(1.63)，得到控制大气位温变化的方程：

$$\frac{\mathrm{d}\theta}{\mathrm{d}t} = \frac{\theta}{c_{\mathrm{p}}T}\frac{\mathrm{d}q}{\mathrm{d}t} \equiv S_\theta \tag{1.64}$$

其中，S_θ 代表热源、热汇项。水汽的位相变化、辐射通量的辐合和辐散、由于分子运动而产生的动能耗散，都对 S_θ 项有贡献。

水汽守恒假定大气中的水汽含量变化与大气中水汽的位相变化有直接关系。因此，

我们可以把这种关系写为如下的方程：

$$\frac{\mathrm{d}q}{\mathrm{d}t}=S_{\mathrm{q}} \tag{1.65}$$

其中，q 是比湿，S_{q} 代表水汽的源汇项。注意，雨水、云水、雪、霰的守恒方程与式(1.65)类同，可以添加到大气控制方程组中。

偏微分方程(1.60)、(1.61)、(1.64)和(1.65)分别是动量守恒、质量守恒、能量守恒和水汽守恒物理定律的数学表达式。若再加上虚温表达式(1.30)、大气状态方程(1.31)和位温表达式(1.54)，便构成了描述九个大气状态变量(u、v、w、ρ、θ、q、T、T_{v}、p)的方程组。因为偏微分方程(1.60)、(1.61)、(1.64)和(1.65)的左边包含变量 u、v、w、ρ、θ、q 的一阶时间导数，所以，需要提供这些变量的初始条件，数值天气预报才能通过对大气控制方程组进行前向时间积分，得到对将来时间大气状态的预报。大气资料同化的目的之一就是为数值天气预报提供初始条件。

第 2 章　线性代数和统计方法

2.1 引　言

线性代数、统计学和极小化为资料同化奠定了数学基础。简单来说，线性代数不但定义了伴随映射算子，还方便把资料同化得到的分析场用矩阵运算简洁地表达出来；统计学为资料同化提供了两类不同的统计估计方法；极小化为变分资料同化找到数值解提供了实用性迭代方法(见第 5 章)。在变分资料同化中涉及的向量内积、由矩阵定义的线性映射以及线性映射的伴随映射都是线性代数中的重要数学概念。资料同化中采用的统计估计方法不是最大似然估计就是最小方差估计。最小二乘拟合和线性回归是两种较常用的简单数据分析方法，它们可根据一组给定的数据，得到某超定①系统或模式中一组未知变量的估计值，这种估计的基本前提是数据和未知变量通过模式相互关联。数据拟合中的重要组成部分是数据、模式、误差分布、统计估计方法以及估计误差与数据误差的关系。最小二乘拟合看似一个确定性方法，其实是在假设数据误差独立、无偏且具有高斯分布情况下的最小方差统计估计方法。

2.2 内积和线性映射的伴随映射

在线性代数中，对于任何一个给定的线性变换算子，都可以定义其伴随算子。伴随算子的定义涉及内积的概念。设 E 为任意一个向量空间，内积是该空间内任意两个向量 $\boldsymbol{x}_1$ 和 $\boldsymbol{x}_2$ 的标量函数：

$$\boldsymbol{x}_1, \boldsymbol{x}_2 \to \langle \boldsymbol{x}_1, \boldsymbol{x}_2 \rangle \tag{2.1}$$

它必须满足以下三个条件：

(1) $\langle \boldsymbol{x}_1, \boldsymbol{x}_2 \rangle = \langle \boldsymbol{x}_2, \boldsymbol{x}_1 \rangle$；

(2) $\langle \boldsymbol{x}, a_1\boldsymbol{x}_1 + a_2\boldsymbol{x}_2 \rangle = a_1 \langle \boldsymbol{x}, \boldsymbol{x}_1 \rangle + a_2 \langle \boldsymbol{x}, \boldsymbol{x}_2 \rangle$；

(3) $\langle \boldsymbol{x}, \boldsymbol{x} \rangle \geqslant 0$，当 $\boldsymbol{x} = \boldsymbol{0}$ 时 $\langle \boldsymbol{x}, \boldsymbol{x} \rangle > 0$。

常用的 L_2-范数，即 $\langle \boldsymbol{x}, \boldsymbol{y} \rangle \equiv \boldsymbol{x}^* \boldsymbol{y}$，是一个特殊的内积定义，其中 $\boldsymbol{x}^*$表示向量 $\boldsymbol{x}$ 的复共轭向量转置。

一个向量 $\boldsymbol{x}$ 的范数 $\|\boldsymbol{x}\|$ 是某个内积函数 $\langle \boldsymbol{x}, \boldsymbol{x} \rangle$ 的平方根，即 $\|\boldsymbol{x}\| = \sqrt{\langle \boldsymbol{x}, \boldsymbol{x} \rangle}$，其中 $\boldsymbol{x} \in E$。范数必须满足以下三个条件：①当且仅当 $\boldsymbol{x} = \boldsymbol{0}$ 时，$\|\boldsymbol{x}\| = 0$；②$\|a\boldsymbol{x}\| = |a|\|\boldsymbol{x}\|$；③对任意向量 $\boldsymbol{x}, \boldsymbol{y} \in E$，$\|\boldsymbol{x} + \boldsymbol{y}\| \leqslant \|\boldsymbol{x}\| + \|\boldsymbol{y}\|$。一个向量 $\boldsymbol{x}$ 与其复共轭向量的转置 $\boldsymbol{x}^*$相乘后的平方根，

①方程数大于未知变量数。

$\|\boldsymbol{x}\|_2 = \sqrt{\boldsymbol{x}^*\boldsymbol{x}}$，被称为向量 $\boldsymbol{x}$ 的 L_2-范数。

任何一个线性变换算子，都对应一个伴随算子。伴随算子的定义涉及内积的概念。设 σ 为向量空间 E 中的一个线性变换算子，它把空间 E 中的每个向量 $\boldsymbol{x}$ 与同一空间 E 中的另一个向量 $\sigma(\boldsymbol{x})$ 建立了一个一对一的对应关系，即 $\boldsymbol{x},\sigma(\boldsymbol{x}) \in E$。线性变换算子满足以下线性条件：$\sigma(a_1\boldsymbol{x}_1 + a_2\boldsymbol{x}_2) = a_1\sigma(\boldsymbol{x}_1) + a_2\sigma(\boldsymbol{x}_2)$。一个 $N \times N$ 的方形矩阵 $\boldsymbol{M}_{N\times N}$ 是 N 维向量空间的一个线性变换算子。

对于向量空间 E 中的每个线性变换 σ，在 E 中都存在一个唯一的线性变换 σ^*，它满足以下等式

$$\left\langle \sigma^*(\boldsymbol{x}), \boldsymbol{y} \right\rangle = \left\langle \boldsymbol{x}, \sigma(\boldsymbol{y}) \right\rangle \qquad \forall \boldsymbol{x}, \boldsymbol{y} \in E \tag{2.2}$$

我们称线性变换 σ^* 为 σ 的伴随算子。伴随算子 σ^* 的唯一性不难证明。如果 σ 是由一个矩阵 $\boldsymbol{A}$ 定义的，即 $\sigma(\boldsymbol{x}) = \boldsymbol{A}\boldsymbol{x}$，则 σ^* 就是矩阵 $\boldsymbol{A}^*$ 定义的线性算子：$\sigma^*(\boldsymbol{x}) = \boldsymbol{A}^*\boldsymbol{x}$。

2.3 最小二乘拟合

给定 K 个观测值

$$\boldsymbol{y}^{\mathrm{o}} = \begin{pmatrix} y_1^{\mathrm{o}} \\ y_2^{\mathrm{o}} \\ \vdots \\ y_K^{\mathrm{o}} \end{pmatrix} \tag{2.3}$$

和一个线性模式方程组

$$\boldsymbol{y} = \boldsymbol{A}\boldsymbol{x} \tag{2.4}$$

其中，

$$\boldsymbol{x} = \begin{pmatrix} x_1 \\ x_2 \\ \vdots \\ x_N \end{pmatrix} \tag{2.5}$$

是一个 N 维未知变量，$\boldsymbol{A}_{K\times N}$ 是一个 $K\times N$ 阶矩阵，$K > N$，我们希望找到 $\boldsymbol{x}$ 的一个近似解。

由于方程组的方程个数 (K) 大于未知变量的个数 (N)，故方程组 (2.4) 是一个超定系统。最小二乘法是求解这类问题的一种标准方法，即利用一组给定数据 $(\boldsymbol{y}^{\mathrm{o}})$，寻找一个超定系统 (2.4) 的近似解 $(\boldsymbol{x}^{\mathrm{e}})$，该解与观测值相比，误差平方最小。近似精度由方程个数和未知量个数之差 $(K-N)$ 这个额外数据量的多少决定。

“最小二乘拟合”是指在寻找式 (2.3) ～式 (2.5) 所定义的解时，方程组 (2.4) 中每个方程与对应数据之差的平方和最小。具体而言，把观测值和模式模拟值之差的平方的加权和定义为代价函数：

$$J(\boldsymbol{x})=\sum_{k=1}^{K}w_k(y_k(\boldsymbol{x})-y_k^{\mathrm{o}})^2 \tag{2.6}$$

其中，w_k (k=1, 2, ⋯, K) 是权重系数。方程组(2.4)的变量 $\boldsymbol{x}$ 是代价函数 J 的控制变量。

最小二乘拟合找到的解 $\boldsymbol{x}^{\mathrm{e}}$ 是 $\boldsymbol{x}$ 的近似解，满足以下条件

$$J(\boldsymbol{x}^{\mathrm{e}})\leqslant J(\boldsymbol{x})\quad \forall\boldsymbol{x} \tag{2.7}$$

使代价函数达到最小值的近似解 $\boldsymbol{x}^{\mathrm{e}}$ 满足 $\left.\dfrac{\partial J}{\partial\boldsymbol{x}}\right|_{\boldsymbol{x}=\boldsymbol{x}^{\mathrm{e}}}=0$ 这个必要条件。代价函数 J 对于控制变量 $\boldsymbol{x}$ 的一阶导数为 $\dfrac{\partial J}{\partial\boldsymbol{x}}=\boldsymbol{A}^{\mathrm{T}}\boldsymbol{W}\left(\boldsymbol{Ax}-\boldsymbol{y}^{\mathrm{obs}}\right)$，$\boldsymbol{W}$ 是由权重系数 w_k 组成的一个对角矩阵。因此，$\boldsymbol{x}^{\mathrm{e}}$ 必须满足以下方程：

$$\boldsymbol{A}^{\mathrm{T}}\boldsymbol{W}\left(\boldsymbol{Ax}^{\mathrm{e}}-\boldsymbol{y}^{\mathrm{o}}\right)=0 \tag{2.8}$$

方程(2.8)由 N 个线性代数方程组成。求解 $\boldsymbol{x}^{\mathrm{e}}$ 得到

$$\boldsymbol{x}^{\mathrm{e}}=\left(\boldsymbol{A}^{\mathrm{T}}\boldsymbol{WA}\right)^{-1}\boldsymbol{A}^{\mathrm{T}}\boldsymbol{Wy}^{\mathrm{o}} \tag{2.9}$$

式(2.9)便是根据给定数据(2.3)，用最小二乘拟合方法得到的超定方程(2.5)的一个近似解。注意，最小二乘估计解($\boldsymbol{x}^{\mathrm{e}}$)明显依赖于观测数据向量($\boldsymbol{y}^{\mathrm{o}}$)和权重系数矩阵($\boldsymbol{W}$)。如 2.5 节所示，权重系数 w_k 与数据误差方差($\sigma_{\mathrm{o},k}^2$)有关。

2.4 高 斯 分 布

所谓随机过程是自然界的这样一类现象，我们知道那些结果可能会发生，但不知道哪个特定的结果会发生。在统计学中，一个随机过程是由一个随机变量来描述的，这个随机变量可以取不同可能的值。一个随机变量取特定值的相对可能性由概率密度函数($f(x)$)来描述，它是一个非负函数($f(x)\geqslant 0$)，其曲线下的面积等于单位值，即 $\int_{-\infty}^{\infty}f(x)=1$。任何非负函数 $g(x)$，只要 $\int_{-\infty}^{\infty}g(x)$ 存在，都可以转换为一个概率密度函数 $f(x)=g(x)/\int_{-\infty}^{+\infty}g(x)\mathrm{d}x$。

高斯分布的函数表达式为

$$f(x)=\frac{1}{\sigma\sqrt{2\pi}}\mathrm{e}^{-\frac{(x-\mu)^2}{2\sigma^2}}\equiv N(x;\mu,\sigma) \tag{2.10}$$

它是一类随机过程的概率密度函数，其中参数 μ 和 σ 分别是随机变量的平均值和标准差。一个高斯分布不同于另一个高斯分布，只是因为 μ 或 σ 的值不同。高斯分布也称为正态分布。

图 2.1a 显示了高斯分布($\mu=0,\ \sigma=0.9$)概率密度函数随机取样得到的值，其频率分布结果(图 2.1b 中的竖线)确实非常接近高斯分布函数(图 2.1b 中的曲线)。高斯分布相对

于其均值是对称的，并且在整个实数域上是非零的。当随机取样值 x 与平均值 ($x = 0$) 相差超过几个标准差时，高斯分布值 (即取这样的值的概率) 接近于零。因此，当代表随机变量的数据样本中存在大量异常值时，高斯分布不适合作为该随机变量的概率密度函数。

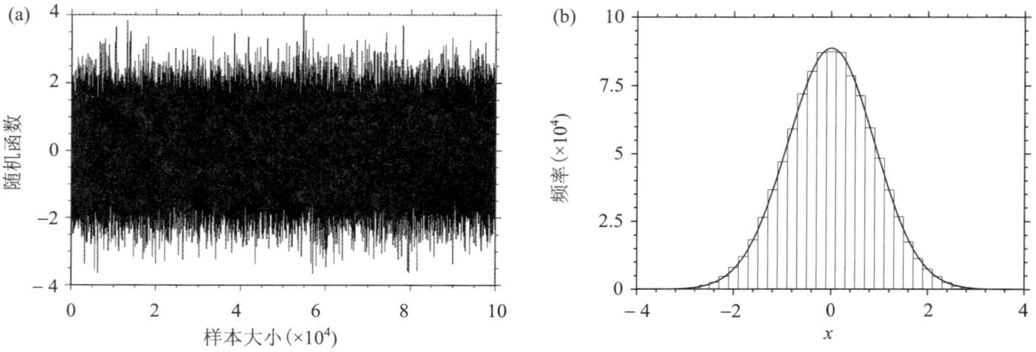

图 2.1 (a) 根据高斯分布 $N(x;0,0.9)$ 得出的随机函数随抽取样本的变化，(b) 基于 (a) 中结果的频率分布，高斯函数 $N(x;0,0.9)$ 由 (b) 中曲线所示

假定两个随机变量相互独立，它们的概率密度函数分别是高斯分布 $N(x;\mu_1,\sigma_1)$ 和 $N(x;\mu_2,\sigma_2)$，则这两个随机变量的联合概率密度函数可以写成

$$L(x;\mu_1,\mu_2;\sigma_1,\sigma_2)=\frac{1}{2\pi\sigma_1\sigma_2}\mathrm{e}^{-\left(\frac{(x-\mu_1)^2}{2\sigma_1^2}+\frac{(x-\mu_2)^2}{2\sigma_2^2}\right)} \tag{2.11}$$

图 2.2 给出了两个高斯分布 $N(x;0,2)$ 和 $N(x;2,1)$ 的联合概率密度函数的变化示例。联合概率密度函数达到最大值时的 x 值为 1.3，介于 μ_1 (=0) 和 μ_2 (=2) 之间。

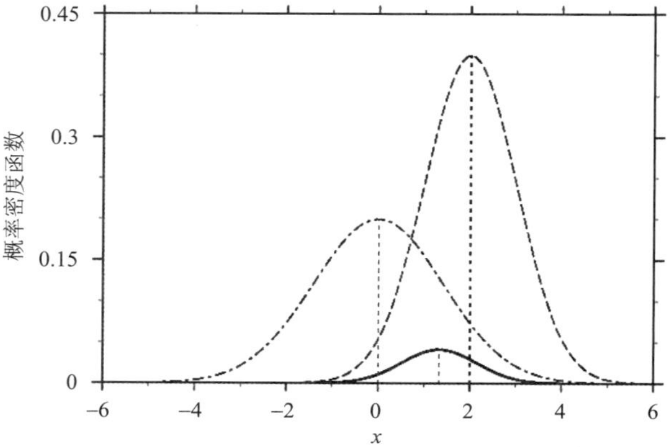

图 2.2 概率密度函数 $N(x;0,2)$ (点划线)、$N(x;2,1)$ (虚线) 和 $L(x;0,2;2,1)$ (实线) 随随机变量 x 的变化

2.5　最大似然估计

所有观测资料都是有误差的。向量 $\boldsymbol{y}^{\mathrm{o}}$ 中的每个元素都是一个独立的观测量。如果对第 k 个元素进行多次观察试验，每次得到的观测值是不同的。由于观测误差的存在，不同观测试验得到的数据往往散布在平均值附近。假定观测向量的误差为 $\boldsymbol{\varepsilon}_{\mathrm{o}}$，即 $\boldsymbol{y}^{\mathrm{t}}=\boldsymbol{y}^{\mathrm{o}}+\boldsymbol{\varepsilon}_{\mathrm{o}}$，其中 $\boldsymbol{y}^{\mathrm{t}}$ 表示真值。因此，若考虑观测误差，线性模式方程(2.4)改为

$$\boldsymbol{A}\boldsymbol{x}=\boldsymbol{y}^{\mathrm{o}}+\boldsymbol{\varepsilon}_{\mathrm{o}} \tag{2.12}$$

如果观测误差 $\boldsymbol{\varepsilon}_{\mathrm{o}}$ 是个随机变量，则利用使模式变量 $\boldsymbol{x}$ 与观测数据 $\boldsymbol{y}^{\mathrm{o}}$ 相关的模式方程(2.4)而得到的估计值 $\boldsymbol{x}^{\mathrm{e}}$ 也包含随机误差。假设资料误差 $\varepsilon_{\mathrm{o},k}$ $(k=1, 2, \cdots, K)$ 是一组相互独立的随机变量，它们的概率密度函数是具有不同均值 $(\mu_{\mathrm{o},k}, k=1, 2, \cdots, K)$ 和方差 $(\sigma_{\mathrm{o},k}^2, k=1, 2, \cdots, K)$ 的高斯分布函数，则观测误差向量 $\boldsymbol{\varepsilon}_{\mathrm{o}}$ 是这些相互独立随机变量的联合概率密度函数，即这 K 个高斯分布函数的乘积：

$$\begin{aligned}L(\boldsymbol{x};\mu_{\mathrm{o},1},\cdots,\mu_{\mathrm{o},K};\sigma_{\mathrm{o},1},\cdots,\sigma_{\mathrm{o},K})&=\frac{1}{\sqrt{(2\pi)^K\prod_{k=1}^K\sigma_{\mathrm{o},k}^2}}\mathrm{e}^{-\sum_{k=1}^K\frac{1}{2\sigma_{\mathrm{o},k}^2}\left(\varepsilon_{\mathrm{o},k}-\mu_{\mathrm{o},k}\right)^2}\\&=\frac{1}{\sqrt{(2\pi)^K\prod_{k=1}^K\sigma_{\mathrm{o},k}^2}}\mathrm{e}^{-\sum_{k=1}^K\frac{1}{2\sigma_{\mathrm{o},k}^2}\left((\boldsymbol{A}\boldsymbol{x})_k-y_k^{\mathrm{o}}-\mu_{\mathrm{o},k}\right)^2}\end{aligned} \tag{2.13}$$

$L(\boldsymbol{x};\mu_{\mathrm{o},1},\cdots,\mu_{\mathrm{o},K};\sigma_{\mathrm{o},1},\cdots,\sigma_{\mathrm{o},K})$ 是 $\boldsymbol{x}$ 的概率密度函数。我们应选择哪种方法来确定 $\boldsymbol{x}$ 的估计值 $\boldsymbol{x}^{\mathrm{e}}$ 呢？最大似然估计方法假设当变量估计值最接近其真实值时，概率密度函数值最大(Menke, 1984)。根据式(2.13)，我们发现 L 的最大值等价于 L 表达式中 e 的指数的最小值，即

$$\max_x L \Leftrightarrow \min_x J(\boldsymbol{x}) \tag{2.14}$$

其中，

$$J(\boldsymbol{x})=\sum_{k=1}^K\frac{1}{\sigma_{\mathrm{o},k}^2}\left(\varepsilon_{\mathrm{o},k}(\boldsymbol{x})-\mu_{\mathrm{o},k}\right)^2=\sum_{k=1}^K\frac{1}{\sigma_{\mathrm{o},k}^2}\left(y_k(\boldsymbol{x})-y_k^{\mathrm{o}}-\mu_{\mathrm{o},k}\right)^2 \tag{2.15}$$

这里 $y_k(\boldsymbol{x})=(\boldsymbol{A}\boldsymbol{x})_k$。如果观测资料误差平均值为零 $(\mu_{\mathrm{o},k}=0)$ 且权重系数设为观测资料误差方差的倒数 $(w_k=\sigma_{\mathrm{o},k}^{-2})$ $(k=1, 2, \cdots, K)$，表达式(2.15)与最小二乘拟合中定义的代价函数(2.6)是一样的。最小二乘拟合中的代价函数(2.6)是 L_2-范数。

如果观测误差不满足高斯分布，而是满足双边指数分布的随机变量：

$$f(\varepsilon_k)=\frac{1}{\sigma_k\sqrt{2}}\mathrm{e}^{-\sqrt{2}\frac{|\varepsilon_k(\boldsymbol{x})-\mu|}{\sigma^2}}$$

通过类似的推导过程所得到的代价函数将会是不同的范数：

$$J(\boldsymbol{x})=\sum_{k=1}^K\frac{1}{\sigma_{\mathrm{o},k}}\left|y_k(\boldsymbol{x})-y_k^{\mathrm{o}}-\mu_{\mathrm{o},k}\right|$$

换言之，为数据拟合选定的代价函数定义中的范数隐含了对观测误差随机变量的概率密度函数分布的一种假设。当然，有些随机变量的分布也有可能既不是高斯分布，也不是双边指数分布。在选用某种数据分析方法(如最小二乘拟合)时，重要的是要确保资料误差没有与假设的概率密度函数严重不符。

2.6 拟 合 误 差

最小二乘拟合得到的关于未知变量的估计值 $\boldsymbol{x}^{\mathrm{e}}$ 由式(2.9)给出。因此，该估计的误差可以表示为

$$\boldsymbol{\varepsilon}_{\boldsymbol{x}^{\mathrm{e}}} \equiv \boldsymbol{x}^{\mathrm{e}} - \boldsymbol{x}^{\mathrm{t}} = \boldsymbol{C}\boldsymbol{A}^{\mathrm{T}}\boldsymbol{W}\boldsymbol{\varepsilon}_{\mathrm{o}} \tag{2.16}$$

其中，

$$\boldsymbol{C} = \left(\boldsymbol{A}^{\mathrm{T}}\boldsymbol{W}\boldsymbol{A}\right)^{-1} \tag{2.17}$$

因此，对于一个给定模式，模式变量估计值的误差($\boldsymbol{\varepsilon}_{\boldsymbol{x}^{\mathrm{e}}}$)依赖于资料误差($\boldsymbol{\varepsilon}_{\mathrm{o}}$)。两者之间的关系由式(2.16)确定。

根据式(2.16)，模式变量估计值的误差协方差矩阵可以表示为

$$\boldsymbol{\sigma}_{\boldsymbol{x}^{\mathrm{e}}}^{2} \equiv \overline{\boldsymbol{\varepsilon}_{\boldsymbol{x}^{\mathrm{e}}}(\boldsymbol{\varepsilon}_{\boldsymbol{x}^{\mathrm{e}}})^{\mathrm{T}}} = \boldsymbol{C}\boldsymbol{A}^{\mathrm{T}}\boldsymbol{W}\overline{\boldsymbol{\varepsilon}_{\mathrm{o}}(\boldsymbol{\varepsilon}_{\mathrm{o}})^{\mathrm{T}}}\boldsymbol{W}^{\mathrm{T}}\boldsymbol{A}\boldsymbol{C}^{\mathrm{T}} \tag{2.18}$$

因为 $\sigma_{\mathrm{o}}^{2} \equiv \overline{\boldsymbol{\varepsilon}^{\mathrm{o}}(\boldsymbol{\varepsilon}^{\mathrm{o}})^{\mathrm{T}}}$ 、$\boldsymbol{W} = \sigma_{\mathrm{o}}^{-2}$、$\boldsymbol{C} = \left(\boldsymbol{A}^{\mathrm{T}}\boldsymbol{W}\boldsymbol{A}\right)^{-1}$ 、$\boldsymbol{C} = \boldsymbol{C}^{\mathrm{T}}$，上式简化为

$$\boldsymbol{\sigma}_{\boldsymbol{x}^{\mathrm{e}}}^{2} = \boldsymbol{C} \tag{2.19}$$

所以，我们称 $N\times N$ 维矩阵 $\boldsymbol{C}$(见式(2.17))为分析误差协方差矩阵。$\boldsymbol{C}$ 的对角元素(C_{ij})是 $\boldsymbol{x}^{\mathrm{e}}$ 的误差方差($\sigma_{\boldsymbol{x}^{\mathrm{e}},i}^{2}$)($i$=1, 2, …, N)，$\boldsymbol{C}$ 的非对角项($\sigma_{\boldsymbol{x}^{\mathrm{e}},ij}^{2} = C_{ij}$，$i \neq j$)是 $\boldsymbol{x}^{\mathrm{e}}$ 的误差协方差($\sigma_{\boldsymbol{x}^{\mathrm{e}},ij}^{2}$，$i \neq j$)($i$=1, 2, …, N; j=1, 2, …, N)。值得注意的是，即使观测资料误差协方差矩阵是对角的，分析误差协方差矩阵也可能是非对角的。

另外，值得注意的是，变量估计误差可以导致拟合函数($\boldsymbol{y}^{\mathrm{e}} = \boldsymbol{A}\boldsymbol{x}^{\mathrm{e}}$)的误差。表示拟合函数($\boldsymbol{y}^{\mathrm{e}}$)误差的随机变量和误差协方差矩阵分别为

$$\boldsymbol{\varepsilon}_{\boldsymbol{y}^{\mathrm{e}}} \equiv \boldsymbol{y}^{\mathrm{e}} - \boldsymbol{y}^{\mathrm{t}} = \boldsymbol{A}\boldsymbol{\varepsilon}_{\boldsymbol{x}^{\mathrm{e}}} \tag{2.20}$$

和

$$\boldsymbol{\sigma}_{\boldsymbol{y}^{\mathrm{e}}}^{2} \equiv \overline{\boldsymbol{\varepsilon}_{\boldsymbol{y}^{\mathrm{e}}}(\boldsymbol{\varepsilon}_{\boldsymbol{y}^{\mathrm{e}}})^{\mathrm{T}}} = \boldsymbol{A}\overline{\boldsymbol{\varepsilon}_{\boldsymbol{x}^{\mathrm{e}}}(\boldsymbol{\varepsilon}_{\boldsymbol{x}^{\mathrm{e}}})^{\mathrm{T}}}\boldsymbol{A}^{\mathrm{T}} = \boldsymbol{A}\boldsymbol{C}\boldsymbol{A}^{\mathrm{T}} \tag{2.21}$$

由于矩阵 $\boldsymbol{A}\boldsymbol{C}\boldsymbol{A}^{\mathrm{T}}$ 的非对角元素不一定为零，即使资料误差不相关，拟合函数 $\boldsymbol{y}^{\mathrm{e}}$ 的误差也可能是相关的。矩阵 $\boldsymbol{A}\boldsymbol{C}\boldsymbol{A}^{\mathrm{T}}$ 的对角元素是拟合函数 $\boldsymbol{y}^{\mathrm{e}}$ 的误差方差：

$$\boldsymbol{\sigma}_{\boldsymbol{y}^{\mathrm{e}},k}^{2} = (\boldsymbol{A}\boldsymbol{C}\boldsymbol{A}^{\mathrm{T}})_{kk} = \sum_{i=1}^{N}\sum_{j=1}^{N} C_{ij}A_{ki}A_{kj} \qquad (k=1, 2, \cdots, K) \tag{2.22}$$

将拟合函数($\boldsymbol{y}^{\mathrm{e}}$)的误差方差($\boldsymbol{\sigma}_{\boldsymbol{y}^{\mathrm{e}},k}^{2}$)与观测资料($\boldsymbol{y}^{\mathrm{o}}$)的误差方差($\sigma_{\mathrm{o},k}^{2}$)的比值求和，可以得出一个有趣的结果：

$$\frac{1}{K}\sum_{k=1}^{K}\frac{\sigma_{y^e,k}^2}{\sigma_{o,k}^2}=\frac{1}{K}\sum_{i=1}^{N}\sum_{j=1}^{N}C_{ij}\sum_{k=1}^{K}A_{ik}\sigma_{o,k}^{-2}A_{kj}=\frac{1}{K}\sum_{i=1}^{N}\sum_{j=1}^{N}C_{ij}(C^{-1})_{ij}=\frac{1}{K}\sum_{i=1}^{N}I_{ii}=\frac{N}{K} \tag{2.23}$$

假设观测资料误差是均匀的，即 $\sigma_{o,1}^2=\sigma_{o,2}^2=\cdots=\sigma_{o,K}^2\equiv\sigma_o^2$，拟合函数的平均误差方差（$\overline{\sigma_{y^e}^2}\equiv\frac{1}{N}\sum_{k=1}^{K}\sigma_{y^e,k}^2$）与观测资料误差方差（$\sigma_o^2$）、样本量（$K$）和模式变量的维数（$N$）之间存在如下简单关系：

$$\overline{\sigma_{y^e}^2}\equiv\frac{1}{N}\sum_{k=1}^{K}\sigma_{y^e,k}^2=\frac{N}{K}\sigma_o^2 \tag{2.24}$$

拟合函数的平均误差方差是观测资料误差方差的 N/K 倍。也就是说，观测资料误差方差越小，函数拟合的平均误差方差越小；方程个数（即资料量）越大，拟合函数的平均误差方差越小；相同资料量情况下，未知变量越少，函数拟合的平均误差方差就越小，即拟合函数的精度越高。

2.7 线 性 回 归

图 2.3 是中国陕西省杨陵区附近（34.28°N，108.07°E）地面站的地表气温观测序列（$T^{obs}=y_k^o$, k=1, 2, …, K）与 NCEP 再分析资料（$T^{NCEP}=y_k^a$, k=1, 2, …, K）之间的散点图。由图可见，y_k^o 和 y_k^a 这两个变量之间存在明显的线性相关。在这种情况下，线性回归可以用来模拟两个变量之间的关系。具体而言，可以用一个线性方程来拟合观测数据：

$$y=a+by^a \tag{2.25}$$

其中，a 和 b 是未知系数，a 和 b 的值可以通过最小二乘法得到。定义以下代价函数：

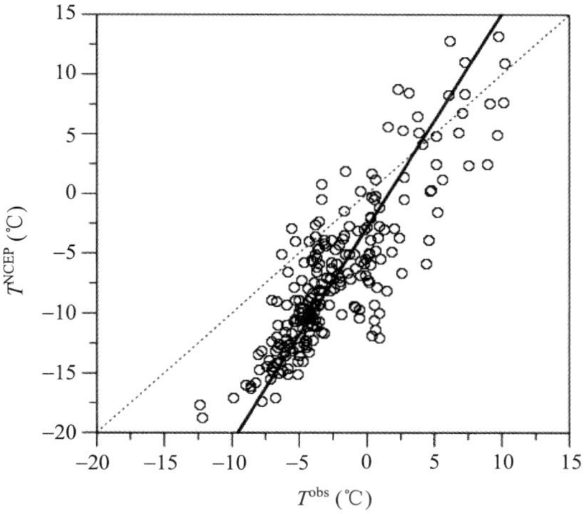

图 2.3　2008 年 1 月 1 日～29 日位于陕西省杨陵区附近（34.28°N，108.07°E）的地面观测资料地表温度（T^{obs}）和 NCEP 再分析资料地表温度（T^{NCEP}）插值到该地面站位置的散点图

实线是线性回归线，虚线为 1∶1 线

$$J(a,b) = \frac{1}{K}\sum_{k=1}^{K}\left(y_k(a,b) - y_k^{\text{o}}\right)^2 \tag{2.26}$$

图 2.4 展示了代价函数(2.26)相对于(a,b)的变化。由最小二乘拟合确定的最小点(a^{e}，b^{e})位于 J 的极小值点。

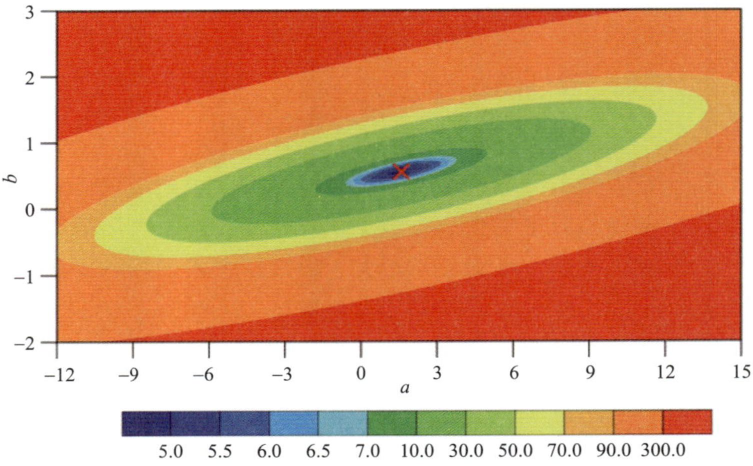

图 2.4 代价函数相对于 a 和 b 的变化

通过最小二乘拟合确定的极小点由红色“×”表示

选择线性方程(2.25)作为模式 $\boldsymbol{y} = \boldsymbol{Ax}$（式(2.4)）的适用性通常由该线性方程对数据的拟合精度来判断。图 2.5 显示了地面观测资料和 NCEP 再分析资料地表温度之间的方差以及地面观测资料和线性回归函数得到的地表温度之间的方差随样本数的变化。结果表明，前者随样本量的增加而减小。无论样本多少，地面观测与线性回归函数之间的温度方差远小于地面观测与 NCEP 再分析资料之间的温度方差。

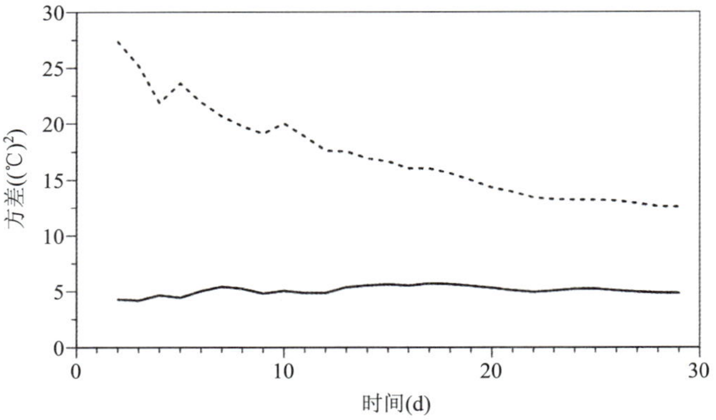

图 2.5 温度差的方差随样本量(2008 年 1 月 1 日～29 日的资料时间长度，3 h 间隔)的变化

虚线：地面观测资料与 NCEP 再分析资料的地表温度之间的方差；实线：地面观测资料与线性回归函数得到的地表温度之间的方差；观测站位于陕西省杨陵区

2.8 拉格朗日乘子

在 2.4 节中，最小二乘拟合问题的解是通过寻找代价函数的驻点找到的。在许多情况下，为了保证物理量之间的一致性和数学上的光滑性，对代价函数的控制变量需施加一个或多个动力和数学约束条件。拉格朗日乘子提供了一种求解有约束极小化问题的方法。通过引入一组拉格朗日乘子，将一个含 N 个变量和 K 个约束条件的极小化问题等价地转化为一个含 $N+K$ 个变量的无约束极小化问题。如上所述，无约束极小化问题的解可以通过寻找代价函数的驻点得到，如同我们前面求解最小二乘拟合问题中的代价函数最小值时所做的那样。

假设我们要寻求以下代价函数的极小值：

$$\min_{x_1,x_2,\cdots,x_N} J = J(x_1,x_2,\cdots,x_N) \tag{2.27}$$

其中，控制变量要满足以下约束条件：

$$g(x_1,x_2,\cdots,x_N)=0 \tag{2.28}$$

上述极小化问题是要在由约束条件(2.28)定义的模式变量子空间中寻找代价函数的极小值，即以下条件成立：

$$\begin{cases}\dfrac{\partial J}{\partial x_i}=0 \qquad (i=1,2,\cdots,N)\\ g(x_1,x_2,\cdots,x_N)=0\end{cases} \tag{2.29}$$

假如可以根据约束方程(2.28)求出一个变量，比如

$$x_N = f(x_1,x_2,\cdots,x_{N-1}) \tag{2.30}$$

将其代入式(2.27)，原来的有约束极小化问题就变成了无约束极小化问题：$\min\limits_{x_1,x_2,\cdots,x_{N-1}} J(x_1,x_2,\cdots,x_{N-1})$。不然，我们可以引入拉格朗日乘子 λ 和拉格朗日函数 L：

$$L(x_1,x_2,\cdots,x_N,\lambda)=J(x_1,x_2,\cdots,x_N)+\lambda g(x_1,x_2,\cdots,x_N) \tag{2.31}$$

其中，λ 也是一个控制变量。拉格朗日函数 L 的驻点条件是

$$\begin{cases}\dfrac{\partial L}{\partial x_i}=0 \qquad (i=1,2,\cdots,N)\\ \dfrac{\partial L}{\partial \lambda}=0\end{cases} \tag{2.32}$$

把式(2.31)代入式(2.32)，得到

$$\begin{cases}\dfrac{\partial J}{\partial x_i}+\lambda\dfrac{\partial g}{\partial x_i}=0 \qquad (i=1,2,\cdots,N)\\ g(x_1,x_2,\cdots,x_N)=0\end{cases} \tag{2.33}$$

下面我们来证明式(2.33)与式(2.29)是等价的。首先，通过对式(2.28)求微分，得到

$$\mathrm{d}g = \sum_{i=1}^{N} \frac{\partial g}{\partial x_i} \mathrm{d}x_i \equiv 0 \tag{2.34}$$

当且仅当下面条件满足时，方程(2.34)才成立：

$$\frac{\partial g}{\partial x_i} = 0 \quad (i = 1, 2, \cdots, N) \tag{2.35}$$

将式(2.35)代入式(2.33)，得到式(2.29)。因此，拉格朗日函数 L 的驻点是满足约束条件 $g = 0$ 的代价函数 J 的极小值。

反之，拉格朗日函数 L 的微分表达式为

$$\mathrm{d}L = \mathrm{d}J + \lambda \mathrm{d}g = \sum_{i=1}^{N} \left(\frac{\partial J}{\partial x_i} + \lambda \frac{\partial g}{\partial x_i} \right) \mathrm{d}x_i \tag{2.36}$$

将式(2.29)和式(2.34)代入式(2.36)，得到 $\mathrm{d}L = 0$。也就是说，满足约束条件 $g = 0$ 的代价函数 J 的极小值是拉格朗日函数 $L = J + \lambda g$ 的驻点。

因此，以下结论成立：

$$\min_{x_1, x_2, \cdots, x_N, \lambda} L \Leftrightarrow \min_{x_1, x_2, \cdots, x_N} J \tag{2.37}$$

如果有 M 个约束方程

$$\boldsymbol{g}(x_1, x_2, \cdots, x_N) = \boldsymbol{0} \tag{2.38}$$

其中，$\boldsymbol{g}(x_1, x_2, \cdots, x_N)$ 是一个 M 维向量，我们可以引入 M 个拉格朗日乘子 $\boldsymbol{\lambda}$，来构造拉格朗日函数：

$$L(\boldsymbol{x}, \boldsymbol{\lambda}) = J(\boldsymbol{x}) + \boldsymbol{\lambda}^{\mathrm{T}} \boldsymbol{g}(\boldsymbol{x}) \tag{2.39}$$

其中，$\boldsymbol{\lambda}$ 是一个 M 维向量。$L(\boldsymbol{x}, \boldsymbol{\lambda})$ 的驻点条件与式(2.36)相似，只需将 $\lambda \frac{\partial g}{\partial x_i}$ 替换为 $\boldsymbol{\lambda}^{\mathrm{T}} \frac{\partial \boldsymbol{g}}{\partial x_i}$。

拉格朗日方法可应用于求解有约束条件的最小方差估计中(2.9 节)，也可应用于区域多项式函数拟合中。如果要求某区域内两相邻子区域的分析场在它们的交界处是连续且光滑的(见 3.4 节)，区域多项式函数拟合便是有约束条件的。

2.9　最小方差估计

假设有 K 个观测值$\{x_k^{\mathrm{o}}, k=1, \cdots, K\}$，它们的随机误差$\{\varepsilon_k, k=1, \cdots, K\}$是无偏和不相关的，即

$$\overline{\varepsilon_k} = 0, \qquad \overline{\varepsilon_k \varepsilon_l} = \begin{cases} \sigma_k^2, & k = l \\ 0, & k \neq l \end{cases} \tag{2.40}$$

最小方差估计是对真值的一个线性无偏估计，且误差方差小于任何其他的线性估计。

为了得到最小方差估计，我们首先把估计值 x^{a} 表示为这 K 个观测值$\{x_k^{\mathrm{o}}, k=1, \cdots, K\}$的一个线性加权平均值：

$$x^{\mathrm{a}} = \sum_{k=1}^{K} w_k x_k^{\mathrm{o}} \tag{2.41}$$

其中，w_k (k=1,…, K)是待定权重系数。权重系数的选择要求估计值 x^{a} 的误差方差最小：

$$\min_{w_1,\cdots,w_K} \sigma_{\mathrm{a}}^2(w_1, w_2, \cdots, w_K) = \min_{w_1,\cdots,w_K} \overline{(x^{\mathrm{a}}(w_1, w_2, \cdots, w_K) - x^{\mathrm{t}})^2} \tag{2.42}$$

并且估计值 x^{a} 的偏差为零：

$$\overline{\varepsilon}_{\mathrm{a}}(w_1, w_2, \cdots, w_K) \equiv \overline{x^{\mathrm{a}}(w_1, w_2, \cdots, w_K) - x^{\mathrm{t}}} = 0 \tag{2.43}$$

把式(2.41)代入式(2.42)和式(2.43)，得到权重系数所要满足的条件如下：

$$\begin{cases} \min\limits_{w_1,\cdots,w_K} \sigma_{\mathrm{a}}^2 \equiv \min\limits_{w_1,\cdots,w_K} \sum\limits_{k=1}^{K} w_k^2 \sigma_k^2 \\ \sum\limits_{k=1}^{K} w_k = 1 \end{cases} \tag{2.44}$$

这是一个有约束极小化问题。通过引入拉格朗日函数，可将有约束极小化问题(2.44)转化为一个无约束极小化问题：

$$L(w_1, w_2, \cdots, w_k, \lambda) = \sum_{k=1}^{K} w_k^2 \sigma_k^2 + \lambda \left(1 - \sum_{k=1}^{K} w_k\right) \tag{2.45}$$

其中，λ 是拉格朗日乘子。令 L 的一阶导数为零：

$$\begin{cases} \dfrac{\partial L}{\partial w_k} \equiv 2 w_k \sigma_k^2 - \lambda = 0, \quad k = 1, \cdots, K \\ \dfrac{\partial L}{\partial \lambda} \equiv 1 - \sum\limits_{k=1}^{K} w_k = 0 \end{cases} \tag{2.46}$$

求解上述方程组(2.46)可获得拉格朗日乘子和最优权重系数的表达式：

$$\lambda = \frac{2}{\sum\limits_{k=1}^{K} \sigma_k^{-2}} \tag{2.47}$$

$$w_k = \frac{\sigma_k^{-2}}{\sum\limits_{k=1}^{K} \sigma_k^{-2}} \tag{2.48}$$

把式(2.48)代入式(2.41)后再代入式(2.42)，可以得出最小方差估计的误差方差：

$$\sigma_{\mathrm{a}}^2 = \frac{1}{\sum\limits_{k=1}^{K} \sigma_k^{-2}} \tag{2.49}$$

根据式(2.49)，我们可以得出以下结论：①每多一个观测值，无论它的误差有多大，都会提高最小方差估计的精度；②由最小方差估计得到的分析误差方差小于观测资料中的最小误差方差。这些是最小方差估计的理想特征。在逐步订正(3.6 节)和最优插值(3.7 节)两个客观分析方法中，都使用了最小方差估计。

2.10 结 束 语

线性代数中定义的线性伴随映射概念在卫星资料的变分同化中起到关键作用。线性代数中的伴随映射定义与常微分方程中的伴随微分方程定义是一致的(第 6 章)。虽然最小二乘拟合看似一种确定性方法，实际上是在假定了观测误差和模式误差均为高斯无偏情况下的最大似然估计。当权重系数是观测误差方差的倒数时，最小二乘拟合得到的解是最大似然估计。本章对线性系统的最小二乘拟合的讨论主要是数学上的，仅限于求解无约束极小化问题。事实上，最小二乘拟合可以简单地类比于三维变分(3D-Var)资料同化方法(第 8 章)。最小方差估计方法经常被应用于多项式插值，以便获得多项式插值函数的系数(第 3 章)。在下一章讨论插值中的函数拟合时，可以看到最小二乘拟合和最小方差估计的多处应用。线性回归方法的一个应用示例是基于微波温度计亮温观测的台风暖核反演(12.4 节)。

第 3 章　插　　值

3.1　引　　言

大气状态变量是一组可以完整描述某个时刻大气状态的气象变量。把连续空间(一维、二维或三维)分割成空间中的一组规则分布的离散网格点,它们满足一定的理论规律。我们只关心大气状态变量在这些离散网格点上的分析值。大气资料分析的目的是在指定时间、指定离散网格上产生一组大气状态变量的最优估计值。大气资料分析不仅有助于科学发现，也是数值天气预报所需要的初始条件。然而，实际气象观测资料往往分布在不规则空间位置上。因此，真实数据与给定网格点的大气变量值之间存在差异。大气资料分析的任务之一是利用这些不规则分布的真实数据得到规则分析网格上的大气状态变量分析场。这个任务是由插值完成的。本章通过一系列函数拟合的例子来展示简单的插值技术，并引入线性分析和后验权重的概念。这些技术和概念对理解大气资料同化尤为重要。

3.2　多项式函数拟合

在 N 维空间中生成大气状态变量分析场的插值方法多种多样，多项式函数拟合可以说是最基本的方法。早在 1949 年，Panofsky(1949)所做的大气资料分析先驱性工作中就使用了多项式函数拟合插值方法。

多项式函数拟合的数学基础是泰勒展开。在任意网格点 x_i 附近，连续可微函数 $f(x)$ 可以表示成如下的级数形式：

$$\begin{aligned} f(x) &= \sum_{n=1}^{\infty}\frac{1}{(n-1)!}\frac{\mathrm{d}^{n-1}f(x_i)}{\mathrm{d}x^{n-1}}(x-x_i)^{n-1} \\ &= \sum_{n=0}^{N-1}\frac{1}{n!}\frac{\mathrm{d}^{n}f(x_i)}{\mathrm{d}x^{n}}(x-x_i)^{n} + O\left((x-x_i)^N\right) \end{aligned} \tag{3.1}$$

其中，整数 N 是泰勒级数截断项的最高阶数。我们注意到式(3.1)实际上是一组关于变量 x 的多项式展开式：

$$f(x) = \sum_{n=0}^{N-1} a_n x^n + O\left((x-x_i)^N\right) \tag{3.2}$$

$$a_n = a_n\left(\frac{\mathrm{d}f(x_i)}{\mathrm{d}x}, \frac{\mathrm{d}^2 f(x_i)}{\mathrm{d}x^2}, \cdots, \frac{\mathrm{d}^{n-1}f(x_i)}{\mathrm{d}x^{n-1}}\right) \quad (n \geqslant 1) \tag{3.3}$$

其中，a_n $(n = 0, 1, 2, \cdots, N-1)$ 是 N 个系数，它们的值依赖于函数 $f(x)$ 和阶数小于 $N-1$ 的所有导数在网格点 x_i 的值。在 x_i 附近，式(3.2)中的最后一项很小，可以忽略。

方程(3.1)～方程(3.3)是使用多项式函数拟合方法进行插值的数学基础。为了生成某个大气状态变量 f 的分析场 $f(x)$，多项式函数拟合包括以下三个步骤。第一步，把它表示为有限个关于 x 的多项式展开基函数的线性组合$\{1, x, x^2, \cdots, x^{N-1}\}$：

$$f(x)=\sum_{n=0}^{N-1}a_n x^n \tag{3.4}$$

第二步，将 $f(x)$ 在多个观测位置 $x_k\,(k=1, 2, \cdots, K)$ 的值与对应观测值 $f^{\mathrm{o}}(x_k)$ 进行比较：

$$f(x_k)=\sum_{n=0}^{N-1}a_n x_k^n \sim f^{\mathrm{o}}(x_k) \qquad (k=1, 2, \cdots, K) \tag{3.5}$$

第三步，若 $K=N$，令多项式函数拟合值等于观测值 $f^{\mathrm{o}}(x_k)$，得到精确拟合下的系数 $a_n\,(n=0, 1, 2, \cdots, N-1)$：

$$\sum_{n=0}^{N-1}a_n x_k^n = f^{\mathrm{o}}(x_k) \qquad (k=1, 2, \cdots, K) \tag{3.6}$$

若 $K>N$，使用最小二乘拟合得到不精确拟合下的系数 a_n：

$$J(a_0,a_1,\cdots,a_{N-1})=\sum_{k=1}^{K}\frac{1}{\sigma_{\mathrm{o}}^2}\left(\sum_{n=0}^{N-1}a_n x_k^n - f^{\mathrm{o}}(x_k)\right)^2 \tag{3.7}$$

注意，多项式函数(3.4)是空间坐标 x 的连续函数。一旦求出系数 a_n 的值$(n=0, 1, 2, \cdots, N-1)$，就可以计算大气状态变量 f 在任何指定离散网格点 x_i 上的分析值 $f(x_i)\,(i=1, 2, \cdots, II)$。

在多项式函数拟合的上述三个步骤中，并不需要知道泰勒展开式(3.1)和式(3.3)中出现的大气状态变量在任何网格点处的一阶和高阶导数，而是利用不规则分布位置 x_k 上的所有观测值 $f^{\mathrm{o}}(x_k)\,(k=1, 2, \cdots, K)$，求解多项式拟合系数 $a_n\,(n=0, 1, 2, \cdots, N-1)$。

根据函数拟合区域的选择，多项式函数拟合可以是全域的、区域的或局部的。全域多项式函数拟合是在整个数据空间中使用一个多项式函数来表示整个区域的大气变量分析场。下面用一个简单的例子来说明全域多项式函数拟合的一些特点。

假设一个大气变量在两个不同的观测站 $x_k^{\mathrm{o}}\,(k=1, 2)$ 有两个观测值 $f_k^{\mathrm{o}}\,(k=1, 2)$。我们来看如何使用全域多项式函数拟合在分析区间$[x_a, x_b]$内获得分析场 $f^{\mathrm{a}}(x)$，其中 $x_a < x_1^{\mathrm{o}} < x_2^{\mathrm{o}} < x_b$。

由于只有两个观测值，因此使用具有两个系数的线性多项式拟合函数 $f^{\mathrm{a}}(x)$ 来表示分析场在区间$[x_a, x_b]$上的值：

$$f^{\mathrm{a}}(x)=a_0+a_1 x \tag{3.8}$$

式中，拟合函数 f^{a} 是网格点 x 的函数。我们的任务是根据两个不同观测站 x_k 的观测值 f_k^{o} $(k=1, 2)$，确定两个未知系数 $a_n\,(n=0, 1)$ 的值。未知系数可以通过精确拟合来确定：

$$\begin{cases} f^{\mathrm{a}}(x_1^{\mathrm{o}}) \equiv a_0 + a_1 x_1^{\mathrm{o}} = f_1^{\mathrm{o}} \\ f^{\mathrm{a}}(x_2^{\mathrm{o}}) \equiv a_0 + a_1 x_2^{\mathrm{o}} = f_2^{\mathrm{o}} \end{cases} \tag{3.9}$$

用矩阵形式，这个线性系统可以等价地表示为 $\boldsymbol{G}\begin{pmatrix} a_0 \\ a_1 \end{pmatrix}=\begin{pmatrix} f_1^{\mathrm{o}} \\ f_2^{\mathrm{o}} \end{pmatrix}$，其中 $\boldsymbol{G}=\begin{pmatrix} 1 & x_1 \\ 1 & x_2 \end{pmatrix}$ 被称为 Gram 矩阵。只要 $x_1^{\mathrm{o}} \neq x_2^{\mathrm{o}}$，矩阵 $\boldsymbol{G}$ 的行列式不为零，是可逆的。

利用替代方法，我们可以求出线性系统(3.8)中的系数 a_0 和 a_1： $a_0=\frac{x_2^{\mathrm{o}}f_1^{\mathrm{o}}-x_1^{\mathrm{o}}f_2^{\mathrm{o}}}{x_2^{\mathrm{o}}-x_1^{\mathrm{o}}}$，$a_1=\frac{f_2^{\mathrm{o}}-f_1^{\mathrm{o}}}{x_2^{\mathrm{o}}-x_1^{\mathrm{o}}}$。矩阵形式表述为 $\begin{pmatrix}a_0\\a_1\end{pmatrix}=\boldsymbol{G}^{-1}\begin{pmatrix}f_1^{\mathrm{o}}\\f_2^{\mathrm{o}}\end{pmatrix}$，其中 $\boldsymbol{G}^{-1}=\begin{pmatrix}\frac{x_2^{\mathrm{o}}}{x_2^{\mathrm{o}}-x_1^{\mathrm{o}}} & \frac{-x_1^{\mathrm{o}}}{x_2^{\mathrm{o}}-x_1^{\mathrm{o}}}\\ \frac{-1}{x_2^{\mathrm{o}}-x_1^{\mathrm{o}}} & \frac{1}{x_2^{\mathrm{o}}-x_1^{\mathrm{o}}}\end{pmatrix}$。将 a_0 和 a_1 的表达式代入式(3.8)，我们得到定义在区间$[x_a, x_b]$上的线性拟合函数分析解：

$$f^{\mathrm{a}}(x)=\frac{x_2^{\mathrm{o}}f_1^{\mathrm{o}}-x_1^{\mathrm{o}}f_2^{\mathrm{o}}}{x_2^{\mathrm{o}}-x_1^{\mathrm{o}}}+\frac{f_2^{\mathrm{o}}-f_1^{\mathrm{o}}}{x_2^{\mathrm{o}}-x_1^{\mathrm{o}}}x\equiv\frac{x_2^{\mathrm{o}}-x}{x_2^{\mathrm{o}}-x_1^{\mathrm{o}}}f_1^{\mathrm{o}}+\frac{x-x_1^{\mathrm{o}}}{x_2^{\mathrm{o}}-x_1^{\mathrm{o}}}f_2^{\mathrm{o}} \tag{3.10}$$

令

$$W_1^1(x)\equiv\frac{x_2^{\mathrm{o}}-x}{x_2^{\mathrm{o}}-x_1^{\mathrm{o}}}\ ,\qquad W_2^1(x)\equiv\frac{x-x_1^{\mathrm{o}}}{x_2^{\mathrm{o}}-x_1^{\mathrm{o}}} \tag{3.11}$$

则 $f^{\mathrm{a}}(x)$ 可以写成两个给定观测值的线性加权平均的形式：

$$f^{\mathrm{a}}(x)=\sum_{k=1}^{2}W_k^1(x)f_k^{\mathrm{o}} \tag{3.12}$$

我们称式(3.11)中的权重系数 $W_k^1\ (k=1,2)$ 为后验权重。一旦函数拟合完成，后验权重函数就有了。

这里，两个观测站 $x_k^{\mathrm{o}}\ (k=1,2)$ 位于区间$[x_a, x_b]$内，那么，分析网格点 x 或者位于 x_1^{o} 和 x_2^{o} 之间，即 $x\in[x_1^{\mathrm{o}},x_2^{\mathrm{o}}]$；或者位于 $(x_1^{\mathrm{o}},x_2^{\mathrm{o}})$ 之外，即 $x\in(x_a,x_1^{\mathrm{o}})\cup(x_2^{\mathrm{o}},x_b)$。当分析网格点 x 位于 $[x_1^{\mathrm{o}},x_2^{\mathrm{o}}]$ 内时，$f^{\mathrm{a}}(x)$ 的确是一个插值解。当分析网格点 x 在 $[x_1^{\mathrm{o}},x_2^{\mathrm{o}}]$ 之外时，得到 $f^{\mathrm{a}}(x)$ 的值是一个外推问题。

使用线性多项式函数得到的分析场是空间坐标 x 的线性函数，它的基函数是$\{1, x\}$。假定分析变量是偶函数，则函数拟合的基函数取$\{1, x^2\}$，即 $f^{\mathrm{a,q}}(x)=a_0^{\mathrm{q}}+a_1^{\mathrm{q}}x^2$。仍然假定在两个不同空间位置上各有一个观测值，则通过类似的数学推导过程，我们可以得到偶函数情况下的分析场表达式：

$$f^{\mathrm{a,q}}(x)=\sum_{k=1}^{2}W_k^{\mathrm{q}}(x)f_k^{\mathrm{o}} \tag{3.13}$$

其中，

$$W_1^{\mathrm{q}}=\frac{(x_2^{\mathrm{o}})^2-x^2}{(x_2^{\mathrm{o}})^2-(x_1^{\mathrm{o}})^2},\quad W_2^{\mathrm{q}}=\frac{x^2-(x_1^{\mathrm{o}})^2}{(x_2^{\mathrm{o}})^2-(x_1^{\mathrm{o}})^2} \tag{3.14}$$

显然，后验权重 $W_k^{\mathrm{q}}(x)\ (k=1,2)$ 与后验权重 $W_k^1(x)\ (k=1,2)$ 是不同的。

虽然多项式函数拟合的基函数可以不同，但多项式函数拟合得到的分析场结果有以下两个共同特征：①分析场是观测值的线性加权平均，如式(3.10)和式(3.13)所示；②后验权重与分析网格点位置 x 和观测位置 $x_k^{\mathrm{o}}\ (k=1,2)$ 之间的相对距离有关，但与实际观测值 f_k^{o} 无关$(k=1,2)$。第 k 个后验权重函数是分析网格点与第 k 个观测站的“接近程度”

的一种度量。如果分析网格点 x_i 与第 k 个观测站重合，$x_i = x_k^{\mathrm{o}}$，则第 k 个观测站之间在距离上的权重系数达到最大单位值。在这种情况下，分析值取观测值，即 $f^{\mathrm{a}}(x_k) = f^{\mathrm{o}}(x_k^{\mathrm{o}})$，这符合精确拟合的意思。当分析网格点 x 离第 k 个观测站的距离越来越大时，权重系数逐渐减小；当分析网格点接近其他观测点的位置时，权重系数逐渐减小，在其他观测点位置降为零，即 $W_1^{\mathrm{l}}(x_2^{\mathrm{o}}) = W_2^{\mathrm{l}}(x_1^{\mathrm{o}}) = 0$ 或 $W_1^{\mathrm{q}}(x_2^{\mathrm{o}}) = W_2^{\mathrm{q}}(x_1^{\mathrm{o}}) = 0$。换句话说，第一(第二)个观测点上的观测值几乎不影响在第二(第一)个观测点附近的分析场。这些是线性分析方法后验权重的重要特征。

可以将上述获得的后验权重与常用的 Cressman 经验权重函数进行一个有趣的比较(Cressman,1959)：

$$W_1^{\mathrm{c}} = \begin{cases} \dfrac{(x_2^{\mathrm{o}} - x_1^{\mathrm{o}})^2 - (x - x_1^{\mathrm{o}})^2}{(x_2^{\mathrm{o}} - x_1^{\mathrm{o}})^2 + (x - x_1^{\mathrm{o}})^2}, & |x - x_1^{\mathrm{o}}| \leqslant |x_1^{\mathrm{o}} - x_2^{\mathrm{o}}| \\ 0, & |x - x_1^{\mathrm{o}}| > |x_1^{\mathrm{o}} - x_2^{\mathrm{o}}| \end{cases} \tag{3.15a}$$

$$W_2^{\mathrm{c}} = \begin{cases} \dfrac{(x_2^{\mathrm{o}} - x_1^{\mathrm{o}})^2 - (x - x_2^{\mathrm{o}})^2}{(x_2^{\mathrm{o}} - x_1^{\mathrm{o}})^2 + (x - x_2^{\mathrm{o}})^2}, & |x - x_2^{\mathrm{o}}| \leqslant |x_1^{\mathrm{o}} - x_2^{\mathrm{o}}| \\ 0, & |x - x_2^{\mathrm{o}}| > |x_1^{\mathrm{o}} - x_2^{\mathrm{o}}| \end{cases} \tag{3.15b}$$

Cressman 权重函数保留了上面所述的有关后验权重的若干共性。

现在我们有三对后验权重函数：$W_k^{\mathrm{l}}(x)$、$W_k^{\mathrm{q}}(x)$、$W_k^{\mathrm{c}}(x)$ (k=1,2)。在插值($x \in [x_1^{\mathrm{o}}, x_2^{\mathrm{o}}]$)的情况下，上面讨论的三种权重函数差异非常小，因此得出的三种分析值之间的差异也非常小。在外推($x_i \in (x_a, x_1^{\mathrm{o}}) \cup (x_2^{\mathrm{o}}, x_b)$)情况下，三种不同的权重函数显著不同。换句话说，外推倾向于产生对数值格式本身极为敏感的分析，与观测值的关系不大。因此，外推产生的分析值有较大的不确定性。为了避免全域多项式函数拟合的这种不理想特征，需要采用局部多项式函数拟合。

3.3　局部多项式函数拟合

在局部多项式函数拟合中，拟合区域总数等于分析网格点总数。第 i 个小区域以第 i 个网格点为中心，包含多个观测点。局部拟合中的小区域可能相互重叠。拟合第 i 个小区域中所有观测值的多项式仅用于得到拟合变量在第 i 个网格点上的分析值。因此，局部拟合产生的多项式拟合函数与分析网格点总数相同。

局部多项式函数拟合采用多项式展开，根据附近的观测值(而不是整个数据空间中的所有观测值)得到单个网格点处的分析值。假设我们已经在区间$[x_a, x_b]$中收集了 K 个不同观测站 x_k^{o} 的观测值 f_k^{o} (k=1, 2, …, K)，并且 $x_a \leqslant x_1^{\mathrm{o}} < x_1^{\mathrm{o}} < \cdots < x_K^{\mathrm{o}} \leqslant x_b$。已知第 k 个观测值的误差方差为 σ_k^2 (k=1, 2, …, K)。我们将在局部拟合中考虑观测误差对分析场精度的影响。

为了找到第 i 个网格点 $x_i \in [x_a, x_b]$ 上的拟合函数值 $f_i^{\mathrm{a}}(x_i)$，我们要求在该网格点附近的观测值与函数拟合值$f^{\mathrm{a}}(x)$之差在选定度量下最小。网格点 x_i 不一定与任何观测站 x_k^{o} 重合($k = 1, 2, \cdots, K$)，它的局部区域至少包含距离其最近三个观测值，它们与 x_i 的空间距离比其他观测值的小。我们可以将这三个观测站分别表示为$x^{o}_{k_1^{(i)}}$、$x^{o}_{k_2^{(i)}}$和$x^{o}_{k_3^{(i)}}$。假设可以通过线性拟合得到x_i邻域的分析场，即

$$f_i^{a}(x) = a_0^{(i)} + a_1^{(i)}(x - x_i) \tag{3.16}$$

其中，$x \in \{x, \ |x - x_i| \leqslant \max\{|x_i - x^{o}_{k_1^{(i)}}|, |x_i - x^{o}_{k_2^{(i)}}|, |x_i - x^{o}_{k_3^{(i)}}|\}\}$。利用最小二乘拟合，可以根据三个观测值$\{f_k^{o}, k = k_1^{(i)}, k_2^{(i)}, k_3^{(i)}\}$确定两个未知系数$a_0^{(i)}$和$a_1^{(i)}$。

给定三个观测值估计两个参数(a_0和a_1)是一个超定问题。最小二乘拟合是解决此类问题的有力工具(见第1章)。具体而言，求解以下代价函数达到最小值时的$a_0^{(i)}$和$a_1^{(i)}$：

$$\min J\left(a_0^{(i)}, a_1^{(i)}\right) = \sum_{j=1}^{3} \frac{1}{\sigma^2_{k_j^{(i)}}} \left(f_i^{a}(x^{o}_{k_j^{(i)}}) - f^{o}_{k_j^{(i)}}\right)^2 \tag{3.17}$$

其中，$\sigma^2_{k_j^{(i)}}$ (j=1, 2, 3)是观测误差方差。

把式(3.16)代入式(3.17)，代价函数 J 是 $a_0^{(i)}$ 和$a_1^{(i)}$的显函数：

$$\begin{aligned} J\left(a_0^{(i)}, a_1^{(i)}\right) = & \sum_{i=1}^{3} \frac{1}{\sigma^2_{k_j^{(i)}}} \left((a_0^{(i)})^2 + 2a_0^{(i)}a_1^{(i)}(x^{o}_{k_j^{(i)}} - x_i) + (a_1^{(i)})^2(x^{o}_{k_j^{(i)}} - x_i)\right) \\ & + \sum_{j=1}^{3} \frac{1}{\sigma^2_{k_j^{(i)}}} \left(-2 f^{o}_{k_j^{(i)}} \left(a_0^{(i)} + a_1^{(i)}(x^{o}_{k_j^{(i)}} - x_i)\right) + (f^{o}_{k_j^{(i)}})^2\right) \end{aligned} \tag{3.18}$$

令J关于$a_0^{(i)}$ 和$a_1^{(i)}$的一阶导数为零(J在极小点要满足的必要条件)，得到以下线性方程组：

$$\begin{cases} \displaystyle\sum_{j=1}^{3} \sigma^{-2}_{k_j^{(i)}} \left(a_0^{(i)} + (x^{o}_{k_j^{(i)}} - x_i)a_1^{(i)}\right) = \sum_{j=1}^{3} \sigma^{-2}_{k_j^{(i)}} f^{o}_{k_j^{(i)}} \\ \displaystyle\sum_{j=1}^{3} \sigma^{-2}_{k_j^{(i)}} \left((x^{o}_{k_j^{(i)}} - x_i)a_0^{(i)} + (x^{o}_{k_j^{(i)}} - x_i)^2 a_1^{(i)}\right) = \sum_{j=1}^{3} \sigma^{-2}_{k_j^{(i)}} (x^{o}_{k_j^{(i)}} - x_i) f^{o}_{k_j^{(i)}} \end{cases} \tag{3.19}$$

它可以表示成矩阵形式：

$$\boldsymbol{Ga} = \boldsymbol{Bf}^{o} \tag{3.20}$$

其中，

$$\boldsymbol{a} = \begin{pmatrix} a_0^{(i)} \\ a_1^{(i)} \end{pmatrix}, \qquad \boldsymbol{G} = \begin{pmatrix} \displaystyle\sum_{j=1}^{3} \sigma^{-2}_{k_j^{(i)}} & \displaystyle\sum_{j=1}^{3} \sigma^{-2}_{k_j^{(i)}} \delta_j^{o} \\ \displaystyle\sum_{j=1}^{3} \sigma^{-2}_{k_j^{(i)}} \delta_j^{o} & \displaystyle\sum_{k=k_i}^{k_i+2} \sigma^{-2}_{k_j^{(i)}} (\delta_j^{o})^2 \end{pmatrix}$$

$$\boldsymbol{B} = \begin{pmatrix} \sigma_{k_1^{(i)}}^{-2} & \sigma_{k_2^{(i)}}^{-2} & \sigma_{k_3^{(i)}}^{-2} \\ \sigma_{k_1^{(i)}}^{-2}\delta_1^{\text{o}} & \sigma_{k_2^{(i)}}^{-2}\delta_2^{\text{o}} & \sigma_{k_3^{(i)}}^{-2}\delta_3^{\text{o}} \end{pmatrix}, \qquad \boldsymbol{f}^{\text{o}} = \begin{pmatrix} f_{k_1^{(i)}}^{\text{o}} \\ f_{k_2^{(i)}}^{\text{o}} \\ f_{k_3^{(i)}}^{\text{o}} \end{pmatrix}$$

$\delta_j^{\text{o}} = x_{k_j^{(i)}}^{\text{o}} - x_i$。 如果 Gram 矩阵 $\boldsymbol{G}$ 是可逆的，我们可以从式(3.20)求出 $\boldsymbol{a}$：

$$\boldsymbol{a} = \boldsymbol{G}^{-1}\boldsymbol{B}\boldsymbol{f}^{\text{o}} \equiv \boldsymbol{W}\boldsymbol{f}^{\text{o}} \tag{3.21}$$

其中，

$$\boldsymbol{W} = \boldsymbol{G}^{-1}\boldsymbol{B} \tag{3.22}$$

在局部多项式函数拟合中，我们只关心 $f_i^{\text{a}}(x_i)$ 的值：

$$f_i^{\text{a}}(x_i) = a_0^{(i)} = \sum_{j=1}^{3} W_{1j} f_{k_j^{(i)}}^{\text{o}} \tag{3.23}$$

值得一提的是 $\sum_{j=1}^{3} W_{1j} = 1$。

方程(3.23)又是一个把观测资料进行线性加权平均的资料分析方案，只是这一次对后验权重的推导过程不同。除了分析网格点和其附近观测点之间的距离，还考虑了观测资料的误差方差。换句话说，式(3.22)中的后验权重不仅与网格点(x_i)和其邻域中三个观测位置($x_{k_j^{(i)}}^{\text{o}}$)之间的距离 $\delta_j^{\text{o}} = x_{k_j^{(i)}}^{\text{o}} - x_i$ (j=1, 2, 3)有关，还与观测误差方差 $\sigma_{k_j^{(i)}}^2$ (j=1, 2, 3)有关。在所有网格点 i(i=1, 2, ⋯, II)上重复进行式(3.16)～式(3.23)中所涉及的计算，便得到所有网格点上的分析值。

图 3.1 给出了式(3.22)定义的新权重函数 W_{11}、W_{12} 和 W_{13} 的变化图形，其中假定第一和第三个观测值位于 $x_1 = 1$ 和 $x_3 = 3$，误差为常数 1($\sigma_1^2 = \sigma_3^2 = 1$)。第二个观测值或者位于 x_2=2(图 3.1a～c)、或者位于 x_2=2.5(图 3.1d～f)，误差 σ_2^2 从 0 增加到 3。在 x_2=2 处，第二个观测值最准确(即 $\sigma_2^2 \leqslant 1$)，W_{12} 大于 W_{11} 和 W_{13}。随着 σ_2^2 的增加，W_{12} 迅速减小，W_{11} 和 W_{13} 逐渐增加。当第二个观测位置逐步远离第一个观测位置(图 3.1d～f)时，第一个观测值的权重增加(图 3.1a～c)。此外，W_{12} 随空间坐标线性变化，导致当 $x_2 = 2$ 时，第二个观测值的权重在所有分析网格上几乎不变；也导致第二个观测值的权重在接近 x_3 的网格点比当 x_2 接近 x_3 时的还大。后者是由式(3.22)所定义的权重函数的一个不理想之处。

局部拟合通常只使用距离每个网格点最近的几个观测值，因此不能保证一阶或高阶导数连续。图 3.2 展示了两个局部拟合分析结果。一个是具有均匀误差($\sigma_1^2 = \sigma_2^2 = \sigma_3^2 = 0.04$)的情况，另一个是非均匀误差($\sigma_2^2 = 0.04$，$\sigma_1^2 = \sigma_3^2 = 25$)的结果。观测数据是 2008 年 1 月 1 日 0000 UTC、纬度带 50°N～60°N 内相距最近的四个地面站的平均地表温度。两个展示分析结果的曲线都不平滑。平滑问题将在下文中讨论。

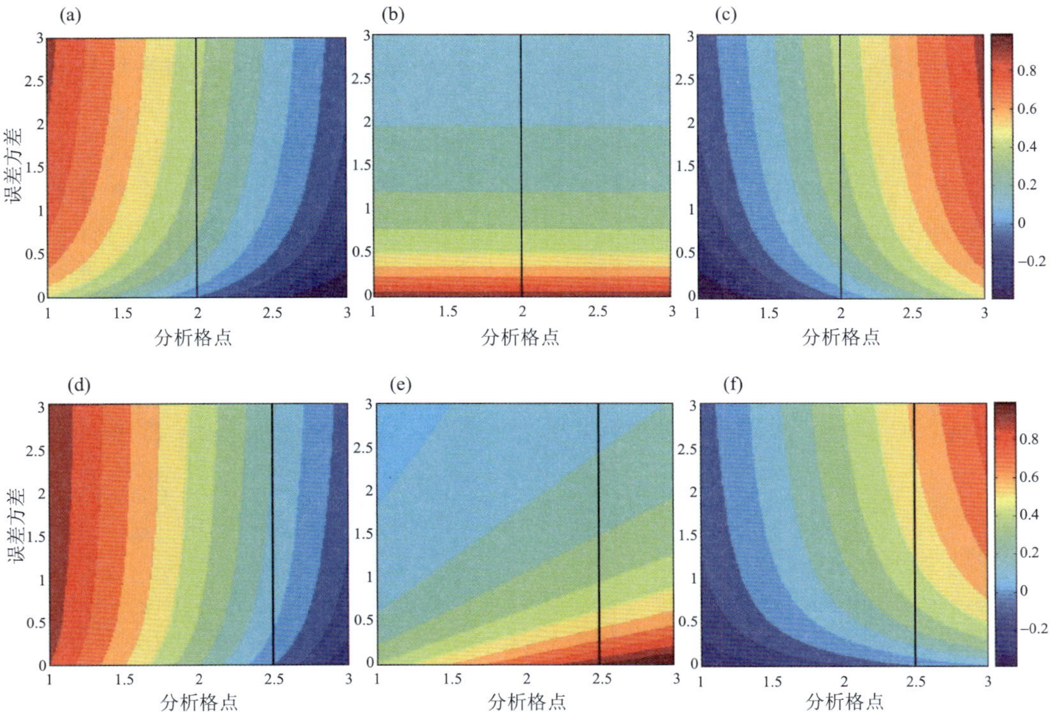

图 3.1　利用线性拟合函数进行局部拟合得到的权重函数 W_{11} (左图，彩色阴影)、W_{12} (中间图，彩色阴影) 和 W_{13} (右图，彩色阴影)

三个观测位置分别位于 (a)～(c) $x_1=1$，$x_2=2$，$x_3=3$，或者 (d)～(f) $x_1=1$，$x_2=2.5$，$x_3=3$

纵坐标分别显示误差方差 $\sigma_1^2=\sigma_3^2=1$ 和 σ_2^2

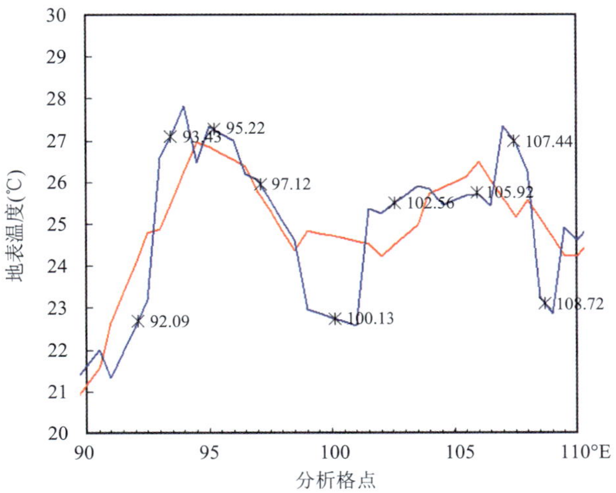

图 3.2　2008 年 1 月 1 日 0000 UTC、纬度带 50°N～60°N 内、四个邻近地面站平均地表温度观测值 (∗对应横坐标经度)，以及假定均匀 (红线，$\sigma_1^2=\sigma_2^2=\sigma_3^2=0.04$) 和非均匀 (蓝线，$\sigma_2^2=0.04$，$\sigma_1^2=\sigma_3^2=25$) 观测误差得到的局部拟合分析曲线

大气客观分析的最初目标是通过使用计算机，在更短时间内完成主观分析所能完成的资料分析任务。为了实现这一目标，Gilchrist 和 Cressman (1954) 在大气资料分析中引入了局部拟合，利用分析网格点周围邻近区域的观测资料，生成该网格点的分析值。这一过程与普通天气图分析一致，很少关注来自远距离处的数据。与全域或区域多项式拟合方法相比，局部函数拟合得到的分析场的平滑性最小。除了提出局部函数拟合外，Gilchrist 和 Cressman (1954) 还提供了一种确定权重函数的方法和资料影响域的概念，尝试了逐步扩大资料影响域、重复局部函数拟合的做法。这些想法和做法对资料分析方法的后续发展产生了重大影响，包括逐步订正法和最优插值法，它们是早期数值天气预报业务中心实施的两个主要大气客观分析方法。

Gilchrist 和 Cressman (1954) 的资料分析方法可具体描述如下。寻求二维等压面上的扰动位势高度（$\delta\tilde{h}(x,y)$，位势高度与标准大气位势高度之差）的分析场。在不同网格点生成不同的二次多项式拟合函数。网格点处的分析值是二次多项式拟合函数中的第一个常数项系数。值得指出的是，使用较低次多项式(例如，二次多项式)作为拟合函数所需要的观测资料总数比更高次多项式(例如，三次多项式)函数拟合少。而且，拟合函数阶数越低，需要求逆矩阵的系数矩阵的秩也越低。当然，即使在局部拟合中使用较低阶的多项式，对每个网格点都要进行一次矩阵反演。在 Gilchrist 和 Cressman 的扰动位势高度的分析过程中，利用了地转平衡作为动力约束，引入了风的观测值。

Gilchrist 和 Cressman (1954) 把扰动位势高度的分析场表示为下述多项式拟合函数：

$$\delta\tilde{h}(x,y) = a_{00} + a_{10}x + a_{01}y + a_{11}xy + a_{20}x^2 + a_{02}y^2 \equiv \sum_{i+j=0}^{i+j=2} a_{ij}x^i y^j \tag{3.24}$$

其中，(x, y) 是原点设在分析网格点的二维局部坐标。

式(3.24)中的 6 个未知系数 $\{a_{ij}\}$。Gilchrist 和 Cressman 选择了这样的系数，它们使以下代价函数最小：

$$J(\{a_{ij}\}) = \alpha^2 \sum_{m=1}^{M} (\delta\tilde{h}(x,y) - \delta h_m^{\text{o}})^2 + \beta^2 \sum_{n=1}^{N} \left(\left(\frac{\partial \delta\tilde{h}}{\partial x} - \frac{f}{g} v_n^{\text{o}} \right)^2 + \left(\frac{\partial \delta\tilde{h}}{\partial y} + \frac{f}{g} u_n^{\text{o}} \right)^2 \right) \tag{3.25}$$

上式中，纬向风和经向风观测资料分别提供了在观测位置扰动位势高度的一阶导数 $\partial\delta\tilde{h}/\partial y$ 和 $\partial\delta\tilde{h}/\partial x$。由于缺乏观测误差信息，Gilchrist 和 Cressman (1954) 通过主观分析结果来确定 α^{-2} 和 β^{-2} 的值。由于风的观测误差与风速和地理位置有关，在 J 中引入的地转平衡假设也会产生额外的误差，Gilchrist 和 Cressman (1954) 先进行了总共 L 个客观分析试验，不同试验使用不同的误差方差平方根：

$$\beta^{-1} = 10\ \text{kt} = 5.17\ \text{m} \cdot \text{s}^{-1} \tag{3.26}$$

$$\alpha_l^{-1} = \left(10 + (l-1)\frac{85-10}{L} \right) \text{ft}, \quad (l = 1, 2, \cdots, L) \tag{3.27}$$

α^{-1} 以 75/L 的间隔从 10 ft 增加到 85 ft 不等。将 $\alpha^{-1} = \alpha_l^{-1}$ 时代价函数极小化后得到的扰动位势高度分析值表示为 $\delta\tilde{h}^{(l)}$，再把三位不同天气图分析专家给出的三次主观分析的平均值 $\overline{\delta h}^{\text{subjective}}$ 视为“真值”，计算客观分析和主观分析之间的标准差：

$$\sigma_{\delta\tilde{h},l}=\sqrt{\frac{\sum_{j=1}^{JJ}\sum_{i=1}^{II}\left(\delta\tilde{h}_{ij}^{(l)}-\overline{\delta h_{ij}}^{\text{subjective}}\right)^2}{II\times JJ}} \tag{3.28}$$

$$\sigma_{\nabla^2\delta\tilde{h},l}=\sqrt{\frac{\sum_{j=1}^{JJ}\sum_{i=1}^{II}\left(\nabla^2\delta\tilde{h}_{ij}^{(l)}-\nabla^2\overline{\delta h_{ij}}^{\text{subjective}}\right)^2}{II\times JJ}} \tag{3.29}$$

$\sigma_{\delta\tilde{h},l}$ 和 $\sigma_{\nabla^2\delta\tilde{h},l}$ 相对于 α^{-1} 的变化都有最小值(Gilchrist 和 Cressman，1954)。最后，选择一个接近 $\sigma_{\nabla^2\delta\tilde{h},l}$ 最小值的点，$\alpha^{-1}=50$，用于高空客观分析的常规使用值。

确定了误差方差 α^{-2} 和 β^{-2} 的值后，再确定数据搜索区域。第一次搜索开始于由以下等式定义的菱形区域：

$$|x|+|y|=a, \qquad a=\frac{1000}{\sqrt{2}}\ \text{km} \tag{3.30}$$

网格点位于上述菱形的中心。一般认为，只有 6 个未知变量的局部二次多项式函数拟合需要 10 个以上的观测值，以便有一些平滑效果，这样，不仅能消除数据中包含的误差，也能降低奇异系数矩阵的发生概率。当有 10 个以上的可用观测值时，局部二次多项式函数未知常数是通过求解下述 6 个线性代数方程组成的方程组得到的：

$$\frac{\partial J}{\partial a_{ij}}=0, \quad 0\leqslant i+j\leqslant 2 \tag{3.31}$$

如果某网格点菱形区域内的观察数量不足，则跳过此网格点处的分析。因此，第一次搜索后留下了一些未计算过分析值的点。

第二次搜索只对那些未计算的网格点进行，使用与第一次搜索相同大小的搜索区域，除了观察值，所有第一次搜索计算出的分析值也当作观测值，以确保有充分的数据。当搜索范围内的观察值和分析值的总数超过 10 时，计算该网格点处的分析值。否则，该点将被第二次跳过。第三次和随后的搜索区域大小逐渐增加，式(3.30)中 a 的值每次增加 $2000/\sqrt{2}$ km。当所有网格点上都有分析值后，迭代搜索过程停止。

对代价函数中的权重和数据的选择是 Gilchrist 和 Cressman(1954)研究的两个有趣特点，它们代表了时代的思想，并为后续发展逐步订正法这一早期客观分析方法指明了方向。由于以下限制，Gilchrist 和 Cressman(1954)的客观分析方法未能在业务预报系统上实现：①天气图主观分析不可重复，不应作为标准(真值)；②单次分析确定的误差方差可能并非始终具有统计代表性；③使用前一迭代计算的网格点上的拟合函数值作为当前局部函数拟合的输入数据会有外推插值影响，这通常是有风险的。这项工作的扩展包括把方形搜索区域替换成圆形搜索区域，以便提高分析场的平滑度；在观测资料稀疏或不存在的区域使用前一时间分析场作为初始条件得到的模式预报。

图 3.3～图 3.5 显示了 2008 年 6 月 9 日 1200 UTC 时，探空资料的局部二次多项式拟合与 NCEP FNL 再分析资料在 500 hPa 和 850 hPa 位势高度差(单位：ft)的标准差随权重因子 $\sigma_{h,l}$ 的变化(图 3.3)，以及选择了 $\sigma_{\delta\tilde{h},l}$ 的最小值分别生成的 500 hPa 和 850 hPa 的位势高度分析场(图 3.4a 和图 3.5a)。与 NCEP FNL 再分析资料(图 3.4b 和图 3.5b)相比，Gilchrist 和 Cressman 的局部二次多项式函数拟合方法得到的 500 hPa 位势高度分析结果(图 3.4)比 850 hPa(图 3.5)的更准确。

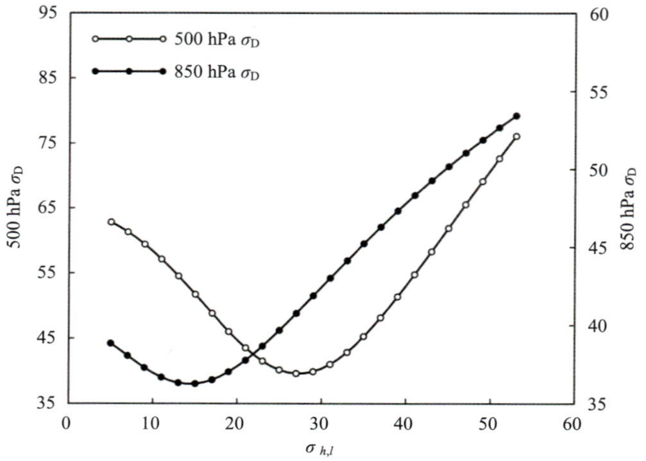

图 3.3　2008 年 6 月 9 日 1200 UTC 500 hPa 和 850 hPa 探空资料的局部二次多项式拟合和 NCEP 再分析资料位势高度差(单位：ft)的标准差随拟合中所指定的权重因子 $\sigma_{h,l}$ 的变化

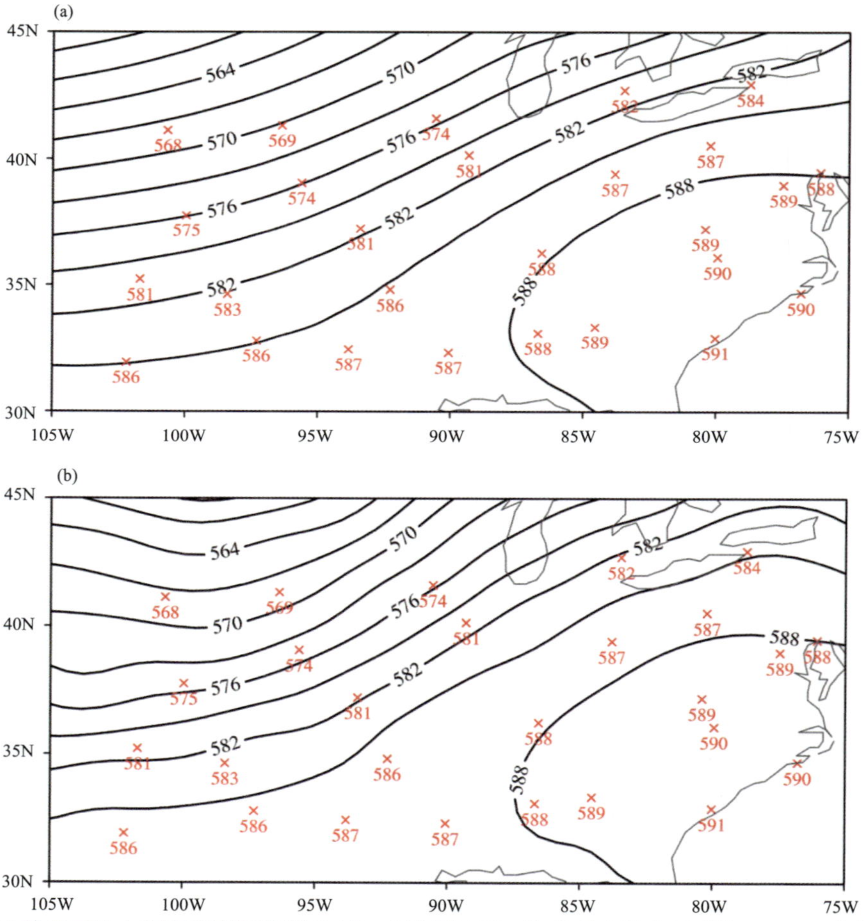

图 3.4　(a)基于无线电探空仪观测资料(红色×)进行局部二次多项式拟合得到的 500 hPa 位势高度(单位：m)，(b)NCEP FNL 500 hPa 位势高度分析场

数据时间：2008 年 6 月 9 日 1200 UTC

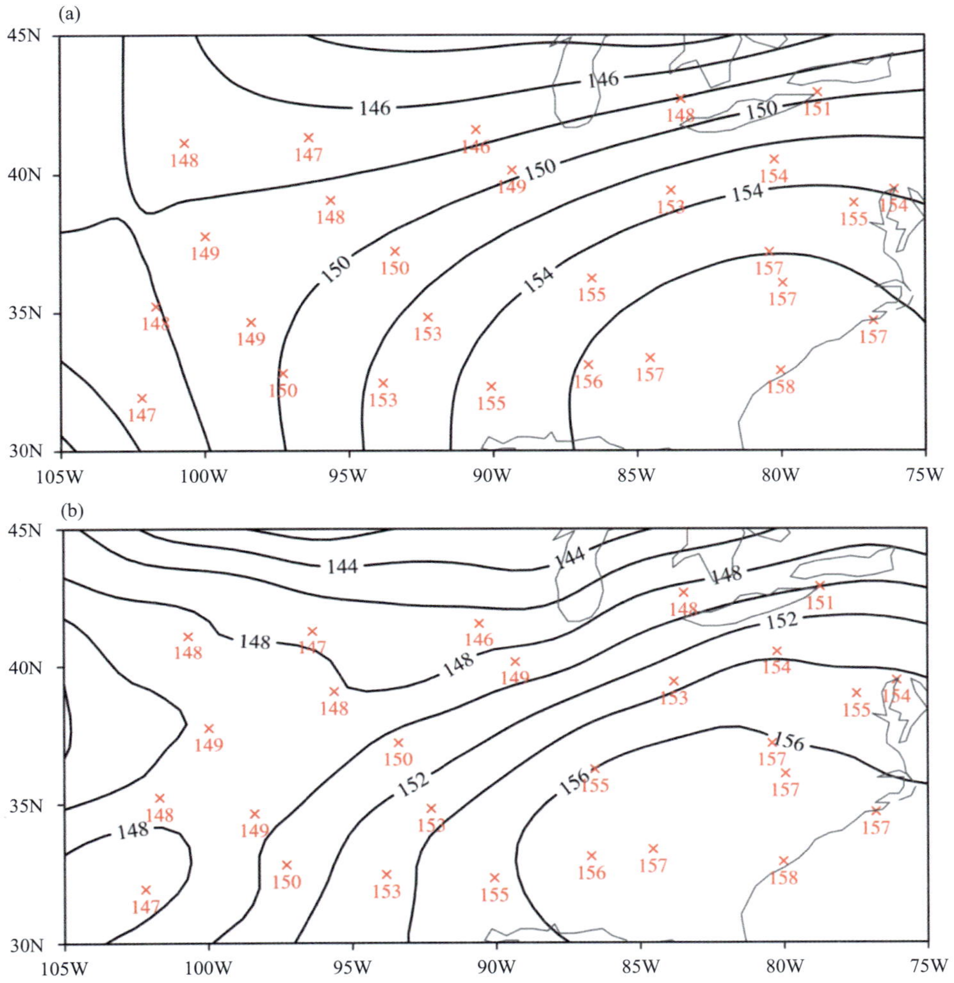

图 3.5　(a)基于无线电探空仪观测资料(红色×)进行局部二次多项式拟合得到的 850 hPa 位势高度(单位：m)，(b)NCEP FNL 850 hPa 位势高度分析场

数据时间：2008 年 6 月 9 日 1200 UTC

3.4　区域多项式函数拟合

在区域多项式函数拟合中，分析区域被划分为几个较小的非重叠子区域，在每个子区域中分别进行多项式函数拟合，对子区域中的所有观测值进行函数拟合产生的多项式函数给出该子区域中所有网格点上的分析值。因此，区域拟合产生的多项式函数与划分整个分析区域的子区域数相同。多项式拟合函数及其一阶和二阶导数在不同子区域边界处的连续性不一定能保证。因此，区域多项式函数拟合中增加了在不同子区域边界的连续性约束。在区域函数拟合中要求解的极小化问题是有约束条件的。

假设我们在 $K+1$ 个等间距观测站观测到一组位势高度值：$\{\varPhi_k^{\text{obs}} = \varPhi^{\text{obs}}(x_k)$，

$x_k^{\text{o}} = x_0^{\text{o}} + k\Delta$，$k$=0, 1,⋯, K)，其中 Δ 是任意两个连续观测站之间的固定距离，观测误差方差为 σ^2。我们把整个区域分成 K 个子区域$[x_{k-1}, x_k)$ (k=1, 2, ⋯, K)，在每个子区域中进行多项式函数拟合 $\Phi_k(x)$，整个区域的位势高度分析场 $\Phi^{\text{a}}(x)$ 定义为 $\Phi^{\text{a}}(x)=\Phi_k(x)$，$x\in[x_{k-1}, x_k)$ (k=1, 2, ⋯, K)，并要求 $\Phi^{\text{a}}(x)$ 是一个连续平滑函数，它的一阶和二阶导数也是连续的。

除了有与第 k 个子区间 x_{k-1} 和 x_k 相关的两个观测值外，对拟合函数的平滑度和它的一阶和二阶导数的连续性还有额外要求。线性和二次多项式没有足够的自由度①来满足所有这些要求，而三次多项式就可以。下面的三次多项式拟合函数最早是 Ahlberg 等(1967)使用的，是 $\Phi_k(x)$ 的一个很好的候选函数：

$$\Phi_k(x) = s_{k-1}\frac{(x_k - x)^3}{\Delta^3} + s_k\frac{(x - x_{k-1})^3}{\Delta^3} + (y_{k-1} - s_{k-1})\frac{x_k - x}{\Delta} + (y_k - s_k)\frac{x - x_{k-1}}{\Delta}, \quad x \in [x_{k-1}, x_k) \tag{3.32}$$

其中，$\{y_k, k=0, 1, \cdots, K\}$和$\{s_k, k=0, 1, \cdots, K\}$是两组待定参数。

在第 k 个观测站，插值函数 $\Phi_k(x)$ 取值为 y_k(k=1, 2, ⋯, K)。$\Phi^{\text{a}}(x)$ 及其二阶导数是连续的，但 $\Phi^{\text{a}}(x)$ 的一阶导数不连续。函数 $\Phi_k(x)$ 的一阶导数为

$$\Phi_k'(x) = -3s_{k-1}\frac{(x_k - x)^2}{\Delta^3} + 3s_k\frac{(x - x_{k-1})^2}{\Delta^3} - \frac{y_{k-1} - s_{k-1}}{\Delta} + \frac{y_k - s_k}{\Delta}$$

$$\Phi_{k+1}'(x) = -3s_k\frac{(x_{k+1} - x)^2}{\Delta^3} + 3s_{k+1}\frac{(x - x_k)^2}{\Delta^3} - \frac{y_k - s_k}{\Delta} + \frac{y_{k+1} - s_{k+1}}{\Delta}$$

令 $\Phi_k'(x_k) = \Phi_{k+1}'(x_k)$，我们得到下面 K–1 个方程所组成的线性系统：

$$s_{k-1} + 4s_k + s_{k+1} = y_{k-1} - 2y_k + y_{k+1}, \quad k = 1, 2, \cdots, K-1 \tag{3.33}$$

为了确保 $\Phi^{\text{a}}(x)$ 一阶导数的连续性，方程组(3.33)是三次多项式函数拟合必须满足的约束条件。

与此同时，还需考虑 $\Phi^{\text{a}}(x)$ 的平滑条件。光滑函数的一个普遍性质是它的二阶导数取平方后数值较小。由于

$$\int_{x-1}^{x}\left(\Phi_k''(x)\right)^2 \mathrm{d}x = \frac{12}{\Delta^3}\left(s_{k-1}^2 + s_k^2 + s_{k-1}s_k\right) \tag{3.34}$$

若 $\left(s_{k-1}^2 + s_k^2 + s_{k-1}s_k\right)$ 较小(Δ 固定)，则式(3.34)左侧的积分也较小。因此，可以把式(3.34)右侧项作为得到 $\Phi^{\text{a}}(x)$ 的一个弱约束，便能确保函数 $\Phi^{\text{a}}(x)$ 的平滑性。上述讨论原则上符合以下最小二乘问题的定义，即在满足约束条件(3.33)的情况下，极小化下述代价函数：

$$J\left(\{s_k\},\{y_k\},\{\lambda_k\}\right) = \sigma^{-2}\sum_{k=0}^{K}\left(y_k - \Phi_k^{\text{obs}}\right)^2 + \tau^2\sum_{k=1}^{K}\left(s_{k-1}^2 + s_k^2 + s_{k-1}s_k\right) \tag{3.35}$$

---

① 此处自由度指物理系统中的参数权重。请注意，此概念不同于统计自由度。

式(3.35)中的第一项确保函数拟合值尽可能接近观测值，第二项确保分析场足够平滑(弱约束)，惩罚项系数 τ 的大小控制 $\Phi^{\mathrm{a}}(x)$ 的平滑度[①]。约束条件(3.33)是确保分析场一阶导数连续的强约束。

为了求解有强约束条件的最小二乘拟合问题，我们引入以下拉格朗日函数：

$$
\begin{aligned}
L(\{s_k\},\{y_k\},\{\lambda_k\}) = {} & \sigma^{-2}\sum_{k=0}^{K}\left(y_k - \Phi_k^{\mathrm{obs}}\right)^2 + \tau^2\sum_{k=1}^{K}\left(s_{k-1}^2 + s_k^2 + s_{k-1}s_k\right) \\
& + 2\sum_{k=1}^{K-1}\lambda_k\left(s_{k-1} + 4s_k + s_{k+1} - \left(y_{k-1} - 2y_k + y_{k+1}\right)\right)
\end{aligned}
\tag{3.36}
$$

其中，$\lambda=\{\lambda_k, k=1, 2, \cdots, K-1\}$是拉格朗日乘子。

将拉格朗日函数 L 的一阶导数设为零，得出 L 在驻点处必须满足的三个线性方程组。

第一个方程组是 $\dfrac{\partial L}{\partial \boldsymbol{s}}=0$，它的展开形式是

$$
\begin{aligned}
&\frac{\partial L}{\partial s_0} = 0 \rightarrow \tau^2\left(2s_0 + s_1\right) + 2\lambda_1 = 0 \\
&\frac{\partial L}{\partial s_1} = 0 \rightarrow \tau^2\left(s_0 + 4s_1 + s_2\right) + 8\lambda_1 + 2\lambda_2 = 0 \\
&\frac{\partial L}{\partial s_2} = 0 \rightarrow \tau^2\left(s_1 + 4s_2 + s_3\right) + 2\lambda_1 + 8\lambda_2 + 2\lambda_3 = 0 \\
&\frac{\partial L}{\partial s_3} = 0 \rightarrow \tau^2\left(s_2 + 4s_3 + s_4\right) + 2\lambda_2 + 8\lambda_3 + 2\lambda_4 = 0 \\
&\qquad\vdots \\
&\frac{\partial L}{\partial s_{K-2}} = 0 \rightarrow \tau^2\left(s_{K-3} + 4s_{K-2} + s_{K-1}\right) + 2\lambda_{K-3} + 8\lambda_{K-2} + 2\lambda_{K-1} = 0 \\
&\frac{\partial L}{\partial s_{K-1}} = 0 \rightarrow \tau^2\left(s_{K-2} + 4s_{K-1} + s_K\right) + 2\lambda_{K-2} + 8\lambda_{K-1} = 0 \\
&\frac{\partial L}{\partial s_K} = 0 \rightarrow \tau^2\left(s_{K-1} + 2s_K\right) + 2\lambda_{K-1} = 0
\end{aligned}
\tag{3.37}
$$

第二个方程组是 $\dfrac{\partial L}{\partial \boldsymbol{\lambda}}=0$，即式(3.33)。

第三个方程组是 $\dfrac{\partial L}{\partial \boldsymbol{y}}=0$，它的展开形式是

① τ 越大，曲线越平滑。

$$\begin{aligned}
&\frac{\partial L}{\partial y_0}=0 \to (2y_0-\Phi_0^{\text{obs}})-\lambda_1=0\\
&\frac{\partial L}{\partial y_1}=0 \to (y_1-\Phi_1^{\text{obs}})+2\lambda_1-\lambda_2=0\\
&\frac{\partial L}{\partial y_2}=0 \to (y_2-\Phi_2^{\text{obs}})-\lambda_1+2\lambda_2-\lambda_3=0\\
&\frac{\partial L}{\partial y_3}=0 \to (y_3-\Phi_3^{\text{obs}})-\lambda_2+2\lambda_3-\lambda_4=0\\
&\qquad\vdots\\
&\frac{\partial L}{\partial y_{K-2}}=0 \to (y_{K-2}-\Phi_{K-2}^{\text{obs}})-\lambda_{K-3}+2\lambda_{K-2}-2\lambda_{K-1}=0\\
&\frac{\partial L}{\partial y_{K-1}}=0 \to (y_{K-1}-\Phi_{K-1}^{\text{obs}})-\lambda_{K-2}+2\lambda_{K-1}=0\\
&\frac{\partial L}{\partial y_K}=0 \to (y_K-\Phi_K^{\text{obs}})-\lambda_{K-1}=0
\end{aligned}\tag{3.38}$$

方程组(3.37)、(3.33)和(3.38)共有 $3K+1$ 个线性方程，用于确定拉格朗日函数驻点处 $\boldsymbol{\lambda}$(维数 $K-1$)、$\boldsymbol{y}$(维数 $K+1$)和 $\boldsymbol{s}$(维数 $K+1$)的值。将式(3.33)代入式(3.37)并暂时忽略 $\dfrac{\partial L}{\partial s_0}=0$ 和 $\dfrac{\partial L}{\partial s_K}=0$，得到

$$\begin{cases}
\tau^2(y_0-2y_1+y_2)+8\lambda_1+2\lambda_2=0\\
\tau^2(y_1-2y_2+y_3)+2\lambda_1+8\lambda_2+2\lambda_3=0\\
\tau^2(y_2-2y_3+y_4)+2\lambda_2+8\lambda_3+2\lambda_4=0\\
\qquad\vdots\\
\tau^2(y_{K-3}-2y_{K-2}+y_{K-1})+2\lambda_{K-3}+8\lambda_{K-2}+2\lambda_{K-1}=0\\
\tau^2(y_{K-2}-2y_{K-1}+y_K)+2\lambda_{K-2}+8\lambda_{K-1}=0
\end{cases}\tag{3.39}$$

同时，对于 $k=1, 2, \cdots, K-1$，式(3.38)中的方程可以简洁地写成如下形式：

$$\begin{cases}
\left(y_{k-1}-\Phi_{k-1}^{\text{obs}}\right)=\lambda_{k-2}-2\lambda_{k-1}+\lambda_k\\
-2\left(y_k-\Phi_k^{\text{obs}}\right)=-2\lambda_{k-1}+4\lambda_k-2\lambda_{k+1}\\
\left(y_{k+1}-\Phi_{k+1}^{\text{obs}}\right)=\lambda_k-2\lambda_{k+1}+\lambda_{k+2}
\end{cases}\tag{3.40}$$

其中，假设 $\lambda_{-1}=\lambda_0=\lambda_K=0$。在式(3.40)中，令 $k=1$、k、$K-1$，得到三个方程，把这三个等式的左侧和右侧相加，得到

$$\begin{cases}(y_0-2y_1+y_2)-\left(\Phi_0^{\text{obs}}-2\Phi_1^{\text{obs}}+\Phi_2^{\text{obs}}\right)=6\lambda_1-4\lambda_2+\lambda_3\\ (y_{k-1}-2y_k+y_{k+1})-\left(\Phi_{k-1}^{\text{obs}}-2\Phi_k^{\text{obs}}+\Phi_{k+1}^{\text{obs}}\right)=\lambda_{k-2}-4\lambda_{k-1}+6\lambda_k-4\lambda_{k+1}+\lambda_{k+2}\\ (y_{K-2}-2y_{K-1}+y_K)-\left(\Phi_{K-2}^{\text{obs}}-2\Phi_{K-1}^{\text{obs}}+\Phi_K^{\text{obs}}\right)=\lambda_{K-3}-4\lambda_{K-2}+6\lambda_{K-1}\end{cases} \tag{3.41}$$

我们注意到，方程(3.39)和方程(3.41)中都有$\left(y_{k-1}^{\text{obs}}-2y_k^{\text{obs}}+y_{k+1}^{\text{obs}}\right)$ (k=1, 2, …, K–1)这项。事实上，$\left(y_{k-1}^{\text{obs}}-2y_k^{\text{obs}}+y_{k+1}^{\text{obs}}\right)$可以看作是$\Phi(x)$在观测站$x_k$的二阶导数：

$$\Phi_{k-1}^{\text{obs}}-2\Phi_k^{\text{obs}}+\Phi_{k+1}^{\text{obs}}=\Delta^2\left(\Phi_k^{\text{obs}}\right),\qquad k=1,2,\cdots,K-1 \tag{3.42}$$

根据式(3.42)，可以将式(3.41)中$\left(\Phi_{k-1}^{\text{obs}}-2\Phi_k^{\text{obs}}+\Phi_{k+1}^{\text{obs}}\right)$这项替换成$\Delta^2\left(\Phi_k^{\text{obs}}\right)$，移项得到$(y_{k-1}-2y_k+y_{k+1})$的表达式，并代入式(3.39)，则有以下方程组：

$$\begin{cases}\tau^2\left(\Delta^2\left(\Phi_1^{\text{obs}}\right)+(6\lambda_1-4\lambda_2+\lambda_3)\right)+8\lambda_1+2\lambda_2=0\\ \tau^2\left(\Delta^2\left(\Phi_2^{\text{obs}}\right)+(-4\lambda_1+6\lambda_2-4\lambda_3+\lambda_4)\right)+2\lambda_1+8\lambda_2+2\lambda_3=0\\ \tau^2\left(\Delta^2\left(\Phi_3^{\text{obs}}\right)+(\lambda_1-4\lambda_2+6\lambda_3-4\lambda_4+\lambda_5)\right)+2\lambda_2+8\lambda_3+2\lambda_4=0\\ \qquad\vdots\\ \tau^2\left(\Delta^2\left(\Phi_k^{\text{obs}}\right)+(\lambda_{k-2}-4\lambda_{k-1}+6\lambda_k-4\lambda_{k+1}+\lambda_{k+2})\right)+2\lambda_{k-1}+8\lambda_k+2\lambda_{k+1}=0\\ \qquad\vdots\\ \tau^2\left(\Delta^2\left(\Phi_{K-1}^{\text{obs}}\right)+(\lambda_{K-3}-4\lambda_{K-2}+6\lambda_{K-1})\right)+2\lambda_{K-2}+8\lambda_{K-1}=0\end{cases} \tag{3.43}$$

用矩阵形式，上述方程组可以写成一个更清晰的表达式：

$$\begin{pmatrix}8+6\tau^2 & 2-4\tau^2 & \tau^2 & 0 & 0 & 0 & 0 & \cdots & 0\\ 2-4\tau^2 & 8+6\tau^2 & 2-4\tau^2 & \tau^2 & 0 & 0 & 0 & \cdots & 0\\ \tau^2 & 2-4\tau^2 & 8+6\tau^2 & 2-4\tau^2 & \tau^2 & 0 & 0 & \cdots & 0\\ 0 & \tau^2 & 2-4\tau^2 & 8+6\tau^2 & 2-4\tau^2 & \tau^2 & 0 & \cdots & 0\\ \vdots & \vdots & \vdots & \vdots & \vdots & \vdots & \vdots & & \vdots\\ 0 & \cdots & 0 & 0 & \tau^2 & 2-4\tau^2 & 8+6\tau^2 & 2-4\tau^2 & \tau^2\\ 0 & \cdots & 0 & 0 & 0 & \tau^2 & 2-4\tau^2 & 8+6\tau^2 & 2-4\tau^2\\ 0 & \cdots & 0 & 0 & 0 & 0 & \tau^2 & 2-4\tau^2 & 8+6\tau^2\end{pmatrix}\begin{pmatrix}\lambda_1\\ \lambda_2\\ \lambda_3\\ \lambda_4\\ \vdots\\ \lambda_{K-3}\\ \lambda_{K-2}\\ \lambda_{K-1}\end{pmatrix}$$

$$=-\tau^2\Delta^2\begin{pmatrix}\Phi_1^{\text{obs}}\\ \Phi_2^{\text{obs}}\\ \vdots\\ \Phi_{K-1}^{\text{obs}}\end{pmatrix} \tag{3.44}$$

现在，怎么求解$\{\lambda_k, k=1, \cdots, K-1\}$、$\{y_k, k=0, 1, \cdots, K\}$和$\{s_k, k=0, 1, \cdots, K\}$就变得很

明显了。首先通过求上述五对角系数矩阵的逆矩阵获得拉格朗日乘子$\{\lambda_k, k=1, \cdots, K-1\}$。然后，再根据式(3.38)直接确定参数$\{y_k, k=0, 1, \cdots, K\}$。最后，可从式(3.37)中获得$\{s_k, k=0, 1, \cdots, K\}$。图 3.6 给出了假定两种不同的数据误差$\tau^2$得到的样条曲线拟合的结果。在$\tau^2=0.1$的情况下，函数拟合值与观察值更接近；如果$\tau^2=100$，则拟合曲线更平滑。

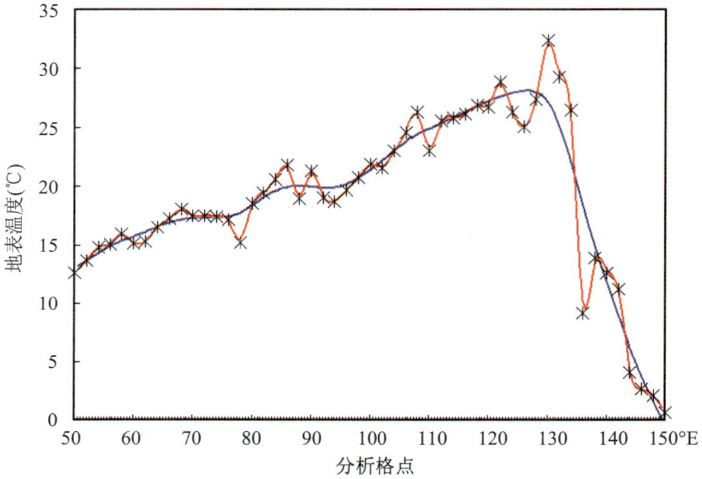

图 3.6　2008 年 1 月沿纬度 55°N 的月平均地表温度

✳对应分辨率为 2°的“观测”（来自 NCEP FNL 分析值）

曲线为三次样条函数拟合分辨率为 0.5°的分析结果

$\tau^2=0.1$ 为红色，$\tau^2=100$ 为蓝色

20 世纪中叶，国际高空气球无线电探空仪网络建成。到 1950 年，高空探测网络在陆地上提供了良好的覆盖。每个无线电探空仪发射站每天提供两次的温度、气压、湿度、纬向风和经向风分量垂直廓线观测。1950 年前后，大多数大气资料分析研究的目的是利用无线电探空仪观测资料，在特定气压面上产生位势场的客观分析结果。Panofsky(1949)的工作是对大气资料分析的第一个重大贡献，下面将详细介绍。

Panofsky(1949)所获得的是 1949 年 3 月 25 日美国大陆上空 700 hPa 等压面位势高度和风的二维分析场。根据泰勒定理，二维等压面上的高度函数可以表示为

$$h(x,y)=\sum_{n=0}^{\infty}\frac{1}{n!}\left(x\frac{\partial}{\partial x}+y\frac{\partial}{\partial y}\right)^n h(x_0,y_0) \tag{3.45}$$

其中，(x,y)表示分析网格点与点(x_0,y_0)的距离。把一个分析域划分为几个子区域，在每个子区域内，引入局部坐标系，其原点位于子区域的中心，例如(x_0,y_0)。然后选择一个三次多项式来表示 700 hPa 高度场在几千平方公里范围内的分布。

在二维等压面上，三次多项式函数拟合相当于将式(3.45)中的级数截断到 x 和 y 的三阶为止，即

$$
\begin{aligned}
h^{\mathrm{a}}(x,y) &= h_0 + xh_{0x} + yh_{0y} + \frac{x^2}{2!}h_{0xx} + \frac{y^2}{2!}h_{0yy} + xyh_{0xy} \\
&\quad + \frac{x^3}{3!}h_{0xxx} + \frac{y^3}{3!}h_{0yyy} + \frac{x^2y}{2!}h_{0xxy} + \frac{xy^2}{2!}h_{0xyy} \\
&\equiv \sum_{i,j} a_{ij}x^iy^j \quad (i+j\leqslant 3,\ \ i,j\geqslant 0)
\end{aligned} \tag{3.46}
$$

其中，$h_0=h(x_0,y_0)$，$h_{0x}=(\partial h/\partial x)|(x_0,y_0)$，依此类推。如第 2 章所述，我们不是从观测数据中直接得到 h_0 和它的导数 $h_{0x}, h_{0y}, h_{0xx}, h_{0yy}, h_{0xxx}, h_{0yyy}, h_{0xxy}, h_{0xyy}$，而是根据位于点$(x_0, y_0)$附近的观测值 h^{o}、u^{o}、v^{o} 来估计包含这些未知导数的多项式（即式(3.46)中的最后一项）系数$\{a_{ij}\}$。

根据地转平衡，可获得风的分析场：

$$
\begin{aligned}
u_{\mathrm{g}}^{\mathrm{a}} &= -\frac{g}{f}\frac{\partial h^{\mathrm{a}}}{\partial y} = -\frac{g}{f}\left(a_{01} + a_{11}x + 2a_{02}y + a_{21}x^2 + 2a_{12}xy + 3a_{03}y^2\right) \\
v_{\mathrm{g}}^{\mathrm{a}} &= \frac{g}{f}\frac{\partial h^{\mathrm{a}}}{\partial x} = \frac{g}{f}\left(a_{10} + a_{11}y + 2a_{20}x + a_{12}y^2 + 2a_{21}xy + 3a_{30}x^2\right)
\end{aligned} \tag{3.47}
$$

式中出现的未知系数与高度分析场式(3.46)中的未知系数相同。

由于二维等压面上的三次多项式拟合函数有 10 个未知系数，需要至少 10 个独立观测值，才能使用三次多项式函数拟合获得高度和风的分析场。一般来说，观测值包含误差，并且不总是与附近台站的其他观测值完全一致，因此精确拟合 10 个观测值并不一定是最佳选择。所以，需要 10 个以上独立观测值，使用最小二乘拟合来获得多项式拟合函数的系数$\{a_{ij}\}$的估计值。假定有 M 个高度观测、N 个风观测，可以构建以下代价函数：

$$
J(\{a_{ij}\}) = \sum_{m=1}^{M}\frac{\alpha^2}{\beta^2}(h^{\mathrm{a}} - h_m^{\mathrm{o}})^2 + \sum_{n=1}^{N}(u_{\mathrm{g}}^{\mathrm{a}} - u_n^{\mathrm{o}})^2 + \sum_{n=1}^{N}(v_{\mathrm{g}}^{\mathrm{a}} - v_n^{\mathrm{o}})^2 \tag{3.48}
$$

其中，α^2 和 β^2 分别是风和高度观测的误差方差。由于没有关于观测误差的统计值，设 α^2/β^2 为 0.29，这个数字是假设 30 ft(9.14 m)高度误差对应于 5 $\mathrm{m\cdot s^{-1}}$ 的风误差而获得的。注意，对于大尺度天气分析，地转平衡允许风观测去影响高度分析场。Panofsky(1949)建议使用大约 12～14 个高度观测和 14～20 个风观测来进行三次多项式函数拟合。他还指出，为了抑制误差，建议不超过 20 个风观测值。

通过求解以下由 10 个线性方程组成的方程组：

$$
\frac{\partial J}{\partial a_{ij}} = 0,\quad \forall(i,j)\ \ (i+j\leqslant 3,\ \ i,j\geqslant 0) \tag{3.49}
$$

便可获得未知系数$\{a_{ij}\}$$(i+j\leqslant 3,\ i,\ j\geqslant 0)$。在每个子区域中获得一个三次多项式拟合函数后，在垂直于两个子区域边界的方向上把拟合函数系数调整为随距离线性变化，以确保分析场在子区域边界的连续性①。最后，通过计算所有分析网格点的合成多项式拟合函数值，获得 700 hPa 等压面上的高度和风的分析场。

---

① 如果在子区域上使用双三次样条曲线，分析场在子区域边界附近连续性将得到保证。

利用上述拟合方法，以及 2008 年 6 月 9 日 1200 UTC 区域(30°N～45°N，75°W～105°W)内 27 个无线电探空站资料，可以生成 500 hPa 和 850 hPa 高度分析场，如图 3.7 所示。区域拟合生成的分析场不仅与无线电探空仪观测值很接近，也比局部拟合结果(图 3.4a 和图 3.5a)更接近 NCEP FNL 再分析资料。

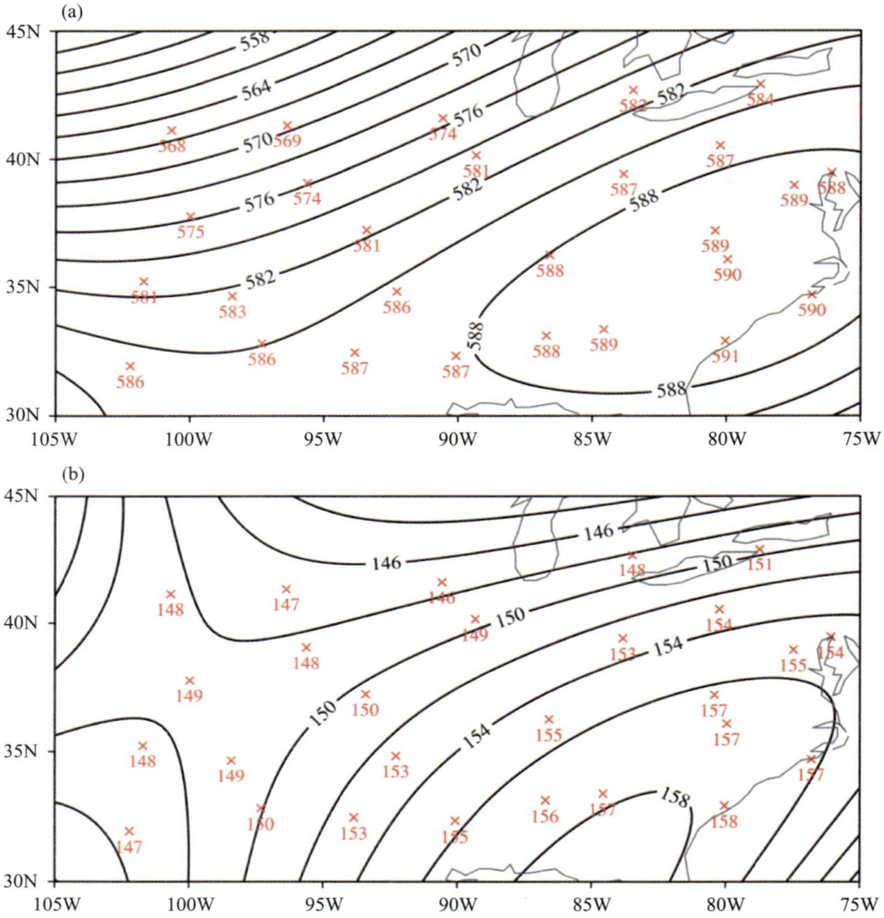

图 3.7　基于无线电探空观测值(红色)，通过三次多项式拟合得到的 2008 年 6 月 9 日 1200 UTC (a) 500 hPa 和 (b) 850 hPa 位势高度(单位：m，黑色曲线，等值线间隔：2m)

3.5　引入背景场

无论使用哪种展开基函数或哪种拟合方法，所产生的分析结果都可以表示为观测值的线性加权平均。当然，使用不同基函数和不同拟合方法得到的后验权重不同。因此，另一种资料分析方法是直接把分析场表示为指定影响半径内的观测值的线性加权平均。如果可以有办法定义后验权重函数，将是替代函数拟合的一条捷径。这正是 Bergthorsson 和 Döös(1955)所尝试的方法。

在 Bergthorsson 和 Döös(1955)的研究中，500 hPa 高度场的网格分析场是三个高度估计值的线性加权平均。这三个高度估计值分别是以网格 i 为中心的 900 km 半径圆内的观测资料、目标网格上的模式预报和气候状态。具体公式如下：

$$Z_i^{\mathrm{a}} = \frac{\sum_{k=1}^{K} \frac{1}{\rho_k}\left[\mu_1(r_{ik})Z_{1ik} + \mu_2(r_{ik})Z_{2ik} + \mu_3(r_{ik})Z_{3ik}\right] + \mu_{\mathrm{f}} Z_{\mathrm{f}i} + \mu_{\mathrm{N}} Z_{\mathrm{N}i}}{\sum_{k=1}^{K} \frac{1}{\rho_k}\left[\mu_1(r_{ik}) + \mu_2(r_{ik}) + \mu_3(r_{ik})\right] + \mu_{\mathrm{f}} + \mu_{\mathrm{N}}} \tag{3.50}$$

其中，K 是半径 900 km 内的观测总数，Z_{1ik}、Z_{2ik} 和 Z_{3ik} 是第 i 个分析网格上高度值的三种不同近似值，它们与第 k 个观测站的高度和风观测有关(将在后面讨论)，Z_{f} 是 12 h 正压模式预报，Z_{N} 是月平均高度，$\mu_1(r)$、$\mu_2(r)$、$\mu_3(r)$、μ_{f} 和 μ_{N} 是待定后验权重函数，ρ_k 是第 k 个观测站附近 375 km 半径范围内的观测站总数。由于密集观测站的观测误差可能相关，式(3.50)中的 $1/\rho_k$ 是为了减少密集观测资料的贡献。

值得强调的是，引入模式预报和气候态解决了数据空隙问题。利用模式预报和气候态不仅可以在数据空白区域保留过去的观测信息，而且在预报模式约束下，其他有数据区域的精确分析场信息可以传播到数据空白区域。在数据空白区域，使用前一时间的分析场作为初始条件得到的模式预报和月平均气候态比依赖任意选择的插值方法更为有利。Bergthorsson 和 Döös(1955)对大气资料分析最重要的贡献之一是引入了这一后来被称为背景场的模式预报。从那时起，背景场就成为所有大气资料分析或同化方法的必要输入。

我们首先讨论式(3.50)里出现的高度场在第 i 个分析网格上的三个近似值 Z_{1ik}、Z_{2ik} 和 Z_{3ik}。在 Bergthorsson 和 Döös(1955)的工作中，Z_{1ik} 是一个近似高度值，假设 Z_{1ik} 和基准高度($Z_{\mathrm{p}i}$)的差值($Z_{1ik}-Z_{\mathrm{p}i}$)等于附近观测站的高度观测值(Z_k^{o})和基准高度($Z_{\mathrm{p}k}$)的差值($Z_k^{\mathrm{o}}-Z_{\mathrm{p}k}$)，即

$$Z_{1ik} - Z_{\mathrm{p}i} = Z_k^{\mathrm{o}} - Z_{\mathrm{p}k} \tag{3.51}$$

其中，Z_{p} 为 500 hPa 基准高度，定义为模式预报(Z_{f})和月平均(Z_{N})的加权平均：

$$Z_{\mathrm{p}} = \frac{\sigma_{\mathrm{f}}^{-1} Z_{\mathrm{f}} + \sigma_{\mathrm{N}}^{-1} Z_{\mathrm{N}}}{\sigma_{\mathrm{f}}^{-1} + \sigma_{\mathrm{N}}^{-1}} \tag{3.52}$$

其中，σ_{f} 是模式预报和观测高度之差的均方根统计值，假设 σ_{f} 是地理位置和季节的函数；σ_{N} 是瞬时资料与月平均高度之差的均方根统计值。在式(3.50)中，$\mu_{\mathrm{f}} = \sigma_{\mathrm{f}}^{-1}$，$\mu_{\mathrm{N}} = \sigma_{\mathrm{N}}^{-1}$。

假设观测到的风满足地转平衡，高度场的地转平衡部分的水平梯度代表了从网格点到观测站点的真实梯度。因此，可以构建高度场在第 i 个分析网格上的第二个近似值 Z_{2ik}。在这个假定下，实际风被视为地转平衡风，并与等高线 Z_k^{o} 平行，高度场的一阶近似可以表示为

$$Z_{2ik} = Z_k^{\mathrm{o}} + \left(\frac{\partial Z}{\partial n}\right)_k^{\mathrm{o}} r_{ik} = Z_k^{\mathrm{o}} + (\vec{r}_i - \vec{r}_k)\cdot(\nabla Z)_k^{\mathrm{o}} \tag{3.53}$$

其中，$r_{ik} = |\vec{r}_{ik}|$ 是观测站与网格点之间的距离，$\vec{r}_{ik}$ 是从观测站到网格点的半径向量，

$\vec{n} = \vec{r}_{ik} / r_{ik}$。在原点位于网格点的局地笛卡儿坐标系$(x, y)$下，我们有

$$\vec{r}_i - \vec{r}_k = -(x\vec{i} + y\vec{j}) \tag{3.54}$$

$$(\nabla Z)_k^{\mathrm{o}} = \frac{f}{g}\left(v_{\mathrm{g}k}^{\mathrm{o}}\vec{i} - u_{\mathrm{g}k}^{\mathrm{o}}\vec{j}\right) = \frac{f}{g}\left(v_k^{\mathrm{o}}\vec{i} - u_k^{\mathrm{o}}\vec{j}\right) \tag{3.55}$$

把式(3.54)和式(3.55)代入式(3.53)，得到

$$Z_{2ik} = Z_k^{\mathrm{o}} + \frac{f}{g}(yu_k^{\mathrm{o}} - xv_k^{\mathrm{o}}) \tag{3.56}$$

换言之，将附近观测站的风的观测值作为高度场梯度信息，来构建高度场在分析网格上的一个近似值。

假设网格点处的基准高度梯度代表观测站到网格点的梯度，可以构建高度场在第 i 个分析网格上的第三个近似值 Z_{3ik}：

$$Z_{3ik} = Z_{\mathrm{p}i} + \left(\frac{\partial Z_{\mathrm{p}}}{\partial n}\right)_i r_{ik} \tag{3.57}$$

现在讨论如何确定式(3.50)中的权重因子 $\mu_1(r)$、$\mu_2(r)$和 $\mu_3(r)$。给定观测站($\vec{r}_k$)和分析网格点($\vec{r}_i$)之间的距离 $r = |\vec{r}_k - \vec{r}_i|$，权重因子的选择是使线性加权平均高度值($Z_{ik}^{\mathrm{g}}$)和主观分析高度场($Z_i^{\mathrm{subjective}}$)之间的平方和最小，即

$$\min J(\mu_1(r), \mu_2(r), \mu_3(r)) = \frac{1}{M}\sum_{m=1}^{M}\left(Z_{ik}^{\mathrm{g}} - Z_i^{\mathrm{subjective}}\right)_m^2, \quad |\vec{r}_i - \vec{r}_k| \approx r \tag{3.58}$$

其中，M 是样本总数，Z_{ik}^{g} 是 Z_{1ik}、Z_{2ik}、Z_{3ik} 和 $Z_{\mathrm{f}i}$ 的线性加权平均：

$$Z_{ik}^{\mathrm{g}} = \frac{\mu_1 Z_{1ik} + \mu_2 Z_{2ik} + \mu_3 Z_{3ik} + \mu_{\mathrm{f}} Z_{\mathrm{f}i}}{\mu_1 + \mu_2 + \mu_3 + \mu_{\mathrm{f}}} \tag{3.59}$$

Bergthorsson 和 Döös 得到如下权重因子：

$$\mu_1(r) = \frac{30}{r^4 + 150} - 0.04, \quad \mu_2(r) = \mu_3(r) = \frac{27}{r^8 + 70} \tag{3.60}$$

当分析网格周围 900 km 范围内没有风观测时，令 $\mu_2 = \mu_3 = 0$。Z_{1ik} 的权重因子 μ_1^{nowind} 必须重新计算。重新极小化代价函数(3.58)，得到

$$\mu_1^{\mathrm{nowind}} = \frac{2.25}{r^8 + 5} + \frac{10}{r^4 + 20} - 0.01 \tag{3.61}$$

Bergthorsson 和 Döös(1955)的试验结果表明，把上述客观分析方法产生的分析场作为初始条件得到的模式预报与把主观分析作为初始条件得到的模式预报一样好。这回答了 Gilchrist 和 Cressman(1954)在论文中提出的问题：“计算机是否在更短时间内做到了主观分析师得到的高度分析场？” 答案是肯定的。

3.6 逐步订正

数值天气业务预报要求资料分析方案又快又准，并适用于各种资料分布和分析网格

区域。逐步订正法(SC)满足这些要求。SC 是 Bergthorsson 和 Döös(1955)方法的拓展。SC 分析过程分以下三个步骤完成：①根据以网格点为中心、预先设定的影响半径(R)的圆形区域内的 K 个观测资料，构造分析网格点上的 K 个近似值；②经验指定这些近似值的误差方差；③对步骤①中构造的分析网格点上的 K 个近似值和背景场，进行最小方差估计，所得结果为 SC 分析场。

假设在以网格点 $\vec{r}_i$ 为中心的预先设定的影响半径(R)的圆形区域内，有 K 个观测值 $x^{\mathrm{o}}(\vec{r}_k)$ (k=1, 2, …, K)。根据这 K 个观测值，构造分析变量在该网格点处的 K 个近似值 x_{ik}^{e} (k=1, 2, …, K)。假设第 k 个观测站的观测值(x_k^{o})和背景值(x_k^{b})之差($x_k^{\mathrm{o}}-x_k^{\mathrm{b}}$)与第 i 个网格点的估计值(x_{ik}^{e})和背景场(x_i^{b})之差($x_{ik}^{\mathrm{e}}-x_i^{\mathrm{b}}$)相同，则有

$$x_{ik}^{\mathrm{e}} \equiv x_k^{\mathrm{e}}(\vec{r}_i) \equiv x^{\mathrm{b}}(\vec{r}_i) + [x^{\mathrm{o}}(\vec{r}_k) - x^{\mathrm{b}}(\vec{r}_k)] \tag{3.62}$$

经验指定近似值 x_{ik}^{e} 的误差方差为

$$\sigma_{\mathrm{e},k}^2 \equiv \frac{\sigma_{\mathrm{o}}^2(k)}{w_{\mathrm{e}}(r_{ik})} \tag{3.63}$$

其中，$r_{ik}=\left|\vec{r}_i-\vec{r}_k\right|$ 是第 k 个观测位置($\vec{r}_k$)和第 i 个网格点($\vec{r}_i$)之间的距离，$w_{\mathrm{e}}(r_{ik})$ 是权重函数。如果 $w_{\mathrm{e}}(r)$ 取 Cressman(1959)的权重函数：

$$w_{\mathrm{e}}(r) = \frac{R^2 - r^2}{R^2 + r^2} \tag{3.64}$$

则得到 Cressman 类 SC 分析场。如果 $w_{\mathrm{e}}(r)$ 取 Barnes(1964)的权重函数：

$$w_{\mathrm{e}}(r) = \mathrm{e}^{-\frac{r^2}{4k}} \tag{3.65}$$

其中，k 是一个与平均站间距相关的形状因子，则得到 Barnes 类 SC 分析场。在第 i 个网格点(即 r=0)，Cressman 和 Barnes 权重函数都等于单位值 1。在影响半径处(r=R)，Cressman 的权重函数等于零，Barnes 权重函数值依赖于 k 的取值。如果 $k=R^2/16$，Barnes 权重函数在影响半径(r=R)处等于 $w_{\mathrm{e}}(R)=\mathrm{e}^{-4}\approx 0.018$。在影响半径为 R 的圆形区域内，两个权重函数从第 i 个网格点处的单位值逐渐减小到 R 半径处的零值或接近零值。随着第 i 个网格点与观测站之间距离的增加，Barnes 权重函数的减小速度快于 Cressman 权重函数。选择哪种权重函数取决于客观分析方案所针对的大气状态特征。有可能 Cressman 权重函数更适用于大尺度分析，Barnes 权重函数更适用于小尺度分析。

根据观测值构造了 K 个估计值{$x_k^{\mathrm{e}}(\vec{r}_i)$，$k$=1, 2, …, K}，再加上网格点处的背景场 $x^{\mathrm{b}}(\vec{r}_i)$，在第 i 个网格点处一共有 K+1 个估计值。基于这 K+1 个估计值的最小方差估计(见 2.9 节)给出的线性无偏估计为 SC 的分析场：

$$x^{\mathrm{a}}(\vec{r}_i) = \frac{\sigma_{\mathrm{b}}^{-2} x^{\mathrm{b}}(\vec{r}_i) + \sum_{k=1}^{K} \sigma_{\mathrm{e},k}^{-2} x_k^{\mathrm{e}}(\vec{r}_i)}{\sigma_{\mathrm{b}}^{-2} + \sum_{k=1}^{K} \sigma_{\mathrm{e},k}^{-2} x_k^{\mathrm{e}}(\vec{r}_i)} \tag{3.66}$$

其中，σ_{b}^2 是背景场误差方差。

将式(3.62)和式(3.63)代入式(3.66)，并重新组织各项，我们得到 SC 分析场的最后表达式：

$$x^{\mathrm{a}}(\vec{r}_i)=x^{\mathrm{b}}(\vec{r}_i)+\sum_{k=1}^{K_i}w_{ik}[x^{\mathrm{o}}(\vec{r}_k)-x^{\mathrm{b}}(\vec{r}_k)] \tag{3.67a}$$

$$w_{ki}=\frac{\sigma_{\mathrm{o},k}^{-2}w(r_{ik})}{\sigma_{\mathrm{b}}^{-2}+\sum_{k=1}^{K_i}\sigma_{\mathrm{o},k}^{-2}w(r_{ik})} \tag{3.67b}$$

式(3.67a)中，分析增量($x^{\mathrm{a}}(\vec{r}_i)-x^{\mathrm{b}}(\vec{r}_i)$)是 K 个观测增量($x^{\mathrm{o}}(\vec{r}_k)-x^{\mathrm{b}}(\vec{r}_k)$)($k$=1, 2, …, K)的线性加权平均。在 Cressman(1959)和 Barnes(1964)最初使用的方案中，σ_{b}^2 和 $\sigma_{\mathrm{o},k}^2$ 为单位值。

重复上述过程，并使用前一次的 SC 分析场作为下一次 SC 的背景场，便是所谓的 SC。根据收敛效果，也可以在 SC 重复过程中更改指定的权重函数 $w_{\mathrm{e}}(r)$。有关 SC 的更多详细信息可参考 Daley(1991)。

在数值天气业务预报应用中，SC 有三个主要优点：①在资料分析过程中引入了背景场(以前一时间的分析场作为初始条件得到的模式预报)；②直接用观测增量来产生分析增量；③观测增量的权重函数预先指定为观测站和分析点之间距离的单调递减经验函数。因此，SC 优于多项式函数拟合。在被最优插值方法取代之前，SC 方法已经在各个数值天气业务预报中心实施了一段时间。

SC 是一种局部方案，所述分析方案是逐个网格点分别进行的，只有位于分析网格点 $\vec{r}_i$ 影响半径(R)范围内的观测值才对该网格点的 SC 分析值 $x^{\mathrm{a}}(\vec{r}_i)$ 有贡献。除了式(3.62)和式(3.63)中对构造 $x_k^{\mathrm{e}}(\vec{r}_i)$ 和误差方差 $\sigma_{\mathrm{e},k}^2$ 所做的假设外，由于使用了最小方差估计方法，对背景场和观测的统计误差还作了以下假设：①背景场误差是无偏的、不相关的、均匀的(即与水平位置无关)；②观测误差是无偏、不相关的；③观察误差与背景场误差是不相关的。因此，SC 分析结果的好坏取决于观测资料的精度、观测资料的空间分布、权重函数的选取、零偏差和无相关性是否成立、误差方差的设定是否合理。

3.7　最 优 插 值

最优插值(OI)采用与 SC 相同的分析方程形式，即式(3.67a)，但权重系数不同。在 OI 中，权重系数$\{w_{ik}, k=1, \cdots, K\}$不是经验指定的，是通过极小化分析场误差方差来确定的。分析误差方差定义为

$$\sigma_{\mathrm{a},i}^2(\{w_{ik}\})=\overline{(x_i^{\mathrm{a}}(\{w_{ik}\})-x^{\mathrm{t}}(\vec{r}_i))^2} \tag{3.68}$$

其中，$x^{\mathrm{t}}(\vec{r}_i)$ 是网格点 $\vec{r}_i$ 处的真值，$\overline{()}$ 表示对很多样本的平均运算符。

为了确定式(3.68)中的权重系数$\{w_{ik}\}$，我们必须先把分析误差方差$\{\sigma_{\mathrm{a},i}^2\}$表示为权重系数 w_{ik} 的显函数。为此，我们把式(3.67a)的左右两边减去真值 $x^{\mathrm{t}}(\vec{r}_i)$，然后将所得方程两边平方，再对很多样本取平均(如对同一无线电探空站位置的不同时间采样进行平均)，

得到分析误差方差的如下表达式：

$$\sigma_{\mathrm{a},i}^2 \equiv \overline{(x^{\mathrm{a}}(\vec{r}_i) - x^{\mathrm{t}}(\vec{r}_i))^2} = \overline{\left(x^{\mathrm{b}}(\vec{r}_i) + \sum_{k=1}^{K_i} w_{ik}[x^{\mathrm{o}}(\vec{r}_k) - x^{\mathrm{b}}(\vec{r}_k)] - x^{\mathrm{t}}(\vec{r}_i) \right)^2} \tag{3.69}$$

假设背景场误差和观测误差不相关，通过简单的数学运算，式(3.69)可以写成

$$\sigma_{\mathrm{a},i}^2 = \sigma_{\mathrm{b},i}^2 - 2\boldsymbol{w}_i^{\mathrm{T}} \boldsymbol{b}_i + \boldsymbol{w}_i^{\mathrm{T}} (\boldsymbol{B} + \boldsymbol{O}) \boldsymbol{w}_i \tag{3.70}$$

其中，

$$\boldsymbol{w}_i = \begin{pmatrix} w_{i1} \\ w_{i2} \\ \vdots \\ w_{iK} \end{pmatrix} \tag{3.71a}$$

$$\boldsymbol{b}_i = \begin{pmatrix} \overline{(x^{\mathrm{b}}(\vec{r}_1) - x^{\mathrm{t}}(\vec{r}_1))(x^{\mathrm{b}}(\vec{r}_i) - x^{\mathrm{t}}(\vec{r}_i))} \\ \overline{(x^{\mathrm{b}}(\vec{r}_2) - x^{\mathrm{t}}(\vec{r}_2))(x^{\mathrm{b}}(\vec{r}_i) - x^{\mathrm{t}}(\vec{r}_i))} \\ \vdots \\ \overline{(x^{\mathrm{b}}(\vec{r}_K) - x^{\mathrm{t}}(\vec{r}_K))(x^{\mathrm{b}}(\vec{r}_i) - x^{\mathrm{t}}(\vec{r}_i))} \end{pmatrix} \tag{3.71b}$$

$$\boldsymbol{B} = (B_{kl}) = \left(\overline{(x^{\mathrm{b}}(\vec{r}_k) - x^{\mathrm{t}}(\vec{r}_k))(x^{\mathrm{b}}(\vec{r}_l) - x^{\mathrm{t}}(\vec{r}_l))} \right)_{K_i \times K_i} \tag{3.71c}$$

$$\boldsymbol{O} = (O_{kl}) = \left(\overline{(x^{\mathrm{o}}(\vec{r}_k) - x_{\mathrm{t}}(\vec{r}_k))(x^{\mathrm{o}}(\vec{r}_l) - x_{\mathrm{t}}(\vec{r}_l))} \right)_{K_i \times K_i} \tag{3.71d}$$

极小化分析误差方差 $\sigma_{\mathrm{a},i}^2(\{w_{ik}\})$ 的“最优”权重系数满足以下方程组：

$$\frac{\partial \sigma_{\mathrm{a}}^2}{\partial w_{ik}} = 0 \qquad (k=1,\ \cdots, K) \tag{3.72}$$

把式(3.70)代入式(3.72)得

$$\boldsymbol{w}_i = (\boldsymbol{B} + \boldsymbol{O})^{-1} \boldsymbol{b}_i \tag{3.73}$$

根据式(3.73)，OI 中的权重系数是由背景场误差协方差($\boldsymbol{B}$ 和 $\boldsymbol{b}_i$)和观测误差协方差($\boldsymbol{O}$)决定的。

OI 算法由式(3.67a)和式(3.73)组成。将式(3.73)代入式(3.67a)，我们得到矢量形式的 OI 分析方程：

$$x^{\mathrm{a}}(\vec{r}_i) = x^{\mathrm{b}}(\vec{r}_i) + \boldsymbol{b}_i^{\mathrm{T}} (\boldsymbol{B} + \boldsymbol{O})^{-1} (\boldsymbol{x}^{\mathrm{o}} - \boldsymbol{x}^{\mathrm{b}}) \tag{3.74}$$

其中，

$$\boldsymbol{x}^{\mathrm{o}} = \begin{pmatrix} x^{\mathrm{o}}(\vec{r}_1) \\ x^{\mathrm{o}}(\vec{r}_2) \\ \vdots \\ x^{\mathrm{o}}(\vec{r}_{K_i}) \end{pmatrix}, \qquad \boldsymbol{x}^{\mathrm{b}} = \begin{pmatrix} x^{\mathrm{b}}(\vec{r}_1) \\ x^{\mathrm{b}}(\vec{r}_2) \\ \vdots \\ x^{\mathrm{b}}(\vec{r}_{K_i}) \end{pmatrix} \tag{3.75}$$

从式(3.74)、式(3.75)可以看出，观测增量首先由背景场和观测误差协方差矩阵之和

的逆$(\boldsymbol{B}+\boldsymbol{O})^{-1}$进行加权平均，然后通过背景误差协方差$\boldsymbol{b}_i$将这些观测位置上的信息对第$i$个网格的分析值产生影响。较大的协方差$b_{ik}$意味第$k$个观测位置和第$i$个网格之间背景场误差相关性较高。因此，在 OI 中，对于不太准确的观测资料或位于背景场不太准确区域的资料，权重较小，它们对 OI 分析场的贡献较小。这是一个理想的特征，因为较不精确的观测不应该对分析场产生较大的影响。OI 的另一个理想特征是，若观测位置与网格点之间的背景场误差协方差较大，这些观测位置的观测资料对分析场具有较大的影响。由于权重矩阵$(\boldsymbol{B}+\boldsymbol{O})^{-1}$对角线上的方差倒数抵消了第$k$个观测位置处背景场误差方差的影响，因此该观测位置与网格点之间的背景误差相关程度决定了分析网格点附近观测资料对分析场的影响程度。较高的背景误差相关性意味着第i个网格上的模式预报误差与第k个观测点的误差非常相似。因此，该观测资料对网格点i处的分析值能产生更大影响。

在 OI 中，误差协方差矩阵$\boldsymbol{B}$和$\boldsymbol{O}$都是在观测位置上定义的，因此矩阵$(\boldsymbol{B}+\boldsymbol{O})^{-1}$不依赖于网格位置，是背景误差协方差向量$(\boldsymbol{b}_i)$的空间结构，将有关观测增量$(\boldsymbol{x}^{\mathrm{o}}-\boldsymbol{x}^{\mathrm{b}})$的信息分配到不同网格上。因此，在 OI 中，背景误差协方差向量是一个插值工具。这种基于背景误差协方差结构的插值比早期的函数拟合方法(3.2～3.4 节)和 SC 更具有物理基础。在多项式函数拟合中，插值完全由所选拟合函数的基函数决定。SC 使用了经验权重函数(3.6 节)。因此，OI 将产生更合理的大气分析场。

将最优权重式(3.73)代入式(3.70)可以得到 OI 分析场的误差方差：

$$\sigma_{\mathrm{a},i}^2=\sigma_{\mathrm{b},i}^2-\boldsymbol{b}_i^{\mathrm{T}}(\boldsymbol{B}+\boldsymbol{O})^{-1}\boldsymbol{b}_i \tag{3.76}$$

因此，OI 分析场的误差方差$\sigma_{\mathrm{a},i}^2$始终小于背景场误差方差$\sigma_{\mathrm{b},i}^2$，即$\sigma_{\mathrm{a},i}^2<\sigma_{\mathrm{b},i}^2$。观测资料和背景场越精确，OI 分析结果越精确。若某网格点的大气状态与其附近的大气状态高度相关，观测资料对该点的 OI 分析精度改进更大。

SC 和 OI 都是线性分析方案，分析增量表示为网格点附近观测增量的加权平均。在所有线性分析方案中，OI 分析误差方差最小，所以，OI 比 SC 更精确。当然，OI 分析的高精度是以更高计算量为代价的。如式(3.73)所示，为了产生最优权重系数，必须求矩阵的逆。矩阵求逆的计算量很高，尤其是对于维数较大的矩阵。在现实中，可以求逆的矩阵维数还受到计算机容量的限制，观测数量不能超过该限制。因此，影响半径不能太大，当观测资料密集时，还需要进行某种数据稀疏化。一种简单但常用的数据稀疏化策略是将相互非常接近的多个观测资料合并为一个所谓超级观测资料(Lorenc, 1981)。

在 OI 的大多数应用中，都假设了观测误差是不相关的，背景误差是均匀的，即

$$\boldsymbol{O}=\begin{pmatrix}\sigma_{\mathrm{o}1}^2 & 0 & \cdots & 0\\ 0 & \sigma_{\mathrm{o}2}^2 & \cdots & 0\\ \vdots & \vdots & & \vdots\\ 0 & 0 & \cdots & \sigma_{\mathrm{o}K_i}^2\end{pmatrix} \tag{3.77}$$

$$\boldsymbol{B}=\sigma_{\mathrm{b}}^2\begin{pmatrix}1 & \rho_{12}^2 & \cdots & \rho_{1K_i}^2 \\ \rho_{21}^2 & 1 & \cdots & \rho_{2K_i}^2 \\ \vdots & \vdots & & \vdots \\ \rho_{K_i1}^2 & \rho_{K_i2}^2 & \cdots & 1\end{pmatrix} \tag{3.78}$$

在这样的假设下，式(3.73)、式(3.74)和式(3.76)中总结的 OI 算法可以简化为

$$\sum_{l=1}^{K_i} w_{il}\rho_{kl}+w_{ik}\frac{\sigma_{\mathrm{o},k}^2}{\sigma_{\mathrm{b}}^2}=\rho_{ki} \quad (k=1,2,\cdots,K_i) \tag{3.79}$$

$$x_i^{\mathrm{a}}=x_i^{\mathrm{b}}+\sum_{k=1}^{K_i} w_{ik}\left(x^{\mathrm{o}}(\vec{r}_k)-x^{\mathrm{b}}(\vec{r})\right) \tag{3.80}$$

$$\sigma_{\mathrm{a},i}^2=\sigma_{\mathrm{b}}^2\left(1-\sum_{k=1}^{K_i}\rho_{ik}w_{ik}\right) \tag{3.81}$$

OI 分析方法的关键参数是观测误差方差与背景场误差方差的比率($\sigma_{\mathrm{o},k}^2/\sigma_{\mathrm{b}}^2$)，以及背景场误差相关性($\rho_{ik}$)。下一节简要总结 Daley(1991)如何基于无线电探空资料，定量估算 $\sigma_{\mathrm{o},k}^2/\sigma_{\mathrm{b}}^2$ 和 ρ_{ik}。

3.8 位势场的背景误差协方差

背景场($\boldsymbol{x}^{\mathrm{b}}$)有误差。背景场($\boldsymbol{x}^{\mathrm{b}}$)和背景误差协方差矩阵的逆($\boldsymbol{B}^{-1}$)都是 OI 所需要的输入信息。理论上，OI 的分析误差方差小于任何其他线性分析方案(包括 SC)的前提是能较准确地估计背景误差协方差矩阵。

假设

$$\boldsymbol{x}^{\mathrm{b}}=\boldsymbol{x}^{\mathrm{t}}+\boldsymbol{\varepsilon}_{\mathrm{b}} \tag{3.82}$$

则 $\boldsymbol{B}$ 定义为

$$\boldsymbol{B}=\overline{\left(\boldsymbol{x}^{\mathrm{b}}-\boldsymbol{x}^{\mathrm{t}}\right)\left(\boldsymbol{x}^{\mathrm{b}}-\boldsymbol{x}^{\mathrm{t}}\right)^{\mathrm{T}}}\equiv\overline{\boldsymbol{\varepsilon}_{\mathrm{b}}\boldsymbol{\varepsilon}_{\mathrm{b}}^{\mathrm{T}}} \tag{3.83}$$

其中，$\boldsymbol{x}^{\mathrm{t}}$ 是真实大气状态，$\boldsymbol{\varepsilon}_{\mathrm{b}}$ 是背景场误差向量，$\overline{()}$ 表示期望(平均)算子。

出现在背景场误差协方差矩阵($\boldsymbol{B}$)定义(式(3.71c))和背景场误差协方差向量($\boldsymbol{b}_i$)定义(式(3.71b))中的真值向量 $\boldsymbol{x}^{\mathrm{t}}$ 是未知的，OI 分析场的精度又取决于背景误差协方差矩阵估计的准确性。如下所示，在几个简化假设下，根据观测值和模式预报差的数据大样本，可以估计出背景误差协方差矩阵中的不同元素。

假设 $\boldsymbol{x}^{\mathrm{b}}$ 由某等压面、离散网格上的纬向风($\boldsymbol{u}$)、经向风($\boldsymbol{v}$)和位势($\boldsymbol{\Phi}$)组成：

$$\boldsymbol{x}^{\mathrm{b}}=\begin{pmatrix}\boldsymbol{u}\\ \boldsymbol{v}\\ \boldsymbol{\Phi}\end{pmatrix} \tag{3.84}$$

则背景场 $\boldsymbol{x}^{\mathrm{b}}$ 的误差协方差矩阵 $\boldsymbol{B}$ 是

$$\boldsymbol{B}=\begin{pmatrix}\boldsymbol{B}_{uu} & \boldsymbol{B}_{uv} & \boldsymbol{B}_{u\phi}\\ \boldsymbol{B}_{uv} & \boldsymbol{B}_{vv} & \boldsymbol{B}_{v\phi}\\ \boldsymbol{B}_{u\phi} & \boldsymbol{B}_{v\phi} & \boldsymbol{B}_{\phi\phi}\end{pmatrix} \tag{3.85}$$

这里，$\boldsymbol{B}_{uu}$、$\boldsymbol{B}_{vv}$和$\boldsymbol{B}_{\phi\phi}$是自协方差矩阵，$\boldsymbol{B}_{uv}$、$\boldsymbol{B}_{u\phi}$和$\boldsymbol{B}_{v\phi}$是互协方差矩阵。

假若在某个地区无线电探空站分布密集，并提供一段足够长时间内的资料，便能利用背景场$\varPhi^{\mathrm{b}}$(例如，模式预报)和探空观测$\varPhi^{\mathrm{o}}$之差$\left(\varPhi^{\mathrm{b}}-\varPhi^{\mathrm{o}}\right)$样本数据，估计自协方差矩阵$\boldsymbol{B}_{\phi\phi}$(Rutherford，1972；Hollingsworth和Lönnberg，1986；Lönnberg和Hollingsworth，1986；Daley，1991)。首先，选定一个无线电探空数据区域，计算$\left(\varPhi^{\mathrm{b}}-\varPhi^{\mathrm{o}}\right)$的相关系数($R_{lk}$)和方差($\sigma_k^2$)：

$$R_{lk}=\frac{\overline{\left(\varPhi^{\mathrm{b}}\left(\boldsymbol{r}_k,p_m\right)-\varPhi^{\mathrm{o}}\left(\boldsymbol{r}_k,p_m\right)\right)\left(\varPhi^{\mathrm{b}}\left(\boldsymbol{r}_l,p_m\right)-\varPhi^{\mathrm{o}}\left(\boldsymbol{r}_l,p_m\right)\right)}}{\sqrt{\overline{\left(\varPhi^{\mathrm{b}}\left(\boldsymbol{r}_k,p_m\right)-\varPhi^{\mathrm{o}}\left(\boldsymbol{r}_k,p_m\right)\right)^2}}\sqrt{\overline{\left(\varPhi^{\mathrm{b}}\left(\boldsymbol{r}_l,p_m\right)-\varPhi^{\mathrm{o}}\left(\boldsymbol{r}_l,p_m\right)\right)^2}}} \tag{3.86}$$

$$\sigma_k^2=\overline{\left(\varPhi^{\mathrm{b}}\left(\boldsymbol{r}_k,p_m\right)-\varPhi^{\mathrm{o}}\left(\boldsymbol{r}_k,p_m\right)\right)^2} \tag{3.87}$$

其中，$k=1,2,\cdots,K_i$，$l=1,2,\cdots,K_i$。

然后，把所有探空站配对($\boldsymbol{r}_k,\boldsymbol{r}_l$)，绘制500 hPa位势场相关系数$R_{lk}$相对于绝对距离$|\boldsymbol{r}_k-\boldsymbol{r}_l|$的散点图。$R_{lk}$的值将随着探空站之间的距离增加而减小，并且近似均匀和各向同性。通过平均或函数拟合，可以从中提取均匀和各向同性分量$R(r)$。对$R(r)$取极限值$r\to 0$，即探空站之间的距离接近零，这时我们得到相关值：

$$\lim_{r\to 0}R(r)=R_0 \tag{3.88}$$

最后，根据相关性数据R_{lk}和方差数据σ_k^2 $(k,l=1,2,\cdots,K_i)$的值，可以推导出水平背景场误差协方差矩阵。为此，作以下三个假设：①背景场误差近似均匀(即与位置无关)且各向同性(即与方向无关)；②背景场误差与观测误差不相关；③观测误差在空间上不相关。这三个假设的数学表示如下：

$$B_{\phi\phi}\left(\boldsymbol{r}_k;\boldsymbol{r}_l\right)\approx\sigma_{\mathrm{b}}^2\rho(r) \tag{3.89}$$

$$\overline{\left(\varPhi^{\mathrm{b}}\left(\boldsymbol{r}_k,p_m\right)-\varPhi^{\mathrm{t}}\left(\boldsymbol{r}_k,p_m\right)\right)\left(\varPhi^{\mathrm{o}}\left(\boldsymbol{r}_l,p_m\right)-\varPhi^{\mathrm{t}}\left(\boldsymbol{r}_l,p_m\right)\right)}=0,\quad \forall k,l \tag{3.90}$$

$$\overline{\left(\varPhi^{\mathrm{o}}\left(\boldsymbol{r}_k,p_m\right)-\varPhi^{\mathrm{t}}\left(\boldsymbol{r}_k,p_m\right)\right)\left(\varPhi^{\mathrm{o}}\left(\boldsymbol{r}_l,p_m\right)-\varPhi^{\mathrm{t}}\left(\boldsymbol{r}_l,p_m\right)\right)}=0,\quad k\neq l \tag{3.91}$$

将式(3.86)和式(3.87)中的$\left(\varPhi^{\mathrm{b}}-\varPhi^{\mathrm{o}}\right)$替换成$\left(\left(\varPhi^{\mathrm{b}}-\varPhi^{\mathrm{t}}\right)-\left(\varPhi^{\mathrm{o}}-\varPhi^{\mathrm{t}}\right)\right)$，利用式(3.89)～式(3.91)，经过简单的数学运算，我们得到以下关系：

$$R_{lk}\approx\frac{\sigma_{\mathrm{b}}^2\rho_{\mathrm{b}}(r)}{\sigma_{\mathrm{b}}^2+\sigma_{\mathrm{o}}^2}=R(r) \tag{3.92}$$

$$\sigma_k^2=\sigma_{\mathrm{b}}^2+\sigma_{\mathrm{o}}^2 \tag{3.93}$$

根据式(3.92)，我们看到背景场误差相关系数$\rho_{\mathrm{b}}(r)$与背景场和探空观测之差相关性的均匀和各向同性分量$R(r)$成正比。

如果已知观测误差方差 σ_o^2，利用式(3.93)，便可计算出背景误差方差 σ_b^2。如果不知道 σ_o^2，可以对式(3.92)取极限 $r\to 0$，得

$$R(0)=\frac{\sigma_b^2}{\sigma_b^2+\sigma_o^2} \tag{3.94}$$

求解方程(3.93)和方程(3.94)，便可求得两个未知量 σ_b^2 和 σ_o^2：

$$\sigma_b^2=\sigma_k^2 R(0) \tag{3.95}$$

$$\sigma_o^2=\sigma_k^2\left(1-R(0)\right) \tag{3.96}$$

把式(3.92)和式(3.93)代入式(3.89)，我们最终得到依赖于 $R(r)$ 和 σ_k^2 的位势变量的背景场误差自协方差矩阵：

$$B_{\phi\phi}\left(\boldsymbol{r}_k;\boldsymbol{r}_l\right)\approx\sigma_k^2 R(r),\quad r=\left|\boldsymbol{r}_k-\boldsymbol{r}_l\right| \tag{3.97}$$

上述过程可用于推导许多其他大气状态变量(如温度、比湿和气压)的自协方差矩阵。

利用地转平衡，可以根据位势自协方差矩阵 $\boldsymbol{B}_{\phi\phi}$ 推导出风场和位势场之间的背景场误差互协方差矩阵 $\boldsymbol{B}_{\phi u}$ 和 $\boldsymbol{B}_{\phi u}$。地转平衡方程为

$$u=-\frac{1}{f_0}\frac{\partial\Phi}{\partial y},\quad v=\frac{1}{f_0}\frac{\partial\Phi}{\partial x} \tag{3.98}$$

纬向风分量和位势之间的背景场误差互协方差矩阵可以表示为

$$B_{\phi u}=\overline{\left(\Phi_k^{b}-\Phi_k^{t}\right)\left(u_l^{b}-u_l^{t}\right)}=-\frac{1}{f_0}\overline{\left(\Phi_k^{b}-\Phi_k^{t}\right)\frac{\partial\left(\Phi_l^{b}-\Phi_l^{t}\right)}{\partial y}} \tag{3.99}$$

为方便起见，我们设 $\Phi'=\Phi^{b}-\Phi^{t}$，对方程(3.99)做进一步数学运算如下：

$$\begin{aligned}
B_{\phi u}&=-\frac{1}{f_0}\overline{\Phi_k'\frac{\partial\Phi_l'}{\partial y}}\\
&=-\frac{1}{f_0}\overline{\Phi_k'\lim_{\Delta y_l\to 0}\frac{\Phi'(x_l,y_l+\Delta y_l)-\Phi'(x_l,y_l)}{\Delta y_l}}\\
&=-\frac{1}{f_0}\lim_{\Delta y_l\to 0}\frac{\overline{\Phi'(x_k,y_k)\Phi'(x_l,y_l+\Delta y_l)}-\overline{\Phi'(x_k,y_k)\Phi'(x_l,y_l)}}{\Delta y_l}\\
&=-\frac{1}{f_0}\lim_{\Delta y_l\to 0}\frac{B_{\phi\phi}(\tilde{x},\tilde{y}+\Delta y_l)-B_{\phi\phi}(\tilde{x},\tilde{y})}{\Delta y_l}\\
&=-\frac{1}{f_0}\frac{\partial}{\partial y}B_{\phi\phi}(\tilde{x},\tilde{y})\\
&=-\sin\phi\frac{1}{f_0}\frac{\partial}{\partial r}B_{\phi\phi}
\end{aligned} \tag{3.100}$$

利用相同的方法，我们可以导出经向风分量和位势之间的背景误差互协方差矩阵：

$$B_{\phi v}=\cos\phi\frac{1}{f_0}\frac{\partial}{\partial r}B_{\phi\phi} \tag{3.101}$$

利用类似的方法，可以从 $\boldsymbol{B}_{\phi\phi}$ 导出风分量的自协方差和互协方差矩阵 $\boldsymbol{B}_{uu}$、$\boldsymbol{B}_{vv}$ 和 $\boldsymbol{B}_{uv}$。

利用一个理想自相关函数 $\rho(r)$：

$$B_{\phi\phi}\left(\boldsymbol{r}_k;\boldsymbol{r}_l\right)=\sigma_{\mathrm{b}}^2\rho(r),\quad \rho(r)=\exp\frac{-r^2}{2L^2} \tag{3.102}$$

我们来描述一下背景场误差互协方差矩阵 $\boldsymbol{B}_{\phi u}$ 和 $\boldsymbol{B}_{\phi u}$ 的结构。先看一看 $\boldsymbol{B}_{\phi u}$ 的正负分布。函数$-\sin\phi$ 在第一和第二象限为负，在第三和第四象限为正。函数 $\frac{\partial}{\partial r}B_{\phi\phi}$ 总是负的。因此，$\boldsymbol{B}_{\phi u}$ 在第一和第二象限中为正，在第三和第四象限中为负。此外，沿 x 轴，ϕ=0°和 180°时，$\sin\phi=0$，$\boldsymbol{B}_{\phi u}=0$。所以，$\rho_{\phi u}$ 和 $\rho_{\phi v}$ 的分布分别是一对在 y 和 x 方向上的正负偶极子(图省略)。

背景场误差协方差对确定每个观测所带来的增量大小和影响范围起关键作用。它指定了垂直和水平自协方差(例如，不同网格点之间单个变量的协方差)和互协方差(例如，两个变量之间的协方差)的相关长度和频谱结构，并且把无散度和地转平衡等动力约束条件隐性地包含在分析变量中。因此，背景场误差协方差不仅决定附近观测点的观测信息如何插值到模式网格点上的不同模式变量，还决定着如何滤除观测资料中的噪声。事实上，不同多变量 OI 分析差异在很大程度上取决于背景误差协方差的差异。

3.9 结 束 语

观测资料不一定是在规则网格上获得的。为了从这些观测资料中获得大气变量在一组规则网格点上的估计值，通常需要进行插值。虽然本章讨论的多项式函数拟合有些简单，但足以提供插值的基本思想。插值的过程可能是冗长而耗时的，即使对本章中列举的并不复杂的问题，也有涉及大量计算的。我们还展示了如何使用二阶或三阶多项式函数拟合进行位势场和风场的协同分析。把地转平衡作为最小二乘极小化法的强约束条件，变量分析场可以精确满足地转平衡关系。在 OI 中，将地转平衡约束加入到资料分析过程中的方式与函数拟合不同。OI 中不要求变量本身满足地转平衡，而是要求分析增量满足地转平衡，并且是通过构建特殊的背景误差协方差矩阵来实现的。将动力约束包含在资料分析方案中，可以同时得到具有动力一致性的多变量分析场。大气资料分析中出现的另一个重要思想是使用背景场(3.5 节)，后续所有客观资料分析方法(3.7 节和 3.8 节)和资料同化方法(第 8 章和第 9 章)都延续了这个思想。对于循环资料分析，t_0 时的背景场可以是由上一时间 $t_0-\Delta t$ 数据分析得到的结果作为初始条件得到的短期模式预报(例如 Δt=6 h)，当前时间 t_0 以前的观测信息包含在背景场中。因此，资料密集区域得到的高精度分析场信息可以通过模式预报传播到资料缺测区域。根据无线电探空资料与背景场之差的大样本数据，构建背景场误差协方差矩阵也是一个十分有趣的工作。虽然通常情况下，一个特定的资料分析方案只能满足大气资料分析的某些目标，但将动力约束、背景场、背景场误差协方差矩阵这三个重要部分都融入大气资料分析中的这种做法，都被后面章节中将要讨论的新方法所借鉴。资料的空间分布和选择、资料噪声、分析分辨率、分析场平滑度等，使大气资料分析中的插值问题变得复杂。

第4章 滤　　波

4.1 引　　言

由于技术限制，对时空连续大气状态变量的观测采样是在离散时空点上完成的。插值只是完成了大气资料分析的一项必要任务，将在大多数情况下的不规则分布大气观测数据映射到规则模式网格上。除了观测点和模式网格之间的差异外，观测资料有噪声，还有那些模式网格分辨率上无法分辨的小尺度真实信号。此外，插值和模式都有误差(例如，分析中采用的动力约束只是一个近似关系)。虽然大多数误差是小尺度的，但可能会通过混淆、计算不稳定和误差传播在分析场和数值天气预报中引起大尺度误差。因此，在资料分析时，必须使用适当的滤波器，消除不同来源的误差。换句话说，除了插值，滤波是大气资料同化的另一项必要任务。4.2 节简要描述如何通过离散傅里叶变换来表示离散数据序列。4.3 节中，通过离散傅里叶变换，了解数据样本中不同尺度对数据总方差的贡献。4.4 节简要讨论由于存在混淆现象，小尺度扰动如何混入从而扭曲网格可分辨的重构信号。4.5 节讲解非递归滤波器。4.6 节给出如何设计滤波器的三个简单示例。4.7 节讨论递归滤波器。第 4.8 节简述经验集合模态分解(EEMD)的基本思想。4.9 节是结束语。

4.2 傅里叶变换

大气变量是时间和空间上的连续函数。通常，大气观测是分布在时空离散点上的。我们可以把一组离散点上的观测值视为将连续函数转换为数据序列(时间或空间的离散函数)的一个采样结果。考虑在等间距网格点

$$x_0 = 0, x_1 = \Delta x, \cdots, x_k = k\Delta x, \cdots, x_K = K\Delta x$$

上未知函数 $y=f(x)$ 的一个离散数据样本：

$$y_0, y_1, \cdots, y_k, \cdots, y_K$$

其中，Δx 是采样间隔。假设 $y=f(x)$ 是一个周期函数，$y_K=y_0$，周期为 $L=K\Delta x$。若数据序列不是等间距的，也不是从 $x_0=0$ 开始的，则很容易找到一个线性变换把该数据序列转换为从 $x_0=0$ 开始的一个等间距数据序列。

利用离散傅里叶变换，数据序列$\{y_k, k=0, 1, \cdots, K\}$可以表示为(Sokolnikoff 和 Redheffer, 1958)

$$y_k = \sum_{m=0}^{K-1} C_m \mathrm{e}^{\mathrm{i}m\frac{2\pi k\Delta x}{L}} \tag{4.1}$$

其中，$\{C_m\}$是傅里叶展开系数，是复数，它的值可根据数据样本得到，计算公式如下：

$$C_m = \frac{1}{K}\sum_{k=0}^{K-1} y_k e^{-im\frac{2\pi k\Delta x}{L}} \tag{4.2}$$

这样，$\{y_k, k=0, 1, \cdots, K\}$和$\{C_m, m=0, 1, \cdots, K-1\}$这两个序列组成一个傅里叶变换对，已知一个序列中的值，可以计算另一个序列中的值。数据序列$\{y_k\}$允许的最长波长$(\lambda_{\text{longest}}=L)$的波数 $m=1$；可分辨的最短波长 $\lambda_{\text{shortest}}$ 的波数 $m=K/2$，波长跟 K 的奇偶性有关，当 K 是偶数时，$\lambda_{\text{shortest}}=2\Delta x$，当 K 是奇数时，$\lambda_{\text{shortest}} = \dfrac{K}{K-1}2\Delta x$。$C_0$ 是数据的平均值。

如上所述，通过平移变换 $x'=x-x_0$，任意点 x_0 可以作为原点。值得一提的是，复指数 $e^{i\beta x}$ 在平移变换下是不变的，即

$$u(x-x_0) \equiv e^{i\beta(x-x_0)} = e^{-i\beta x_0}e^{i\beta x} \equiv \lambda(\beta)u(x)$$

其中，$e^{i\beta x}$ 和 $\lambda(\beta)$ 分别是平移变换的特征函数和特征值，与变量无关。对于式(4.1)，$\beta=2\pi m/L$，$x=k\Delta x$。

事实上，复指数 $e^{i\beta x}$ 是任何线性系统的特征函数。具体来说，如果 L 是任意一个线性算子

$$L\big(af(x)+bg(x)\big) = aL\big(f(x)\big) + bL\big(g(x)\big) \tag{4.3}$$

则

$$L(e^{i\beta x}) = \lambda(\beta)e^{i\beta x} \tag{4.4}$$

该特性对于推导由线性算子构成的不同滤波器的谱响应函数非常重要(见 4.5 节和 4.8 节)。

复指数可以用正弦和余弦实函数等价表示为

$$e^{i\beta x} = \cos\beta x + i\sin\beta x$$

反之亦然，即

$$\cos\beta x = \frac{e^{i\beta x}+e^{-i\beta x}}{2},\qquad \sin\beta x = \frac{e^{i\beta x}-e^{-i\beta x}}{2}$$

我们可以把 $e^{i\beta x}$ 看作一个向量，它的分量元素是 $\cos\beta x$ 和 $\sin\beta x$。很容易证明正弦函数和余弦函数在线性平移下也具有不变性，正弦函数和余弦函数分别是奇函数和偶函数，它们是相当平滑的有界函数。这三个特性是用正弦和余弦函数解决数据处理问题的原因。

在讨论滤波器之前，我们先通过离散傅里叶变换，讨论数据样本的方差，揭示用等间距离散数据样本序列近似连续函数时可能产生混淆现象的根本原因。

4.3 不同尺度的方差贡献

方差是数据样本序列的一个重要统计特征，通常用符号 σ^2 表示。一个数据序列$\{y_k, k=0, 1, \cdots, K-1\}$的方差定义为

$$\sigma^2 = \frac{1}{K}\sum_{k=0}^{K-1}(y_k-\mu)^2 \tag{4.5}$$

其中，$\mu=\frac{1}{K}\sum_{k=0}^{K-1}y_k$ 是平均值或期望值。根据式(4.5)可以看出，σ^2 是所有观测值与平均值之差的平方和，描述数据序列的离散度。当且仅当数据样本中的每个观测量值完全相同时，方差为零。观测数据之间的差异越大，与平均值的差异就越大，方差也就越大。

离散傅里叶变换(4.1)中，$|C_m|^2$(m=1, 2, ⋯, K–1)表示第 m 个分波的振幅，所有波的振幅平方和(不包括平均值)等于数据的方差，即

$$\sigma^2\equiv\frac{1}{K}\sum_{k=0}^{K-1}(f_k-\mu)^2=\sum_{m=1}^{K-1}|C_m|^2 \tag{4.6}$$

这是一个重要且有用的特性。因此，$|C_m|^2$ 是第 m 个波分量对数据总方差的贡献。方差 σ^2 的表达式(4.6)可以通过简单的数学运算获得，即

$$\begin{aligned}\sigma^2&\equiv\frac{1}{K}\sum_{k=0}^{K-1}(f_k-\mu)^2=\frac{1}{K}\sum_{k=0}^{K-1}\left(\sum_{m=0}^{K-1}C_m\mathrm{e}^{\mathrm{i}mk\alpha}-C_0\right)^2\\&=\frac{1}{K}\sum_{l=0}^{K-1}\sum_{m=0}^{K-1}C_mC_l\sum_{k=0}^{K-1}\mathrm{e}^{\mathrm{i}k\alpha(m+l)}-\frac{2C_0}{K}\sum_{m=0}^{K-1}C_m\sum_{k=0}^{K-1}\mathrm{e}^{\mathrm{i}mk\alpha}+C_0^2\\&=\frac{1}{K}\sum_{l=0}^{K-1}\sum_{m=0}^{K-1}C_mC_lK\delta_{-l}^m-\frac{2C_0}{K}\sum_{m=0}^{K-1}C_mK\delta_0^m+C_0^2=\sum_{m=0}^{K-1}|C_m|^2-C_0^2\\&=\sum_{m=1}^{K-1}|C_m|^2\end{aligned}$$

在上述推导中，我们用到了等式 $\sum_{m=0}^{M-1}\mathrm{e}^{\mathrm{i}m\alpha(k-l)}=M\delta_k^l$ 。

通过离散傅里叶变换，可以得到不同波数对总方差贡献的定量估计，从而知道有关观测场的尺度变化大小。

4.4　混　　淆

由于数据中存在波长小于网格间距两倍的小尺度分量，它们会混入网格可分辨信号中，导致信号失真。这种现象叫混淆。通过傅里叶分析，可以分析混淆的根本原因。除了用于理解方差的尺度依赖性外，这是离散傅里叶变换的另一个用处。

给定一个包含波长 $\lambda=\Delta x$ 的波的 x 的连续函数：

$$y(x)=A\cos\left(\frac{2\pi}{\Delta x}x+\psi\right) \tag{4.7}$$

其中，A 为振幅，ψ 为初始相位，Δx 是个常值。若以等间隔 Δx 进行采用，连续函数 $y(x)$ 在采样点 $x_0=0, x_1=\Delta x,\cdots, x_k=k\Delta x,\cdots, x_{K-1}=(K-1)\Delta x$ 上的取值为

$$y_k=A\cos(2\pi k+\psi)\qquad(k=0,\ 1,\ \cdots,K-1) \tag{4.8}$$

以上离散数据序列$\{y_k, k=0, 1, 2, \cdots, K-1\}$的傅里叶变换系数可以根据式(4.2)计算，具体计算步骤如下：

$$
\begin{aligned}
C_m &= \frac{1}{K}\sum_{k=0}^{K-1} y_k \mathrm{e}^{-\mathrm{i}k\alpha} = \frac{1}{K}\sum_{k=0}^{K-1} \mathrm{e}^{-\mathrm{i}mk\alpha} A\cos(2\pi k+\psi) \\
&= \frac{A}{2K}\sum_{k=0}^{K-1} \mathrm{e}^{-\mathrm{i}mk\alpha}\left(\mathrm{e}^{\mathrm{i}(2\pi k+\psi)}+\mathrm{e}^{-\mathrm{i}(2\pi k+\psi)}\right) \\
&= \frac{A\mathrm{e}^{\mathrm{i}\psi}}{2K}\sum_{k=0}^{K-1} \mathrm{e}^{\mathrm{i}\frac{2\pi}{K}k(M-m)} + \frac{A\mathrm{e}^{-\mathrm{i}\psi}}{2K}\sum_{k=0}^{K-1} \mathrm{e}^{\mathrm{i}\frac{2\pi}{K}k(-M-m)} \\
&= \frac{A\mathrm{e}^{\mathrm{i}\psi}}{2K}(K\delta_K^m) + \frac{A\mathrm{e}^{-\mathrm{i}\psi}}{2K}(K\delta_{-K}^m) \\
&= \frac{A}{2}(\mathrm{e}^{\mathrm{i}\psi}\delta_K^m + \mathrm{e}^{-\mathrm{i}\psi}\delta_{-K}^m) = A\cos(\psi)\delta_K^m \\
&= A\cos(\psi)\delta_0^m \\
&= \begin{cases} A\cos\psi, & 当 m=0 \\ 0, & 当 m=1,\cdots,K-1 \end{cases}
\end{aligned}
\tag{4.9}
$$

事实上，对于式(4.7)和式(4.8)定义的简单例子，可以直接通过运算“$y_k=A\cos(2\pi k+\psi)=A\cos(\psi)=$常数”得到式(4.9)中的最后结果。式(4.9)中所演示的数学推导旨在给出推导任何连续函数的傅里叶变换系数(即谱)的一般计算步骤。

对于上述示例，我们给出如下讨论。式(4.7)定义的原始函数 $y(x)$ 表示的是波长为 Δx 的余弦波，平均值为零。当采样间隔为 Δx 时，样本数据的平均值(C_0)不是零，其值($C_0=A\cos\psi$)小于等于真实波的振幅(A)。换言之，当连续函数包含波长为 Δx 的短波分量时，短波特征被混淆到更大尺度(即平均值)中了。通常，当连续函数包含波长小于两倍采样间隔($2\Delta x$)的小尺度波时，这些小尺度波将被混淆到频率介于 0 和 1/2 之间的较大尺度波分量上。这与余弦函数在相同点上具有相同数值的意义是一样的。这种样本采样称为欠采样。由于欠采样而导致的网格可分辨场失真称为混淆。混淆现象只是三角恒等式的结果。

混淆是连续函数被离散采样的一种不理想情况。当然，如果观测数据序列的谱振幅$\{C_m\}$随波数 m 增加迅速减小，则不可分辨波的振幅 A_m 将很小。因此，有限离散采样产生的混淆影响不大。这是因为混淆对真实光谱的贡献不超过 A_m(见式(4.9))。如果观测数据的谱振幅不随波数增加而迅速减小，则频谱上的混淆效应将变得不可忽略。在这种情况下，或者需要加密观测网，或者需要使用滤波器来消除数据噪声和波长小于数据采样分辨率 Δx 两倍的小尺度特征。

4.5　非递归滤波器

非递归滤波器的一般形式如下：

$$
\overline{y}_k = \sum_{n=-N}^{N} c_n y_{k-n} \tag{4.10}
$$

式中，数据序列$\{y_k, k=0, 1, \cdots, K\}$是非递归滤波器的输入数据，数据序列$\{\overline{y}_k, k=0, 1, \cdots,$

$K-1\}$是非递归滤波器的输出数据。$\overline{y}_k$ 是把原始信号 y_k 和其邻近 $2N$ 个离散样本数据进行线性加权平均得出的新数据。这类非递归滤波器是线性算子。因此，在数据序列$\{y_k, k=0, 1, \cdots, K\}$的离散傅里叶变换中出现的复指数 $e^{i\alpha mk}(m=0, 1, \cdots, K-1)$是这类滤波器的特征函数，其中 $\alpha=2\pi\Delta x/L$。利用式(4.1)，可以把式(4.10)右边求和号里的$\{y_k\}$写成

$$y_k = \sum_{m=0}^{K-1} A_m e^{i\alpha mk} \tag{4.11}$$

把上式代入式(4.10)定义的非递归滤波器，并把复指数 $e^{i\alpha mk}$ 提到求和号外面，得到

$$\overline{y}_k = A_m e^{i\alpha mk} \sum_{n=-N}^{N} c_n e^{-i\alpha mn} \equiv \lambda(m) A_m e^{i\alpha mk} \tag{4.12}$$

其中，$\lambda(m) = \sum_{n=-N}^{N} c_n e^{-i\alpha mn}$ 是特征值，其值与 x 或 k 无关。基于式(4.11)和式(4.12)，我们知道特征值 $\lambda(m)$ 与滤波器相关，它决定了滤波器把波数为 m 的波的振幅改变了多少。

常用的非递归对称滤波器是一类特殊的非递归滤波器，其定义形式如下：

$$\overline{y}_k = \frac{1}{2}\sum_{n=0}^{N} a_n \left(y_{k+n} + y_{k-n} \right) \tag{4.13}$$

其中，$a_n(n=0, 1, \cdots, N)$是滤波器系数，取常数。对称滤波器跨度涉及分隔相等间距的所有 $2N+1$ 个数据点。因此，滤波器跨度的总长度为 $2N\Delta x$。在式(4.13)中，第 k 点的左边点$(k-1, k-2, \cdots, k-n)$数据和右边点$(k+1, k+2, \cdots, k+n)$数据的权重系数相同。如果要求 $c_0=a_0$ 和 $c_n=c_{-n}=a_n/2(n=1, \cdots, N)$，对称滤波器(4.13)可以写成非递归滤波器的一般形式(4.10)。

栅车(boxcar)滤波器和三角形滤波器是两个最常用的非递归对称滤波器。若有 5 个非零系数$(N=2)$，这两个滤波器分别表示为

$$\overline{y}_k = \frac{1}{5}\left(y_{k-2} + y_{k-1} + y_k + y_{k+1} + y_{k+2} \right) \qquad \text{(栅车滤波器)}$$

$$\overline{y}_k = \frac{1}{9} y_{k-2} + \frac{2}{9} y_{k-1} + \frac{1}{3} y_k + \frac{2}{9} y_{k+1} + \frac{1}{9} y_{k+2} \qquad \text{(三角形滤波器)}$$

通过比较滤波和未滤波信号的频谱变化，可以了解对称滤波器(4.13)的特性。根据式(4.2)，滤波后的数据序列的离散傅里叶系数可通过以下公式计算：

$$\overline{C}_m = \frac{1}{K}\sum_{k=0}^{K-1} \overline{y}_k e^{-imk\alpha} \tag{4.14}$$

其中，$\alpha=2\pi\Delta x/L=2\pi/K$，$m=0, 1, 2, \cdots, K-1$。将对称滤波器表达式(4.13)代入式(4.14)，通过一些简单的数学运算，可以得到未滤波信号频谱$\{C_m\}$与滤波后信号频谱$\{\overline{C}_m\}$的关系。具体运算步骤如下所示：

$$
\begin{aligned}
\bar{C}_m &\equiv \frac{1}{K}\sum_{k=0}^{K-1}\bar{y}_k \mathrm{e}^{-\mathrm{i}mk\alpha} \\
&= \frac{1}{2}\sum_{n=-N}^{N}\frac{1}{K}\sum_{k=0}^{K-1}a_n\left(y_{k+n}+y_{k-n}\right)\mathrm{e}^{-\mathrm{i}mk\alpha} \\
&= \frac{1}{2}\sum_{n=0}^{N}a_n\left(\frac{1}{K}\sum_{l=n}^{K-1+n}y_l \mathrm{e}^{-\mathrm{i}m(l-n)\alpha}+\frac{1}{K}\sum_{l=-n}^{K-1-n}y_{k'}\mathrm{e}^{-\mathrm{i}m(l+n)\alpha}\right) \\
&= \frac{1}{2}\sum_{n=0}^{N}a_n\left(\mathrm{e}^{\mathrm{i}mn\alpha}+\mathrm{e}^{-\mathrm{i}mn\alpha}\right)\frac{1}{K}\sum_{l=0}^{K-1}y_l \mathrm{e}^{-\mathrm{i}ml\alpha} \\
&= \sum_{n=0}^{N}a_n\cos(mn\alpha)\frac{1}{K}\sum_{l=0}^{K-1}y_l \mathrm{e}^{-\mathrm{i}ml\alpha} \\
&\equiv r_m C_m
\end{aligned}
$$

其中，

$$
r_m = \sum_{n=0}^{N}a_n\cos(mn\alpha) \tag{4.15}
$$

被称为对称滤波器(4.13)的谱响应函数。上述推导中假定了数据序列的周期性($y_k=y_{k+K}$)。响应函数 r_m 是波数(m)的函数，也与滤波器跨度参数(N)和网格分辨率(Δx)($\alpha=2\pi\Delta x/L=2\pi/K$)有关。因为 $\bar{C}_m=r_m C_m$，所以，响应函数 r_m 告诉我们对称滤波器对原始数据中的不同波长的振幅改变了多少。

常用的等权重平均算子

$$
\bar{y}_k = \frac{1}{2N+1}\sum_{n=-N}^{N}y_{k+n} \tag{4.16}
$$

是给定滤波跨度为$(2N+1)$的最简单对称滤波器。若写成对称滤波器的一般形式，即式(4.13)，则权重系数取以下值：

$$
a_n = \begin{cases} \dfrac{1}{2N+1}, & 当\, n=0 \\ \dfrac{2}{2N+1}, & 当\, n=\pm 1,\cdots,\pm N \end{cases} \tag{4.17}
$$

把式(4.17)代入对称滤波器的响应函数(4.15)中，我们得到平均算子的响应函数：

$$
r_m = \frac{\sin\dfrac{(2N+1)m\pi}{K}}{(2N+1)\sin\dfrac{m\pi}{K}}
$$

在推导上述响应函数的过程中，使用了一些三角公式①。

图 4.1 展示了不同滤波跨度(N=1, 2, 3, 4, 5)的对称滤波器的谱响应函数 r_m 随 L 或

① $\sum_{n=0}^{N}\cos(nm\alpha)=\dfrac{\sin\frac{(N+1)m\alpha}{2}\cos\frac{Nm\alpha}{2}}{\sin\frac{m\alpha}{2}}$，$2\sin(\alpha)\cos(\beta)=\sin(\alpha+\beta)+\sin(\alpha-\beta)$。

$m\Delta x$ 的变化，其中 $L=2\pi/m$ 的值见顶部 x 轴，$m\Delta x$ 的值见底部 x 轴。总体来说，响应函数 r_m 随着波数的增加而减小。当 $N=2$，对滤波器跨度(4Δx)加上一个网格长度(Δx)的短波，即 $\lambda_m \leqslant 5\Delta x$，滤波效果不明显。还可以看出，$r_m$ 曲线围绕 x 轴上下振荡。当 x 是 $\dfrac{K}{2N+1}$ 的倍数时，即 $m=\dfrac{K}{2N+1}l$（l 为整数），$r_m=0$。

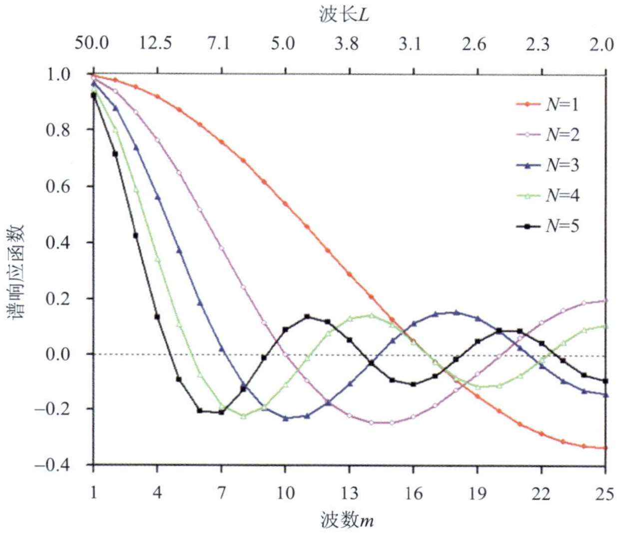

图 4.1　不同跨度(N=1, 2, 3, 4, 5)的对称滤波器谱响应函数随波数的变化，其中 $\Delta x=1$，$K=50$，$L=50$

4.6　滤波器设计

滤波器的系数可以给定，例如平均滤波器(4.16)中的系数；也可以为了实现特定目标而确定。谱响应函数(4.15)是滤波器系数的函数。设计滤波器的一种方法是指定响应函数的一组期望特征，然后通过求解线性方程组来确定滤波器系数。例如，考虑一个总跨度有五个点的对称滤波器，即 $N=2$。对于一个五点对称滤波器，需确定三个系数(a_0、a_1、a_2)的值。为简单起见，省略系数(a_{k+0}、a_{k+1}、a_{k+2})下标中的字母“k”。设计三个系数的滤波器需要对响应函数(4.15)施加三个约束条件。假设要设计一个低通滤波器，可以期望以下三个特征：①平均值不变；②去除最小可定义波长；③波长为 4Δx 的波的振幅减小 1/2。这三个要求的数学表示如下：

$$r_m=\begin{cases}1, & m=0\\ 0.5, & m=\dfrac{K}{4}\\ 0, & m=\dfrac{K}{2}\end{cases} \tag{4.18}$$

在对称滤波器响应函数(4.15)的表达式中取 $N=2$，并令它们在 $m=0$、$K/4$ 和 $K/2$ 时取式(4.18)中规定的值，我们得到以下方程组：

$$\begin{cases} a_0 + a_1 + a_2 = 1 \\ a_0 - a_2 = 0.5 \\ a_0 - a_1 + a_2 = 0 \end{cases} \tag{4.19}$$

上述方程组的解为

$$a_0 = \frac{1}{2}, \quad a_1 = \frac{1}{2}, \quad a_2 = 0 \tag{4.20}$$

因为 $a_{-2}=a_2=0$，这实际上是一个三点滤波器。换句话说，一个三点对称滤波器就可以是一个低通滤波器，具有上述三个特征。该滤波器的谱响应函数如图 4.2 所示。可以看出，该三点对称低通滤波器(咖啡色曲线)对长波的影响比五点对称平均滤波器(洋红色曲线)小，短波受到阻尼，并消除了小于 $2\Delta x$ 的波。因此，该滤波器确实是一个低通滤波器。

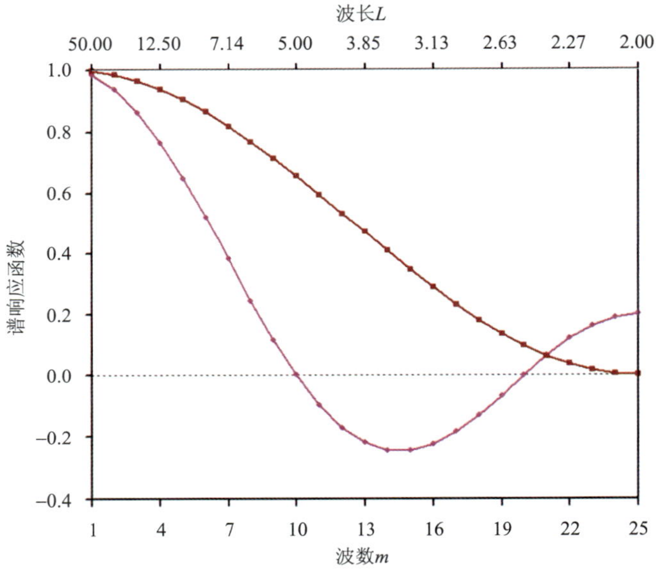

图 4.2　五点对称平均滤波器(洋红色曲线)和三点对称低通滤波器(咖啡色曲线)的谱响应函数，其中 $\Delta x=1$，$K=50$，$L=50$

对响应函数(4.15)中不同波数指定不同的值，可以设计其他对称滤波器。若指定条件是相互独立的，那么指定条件总数应与滤波器系数的总数相同。

滤波器的另一种设计方法是指定滤波器响应函数的理想形状，而不是指定响应函数的几个取值条件。现在我们用这个方法来设计一个五点低通对称滤波器，它满足以下三个条件。第一，响应函数 $r_m=r_m(2\pi\Delta x/\lambda)\equiv r_m(z)$ $(z=2\pi\Delta xm/L=2\pi\Delta x/\lambda)$ 在 $z_i=\frac{\pi}{100}i$，$i=1, 2, \cdots, 100$ 这 100 个点处与以下的理想响应函数形状差别不大：

$$R(z)=\begin{cases}1, & 0\geqslant z\geqslant \dfrac{2\pi}{5}\\ \dfrac{1}{2}+\dfrac{1}{2}\cos\dfrac{15}{4}\left(z-\dfrac{2\pi}{5}\right), & \dfrac{2\pi}{5}>z>\dfrac{2\pi}{3}\\ 0, & \dfrac{2\pi}{3}\geqslant z\geqslant \pi\end{cases} \tag{4.21}$$

这里，参数 $z=2\pi/5$ 和 $2\pi/3$ 分别对应于波长 $\lambda=5\Delta x$ 和 $3\Delta x$。理想响应函数(4.21)不影响波长 $\lambda\geqslant 5\Delta x$ 的波(带通带)，减小波长在 $5\Delta x>\lambda>3\Delta x$ 中的振幅(阻尼带)，消除波长 $\lambda\leqslant 3\Delta x$ 的波(抑止带)。第二个要求是响应函数的二阶导数在边界处($z=0, \pi$)接近于零：

$$r_{zz}(0)\approx 0\,,\qquad r_{zz}(\pi)\approx 0 \tag{4.22}$$

第三个要求是响应函数在边界处取单位值：

$$r(0)=1\,,\qquad r(\pi)=1 \tag{4.23}$$

值得指出的是，响应函数的一阶导数在边界处自动为零，即 $r_z(0)=0$，$r_z(\pi)=0$。

可以获得满足上述三个条件的五点对称滤波器，定义拉格朗日函数：

$$L(\alpha_0,\alpha_1,\alpha_2,\lambda_1,\lambda_2)=\underbrace{\sum_{i=1}^{100}\left[r_m(z_i)-R(z_i)\right]^2+50\left[r_{zz}(0)\right]^2+50\left[r_{zz}(\pi)\right]^2}_{\text{弱约束}} \\ +\underbrace{2\lambda_1\left[r(0)-1\right]+2\lambda_2 r(\pi)}_{\text{强约束}} \tag{4.24}$$

其中，拉格朗日函数 L 的控制变量$\{\alpha_0, \alpha_1, \alpha_2\}$是滤波器系数，$\{\lambda_1, \lambda_2\}$是拉格朗日乘子。拉格朗日函数第二项中的惩罚系数取了一个经验值 50，它的大小决定拟合条件(4.22)的近似强弱。

令拉格朗日函数 L 对于控制变量的一阶导数为零，求解所得滤波器系数是

$$\alpha_0=0.345885,\quad \alpha_1=0.500000,\quad \alpha_2=0.154115 \tag{4.25}$$

波长小于 $3\Delta x$ 的波几乎被完全消除。在阻尼带 $5\Delta x>\lambda>3\Delta x$，虽然响应函数也小于 1($|r_m|<1$)，但对该光谱区信号的影响比五点平均滤波器的小，并且没有正负值之间的振荡(图略)。值得提醒的是，如果增加滤波器跨度，可以更完好地保留带通光谱区的原始信号。

设计各种滤波器所指定的约束条件通常是主观和经验的。一般来说，对于低通滤波器，滤波器跨度应大于等于想在滤波后的数据序列中仍然保留的最长波长。谱响应函数是连续的。约束条件不相互冲突，并且容易满足。对带通、阻尼和过渡带区进行怎样的修改是预先设定的。

滤波器不仅可以用于删除数据中不需要的信息，还可以用于极小化数据误差。假设观测数据序列受到随机噪声的污染，即

$$y_k=y_k^{\mathrm{t}}+\varepsilon_k\qquad (k=0, 1, \cdots, K) \tag{4.26}$$

其中，$\{\varepsilon_k\}$是无偏、不相关、与观测真值 y_k^{t} 无关的随机噪声，即

$$\overline{\varepsilon_k} = 0, \qquad \forall k \tag{4.27a}$$

$$\overline{\varepsilon_k \varepsilon_l} = \sigma^2 \delta_k^l, \quad \forall k, l \tag{4.27b}$$

$$\overline{\varepsilon_k y_l^{\mathrm{t}}} = 0, \quad \forall k, l \tag{4.27c}$$

原始数据序列$\{y_k, k=0, 1, \cdots, K\}$和滤波后的数据序列$\{\overline{y}_k, k=0, 1, \cdots, K\}$(见式(4.10))的误差方差分别定义为

$$\sigma^2 = \overline{(y_k^{\mathrm{t}} - y_k)^2} \tag{4.28a}$$

$$\overline{\sigma}^2 = \overline{(y_k^{\mathrm{t}} - \overline{y}_k)^2} \tag{4.28b}$$

经过滤波后的数据序列的误差方差$\overline{\sigma}^2$依赖于对称滤波器的权重系数$\{a_n, n=0, 1, \cdots, N\}$。经过一系列数学运算，可以获得$\overline{\sigma}^2$与$a_n$的显式关系式，如下所示：

$$\begin{aligned}
\overline{\sigma}^2(\{a_n\}) = \overline{(y_k^{\mathrm{t}} - \overline{y}_k)^2} &= \overline{\left(\underbrace{y_k - \varepsilon_k}_{y_k^{\mathrm{t}}} - \underbrace{\frac{1}{2}\sum_{n=0}^{N} a_n (y_{k+n} + y_{k-n})}_{\overline{y}_k}\right)^2} \\
&= \overline{(y_k - \varepsilon_k)^2 - (y_k - \varepsilon_k)\sum_{n=0}^{N} a_n (y_{k+n} + y_{k-n}) + \frac{1}{4}\sum_{n=0}^{N}\sum_{l=0}^{N} a_n a_l (y_{k+n} + y_{k-n})(y_{k+l} + y_{k-l})} \\
&= \underbrace{\overline{(y_k - \varepsilon_k)^2}}_{C_0 - \sigma^2} - \sum_{n=0}^{N} a_n \left[\underbrace{\overline{y_k y_{k+n}}}_{C_n} + \underbrace{\overline{y_k y_{k-n}}}_{C_{-n}}\right] + \sum_{n=0}^{N} a_n \left[\overline{\varepsilon_k \underbrace{(y_{k+n}^{\mathrm{t}} + \varepsilon_{k+n})}_{y_{k+n}}} + \overline{\varepsilon_k \underbrace{(y_{k-n}^{\mathrm{t}} + \varepsilon_{k-n})}_{y_{k-n}}}\right] \\
&\quad + \frac{1}{4}\sum_{n=0}^{N}\sum_{l=0}^{N} a_n a_l \left[\underbrace{\overline{y_{k+n} y_{k+l}}}_{C_{n-l}} + \underbrace{\overline{y_{k+n} y_{k-l}}}_{C_{n+l}} + \underbrace{\overline{y_{k-n} y_{k+l}}}_{C_{-(n+l)}} + \underbrace{\overline{y_{k-n} y_{k-l}}}_{C_{-(n-l)}}\right] \\
&= C_0 - \sigma^2 - 2\sum_{n=0}^{N} a_n C_n + 2a_0\sigma^2 + \frac{1}{2}\sum_{n=0}^{n}\sum_{l=0}^{n} a_n a_l (C_{n+l} + C_{n-l})
\end{aligned} \tag{4.29}$$

其中，自相关协方差$C_\tau = \overline{y_k y_{k+\tau}} = C_{-\tau}$是对称的。

我们可以确定这样一组权重系数$\{a_n, n=0, 1, 2, \cdots, N\}$，它们使$\overline{\sigma}^2$最小，即

$$\min \overline{\sigma}^2(a_n) \tag{4.30}$$

因此，令$\overline{\sigma}^2$关于权重系数的一阶导数为零：

$$\frac{\partial \overline{\sigma}^2(\{a_n\})}{\partial a_r} = 0: \ -2C_r + 2\sigma^2\delta_0^r + \sum_{n=0}^{N} a_n (C_{n+r} + C_{n-r}) = 0 \quad (r = 0, 1, 2, \cdots, N) \tag{4.31}$$

这是一组关于$(N+1)$个未知数$\{a_n, n=0, 1, 2, \cdots, N\}$的$(N+1)$次方程组，其解称为最优权重系数。

滤波前后误差方差是如何变化的？如果使用最优权重系数，可将滤波后的数据序列的误差方差定义式(4.29)中的最后一项进行简化：

$$\frac{1}{2}\sum_{n=0}^{N}\sum_{l=0}^{N}a_n a_l(C_{n+l}+C_{n-l})=\frac{1}{2}\sum_{l=0}^{N}a_l\underbrace{\sum_{n=0}^{N}a_n(C_{n+l}+C_{n-l})}_{2C_l-2\sigma^2\delta_0^l}=\sum_{l=0}^{N}a_l C_l-a_0\sigma^2 \tag{4.32}$$

利用方程(4.31)在 r=0 的结果，还可以简化式(4.29)第三项中的求和项：

$$\sum_{n=0}^{N}a_n C_n=C_0-\sigma^2 \tag{4.33}$$

将式(4.32)和式(4.33)代入式(4.29)，我们得到 $\bar{\sigma}^2$ 与 σ^2 之间的关系式：

$$\bar{\sigma}^2(\{a_n\})=a_0\sigma^2 \tag{4.34}$$

因此，滤波后的数据序列的误差方差等于原始数据序列的误差方差乘以系数 a_0。如果 a_0<1，滤波后的数据序列的随机噪声是原始数据序列的 $\dfrac{1}{a_0}$。在大多数情况下，a_0<1 是真的。如果情况并非如此，则可以在极小化时将 $\sum\limits_{n=-N}^{N}a_n=1$ 作为极小化 $\bar{\sigma}^2(a_n)$ 时的强约束条件。

4.7　递归滤波器

递归滤波器的输入不仅有原始数据$\{y_k,\ k=1,\ \cdots,\ K\}$，还有已被滤波后的数据$\{\bar{y}_{k-n},\ n=1,\ \cdots,\ M\}$，以便得到其他观测点的滤波数据 $\bar{y}_k$。一般形式如下：

$$\bar{y}_k=\sum_{n=0}^{N}c_n y_{k-n}+\sum_{n=1}^{M}d_n\bar{y}_{k-n} \tag{4.35}$$

例如，积分梯形法公式(Hamming, 1983)

$$\bar{y}_k=\bar{y}_{k-1}+\frac{1}{2}(y_k+y_{k-1}) \tag{4.36}$$

和趋势指示运算

$$\bar{y}_k=c(y_k-y_{k-1})+(1-c)\bar{y}_{k-1} \tag{4.37}$$

是两个简单的递归滤波器例子。两者都使用了滤波后的值($\bar{y}_{k-1}$)和原始数据(y_{k-1} 和 y_k)来计算滤波后的值(y_k)。很明显，递归滤波器可以记住所有过去的数据，因为 y_0 值进入 $\bar{y}_1$ 的计算，从而进入 $\bar{y}_2$、$\bar{y}_3$ 等的计算。因此，在递归滤波中，初始条件是被整个滤波数据序列“记住”的。

假定输入$\{y_k,\ k=1,\ \cdots,\ K\}$和输出$\{\bar{y}_k,\ k=1,\ \cdots,\ K\}$数据序列的离散傅里叶变换中出现的项分别是

$$f_k=A_m^{(\mathrm{i})}\mathrm{e}^{\mathrm{i}\alpha mk}\quad 和\quad g_k=A_m^{(\mathrm{o})}\mathrm{e}^{\mathrm{i}\alpha mk} \tag{4.38}$$

我们来推导递归滤波器响应函数，其中 $A_m^{(\mathrm{i})}$ 和 $A_m^{(\mathrm{o})}$ 分别表示输入和输出数据序列的波数为 m 的波振幅。

把式(4.38)代入式(4.35)，我们得到 $A_m^{(\mathrm{i})}$ 和 $A_m^{(\mathrm{o})}$ 之间的关系式：

$$A_m^{(\mathrm{o})}\mathrm{e}^{\mathrm{i}\alpha mk}=A_m^{(\mathrm{i})}\sum_{n=0}^{N}c_n\mathrm{e}^{\mathrm{i}\alpha m(k-n)}+A_m^{(\mathrm{o})}\sum_{n=1}^{M}d_n\mathrm{e}^{\mathrm{i}\alpha m(k-n)} \tag{4.39}$$

或者等价地，

$$A_m^{(\mathrm{o})}\mathrm{e}^{\mathrm{i}\alpha mk}-A_m^{(\mathrm{o})}\sum_{n=1}^{M}d_n\mathrm{e}^{\mathrm{i}\alpha m(k-n)}=A_m^{(\mathrm{i})}\sum_{n=0}^{N}c_n\mathrm{e}^{\mathrm{i}\alpha m(k-n)} \tag{4.40}$$

约除与 k 有关的指数项 $\mathrm{e}^{\mathrm{i}\alpha mk}$，原始数据和滤波后数据序列中不同波数振幅的关系为

$$A_m^{(\mathrm{o})}=\frac{\sum_{n=0}^{N}c_n\mathrm{e}^{\mathrm{i}\alpha m(k-n)}}{1-\sum_{n=1}^{M}d_n\mathrm{e}^{\mathrm{i}\alpha m(k-n)}}A_m^{(\mathrm{i})}\equiv r_m A_m^{(\mathrm{i})} \tag{4.41}$$

其中，r_m 是由式(4.35)定义的递归滤波器的响应函数：

$$r_m=\frac{\sum_{n=0}^{N}c_n\mathrm{e}^{\mathrm{i}\alpha m(k-n)}}{1-\sum_{n=1}^{M}d_n\mathrm{e}^{\mathrm{i}\alpha m(k-n)}} \tag{4.42}$$

4.8　经验集合模态分解

经验集合模态分解(EEMD)方法最初应用于从数据时间序列中得出非线性气候变化趋势(Huang 和 Wu，2008)。EEMD 趋势不同于传统线性回归方法得出的线性趋势，后者随数据序列的时间长度的变化而变化。然而，当时间序列的时间长度增加时，物理系统在原时间段已经发生的现象没变，线性趋势不应该有显著改变。除非添加数据时前一时间段的趋势成为更长时间内的振荡部分，这种情况下，趋势就不是线性的了。EEMD 方法提取的非线性趋势在增加时间序列时间长度时不会发生显著变化，这一特点在物理上是合理的。如果数据的添加使得原时间段里的趋势变成较长时间段的振荡部分，则可以通过 EEMD 方法导出新的非线性趋势。因此，EEMD 方法能更好地从数据时间序列中提取真实变化趋势。也因为如此，该方法在气候科学研究中得到了广泛应用(Wu 等，2011；Breaker 和 Ruzmaikin，2011；Qin 等，2012)。

EEMD 方法建立在经验模态分解(EMD)方法的基础上(Huang 等，1998；Huang 和 Wu，2008)。通过不断去除非定常时间序列中包络最小和最大值的两个骑行波的信息，可以从高频率到低频率依次提取不同振荡分量，称为本征模态函数(IMF)。将多个噪声样本添加到时间序列中，可以模拟多个场景样本，再使用集合平均方法来提取与 IMF 尺度一致的信号。具体而言，数据的时间序列(u_j, j=1, 2, …, N)被分解为一组 IMF：

$$u_j=\sum_{m=1}^{L}C_m(j)+R_L(j) \tag{4.43}$$

其中，C_m(m=1, 2, …, L)是数据序列的第 m 个 IMF，R_L 是在连续提取了 L 个 IMF(m=1, 2, …, L)后的数据剩余项。EEMD 方法的实际计算步骤如下：

(1) 令 $m=1$，$R_0=u_j$。

(2) 将白噪声序列添加到目标数据中。

(3) 识别 $R_{m-1}(j)$ 的所有局部极大、极小值，用三次样条将所有这些局部极大值(极小值)连接起来作为 $R_{m-1}(j)$ 的上(下)包络曲线，以获得上(下)包络曲线的曲线均值 $a_i(j)$。

(4) 获得第 m 个 IMF，即 $R_{m-1}(j)$ 与 $a_i(j)$ 之差：

$$C_m(j)=R_{m-1}(j)-a_m(j) \tag{4.44}$$

(5) 从 R_{m-1} 中减去第 m 个 IMF 得到 R_m：

$$R_m(j)=R_{m-1}(j)-C_m(j) \tag{4.45}$$

(6) 如果剩余项 $R_m(j)$ 是一个单调函数或只包含一个内部极值的函数，且无法从中提取更多 IMF，则设置 $L=m$。最后这个剩余项便是非线性趋势。否则，设置 $m=m+1$，再返回步骤(2)。

图 4.3 和图 4.4 给出两个示例。利用 2008 年 1 月在中国两个地面站观测的 3 h 地面气温数据时间序列(R_0，图 4.3a 和图 4.4a 最上方的曲线)，通过 EEMD 方法，从这两个数据时间序列中提取各个 IMF 和剩余项。低纬度站点的地面气温的时间演变(图 4.3a 中 R_0)

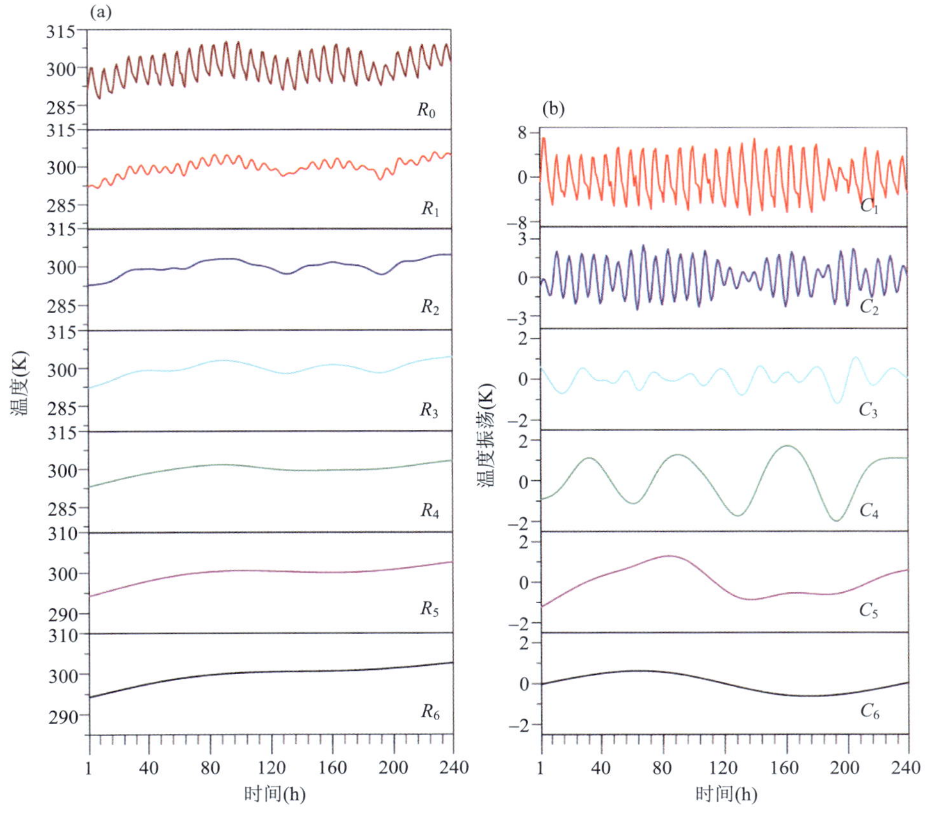

图 4.3　位于(103.5°E, 14.9°N)的地面观测站得到的 2008 年 1 月 3 h 间隔的地面气温观测时间序列(R_0，(a)中第一个图)以及 EEMD 法逐次得出的(a)剩余项(R_i, i=1,⋯,6)和(b) IMF(C_i, i=1,⋯,6)

有一个明显的日变化振荡。当从原始数据中减去六个 IMF 后，便出现单调趋势(R_6，图 4.3a 最下面的曲线)。地面气温的日振荡特征包含在前两个 IMF(图 4.3b 中的 C_1 和 C_2)中。从数据中提取了总共六个 IMF 后，获得了 2008 年 1 月的增温趋势(R_6)。高纬度站的地面气温(图 4.4a 中 R_0)的时间演变具有更复杂的振荡特征，包括日变化振荡以及周期小于或大于 12～24 h 的显著振荡。2008 年 1 月，高纬度站的地面气温也有增温趋势(R_6)。

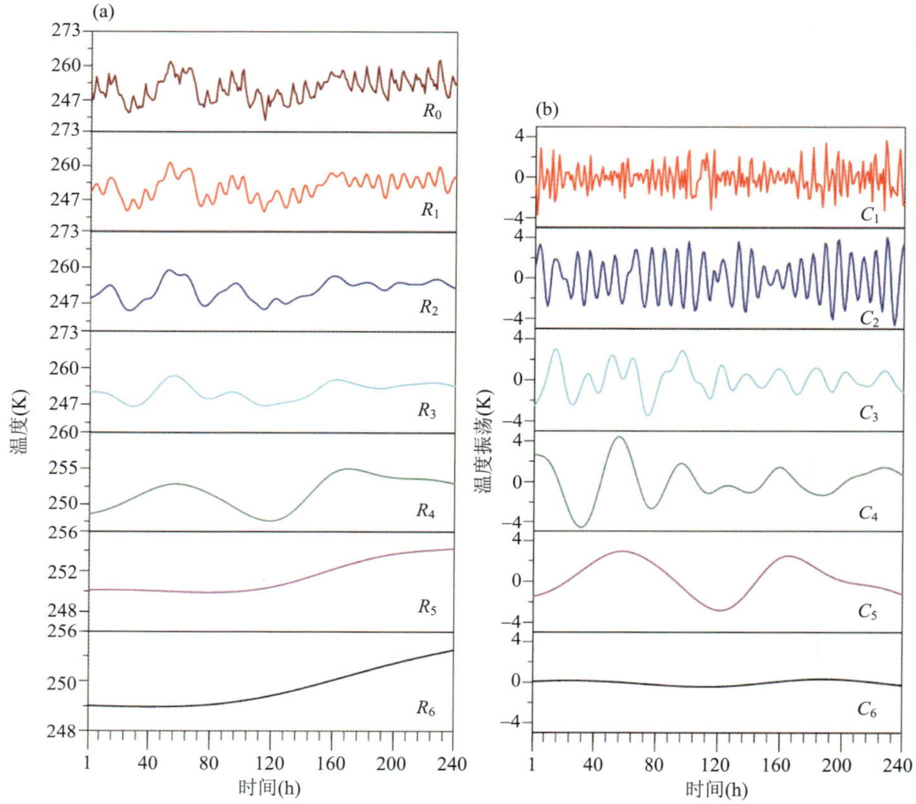

图 4.4　位于(71.4°E，51.1°N)的地面观测站得到的相关数据(相关参数和含义同图 4.3)

为了更清楚地知道每个 IMF 的主要频率和频谱分布，可对图 4.3 和图 4.4 中所示的每个 IMF 进行频谱分析。图 4.5 显示了上述两个地面站 3 h 间隔的地面气温观测值的前六个 IMF(C_j，j=1, 2, …, 6)的频谱分布。在低纬度站(图 4.5a)，第一个 IMF(C_1)主要是半日振荡和日振荡，其周期分别集中在 12 h 和 24 h。第二个 IMF 在 24 h 时有一个清晰的光谱峰值，提取出了 R_1 中剩余的日振荡。第四个 IMF 的频谱较宽，周期在 8 d 左右。高纬度站的地面气温数据的 IMF 光谱(图 4.5b)与低纬度站的 IMF 光谱不一样。第一个 IMF 提取了 12 h 左右的高频振荡。第二个 IMF 不仅在 24 h 有一个最大峰值，而且还有较宽频谱出现在 1～2 d 左右。第三和第四个 IMF 包含了周期在 2～9 d 之间的振荡。高纬度地面气温的天气尺度变化幅度等于或大于高纬度站的半日振荡和日振荡。

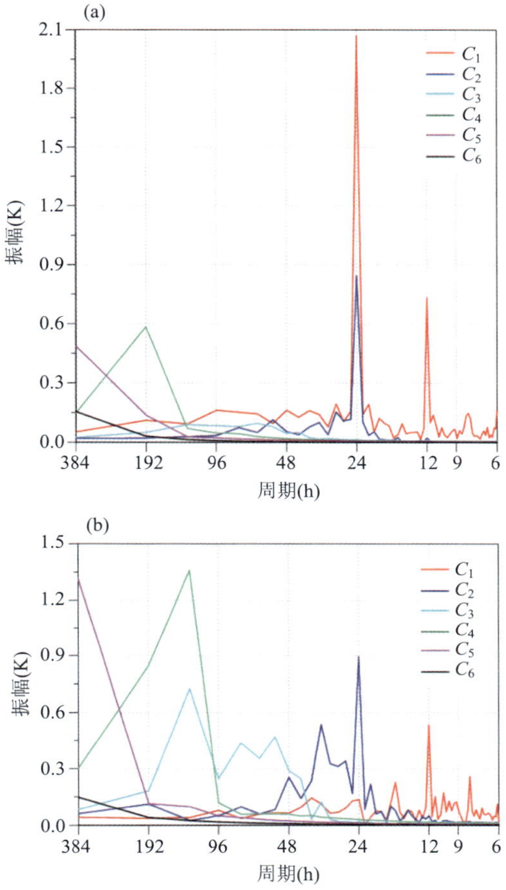

图 4.5　(a) 图 4.3 和 (b) 图 4.4 中的 IMF 的光谱分析结果

EEMD 方法既可以从数据序列中提取变化趋势 (R_L) (Qin 等，2012)，也可以用于去除卫星资料中的高频条带噪声 ($C_m, m=1, 2, \cdots, L_h,\quad L_h<L$) (Qin 等，2013a)。

4.9　结　束　语

从不规则分布观测资料得到规则网格上的大气状态变量的分析场，需要进行插值和滤波。观测资料不仅有误差，还可能包含模式网格分辨率下无法分辨的真实信号。当通过插值从样本数据序列生成指定模式网格分辨率上的离散分析场的同时，还必须采用适当的滤波器平滑资料噪声、去除在网格分辨率无法分辨的信号。本章提供了一些关于滤波器性能的基本想法。设计合理的滤波器、分析滤波特征有时会非常烦琐和耗时。插值和滤波的复杂程度，不仅与数据的时空分布和数据选择有关，也与数据噪声、网格分辨率以及对分析场平滑度要求等有关。本章中有关滤波的讨论旨在为理解滤波在大气资料分析中的实际应用提供基础铺垫。

第 5 章 极 小 化

5.1 引 言

代价函数 $J(\boldsymbol{x})$ 是维数远大于 10^6 的向量 $\boldsymbol{x}$ 的标量函数。在只能计算 $J(\boldsymbol{x})$ 和梯度 $\nabla J(\boldsymbol{x})$ 的值、不能计算亦不能存储 $10^6\times10^6$ 或更大维数的 Hesse 矩阵(Hessian matrix) $\nabla^2 J(\boldsymbol{x})$ 的情况下，怎么找到使代价函数达到最小值的“分析场”向量 $\boldsymbol{x}^*$，这是卫星资料变分同化要解决的关键问题。变分资料同化使用无约束极小化算法，通过一个迭代过程，可以得到代价函数的局部最小值。本章提供一些关于极小化的精简材料，帮助读者对极小化数学基础知识有一些基本了解，以便更好地使用它们，并在需要时知道怎么修改极小化程序。本章从泛函的最优条件(5.2 节)和代价函数的基本概念(5.3 节)开始。5.4 节描述极小化的迭代过程，其中介绍了线搜索和搜索方向这两个重要概念。然后介绍极小化数学方法，从最简单的最速下降法到理想但不实用的牛顿法(5.5 节)，以及变分资料同化中主要采用的两种方法：共轭梯度法(5.6 节)和有限记忆拟牛顿法(5.7～5.9 节)。5.10 节总结了四种线搜索方法。5.11 节是结束语。

5.2 泛 函 极 值

变分资料同化方法寻找的分析场是泛函的局部极小值。因此，我们首先讨论泛函的最小值和最大值及其与函数的最小值和最大值之间的关系，以及泛函和函数最大值、最小值存在的充分和必要条件。

给定函数 $f(x)$，变量 x 定义在区间 (a, b) 内。我们主要讨论 $f(x)$ 的极值。把区间 (a, b) 中的局部最大值点表示为 $x^*\in(a, b)$，则函数值 $f(x^*)$ 大于邻域中的所有 $f(x)$ 值，即

$$f(x^*) > f(x^*+\Delta x), \qquad 当 |\Delta x| \equiv |x-x^*| \leqslant \varepsilon \tag{5.1}$$

其中，ε 是定义 x^* 邻域的一个任意小正数。类似地，局部最小值点满足以下不等式：

$$f(x^*) < f(x^*+\Delta x), \qquad 当 |\Delta x| \equiv |x-x^*| \leqslant \varepsilon \tag{5.2}$$

上述极值(最大或最小值)定义不要求函数 $f(x)$ 是连续和可微的。然而，如果函数 $f(x)$ 的一阶和二阶导数存在，则 x^* 是极值点的必要条件是 x^* 是函数 $f(x)$ 的一个驻点。在驻点处，函数 $f(x)$ 的梯度 $f'(x)|_{x=x^*}$ 为零，即

$$f'(x^*) = 0 \tag{5.3}$$

x^* 是 $f(x)$ 最小值或最大值点的充分条件是

$$f'(x^*) = 0 \text{ 且 } f''(x^*) > 0 \qquad （最小值） \tag{5.4}$$

$$f'(x^*) = 0 \text{ 且 } f''(x^*) < 0 \qquad （最大值） \tag{5.5}$$

如果已知在区间 (a, b) 只有一个最小值，则必要条件 (5.3) 也是充分条件。

若 x 点满足 $f'(x)=0$ 和 $f''(x)=0$，则 x 不是极值点，是个拐点。对于以下三个函数：$f_1(x)=x^2$、$f_2(x)=-2x^2$、$f_3(x)=x^3$，$x^*=0$ 是这三个函数的驻点，也是 $f_1(x)$ 的最小值点、$f_2(x)$ 的最大值点和 $f_3(x)$ 的拐点。这些结论可以根据二阶导数或绘制这些函数的图形得出。

下面这个函数是连续、不可微的：

$$f(x)=\begin{cases}-\dfrac{(x-a)^2}{(x_0-a)^2}+1, & a\leqslant x\leqslant x_0\\[2ex] -\dfrac{(x-b)^2}{(x_0-b)^2}+1, & x_0<x\leqslant b\end{cases} \tag{5.6}$$

函数 $f(x)$ 在 x_0 点的左右导数存在，分别等于 $f'_-\big|_{x=x_0}=-\dfrac{2}{x_0-a}$ 和 $f'_+\big|_{x=x_0}=-\dfrac{2}{x_0-b}$。因为 $f'_-\big|_{x=x_0}\neq f'_+\big|_{x=x_0}\neq 0$，$x_0$ 不是驻点。然而，x_0 满足方程 (5.2)，所以是函数 $f(x)$ 的最小值点。

具有两个自变量 (x_1, x_2) 的函数 $f(x_1, x_2)$ 的极值也可以由其一阶和二阶偏导数确定（如果存在）。二维空间的一个点 (x_1^*, x_2^*) 为函数 $f(x_1, x_2)$ 最小值点的必要条件是

$$\left.\frac{\partial f}{\partial x_1}\right|_{(x_1^*,x_2^*)}=\left.\frac{\partial f}{\partial x_2}\right|_{(x_1^*,x_2^*)}=0 \tag{5.7}$$

(x_1^*, x_2^*) 是函数 $f(x_1, x_2)$ 的最小值点的充分条件是

$$\left.\frac{\partial^2 f}{\partial x_1^2}\right|_{(x_1^*,x_2^*)}>0,\quad \left.\frac{\partial^2 f}{\partial x_2^2}\right|_{(x_1^*,x_2^*)}>0,\quad \left.\left(\frac{\partial^2 f}{\partial x_1\partial x_2}-\frac{\partial^2 f}{\partial x_1^2}\frac{\partial^2 f}{\partial x_2^2}\right)\right|_{(x_1^*,x_2^*)}<0 \tag{5.8}$$

(x_1^*, x_2^*) 是函数 $f(x_1, x_2)$ 的最大值点的充分条件是

$$\left.\frac{\partial^2 f}{\partial x_1^2}\right|_{(x_1^*,x_2^*)}<0,\quad \left.\frac{\partial^2 f}{\partial x_2^2}\right|_{(x_1^*,x_2^*)}<0,\quad \left.\left(\frac{\partial^2 f}{\partial x_1\partial x_2}-\frac{\partial^2 f}{\partial x_1^2}\frac{\partial^2 f}{\partial x_2^2}\right)\right|_{(x_1^*,x_2^*)}<0 \tag{5.9}$$

上述是关于函数极值充要条件的讨论。

在许多实际应用中，例如大气资料同化，我们关注的是泛函的最小值。泛函是定义在区间 (a, b) 内的函数 $f(x)$ 的标量函数。下面是一个简单泛函：

$$J(f)=\int_a^b F\big(x, f(x), f'(x)\big)\mathrm{d}x \tag{5.10}$$

其中，F 是 x、$f(x)$、$f'(x)$ 的任意已知函数。可以看出，当 x 在区间 (a, b) 变化时，泛函 J 不仅依赖于 x，还依赖于函数 $f(x)$ 及其导数 $f'(x)$ 在区间 (a, b) 的取值。

泛函分析的一个基本问题是找到给定泛函 $J(f)$ 的一个最优函数 $f^*(x)$，对与 $f^*(x)$ 相距足够小的函数 $f(x)$，$J(f^*)<J(f)$，即

$$J[f^*(x)]\leqslant J[f(x)],\qquad 当\int_a^b\big(f^*(x)-f(x)\big)^2\,\mathrm{d}x<\varepsilon \tag{5.11}$$

其中，ε 是一个任意小的正常数。函数 $f^*(x)$ 使泛函 $J(f)$ 达到最小值的必要条件是一阶

变分 $\delta J(f)$ 在 $f^*(x)$ 处为零，即

$$\delta J(f)\big|_{f=f^*}=0 \tag{5.12}$$

上式是极值函数 $f^*(x)$ 必须满足的一个微分方程。那么，如何推导出这个微分方程呢？下面给出一个示例。

首先，式(5.10)中定义的 $J(f)$ 的一阶变分可以写成如下形式：

$$\delta J\equiv J(f)-J(f^*)=\left.\frac{\partial J}{\partial f}\right|_{f=f^*}\delta f \tag{5.13}$$

其中，$\delta f=f-f^*$。然后，我们演示如何通过分部积分，推导出泛函 J 的一阶变分 δJ 关于 δf 的显式表达式。把式(5.10)代入式(5.13)可得

$$\delta J=\int_a^b\left(\frac{\partial F}{\partial f}\delta f+\frac{\partial F}{\partial f'}\delta f'\right)\mathrm{d}x \tag{5.14}$$

现在关键的一步是将等式(5.14)右边积分中包含 $\delta f'$ 的第二项转化为包含 δf 的一个表达式。利用微分关系

$$\frac{\mathrm{d}}{\mathrm{d}x}\left(\frac{\partial F}{\partial f'}\delta f\right)=\frac{\partial F}{\partial f'}\delta f'+\frac{\mathrm{d}}{\mathrm{d}x}\left(\frac{\partial F}{\partial f'}\right)\delta f \tag{5.15}$$

可以对式(5.14)中的第二个积分进行分部积分，得到以下等式：

$$\delta J=\int_a^b\left(\frac{\partial F}{\partial f}-\frac{\mathrm{d}}{\mathrm{d}x}\left(\frac{\partial F}{\partial f'}\right)\right)\delta f\mathrm{d}x+\left(\frac{\partial F}{\partial f'}\delta f\right)\Bigg|_a^b \tag{5.16}$$

如果要求极值函数满足固定边界条件：$f(x)|_{x=a}=f_a$，$f(x)|_{x=b}=f_b$，则 δf 在 a 和 b 点为零，式(5.16)右边最后一项为零。因此，式(5.16)简化为

$$\delta J=\int_a^b\left(\frac{\partial F}{\partial f}-\frac{\mathrm{d}}{\mathrm{d}x}\left(\frac{\partial F}{\partial f'}\right)\right)\delta f\mathrm{d}x \tag{5.17}$$

最后，我们得到函数 $f^*(x)$ 是泛函 $J(f)$ 的极值函数的必要条件(5.12)的显式表达式：

$$\int_a^b\left(\frac{\partial F}{\partial f}-\frac{\mathrm{d}}{\mathrm{d}x}\left(\frac{\partial F}{\partial f'}\right)\right)\delta f\mathrm{d}x=0\,,\quad \forall\delta f \tag{5.18}$$

当且仅当方程(5.18)左边积分号内的被积函数为零时，即

$$\frac{\partial F}{\partial f}-\frac{\mathrm{d}}{\mathrm{d}x}\left(\frac{\partial F}{\partial f'}\right)=0,\quad 当\ f=f^* \tag{5.19a}$$

方程(5.18)左边的积分值对所有函数增量(δf)才能为零。因此，式(5.19a)是泛函 $J(f)$ 的极值函数 $f^*(x)$ 所必须满足的微分方程。我们称微分方程(5.19a)为欧拉-拉格朗日(Euler-Lagrange)方程。满足 Euler-Lagrange 方程(5.19a) 和以下边界条件

$$f(x)\big|_{x=a}=f_a\,,\quad f(x)\big|_{x=b}=f_b \tag{5.19b}$$

的函数是泛函 J 在函数空间中的一个驻点。也就是说，Euler-Lagrange 方程的解是泛函 J 的一个驻点函数。

下面，我们定义泛函(5.10)中所涉及的函数 F 为

$$F = \frac{C}{2}(f')^2 + qf \tag{5.20}$$

其中，C 和 q 是常数，边界条件是 $f(0)=f(L)=0$。将式(5.20)代入一般形式的 Euler-Lagrange 方程(5.19a)，得到由式(5.10)和式(5.20)定义的泛函 J 的 Euler-Lagrange 方程：

$$q - Cf'' = 0 \tag{5.21}$$

这个微分方程的解析解是

$$f^*(x) = -qx(L-1)/2C \tag{5.22}$$

其中，函数 $f^*(x)$ 是式(5.10)和式(5.20)定义的泛函的极值（“最优”）函数。

下节，我们用上述例子来验证泛函极值与函数极值的等价性。

5.3 标量函数、梯度和 Hesse 矩阵

把给定泛函 $J(f)$ 中的函数 $f(x)$ 表示成一组正交基函数 $(\phi_1(x), \phi_2(x), \cdots, \phi_N(x))$ 的线性加权平均：

$$f(x) \approx \sum_{n=1}^{N} a_n \phi_n(x) \tag{5.23}$$

其中，$a_i\,(i=1, 2, \cdots, N)$ 是未知系数。把表达式(5.23)代入泛函 $J(f)$ 的表达式，则 $J(f)$ 是未知系数的函数：

$$J(f) \approx J(a_1, a_2, \cdots, a_N) \tag{5.24}$$

换句话说，$J(a_1, a_2, \cdots, a_N)$ 是 N 维向量 $\boldsymbol{a}=(a_1, a_2, \cdots, a_N)^{\mathrm{T}}$ 的一个标量函数。上节中讨论的泛函极值问题被转换成了标量函数 $J(\boldsymbol{a})$ 的极值问题。如果能得到函数 $J(a_1, a_2, \cdots, a_N)$ 的极值解向量 $\boldsymbol{a}^*=(a_1^*, a_2^*, \cdots, a_N^*)^{\mathrm{T}}$，就可以得到泛函 $J(f)$ 的“最优”函数 $f^*(x)$ 的近似解：$f^*(x) \approx \sum_{n=1}^{N} a_n^* \phi_n(x)$。在没有其他已知条件的情况下，只要 $f(x) \approx \sum_{n=1}^{N} a_n \phi_n(x)$ 满足边界条件(5.19b)，我们都可以选择傅里叶变换中的正弦/余弦正交基函数作为正交基函数 $\phi_i(x)\ (i=1, 2, \cdots, N)$。

现在，我们利用式(5.10)和式(5.20)定义的泛函实例来看一看上述做法的结果。为满足边界条件 $f(0)=f(L)=0$，可以选择函数 $f(x)$ 的正交基函数为

$$\{\phi_n(x)\} = \left\{\sin\left(\frac{n\pi x}{L}\right), n = 1,2,3\right\} \tag{5.25}$$

对函数 $f(x)$ 进行关于这个正交基函数的三阶展开：

$$\tilde{f}(x) \approx \sum_{n=1}^{3} a_n \sin\left(\frac{n\pi x}{L}\right) \tag{5.26}$$

近似函数 $\tilde{f}(x)$ 在 $x=0$ 和 $x=L$ 处满足零边界条件。将式(5.26)代入式(5.10)和式(5.20)定义的泛函 $J(f)$，得到以下向量函数：

$$J(a_1,a_2,a_3)=\frac{\pi^2 C}{4L}\left(a_1^2+4a_2^2+9a_3^1\right)+\frac{qL}{\pi}\left(2a_1+\frac{2}{3}a_3\right) \tag{5.27}$$

式(5.27)与式(5.7)类似，向量(a_1^*, a_2^*, a_3^*)是函数$J(a_1, a_2, a_3)$的极值(最大值或最小值)的必要条件是

$$\left.\frac{\partial J}{\partial a_1}\right|_{(a_1^*,a_2^*,a_3^*)}=\left.\frac{\partial J}{\partial a_2}\right|_{(a_1^*,a_2^*,a_3^*)}=\left.\frac{\partial J}{\partial a_3}\right|_{(a_1^*,a_2^*,a_3^*)}=0 \tag{5.28}$$

满足上述三个方程的驻点解是

$$\begin{aligned}&\frac{\partial J}{\partial a_1}=0\rightarrow a_1^*=-\frac{4qL^2}{C\pi^3}\\&\frac{\partial J}{\partial a_2}=0\rightarrow a_2^*=0\\&\frac{\partial J}{\partial a_3}=0\rightarrow a_3^*=-\frac{4qL^2}{27C\pi^3}\end{aligned} \tag{5.29}$$

把式(5.29)的解(a_1^*, a_2^*, a_3^*)代入式(5.26)，得到函数$f(x)$的近似解：

$$\tilde{f}^*(x)=-\frac{4qL^2}{C\pi^3}\left(\sin\left(\frac{\pi x}{L}\right)+\frac{1}{27}\sin\left(\frac{3\pi x}{L}\right)\right) \tag{5.30}$$

事实上，上述$\tilde{f}^*(x)$是“最优”函数$f^*(x)=-qx(L-1)/2C$(见式(5.22))的级数展开中的第一项(即主要项)。

现在我们回到讨论任意标量函数$J(\boldsymbol{x})$的极值问题，其中向量$\boldsymbol{x}$的维数是N：

$$\boldsymbol{x}=\begin{pmatrix}x_1\\x_2\\\vdots\\x_N\end{pmatrix}$$

在最优化理论中，$\boldsymbol{x}$被称为控制变量。$J(\boldsymbol{x})$的一阶导数可以写成

$$\nabla J\equiv\boldsymbol{g}=\begin{pmatrix}g_1\\g_2\\\vdots\\g_N\end{pmatrix},\quad \text{其中}\quad g_i(\boldsymbol{x})=\frac{\partial J(\boldsymbol{x})}{\partial x_i}$$

$J(\boldsymbol{x})$的二阶导数$\nabla^2 J(\boldsymbol{x})$，即梯度向量的一阶导数，被称为$J(\boldsymbol{x})$的Hesse矩阵。可以写出Hesse矩阵的具体表达式如下：

$$\nabla^2 J=\begin{pmatrix}\dfrac{\partial g_1}{\partial x_1} & \dfrac{\partial g_1}{\partial x_2} & \cdots & \dfrac{\partial g_1}{\partial x_N}\\ \dfrac{\partial g_2}{\partial x_1} & \dfrac{\partial g_2}{\partial x_2} & \cdots & \dfrac{\partial g_2}{\partial x_N}\\ \vdots & \vdots & & \vdots\\ \dfrac{\partial g_N}{\partial x_1} & \dfrac{\partial g_N}{\partial x_2} & \cdots & \dfrac{\partial g_N}{\partial x_N}\end{pmatrix}=\begin{pmatrix}\dfrac{\partial^2 J}{\partial x_1^2} & \dfrac{\partial^2 J}{\partial x_2\partial x_1} & \cdots & \dfrac{\partial^2 J}{\partial x_N\partial x_1}\\ \dfrac{\partial^2 J}{\partial x_1\partial x_2} & \dfrac{\partial^2 J}{\partial x_2^2} & \cdots & \dfrac{\partial^2 J}{\partial x_N\partial x_2}\\ \vdots & \vdots & & \vdots\\ \dfrac{\partial^2 J}{\partial x_1\partial x_N} & \dfrac{\partial^2 J}{\partial x_2\partial x_N} & \cdots & \dfrac{\partial^2 J}{\partial x_N^2}\end{pmatrix}$$

标量函数 $J(\boldsymbol{x})$ 在局部极小值点 $\boldsymbol{x}^*$满足以下条件：

$$J(\boldsymbol{x}^*)\leqslant J(\boldsymbol{x}),\quad \forall \boldsymbol{x}\ \text{满足}\ \left\|\boldsymbol{x}-\boldsymbol{x}^*\right\|<\varepsilon$$

其中，ε 是一个任意小的正常数。向量 $\boldsymbol{x}^*$是 $J(\boldsymbol{x})$ 的局部极小值的必要条件是梯度为零，Hesse 矩阵是半正定的。数学上表示为

$$\nabla J(\boldsymbol{x}^*)=0\ \text{且}\ \boldsymbol{v}^{\mathrm{T}}\nabla^2 J(\boldsymbol{x}^*)\boldsymbol{v}\geqslant 0,\quad \forall \boldsymbol{v}\in \boldsymbol{R}_N$$

向量 $\boldsymbol{x}^*$是 $J(\boldsymbol{x})$ 的局部极小值的充分条件是梯度为零，Hesse 矩阵是正定的。数学上表示为

$$\nabla J(\boldsymbol{x}^*)=0\ \text{且}\ \boldsymbol{v}^{\mathrm{T}}\nabla^2 J(\boldsymbol{x}^*)\boldsymbol{v}>0,\quad \forall \boldsymbol{v}\in \boldsymbol{R}_N$$

5.4 极小化迭代、线搜索与收敛速度

能应用于变分资料同化的极小化算法都只需要用户提供 $J(\boldsymbol{x})$ 和 $\nabla J(\boldsymbol{x})$ 的值，不需要 $\nabla^2 J(\boldsymbol{x})$。极小化算法是通过迭代过程找到极小值。在这个迭代过程中，产生一个近似解序列$\{\boldsymbol{x}_k, k=0, 1, 2, \cdots\}$，其中下标 k 表示第 k 次迭代，随着 k 的增加，$\boldsymbol{x}_k$ 越来越接近局部极小值 $\boldsymbol{x}^*$。这里的“越来越接近”是指下面的关系式成立：

$$\left\|\boldsymbol{x}_{k+1}-\boldsymbol{x}^*\right\|<\left\|\boldsymbol{x}_k-\boldsymbol{x}^*\right\|<\cdots<\left\|\boldsymbol{x}_1-\boldsymbol{x}^*\right\|$$

通常，$\boldsymbol{x}_0\equiv\boldsymbol{x}^{\mathrm{b}}$。在第 k 次迭代，计算搜索方向$(\boldsymbol{d}_k)$和步长(α_k)，计算 $\boldsymbol{x}_{k+1}$ 的值：

$$\boldsymbol{x}_{k+1}=\boldsymbol{x}_k+\alpha_k\boldsymbol{d}_k \tag{5.31}$$

上式是指从 $\boldsymbol{x}_k$ 出发，在搜索方向 $\boldsymbol{d}_k$ 上移动步长 α_k，便得到第 k+1 次迭代的控制变量 $\boldsymbol{x}_{k+1}$。因此，沿着搜索方向$(\boldsymbol{d}_k)$，代价函数必须是减小的。假设代价函数呈椭圆形状，如图 5.1 所示。极小化代价函数的第一次迭代是沿着下降方向$(\boldsymbol{d}_0)$去寻找 $\boldsymbol{x}_1$ 的。

向量 $\boldsymbol{d}_k$ 能成为第 k 次迭代的搜索方向的一个必要条件是以下不等式成立：

$$J\left(\boldsymbol{x}_k+\gamma\boldsymbol{d}_k\right)<J\left(\boldsymbol{x}_k\right)$$

其中，$\gamma>0$。一旦确定了搜索方向 $\boldsymbol{d}_k$，N 维空间中的极小化（请记住，N 非常大）转化为关于单个标量 α 的 $J(\boldsymbol{x}_k+\alpha\boldsymbol{d}_k)$ 极小化问题。不同的无约束极小化算法只是在如何确定搜索方向 $\boldsymbol{d}_k$ 和步长 α_k 上有所不同。

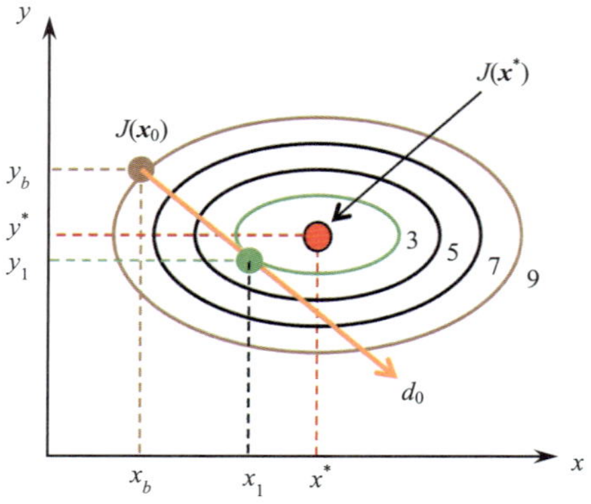

图 5.1　代价函数极小化过程中第一次迭代时沿下降方向($\boldsymbol{d}_0$)的线搜索示意图

假设代价函数的控制变量由两个分量组成，即 $\boldsymbol{x}_0=(x, y)^{\mathrm{T}}$

代价函数的等值线呈椭圆形，图中给出了 J=9(棕色)、7(黑色)、5(黑色)和 3(绿色)的等值线

任何极小化算法都要求用户在第 k 次(k =0, 1, …)迭代时提供 $J(\boldsymbol{x}_k)$ 和 $\nabla J\big|_{\boldsymbol{x}=\boldsymbol{x}_k}$ 的值，以及 γ 取几个不同值时 $J(\boldsymbol{x}_k+\gamma\boldsymbol{d}_k)$ 的值。当满足指定的收敛准则时，在有限次数的迭代后，极小化过程结束。由于计算 J 和∇J 成本很高，除了内存需求外，收敛速度也是一个值得关注的问题。较快的收敛速度意味着达到相同收敛标准的迭代次数较少。选择收敛速度快的极小化算法对于四维变分(4D-Var)资料同化尤其重要，因为 J 和∇J 的计算分别需要在同化窗口内对数值天气预报(NWP)模式进行正向积分和对伴随模式进行反向积分。

收敛速度描述极小化迭代近似解 $\boldsymbol{x}_k$ 接近极小值点 $\boldsymbol{x}^*$ 的快慢。对于近似解序列{$\boldsymbol{x}_k$, k=1, 2, …}，定义一个与极小值点 $\boldsymbol{x}^*$ 的向量差：

$$\boldsymbol{e}_k = \boldsymbol{x}_k - \boldsymbol{x}^*$$

序列{$\boldsymbol{x}_k$, k=1, 2, …}收敛到极小值点 $\boldsymbol{x}^*$ 的速度是通过 $\boldsymbol{e}_k$ 的范数，即 $\|\boldsymbol{e}_k\|$，来衡量的。假定：

$$\lim_{k\to\infty}\frac{\|\boldsymbol{e}_{k+1}\|}{\|\boldsymbol{e}_k\|} = C \tag{5.32}$$

如果 C<1、C=0 或 C<∞，则收敛速度分别被称为线性的、超线性的和二次方的。

以下四个示例提供一个简单比较：

$$\left\|\boldsymbol{e}_k^{(1)}\right\| \sim 1, 0.99, 0.9801, 0.9703, 0.9506, \cdots$$

$$\left\|\boldsymbol{e}_k^{(2)}\right\| \sim 10^{-1},\ 10^{-2},\ 10^{-3},\ 10^{-4}, \cdots$$

$$\left\|\boldsymbol{e}_k^{(3)}\right\| \sim 10^{-1},\ 10^{-2},\ 10^{-4},\ 10^{-8}, \cdots$$

$$\left\|\boldsymbol{e}_k^{(4)}\right\| \sim 10^{-1},\ 10^{-3},\ 10^{-7},\ 10^{-15}, \cdots$$

这四个序列 $\boldsymbol{e}_k^{(i)}$ (i=1, 2, 3, 4) 的收敛速度分别是

$$\lim_{k\to\infty}\frac{\left\|\boldsymbol{e}_{k+1}^{(1)}\right\|}{\left\|\boldsymbol{e}_k^{(1)}\right\|} = 0.99,\quad \lim_{k\to\infty}\frac{\left\|\boldsymbol{e}_{k+1}^{(2)}\right\|}{\left\|\boldsymbol{e}_k^{(2)}\right\|} = 0.1,\quad \lim_{k\to\infty}\frac{\left\|\boldsymbol{e}_{k+1}^{(3)}\right\|}{\left\|\boldsymbol{e}_k^{(3)}\right\|} = 1,\quad \lim_{k\to\infty}\frac{\left\|\boldsymbol{e}_{k+1}^{(4)}\right\|}{\left\|\boldsymbol{e}_k^{(4)}\right\|} = 0.1$$

5.5　最速下降法和牛顿法

搜索方向($\boldsymbol{d}_k$)(见式(5.31))是极小化算法的一个主要特征。我们将依次讨论最速下降法、牛顿法、共轭梯度法、Davidon-Flecher-Powell(DFP)的秩一和秩二更新公式、Broyden-Fletcher-Goldfard-Shanno(BFGS)方法和有限内存 BFGS (L-BFGS)方法中的搜索方向。

最速下降法使用的是最简单的搜索方向 $\boldsymbol{d}_k=-\boldsymbol{g}_k$。最速下降法的收敛速度是

$$C=\left(\frac{\operatorname{cond}\left(\nabla^2 J\right)-1}{\operatorname{cond}\left(\nabla^2 J\right)+1}\right)^2 \tag{5.33}$$

其中，$\operatorname{cond}(\nabla^2 J)$是 Hesse 矩阵$\nabla^2 J$的条件数。假如线搜索是精确的，最速下降法的收敛速度是线性的。虽然最速下降法中的搜索方向计算成本低，但收敛速度太慢。

牛顿法使用的搜索方向是最理想的，它的定义如下

$$\boldsymbol{d}_k=-\left(\nabla^{-2} J\right)\boldsymbol{g}_k \tag{5.34}$$

其中，$\nabla^{-2}J$ 是代价函数的 Hesse 矩阵$\nabla^2 J$的逆矩阵。如果 Hesse 矩阵的逆矩阵是正定的，则

$$\boldsymbol{d}_k^{\mathrm{T}}\boldsymbol{g}_k=-\boldsymbol{g}_k^{\mathrm{T}}\left(\nabla^{-2} J\right)\boldsymbol{g}_k<0 \tag{5.35}$$

因此，由式(5.34)定义的方向是代价函数 J 的下降方向。如果线搜索是精确的，则牛顿法具有二次收敛速度，这是所有极小化算法中收敛最快的。然而，由于牛顿法需要计算 Hesse 矩阵的逆矩阵，计算成本太高，不适合实际应用。换句话说，最速下降法和牛顿法采用的搜索方向代表了两种极端情况：前者计算成本低，但收敛速度太慢；后者收敛速度快，但计算成本太高。

5.6　共轭梯度法

共轭梯度法的搜索方向是通过求解一个极小化问题获得的，与牛顿法的搜索方向相近，但避免了直接求解和储存 Hesse 矩阵的逆矩阵。它所定义的极小化问题为

$$\min J(\boldsymbol{x})=\frac{1}{2}\boldsymbol{x}^{\mathrm{T}}\boldsymbol{A}\boldsymbol{x}-\boldsymbol{b}^{\mathrm{T}}\boldsymbol{x} \tag{5.36}$$

其中，$\boldsymbol{A}=\nabla^2 J$。式(5.36)的极小值解 $\boldsymbol{x}^*$必须满足的条件是$\nabla J=0$，即下面的线性方程组成立：

$$\boldsymbol{A}\boldsymbol{x}=\boldsymbol{b} \quad 或 \quad \left(\nabla^2 J\right)\boldsymbol{x}=\boldsymbol{b} \tag{5.37}$$

先介绍共轭概念。如果向量序列$\{\boldsymbol{c}_i, i=1, 2, \cdots\}$满足下述条件，则该向量序列是关于矩阵 $\boldsymbol{A}$ 共轭的，即

$$\boldsymbol{c}_j^{\mathrm{T}}\boldsymbol{A}\boldsymbol{c}_i=0 \quad 当 \quad i\neq j \tag{5.38}$$

具有共轭性的向量序列$\{\boldsymbol{c}_i, i=1, 2, \cdots\}$有以下这个重要性质：

$$\text{如果} \quad \boldsymbol{y}=\sum_{i=0}^{m}\alpha_i\boldsymbol{c}_i\text{，则} \quad J(\boldsymbol{y})=\sum_{i=0}^{m}J\left(\alpha_i\boldsymbol{c}_i\right) \tag{5.39}$$

因此，下述等式成立：

$$\min_{\boldsymbol{y}} J(\boldsymbol{y})=\sum_{i=0}^{m}\min_{\alpha_i} J\left(\alpha_i\boldsymbol{c}_i\right) \tag{5.40}$$

假如有办法构造一组关于矩阵 $\boldsymbol{A}$ 的共轭向量，则把相对于 $\boldsymbol{y}$ 的极小化问题转换为相对于 α_i 的极小化问题 $J(\alpha_i\boldsymbol{c}_i)$ $(i=1, 2, \cdots, m)$。后者是一个简单得多的极小化问题！事实上，共轭梯度法在构造系数(α_i)和共轭向量$(\boldsymbol{c}_i)$时，极小化 $J(\alpha_i\boldsymbol{c}_i)$的条件已经满足了，如下所述。

共轭梯度法由以下三个步骤组成(Nash 和 Sofer, 1996)。

第一步：设定初始条件：

$$i=1,\quad \boldsymbol{x}_0=0,\quad \boldsymbol{r}_0=\boldsymbol{b}-\boldsymbol{A}x_0,\quad \boldsymbol{c}_{-1}=0 \tag{5.41}$$

第二步：完成第 i 次迭代的计算：

$$\beta_i=\frac{\boldsymbol{r}_i^{\mathrm{T}}\boldsymbol{r}_i}{\boldsymbol{r}_{i-1}^{\mathrm{T}}\boldsymbol{r}_{i-1}} \tag{5.42a}$$

$$\boldsymbol{c}_i=\boldsymbol{r}_i+\beta_i\boldsymbol{c}_{i-1} \tag{5.42b}$$

$$\alpha_i=\frac{\boldsymbol{r}_i^{\mathrm{T}}\boldsymbol{r}_i}{\boldsymbol{c}_i^{\mathrm{T}}\boldsymbol{A}\boldsymbol{c}_i} \tag{5.42c}$$

$$\boldsymbol{x}_{i+1}=\boldsymbol{x}_i+\alpha_i\boldsymbol{c}_i \tag{5.42d}$$

$$\boldsymbol{r}_{i+1}=\boldsymbol{r}_i-\alpha_i\boldsymbol{A}\boldsymbol{c}_i \tag{5.42e}$$

第三步：验证收敛性：如果

$$\|\boldsymbol{r}_i\|\equiv\|\boldsymbol{b}-\boldsymbol{A}\boldsymbol{x}_i\|<\varepsilon \tag{5.43}$$

其中，ε 是一个数值较小的正数，则极小值解是 $\boldsymbol{x}_{i+1}$，迭代结束。否则，令 $i=i+1$，回到第二步。

上述共轭梯度法中构造的共轭向量$(\boldsymbol{c}_i)$、系数(α_i)和极小值解$(\boldsymbol{x}_{i+1})$有如下优良特性：

(1) 第 i 次迭代解 $\boldsymbol{x}_i$ 在向量子空间$\{\boldsymbol{c}_j, j=1, \cdots, i\}$上极小化 $J(\boldsymbol{y})$。

(2) 运算中只需要计算矩阵与向量的乘积 $\boldsymbol{A}\boldsymbol{c}_i$，不需要计算和储存矩阵 $\boldsymbol{A}$。

(3) 每次迭代只需要为下次迭代储存 $\boldsymbol{x}_{i+1}$ 和 $\boldsymbol{r}_i^{\mathrm{T}}\boldsymbol{r}_i$。

(4) 共轭梯度法的收敛是线性的，即

$$\frac{\left\|\boldsymbol{x}_{i+1}-\boldsymbol{x}^*\right\|_{\boldsymbol{A}}}{\left\|\boldsymbol{x}_i-\boldsymbol{x}^*\right\|_{\boldsymbol{A}}}\leqslant\frac{\sqrt{\operatorname{cond}(\boldsymbol{A})}-1}{\sqrt{\operatorname{cond}(\boldsymbol{A})}+1} \tag{5.44}$$

如果条件数 $\operatorname{cond}(\boldsymbol{A})=1$，则共轭梯度法只需迭代一次就收敛了。条件数越小，收敛速度越快。共轭梯度法达到收敛的总迭代次数等于矩阵 $\boldsymbol{A}$ 的不同特征值的个数。

虽然共轭梯度法的算法简明，但收敛速度是线性的，比牛顿法的二次收敛慢很多。

有限内存拟牛顿法是牛顿法的一种近似方法，该方法也不需要计算 Hesse 矩阵的逆矩阵$\nabla^{-2}J$，甚至不需要计算 Hesse 矩阵的逆矩阵和向量的乘积$(\nabla^{-2}J)\boldsymbol{g}_k$，但收敛速度是超线性的。

5.7　搜索方向的秩一更新公式

拟牛顿法采用类似于式(5.34)的搜索方向公式：

$$\boldsymbol{d}_k = -\boldsymbol{H}_k\boldsymbol{g}_k \tag{5.45}$$

其中，k 是迭代次数，$\boldsymbol{H}_k$ 是对称正定矩阵。矩阵 $\boldsymbol{H}_k$ 是这样构造的，用来近似 Hesse 矩阵的逆矩阵。为方便起见，我们引入下面的向量符号：

$$\boldsymbol{g}_k = \nabla J(\boldsymbol{x}_k),\quad \boldsymbol{g}_{k+1} = \nabla J(\boldsymbol{x}_{k+1}),\quad \boldsymbol{p}_k = \boldsymbol{x}_{k+1} - \boldsymbol{x}_k,\quad \boldsymbol{q}_k = \boldsymbol{g}_{k+1} - \boldsymbol{g}_k,\quad \boldsymbol{F}_k = \nabla^2 J(\boldsymbol{x}_k)$$

对所要构造的 $\boldsymbol{H}_k$ 有两个要求。首先，搜索方向 $\boldsymbol{d}_k=-\boldsymbol{H}_k\boldsymbol{g}_k$ 是一个下降方向（即 $-\boldsymbol{g}_k^{\mathrm{T}}\boldsymbol{d}_k > 0$），还不与梯度向量 $\boldsymbol{g}_k$ 接近正交。因此，要求

$$\underbrace{-\frac{\boldsymbol{g}_k^{\mathrm{T}}\boldsymbol{d}_k}{\|\boldsymbol{d}_k\|\|\boldsymbol{g}_k\|}}_{\cos\theta} \geqslant \beta > 0 \tag{5.46}$$

其次，搜索方向 $\boldsymbol{d}_k=-\boldsymbol{H}_k\boldsymbol{g}_k$ 的范数不比梯度的范数小太多，即 $\|\boldsymbol{d}_k\| \geqslant m\|\boldsymbol{g}_k\|$，其中 m 是一个正的常数。

对梯度向量进行一阶泰勒展开，得到

$$\boldsymbol{g}_{k+1} - \boldsymbol{g}_k = \boldsymbol{F}(\boldsymbol{x}_{k+1})(\boldsymbol{x}_{k+1} - \boldsymbol{x}_k),\quad \boldsymbol{q}_k = \boldsymbol{F}_{k+1}\boldsymbol{p}_k$$

若下面的等式成立：

$$\boldsymbol{H}_{k+1}\boldsymbol{q}_k = \boldsymbol{p}_k \tag{5.47}$$

并且矩阵 $\boldsymbol{H}_k(k=1, 2, \cdots)$ 是对称正定的，则 $\boldsymbol{H}_k$ 向 $\boldsymbol{F}^{-1}$ 收敛，即 $\lim\limits_{k\to\infty}\boldsymbol{H}_k = \boldsymbol{F}^{-1}$。

在实践中，构造 Hesse 逆矩阵的近似矩阵是在一个极小化迭代过程中完成的。在第 k 次迭代中，可以采用以下形式的秩一更新公式来生成下一次迭代（第 $k+1$ 次迭代）的新矩阵：

$$\boldsymbol{H}_{k+1} = \boldsymbol{H}_k + a_k\boldsymbol{z}_k\boldsymbol{z}_k^{\mathrm{T}} \tag{5.48}$$

或者采用以下形式的秩二更新公式来生成下一次迭代（第 $k+1$ 次迭代）的新矩阵：

$$\boldsymbol{H}_{k+1} = \boldsymbol{H}_k + a_k\boldsymbol{z}_k\boldsymbol{z}_k^{\mathrm{T}} + b_k\boldsymbol{y}_k\boldsymbol{y}_k^{\mathrm{T}} \tag{5.49}$$

其中，$\boldsymbol{z}_k$ 和 $\boldsymbol{y}_k$ 是两个未知向量，a_k 和 b_k 是两个未知系数。值得一提的是，N 维向量 $\boldsymbol{z}_k$ 和自己直接的外积 $\boldsymbol{z}_k\boldsymbol{z}_k^{\mathrm{T}}$ 是一个 $N\times N$ 维的矩阵，向量 $\boldsymbol{z}_k$ 和自己直接的内积 $\boldsymbol{z}_k^{\mathrm{T}}\boldsymbol{z}_k$ 是一个标量。

对等式(5.48)的两边进行简单的向量外积和内积，便可以得到从第 k 次迭代的 Hesse 逆矩阵近似 $\boldsymbol{H}_k$ 生成用于下一次迭代的 $\boldsymbol{H}_{k+1}$ 的秩一更新公式(5.48)右边的第二项 $a_k\boldsymbol{z}_k\boldsymbol{z}_k^{\mathrm{T}}$ 的表达式。具体步骤如下：

(1) 将等式(5.48)两边右乘 $\boldsymbol{q}_k$，并将式(5.47)代入所得的等式中：

$$\boldsymbol{p}_k - \boldsymbol{H}_k \boldsymbol{q}_k = a_k \boldsymbol{z}_k \boldsymbol{z}_k^{\mathrm{T}} \boldsymbol{q}_k \tag{5.50}$$

(2) 将等式(5.50)两边的向量与 $\boldsymbol{q}_k$ 进行内积：

$$\boldsymbol{q}_k^{\mathrm{T}} \boldsymbol{p}_k - \boldsymbol{q}_k^{\mathrm{T}} \boldsymbol{H}_k \boldsymbol{q}_k = a_k \left(\boldsymbol{z}_k^{\mathrm{T}} \boldsymbol{q}_k \right)^2 \tag{5.51}$$

(3) 将等式(5.50)两边的向量与自己进行外积：

$$\left(\boldsymbol{p}_k - \boldsymbol{H}_k \boldsymbol{q}_k \right)\left(\boldsymbol{p}_k - \boldsymbol{H}_k \boldsymbol{q}_k \right)^{\mathrm{T}} = a_k^2 \boldsymbol{z}_k \boldsymbol{z}_k^{\mathrm{T}} \left(\boldsymbol{z}_k^{\mathrm{T}} \boldsymbol{q}_k \right)^2 \tag{5.52}$$

(4) 将等式(5.52)两边的矩阵除以等式(5.51)两边的标量：

$$a_k \boldsymbol{z}_k \boldsymbol{z}_k^{\mathrm{T}} = \frac{\left(\boldsymbol{p}_k - \boldsymbol{H}_k \boldsymbol{q}_k \right)\left(\boldsymbol{p}_k - \boldsymbol{H}_k \boldsymbol{q}_k \right)^{\mathrm{T}}}{\boldsymbol{q}_k^{\mathrm{T}} \boldsymbol{p}_k - \boldsymbol{q}_k^{\mathrm{T}} \boldsymbol{H}_k \boldsymbol{q}_k} \tag{5.53}$$

(5) 将等式(5.53)代入秩一更新的一般公式(5.48)，便得秩一更新的最终公式：

$$\boldsymbol{H}_{k+1} = \boldsymbol{H}_k + \frac{\left(\boldsymbol{p}_k - \boldsymbol{H}_k \boldsymbol{q}_k \right)\left(\boldsymbol{p}_k - \boldsymbol{H}_k \boldsymbol{q}_k \right)^{\mathrm{T}}}{\boldsymbol{q}_k^{\mathrm{T}} \boldsymbol{p}_k - \boldsymbol{q}_k^{\mathrm{T}} \boldsymbol{H}_k \boldsymbol{q}_k} \tag{5.54}$$

注意，这里是用第 k 次极小化迭代的已知信息($\boldsymbol{p}_k$, $\boldsymbol{q}_k$)和矩阵 $\boldsymbol{H}_k$ 来获得第(k+1)极小化迭代所需要的矩阵 $\boldsymbol{H}_{k+1}$。矩阵 $\boldsymbol{H}_k$ 和 $\boldsymbol{H}_{k+1}$ 分别是秩一更新公式得到的对 Hesse 逆矩阵（$\nabla^{-2}J$）的第 k 次和第 k+1 次近似矩阵。它们是对称矩阵。如果 Hesse 矩阵为常数矩阵(即 $\boldsymbol{F}=\nabla^2 J=$常数)，则只需要 N 步迭代，$\boldsymbol{H}_k$ 就收敛到 $\boldsymbol{F}^{-1}$。

秩一更新公式的推导看似不可思议地简单。它提供了 Hesse 矩阵的一个近似序列 $\boldsymbol{H}_k$(k=0, 1, 2, …)，这些矩阵是对称的，但不一定正定。秩一更新公式（5.54)中的分母可以是负的、也可能接近零，从而造成计算困难。事实上，没有任何秩一更新公式可以生成一个不仅对称而且正定的、近似 Hesse 逆矩阵的矩阵序列 $\boldsymbol{H}_k$(k=0, 1, 2, …)。因此，我们需要寻找 $\boldsymbol{H}_k$ 的秩二更新公式。

5.8 搜索方向的秩二更新公式

最广泛使用的秩二更新公式是如下所示的 Davidon Flecher-Powell(DFP)公式：

$$\boldsymbol{H}_{k+1} = \boldsymbol{H}_k + \frac{\boldsymbol{p}_k \boldsymbol{p}_k^{\mathrm{T}}}{\boldsymbol{p}_k^{\mathrm{T}} \boldsymbol{q}_k} - \frac{\boldsymbol{H}_k \boldsymbol{q}_k \boldsymbol{q}_k^{\mathrm{T}} \boldsymbol{H}_k}{\boldsymbol{q}_k^{\mathrm{T}} \boldsymbol{H}_k \boldsymbol{q}_k} \tag{5.55}$$

DFP 秩二更新公式具有以下优良特性：①如果 $\boldsymbol{H}_k$ 是对称的，则 $\boldsymbol{H}_{k+1}$ 是对称的；②如果 $\boldsymbol{H}_k$ 是正定的，则 $\boldsymbol{H}_{k+1}$ 是正定的；③如果 $\boldsymbol{F}$ 是常数，则 $\boldsymbol{H}_N=\boldsymbol{F}$ 是对称的；④$\{\boldsymbol{p}_i, i=1, \cdots, k\}$ 是对应于单位特征值的矩阵 $\boldsymbol{H}_{k+1}\boldsymbol{F}$ 的特征向量。DFP 秩二更新公式的详细推导见 Brodlie 等(1973)。

上述秩一和秩二更新公式都是为了生成 Hesse 逆矩阵的近似矩阵，即

$$\boldsymbol{H}_{k+1} \boldsymbol{q}_k = \boldsymbol{p}_k \tag{5.56}$$

其中，$\boldsymbol{H}_{k+1} \approx \nabla^{-2} J$($k$=0, 1, 2, …)。

5.9 L-BFGS 方法

先考虑更新 Hesse 矩阵的近似矩阵：

$$\boldsymbol{q}_k = \boldsymbol{B}_{k+1}\boldsymbol{p}_k \tag{5.57}$$

其中，$\boldsymbol{B}_{k+1} \approx \nabla^2 J$。通过比较式(5.56)和式(5.57)，不难发现只要将式(5.55)中的 $\boldsymbol{p}_k$ 和 $\boldsymbol{q}_k$ 交换位置，便可以直接从 DFP 秩二更新公式中获得近似 Hesse 矩阵的秩二更新公式：

$$\boldsymbol{B}_{k+1} = \boldsymbol{B}_k + \frac{\boldsymbol{q}_k\boldsymbol{q}_k^{\mathrm{T}}}{\boldsymbol{q}_k^{\mathrm{T}}\boldsymbol{p}_k} - \frac{\boldsymbol{B}_k\boldsymbol{p}_k\boldsymbol{p}_k^{\mathrm{T}}\boldsymbol{B}_k}{\boldsymbol{p}_k^{\mathrm{T}}\boldsymbol{B}_k\boldsymbol{p}_k} \tag{5.58}$$

利用下面的 Sherman-Morrison 的矩阵求逆公式(Golub 和 Van Loan, 1989)：

$$\left[\boldsymbol{A} + a\boldsymbol{b}^{\mathrm{T}}\right]^{-1} = \boldsymbol{A}^{-1} - \frac{\boldsymbol{A}^{-1}a\boldsymbol{b}^{\mathrm{T}}\boldsymbol{A}^{-1}}{1 + \boldsymbol{b}^{\mathrm{T}}\boldsymbol{A}^{-1}a} \tag{5.59}$$

可以求出方程(5.58)两边矩阵的逆矩阵：

$$\boldsymbol{B}_{k+1}^{-1} = \boldsymbol{B}_k^{-1} + \left(\frac{1 + \boldsymbol{q}_k^{\mathrm{T}}\boldsymbol{B}_k^{-1}\boldsymbol{q}_k}{\boldsymbol{q}_k^{\mathrm{T}}\boldsymbol{p}_k}\right)\frac{\boldsymbol{p}_k\boldsymbol{p}_k^{\mathrm{T}}}{\boldsymbol{p}_k^{\mathrm{T}}\boldsymbol{q}_k} - \frac{\boldsymbol{p}_k\boldsymbol{q}_k^{\mathrm{T}}\boldsymbol{B}_k^{-1} + \boldsymbol{B}_k^{-1}\boldsymbol{q}_k\boldsymbol{p}_k^{\mathrm{T}}}{\boldsymbol{q}_k^{\mathrm{T}}\boldsymbol{p}_k} \tag{5.60}$$

把 $\boldsymbol{H}_k = \boldsymbol{B}_k^{-1}$ 和 $\boldsymbol{H}_{k+1} = \boldsymbol{B}_{k+1}^{-1}$ 代入式(5.60)，便得到近似 Hesse 逆矩阵的 BFGS 迭代更新矩阵：

$$\boldsymbol{H}_{k+1}^{\mathrm{BFGS}} = \boldsymbol{H}_k + \left(\frac{1 + \boldsymbol{q}_k^{\mathrm{T}}\boldsymbol{H}_k\boldsymbol{q}_k}{\boldsymbol{q}_k^{\mathrm{T}}\boldsymbol{p}_k}\right)\frac{\boldsymbol{p}_k\boldsymbol{p}_k^{\mathrm{T}}}{\boldsymbol{p}_k^{\mathrm{T}}\boldsymbol{q}_k} - \frac{\boldsymbol{p}_k\boldsymbol{q}_k^{\mathrm{T}}\boldsymbol{H}_k + \boldsymbol{H}_k\boldsymbol{q}_k\boldsymbol{p}_k^{\mathrm{T}}}{\boldsymbol{q}_k^{\mathrm{T}}\boldsymbol{p}_k} \tag{5.61}$$

BFGS 更新公式(5.61)的性能始终优于 DFP 更新公式(5.55)。

L-BFGS 更新公式(Liu 和 Nocedal，1989)是在最开始的 m 次迭代中，对单位矩阵 $\boldsymbol{I}$ 连续应用 BFGS 更新公式。然后，在接下来的每 m 次迭代，对 $\boldsymbol{H}_l$ 进行的更新只用当前迭代前 m 次迭代中获得的向量 $\boldsymbol{p}_k$ 和 $\boldsymbol{q}_k$($l=k-m+1, k-m+2, \cdots, k$)。这样，在极小化过程中，只需要存储前 m 次迭代中获得的向量 $\boldsymbol{p}_k$ 和 $\boldsymbol{q}_k$。L-BFGS 更新公式可以写成如下数学形式：

$$\begin{aligned}\boldsymbol{H}_{k+1}^{\text{L-BFGS}} &= \boldsymbol{I}_k + \left(\frac{1 + \boldsymbol{q}_k^{\mathrm{T}}\boldsymbol{q}_k}{\boldsymbol{q}_k^{\mathrm{T}}\boldsymbol{p}_k}\right)\frac{\boldsymbol{p}_k\boldsymbol{p}_k^{\mathrm{T}}}{\boldsymbol{p}_k^{\mathrm{T}}\boldsymbol{q}_k} - \frac{\boldsymbol{p}_k\boldsymbol{q}_k^{\mathrm{T}} + \boldsymbol{q}_k\boldsymbol{p}_k^{\mathrm{T}}}{\boldsymbol{q}_k^{\mathrm{T}}\boldsymbol{p}_k} \\ &= \boldsymbol{I} + \sum_{l=1}^{k}\left(\frac{1 + \boldsymbol{q}_l^{\mathrm{T}}\boldsymbol{q}_l}{\boldsymbol{q}_l^{\mathrm{T}}\boldsymbol{p}_l}\right)\frac{\boldsymbol{p}_l\boldsymbol{p}_l^{\mathrm{T}}}{\boldsymbol{p}_l^{\mathrm{T}}\boldsymbol{q}_l} - \frac{\boldsymbol{p}_l\boldsymbol{q}_l^{\mathrm{T}} + \boldsymbol{I}\boldsymbol{q}_l\boldsymbol{p}_l^{\mathrm{T}}}{\boldsymbol{q}_l^{\mathrm{T}}\boldsymbol{p}_l}\end{aligned} \qquad \text{当 } k \leqslant m \tag{5.62a}$$

$$\boldsymbol{H}_{k+1}^{\text{L-BFGS}} = \boldsymbol{I} + \sum_{l=k-m}^{k}\left(\frac{1 + \boldsymbol{q}_l^{\mathrm{T}}\boldsymbol{q}_l}{\boldsymbol{q}_l^{\mathrm{T}}\boldsymbol{p}_l}\right)\frac{\boldsymbol{p}_l\boldsymbol{p}_l^{\mathrm{T}}}{\boldsymbol{p}_l^{\mathrm{T}}\boldsymbol{q}_l} - \frac{\boldsymbol{p}_l\boldsymbol{q}_l^{\mathrm{T}} + \boldsymbol{q}_l\boldsymbol{p}_l^{\mathrm{T}}}{\boldsymbol{q}_l^{\mathrm{T}}\boldsymbol{p}_l} \qquad \text{当 } k > m \tag{5.62b}$$

L-BFGS 更新公式的性能接近 BFGS 更新公式。与 BFGS 更新公式相同，当 L-BFGS 把 $\boldsymbol{H}_k$ 更新为 $\boldsymbol{H}_{k+1}$ 时，只需要代价函数的一阶导数，只涉及向量乘积，不需要存储矩阵，需要的算术运算量级为 $O(n^2)$，远小于求解一个线性方程组的算术运算量级($O(n^3)$)。L-BFGS 所需内存是 $O(n)$，收敛速度是超线性的。Zou 等(1993a)利用一个著名数学测试库内的例子，以及气象和海洋应用中的若干大维数控制变量问题，对 L-BFGS 极小化方法进行了数值测试。结论是，m=5 是一个不错的选择。对于中等维数控制变量问题，进一步增加 m 的值，收敛速度加快。然而，对于大气资料同化问题，控制变量维数高，进一步增加 m 的值对收敛速度的改善效果不大。

5.10　线搜索方法

在极小化过程中，第 k 次迭代先要获得搜索方向 $\boldsymbol{d}_k$，然后再确定沿着搜索方向的移动步长 α_k。线搜索要完成下述极小化任务：

$$\min_{\alpha} F(\alpha) = \min_{\alpha} J(\boldsymbol{x}_k + \alpha \boldsymbol{d}_k) \tag{5.63}$$

由于极小化是沿着 $\boldsymbol{d}_k$ “线”进行的，所以称之为线搜索。

虽然计算 $F(\alpha)$ 和 F'成本较高，但为了找到最小函数值 $F(\alpha^*)$，需要知道 $F(\alpha)$ 和 F'在若干个点的值。任何线搜索方法的步长都需要满足不能“太大”、也不能“太小”这两个要求。对于步长 α_k 的第一个要求，线搜索能够使代价函数有“充分减少”(Armijo 条件)，即

$$J(\boldsymbol{x}_k + \alpha_k \boldsymbol{d}_k) \leqslant J(\boldsymbol{x}_k) + \beta' \alpha_k \boldsymbol{g}_k^{\mathrm{T}} \boldsymbol{d}_k, \quad \beta' \in (0,1) \tag{5.64}$$

利用泰勒展开，我们得到

$$J(\boldsymbol{x}_k + \alpha_k \boldsymbol{d}_k) = J(\boldsymbol{x}_k) + \alpha_k \boldsymbol{g}_k^{\mathrm{T}} \boldsymbol{d}_k \tag{5.65}$$

比较式(5.64)和式(5.65)，我们希望步长 α_k 必须至少产生线性近似项的一部分 $\beta' \in (0, 1)$，但不能太大。对步长 α_k 的第二个要求是它不能“太小”(Wolfe 条件)：

$$\left| \frac{\boldsymbol{g}_{k+1}^{\mathrm{T}} \boldsymbol{d}_k}{\boldsymbol{g}_k^{\mathrm{T}} \boldsymbol{d}_k} \right| \leqslant \beta, \ \beta \in [0,1) \tag{5.66}$$

如果引入下面的函数：

$$F(\alpha) = J(\boldsymbol{x}_k + \alpha \boldsymbol{d}_k) \tag{5.67}$$

我们可以对步长的第二个要求(5.66)给出如下解释：步长 α_k 是函数 $F(\alpha)$ 的极小值解的必要条件是 $F'(\alpha_k)=0$，$F'(\alpha_k)=0$ 的一阶展开公式即式(5.66)。

四种常用的线搜索方法是括号法、牛顿法、假位置法和 Fibonacci 搜索法。线搜索的括号方法由以下三个主要步骤组成：

(1) 寻找这样一个区间$[\alpha_L, \alpha_U]$，使得 $F'(\alpha_L)<0$，$F'(\alpha_U)>0$。譬如，可以选 $\alpha_L=0$，然后逐步增加 α_U 的值，直到满足 $F'(\alpha_U)>0$。

(2) 进行三次多项式逼近：$P_3(\alpha)=a_0+a_1\alpha+a_2\alpha^2+a_3\alpha^3$，系数 a_0、a_1、a_2 和 a_3 的选择要满足 $P_3(\alpha_L)=F(\alpha_L)$、$P_3(\alpha_U)=F(\alpha_U)$、$P'_3(\alpha_L)=F'(\alpha_L)$ 和 $P'_3(\alpha_U)=F'(\alpha_U)$。

(3) 三次多形式 $P_3(\alpha)$ 有一个局部极小值 $\hat{\alpha}$ 满足条件 $P_3(\hat{\alpha}) = \min P_3(\alpha)$。如果 $\hat{\alpha}$ 还满足 Armijo 条件(5.64)和 Wolfe 条件(5.66)，则线搜索结束，$\alpha_k=\hat{\alpha}$。否则，若 $F'(\hat{\alpha})<0$，令 $\alpha_L=\hat{\alpha}$；若 $F'(\hat{\alpha})>0$，令 $\alpha_U=\hat{\alpha}$，再回到第二步。

牛顿法需要知道 $F'(\alpha_i)$ 和 $F''(\alpha_i)$ 的值， 然后构成一个二次多项式近似函数：

$$q(\alpha)=F(\alpha_i)+aF'(\alpha_i)(\alpha-\alpha_i)+\frac{1}{2}F''(\alpha_i)(\alpha-\alpha_i)^2$$

令 $q'(\alpha)=F'(\alpha_i)+F''(\alpha_i)(\alpha-\alpha_i)=0$，得

$$\alpha_{i+1}=\alpha_i-\frac{F'(\alpha_i)}{F''(\alpha_i)} \tag{5.68}$$

设 $i=i+1$，重新计算函数在某一点 α_i 上的 $F'(\alpha_i)$ 和 $F''(\alpha_i)$ 的值，得到一个新的 α_{i+1}。重复此过程所得到的 α_{i+1} 序列的极限是 α_k。

牛顿法需要二阶导数 $F''(\alpha_i)$，所以并不实用。如前所述，我们假设只能计算 $J(\boldsymbol{x})$ 和 $\nabla J(\boldsymbol{x})$ 的值。有一种解决办法是把二阶导数替换成有限差分近似，即将等式(5.68)更改为

$$\alpha_{i+1}=\alpha_i-\frac{F'(\alpha_i)}{(F'(\alpha_j)-F'(\alpha_i))/(\alpha_j-\alpha_i)} \tag{5.69}$$

这就是线搜索的假位置法。

Fibonacci 方法是最常用的线搜索方法。它由以下四个步骤组成：

(1) 猜测一个步长区间$[a_1, b_1]$，其中 a_1 足够小，b_1 足够大。

(2) 构建一个不定长区间序列：

$$d_1=c_2-c_1,\quad d_j=\left(\frac{F_{N-j+1}}{F_N}\right)d_1 \tag{5.70}$$

其中，F_j 是 Fibonacci 序列生成的整数。Fibonacci 整数序列定义为 $F_0=F_1=1$，$F_j=F_{j-1}+F_{j-2}$，并设 $j=1$。

(3) 如果 $F(a_j)>F(b_j)$，令 $a_{j+1}=b_j+d_{j+1}$，$b_{j+1}=b_j$。如果 $F(a_j)<F(b_j)$，令 $a_{j+1}=b_j$，$b_{j+1}=a_j-d_{j+1}$。

(4) 如果 a_{j+1} 或者 b_{j+1} 满足 Armijo 条件(5.64)和 Wolfe 条件(5.66)，则线搜索结束，α_k 取满足条件的 a_{j+1} 或 b_{j+1}。否则，设 $j=j+1$，回到步骤(3)。

图 5.2 是极小化迭代过程的流程图。

当满足指定的收敛标准时，极小化迭代过程结束。三个常用的收敛标准是

$$\|\boldsymbol{g}_k\|<\varepsilon_1,\qquad \|\boldsymbol{g}_k\|<\varepsilon_2\|\boldsymbol{g}_0\|,\qquad \|\boldsymbol{g}_k\|<\varepsilon_3\max\{1,\|\boldsymbol{x}_{k+1}\|\} \tag{5.71}$$

其中，$\varepsilon_1=10^{-8}$，$\varepsilon_2=10^{-4}$，$\varepsilon_3=10^{-5}$。当然，如果精度比计算成本更重要，则可以设置更严格的收敛标准。

利用 L-BFGS、有限内存准牛顿和截断牛顿等极小化方法，Zou 等(1993a)进行了求解无约束非线性极小化问题的数值试验。结果表明，L-BFGS 整体收敛性最好。

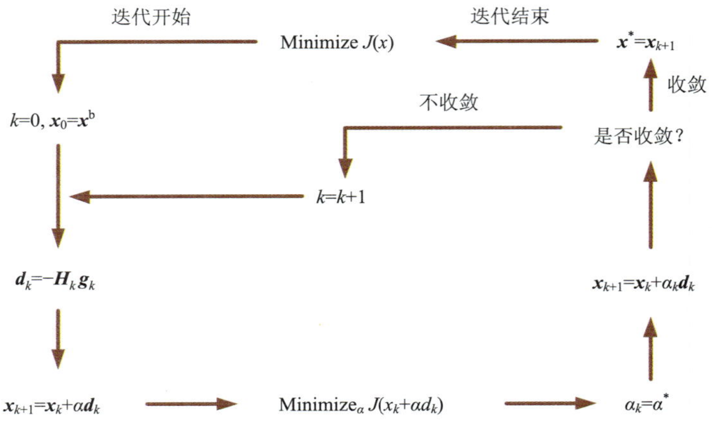

图 5.2　极小化迭代过程的流程图

5.11　结　束　语

卫星资料变分同化包括两个主要步骤：①定义模式状态变量($\boldsymbol{x}$)与卫星观测($\boldsymbol{y}^{\mathrm{obs}}$)接近程度的一个标量函数 $J(\boldsymbol{x}, \boldsymbol{y}^{\mathrm{obs}})$；②通过对 $J(\boldsymbol{x}, \boldsymbol{y}^{\mathrm{obs}})$ 的极小化迭代过程，找到在已知背景场($\boldsymbol{x}^{\mathrm{b}}$)邻近区域中 $J(\boldsymbol{x}, \boldsymbol{y}^{\mathrm{obs}})$ 的局部极小值 $\boldsymbol{x}^*$，满足 $J(\boldsymbol{x}^*) < J(\boldsymbol{x})$，$\forall\, \boldsymbol{x}$。本章讨论了第二个步骤的内容。第一个步骤的内容将在第 8 章和第 9 章中讨论。尽管气象学家使用数学家开发的极小化软件，但最好不要把它们当作一个黑匣子使用，而是要了解这些极小化算法的主要流程和可调部分。这样，不仅可以选择最合适的极小化算法，必要时还可以有效地诊断和提高极小化收敛速度。

第 6 章 伴 随 模 式

6.1 引 言

术语“伴随”是一个重要数学概念。伴随模式是解决资料同化问题的有用工具，有了它，就可以把数值天气预报模式作为 4D-Var 资料同化中的强约束条件。伴随模式也可以用来解决数值天气预报中的其他逆问题，包括提供模式中有关未知参数的最优值、评估给定模式的正确性、鉴别几种可能模式的预报水平、优化场地试验设计和从数据中提取关键信息。伴随有两种数学定义：线性映射的伴随映射和线性微分方程的伴随微分方程。6.2 节给出常微分方程(ODE)中伴随微分方程的数学定义。6.3 节介绍非线性模式的两种数学表达形式。6.4 节和 6.5 节分别讨论切线模式和伴随模式，包括它们的正确性检验。6.6 节展示如何使用拉格朗日方法推导出任何给定的线性或非线性微分方程的解析伴随方程，并且指出伴随模式变量与拉格朗日乘子的等价性。6.7 节提供几个线性和非线性常微分方程和偏微分方程示例，演示如何推导切线微分方程和伴随微分方程。6.8 节讨论当数值预报模式方程过于复杂，无法推导伴随微分方程的解析形式时，如何从数值预报模式的计算机程序语言直接写出伴随模式的计算机程序语言的若干规则。6.9 节介绍非线性模式的伴随敏感性和相对敏感性理论和应用。6.10 节是结束语。

6.2 伴随常微分方程

任何一个线性常微分方程组可以写成如下形式：

$$\frac{\mathrm{d}\boldsymbol{x}'}{\mathrm{d}t} = \boldsymbol{A}\boldsymbol{x}' \tag{6.1}$$

其中，$\boldsymbol{x}'$是模式预报向量，$\boldsymbol{A}$ 是系数矩阵：

$$\boldsymbol{x}' = \begin{pmatrix} x_1' \\ x_2' \\ \vdots \\ x_N' \end{pmatrix}, \qquad \boldsymbol{A} = \begin{pmatrix} a_{11} & \cdots & a_{1N} \\ \vdots & & \vdots \\ a_{N1} & \cdots & a_{NN} \end{pmatrix}$$

对于线性系统，系数矩阵 $\boldsymbol{A}$ 与模式变量 $\boldsymbol{x}'$无关。线性常微分方程组(6.1)的伴随常微分方程组定义为

$$-\frac{\mathrm{d}\hat{\boldsymbol{x}}}{\mathrm{d}t} = \boldsymbol{A}^*\hat{\boldsymbol{x}} \tag{6.2}$$

其中，$\hat{\boldsymbol{x}}$ 表示伴随变量，$\boldsymbol{A}^*$是 $\boldsymbol{A}$ 的复共轭转置。

线性常微分方程(6.1)的解 $\boldsymbol{x}'(t)$ 与相应的伴随常微分方程(6.2)的解 $\hat{\boldsymbol{x}}(t)$ 的内积是个

常数，即

$$\left(\hat{\boldsymbol{x}}(t)\right)^{*}\boldsymbol{x}'(t)=\text{常数} \tag{6.3}$$

换句话说，不管给切线模式怎样的初始条件，$\boldsymbol{x}'$和$\hat{\boldsymbol{x}}$的内积不随时间变化。这个结论的证明很简单。式(6.3)告诉我们，在时间窗口$[t_0, t_L]$内，从t_0前向积分线性常微分方程(6.1)到t_L，再从t_L后向积分伴随常微分方程(6.2)到t_0，式(6.3)在整个时间窗口$[t_0, t_L]$内都成立。伴随变量与模式变量之间的这一关系为检验伴随模式正确性和排错(debugging)提供了一种有效方法(见 6.5 节)。

6.3　非线性模式

大气从一种状态向另一种状态的演变遵循动量、质量、能量和水汽守恒物理定律。第 1 章中的大气控制方程(1.59)、(1.60)、(1.63)和(1.64)这些物理定律的数学描述，它们可以统一表示为

$$\frac{\partial \boldsymbol{x}}{\partial t}=\boldsymbol{f}(\boldsymbol{x}) \tag{6.4}$$

其中，$\boldsymbol{x}(t)$是由几个(例如M个)独立的大气状态变量组成的预报模式变量，它们是时间t和三维空间坐标$\vec{r}(\lambda,\varphi,z)$的函数，这里的$\lambda$、$\varphi$和$z$分别表示经度、纬度和高度，$\boldsymbol{f}(\boldsymbol{x})$是非线性函数向量，表示大气控制方程式中除时间倾向项外的所有其他项。假设方程(6.4)由M个预报方程组成，对应M个预报模式变量：纬向风分量(u)、经向风分量(v)、垂直速度(w)、温度(T)、气压(p)和比湿(q)，即M=5。三维物理空间由N个模式网格点离散表示，则$\boldsymbol{f}$和$\boldsymbol{x}(t)$可以表示为

$$\boldsymbol{f}=\begin{pmatrix} \boldsymbol{f}_u(\boldsymbol{x}(t)) \\ \boldsymbol{f}_v(\boldsymbol{x}(t)) \\ \vdots \\ \boldsymbol{f}_M(\boldsymbol{x}(t)) \end{pmatrix}=\begin{pmatrix} f_1(\boldsymbol{x}(t)) \\ f_2(\boldsymbol{x}(t)) \\ \vdots \\ f_N(\boldsymbol{x}(t)) \end{pmatrix},\quad \boldsymbol{x}(t)=\begin{pmatrix} \boldsymbol{u}(t) \\ \boldsymbol{v}(t) \\ \vdots \\ \boldsymbol{q}(t) \end{pmatrix}=\begin{pmatrix} x_1 \\ x_2 \\ \vdots \\ x_{M\times N} \end{pmatrix} \tag{6.5}$$

其中，

$$\boldsymbol{u}(t)=\begin{pmatrix} u_1 \\ u_2 \\ \vdots \\ u_N \end{pmatrix},\quad \cdots,\quad \boldsymbol{q}(t)=\begin{pmatrix} q_1 \\ q_2 \\ \vdots \\ q_N \end{pmatrix}$$

因此，模式网格点上所有模式预报变量的总维数是$M\times N$。函数向量$\boldsymbol{f}(\boldsymbol{x}(t))$包含$\boldsymbol{x}(t)$相对于三维空间坐标的偏导数。大气控制连续方程已在第 1 章中讨论过。本章我们只关注大气状态变量在离散网格点上的预报。所以，我们仍然把大气控制方程象征性地表示为

$$\frac{\partial \boldsymbol{x}(t)}{\partial t}=\boldsymbol{f}\left(\boldsymbol{x}(t)\right) \tag{6.6a}$$

$$\boldsymbol{x}(t)\big|_{t=t_0}=\boldsymbol{x}_0 \tag{6.6b}$$

通过有限差分，也可与级数展开相结合，得到式(6.6a)中的所有项(包括导数项)在模式网格点上的近似表达式，生成数值天气预报模式。

通过离散化数值方法求解大气控制方程(6.6a)时，只关心大气状态变量在规定的模式离散网格点$(\lambda_i, \varphi_j, z_k, t_n)$上的值($i$=1，…，$I$; j=1，…，J; k=1，…，K; n=1，…，N)。假设在初始时刻用显式正向积分方案、其他时间步长采用蛙跳积分方案来近似等式(6.6a)左边的时间倾向项(Haltiner 和 Williams，1980)，则式(6.6a)可以写成

$$\boldsymbol{x}(t_0) = \boldsymbol{x}_0 \tag{6.7a}$$

$$\boldsymbol{x}(t_1) = \boldsymbol{x}(t_0) + \Delta t\boldsymbol{f}(\boldsymbol{x}(t_0)) \tag{6.7b}$$

$$\boldsymbol{x}(t_{l+1}) = \boldsymbol{x}(t_{l-1}) + 2\Delta t\boldsymbol{f}(\boldsymbol{x}(t_l)), \quad l = 1,2,\cdots,L \tag{6.7c}$$

把式(6.7a)、式(6.7b)和式(6.7c)中所有模式状态变量的导数用有限差分近似表示，所得数值天气预报模式可以用以下符号表示：

$$\boldsymbol{x}_l = M_l(\boldsymbol{x}_0), \quad l = 1,2,\cdots,L \tag{6.8}$$

其中，$\boldsymbol{x}_0=\boldsymbol{x}(t_0)$和$\boldsymbol{x}_n=\boldsymbol{x}(t_n)$分别描述$t_0$和$t_n$时刻的大气状态变量(如风、温度、气压、水汽含量)在三维模式网格点$(\lambda_i, \varphi_j, z_k)$ (i=1,…, I; j=1,…, J; k=1,…, K)上的值，M_l代表离散数值预报模式根据初始条件$\boldsymbol{x}(t_0)$得到未来某个时刻t_l的大气状态变量$\boldsymbol{x}(t_l)$所进行的所有运算。对大气控制方程(6.4)采用不同的离散化数值方法和不同的物理参数化方案，会产生不同的离散数值模式预报算子M_l，也因此，不同数值预报模式有不同的预报精度和计算效率。当然，数值预报模式的预报准确性不仅取决于模式(M_l)本身的精度，还取决于初始条件($\boldsymbol{x}_0$)。换句话说，当进行数值天气预报时，维数为$9\times I\times J\times K$的初始向量$\boldsymbol{x}_0$是数值预报模式的必备输入。因此，数值天气预报的准确性也取决于资料同化得到的分析场的精度。

6.4　切 线 模 式

数值天气预报的初始条件始终存在不确定性。通常，人们会关心初始条件中的误差将如何随着时间而增长。假设$\boldsymbol{x}^{\text{basic}}(t)$是从初始条件$\boldsymbol{x}_0^{\text{basic}}$开始积分得到的非线性数值天气预报模式(6.6a)和(6.6b)的解。在初始条件上增加一个初始扰动$\boldsymbol{x}_0'$，将得到另一个非线性模式解$\boldsymbol{x}^{\text{ptb}}(t)$。$\boldsymbol{x}^{\text{basic}}(t)$和$\boldsymbol{x}^{\text{ptb}}(t)$均满足式(6.6a)和式(6.6b)，即

$$\begin{cases} \dfrac{\partial \boldsymbol{x}^{\text{basic}}(t)}{\partial t} = \boldsymbol{f}\left(\boldsymbol{x}^{\text{basic}}(t)\right) \\ \boldsymbol{x}^{\text{basic}}(t)\Big|_{t=t_0} = \boldsymbol{x}_0 \end{cases} \tag{6.9}$$

$$\begin{cases} \dfrac{\partial \boldsymbol{x}^{\text{ptb}}(t)}{\partial t} = \boldsymbol{f}\left(\boldsymbol{x}^{\text{ptb}}(t)\right) \\ \boldsymbol{x}^{\text{ptb}}(t)\Big|_{t=t_0} = \boldsymbol{x}_0 + \boldsymbol{x}_0' \end{cases} \tag{6.10}$$

从式(6.10)中减去式(6.9)，我们得到两个非线性解之差$\boldsymbol{x}^{\text{ptb}}(t)-\boldsymbol{x}^{\text{basic}}(t)$，它满足以下方程：

$$\frac{\partial}{\partial t}\underbrace{\left(\boldsymbol{x}^{\text{ptb}}(t)-\boldsymbol{x}^{\text{basic}}(t)\right)}_{\boldsymbol{x}'(t)}=\boldsymbol{f}(\boldsymbol{x}^{\text{ptb}}(t))-\boldsymbol{f}(\boldsymbol{x}^{\text{basic}}(t))$$
$$=\underbrace{\left.\frac{\partial \boldsymbol{f}(\boldsymbol{x}(t))}{\partial \boldsymbol{x}}\right|_{\boldsymbol{x}^{\text{basic}}(t)}}_{\text{一个矩阵}}\underbrace{\left(\boldsymbol{x}^{\text{ptb}}(t)-\boldsymbol{x}^{\text{basic}}(t)\right)}_{\boldsymbol{x}'(t)}+\underbrace{O\left(\left(\boldsymbol{x}^{\text{ptb}}(t)-\boldsymbol{x}^{\text{basic}}(t)\right)^2\right)}_{(\boldsymbol{x}'(t))^2,\text{高阶项}} \tag{6.11}$$

其中，$(\partial \boldsymbol{f}(\boldsymbol{x}(t))/\partial \boldsymbol{x})_{\boldsymbol{x}^{\text{basic}}(t)}$ 是 Jacobi 矩阵(Jacobian matrix)算子，它是 $\boldsymbol{f}$ 对 $\boldsymbol{x}(t)$ 求导后在模式状态 $\boldsymbol{x}^{\text{basic}}(t)$ 处的值：

$$\left.\frac{\partial \boldsymbol{f}(\boldsymbol{x}(t))}{\partial \boldsymbol{x}}\right|_{\boldsymbol{x}^{\text{basic}}(t)}=\begin{pmatrix} \frac{\partial f_1}{\partial x_1} & \frac{\partial f_1}{\partial x_2} & \cdots & \frac{\partial f_1}{\partial x_{M\times N}} \\ \frac{\partial f_2}{\partial x_1} & \frac{\partial f_2}{\partial x_2} & \cdots & \frac{\partial f_2}{\partial x_{M\times N}} \\ \vdots & \vdots & & \vdots \\ \frac{\partial f_{M\times N}}{\partial x_1} & \frac{\partial f_{M\times N}}{\partial x_2} & \cdots & \frac{\partial f_{M\times N}}{\partial x_{M\times N}} \end{pmatrix}_{\boldsymbol{x}^{\text{basic}}(t)} \tag{6.12}$$

我们常称 $\boldsymbol{x}^{\text{basic}}(t)$ 是基本态，$\boldsymbol{x}^{\text{ptb}}(t)$ 是扰动态。

若把式(6.11)中的二阶和高阶项省略，便得到所谓的切线性线性模式(简称切线模式)：

$$\frac{\partial \boldsymbol{x}'(t)}{\partial t}=\left.\frac{\partial \boldsymbol{f}(\boldsymbol{x}(t))}{\partial \boldsymbol{x}}\right|_{\boldsymbol{x}^{\text{basic}}(t)}\boldsymbol{x}'(t) \tag{6.13a}$$

$$\boldsymbol{x}'|_{t=t_0}=\boldsymbol{x}'_0 \tag{6.13b}$$

切线模式(6.13a)和(6.13b)描述扰动解的线性近似。等式(6.12)中的 Jacobi 矩阵独立于切线模式的解 $\boldsymbol{x}'(t)$，是时间和空间的函数。

离散切线模式类似于离散非线性模式(6.7)，即

$$\begin{cases} \boldsymbol{x}'(t_1)=\boldsymbol{x}'_0+\Delta t\left.\dfrac{\partial \boldsymbol{f}(\boldsymbol{x}(t))}{\partial \boldsymbol{x}}\right|_{\boldsymbol{x}^{\text{basic}}(t)}\boldsymbol{x}'_0 \\ \boldsymbol{x}'(t_{l+1})=\boldsymbol{x}'(t_{l-1})+2\Delta t\left.\dfrac{\partial \boldsymbol{f}(\boldsymbol{x}(t))}{\partial \boldsymbol{x}}\right|_{\boldsymbol{x}^{\text{basic}}(t)}\boldsymbol{x}'(t_l) \end{cases}\quad (l=1,2,\cdots,L) \tag{6.14}$$

因此，给定初始扰动 $\boldsymbol{x}'_0$，切线数值模式(6.14)会产生将来时间上的扰动预报 $\boldsymbol{x}'(t_l)$ $(l=1, 2, \cdots, L)$。由于式(6.14)中的 Jacobi 矩阵运算与模式扰动预报变量 $\boldsymbol{x}'(t_l)$ $(l=1, 2, \cdots, L)$ 独立，切线模式(6.14)等价于一个线性映射，可以表达成

$$\boldsymbol{x}'(t_l)=\boldsymbol{M}(t_l,t_0)\boldsymbol{x}'_0 \quad (l=1,2,\cdots,L) \tag{6.15}$$

其中，$\boldsymbol{M}(t_l, t_0)$ 称为时间 t_0 和 t_l 之间的线性映射 $(t_l>t_0)$。

一个离散切线数值模式也可以直接从离散非线性数值模式(6.8)求得。利用泰勒展开，可以得到以下结果

$$
\begin{aligned}
\boldsymbol{x}'(t_l) &\equiv \boldsymbol{x}^{\text{ptb}}(t_l) - \boldsymbol{x}^{\text{basic}}(t_l) \\
&= M(\boldsymbol{x}_0 + \boldsymbol{x}_0'; t_l, t_0) - M(\boldsymbol{x}_0; t_l, t_0) \qquad (l=1, 2, \cdots, L) \\
&= \frac{\partial M(\boldsymbol{x}_0; t_l, t_0)}{\partial \boldsymbol{x}_0} \boldsymbol{x}_0' + \mathrm{O}\left(\left\|\boldsymbol{x}_0'\right\|^2\right)
\end{aligned} \tag{6.16}
$$

取上述展开的一阶近似，得

$$
\boldsymbol{x}'(t_l) = \frac{\partial M(\boldsymbol{x}_0; t_l, t_0)}{\partial \boldsymbol{x}_0} \boldsymbol{x}_0' \qquad (l=1, 2, \cdots, L) \tag{6.17}
$$

如果对切线模式解析方程进行离散化时用与非线性数值模式一样的有限差分方案，则式(6.15)中的 $\boldsymbol{M}(t_l, t_0)$ 与式(6.17)中的$\partial \boldsymbol{M}(\boldsymbol{x}_0; t_l, t_0)/\partial \boldsymbol{x}_0$ 相同。

总结一下，切线模式可以预报由初始小扰动产生的未来扰动预报，具有一阶近似精度。切线模式可以表示为线性微分方程(6.13)或等价地由矩阵定义的线性变换式(6.15)或式(6.17)表示。

切线模式的正确性可以对照其相应的非线性模式进行检验。令 $\boldsymbol{x}_0'=\alpha \boldsymbol{h}$，其中 $\boldsymbol{h}$ 是对 $\boldsymbol{x}$ 施加的一个固定扰动向量，α 是个任意小的正数。对非线性算子 $M(\boldsymbol{x}_0+\boldsymbol{x}_0')$ 进行泰勒展开：

$$
M(\boldsymbol{x}_0 + \alpha \boldsymbol{h}) = M(\boldsymbol{x}) + \alpha \boldsymbol{M}\boldsymbol{h} + O(\alpha^2) \tag{6.18}
$$

根据式(6.18)，我们可以定义如下函数：

$$
g(\alpha) \equiv \frac{\left\|M(\boldsymbol{x}_0 + \alpha \boldsymbol{h}) - M(\boldsymbol{x}_0)\right\|}{\alpha \left\|\boldsymbol{M}\boldsymbol{h}\right\|} \to 1 + O(\alpha) \tag{6.19}
$$

用 α 的值控制初始扰动的大小。只要把对输入向量 $\boldsymbol{x}_0$ 所加的扰动 $\alpha \boldsymbol{h}$ 控制在一个小到足以忽略高阶项、但又大到足以避免机器舍入误差占主导地位的范围之内，则当 α 减小到零时，$g(\alpha)$将线性地接近单位值“1”。如果随着 α 逐步变小而 $g(\alpha)$不能以越来越高的精度线性接近“1”，则切线模式不正确。一旦机器舍入误差占主导地位，α 值的进一步减小将导致精度降低。

使用式(6.19)进行切线模式的正确性检验，涉及分母中的切线模式的一次积分和分子中对应不同 α 值的非线性模式的多次积分(大约 10 次)。要强调的是，此处讨论的正确性检验与切线模式预报对非线性模式预报差的近似程度不同。前者用于检查切线模式的程序编写是否正确，这是通过无限小的初始扰动来完成的；后者与非线性模式的非线性程度有关。

6.5　伴 随 模 式

伴随模式可以通过线性微分方程的伴随方程(6.2 节)或线性代数中线性映射的伴随映射(1.4 节)来定义。对于切线模式的解析微分方程(6.13)，伴随微分方程的解析形式为

$$
-\frac{\partial \hat{\boldsymbol{x}}(t)}{\partial t} = \left(\frac{\partial \boldsymbol{f}(\boldsymbol{x}(t))}{\partial \boldsymbol{x}}\right)^* \hat{\boldsymbol{x}}(t) \tag{6.20}
$$

其中，$\hat{\boldsymbol{x}}$ 表示伴随变量，若 Jacobi 矩阵中的所有元素均为实数，则上标“*”表示矩阵转

置；如果 Jacobi 矩阵中的某些元素为复数，则上标“*”表示矩阵的复共轭运算加转置。将一系列有限差分方案应用于式(6.20)中的所有模式变量和它们的导数，即可获得数值伴随模式，也称为伴随有限差分(FDA)模式(Zou 等，2001c)。这种发展伴随模式的方法通常适用于简单的非线性模式。

对于复杂的非线性模式，建议用所谓的有限差分伴随方法(AFD)，即从数值预报模式的计算程序直接生成伴随数值模式的计算程序(Zou 等，2001a、b)。对于给定的一个切线模式(6.15)的计算程序，直接生成以下线性映射的运算：

$$\hat{\boldsymbol{x}}_0 = \boldsymbol{M}^* \hat{\boldsymbol{x}}(t_l) \qquad (l=1, 2, \cdots, L) \tag{6.21}$$

换句话说，可以从切线模式的计算程序直接开发伴随数值模式的计算程序，而不必知道切线模式的具体解析方程，也不必写出伴随解析方程。式(6.20)和式(6.21)是伴随模式的象征性表示。6.7 节和 6.8 节分别提供推导伴随模式解析方程(6.20)和发展伴随数值模式的计算程序(6.21)的实际方法。

伴随数值模式的正确性可以通过式(6.3)在 t_0 和 t_L 这两个时刻的值来验证：

$$\left(\hat{\boldsymbol{x}}_0\right)^* \boldsymbol{x}_0' = \left(\hat{\boldsymbol{x}}(t_L)\right)^* \boldsymbol{x}'(t_L) \tag{6.22}$$

时间 t_0 和 t_L 分别是切线数值模式前向积分的初始和最终时间，或者对称地，是伴随数值模式后向积分的最终和初始时间。事实上，等式(6.22)既可以应用于伴随有限差分方法模式的正确性检验，也可以应用于有限差分伴随方法模式的正确性检验。

伴随模式的正确性检验公式(6.22)也可以直接通过简单的向量内积获得。首先，对任何矩阵 $\boldsymbol{A}$，下面的等式成立(见 1.3 节)：

$$\left\langle \boldsymbol{A}\boldsymbol{x}_0, \boldsymbol{A}\boldsymbol{x}_0 \right\rangle = \left\langle \boldsymbol{x}_0, \boldsymbol{A}^* \boldsymbol{A}\boldsymbol{x}_0 \right\rangle \tag{6.23}$$

如果我们令 $\boldsymbol{A}=\boldsymbol{M}$，则根据式(6.15)，$\boldsymbol{x}'(t_L)=\boldsymbol{M}\boldsymbol{x}_0$；我们再令 $\hat{\boldsymbol{x}}(t_L)$ 为 $\boldsymbol{x}'(t_L)$，则根据等式(6.21)，$\hat{\boldsymbol{x}}_0 = \boldsymbol{M}^*\boldsymbol{M}\boldsymbol{x}_0$。把这些关系代入等式(6.23)得

$$\left\langle \boldsymbol{x}'(t_L), \boldsymbol{x}'(t_L) \right\rangle = \left\langle \boldsymbol{x}_0, \hat{\boldsymbol{x}}_0 \right\rangle \tag{6.24}$$

公式(6.24)是检验伴随模式正确性最常用的公式，它是式(6.22)的一个特例，即设 $\hat{\boldsymbol{x}}(t_L) = \boldsymbol{x}'(t_L)$。

我们注意到，在伴随模式正确性检验公式(6.3)、(6.22)或(6.24)中，涉及的是切线模式和伴随模式在一个积分时段的开始和结束两个时刻的模式变量值。然而，对伴随模式进行正确性检验的公式(6.23)中伴随运算 $\boldsymbol{A}^*$可以是切线模式中的任何部分程序运算。因此，在使用有限差分伴随方法撰写伴随模式的计算代码时，对于调试伴随模式中任何部分的计算机程序代码的正确性，等式(6.23)非常有用。这也是早期发展美国国家气象中心(NMC)(现为美国国家环境预报中心(NCEP))全球中期数值预报业务谱模式(包括完整物理过程伴随模式)时所采用的正确性检验方法(Navon 等，1992；Zou 等，1993b)。对于全球中期数值预报业务谱模式的绝热部分，还有可能推导出一组伴随模式解析性方程，其推导过程冗长乏味。但是，想要推导包含物理过程参数化方案的非绝热模式的伴随模式的解析表达式基本上是不可能的。换句话说，对于复杂的非线性模式，有限差分伴随方法优于伴随有限差分方法。

6.6　伴随变量与拉格朗日乘子之间的等价关系

考虑把数值天气预报模式作为变分资料同化极小化问题的一个强约束条件：

$$\begin{cases} \min J(\boldsymbol{x}(t)) \equiv \min \sum_{l=0}^{L} J_l(\boldsymbol{x}(t_l)) \\ \dfrac{\partial \boldsymbol{x}(t)}{\partial t} = \boldsymbol{f}\left(\boldsymbol{x}(t)\right) \end{cases} \tag{6.25}$$

其中，J 是大气状态变量 $\boldsymbol{x}(t)$ 的一个标量函数，$\boldsymbol{x}(t)$ 满足一组非线性模式方程(6.6a)。也就是说，上述极小化问题的控制变量 $\boldsymbol{x}(t)$ 必须精确满足非线性数值天气预报模式方程(6.6a)，所以，我们称非线性数值天气预报模式方程为极小化问题的强约束条件。

我们可以把有强约束条件的极小化问题(6.25)转换为一个无约束极小化问题：

$$\min L\left(\boldsymbol{x}(t), \boldsymbol{\lambda}(t)\right) \equiv \min \left\{ J + \int_{t_0}^{t_L} \left\langle \boldsymbol{\lambda}, \frac{\partial \boldsymbol{x}}{\partial t} - \boldsymbol{f}(\boldsymbol{x}) \right\rangle \mathrm{d}t \right\} \tag{6.26}$$

其中，$L(\boldsymbol{x}(t), \boldsymbol{\lambda}(t))$ 是拉格朗日函数，向量 $\boldsymbol{\lambda}$ 被称为拉格朗日乘子。向量 $\begin{pmatrix} \boldsymbol{x}(t) \\ \boldsymbol{\lambda}(t) \end{pmatrix}$ 是 L 的极小值点的必要条件是它是 L 的驻点。在驻点处，L 的梯度为零：

$$\frac{\partial L(\boldsymbol{x}, \boldsymbol{\lambda})}{\partial \boldsymbol{\lambda}} = 0 \tag{6.27}$$

$$\frac{\partial L(\boldsymbol{x}, \boldsymbol{\lambda})}{\partial \boldsymbol{x}} = 0 \tag{6.28}$$

L 关于拉格朗日乘子的偏导数$(\partial L/\partial \lambda)$等于零（式(6.27)）就是非线性模式约束(6.6a)。等式(6.28)的左边是 L 对模式变量的偏导数$(\partial L/\partial \boldsymbol{x})$，它的具体表达式需要进行一些数学运算才能获得，如下所示。将式(6.25)代入式(6.28)，得到

$$\int_{t_0}^{t_L} \sum_{l=0}^{L} \left(\nabla_{\boldsymbol{x}(t_l)} J_l\right) \delta(t - t_l) \mathrm{d}t + \frac{\partial}{\partial \boldsymbol{x}} \int_{t_0}^{t_L} \left\{ \left\langle \boldsymbol{\lambda}, \frac{\partial \boldsymbol{x}}{\partial t} - \boldsymbol{f}(\boldsymbol{x}) \right\rangle \right\} \mathrm{d}t = 0 \tag{6.29}$$

其中，$\delta(t\text{–}t_l)$ 是 delta 函数，定义为

$$\delta(t - t_l) = \begin{cases} 1, & 当\ t = t_l \\ 0, & 当\ t \neq t_l \end{cases} \tag{6.30}$$

公式(6.29)中有一项 $\dfrac{\partial}{\partial \boldsymbol{x}} \int_{t_0}^{t_L} \left\langle \boldsymbol{\lambda}, \dfrac{\partial \boldsymbol{x}}{\partial t} \right\rangle \mathrm{d}t$，即要对积分项 $\dfrac{\partial \boldsymbol{x}}{\partial t}$ 求关于 $\boldsymbol{x}$ 的导数，不容易直接获得。这一难题可以通过分部积分解决。将下式

$$\frac{\partial}{\partial \boldsymbol{x}} \int_{t_0}^{t_L} \left\langle \boldsymbol{\lambda}, \frac{\partial \boldsymbol{x}}{\partial t} \right\rangle \mathrm{d}t = \frac{\partial}{\partial \boldsymbol{x}} \left\{ \left\langle \boldsymbol{\lambda}, \boldsymbol{x} \right\rangle \Big|_{t_0}^{t_L} - \int_{t_0}^{t_L} \left\langle \frac{\partial \boldsymbol{\lambda}}{\partial t}, \boldsymbol{x} \right\rangle \mathrm{d}t \right\} \tag{6.31}$$

代入式(6.29)，我们得到

$$\int_{t_0}^{t_L}\sum_{n=0}^{L}\left(\nabla_{\boldsymbol{x}(t_l)}J_l\right)\delta(t-t_l)\mathrm{d}t+\frac{\partial}{\partial \boldsymbol{x}}\left\{\langle\boldsymbol{\lambda},\boldsymbol{x}\rangle\Big|_{t_0}^{t_L}-\int_{t_0}^{t_L}\left\{\left\langle\frac{\partial\boldsymbol{\lambda}}{\partial t},\boldsymbol{x}\right\rangle-\langle\boldsymbol{\lambda},\boldsymbol{f}(\boldsymbol{x})\rangle\right\}\mathrm{d}t\right\}=0 \tag{6.32}$$

令拉格朗日乘子在 t_0 和 t_L 时刻的值为零，即设置零边界条件：$\boldsymbol{\lambda}(t_0)=\boldsymbol{\lambda}(t_L)=0$，则式(6.32)变为

$$\int_{t_0}^{t_L}\sum_{n=0}^{L}\left(\nabla_{\boldsymbol{x}(t_l)}J_l\right)\delta(t-t_l)\mathrm{d}t+\frac{\partial}{\partial \boldsymbol{x}}\left\{-\int_{t_0}^{t_L}\left\{\left\langle\frac{\partial\boldsymbol{\lambda}}{\partial t},\boldsymbol{x}\right\rangle-\langle\boldsymbol{\lambda},\boldsymbol{f}(\boldsymbol{x})\rangle\right\}\mathrm{d}t\right\}=0 \tag{6.33}$$

现在可以求出式(6.33)中关于 $\boldsymbol{x}$ 的偏导数了：

$$\int_{t_0}^{t_N}\left\{\sum_{n=0}^{N}\left(\nabla_{\boldsymbol{x}(t_n)}J_n\right)\delta(t-t_n)-\left\langle\frac{\partial\boldsymbol{\lambda}}{\partial t},\boldsymbol{I}\right\rangle+\left\langle\boldsymbol{\lambda},\frac{\partial\boldsymbol{f}}{\partial\boldsymbol{x}}\right\rangle\right\}\mathrm{d}t=0 \tag{6.34}$$

其中，$\boldsymbol{I}$ 是单位向量。若要上述等式对任何时间积分区间$[t_0, t_L]$都成立，积分函数必须为零，即

$$\sum_{n=0}^{N}\left(\nabla_{\boldsymbol{x}(t_n)}J_n\right)-\left\langle\frac{\partial\boldsymbol{\lambda}}{\partial t},\boldsymbol{I}\right\rangle-\left\langle\boldsymbol{\lambda},\frac{\partial\boldsymbol{f}}{\partial\boldsymbol{x}}\right\rangle=0 \tag{6.35}$$

以 L_2-范数作为内积定义，则式(6.35)变为

$$-\frac{\partial\boldsymbol{\lambda}}{\partial t}=\left(\frac{\partial\boldsymbol{f}}{\partial\boldsymbol{x}}\right)^{*}\boldsymbol{\lambda}-\underbrace{\sum_{n=0}^{N}\nabla_{\boldsymbol{x}(t_n)}J_n}_{\text{强迫项}} \tag{6.36}$$

方程(6.36)是关于拉格朗日乘子 $\boldsymbol{\lambda}$ 的预报方程。

除了有一个与 $\boldsymbol{\lambda}$ 无关的额外强迫项外，方程(6.36)与伴随模式解析方程(6.20)相同。因此，当把非线性预报模式作为极小化问题的强约束条件时，拉格朗日乘子实际上就是伴随变量。理论上，有约束极小化问题(6.25)的最小值解可以通过求解式(6.6a)和式(6.36)这样一个耦合系统来找到。然而，我们注意到，耦合系统方程数是非线性模式的两倍。

6.7　解析伴随模式方程

本节以三个非线性和线性微分方程组为例，来说明如何推导出切线微分方程和伴随微分方程的解析表达式。首先考虑著名的 Lorenz 模式(Lorenz，1963)，该模式描述蜂窝状对流，由以下三个常微分方程组成：

$$\begin{cases}\dfrac{\mathrm{d}x_1}{\mathrm{d}t}=-\sigma(x_1-x_2)\\[2mm]\dfrac{\mathrm{d}x_2}{\mathrm{d}t}=rx_1-x_2-x_1x_3\\[2mm]\dfrac{\mathrm{d}x_3}{\mathrm{d}t}=b(x_1x_2-x_3)\end{cases} \tag{6.37}$$

其中，x_1、x_2 和 x_3 是依赖于时间的模式变量，σ、b 和 r 是模式参数，它们是实数。Lorenz 模式包含两个非线性项 x_1x_3 和 x_1x_2，分别出现在式(6.37)的第二和第三个方程中。Lorenz

模式仅涉及一个自变量(即时间 t)，除了左边对时间的一阶导数外，没有任何其他导数项。

对式(6.37)中的右边项求相对于模式状态变量 x_1、x_2 和 x_3 的导数便可获得 Lorenz 模式的切线方程的解析形式：

$$\begin{cases} \dfrac{\mathrm{d}x_1'}{\mathrm{d}t} = -\sigma(x_1' - x_2') \\ \dfrac{\mathrm{d}x_2'}{\mathrm{d}t} = \left(r - x_3^{\text{basic}}\right)x_1' - x_2' - x_1^{\text{basic}}x_3' \\ \dfrac{\mathrm{d}x_3'}{\mathrm{d}t} = b(x_2^{\text{basic}}x_1' + x_1^{\text{basic}}x_2' - x_3') \end{cases} \tag{6.38}$$

其中，x_1^{basic}、x_2^{basic} 和 x_3^{basic} 表示满足 Lorenz 非线性模式(6.37)、随时间变化的基本状态。若把它写成式(6.13a)那样的向量形式，则对于 Lorenz 模式，$\boldsymbol{x}'$、$\boldsymbol{x}^{\text{basic}}$ 和 $\dfrac{\partial \boldsymbol{f}}{\partial \boldsymbol{x}}$ 的具体表达式是

$$\boldsymbol{x}'(t) = \begin{pmatrix} x_1'(t) \\ x_2'(t) \\ x_3'(t) \end{pmatrix}, \qquad \boldsymbol{x}^{\text{basic}}(t) = \begin{pmatrix} x_1^{\text{basic}}(t) \\ x_2^{\text{basic}}(t) \\ x_3^{\text{basic}}(t) \end{pmatrix} \tag{6.39a}$$

$$\left.\frac{\partial \boldsymbol{f}(\boldsymbol{x}(t))}{\partial \boldsymbol{x}}\right|_{\boldsymbol{x}^{\text{basic}}}^{\text{Lorenz}} = \begin{pmatrix} -\sigma & \sigma & 0 \\ r - x_3^{\text{basic}}(t) & -1 & -x_1^{\text{basic}}(t) \\ bx_2^{\text{basic}}(t) & bx_1^{\text{basic}}(t) & -b \end{pmatrix} \tag{6.39b}$$

伴随微分解析方程(6.20)中的系数矩阵是矩阵(6.39b)的转置：

$$\left(\left.\frac{\partial \boldsymbol{f}(\boldsymbol{x}(t))}{\partial \boldsymbol{x}}\right|_{\boldsymbol{x}^{\text{basic}}}^{\text{Lorenz}}\right)^* = \begin{pmatrix} -\sigma & r - x_3^{\text{basic}} & bx_2^{\text{basic}} \\ \sigma & -1 & bx_1^{\text{basic}} \\ 0 & -x_1^{\text{basic}} & -b \end{pmatrix} \tag{6.40}$$

把式(6.40)代入式(6.20)，我们便得到 Lorenz 伴随模式：

$$\begin{cases} -\dfrac{\mathrm{d}\hat{x}_1}{\mathrm{d}t} = -\sigma\hat{x}_1 - (r - x_3^{\text{basic}})\hat{x}_2 + bx_2^{\text{basic}}\hat{x}_3 \\ -\dfrac{\mathrm{d}\hat{x}_2}{\mathrm{d}t} = \sigma\hat{x}_1 - \hat{x}_2 + bx_1^{\text{basic}}\hat{x}_3 \\ -\dfrac{\mathrm{d}\hat{x}_3}{\mathrm{d}t} = -x_1^{\text{basic}}\hat{x}_2 - b\hat{x}_3 \end{cases} \tag{6.41}$$

其中，$\hat{x}_1$、$\hat{x}_2$ 和 $\hat{x}_3$ 是 Lorenz 伴随模式的伴随变量，或简称 Lorenz 伴随变量。

在上面的示例中，伴随模式方程的解析形式是通过简单地转换 Lorenz 模式的 Jacobi 矩阵获得的。而矩阵(6.39a)又是非线性模式解析方程中的所有项进行简单微分而轻松获得的。这种推导伴随模式解析方程的简单方法仅适用于那些由常微分方程组成的非线性或线性模式解析方程。

当模式(6.4)是偏微分方程时，切线模式也是偏微分方程。在这种情况下，伴随模式解析方程的推导变得不像上面所示的 Lorenz 模式那样简单，必须借助拉格朗日方法，即遵循 6.6 节中所述的步骤，才能得出给定偏微分方程组的伴随解析方程。我们将以线性和非线性浅水波模式为第二和第三个示例，详细说明如何将 6.6 节中介绍的获得拉格朗日乘子(即伴随)预报方程的分部积分方法应用于某个特定模式的一般推导过程。

二维线性浅水波模式由以下三个方程组成：

$$\begin{cases}\dfrac{\partial u}{\partial t}=-\dfrac{\partial \Phi}{\partial x}+\beta yv\\ \dfrac{\partial v}{\partial t}=-\dfrac{\partial \Phi}{\partial y}-\beta yu\\ \dfrac{\partial \Phi}{\partial t}=-gh_{\mathrm{e}}\left(\dfrac{\partial u}{\partial x}+\dfrac{\partial v}{\partial y}\right)\end{cases} \tag{6.42}$$

其中，u 和 v 分别是纬向和经向风分量，Φ 是位势高度，g 是重力常数，h_{e} 是浅水波模式的平均深度，β 是科里奥利参数(f=2Ωsinφ)对纬度 φ 的导数，Ω 是地球的自转率，x 和 y 分别代表局地笛卡儿(Cartesius)坐标(Cartesian coordinates)中局部向东和向北两个方向。该模式可以描述各种赤道波模态的水平结构(Holton，2003)。

由于式(6.42)是线性模式，因此切线微分方程组与原模式方程组相同。我们可以将切线模式方程组写成以下向量形式：

$$\underbrace{\begin{pmatrix}\dfrac{\partial u'}{\partial t}\\ \dfrac{\partial v'}{\partial t}\\ \dfrac{\partial \Phi'}{\partial t}\end{pmatrix}}_{\frac{\partial \boldsymbol{x}'}{\partial t}}=\underbrace{\begin{pmatrix}0 & \beta y & -\dfrac{\partial}{\partial x}\\ -\beta y & 0 & -\dfrac{\partial}{\partial y}\\ -gh_{\mathrm{e}}\dfrac{\partial}{\partial x} & -gh_{\mathrm{e}}\dfrac{\partial}{\partial y} & 0\end{pmatrix}}_{\frac{\partial \boldsymbol{f}(\boldsymbol{x})}{\partial \boldsymbol{x}}}\underbrace{\begin{pmatrix}u'\\ v'\\ \Phi'\end{pmatrix}}_{\boldsymbol{x}'} \tag{6.43}$$

为了导出 L_2-范数空间中的线性浅水波模式(6.42)的伴随模式微分方程，我们构造以下拉格朗日函数：

$$\begin{aligned}L&=\int_{t_0}^{t_L}\int_{x_a}^{x_b}\int_{y_a}^{y_b}\left(\hat{\boldsymbol{x}},\frac{\partial \boldsymbol{x}}{\partial t}-\boldsymbol{f}(\boldsymbol{x})\right)\mathrm{d}y\mathrm{d}x\mathrm{d}t\\ &=\int_{t_0}^{t_L}\int_{x_a}^{x_b}\int_{y_a}^{y_b}\left(\hat{u}\left(\frac{\partial u}{\partial t}+\frac{\partial \Phi}{\partial x}-\beta yv\right)+\hat{v}\left(\frac{\partial v}{\partial t}+\frac{\partial \Phi}{\partial y}+\beta yu\right)+\hat{\Phi}\left(\frac{\partial \Phi}{\partial t}+gh_{\mathrm{e}}\left(\frac{\partial u}{\partial x}+\frac{\partial v}{\partial y}\right)\right)\right)\mathrm{d}y\mathrm{d}x\mathrm{d}t\end{aligned} \tag{6.44}$$

式(6.44)中的积分定义在模式变量发生变化的、由坐标(t, x, y)所定义的时空中。式(6.44)省略了代价函数项，因为它不影响伴随模式方程的推导。方程 $\dfrac{\partial L}{\partial \boldsymbol{x}}=0$ 是 L_2-范数空间中的伴随模式微分方程(参见 7.6 节)。但是，$\dfrac{\partial L}{\partial \boldsymbol{x}}$ 包括诸如以下这样的积分项：

$$\frac{\partial}{\partial \Phi}\int_{t_0}^{t_L}\int_{x_a}^{x_b}\int_{y_a}^{y_b}\hat{u}\frac{\partial \Phi}{\partial x}\mathrm{d}y\mathrm{d}x\mathrm{d}t=\int_{t_0}^{t_L}\int_{x_a}^{x_b}\int_{y_a}^{y_b}\frac{\partial}{\partial \Phi}\left(\hat{u}\frac{\partial \Phi}{\partial x}\right)\mathrm{d}y\mathrm{d}x\mathrm{d}t \tag{6.45}$$

为了得到式(6.45)中的 $\frac{\partial}{\partial \Phi}\left(\hat{u}\frac{\partial \Phi}{\partial x}\right)$，我们进行一次分部积分：

$$\begin{aligned}\int_{t_0}^{t_L}\int_{x_a}^{x_b}\int_{y_a}^{y_b}\hat{u}\frac{\partial \Phi}{\partial x}\mathrm{d}y\mathrm{d}x\mathrm{d}t&=\int_{t_0}^{t_L}\int_{x_a}^{x_b}\int_{y_a}^{y_b}\left(\frac{\partial \hat{u}\Phi}{\partial x}-\Phi\frac{\partial \hat{u}}{\partial x}\right)\mathrm{d}y\mathrm{d}x\mathrm{d}t\\&=-\int_{t_0}^{t_L}\int_{x_a}^{x_b}\int_{y_a}^{y_b}\Phi\frac{\partial \hat{u}}{\partial x}\mathrm{d}y\mathrm{d}x\mathrm{d}t+\left(u\hat{u}\big|_{x_b}-u\hat{u}\big|_{x_a}\right)\end{aligned}$$

令 $\hat{u}\big|_{x_a}=\hat{u}\big|_{x_b}=0$，忽略上式中的最后两项，得到

$$\int_{t_0}^{t_L}\int_{x_a}^{x_b}\int_{y_a}^{y_b}\hat{u}\frac{\partial \Phi}{\partial x}\mathrm{d}y\mathrm{d}x\mathrm{d}t=-\int_{t_0}^{t_L}\int_{x_a}^{x_b}\int_{y_a}^{y_b}\Phi\frac{\partial \hat{u}}{\partial x}\mathrm{d}y\mathrm{d}x\mathrm{d}t \tag{6.46}$$

换句话说，通过分部积分，将包含伴随变量($\hat{u}$)与模式变量偏导数($\frac{\partial \Phi}{\partial x}$)乘积 $\hat{u}\frac{\partial \Phi}{\partial x}$ 的积分，转换成了模式变量(Φ)和伴随变量偏导数($\frac{\partial \hat{u}}{\partial x}$)乘积 $\Phi\frac{\partial \hat{u}}{\partial x}$ 的积分。这时，再求关于模式变量的导数就变得简单直接了。例如，

$$\frac{\partial}{\partial \Phi}\left(\Phi\frac{\partial \hat{u}}{\partial x}\right)=\frac{\partial \hat{u}}{\partial x},\qquad \frac{\partial}{\partial u}\left(\Phi\frac{\partial \hat{u}}{\partial x}\right)=0,\qquad \frac{\partial}{\partial v}\left(\Phi\frac{\partial \hat{u}}{\partial x}\right)=0$$

通过对 L 表达式(6.44)中涉及的所有偏导数项进行类似的分部积分，我们得到

$$\begin{aligned}L=&\int_{t_0}^{t_L}\int_{x_a}^{x_b}\int_{y_a}^{y_b}\left(\left(\hat{u}\frac{\partial u}{\partial t}+\hat{v}\beta yu+\hat{\Phi}gh_{\mathrm{e}}\frac{\partial u}{\partial x}\right)+\left(\hat{v}\frac{\partial v}{\partial t}-\hat{u}\beta yv+\hat{\Phi}gh_{\mathrm{e}}\frac{\partial v}{\partial y}\right)\right)\mathrm{d}y\mathrm{d}x\mathrm{d}t\\&+\int_{t_0}^{t_L}\int_{x_a}^{x_b}\int_{y_a}^{y_b}\left(\hat{\Phi}\frac{\partial \Phi}{\partial t}+\hat{u}\frac{\partial \Phi}{\partial x}+\hat{v}\frac{\partial \Phi}{\partial y}\right)\mathrm{d}y\mathrm{d}x\mathrm{d}t\\=&\int_{t_0}^{t_L}\int_{x_a}^{x_b}\int_{y_a}^{y_b}\left(\left(\frac{\partial \hat{u}u}{\partial t}-u\frac{\partial \hat{u}}{\partial t}\right)+\hat{v}\beta yu+gh_{\mathrm{e}}\left(\frac{\partial \hat{\Phi}u}{\partial x}-u\frac{\partial \hat{\Phi}}{\partial x}\right)\right)\mathrm{d}y\mathrm{d}x\mathrm{d}t\\&+\int_{t_0}^{t_L}\int_{x_a}^{x_b}\int_{y_a}^{y_b}\left(\left(\frac{\partial \hat{v}v}{\partial t}-v\frac{\partial \hat{v}}{\partial t}\right)-\hat{u}\beta yv+gh_{\mathrm{e}}\left(\frac{\partial \hat{\Phi}v}{\partial y}-v\frac{\partial \hat{\Phi}}{\partial y}\right)\right)\mathrm{d}y\mathrm{d}x\mathrm{d}t\\&+\int_{t_0}^{t_L}\int_{x_a}^{x_b}\int_{y_a}^{y_b}\left(\left(\frac{\partial \hat{\Phi}\Phi}{\partial t}-\Phi\frac{\partial \hat{\Phi}}{\partial t}\right)+\left(\frac{\partial \hat{u}\Phi}{\partial x}-\Phi\frac{\partial \hat{u}}{\partial x}\right)+\left(\frac{\partial \hat{v}\Phi}{\partial y}-\Phi\frac{\partial \hat{v}}{\partial y}\right)\right)\mathrm{d}y\mathrm{d}x\mathrm{d}t\\=&\int_{t_0}^{t_L}\int_{x_a}^{x_b}\int_{y_a}^{y_b}u\left(-\frac{\partial \hat{u}}{\partial t}+\hat{v}\beta y-gh_{\mathrm{e}}\frac{\partial \hat{\Phi}}{\partial x}\right)\mathrm{d}y\mathrm{d}x\mathrm{d}t\\&+\int_{t_0}^{t_L}\int_{x_a}^{x_b}\int_{y_a}^{y_b}v\left(-\frac{\partial \hat{v}}{\partial t}-\hat{u}\beta y-gh_{\mathrm{e}}\frac{\partial \hat{\Phi}}{\partial y}\right)\mathrm{d}y\mathrm{d}x\mathrm{d}t\\&+\int_{t_0}^{t_L}\int_{x_a}^{x_b}\int_{y_a}^{y_b}\Phi\left(-\frac{\partial \hat{\Phi}}{\partial t}-\frac{\partial \hat{u}}{\partial x}-\frac{\partial \hat{v}}{\partial y}\right)\mathrm{d}y\mathrm{d}x\mathrm{d}t\end{aligned} \tag{6.47}$$

其中，假设伴随变量在积分边界处的值为零，所以式(6.47)中不包含边界项。

一旦拉格朗日函数 L 被表示为模式变量(u, v, Φ)的显函数，即式(6.47)中的最后一个方程式，就很容易求得 L 对 u、v 和 Φ 的导数：

$$\begin{cases} \dfrac{\partial L}{\partial u} = \displaystyle\int_\Omega \left(-\dfrac{\partial \hat{u}}{\partial t} + \hat{v}\beta y - g h_{\mathrm{e}} \dfrac{\partial \hat{\Phi}}{\partial x} \right) \mathrm{d}\Omega \\ \dfrac{\partial L}{\partial v} = \displaystyle\int_\Omega \left(-\dfrac{\partial \hat{v}}{\partial t} - \hat{u}\beta y - g h_{\mathrm{e}} \dfrac{\partial \hat{\Phi}}{\partial y} \right) \mathrm{d}\Omega \\ \dfrac{\partial L}{\partial \Phi} = \displaystyle\int_\Omega \left(-\dfrac{\partial \hat{\Phi}}{\partial t} - \dfrac{\partial \hat{u}}{\partial x} - \dfrac{\partial \hat{v}}{\partial y} \right) \mathrm{d}\Omega \end{cases} \tag{6.48}$$

其中，$\int_{t_0}^{t_L}\int_{x_a}^{x_b}\int_{y_a}^{y_b} \mathrm{d}y\mathrm{d}x\mathrm{d}t = \int_\Omega \mathrm{d}\Omega$。要让式(6.48)中三个等式右边的三个积分对于任意大小的区域 Ω 都等于零，必须要求被积函数为零，即

$$\begin{cases} -\dfrac{\partial \hat{u}}{\partial t} = g h_{\mathrm{e}} \dfrac{\partial \hat{\Phi}}{\partial x} - \hat{v}\beta y \\ -\dfrac{\partial \hat{v}}{\partial t} = g h_{\mathrm{e}} \dfrac{\partial \hat{\Phi}}{\partial y} + \hat{u}\beta y \\ -\dfrac{\partial \hat{\Phi}}{\partial t} = \dfrac{\partial \hat{u}}{\partial x} + \dfrac{\partial \hat{v}}{\partial y} \end{cases} \quad \text{或} \quad -\underbrace{\begin{pmatrix} \dfrac{\partial \hat{u}}{\partial t} \\ \dfrac{\partial \hat{v}}{\partial t} \\ \dfrac{\partial \hat{\Phi}}{\partial t} \end{pmatrix}}_{\frac{\partial \hat{x}}{\partial t}} = \underbrace{\begin{pmatrix} 0 & -\beta y & g h_{\mathrm{e}} \dfrac{\partial}{\partial x} \\ \beta y & 0 & g h_{\mathrm{e}} \dfrac{\partial}{\partial y} \\ \dfrac{\partial}{\partial x} & \dfrac{\partial}{\partial y} & 0 \end{pmatrix}}_{\left(\frac{\partial f(\boldsymbol{x})}{\partial \boldsymbol{x}}\right)^*} \underbrace{\begin{pmatrix} \hat{u} \\ \hat{v} \\ \hat{\Phi} \end{pmatrix}}_{\hat{x}} \tag{6.49}$$

上式就是线性浅水波模式偏微分方程(6.42)的伴随模式方程组。比较伴随模式方程组(6.49)和切线模式方程组(6.43)中的系数矩阵$\left(\dfrac{\partial f(\boldsymbol{x})}{\partial \boldsymbol{x}}\right)^*$和$\dfrac{\partial f}{\partial \boldsymbol{x}}$，它们之间不是简单的矩阵转置关系。这是因为切线模式的系数矩阵$\dfrac{\partial f}{\partial \boldsymbol{x}}$包含一阶偏导数，除了转置，$\left(\dfrac{\partial f(\boldsymbol{x})}{\partial \boldsymbol{x}}\right)^*$中对应$\dfrac{\partial f}{\partial \boldsymbol{x}}$中有一阶偏导数的项的符号相反。

伴随模式还与内积的定义有关。不同的内积将使对应的伴随微分方程略有不同。如果内积定义为

$$\left\langle \boldsymbol{x}_1, \boldsymbol{x}_2 \right\rangle = \int_{t_0}^{t_L}\int_{x_a}^{x_b}\int_{y_a}^{y_b} \left(\Phi_1 \Phi_2 + \Phi_0 \left(u_1 u_2 + v_1 v_2 \right) \right) \mathrm{d}x\mathrm{d}y\mathrm{d}t \tag{6.50}$$

其中，

$$\boldsymbol{x}_1 = \begin{pmatrix} u_1 \\ v_1 \\ \Phi_1 \end{pmatrix}, \qquad \boldsymbol{x}_2 = \begin{pmatrix} u_2 \\ v_2 \\ \Phi_2 \end{pmatrix}$$

Φ_0 是适当的位势高度常数。这时，拉格朗日函数将具有以下形式及其分部积分结果(边界项忽略)：

$$
\begin{aligned}
L(\boldsymbol{x},\boldsymbol{\lambda}) &= \int_{t_0}^{t_L}\int_{x_a}^{x_b}\int_{y_a}^{y_b}\left\langle \hat{\boldsymbol{x}},\frac{\partial \boldsymbol{x}}{\partial t}-\boldsymbol{f}(\boldsymbol{x})\right\rangle \mathrm{d}y\mathrm{d}x\mathrm{d}t \\
&= \int_{t_0}^{t_L}\int_{x_a}^{x_b}\int_{y_a}^{y_b}\left(\Phi_0\hat{u}\left(\frac{\partial u}{\partial t}+\frac{\partial \Phi}{\partial x}-\beta yv\right)+\Phi_0\hat{v}\left(\frac{\partial v}{\partial t}+\frac{\partial \Phi}{\partial y}+\beta yu\right)\right)\mathrm{d}y\mathrm{d}x\mathrm{d}t \\
&\quad +\int_{t_0}^{t_L}\int_{x_a}^{x_b}\int_{y_a}^{y_b}\hat{\Phi}\left(\frac{\partial \Phi}{\partial t}+gh_{\mathrm{e}}\left(\frac{\partial u}{\partial x}+\frac{\partial v}{\partial y}\right)\right)\mathrm{d}y\mathrm{d}x\mathrm{d}t \\
&= \cdots \\
&= \Phi_0\int_{t_0}^{t_L}\int_{x_a}^{x_b}\int_{y_a}^{y_b}\left(\left(-\frac{\partial \hat{u}}{\partial t}+\hat{v}\beta y-\Phi_0^{-1}gh_{\mathrm{e}}\frac{\partial \hat{\Phi}}{\partial x}\right)u+\left(-\frac{\partial \hat{v}}{\partial t}-\hat{u}\beta y-\Phi_0^{-1}gh_{\mathrm{e}}\frac{\partial \hat{\Phi}}{\partial y}\right)v\right)\mathrm{d}y\mathrm{d}x\mathrm{d}t \\
&\quad +\Phi_0\int_{t_0}^{t_L}\int_{x_a}^{x_b}\int_{y_a}^{y_b}\left(\left(-\Phi_0^{-1}\frac{\partial \hat{\Phi}}{\partial t}-\frac{\partial \hat{u}}{\partial x}-\frac{\partial \hat{v}}{\partial y}\right)\Phi\right)\mathrm{d}y\mathrm{d}x\mathrm{d}t
\end{aligned}
\tag{6.51}
$$

令$\partial L/\partial \boldsymbol{x}=0$，得到下面的线性浅水波伴随模式的偏微分方程组：

$$
\begin{cases}
-\dfrac{\partial \hat{u}}{\partial t}=gh_{\mathrm{e}}\Phi_0^{-1}\dfrac{\partial \hat{\Phi}}{\partial x}-\beta y\hat{v} \\
-\dfrac{\partial \hat{v}}{\partial t}=gh_{\mathrm{e}}\Phi_0^{-1}\dfrac{\partial \hat{\Phi}}{\partial y}+\beta y\hat{u} \\
-\dfrac{\partial \hat{\Phi}}{\partial t}=\Phi_0\left(\dfrac{\partial \hat{u}}{\partial x}+\dfrac{\partial \hat{v}}{\partial y}\right)
\end{cases}
\tag{6.52}
$$

这是在式(6.50)的内积定义下得出的伴随模式偏微分方程组，与在 L_2 内积下导出的伴随模式偏微分方程组(6.49)略有不同。

假设 $\hat{\boldsymbol{x}}$ 和 $\hat{\boldsymbol{x}}_{\mathrm{E}}$ 分别表示伴随模式方程组(6.49)和(6.52)的解，那么，它们之间存在以下关系：

$$
\hat{\boldsymbol{x}}_{\mathrm{E}}=\boldsymbol{E}\hat{\boldsymbol{x}} \tag{6.53}
$$

其中，$\boldsymbol{E}$ 是个对角矩阵：

$$
\boldsymbol{E}=\begin{pmatrix}1 & 0 & 0\\ 0 & 1 & 0\\ 0 & 0 & \Phi_0^{-1}\end{pmatrix}
$$

矩阵 $\boldsymbol{E}$ 定义一个 E-范数空间。

实际上，根据内积的不同定义得出的伴随模式之间存在一般关系。在内积定义为

$$
\langle \boldsymbol{x},\boldsymbol{y}\rangle \equiv \boldsymbol{x}^{*}\boldsymbol{W}\boldsymbol{y} \tag{6.54}
$$

的 W-范数空间中的伴随变量 $\hat{\boldsymbol{x}}_{\mathrm{W}}$，与 L_2 内积下的伴随变量 $\hat{\boldsymbol{x}}$ 之间存在一个类似于式(6.53)的关系：

$$
\hat{\boldsymbol{x}}_{\mathrm{W}}=\boldsymbol{W}\hat{\boldsymbol{x}} \tag{6.55}
$$

上面，我们采用 Lorenz 模式(6.37)和二维线性浅水波模式(6.42)，描述了如何导出

切线方程组和伴随微分方程组。Lorenz 模式方程包含非线性项，但不包含偏导数；二维线性浅水波模式方程包含偏导数，但不包含非线性项。下面给出的一维浅水波模式方程组，同时包含非线性和偏导数项。该模式是 Le Dimet 和 Talagrand(1986) 在四维变分(4D-Var) 资料同化中首次引入伴随技术的开篇论文中使用的模式，由两个偏微分方程组成：

$$\begin{cases}\dfrac{\partial \varPhi}{\partial t}+\dfrac{\partial}{\partial x}(\varPhi u)=0\\ \dfrac{\partial u}{\partial t}+\dfrac{\partial}{\partial x}(\varPhi+\dfrac{1}{2}u^2)=0\end{cases} \tag{6.56}$$

对非线性模式方程组(6.56)中所有项直接进行微分，获得以下切线方程：

$$\begin{cases}\dfrac{\partial \varPhi'}{\partial t}+\dfrac{\partial}{\partial x}(u^{\text{basic}}\varPhi')+\dfrac{\partial}{\partial x}(\varPhi^{\text{basic}}u')=0\\ \dfrac{\partial u'}{\partial t}+\dfrac{\partial}{\partial x}(\varPhi'+u^{\text{basic}}u')=0\end{cases} \tag{6.57}$$

对任何两个状态向量：

$$\boldsymbol{x}_1=\begin{pmatrix}u_1(x,t)\\ \varPhi_1(x,t)\end{pmatrix},\qquad \boldsymbol{x}_2=\begin{pmatrix}u_2(x,t)\\ \varPhi_2(x,t)\end{pmatrix} \tag{6.58}$$

定义它们的内积为

$$\langle \boldsymbol{x}_1,\boldsymbol{x}_2\rangle=\int_{x_a}^{x_b}(\varPhi_1\varPhi_2+\varPhi_0u_1u_2)\mathrm{d}x \tag{6.59}$$

伴随模式的解析方程为

$$\begin{cases}-\dfrac{\partial \hat{\varPhi}}{\partial t}=u^{\text{basic}}\dfrac{\partial \hat{\varPhi}}{\partial x}+\varPhi_0\dfrac{\partial \hat{u}}{\partial x}\\ -\dfrac{\partial \hat{u}}{\partial t}=\dfrac{\varPhi^{\text{basic}}}{\varPhi_0}\dfrac{\partial \hat{\varPhi}}{\partial x}+u^{\text{basic}}\dfrac{\partial \hat{u}}{\partial x}\end{cases} \tag{6.60}$$

方程(6.60)的推导留给读者。

一旦有了切线模式和伴随模式的解析方程组，通过离散化，就可以得到求解这些方程解的数值模式。进行前向时间积分，可以获得初始时刻 t_0 时任何给定初始条件 $\boldsymbol{x}_0'$ 的切线模式的数值解。进行后向时间积分，获得时刻 t_L 时任何给定初始条件 $\hat{\boldsymbol{x}}|_{t=t_L}$ 的伴随模式数值解。注意，无论原模式是线性的还是非线性的，切线模式和伴随模式都由一组线性常微分方程或偏微分方程组成。但是，对于非线性模式，切线微分方程和伴随微分方程中的变量系数依赖于非线性模式状态 $\boldsymbol{x}^{\text{basic}}$，这些系数值或者可以在非线性模式积分中储存起来，或者需要在切线模式和伴随模式中重复计算部分系数。前者需要内存，后者增加计算时间。

用拉格朗日方法推导伴随模式的微分方程，有时可能过于复杂，尤其是对于包含复杂物理过程参数化方案的数值天气预报模式。因此，6.6 节和 6.7 节中描述的伴随有限差分方法主要适用于相对简单的数值预报模式。对于复杂数值预报模式，最好使用有限差分伴随方法。下一节讨论如何直接从非线性熟知模式的计算程序编写伴随数值模式的计算程序。

6.8　数值伴随模式的计算程序编写

数值天气预报模式是一个计算机程序系统，给定输入条件(如初始条件)，产生输出(如中、短期天气预报)，因此可以用式(6.8)来表示。由于非线性模式由一系列数学计算组成，我们可以进一步把式(6.8)写成如下形式：

$$\boldsymbol{x}(t_L)=M(t_L,t_0)(\boldsymbol{x}_0)=M_L\left(M_{L-1}\cdots\left(M_1(\boldsymbol{x}_0)\right)\right) \tag{6.61}$$

其中，$M_l(l=1, 2, \cdots, L)$可以是简单的算术运算、矩阵与向量相乘、子程序或若干个不同运算的组合。譬如，向量 $\boldsymbol{x}_{l-1}=M_{l-1}(M_{l-2}\cdots(M_1(\boldsymbol{x}_0)))$是模式中间变量，它依赖于模式初始条件 $\boldsymbol{x}_0$，是 $M_{l-1}(M_{l-2}\cdots(M_1))$的输出变量，也是 M_l的输入变量。

切线模式的计算程序可以直接从对应非线性模式的计算程序获得，只需把非线性模式程序代码逐条线性化。这样做的一个优点是切线模式的离散化数值方案与非线性模式的一致。切线模式中，从初始扰动到产生大气状态扰动的中间输出，为接下来的计算程序提供输入：

$$\boldsymbol{x}'(t_L)=\boldsymbol{M}(t_L,t_0)\boldsymbol{x}'_0\equiv\boldsymbol{M}_{N_L}\boldsymbol{M}_{N_L-1}\cdots\boldsymbol{M}_1\boldsymbol{x}'_0 \tag{6.62}$$

其中，$\boldsymbol{M}_l\ (l=1, 2, \cdots, N_L)$是矩阵，定义为

$$\boldsymbol{M}_l=\left.\frac{\partial M_l(\boldsymbol{x}_{l-1})}{\partial\boldsymbol{x}_{l-1}}\right|_{\boldsymbol{x}_{l-1}^{\text{basic}}}\equiv\boldsymbol{M}_l\left(\boldsymbol{x}_{l-1}^{\text{basic}}\right) \tag{6.63}$$

$\boldsymbol{M}_l$ 运算的输入是 $\boldsymbol{x}'_{l-1}=\boldsymbol{M}_{l-1}\boldsymbol{M}_{l-2}\cdots\boldsymbol{M}_1\boldsymbol{x}'_0$。

切线模式(6.62)中预报扰动变化的计算顺序与非线性模式(6.61)中的计算顺序相同。由于要在每个积分时间部分把 $\boldsymbol{x}_{n-1}^{\text{basic}}$ 输入给切线模式中的 $\boldsymbol{M}_l$，切线模式中计算的实际顺序为

$$\begin{aligned}\boldsymbol{x}'_1&=\boldsymbol{M}_1(\boldsymbol{x}_0^{\text{basic}})\boldsymbol{x}'_0\\ \boldsymbol{x}_1^{\text{basic}}&=M_1(\boldsymbol{x}_0^{\text{basic}})\\ \boldsymbol{x}'_2&=\boldsymbol{M}_2(\boldsymbol{x}_1^{\text{basic}})\boldsymbol{x}'_1\\ \boldsymbol{x}_2^{\text{basic}}&=M_2(\boldsymbol{x}_1^{\text{basic}})\\ &\ \ \vdots\\ \boldsymbol{x}'(t_L)&=\boldsymbol{M}_L(\boldsymbol{x}_{L-1}^{\text{basic}})\boldsymbol{x}'_{L-1}\end{aligned} \tag{6.64}$$

在切线模式的计算程序中，我们不会显式生成和存储矩阵 $\boldsymbol{M}_l(l=1, 2, \cdots, L)$，但能计算出 $\boldsymbol{M}_l$与任意输入向量 $\boldsymbol{x}'_{l-1}$ 的乘积。即使可以构造 $\boldsymbol{M}_l$，通常 $\boldsymbol{M}_l$维数太大，计算机内存也不够存储这些矩阵。

一旦编写完了切线模式的程序代码，就可以直接编写伴随模式的计算机程序代码。根据式(6.23)，伴随模式需要计算矩阵 $\boldsymbol{M}^*$与向量 $\hat{\boldsymbol{x}}(t_L)$ 的乘积，即

$$\hat{\boldsymbol{x}}(t_0)=\boldsymbol{M}^*(t_0,t_L)\hat{\boldsymbol{x}}(t_L)\equiv\boldsymbol{M}_1^*\boldsymbol{M}_2^*\cdots\boldsymbol{M}_{N_L}^*\hat{\boldsymbol{x}}(t_L) \tag{6.65}$$

因此，对应运算 $\boldsymbol{x}'_l=\boldsymbol{M}_l\boldsymbol{x}'_{l-1}$ 的计算代码，可以相应地写出运算 $\hat{\boldsymbol{x}}_{l-1}=\boldsymbol{M}_l^*\hat{\boldsymbol{x}}_l$ 的计算代码。

注意，切线运算矩阵($\boldsymbol{M}_l$)的输出变量($\boldsymbol{x}_l'$)与伴随运算矩阵($\boldsymbol{M}_l^*$)的输入变量($\hat{\boldsymbol{x}}_l$)对应。将所有伴随运算矩阵 $\boldsymbol{M}_l^*$ (l=1, 2, …, L)依次相乘，就是伴随模式的完整运算矩阵。与切线模式相似，我们没有矩阵 $\boldsymbol{M}^*$，但有一套计算机程序代码，用来计算矩阵 $\boldsymbol{M}^*$与任意输入向量 $\hat{\boldsymbol{x}}(t_L)$ 的乘积。

值得注意的是，伴随模式(6.65)中伴随变量的运算顺序与切线模式(6.62)中扰动变量的运算顺序正好相反。因为输入给矩阵 $\boldsymbol{M}_l^*$ 和 $\boldsymbol{M}_l$ 的基本状态 $\boldsymbol{x}_{l-1}^{\text{basic}}$ 相同，所以，在伴随模式中，基本状态和伴随变量的计算顺序相反：基本状态变量的计算顺序与非线性模式一样，而伴随变量的计算顺序与非线性模式变量的计算顺序相反。伴随模式中的计算顺序是这样的：

$$
\begin{aligned}
&\boldsymbol{x}_{L-1}^{\text{basic}} = M_{L-1}\left(\cdots M_2\left(M_1(\boldsymbol{x}_0^{\text{basic}})\right)\right) \\
&\hat{\boldsymbol{x}}_{L-1} = \boldsymbol{M}_L^*(\boldsymbol{x}_{L-1}^{\text{basic}})\hat{\boldsymbol{x}}_L \\
&\boldsymbol{x}_{L-2}^{\text{basic}} = M_{L-2}\left(\cdots M_2\left(M_1(\boldsymbol{x}_0^{\text{basic}})\right)\right) \\
&\hat{\boldsymbol{x}}_{L-2} = \boldsymbol{M}_{L-1}^*(\boldsymbol{x}_{L-2}^{\text{basic}})\hat{\boldsymbol{x}}_{L-1} \\
&\qquad\vdots \\
&\hat{\boldsymbol{x}}_0 = \boldsymbol{M}_1^*(\boldsymbol{x}_0^{\text{basic}})\hat{\boldsymbol{x}}_1
\end{aligned}
\tag{6.66}
$$

根据式(6.66)，矩阵 M_{L-1}、M_{L-2}、…、M_1 中的基本状态的运算部分分别被重复 1 次、2 次、…、L–1 次。如果使用更多的内存，则可以减少基本状态的重复计算。例如，如果在计算 $\boldsymbol{x}_{l-1}^{\text{basic}}$ 时保存了所有的基本状态计算值，则无需再在编写伴随运算矩阵 $\boldsymbol{M}_{L-2}^*$ 中重复计算基本状态。所以，使用更多的内存来避免重新计算基本状态变量，可以减少伴随模式的计算时间。因此，在发展伴随模式时，要在节省计算时间还是减少内存使用量上做出适当选择。通常将每个时间步长的非线性模式的预报保存下来，作为切线模式和伴随模式的输入。通过这种方式，切线模式的计算时间大于非线性模式所需的时间，但略小于非线性模式计算时间的两倍。伴随模式的计算时间是非线性模式的 3～6 倍。

总结一下，使用有限差分伴随方法，我们不需要导出切线模式或伴随模式的偏微分解析方程，也不需要关心非线性模式、切线模式和伴随模式的数值离散方案的一致性问题。对于任何实际的数值预报模式，虽然矩阵 $\boldsymbol{M}$ 和 $\boldsymbol{M}^*$的维数很大，不可能存储完整的矩阵 $\boldsymbol{M}$ 和 $\boldsymbol{M}^*$，但是没关系，我们只需完成以下任务：给切线模式 $\boldsymbol{M}$ 输入初始扰动向量 $\boldsymbol{x}_0'$ 或给伴随模式 $\boldsymbol{M}^*$输入“初始”伴随向量 $\hat{\boldsymbol{x}}(t_L)$，可以获得输出向量 $\boldsymbol{x}'(t_L)=\boldsymbol{M}\boldsymbol{x}_0'$ 或 $\hat{\boldsymbol{x}}_0 = \boldsymbol{M}^*\hat{\boldsymbol{x}}(t_L)$ 的值。

给定一个数值天气预报模式的一系列计算机程序代码，第一件事是识别该模式输入变量(即模式预报的初始条件变量)，以及所有依赖于模式输入变量的中间变量。通过跟踪模式变量，才能识别哪些运算是线性的，哪些运算是非线性，执行正确的求导过程，得到切线模式的计算机程序代码。假如非线性模式包含以下两行代码：

$$
\begin{aligned}
U &= U + U \times V + Z \\
D &= U \times U
\end{aligned}
\tag{6.67}
$$

其中，U 和 V 是非线性模式中这两句程序的输入变量，Z 是一个常数，D 是输出变量。

对应这两句程序的切线模式程序是

$$\begin{aligned} &U = U + \mathrm{UB} \times V + \mathrm{VB} \times U \\ &\mathrm{UB} = \mathrm{UB} + \mathrm{UB} \times \mathrm{VB} + Z \\ &D = 2 \times \mathrm{UB} \times U \\ &\mathrm{DB} = \mathrm{UB} \times \mathrm{UB} \end{aligned} \tag{6.68}$$

其中，U 和 V 是切线模式的输入扰动变量，D 是切线模式的输出扰动变量，UB 和 VB 是基本态，代表线性化后的线性项系数。UB 和 VB 的值与非线性模式(6.68)中 U 和 V 的值相同。注意，我们用了与非线性模式相同的符号来表示切线模式中的扰动变量，通过在非线性模式变量代码后附加一个字母“B”来表示切线模式中的基本态。换句话说，在切线模式中，程序代码 U、V 和 D 代表 U'、V'和 D'，UB、VB 和 DB 代表 U^{basic}、V^{basic} 和 D^{basic}。同样的代码规则也会在后面的示例中使用。

开发切线模式的主要规则是针对非线性模式中包含变量的每一行代码，在切线模式中编写成两行代码：第一行是原非线性模式代码(即 $M(\boldsymbol{x})$)的线性化代码(即求一阶导数后的运算 $\boldsymbol{Mx}'$)，第二行与非线性模式中的代码相同，但要在所有模式变量上添加字母“B”。这样生成的切线模式，自然确保了切线模式中的数值离散化方案与非线性模式的一致。

一旦完成了切线模式计算机程序代码的编写工作，并验证了其正确性后，就可以利用有限差分伴随方法直接编写数值伴随模式的程序代码了。从切线模式的整个计算程序的最后一行，逐行写到切线模式的开头一行，便可得到伴随模式的计算机程序代码。具体来说，可以遵循发展伴随模式的矩阵转置方法来生成伴随模式的计算机程序代码，按照以下三个步骤完成：①将切线模式中的一部分代码转换为系数矩阵(系数矩阵的值仅取决于取常数值的参数和基态)与输入扰动变量的乘积，来表示这段程序的输出扰动向量；②将输入和输出扰动变量交换位置，分别被它们为伴随模式中的输出和输入伴随变量，并将系数矩阵转置；③编写计算机程序代码，完成转置矩阵与输入伴随变量的乘积运算，产生输出伴随变量(Zou 等，1997)。我们用以下示例说明如何实际执行上述矩阵转置方法三步曲，完成伴随模式程序代码的编写工作。

假定切线模式中包含下面一个循环语句：

$$\begin{aligned} &\text{DO 100 } I = 1, N \\ &\quad X(I) = C(I) \times Y(I) + B(I) \times Y(N+I) \\ &\text{100 CONTINUE} \end{aligned} \tag{6.69}$$

其中，$Y(I)$ (I=1, …, 2N)是切线模式的输入扰动变量，$C(I)$ 和 $B(I)$ 是常数(I=1, …, N)，$X(I)$ (I=1, …, N)是切线模式的输出扰动变量。

上面的循环语句等效于以下矩阵运算：

$$\underbrace{\begin{pmatrix} X(1) \\ X(2) \\ \vdots \\ X(N) \end{pmatrix}}_{\boldsymbol{x}} = \underbrace{\begin{pmatrix} C(1) & 0 & \cdots & 0 & B(1) & 0 & \cdots & 0 \\ 0 & C(2) & \cdots & 0 & 0 & B(2) & \cdots & 0 \\ \vdots & \vdots & & \vdots & \vdots & \vdots & & \vdots \\ 0 & 0 & \cdots & C(N) & 0 & 0 & \cdots & B(N) \end{pmatrix}}_{\boldsymbol{M}} \underbrace{\begin{pmatrix} Y(1) \\ Y(2) \\ \vdots \\ Y(2N) \end{pmatrix}}_{\boldsymbol{y}} \tag{6.70a}$$

即

$$\boldsymbol{x} = \boldsymbol{M}\boldsymbol{y} \tag{6.70b}$$

伴随模式中对应切线模式的这部分代码的伴随代码需要完成矩阵转置后的运算：

$$\hat{\boldsymbol{y}} = \boldsymbol{M}^{\mathrm{T}}\hat{\boldsymbol{x}} \tag{6.71a}$$

它的显式表达是

$$\begin{pmatrix} \hat{Y}(1) \\ \hat{Y}(2) \\ \vdots \\ \hat{Y}(N) \\ \hat{Y}(N+1) \\ \hat{Y}(N+2) \\ \vdots \\ \hat{Y}(2N) \end{pmatrix} = \underbrace{\begin{pmatrix} C(1) & 0 & \cdots & 0 \\ 0 & C(2) & \cdots & 0 \\ \vdots & \vdots & & \vdots \\ 0 & 0 & \cdots & C(N) \\ B(1) & 0 & \cdots & 0 \\ 0 & B(2) & \cdots & 0 \\ \vdots & \vdots & & \vdots \\ 0 & 0 & \cdots & B(N) \end{pmatrix}}_{\boldsymbol{M}^{\mathrm{T}}} \begin{pmatrix} \hat{X}(1) \\ \hat{X}(2) \\ \vdots \\ \hat{X}(N) \end{pmatrix} \tag{6.71b}$$

完成式(6.71b)的计算机程序代码如下：

```
      DO 100  I = 1,N
         YA(I) = C(I) × XA(I)
         YA(N + I) = B(I) × XA(I)                 (6.72)
100   CONTINUE
```

其中，XA 和 YA 分别是伴随模式中的输入和输出伴随变量。我们在与切线模式扰动变量代码符号后面加了一个字母“A”，表示对应该扰动变量的伴随变量。换句话说，代码 XA 和 YA 代表对应扰动变量 X 和 Y 的伴随变量 $\hat{X}$ 和 $\hat{Y}$。

把上面的伴随模式程序代码(6.72)与对应的切线模式代码(6.69)进行比较，我们发现以下规律：①切线模式的赋值语句右边的每一项都变成了伴随模式中的一个赋值语句；②输入和输出变量发生了交换；③伴随变量的系数与切线模式变量的系数相同。一旦熟悉了上述过程，就可以直接根据切线模式代码(6.69)写出伴随模式代码(6.72)，并不需要写出系数矩阵及其转置矩阵的具体表达式，即不需要写出式(6.70)和式(6.71)。后面我们称此三规律为伴随模式程序代码编写规则。

伴随模式的代码编写有时会遇到困难。原非线性模型的计算机程序代码可能包含比上面示例中的更为复杂的计算。非线性模式有些部分的输入和输出变量的识别没那么直接，没搞清楚，正确性检验通不过。这时，仍然要借助发展伴随模式的矩阵方法。以递归循环语句为例：

```
      DO 100  I = 2,3
         X(I) = X(I) + C × X(I − 1)              (6.73)
100   CONTINUE
```

其中，$X(I)$ $(I=1, 2, 3)$ 既是这个递归循环运算的输出扰动变量，又是输入扰动变量，C 是一个常数。在以上这个递归循环中，当 $I=2$ 时新计算的扰动变量值 $X(2)$ (即输出)，是同

一循环 I=3 时计算 $X(3)$ 的输入扰动变量。因此，编写递归循环的伴随代码需要求助于发展伴随模式的矩阵转置方法。

递归循环运算(6.73)等效于以下矩阵运算：

$$\begin{pmatrix} X(1) \\ X(2) \\ X(3) \end{pmatrix} = \underbrace{\begin{pmatrix} 1 & 0 & 0 \\ C & 1 & 0 \\ 0 & 0 & 1 \end{pmatrix}}_{\boldsymbol{M}_2} \underbrace{\begin{pmatrix} 1 & 0 & 0 \\ 0 & 1 & 0 \\ 0 & C & 1 \end{pmatrix}}_{\boldsymbol{M}_1} \begin{pmatrix} X(1) \\ X(2) \\ X(3) \end{pmatrix} \tag{6.74}$$

因此，递归循环运算(6.73)等效于两个矩阵相乘。实际上，若 N 是递归循环总数，递归循环等效于完成了 N 个矩阵的乘积。在运算(6.73)中，N=2。

因此，对应式(6.74)的伴随映射为

$$\begin{pmatrix} \hat{X}(1) \\ \hat{X}(2) \\ \hat{X}(3) \end{pmatrix} = \underbrace{\begin{pmatrix} 1 & C & 0 \\ 0 & 0 & 0 \\ 0 & 0 & 1 \end{pmatrix}}_{\boldsymbol{M}_1^{\mathrm{T}}} \underbrace{\begin{pmatrix} 1 & 0 & 0 \\ 0 & 1 & C \\ 0 & 0 & 0 \end{pmatrix}}_{\boldsymbol{M}_2^{\mathrm{T}}} \begin{pmatrix} \hat{X}(1) \\ \hat{X}(2) \\ \hat{X}(3) \end{pmatrix} \tag{6.75}$$

完成上述矩阵运算的计算机程序代码为

$$\begin{aligned} &\text{DO 100 } I = 3,2,-1 \\ &\qquad \text{XA}(I-1) = C \times \text{XA}(I) + \text{XA}(I-1) \\ &\text{100 CONTINUE} \end{aligned} \tag{6.76}$$

因此，将递归循环的索引 I 反向递增，并且把 XA(I–1)加到伴随赋值语句(6.76)右端项中，其他的可以遵循伴随模式程序代码编写规则直接编写递归循环的伴随代码，不需要写出具体表达式(6.74)和表达式(6.75)。

Zou 等(1997)提供了更多有关如何处理原非线性模式中存在冗余计算、变量混合使用、“开关”语句以及有效数字丢失等示例。找到隐藏在非线性模式中的有效数字丢失语句通常具有极大的挑战性。如果在非线性模式中未检测到并且未将其改写，没能消除有效数字丢失事件，则伴随模式的正确性检验将达不到 13 位精度。这个问题在 Grell 积云对流参数化方案(Grell 等，1994；Zou 和 Kuo，1996；Zou 等，1997)和对流轴对称飓风模式(Rotunno 和 Emanuel，1987；Tian 和 Zou，2019b)中都出现过。

最后一个例子介绍如何写出快速傅里叶变换(FFT)的伴随运算。我们以出现在 NCEP 全球中期业务预报谱模式中的快速傅里叶变换为例。快速傅里叶变换的伴随算子不需要将快速傅里叶变换的计算机程序代码从结尾到开头逐条进行伴随程序编写，是快速傅里叶逆变换乘上一个比例因子(Navon 等，1992)。具体来说，把模式变量从网格点转换到谱系数的运算由下述快速傅里叶变换子程序完成：

CALL FFSNFS (BF, WRKFFT(1,1), LEVS, WRKFFT(1, LEVS+1))　　(6.77)

其中，BF 是快速傅里叶变换的输入扰动变量，LEVS 是 NCEP 谱模式中的垂直层总数。上述快速傅里叶变换的伴随算子由快速傅里叶逆变换和逆变换输出的伴随变量与一个比例因子相乘两部分组成，即

$$
\begin{aligned}
&\text{CALL FFANFA}\left(\text{BF}(1,1),\ \text{BF}(1,\ 1),\ \text{WRKFFT},\ \text{LEVS}\right)\\
&\text{DO 100}\ \ K=1,\text{LEVS}\\
&\text{DO 100}\ \ I=1,\text{LONF2}\\
&\quad \text{BF}(I,K)=\text{BF}(I,K)\,/\,\text{RECIP}(I)\\
&\text{100}\ \ \text{CONTINUE}
\end{aligned}
\tag{6.78}
$$

其中，LONF 是经度方向的网格点总数，LONF2 = 2×LONF，RECIP(*I*)的定义是

$$
\text{RECIP}(I+\text{LONF})=\text{RECIP}(I)=\begin{cases}\dfrac{1}{\text{LONF}}, & I=1,2\\[2ex] \dfrac{1}{2\times\text{LONF}}, & I=3,\cdots,\text{LONF}\end{cases}
$$

在 NCEP 全球谱模式中，模式变量是由谱系数组成的，谱系数是复数，谱系数的实部和虚部依次放在实数变量的向量表示中。所以，数组 RECIP(*I*) 的维数是“2×LONF”，而不是“LONF”。换言之，流函数($\boldsymbol{x}_{\psi}$)的谱系数向量的第一和第二个分量 $\boldsymbol{x}_{\psi}(1)$ 和 $\boldsymbol{x}_{\psi}(2)$ 是流函数的纬向平均值的实部和虚部，第三和第四个分量 $\boldsymbol{x}_{\psi}(3)$ 和 $\boldsymbol{x}_{\psi}(4)$ 是波数 1 的实部和虚部，依此类推。其他变量也是如此。根据式(6.77)和式(6.78)定义的运算，我们知道，快速傅里叶逆变换的输出变量除以恒定向量 RECIP(*I*)，便是快速傅里叶变换的伴随算子。

类似地，通过快速傅里叶逆变换，NCEP 全球谱模式把模式变量从谱系数转换回网格空间：

$$
\text{CALL FFANFA}\left(\text{BF}(1,1),\ \text{BF}(1,\ 1),\ \text{WRKFFT},\ \text{LEVS}\right) \tag{6.79}
$$

上述快速傅里叶逆变换子程序(6.79)的伴随算子是快速傅里叶变换，但其输入要与比例因子 RECIP(*I*) 相乘，即

$$
\begin{aligned}
&\text{DO 100}\ \ K=1,\text{LEVS}\\
&\text{DO 100}\ \ I=1,\text{LONF2}\\
&\quad \text{BF}(I,K)=\text{BF}(I,K)\times\text{RECIP}(I)\\
&\text{100}\ \ \text{CONTINUE}\\
&\text{CALL FFSNFS}\ \left(\text{BF},\ \text{WRKFFT}(1,1),\ \text{LEVS},\ \text{WRKFFT}(1,\ \text{LEVS}+1)\right)
\end{aligned}
\tag{6.80}
$$

根据式(6.79)和式(6.80)，我们得出如下结论：快速傅里叶变换是快速傅里叶逆变换的伴随算子，但在调用快速傅里叶变换之前要将输入伴随变量乘以常数向量 RECIP(*I*)。换句话说，除了一个常数因子外，快速傅里叶变换和快速傅里叶逆变换是彼此的伴随算子。

6.9　伴随模式在敏感性和相对敏感性研究中的应用

为了理解和诊断数值天气预报结果，经常会有以下问题：预报失败的可能原因是什么？某个预报量对哪个参数最敏感？如何进一步改进模式初始条件以便做出更精确的预报？哪些变量在哪些区域的误差将导致模式预报误差增长最大？哪种误差结构会随着时间扩大最快？伴随敏感性研究可以对以上这些问题提供部分答案，帮助我们更深入地了解数值天气预报结果。伴随敏感性研究由下述三个主要步骤完成：①定义描述模式预报

某个关注点的响应函数；②使用伴随模式计算响应函数梯度，从而获得响应函数变化的一阶近似值；③利用所得响应函数梯度，研究响应函数对模式输入变量的敏感性和相对敏感性。这里，响应函数的定义(第①步)，决定了具体要对数值天气预报的哪个相关科学问题增进理解。

假设响应函数($R(\boldsymbol{x}_0)$)具有以下形式:

$$R(\boldsymbol{x}_0)=\sum_{l=0}^{L}r_l(\boldsymbol{x}(t_l)) \tag{6.81}$$

其中，$r_l(\boldsymbol{x}(t_l))$代表不同时间模式预报$\boldsymbol{x}(t_l)$ (l=0, 1, ⋯, L)的标量函数，$R(\boldsymbol{x}_0)$是初始条件$\boldsymbol{x}_0(=\boldsymbol{x}(t_0))$的一个标量函数。选择怎样的$r_l(\boldsymbol{x}(t_l))$取决于你对哪个预报量感兴趣，并想要研究预报量对模式初始条件的敏感性。

用伴随模式计算响应函数梯度是敏感性研究的一特点。梯度的严格数学定义如下：首先假定在向量$\boldsymbol{x}_0$所属的向量空间V上定义了一个内积$\left\langle \boldsymbol{x}_0^{(1)},\boldsymbol{x}_0^{(2)}\right\rangle$，其中“⟨ ⟩”表示内积运算，$\boldsymbol{x}_0^{(1)}$和$\boldsymbol{x}_0^{(2)}$是$V$空间中的两个任意向量。$R(\boldsymbol{x}_0)$的梯度$\nabla_{\boldsymbol{x}_0}R$定义为在相同$V$空间中的一个向量，任何初始扰动($\delta\boldsymbol{x}_0$)对响应函数引起的一阶变化($\delta_{\boldsymbol{x}_0}R$)等于内积$\left\langle \nabla_{\boldsymbol{x}_0}R,\delta\boldsymbol{x}_0\right\rangle$，即

$$R(\boldsymbol{x}_0+\delta\boldsymbol{x}_0)-R(\boldsymbol{x}_0)=\left\langle \nabla_{\boldsymbol{x}_0}R,\delta\boldsymbol{x}_0\right\rangle+O\left((\delta\boldsymbol{x}_0)^2\right) \tag{6.82}$$

换句话说，扰动$\delta\boldsymbol{x}_0$引起的$R(\boldsymbol{x}_0)$的一阶变化可以表示为

$$\delta R\equiv\left\langle \nabla_{\boldsymbol{x}_0}R,\delta\boldsymbol{x}_0\right\rangle \tag{6.83}$$

类似地，$r_l(\boldsymbol{x}(t_l))$相对于$\boldsymbol{x}_0$的梯度可以表示为

$$\delta r_l\equiv\left\langle \nabla_{\boldsymbol{x}_0}r_l,\delta\boldsymbol{x}_0\right\rangle \tag{6.84a}$$

对式(6.81)的两边实施梯度运算$\nabla_{\boldsymbol{x}_0}$，我们得到

$$\nabla_{\boldsymbol{x}_0}R(\boldsymbol{x}_0)=\sum_{l=0}^{L}\nabla_{\boldsymbol{x}_0}r_l(\boldsymbol{x}(t_l)) \tag{6.84b}$$

那么，怎么计算$r_l(\boldsymbol{x}(t_l))$相对于$\boldsymbol{x}_0$的梯度$\nabla_{\boldsymbol{x}_0}r_l(x(t_l))$？这里$r_l(\boldsymbol{x}(t_l))$是$\boldsymbol{x}_0$的隐函数，计算梯度$\nabla_{\boldsymbol{x}_0}r_l(\boldsymbol{x}(t_l))$不像计算$r_l(\boldsymbol{x}(t_l))$关于$\boldsymbol{x}(t_l)$的梯度那么简单直接。下面，我们给出用伴随模式计算梯度$\nabla_{\boldsymbol{x}_0}r_l(\boldsymbol{x}(t_l))$的数学表达式的详细推导。

利用泰勒展开，我们有

$$r_l(\boldsymbol{x}^{\mathrm{ptb}}(t_l))=r_l\left(\boldsymbol{x}(t_l)\right)+\left\langle \frac{\partial r_l}{\partial\boldsymbol{x}(t_l)},\delta\boldsymbol{x}(t_l)\right\rangle+O\left(\left\|\delta\boldsymbol{x}(t_l)\right\|^2\right) \tag{6.85}$$

由式(6.85)立即获得因扰动($\delta\boldsymbol{x}_0$)导致的$r_l(\boldsymbol{x}(t_l))$的一阶变化($\delta_{\boldsymbol{x}_0}r=r_l(\boldsymbol{x}^{\mathrm{ptb}}(t_l))-r_l(\boldsymbol{x}(t_l))$)的表达式：

$$\delta r_l=\left\langle \frac{\partial r_l}{\partial\boldsymbol{x}(t_l)},\boldsymbol{M}(t_l,t_0)\delta\boldsymbol{x}_0\right\rangle \tag{6.86}$$

使用线性代数中关于伴随算子的定义式(2.2)，式(6.86)可以表达为

$$\delta r_l = \left\langle \boldsymbol{M}^{\mathrm{T}}(t_l, t_0)\frac{\partial r_l}{\partial \boldsymbol{x}(t_l)}, \delta \boldsymbol{x}_0 \right\rangle \tag{6.87}$$

把上述 $\boldsymbol{\delta r_l}$ 的表达式与梯度定义表达式(6.84)比较，我们得到以下等式：

$$\left\langle \nabla_{\boldsymbol{x}_0} r_l, \delta \boldsymbol{x}_0 \right\rangle \equiv \left\langle \boldsymbol{M}^{\mathrm{T}}(t_l, t_0)\frac{\partial r_l}{\partial \boldsymbol{x}(t_l)}, \delta \boldsymbol{x}_0 \right\rangle, \quad \forall \delta \boldsymbol{x}_0 \tag{6.88}$$

等式(6.88)两边的内积必须对任何 $\delta\boldsymbol{x}_0$ 都成立。根据内积定义(2.2 节)，下述等式成立：

$$\nabla_{\boldsymbol{x}_0} r_l = \boldsymbol{M}^{\mathrm{T}}(t_l, t_0)\frac{\partial r_l}{\partial \boldsymbol{x}(t_l)} \tag{6.89}$$

由于 $r_l(\boldsymbol{x}(t_l))$ 是 $\boldsymbol{x}(t_l)$ 的显函数，因此很容易获得 $\frac{\partial r_l}{\partial \boldsymbol{x}(t_l)}$ 的表达式。积分伴随模式一次就可以得到梯度向量 $\nabla_{\boldsymbol{x}_0} R(\boldsymbol{x}_0)$ 的所有分量(见式(6.84)和式(6.89))。具体步骤如下：从“初始时间” t_L 的“初始条件” $\hat{\boldsymbol{x}}_L = \frac{\partial r_l}{\partial \boldsymbol{x}(t_l)}$ 出发，后向积分伴随模式，获得伴随变量在 t_{L-1} 时刻伴随变量 $\hat{\boldsymbol{x}}_{L-1}$ 的值，把 $\frac{\partial r_{L-1}}{\partial \boldsymbol{x}(t_{L-1})}$ 加到 $\hat{\boldsymbol{x}}_{L-1}$ 上去；继续后向积分，获得伴随变量在 t_{L-2} 时刻的值 $\hat{\boldsymbol{x}}_{L-2}$，把 $\frac{\partial r_{L-2}}{\partial \boldsymbol{x}(t_{L-2})}$ 加到 $\hat{\boldsymbol{x}}_{L-2}$ 上去；依此类推，一直积分到 t_0 时刻，把 $\frac{\partial r_0}{\partial \boldsymbol{x}(t_0)}$ 加到 $\hat{\boldsymbol{x}}_0$ 上去。此时，$\hat{\boldsymbol{x}}_0$ 的值就是响应函数的梯度值：

$$\hat{\boldsymbol{x}}_0 = \nabla_{\boldsymbol{x}_0} R(\boldsymbol{x}_0) \tag{6.90}$$

对于大维数问题，利用伴随模式计算数值天气预报响应函数梯度的计算高效，优势更为明显。我们通常称 $\frac{\partial r_l}{\partial \boldsymbol{x}(t_l)}$ (l=1, 2, …, L)为伴随模式的“强迫项”。

数值天气预报模式中的预报变量 $\boldsymbol{x}_l$ 的维数 N 较大($\gg 10^6$)。在没有伴随模式的情况下，只能通过有限差分方法计算梯度向量中的每个分量。譬如，计算梯度向量的第 n 个分量的近似公式为

$$\left(\nabla_{\boldsymbol{x}_0} R\right)_n = \frac{R(\boldsymbol{x}_0 + \delta_n \boldsymbol{x}_0) - R(\boldsymbol{x}_0)}{\delta x_0^{(n)}} \tag{6.91a}$$

其中，

$$\delta_n x_0^{(m)} = \begin{cases} \delta x_0^{(n)}, & \text{当}\, m = n \\ 0, & \text{当}\, m \neq n \end{cases} \tag{6.91b}$$

因此，如果使用有限差分方法获得梯度向量，必须重复计算式(6.91)定义的运算 N 次，需要对非线性模式进行 N+1 次积分。这比积分一次伴随模式的计算时间(仅是积分一次非线性模式时间的 3～6 倍)高好几个量级。除了计算上的优势外，伴随技术获得的梯度是准确的。而通过有限差分方法获得的是梯度近似值，具体的精度在很大程度上取决于如何选择 $\delta x_0^{(n)}$，它必须足够小，从而可以忽略高阶项的贡献；但又必须足够大，以避免机器舍入误差的影响。

一旦可以计算 $R(\boldsymbol{x}_0)$ 的梯度 $\nabla_{\boldsymbol{x}_0} R(\boldsymbol{x}_0)$，响应函数 $R(\boldsymbol{x}_0)$ 相对于输入向量 $\boldsymbol{x}_0$ 的第 n 个

分量 $\delta x_{0,n}$ 的敏感性定义为

$$R_n^{\text{sens}} = \left\langle \nabla_{\boldsymbol{x}_0} R, \delta \boldsymbol{x}_0^{(n)} \right\rangle \tag{6.92}$$

其中，

$$\delta \boldsymbol{x}_0^{(n)} = \begin{pmatrix} 0 \\ \vdots \\ 0 \\ \delta x_{0,n} \\ 0 \\ \vdots \\ 0 \end{pmatrix}$$

R_n^{sens} 的值是敏感性向量的第 n 个分量：

$$\boldsymbol{R}^{\text{sens}} = \begin{pmatrix} R_1^{\text{sens}} \\ R_2^{\text{sens}} \\ \vdots \\ R_{M\times N}^{\text{sens}} \end{pmatrix} \tag{6.93}$$

通常，响应函数的输入向量 $\boldsymbol{x}_0$ 中包含不同变量，它们有不同的单位和数量级(例如，温度与比湿)。为了能够对响应函数所有输入变量的敏感性(即 R_n^{sens} ,$n = 1, 2, \cdots, M\times N$)进行比较， Cacuci(1981)引进了相对敏感性概念。响应函数 $R(\boldsymbol{x}_0)$ 相对于输入向量 $\boldsymbol{x}_0$ 的相对敏感性定义为

$$\boldsymbol{s} = \begin{pmatrix} s_1 \\ s_2 \\ \vdots \\ s_{M\times N} \end{pmatrix} \qquad \text{其中，} \quad s_n = \frac{\dfrac{R_n^{\text{sens}}}{R}}{\dfrac{\delta x_n}{x_n}} = \frac{\hat{x}_{0,n} x_{0,n}}{R} \tag{6.94}$$

响应函数的相对敏感性是把伴随变量 $\hat{\boldsymbol{x}}_0$ 和响应函数输入向量 $\boldsymbol{x}_0$ 的对应分量相乘，再除以响应函数所得到的向量。相对敏感性向量 $\boldsymbol{s}$ 中的所有分量都是无量纲的。

Zou 等(1993a)描述了利用伴随模式进行相对敏感性研究的一个应用示例。利用两层等熵斜压模式及其伴随模式，计算了阻塞高压指数对四个模式参数(即山高 h_0、两模式层界面的坡度参数 π_β、地表拖曳系数 τ_{drag} 和牛顿阻尼系数 τ_{diab})的相对敏感性，据此讨论了山地强迫、高层纬向气流、地表阻力和牛顿阻尼对阻塞高压的形成及其时间演变的相对重要性。

6.10　结　束　语

伴随模式是数值天气预报模式的伴侣模式，是了解数值天气预报结果对输入变量的相对敏感性的有用工具。第 8 章中将讲到的四维变分(4D-Var)资料同化方法也需要利用伴随模式计算代价函数的梯度。本章仅涵盖伴随模式的解析方程推导和计算机程序代码

编写。数值天气预报伴随模式在气象学中的首次应用是在四维变分资料同化中提出来的（Le Dimet 和 Talagrand,1986），它使在当前计算机上进行四维变分资料同化研究和业务应用成为可能。随后，还发现了切线模式和伴随模式在大气科学研究中的许多其他应用，例如敏感性分析、目标观测、集合预报样本和大气不稳定性研究。本章提供的两个伴随定义不涉及对时间 t_L 的“初始条件”的任何特定要求，也没有强制在伴随模式的后向积分过程中添加什么强迫项。不同的应用决定不同的伴随“初始条件” $\hat{\boldsymbol{x}}_0(t_L)$ 和强迫项，从而得到特定的伴随模式积分结果 $\hat{\boldsymbol{x}}_0$。四维变分资料同化中伴随模式积分的“初始条件”将在第 8 章进行讨论。伴随模式在其他研究领域中的应用超出了本书的范围。

第 7 章　微波温度计探测资料

7.1 引　　言

来自地球大气和地球表面的电磁辐射包含了能量以及很多其他大气信息。地球和大气的热辐射发生在所有长波频率上。气象卫星在太空轨道上运行，它们携带各种设计巧妙的辐射遥感仪器来采集丰富的观测资料。根据这些资料，可以推断出很多大气变量(如温度、水汽、云覆盖、降水、地表参数等)的全球分布情况。在广阔的海洋上空和高地形处，常规探空和地面站观测资料欠缺，卫星观测尤为重要。搭载在极轨环境卫星(POES)上的微波温度计在 60 GHz 附近所观测到的辐射，主要由仪器观测视场内的大气中的氧气含量和温度决定。通道的中心频率和带宽决定了该通道观测的大气垂直层。通过合理选择不同中心频率，微波温度计的不同通道可以观测到观测视场内不同高度层的大气辐射。由于氧气充分混合于大气中，这些频率的辐射观测值主要由不同高度层内的大气温度决定。正是因为这个原因，通过数学反演方法(如线性回归和资料同化)，可以从极轨环境卫星微波温度计探测资料得到不同高度大气温度的全球分布情况。

微波温度计探测资料是最早被直接同化到全球中期天气预报模式的三维/四维变分同化系统中的卫星资料之一。众所周知，自 20 世纪的最后十年以来，微波温度计探测资料同化对提高数值天气预报水平具有重大贡献(Eyre 等, 1993; Andersson 等, 1994; Derber 和 Wu, 1998; Simmons 和 Hollingsworth, 2002)。本章选择性地介绍与卫星微波温度计探测资料同化相关的一些基础知识。7.2 节和 7.3 节分别介绍携带微波温度计的极轨环境卫星计划和轨道特点。7.4 节简要陈述关于辐射吸收和发射的一些基础知识。7.5 节给出微波温度计探测资料的两点定标方程以及衡量观测误差大小的噪声等效温差(noise equivalent differential temperature, NEDT)。7.6 节引入辐射吸收和发射的权重函数概念和它们在辐射计算中的作用。7.7 节介绍用来模拟卫星资料的快速辐射传输模式。7.8 节描述不同微波温度计的通道特点、扫描方式、视场、权重函数，包括 MSU(microwave sounding unit)、AMSU-A(advanced microwave sounding unit-A)、ATMS(advanced technology microwave sounder)。7.9 节讨论 ATMS 资料条带噪声特点和去除这种噪声的有效方法。7.10 节介绍搭载在中国风云三号(FY-3)极轨气象卫星系列上的微波温度计 MWTS(microwave temperature sounder)，并讨论 MWTS 与 AMSU-A 的差异。7.11 节讨论亮温的相对敏感性，并以 AMSU-A 探测通道 6 为例，讨论在高地形情况下，对流层中层通道对大气温度、地表温度、草地和冰面的地表发射率的相对敏感性。

7.2　携带微波温度计的极轨环境卫星计划

最早的极轨环境卫星微波温度计是 MSU。从 1978 年开始，美国国家海洋和大气管理局(NOAA)发射了搭载 MSU 的极轨卫星 NOAA-6、7、8、9、10、11、12、14。 MSU 共有四个微波通道，提供对流层和平流层下层的全球辐射观测资料。这四个微波通道的中心频率是 50.30、53.74、54.96、57.97 GHz，依次称为通道 1、2、3、4。1998 年 NOAA-15 发射时，MSU 已退役，并由新的微波温度计 AMSU-A 取代。为了保持微波温度计探测资料的时间连续性，AMSU-A 保留了 MSU 的四个通道，对应 AMSU-A 通道 3、5、7、9，另外增加了八个探测通道(通道 4、6、8、10～14)和三个窗区通道(通道 1、2、15)。探测通道 3～14 提供从地面到约 2 hPa 高度的全球大气温度观测信息，三个窗区通道提供有关云水、水汽、降水率、海冰、雪盖等信息的观测资料。通道 1 和 2 的中心频率分别是 23.8 GHz 和 31.4 GHz，是 AMSU-A 的两个最低频率通道，它们对 AMSU-A 资料同化中的云检测起到关键作用。此后，美国发射的 NOAA-16、17、18、19 和欧洲气象卫星开发组织(EUMETSAT)发射的 MetOp-A、B、C 上都搭载有 AMSU-A。

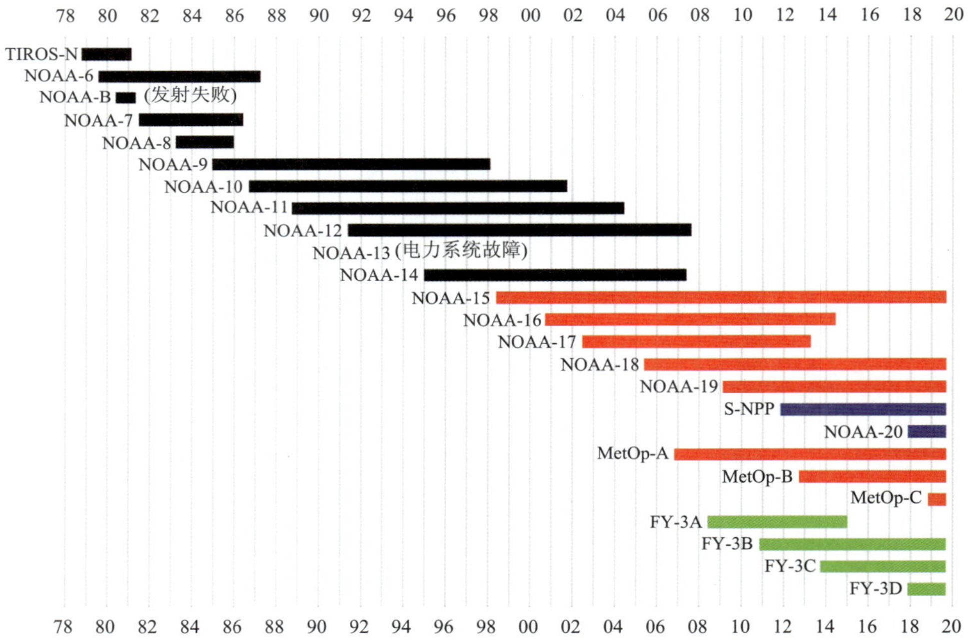

图 7.1　NOAA、EUMETSAT、中国气象局(CMA)极轨气象业务卫星的运行时间

携带的微波温度计：MSU(黑色)、AMSU-A(红色)、ATM(蓝色)、MWT(绿色)

美国于 2011 年 10 月 28 日和 2017 年 11 月 18 日分别发射了极轨卫星 S-NPP(Suomi National Polar-orbiting Partnership)和 NOAA-20，搭载在这两颗卫星上的先进技术微波探测仪 ATMS 取代了 AMSU-A。为了继续保持微波温度计探测资料的连续性，ATMS 保留了所有 AMSU-A 探测通道，对应 ATMS 通道 1～3、5～16，并且增加了一个对流层底层 950 hPa 附近的新探测通道(即 ATMS 通道 4)。ATMS 将继续搭载在美国计划发射的 NOAA-21、22、23 上。美国和欧洲不同气象业务极轨卫星的运行时间如图 7.1 所示，表 7.1 列出了具体发射和退役时间。不难发现，两个相继发射的气象业务极轨卫星都有一段重合时间。这不仅保证了数值天气业务预报中卫星资料的无缝可用性和连续性，对卫星资料的气候应用也很重要。两颗或两颗以上卫星有重合观测时间段这个事实，也为卫星资料的交叉定标(Zou 等, 2009)和构建再分析资料(Uppala 等, 2005)提供了方便。

表 7.1　NOAA、EUMETSAT 和 CMA 极轨气象业务卫星的运行时间

卫星	发射时间	退役时间
TIROS-N	1978 年 10 月 13 日	1981 年 2 月 27 日
NOAA-6	1979 年 6 月 27 日	1987 年 3 月 31 日
NOAA-B	1980 年 5 月 29 日	1981 年 5 月 3 日
NOAA-7	1981 年 6 月 23 日	1986 年 6 月 7 日
NOAA-8	1983 年 3 月 28 日	1985 年 12 月 29 日
NOAA-9	1984 年 12 月 12 日	1998 年 2 月 13 日
NOAA-10	1986 年 9 月 17 日	2001 年 8 月 30 日
NOAA-11	1988 年 9 月 24 日	2004 年 6 月 16 日
NOAA-12	1991 年 5 月 14 日	2007 年 8 月 10 日
NOAA-13	1993 年 8 月 9 日	1993 年 8 月 21 日
NOAA-14	1994 年 12 月 30 日	2007 年 5 月 23 日
NOAA-15	1998 年 5 月 13 日	—
NOAA-16	2000 年 9 月 21 日	2014 年 6 月 9 日
NOAA-17	2002 年 6 月 24 日	2013 年 4 月 10 日
NOAA-18	2005 年 5 月 20 日	—
NOAA-19	2009 年 2 月 6 日	—
S-NPP	2011 年 10 月 28 日	—
NOAA-20	2017 年 11 月 18 日	—
METOP-A	2006 年 10 月 19 日	—
METOP-B	2012 年 9 月 17 日	—
METOP-C	2018 年 11 月 7 日	—
FY-3A	2008 年 5 月 27 日	2015 年 1 月 5 日
FY-3B	2010 年 11 月 4 日	—
FY-3C	2013 年 9 月 23 日	—
FY-3D	2017 年 11 月 14 日	—

7.3　极轨卫星轨道特点

每颗极轨卫星环绕地球运转，它的运动速度(v)必须使卫星运转的离心力与卫星受到的重力相平衡：

$$\frac{m_{\mathrm{SAT}} v^2}{R} = \frac{G m_{\mathrm{Earth}} m_{\mathrm{SAT}}}{R^2} \tag{7.1}$$

其中，m_{SAT} 是卫星质量，h_{SAT} 是卫星轨道离地球表面的高度，R 是卫星轨道半径($R \approx R_{\mathrm{Earth}}+h_{\mathrm{SAT}}$，$R_{\mathrm{Earth}} \approx 6378$ km 是地球半径)，m_{Earth} 是地球质量($m_{\mathrm{Earth}}=5.972\times10^{24}$ kg)，G 是万有引力常数($G=6.673\times10^{-11}$ N·m^2·kg^{-2})。根据式(7.1)，我们得到卫星切向运动速度(v)和卫星轨道周期(P)的表达式：

$$v = \sqrt{\frac{G m_{\mathrm{Earth}}}{R}} \tag{7.2}$$

$$P = \frac{2\pi R}{v} = 2\pi R \sqrt{\frac{R}{G m_{\mathrm{Earth}}}} \tag{7.3}$$

NOAA-18 卫星在离地面大约 854 km 的高度运转。根据式(7.2)和式(7.3)，我们可以计算出 NOAA-18 的运行速度和轨道周期分别是 $v=7.42\times10^3$ m·s^{-1}，$P \approx 102$ min。此外，轨道越高，卫星运转速度越慢，完成绕地球一周的时间越长。

赤道平面与卫星升轨方向的轨道平面之间的夹角称为卫星倾角(inclination angle)，是描述极轨卫星特点的一个重要参数。一颗极轨卫星的轨道所能到达的最高纬度是由卫星倾角决定的。例如，NOAA-18 的倾角是 98.5°，即从赤道平面逆时针旋转到卫星轨道平面的角度是 98.5°。这样一个大于 90°的倾角使整个极地地区都被卫星覆盖。事实上，每个轨道的 AMSU-A 刈幅(swath)都覆盖极区。因此，AMSU-A 在高纬度的观测时次比低纬度频繁得多。如果倾角小于 90°，卫星轨道就到不了极区。事实上，所有极轨气象业务卫星的倾角都大于 90°(表 7.1)，其极地和高纬度地区有丰富的微波温度计探测资料。

一颗极轨卫星的所有轨道平面相对于太阳的几何位置保持不变。因此，极轨卫星也经常被称为太阳同步卫星。这一点从图 7.2 中可以看出。图 7.2 用不同颜色表示了 2016 年 1 月 19 日 S-NPP ATMS 不同刈幅在地球上的分布。随着 S-NPP 的运行，搭载在 S-NPP 上的跨轨扫描仪 ATMS 从东扫描到西，得到刈幅上的地球大气微波辐射观测资料。虽然每个轨道资料刈幅相对于太阳的几何位置是不变的，但随着地球自西向东的自转，下一个 S-NPP 轨道的 ATMS 刈幅覆盖的地球区域并不与前一个资料刈幅重合，而是在前一个资料刈幅的西边。例如，图中黄色区展示了第二个轨道的刈幅，粉红色区展示了第三个轨道刈幅。卫星轨道分升轨和降轨两种。升(降)轨节点定义为卫星经过赤道时是从南(北)向北(南)运行的。所以，一颗极轨卫星环绕地球转一圈产生一个升轨和一个降轨的 ATMS 刈幅，这两个刈幅的经度相差大约 180°。完成这样一个完整轨道的观测时间约 101 min。2016 年 1 月 19 日，从世界时 1018 UTC 到 2219 UTC(图 7.2)这 12 h 的时间内，共有 7 个升轨和 7 个降轨资料刈幅，即 14 个从一个极地到另一个极地的资料刈幅，覆盖整个地球。因此，搭载在一颗极轨卫星上的微波温度计，除了赤道低纬度刈幅之间有一些间隙外，在地球的其他纬度没有间隙。一颗极轨卫星上的微波温度计在大约相同地方时、为同一个地区提供至少一天两次的观测资料。由于邻近刈幅有重叠，高纬度的微波温度计探测资料一天多于两次。

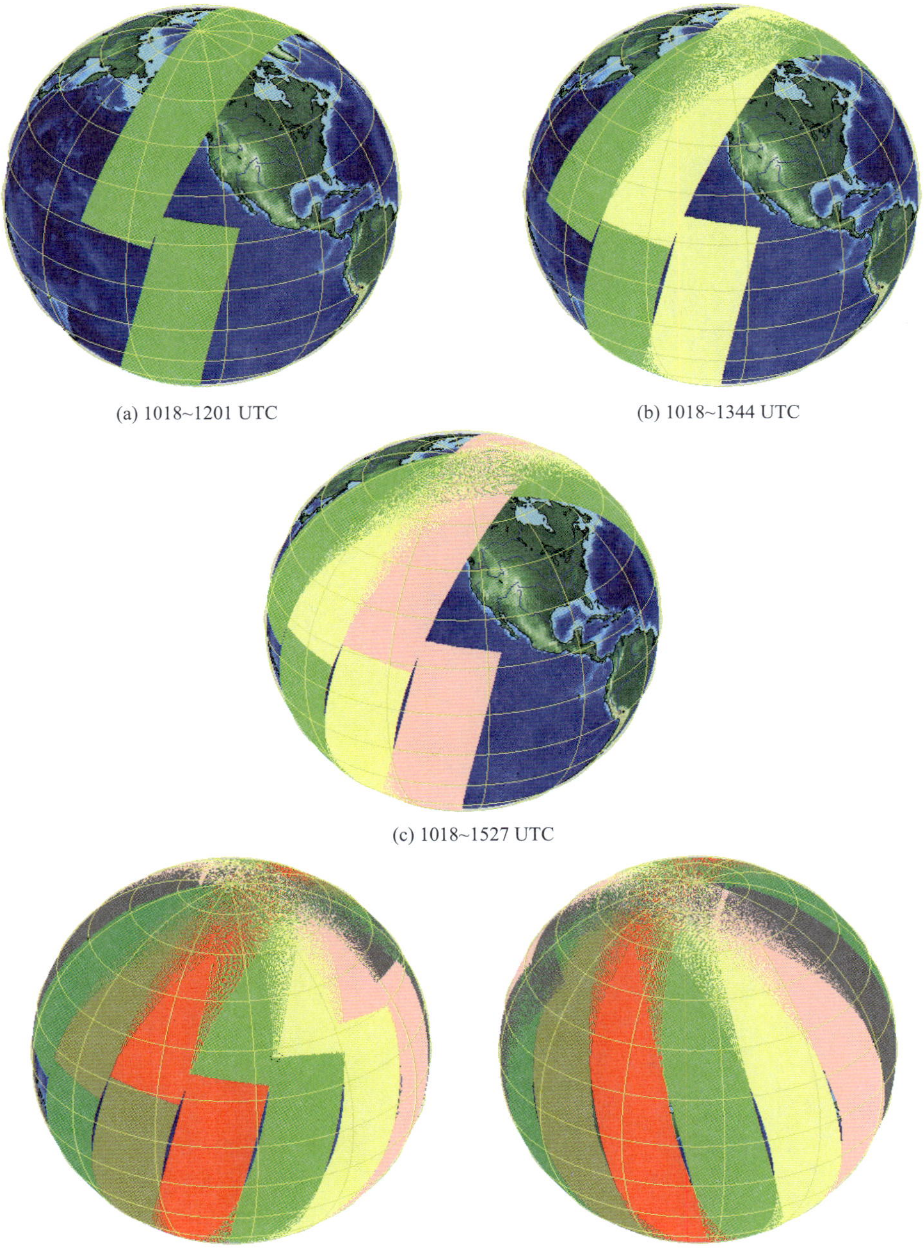

(a) 1018~1201 UTC　(b) 1018~1344 UTC

(c) 1018~1527 UTC

(d) 1018~2219 UTC　(e) 1018~2219 UTC

图 7.2　2016 年 1 月 19 日 S-NPP 极轨卫星由于地球自转产生的 ATMS 刈幅随时间的分布

(a) 第一个刈幅，(b) 第二个刈幅，(c) 第三个刈幅，(d) 连续七个刈幅，(e) 将 (d) 经度旋转 180°

每颗太阳同步极轨卫星经过赤道的地方时(LT)相同。我们称这个时间为过赤道局地时间——LECT。极轨气象卫星 NOAA-6、8、10、12、15 是晨昏轨道卫星，升降轨的 LECT 大约在 0530 LT 和 0730 LT。NOAA-17 以及 MetOp-A、B、C 是上午星，LECT 在 1000 LT 和 2200 LT 左右。极轨卫星 TIROS-N, NOAA-7、9、11、14、16、18、19，NOAA-20，以及 S-NPP 是下午星，LECT 在 0200 LT 和 1400 LT 左右。如果有三个不同 LECT 的晨昏、上午和下午星同时运行，并都携带微波温度计，那么，全球就有一天 6 次的微波温度观测资料。自 1998 年，NOAA-15 已经运行了 20 多年，远远超过了它的预期寿命。除了通道 11 和 14，NOAA-15 AMSU-A 其他 13 个通道仍然具有优良性能。然而，由于轨道飘移，NOAA-15、18 的 LECT 发生了变化，这两颗卫星发射时的 LECT 是 1930 LT 和 1330 LT，到 2019 年 1 月 1 日，分别变为 1849 LT 和 2018 LT。以 2019 年为例，欧、美有三个上午星(MetOp-A、B、C)，三个下午星(NOAA-19、S-NPP、NOAA-20)，两个“晨昏”轨道卫星(NOAA-15、18)。在理想情况下，这八颗极轨气象业务卫星每天可以提供 12 次 AMSU-A 和 4 次 ATMS 全球观测资料。

图 7.3 展示 2012 年 10 月 24 日 NOAA-18 和 MetOp-A AMSU-A 刈幅在三维和二维空间上的分布情况。NOAA-18 的升轨 LECT 是 1400 LT，如前所述，NOAA-18 的倾角是 98.5°。MetOp-A 卫星高度大约是 817 km，倾角是 98.7°，升轨 LECT 是 0930 LT。NOAA-18 和 MetOp-A 分别提供一天两次的全球 AMSU-A 微波温度计探测资料。NOAA-18 和 MetOp-A 的升轨时间相差大约 4.5 h，降轨时间相差大约 7.5 h。西半球上，前半天有 NOAA-18 升轨和 MetOp-A 降轨资料覆盖；后半天有 NOAA-18 降轨和 MetOp-A 升轨资料覆盖。东半球上，前半天有 NOAA-18 降轨和 MetOp-A 升轨资料覆盖；后半天有 NOAA-18 升轨和 MetOp-A 降轨资料覆盖。

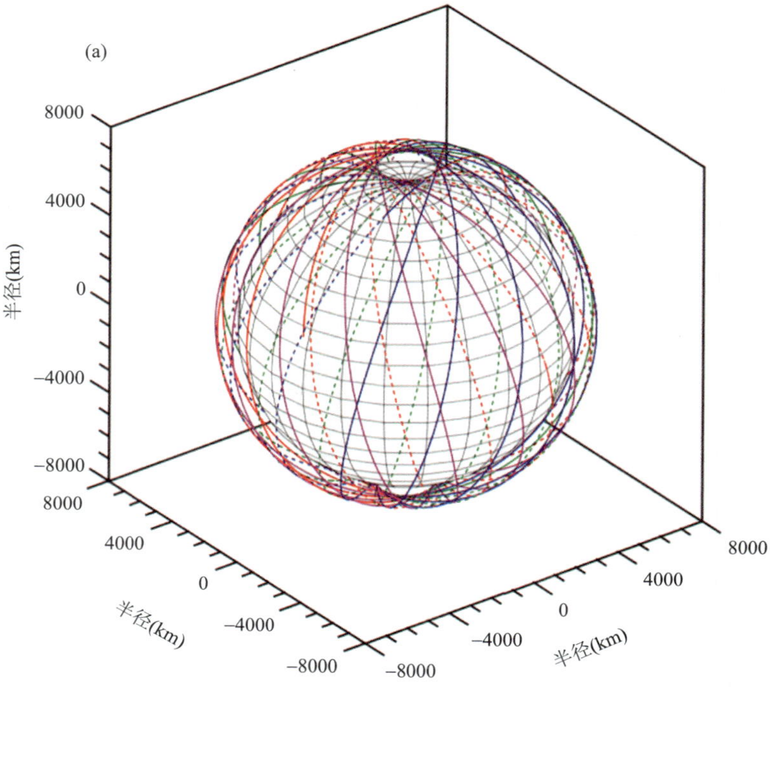

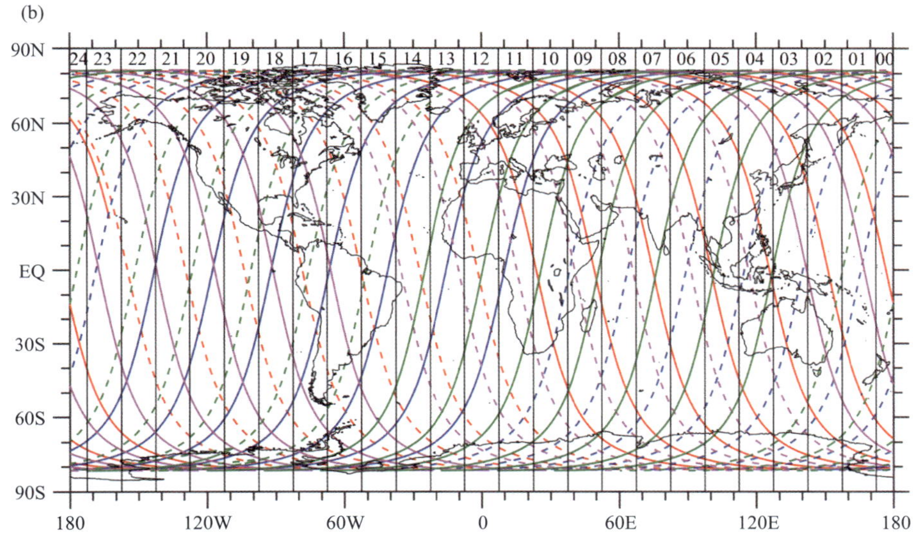

图 7.3　2012 年 10 月 24 日前半天(实线)和后半天(虚线)时间段内 NOAA-18 升(红色)降(蓝色)轨以及 MetOp-A 升(紫色)降(绿色)轨星下点位置的(a)三维和(b)二维分布图

顶部数字表示当地时间

目前，几乎所有的资料同化都是在固定的世界时上进行的。在某个固定的时间段内，AMSU-A 或 ATMS 在不同地理区域的资料覆盖情况不同。图 7.4 给出了在 2012 年 10 月 24 日四个 6 h 时间段(0000±3 h UTC, 0600±3 h UTC, 1200±3 h UTC, 1800±3 h UTC)内的 ATMS 资料覆盖情况。美国大陆和南美在 0000±3 h UTC 这段时间内没有 ATMS 资料，中国大陆在 1200±3 h UTC 这段时间内没有 ATMS 资料。如果资料同化的资料限制在四个 3 h 时段(0000±1.5 h UTC, 0600±1.5 h UTC, 1200±1.5 h UTC, 1800±1.5 h UTC)，则没有 ATMS 资料的区域范围更大。

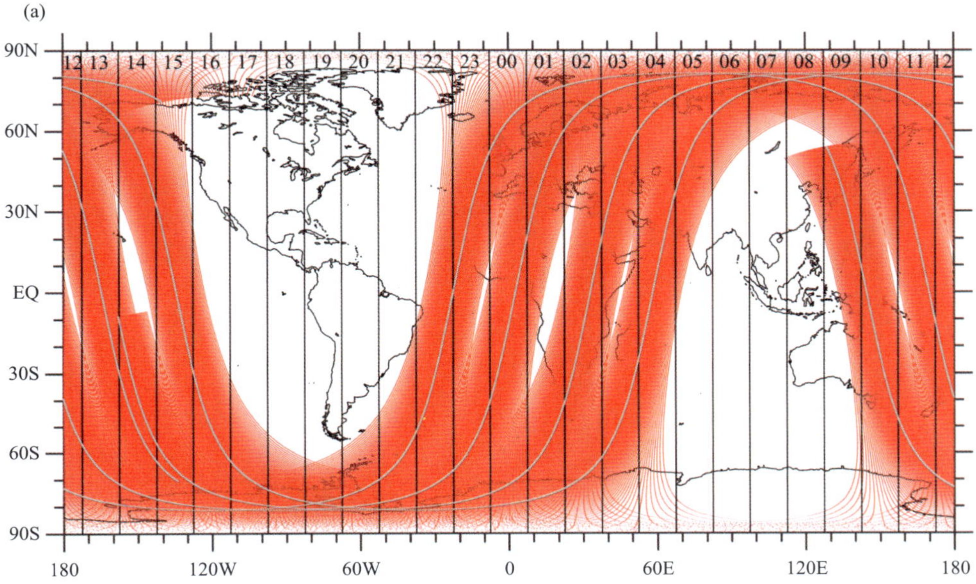

(b)

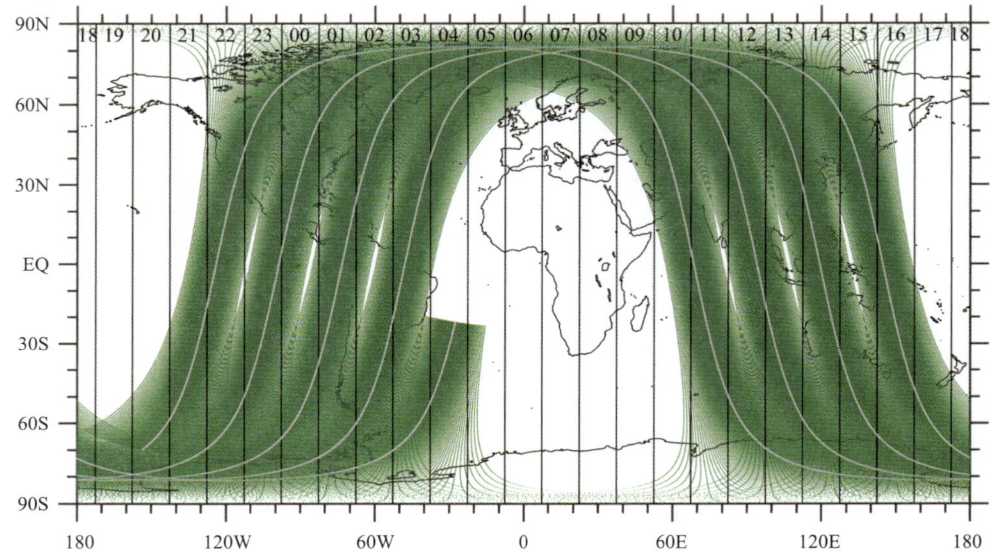
18 19 20 21 22 23 00 01 02 03 04 05 06 07 08 09 10 11 12 13 14 15 16 17 18
90N
60N
30N
EQ
30S
60S
90S
180
120W
60W
0
60E
120E
180

(c)

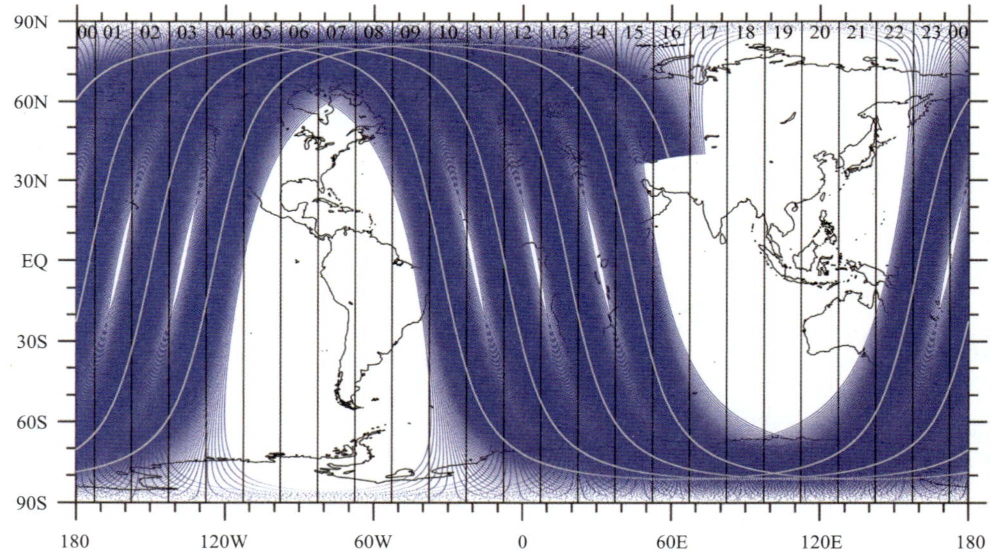
00 01 02 03 04 05 06 07 08 09 10 11 12 13 14 15 16 17 18 19 20 21 22 23 00
90N
60N
30N
EQ
30S
60S
90S
180
120W
60W
0
60E
120E
180

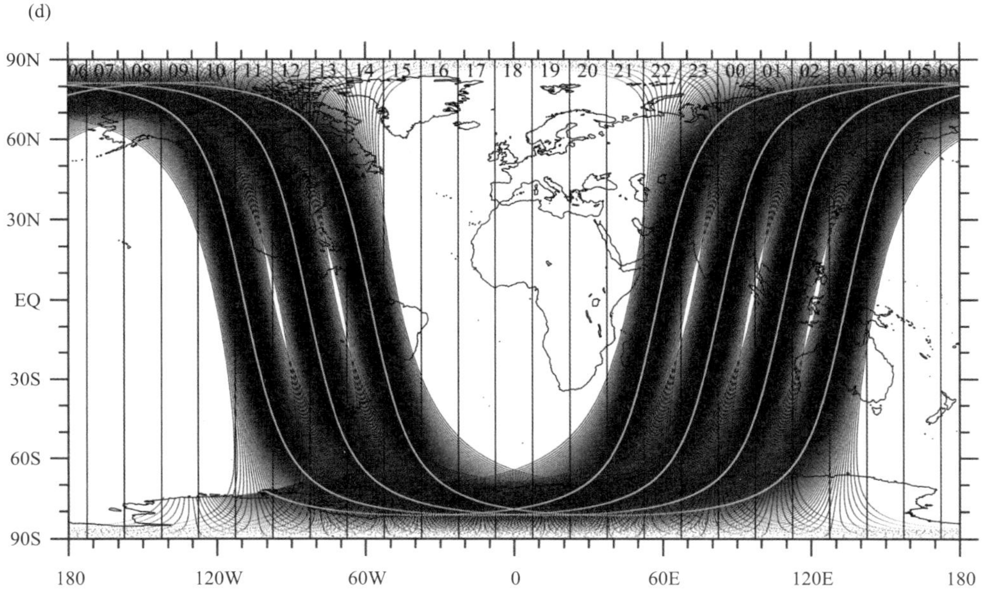

图 7.4　2012 年 10 月 24 日在(a)0000 UTC±3 h、(b)0600 UTC±3 h、(c)1200±3 h UTC 和(d)1800±3 h UTC 的 ATMS 资料全球分布

顶部数字表示当地时间

7.4　辐射吸收和发射

这里，我们引入与辐射相关的几个主要参数的定义，如辐射强度、吸光率、发射率、体吸收系数、质量吸收系数、穿透深度等。一个辐射场在单一波长(λ)上的强度(或简称为辐射强度)定义为在某个方向(Ω)上传播的辐射束通过单位立体角(ω)法向曲面的通量，用 $I_\lambda(\Omega)$ 来表示。根据定义，辐射强度 $I_\lambda(\Omega)$ 的数学表示为：

$$I_\lambda(\Omega) = \frac{\mathrm{d}F_\lambda}{\mathrm{d}\omega} \tag{7.4}$$

其中，F_λ 是单位面积上接收到的波长在 λ 和 $\lambda+\Delta\lambda$ 之间的辐射总量与 $\Delta\lambda$ 的比值，当 $\Delta\lambda\to 0$ 时的极限为

$$F_\lambda = \lim_{\Delta\lambda\to 0}\frac{F(\lambda,\lambda+\Delta\lambda)}{\Delta\lambda} \tag{7.5}$$

由于单一频率的辐射称为单色辐射，我们称 F_λ 为单色通量或谱通量。F_λ 的单位是 $\mathrm{W\cdot m^{-2}\cdot \mu m^{-1}}$。单位立体角($\omega$)定义为半径为 1 的球面上的单位表面积。在球极坐标中，$\mathrm{d}\omega=\sin\theta\mathrm{d}\theta\mathrm{d}\phi$，其中 θ 是天顶角，ϕ 是方位角。天顶角 θ 是辐射方向与局地垂直方向的夹角，方位角 ϕ 是从地平线方向按照逆时针方向转到辐射方向的角度。ω 的单位为立体角(steradian，简写为 sr)。因此，辐射强度 $I_\lambda(\Omega)$ 的单位是 $\mathrm{W\cdot m^{-2}\cdot\mu m^{-1}\cdot sr^{-1}}$。

某物体发射的辐射量取决于该物体的温度(T)和吸收系数(a)。在同样温度下，能发射最大辐射量的物体被称为黑体。黑体吸收系数 a=1。黑体发射出的单色辐射强度可以

由下面的普朗克函数表示：

$$I_{\lambda,\mathrm{blackbody}}(\Omega) \equiv B_\lambda(T) = \frac{2hc^2}{\lambda^5\left(\mathrm{e}^{\frac{hc}{k_\mathrm{B}\lambda T}} - 1\right)} \tag{7.6}$$

其中，h=6.626×10^{-34} J·s 是普朗克常数，c=2.998×10^{8} m·s^{-1} 是光速，k_B=1.381×10^{-23} J·K^{-1} 是玻尔兹曼常数。普朗克函数 $B_\lambda(T)$ 的单位是 W·m^{-2}·μm^{-1}·sr^{-1}。换句话说，$B_\lambda(T)\Delta\lambda$ 是温度为 T 的黑体发射的、波长在[λ, $\lambda+\Delta\lambda$]区间内的辐射强度。如果 $\Delta\lambda=0$，则 $B_\lambda(T)\Delta\lambda=0$。因此，实际卫星遥感仪器观测到的通道中心频率在 λ 的辐射资料都是有限光谱带宽[$\lambda-\Delta\lambda$, $\lambda+\Delta\lambda$]内的辐射总量。当然，带宽 $\Delta\lambda$ 的值通常很小。

微波辐射的频率范围是 3～300 GHz，其中 1 GHz=10^{9} Hz。相应地，微波辐射的波长范围是 10^{5}～10^{3} μm。云中水粒子的直径大约为 10 μm（即 10^{-5} m），比微波波长小两个量级以上。因此，除了强降水（云粒子直径远大于 10 μm），微波频率的辐射对大多数云来说是透明的。换句话说，卫星仪器观测到来自地球表面和云层下面的大气微波辐射。

普朗克函数(7.6)分母中的指数 $\frac{hc}{k_\mathrm{B}T\lambda}$ 小于 $\frac{18}{T}$。因此，当 $T\gg 18$ K 时，$\frac{hc}{k_\mathrm{B}T\lambda}\ll 1$。这种情况下，普朗克函数分母中的指数函数可以用泰勒展开一阶近似表示为

$$\mathrm{e}^{\frac{hc}{k_\mathrm{B}\lambda T}} \approx 1 - \frac{hc}{k_\mathrm{B}T\lambda} \tag{7.7}$$

把式(7.7)代入式(7.6)，我们得到普朗克函数的瑞利-金斯(Rayleigh-Jeans)近似表达式：

$$B_\lambda(T) \approx \frac{2ck_\mathrm{B}}{\lambda^4}T \tag{7.8}$$

地球大气温度大约在 200 K 和 300 K 之间，在此温度下，普朗克函数是温度的线性函数。在微波温度计 MSU、AMSU-A 和 ATMS 的通道频率上，瑞利-金斯近似表达式(7.8)是成立的，但在 2.73 K 的冷空温度上，瑞利-金斯近似并不成立(Weng 和 Zou, 2013)。

普朗克函数描述的是黑体辐射。非黑体发射的辐射（如大气和地球）比黑体辐射小。假定一个非黑体物体的温度为 T，它发射的波长为 λ 的辐射强度为 $I_\lambda(T)$，则 $I_\lambda(T)<B_\lambda(T)$。$I_\lambda(T)$ 与 $B_\lambda(T)$ 的比值为该非黑体物体表面的发射率，并用下述符号表示：

$$\varepsilon_\lambda(T) = \frac{I_\lambda(T)}{B_\lambda(T)} \tag{7.9}$$

下面，我们讨论来自某个辐射源（如地球表面）的单色辐射如何与该辐射源上面的大气相互作用。为简单起见，我们考虑晴空大气中辐射的传输和吸收。辐射穿过大气层时强度逐渐减弱。体吸收系数(β_λ)描述波长为 λ 的微波辐射在其单位传播路径距离内的功率（能量传输率单位：W·s^{-1} 或 J·s^{-1}）的衰减率。假定初始位置 s_0 处、强度为 I_0 的微波辐射在大气中传播了一段距离后到达一个新位置 s_1，这时的微波辐射强度减弱为 $I(s_1)=I_0\exp(-\beta_\lambda(s_1-s_0))$。$I(s_1)$ 与 I_0 的比值定义为透过率，用下述符号表示：

$$\mathcal{T}_\lambda(s_0,s_1) = \frac{I(s_1)}{I_0} = \exp\left(-\beta_\lambda(s_1-s_0)\right) \tag{7.10}$$

由此可见，在穿过一个均匀介质时，单色辐射束的强度随传播路径的增加而指数衰减，体吸收系数 β_λ 是衰减率。这就是所谓的灭绝定律(Petty, 2004)。

初始辐射 I_0 中那部分没有传播到新位置 s_1 的辐射透过率等于 $1-\mathcal{T}_\lambda(s_0, s_1)$。这部分辐射被从初始位置 s_0 到新位置 s_1 这段传播路径上的大气吸收，转变成大气热能。因此，辐射在穿过大气时传播能量。质量吸收系数(κ_λ)与体吸收系数(β_λ)之间满足函数关系 $\beta_\lambda=\rho\kappa_\lambda$，其中 ρ 是大气密度。我们称体吸收系数的倒数，$D=1/\beta_\lambda$，为穿透深度，它是辐射能量被衰减至其原始值的 e^{-1} 倍时的传播距离。所以，D 值越小，辐射衰减越强。

7.5　两点定标方程和观测资料误差

不管是 MSU，还是 AMSU-A 或 ATMS，都有一个抛物面聚焦反射天线，用来依次观测地球、冷空、热源，完成一个面对卫星飞行方向的逆时针扫描周期。AMSU-A 完成一个扫描周期的时间是 8 s。卫星天线先观测 30 个地球视场，再依次观测冷空和内部黑体暖目标，最后回到下一个扫描周期的初始位置。在一个扫描周期内，每一个地球视场的观测时间约 0.2 s，观测 30 个地球视场共花 6 s，其余部分共花 2 s。

ATMS 完成一个扫描周期的时间大约 1.73 s。卫星天线每次扫描要观测 96 个地球视场，观测每一个地球视场的时间约 18 ms，远小于 AMSU-A 的视场观测时间。ATMS 天线从一个地球视场转到下一个地球视场的转速是 $61.6°\cdot s^{-1}$。完成了 96 个地球视场观测后，ATMS 天线移动到地球边缘、沿着 S-NPP 卫星地平线上的一个位置，开始观测太空发射的宇宙背景辐射，以相同的转速($61.6°\cdot s^{-1}$)扫描得到两点定标所需要的四个冷目标的冷空观测数据。最后，天线移动到天顶方向，观测一个装在卫星仪器上的黑体暖目标，也以相同转速扫描得到两点定标所需要的四个暖目标观测数据。值得一提的是，天线以加速方式从第 96 个地球视场移动到冷空位置、从冷空位置移动到天顶方向、从天顶方向移动到第 1 个地球视场，这三段距离的移动速度比从一个地球视场移动到下一个地球视场的速度要快得多。

MSU、AMSU-A 和 ATMS 观测地球视场、冷空、黑体暖目标得到的原始观测资料是数字化校准计数值(简称计数值)。天线接收到的辐射越强，计数值越大。通过下面的辐射计传递函数，可以从计数值得到地球视场的亮温观测值：

$$T_a = F(C_e; C_w, C_c) \tag{7.11}$$

其中，C_e、C_c 和 C_w 分别表示地球视场、冷空、黑体暖目标的计数值。在设计 MSU、AMSU-A 和 ATMS 等微波辐射温度计时，要求公式(7.11)中的辐射计传递函数基本上是地球视场计数值 C_e 的线性函数。这样，根据地球视场的计数值 C_e，可以推导出同一条扫描线上的所有地球视场的天线亮温值(T_a)。线性辐射计传递函数的数学公式为

$$F(C_e) = a_0 + a_1 C_e = T_w + \frac{T_w - T_c}{C_w - C_c}(C_e - C_w) \tag{7.12}$$

其中，C_e 是同一扫描周期内的 96 个地球视场计数值，C_c 和 C_w 分别是冷空和黑体暖目标计数值，T_c 是宇宙温度(即 2.728 K)，T_w 是暖目标温度。暖目标温度 T_w 是通过嵌入式铂

电阻温度计测得的微波温度计接收机架的平均温度。具体来讲，ATMS 通道 1（K 波段）、通道 2（Ka 波段）和通道 3～15（V 波段）有 8 个嵌入式铂电阻温度计读数，通道 16 有 7 个嵌入式铂电阻温度计读数。暖目标温度 T_w 的观测精度高于 0.1℃（见 ATMS ATBD ——ATMS 算法理论基础文件）。

虽然 MSU、AMSU-A 和 ATMS 的传递函数是近似线性的，弱非线性仍然存在。为了考虑弱非线性，可以在公式(7.12)的右边加上一个二次项，如下所示：

$$Q(C_e)=a_2C_e^2=4x(1-x)T_{NL}, \qquad x=\frac{C_e-C_c}{C_w-C_c} \tag{7.13}$$

其中，x 是地球视场计数值和同一条扫描线上的冷空计数值之差(C_e–C_c)与暖目标计数值和冷空计数值之差(C_w–C_c)的比值，T_{NL} 是在 x=0.5 处非线性项的最大值。在卫星发射前，在热真空测试中，把嵌入式铂电阻温度计对不同温度下微波辐射温度计接收机架在多个波段（即 K/Ka、V、W、G 波段）的读数，制成了对比表格。根据这个表格里的值，通过插值得到 T_{NL} 的值。

微波辐射温度计的非线性两点定标方程可以写为

$$T_a=T_w+\frac{T_w-T_c}{C_w-C_c}(C_e-C_w)+4x(1-x)T_{NL} \tag{7.14}$$

其中，T_a 是天线亮温。这里，我们假定在对暖目标和冷空进行连续采样时，辐射环境没有改变。因此，暖目标和冷空观测资料没有偏差，只有随机误差。为了减小这些随机误差对天线温度的影响，我们用暖目标和冷空观测资料的平均值 $\bar{C}_w$ 和 $\bar{C}_c$ 替换公式(7.14)中的 C_w 和 C_c，从而得到天线温度的计算公式：

$$T_a=T_w+\bar{G}^{-1}(C_e-\overline{C_w})+4\bar{x}(1-\bar{x})T_{NL} \tag{7.15}$$

其中，$\bar{C}_w$、$\bar{C}_c$、$\bar{x}$ 和 $\bar{G}(i)$ 分别定义为

$$\overline{C_w}(i)=\sum_{k=i-N_s}^{i+N_s}\sum_{j=1}^{4}W_{k-i}C_w(k,j) \tag{7.16}$$

$$\overline{C_c}(i)=\sum_{k=i-N_s}^{i+N_s}\sum_{j=1}^{4}W_{k-i}C_c(k,j) \tag{7.17}$$

$$\bar{x}=\frac{C_e-\overline{C_c}}{\overline{C_w}-\overline{C_c}} \tag{7.18}$$

$$\bar{G}(i)=\frac{\overline{C_w}(i)-\overline{C_c}(i)}{\overline{T_w}(i)-T_c} \tag{7.19}$$

其中，i 和 k 分别表示第 i 和第 k 根扫描线，j 表示四个暖目标或四个冷目标，$\bar{G}$ 是平均增益函数，W_{k-i} 是权重函数。若采用三角形平滑，权重函数 W_{k-i} 的具体表达式为

$$W_{k-i}=\frac{1}{N_s+1}\left(1-\frac{|k|}{N_s+1}\right) \tag{7.20}$$

其中，N_s 是参与式(7.16)和式(7.17)中求和平均的第 i 根扫描线前面的扫描线总数(k = i–N_s, $\cdots$, i–1)和后面的扫描线数(k=i+1,$\cdots$, i+N_s)。

只有在星下点这个位置，跨轨扫描微波辐射温度计才能得到纯垂直偏振观测值（T_a^v）或纯水平偏振观测值（T_a^h）。在其他扫描位置，用式(7.15)得到的天线温度观测值既包括垂直极化也包括水平极化的辐射贡献，我们暂且把它们表示为准垂直偏振天线温度（T_a^{Qv}）或准水平偏振天线温度（T_a^{Qh}）观测值。事实上，准垂直和准水平偏振天线温度观测值与纯垂直和纯水平偏振天线温度观测值之间有如下关系：

$$T_a^{Qv} = T_a^v \cos^2\theta + T_a^h \sin^2\theta \tag{7.21a}$$

$$T_a^{Qh} = T_a^v \sin^2\theta + T_a^h \cos^2\theta \tag{7.21b}$$

其中，θ 是相对于星下点的扫描角。

MSU、AMSU-A 和 ATMS 的观测随机误差大小是用 NEDT 这个量来表示的。NEDT 反应微波辐射温度计的灵敏度，定义为暖目标天线温度($T_{a,w}$)的标准差，即

$$\text{NEDT}_{ch} \equiv \sigma^2(T_{a,w}) \tag{7.22}$$

其中，

$$T_{a,w} = \overline{T_{a,w}} + \bar{G}^{-1}(C_w - \overline{C_w}) \tag{7.23}$$

把式(7.23)代入式(7.22)，我们得到计算 NEDT 的公式：

$$\text{NEDT} = \left[\frac{1}{4N}\sum_{i=1}^{N}\sum_{j=1}^{4}\left(\frac{C_w(i,j) - \overline{C_w}(i)}{\bar{G}(i)}\right)^2\right]^{1/2} \tag{7.24}$$

每个通道的 NEDT 值反映这个通道的观测精度。由于观测每一个地球视场的时间短，ATMS 探测通道的随机误差比 AMSU-A 相应通道的大(Weng 等, 2013b)。MSU、AMSU-A 和 ATMS 的各个通道的 NEDT 值是与观测资料同时发布给用户的。

当极轨气象卫星沿着它的轨道从南向北(升轨)或从北向南(降轨)运动时，微波辐射温度计的平均增益函数 $\bar{G}$ 随温度的变化而变化。增益函数的这种温度依赖性虽然与仪器敏感性无关，但温度的非定常变化会影响 NEDT 的值。为了消除这部分影响，最好用以下重叠 Allan 标准差来描述 NEDT(Allan, 1987; Tian 等, 2015)：

$$\sigma^{\text{Allan}}(m) = \sqrt{\frac{1}{2m^2(N-2m)}\sum_{j=1}^{N-2m}\left(\sum_{i=j}^{j+m-1}\left(C_{ch}^{w}(i+m) - C_{ch}^{w}(i)\right)\right)^2} \tag{7.25}$$

其中，m 是平均跨度，N 是数据序列$\{C_{ch}^{w}(i)\}$的样本总数。传统标准差(7.24)仅适用于定常温度的情况。

设式(7.25)中 m=1，得到两个样本的重叠 Allan 标准差计算公式：

$$\sigma^{\text{Allan}}(N,1) = \sqrt{\frac{1}{2(N-1)}\sum_{i=1}^{N-1}\left(C_{ch}^{w}(i+m) - C_{ch}^{w}(i)\right)^2} \tag{7.26}$$

一般情况下，样本总数 $N \geqslant 300$。Tian 等(2015)指出，用公式(7.26)计算得到的 NEDT 能更好地描述 ATMS 在轨观测资料精度，尤其是对定标暖目标计数值随卫星轨道呈现周期

性变化的那些通道。

利用 2012 年 12 月 15 日的全球资料，图 7.5 对比了用传统标准差和重叠 Allan 标准差得到的 22 个 ATMS 通道的 NEDT 值。对所有 ATMS 通道，重叠 Allan 标准差比传统标准差小。这也说明如果用传统标准差方法计算 NEDT，在轨定标增益函数随温度的变化而变化这种非定常变化，确实会增加 NEDT 的值。

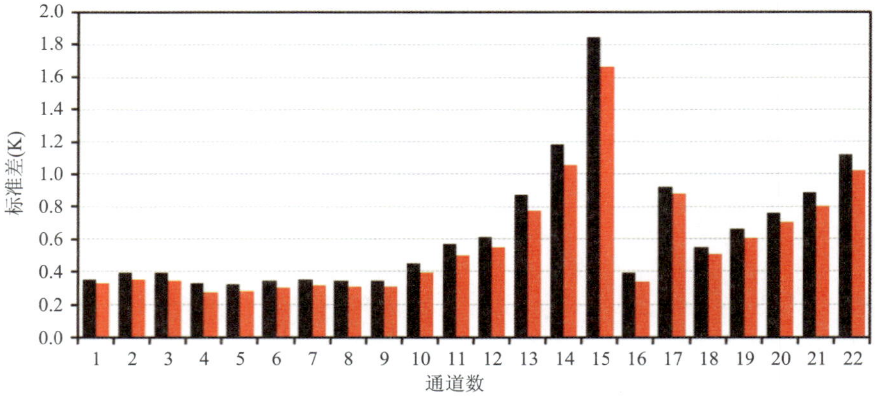

图 7.5　根据 2012 年 12 月 15 日全球观测数据计算得到的 ATMS 22 个通道的传统标准差（黑条）和重叠 Allan 标准差（红条）

7.6　辐射吸收和发射权重函数

太空中运行的卫星仪器所观测到的是从地球表面到大气层顶（TOA）不同垂直层内大气所发射的辐射总量。因此，卫星观测的辐射量与从一点(s)到大气层顶(∞)的垂直积分量有关，如光学厚度、透过率和总吸收率等。光学厚度(τ_λ)、透过率($\mathcal{T}_\lambda(s,\infty)$)和总吸收率($a_\lambda$)分别定义为

$$\tau_\lambda(s) \equiv \tau_\lambda(s,\infty) = \int_s^\infty \beta_\lambda \mathrm{d}s \tag{7.27}$$

$$\mathcal{T}_\lambda(s) \equiv \mathcal{T}_\lambda(s,\infty) = \exp\left(-\tau_\lambda(s,\infty)\right) \tag{7.28}$$

$$a_\lambda(s) \equiv a_\lambda(s,\infty) = 1 - \mathcal{T}_\lambda(s,\infty) \tag{7.29}$$

其中，s 代表卫星观测仪器视锥里的某一个高度位置。

从 s 到 $s+\Delta s$ 垂直层内的大气吸收的辐射总量为

$$a_\lambda(s,s+\Delta s) = \left(1-\mathcal{T}_\lambda(s)\right) - \left(1-\mathcal{T}_\lambda(s+\Delta s)\right) = \mathcal{T}_\lambda(s+\Delta s) - \mathcal{T}_\lambda(s)$$

单位高度局地辐射吸收为

$$\frac{a_\lambda(s,s+\Delta s)}{\Delta s} = \frac{\mathcal{T}_\lambda(s+\Delta s) - \mathcal{T}_\lambda(s)}{\Delta s}$$

对上述方程求极限 $\Delta s \to 0$，便得到辐射吸收的权重函数表达式：

$$W_{\lambda}(s) \equiv \lim_{\Delta s \to 0} \frac{a_{\lambda}(s, s+\Delta s)}{\Delta s} = \lim_{\Delta s \to 0} \frac{\mathcal{T}_{\lambda}(s+\Delta s) - \mathcal{T}_{\lambda}(s)}{\Delta s} = \frac{\mathrm{d}\mathcal{T}_{\lambda}(s)}{\mathrm{d}s} \tag{7.30}$$

因此，辐射吸收权重函数 $W_{\lambda}(s)$ 给出高度参数 s、波长 λ 的辐射吸收率，亦是从高度 s 到大气层顶(∞)、沿着方向 μ 的透过率 $\mathcal{T}_{\lambda}(s, \infty)$ 对高度参数 s 的一阶导数。

把式(7.27)和式(7.28)代入式(7.30)，我们得到辐射吸收权重函数的另一表达式：

$$W_{\lambda}(s) = \frac{\mathrm{d}}{\mathrm{d}s}\exp\left(-\tau_{\lambda}(s)\right) = -\exp\left(-\tau_{\lambda}(s)\right)\frac{\mathrm{d}}{\mathrm{d}s}\left(\int_{s}^{\infty} \beta_{\lambda}\mathrm{d}s\right) = \beta_{\lambda}(s)\mathcal{T}_{\lambda}(s) \tag{7.31}$$

换句话说，辐射吸收权重 $W_{\lambda}(s)$ 是依赖于高度参数 s 和波长 λ 的局地辐射吸收系数($\beta_{\lambda}(s)$)与从高度参数 s 沿着视线传播到大气层顶的透过率($\mathcal{T}_{\lambda}(s)$)的乘积。

利用辐射吸收权重函数的表达式(7.31)，可以描述向上传播到太空中的大气单色辐射。为简单起见，我们忽略散射作用。考虑在高度 s_0、辐射强度为 I_{λ}^{u} 的单色辐射向上穿越无限小厚度(ds)的大气层。该薄层内的大气吸收(发射)会使辐射强度减少(增加)。这部分减少(增加)的量可以表达为

$$\left(\mathrm{d}I_{\lambda}^{\mathrm{u}}\right)_{\text{absorption}} = -\beta_{\lambda}I_{\lambda}^{\mathrm{u}}\mathrm{d}s \qquad \text{和} \qquad \left(\mathrm{d}I^{\mathrm{u}}\right)_{\text{emission}} = \beta_{\lambda}B_{\lambda}(T)\mathrm{d}s \tag{7.32}$$

其中，T 是该薄层内的大气温度。原强度为 I_{λ}^{u} 的单色辐射穿越大气薄层 ds 产生的单色辐射强度的变化为式(7.32)中两个方程之和：

$$\frac{\mathrm{d}I_{\lambda}^{\mathrm{u}}}{\mathrm{d}s} = \beta_{\lambda}\left(B_{\lambda}(T) - I_{\lambda}^{\mathrm{u}}\right) \tag{7.33}$$

利用光学厚度定义式(7.27)，得 $\mathrm{d}\tau_{\lambda}(s)=-\beta_{\lambda}\mathrm{d}s$。把 $\mathrm{d}s=-\mathrm{d}\tau_{\lambda}/\beta_{\lambda}$ 代入式(7.33)，得到下面的单色辐射强度变化方程

$$\frac{\mathrm{d}I_{\lambda}^{\mathrm{u}}}{\mathrm{d}\tau_{\lambda}} = I_{\lambda}^{\mathrm{u}} - B_{\lambda}(T) \qquad \text{或} \qquad \frac{\mathrm{d}}{\mathrm{d}\tau_{\lambda}}\left(I_{\lambda}^{\mathrm{u}}\mathrm{e}^{-\tau_{\lambda}}\right) = B_{\lambda}(T)\mathrm{e}^{-\tau_{\lambda}} \tag{7.34}$$

对方程(7.34)两边进行垂直积分，积分区间从高度 s_0 到卫星仪器高度 s_{sensor}，并假定 $s_{\text{sensor}} \approx \infty$、$\tau_{\lambda}(\infty)=0$，我们得到

$$I_{\lambda}^{\mathrm{u}}(\infty) = I_{\lambda}^{\mathrm{u}}\left(\tau(s_0)\right)\mathrm{e}^{-\tau(s_0)} + \int_{0}^{\tau(s_0)} B_{\lambda}(T)\mathrm{e}^{-\tau_{\lambda}}\mathrm{d}\tau \tag{7.35}$$

另一方面，根据透过率定义式(7.28)有 $\mathrm{d}\mathcal{T}_{\lambda} = -\mathrm{e}^{-\tau_{\lambda}}\mathrm{d}\tau_{\lambda}$。把 $\mathrm{d}\mathcal{T}_{\lambda} = -\mathrm{e}^{-\tau_{\lambda}}\mathrm{d}\tau_{\lambda}$ 和式(7.28)代入式(7.35)，得到高度 s_0 以上大气的单色辐射传播到卫星仪器高度时的总辐射强度：

$$I_{\lambda}^{\mathrm{u}}(\infty) = I_{\lambda}^{\mathrm{u}}\left(\tau(s_0)\right)\mathcal{T}_{\lambda}(s_0) + \int_{s_0}^{\infty} B_{\lambda}(T)\mathrm{d}\mathcal{T}_{\lambda}(s) \tag{7.36}$$

根据式(7.30)我们得到关系式 $\mathrm{d}\mathcal{T}_{\lambda}(s) = W_{\lambda}(s)\mathrm{d}s$。把它代入式(7.36)，我们得到 $I_{\lambda}^{\mathrm{u}}(\infty)$ 的另一个表达式：

$$I_{\lambda}^{\mathrm{u}}(\infty) = I_{\lambda}^{\mathrm{u}}\left(\tau(s_0)\right)\mathcal{T}_{\lambda}(s_0) + \int_{s_0}^{\infty} B_{\lambda}(T)W_{\lambda}(s)\mathrm{d}s \tag{7.37}$$

根据式(7.30)和式(7.37)，我们得出以下结论：由式(7.30)定义的辐射吸收权重函数在式(7.37)中是辐射发射权重函数。这个结论与基尔霍夫(Kirchhoff)定律是一致的：在同

一个波长，单色辐射的吸收率(a)等于发射率(ε)。换句话说，吸收率高的物体，发射率也高，反之亦然。

因为地球大气在很大程度上具有分层结构，所以，辐射计算中经常把大气视为平行平面，所有相关辐射特性与水平坐标无关，只依赖于垂直坐标 z(表示离地面高度)。在平行平面大气中，辐射传播路径距离(s)可以表示为 $s=z/\mu$，其中 $\mu=|\cos\theta|$，θ 是辐射传播路径与天顶方向的夹角。在 z 坐标里，方程(7.37)可以写成

$$I_\lambda^{\mathrm{u}}(\infty)=I_\lambda^{\mathrm{u}}\big(\tau(z_0)\big)\mathcal{T}_\lambda(z_0)+\int_{s_0}^{\infty}B_\lambda(T)W_\lambda(z)\frac{\mathrm{d}z}{\mu} \tag{7.38}$$

对于向下观测地球大气辐射的卫星遥感仪器，$I(\tau(z_0))$可以是来自地球表面的辐射，$\mathcal{T}_\lambda(z_0)$是沿着视线的大气总透过率。

7.7　快速辐射传输模式

地球表面(s_0=0)以上不同大气层辐射向上传播到达卫星仪器的辐射总量为

$$I_\lambda^{\mathrm{u}}(\infty)=I_\lambda^{\mathrm{u}}(0)\mathcal{T}_\lambda(0)+\int_{s_0}^{\infty}B_\lambda(T)\mathrm{d}\mathcal{T}_\lambda(s) \tag{7.39}$$

其中，$I_\lambda^{\mathrm{u}}(\tau(0))\equiv I_\lambda^{\mathrm{u}}(0)$。方程(7.39)右边第二项是在仪器视线上来自所有高度的大气辐射强度总和。只要知道大气透过率 $\mathcal{T}_\lambda(s)$、大气温度 $T(s)$ 和视线方向 μ，通过积分运算就能得出方程(7.39)右边第二项的值。方程(7.39)右边第一项中的 $I_\lambda^{\mathrm{u}}(0)$ 表示地表向上发射的辐射强度，它是地球表面本身的辐射[$\varepsilon_{\lambda,\mathrm{s}}B_\lambda(T_\mathrm{s})$]与入射到地球表面的大气辐射($I_\lambda^{\mathrm{d}}(0)$)中被反射的那部分辐射[$(1-\varepsilon_{\lambda,\mathrm{s}})I_\lambda^{\mathrm{d}}(0)$]之和，即

$$I_\lambda^{\mathrm{u}}(0)=\varepsilon_{\lambda,\mathrm{s}}B(T_\mathrm{s})+(1-\varepsilon_{\lambda,\mathrm{s}})I_\lambda^{\mathrm{d}}(0) \tag{7.40}$$

其中，T_s 是地表温度。在微波波段，可以忽略地表反射的太阳辐射。因此，式(7.40)中没有包含地表反射的太阳辐射这一项。

类似式(7.39)的推导，可以得到入射到地球表面的来自不同高度大气层的辐射总和 $I_\lambda^{\mathrm{d}}(0)$ 的表达式如下：

$$I_\lambda^{\mathrm{d}}(0)=I_\lambda^{\mathrm{d}}\big(\tau(\infty)\big)\mathcal{T}_\lambda(\infty)+\int_{\infty}^{0}B_\lambda(T)\mathrm{d}\mathcal{T}_\lambda(0,s) \tag{7.41}$$

假定在卫星仪器视线内的无穷远高度(∞)没有辐射源，即 $I_\lambda^{\mathrm{d}}(\tau(\infty))=0$，方程(7.41)右边第一项为零。这时，来自不同高度大气层、并到达地面的辐射总和可以简化为

$$I_\lambda^{\mathrm{d}}(0)=\int_{\infty}^{0}B_\lambda(T)\mathrm{d}\mathcal{T}_\lambda(0,s) \tag{7.42}$$

把式(7.40)和式(7.42)代入式(7.39)，我们得到描述卫星仪器接收到的大气辐射总量的一个单色辐射传输方程：

$$I_\lambda^{\mathrm{u}}(\infty)=\varepsilon_{\lambda,\mathrm{s}}B_\lambda(T_\mathrm{s})\mathcal{T}_\lambda(0)+(1-\varepsilon_{\lambda,\mathrm{s}})\int_{\infty}^{0}B_\lambda(T)\mathrm{d}\mathcal{T}_\lambda(0,s)+\int_{0}^{\infty}B_\lambda(T)\mathrm{d}\mathcal{T}_\lambda(s) \tag{7.43}$$

利用静力方程

$$\frac{\mathrm{d}p}{\mathrm{d}z} = -\rho_{\mathrm{air}} g \tag{7.44}$$

其中，ρ_{air} 是干空气密度函数，g 是重力常数，我们得到 ds 和 dp 之间的如下转换关系：

$$\mathrm{d}s = \frac{\mathrm{d}z}{\mu} = -\frac{\mathrm{d}p}{\mu \rho_{\mathrm{air}} g} \tag{7.45}$$

在气压坐标下，方程(7.43)可以写为

$$I_\lambda^{\mathrm{u}}(0) = \varepsilon_{\lambda,\mathrm{s}} B_\lambda(T_\mathrm{s}) \mathcal{T}_\lambda(p_\mathrm{s}) + (1-\varepsilon_{\lambda,\mathrm{s}}) \int_0^{p_\mathrm{s}} B_\lambda(T) \mathrm{d}\mathcal{T}_\lambda(p_\mathrm{s}, p) + \int_{p_\mathrm{s}}^0 B_\lambda(T) \mathrm{d}\mathcal{T}_\lambda(p) \tag{7.46}$$

其中，$\mathcal{T}_\lambda(p) \equiv \mathcal{T}_\lambda(p,0)$。

在方程(7.46)的两边乘以第 i 个通道的谱响应函数($\phi_i^{\mathrm{SRF}}(v)$)，再在以通道的中心频率 v_i 为中心的频率区间 Δv_i 对频率 v 积分，得到第 i 个通道在水平平行层结大气假定下的辐射率(Eyre, 1991)

$$R_i = R_i^{\mathrm{s}} + R_i^{\mathrm{a}} \equiv R_i^{\mathrm{s}} + R_i^{\mathrm{d}} + R_i^{\mathrm{u}} \tag{7.47}$$

其中，

$$R_i^{\mathrm{s}} = \varepsilon_{i,\mathrm{s}} B_i(T_\mathrm{s}) \mathcal{T}_i(p_\mathrm{s}) \tag{7.48}$$

$$\begin{aligned} R_i^{\mathrm{d}} &= (1-\varepsilon_{i,\mathrm{s}}) \int_0^{p_\mathrm{s}} B_i(T) \mathrm{d}\mathcal{T}_\lambda(p_\mathrm{s}, p) \\ &= \sum_{k=1}^{K} \frac{(1-\varepsilon_{i,\mathrm{s}}) \left(\mathcal{T}_i(p_\mathrm{s})\right)^2}{\mathcal{T}_{i,k} \mathcal{T}_{i,k-1}} R_{i,k}^{\mathrm{u}} \end{aligned} \tag{7.49}$$

$$\begin{aligned} R_i^{\mathrm{u}} &= \int_{p_\mathrm{s}}^0 B_i^{\mathrm{m}}\left(T(p)\right) \mathrm{d}\mathcal{T}_i(p) \\ &= \sum_{k=1}^{K} \frac{1}{2} \left(B_i^{\mathrm{m}}(T_k) + B_i^{\mathrm{m}}(T_{k-1})\right) \left(\mathcal{T}_{i,k-1} - \mathcal{T}_{i,k}\right) \\ &= \sum_{k=1}^{K} R_{i,k}^{\mathrm{u}} \end{aligned} \tag{7.50}$$

$$\mathcal{T}_i(p) = \int_{\Delta v_i} \mathcal{T}(\nu) \phi_i^{\mathrm{SRF}}(\nu) \mathrm{d}\nu \tag{7.51}$$

根据式(7.51)可知，第 i 个通道从 p 气压层到太空的透过率 $\mathcal{T}_i(p)$ 是单色透过率 $\mathcal{T}_i(v)$ 的卷积。上述几个公式中，$T(p)$ 是 p 气压层的大气温度，p_s 是地面气压，T_s 是地球表层温度，$\varepsilon_{i,\mathrm{s}}$ 是地表发射率，下标 k(k=1, 2, …, K)表示垂直气压层。在大气层顶，k=0，p_0=0，T_0=T_1，$\mathcal{T}_i(0)$=1；在地球表面，k=N，p_N=p_s，T_N=T_s，$\mathcal{T}_i(p_\mathrm{s}) \equiv \mathcal{T}_{i\mathrm{s}}$。函数 $B_i^{\mathrm{m}}(T(p))$ 是修正的普朗克函数，它是普朗克函数与第 i 个通道的谱响应函数($\phi_i^{\mathrm{SRF}}(v)$)的乘积的积分值，可以表示为 (Eyre, 1991)

$$B_i^{\mathrm{m}}(T) = \frac{c_{1i}}{\exp\left(\dfrac{c_{2i}}{a_i + b_i T}\right) - 1} \tag{7.52}$$

其中，T 是视场温度，c_{1i}、c_{2i}、a_i 和 b_i 是预先计算好的、对应第 i 个通道的系数。我们称 a_i 和 b_i 为带修正系数(Lauritson, 1979; Weinreb 等, 1981)。方程(7.49)用来计算入射到地球表面的大气总辐射通过镜面反射到达卫星仪器的辐射贡献。

方程(7.47)左边的大气层顶的辐射率(R_i)是集中在第 i 个通道中心频率附近的辐射，即卫星被温度探测仪(如 MSU、AMSU-A、ATMS)所观测到的辐射量。它包括大气($R_i^{\rm a}$)和地表($R_i^{\rm s}$)的贡献，大气部分的贡献包括直接向上的大气辐射($R_i^{\rm u}$)以及被地表反射上去的大气辐射($R_i^{\rm d}$)，即 $R_i^{\rm a}=R_i^{\rm u}+R_i^{\rm d}$(Watts 和 McNally, 1998)。

在晴空条件下模拟 MSU、AMSU-A 和 ATMS 通道的辐射量必须考虑以下几个方面：①大气气体成分发射的辐射，②地表发射的辐射，③大气辐射的地表反射。如何计算从 p 气压高度层到太空的通道透过率(即 $\mathcal{T}_i(p)$)是模拟大气对大气层顶辐射贡献的关键。与式(7.28)类似，它可以表达为

$$\mathcal{T}_i(p)=\exp\left(-\tau_i(p)\right) \tag{7.53}$$

其中，

$$\tau_i(p)=\int_p^0 \kappa_i(p)\rho(p)\mathrm{d}p \tag{7.54}$$

$\kappa_i(p)$ 是第 i 个通道的质量吸收系数。κ_i 是对单色质量吸收系数 κ_λ 与第 i 个通道的谱响应函数的乘积在以通道的中心频率 v_i 附近(Δv_i)进行积分后得到的值。单色质量吸收系数 κ_λ 与体吸收系数 β_λ 之间的关系满足：$\beta_\lambda=\rho\kappa_\lambda$。这里，$\rho$ 是相关吸收气体的密度(如干空气、水汽、臭氧等)。干空气、水汽、臭氧的透过率 $\tau_{\rm dry}(p)$、$\tau_{\rm vapor}(p)$、$\tau_{\rm ozone}(p)$，可以利用回归估计方法得到。下面，我们仅做简单介绍，详细描述见 Han 等(2007)。

首先，我们定义一个从 p 气压高度层到太空的吸收气体积分量(McMillin 等, 1995)

$$A_g=\int_0^p \frac{r_g(p)}{g\cos\theta}\mathrm{d}p \tag{7.55}$$

其中，下标 g 表示干空气、水汽或臭氧，$r_g(p)$ 是相应气体的比重，θ 是天顶角，分母中的 g 是重力常数。由式(7.53)和式(7.54)可知，透过率 $\mathcal{T}_i(p)$ 的表达式包含一个对气压的积分。首先，将这个对气压的积分转换成对吸收气体积分量 $A_{\rm g}$ 的积分：

$$\mathcal{T}_{i,g}(p)=\exp\left(-\int_0^{A_g}\kappa_{i,g}(A_g)\mathrm{d}A_g\right) \tag{7.56}$$

然后，把气体的第 i 个通道的质量吸收系数的自然对数 $\ln\kappa_{i,g}(A_g)$ 表示为 6 个预报因子($x_{g,j}(A_g), j=1, \cdots, 6$)的线性加权平均：

$$\ln\kappa_{i,g}(A_g)=c_{g,0}+\sum_{j=1}^{6}c_{g,j}(A_g)x_{g,j}(A_g) \tag{7.57}$$

其中，$c_{g,j}$ ($j=0, 1, \cdots, 6$)是权重系数。回归方程(7.57)中的 6 个预报因子 $x_{g,j}(A_g)$ ($j=1, \cdots, 6$)是大气温度(T)、气压(p)和水汽混合比(q)的函数，可以从下面 17 个预报因子中选出：

$$T, p, T^2, p^2, Tp, T^2p, Tp^2, T^2p^2 \tag{7.58a}$$

$$\sqrt[4]{p}, q, \frac{q}{\sqrt{T}} \tag{7.58b}$$

$$T_g^{(n)}, p_g^{(n)} \quad (n=0,\ 1,\ 2; g=\text{干空气, 水汽, 臭氧}) \tag{7.58c}$$

其中，

$$T_g^{(n)} = \frac{\int_0^{A_g} T(A_g)(A_g)^n \mathrm{d}A_g}{\int_0^{A_g} (A_g)^n \mathrm{d}A_g}, \qquad p_g^{(n)} = \frac{\int_0^{A_g} p(A_g)(A_g)^n \mathrm{d}A_g}{\int_0^{A_g} (A_g)^n \mathrm{d}A_g} \tag{7.59}$$

由式(7.58a)和式(7.58b)定义的前 11 个预报因子是描述大气状态的常见函数，与气体类型无关。由式(7.58c)定义的后 6 个预报因子与三种气体类型有关，以吸收气体积分量 A_g 的 n 次方($n=0, 1, 2$)为权重分别对温度和气压进行了标准化积分。

我们进一步把回归方程(7.57)中的权重系数 $c_{g,j}$($j=0,\ 1,\ \cdots,\ 6$)表达为 A_g 的多项式函数：

$$c_{g,j}(A_g) = \sum_{n=1}^{N} a_{g,j,n}(A_g)^n \qquad (j=0,\ 1,\ \cdots,\ 6) \tag{7.60}$$

其中，$N \leqslant 10$，$a_{g,j,n}$ ($j=0, 1,\ \cdots, 6; n=0, 1,\ \cdots, N; g=$干空气，水汽，臭氧)是回归系数，也可称为透过率系数。快速辐射模式中的回归系数 $a_{g,j,n}$ 的值是预先确定了的。利用一组代表不同大气状态的训练廓线数据集，将由式(7.57)～式(7.60)计算的 $\ln\kappa_{i,g}(A_g)$ 的值与一个逐线积分辐射传输模式的精确结果比较，通过最小二乘法，得到使两者的方差最小的那组回归系数，便是快速辐射模式中所采用的 $a_{g,j,n}$ 的值。MonoRTM 是微波波段的一个逐线积分辐射传输模式(Clough 等, 2005; Payne 等, 2011)。

最小二乘拟合中的代价函数定义为

$$J(c_{g,0}, c_{g,1}, \cdots, c_{g,6}) = \sum_j \left(\left(\ln \kappa_{i,g}(A_g)\right)_j^{\text{regression}} - \left(\ln \kappa_{i,g}(A_g)\right)_j^{\text{MonoRTM}} \right) \tag{7.61}$$

其中，下标 j 表示训练廓线数据集中的廓线数。由式(7.61)定义的最小二乘拟合是针对每个通道、每种气体类型、式(7.58)中预报因子的不同组合、式(7.60)中吸收气体积分量 A_g 的不同次方($N \leqslant 10$)分别进行的，被选进同一组内的任意两个预报因子之间不能有强相关性。将使代价函数(7.61)值最小的组合所对应的变量集合和多项式次数，应用于快速辐射模式中。因此，不同通道的回归预报因子是不同的，拟合误差通常很小。例如，在晴空条件下，快速辐射模式对 AMSU 通道的拟合精度高于 0.1 K(Han 等, 2007; Zou 等, 2014)。

用上述回归方法，得到每个通道三种不同气体的透过率 $\mathcal{T}_{i,\text{dry}}(p)$、$\mathcal{T}_{i,\text{vapor}}(p)$ 和 $\mathcal{T}_{i,\text{ozone}}(p)$ 后，每个通道的总透过率($\mathcal{T}_i(p)$)定义为这三种不同气体的透过率的乘积，即

$$\mathcal{T}_i(p) = \mathcal{T}_{i,\text{dry}}(p)\mathcal{T}_{i,\text{vapor}}(p)\mathcal{T}_{i,\text{ozone}}(p) \tag{7.62}$$

其中，下标 i 是通道号。将式(7.57)和式(7.60)得到的结果代入式(7.50)，便可根据任意给定的温度、气压和干空气、水汽和臭氧的混合比垂直廓线，得到大气的向上辐射(R_i^{u})。

为了得到大气层顶的辐射量(R_i)，我们不仅需要计算大气的向上辐射(R_i^{u})，还需要

计算分别由式(7.48)和式(7.49)定义的地表辐射贡献(R_i^s)和大气辐射被地表反射产生的贡献(R_i^d)。MSU、AMSU-A 和 ATMS 的近地面通道(即 MSU 通道 1，AMSU-A 通道 1～4，ATMS 通道 1～5)受地表发射率影响很大，而大气辐射对这些底层通道的影响较小，尤其是窗区通道(AMSU-A 和 ATMS 通道 1～2)。对于地表辐射贡献(R_i^s)的计算，地表发射率($\varepsilon_{i,s}$)是关键参数。

在全球海洋上，海表发射率受到海面风速、风向、海水盐度、温度、水介电常数、海洋波动、海面粗糙度和泡沫的影响。English 和 Hewison(1998)开发了一个通用快速半经验微波海表发射率参数化模式，简称为 FASTEM，适用于数值天气业务预报中。与非参数化海表发射率模式相比，FASTEM 模式得到的模拟结果能达到 0.1%～0.3%的精度。在微波波段上，美国通用辐射传输模式(CRTM)中用的海表发射率模式是 FASTEM 的第四版本 FASTEM-4(Liu 等, 2011)。在晴空条件下，除了风速、风向、海水盐度和海面温度，FASTEM-4 中的海表发射率还受到向下大气辐射的影响。

在陆地上，地表发射率接近 1，远比海表发射率大。因此，陆地对向上辐射的贡献较大。相比海洋，在陆地区域更难区分地表和大气的向上辐射贡献。来自地表的被动遥感微波信号不仅影响窗区通道，还影响近地面温度探测通道。因此，这些近地面温度探测通道在陆地区域的模式模拟精度依赖于对地表发射率的精准估计。在有一个合理的地表发射率数据集的前提下，才能通过同化 MSU、AMSU-A 和 ATMS 近地面通道的亮温资料，改进陆地区域对流层下层的温度和水汽分析场的精度。

除了频率、入射角、极化，地表发射率还对许多多变、但又知之甚少的地表参数很敏感，如植被覆盖、土壤含水量、表面粗糙度、叶片厚度、黏土、沙和雪颗粒的大小、积水或积雪。因此，发展陆地地表发射率模式比海洋上的更复杂。利用地基和机载微波辐射计直接观测地表发射率会受到频率和地面条件的局限(Hewison 和 English, 1999; Morland 等, 2000; Hewison, 2001)。虽然可以通过直接测量或卫星反演获得微波地表发射率模式所需要的部分地面参数，但不能保证一直有，缺少常规性；还有一些地面参数，无法通过观测或反演在全球范围内获得地表发射率模式所需要的精度和空间分辨率。

为了绕过以上困境，Prigent 等(1997, 2005, 2006)和 Karbou 等(2005) 提出利用 AMSU-A 亮温观测数据，再增加一些辅助数据，构建微波陆地地表发射率数据集。在晴空大气、水平平行层结、地表镜面辐射的假定下，可以利用大气层顶的辐射计算方程，推导出频率为 23.8 GHz、31.4 GHz、50.3 GHz 和 89 GHz 的地表发射率数据集。类似方程(7.47)，但以亮温($T_{b,i}$)为变量的辐射传输方程可以写为(Prigent 等, 2006)

$$T_{b,i} = T_{b,i}^u + (1-\varepsilon_{i,s})T_{b,i}^d \mathcal{T}_i(p_s) + \varepsilon_{i,s} T_s \mathcal{T}_i(p_s) \tag{7.63}$$

其中，$T_{b,i}$、$T_{b,i}^u$ 和 $T_{b,i}^d$ 分别是对应辐射率 R_i、R_i^u 和 R_i^d 的相当黑体温度，即亮温。可根据给定辐射率，代入普朗克函数(7.6)的右边，对该方程求逆得到黑体温度。

根据式(7.63)，我们得到地表发射率 $\varepsilon_{i,s}$ 的下述表达式：

$$\varepsilon_{i,s} = \frac{T_{b,i} - T_{b,i}^u - T_{b,i}^d \mathcal{T}_i(p_s)}{\mathcal{T}_i(p_s)(T_s - T_{b,i}^d)} \tag{7.64}$$

Karbou 等(2005)采用如下数据计算式(7.64)所表示的地表发射率：$T_{b,i}$ 是 NOAA-15

AMSU-A 亮温观测资料，T_s 是由国际卫星云气候项目的数据确定的无云区的地表温度(Rossow 和 Schiffer, 1991; Rossow 和 Garder, 1993a、b)，$T_{b,i}^u$ 和 $T_{b,i}^d$ 是根据欧洲中期天气预报中心(ECMWF) ERA-40 再分析资料集(Uppala 等, 2005)中的温度和水汽的晴空垂直廓线计算得到的对应辐射率 R_i^u 和 R_i^d 的相当黑体温度。这样得到的地表发射率估计值自然受到输入变量(地表温度、亮温观测、温度和水汽廓线)的误差影响。在平地上，没有体积散射，在 AMSU-A 的通道频率上，地表辐射来自于地球薄表层，表层穿透深度与通道波长相当，由经验公式(7.64)得到的地表发射率是最精确的。在这种情况下，地表温度实际上是表皮温度。然而，由式(7.64)得到的 AMSU-A 陆地地表发射率在其他有些区域精确度较差，例如①非常干燥的沙土、深厚的植被冠层、深厚的雪层，因为这些区域地球薄表层的穿透深度大于通道波长；②高低不平的地面，因为这里的大气辐射反射不再是镜面反射；③大气对地表辐射不透明度区域(Prigent 等, 2005, 2006)。

微波陆地地表发射率的另一个数据集是 TELSEM(Aires 等, 2011)。该数据集不仅提供所有地表类型、频率在 6～190 GHz 之间、所有扫描角、所有线性极化的地表发射率，还给出地表发射率的误差协方差矩阵。TELSEM 还是一个地表发射率插值器。类似于利用单色辐射传输方程(7.43)计算大气辐射总量的方法，利用特殊传感器微波成像仪(SSM/I)观测资料，首先得到地表发射率的月平均分布。然后，通过谱空间插值，给出 6～190 GHz 区间内任何频率的地表发射率。最后，通过时空插值，给出地球上一年中任何地点任何时间的地表发射率。

所有快速辐射传输模式都存在随机误差和系统误差。随机误差与仪器噪声相当或比后者略大。系统误差主要来源于快速辐射传输模式中使用的光谱数据误差和训练数据误差。

7.8　通道特点、扫描模式、视场、权重函数

MSU、AMSU-A 和 ATMS 都是跨轨微波辐射计，提供微波光谱区间[23 GHz, 90 GHz]内的地球大气辐射观测资料。把美国标准大气作为 MonoRTM 逐线积分辐射传输模式(Clough 等, 2005)的输入，可以分别得到氧气、水汽、臭氧和所有气体在 10～90 GHz 频率范围内的光学厚度变化，如图 7.6 所示。图中标出了 MSU、AMSU-A 和 ATMS 所有通道的中心频率位置。在 10～90 GHz 这个微波频率范围内，大气的光学厚度主要受氧气的强辐射吸收(尤其在 50～60 GHz 这个光谱区)影响，辐射吸收强度随频率增加而增强。MSU 的四个通道中，通道 2～4 分别观测 700 hPa、300 hPa、90 hPa 附近大气层信息(图 7.7a，表 7.2)；通道 1 是个近地面通道，除了近地面大气，还受地表发射率和地表温度的影响。

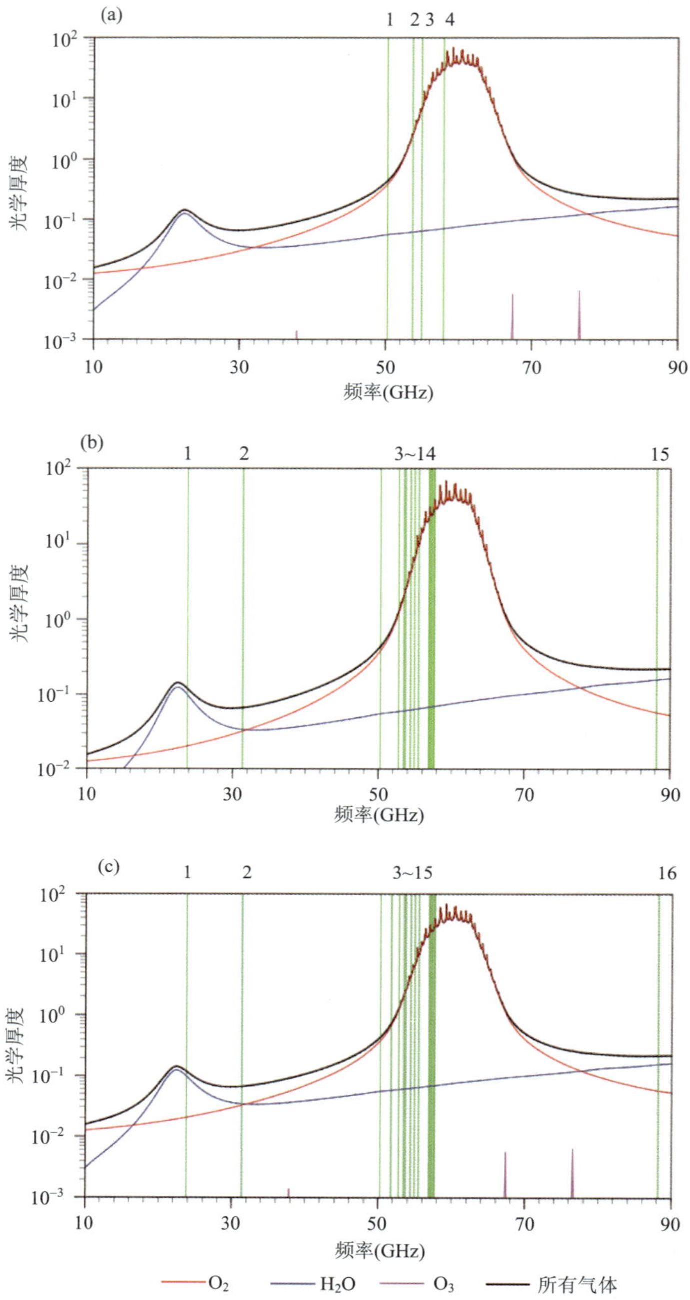

图 7.6　MonoRTM 计算得到的氧气(O_2)、水汽(H_2O)、臭氧(O_3)和所有气体的光学厚度随频率(10～90 GHz)的变化

输入的是美国标准大气

绿线对应(a)MSU 通道 1～4、(b)AMSU-A 通道 1～15 和(c)ATMS 通道 1～16 的中心频率

表 7.2　MSU 通道对应的中心频率、带宽、NEDT 和权重函数峰值高度

通道	频率(GHz)	带宽（MHz）	NEDT（K）	高度（hPa）
1	50.3	200	0.3	地表
2	53.74	4000	1.0	700
3	54.96	500	1.1	300
4	57.95	1000	1.0	90

AMSU-A 在 50～60 GHz 这个光谱区有 12 个探测通道，即通道 3～14(图 7.7b，表 7.3)。这些通道主要用来探测大气温度的垂直分布。从通道 3 到通道 14，AMSU-A 从近地面到平流层低层依次观测来自不同高度大气层的辐射。相比 MSU，AMSU-A 有更多的大气探测通道，还增加了三个窗区通道 1、2、15，其中心频率分别在 23.8 GHz、31.4 GHz、89.0 GHz。这三个窗区通道主要用于获取云、水汽和地表参数有关的观测信息。

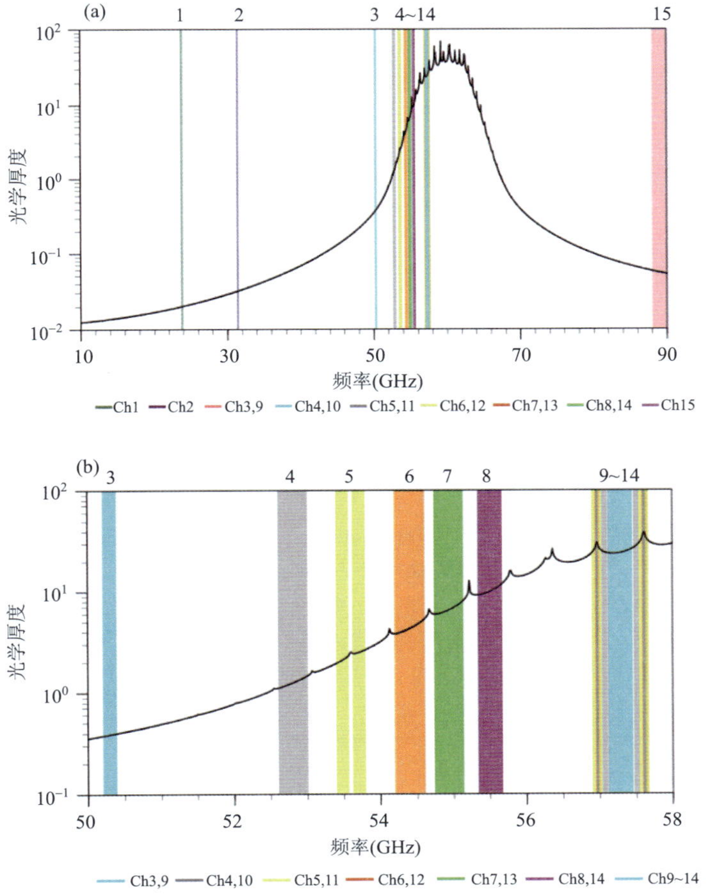

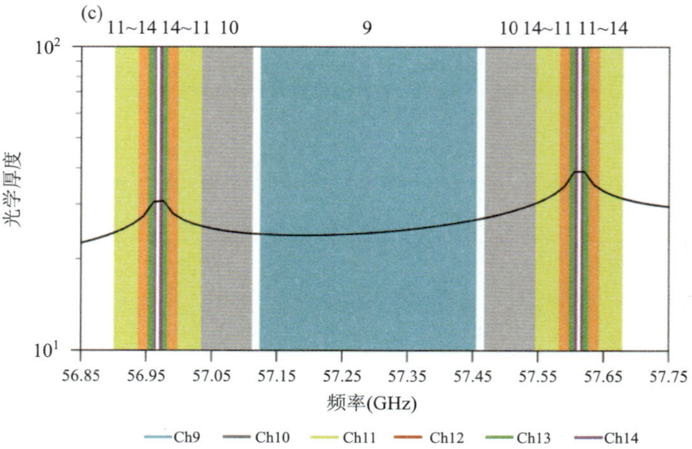

图 7.7 MonoRTM 计算得到的氧气(O_2)的光学厚度(黑色曲线)随频率的变化

输入的是美国标准大气

彩柱对应 AMSU-A 通道的带宽：(a) 10～90 GHz，通道 1～15；(b) 50～60 GHz，通道 3～14；(c) 56.85～57.75 GHz，通道 9～14

表 7.3 AMSU-A 通道对应的中心频率和带宽

通道	中心频率(GHz)	带宽(MHz)
1	23.8	270
2	31.4	180
3	50.3	180
4	52.8	400
5	53.596 ± 0.115	170
6	54.4	400
7	54.94	400
8	55.5	330
9	57.290	330
10	57.290 ± 0.217	78
11	57.290 ± 0.3222 ± 0.048	36
12	57.290 ± 0.3222 ± 0.022	16
13	57.290 ± 0.3222 ± 0.010	8
14	57.290 ± 0.3222 ± 0.0045	3
15	89.0	2000

ATMS 共有 22 个通道，其中通道 1～16 探测从地表到大约 1 hPa(～45 km)高度范围内的温度垂直变化(表 7.4)，通道 17～22 探测～200 hPa 以下的水汽垂直变化(见第 12 章)。ATMS 通道 1～3 和 5～15 与它们的前身 AMSU-A 通道 1～14 的中心频率相同；通道 4 是 ATMS 的新增通道，中心频率是 51.76 GHz，用来观测对流层 700 hPa 附近的大气温度。ATMS 通道 16 的中心频率是 88.2 GHz，与 AMSU-A 通道 15 的中心频率(89.0 GHz)略有不同。

表 7.4　ATMS 通道对应的中心频率和带宽

通道	中心频率(GHz)	带宽(MHz)
1	23.8	270
2	31.4	180
3	50.3	180
4	51.76	400
5	52.8	400
6	53.596 ± 0.115	170
7	54.4	400
8	54.94	400
9	55.5	330
10	f_0=57.290	330
11	f_0 ± 0.217	78
12	f_0 ± 0.322 ± 0.048	35
13	f_0 ± 0.322 ± 0.022	16
14	f_0 ± 0.322 ± 0.010	8
15	f_0 ± 0.322 ± 0.0045	3
16	88.2	2000
17	165.5	3000
18	183.31 ± 7	2000
19	183.31 ± 4.5	2000
20	183.31 ± 3	1000
21	183.31 ± 1.8	1000
22	183.31 ± 1	500

事实上，任何卫星遥感仪器实际观测的都是在中心频率(λ)附近有限的光谱带宽($d\lambda$)内的辐射。AMSU-A 通道 1～15 的有限光谱带宽如图 7.7a 所示。为了清楚起见，图 7.7b 给出 AMSU-A 通道 3～14 的光谱带宽分布，图 7.7c 给出 AMSU-A 通道 9～14 的光谱带宽分布。与图 7.6 类似，图 7.7 中也给出了大气中氧气的光学厚度随频率的变化。AMSU-A 通道 5、10～14 是双波段观测，通道 3、4 和 6～19 是单波段观测。由图 7.7 可见，单波段通道的光谱带位于氧气光学厚度曲线的谷底；对于双波段通道，中心频率位于氧气光学厚度曲线的谷峰处，两个光谱带对称性地分布在中心频率(即氧气光学厚度曲线谷峰)的两侧。这种带宽的选择，保证辐射观测值稳定可靠。

在卫星升轨轨道上， MSU、AMSU-A 和 ATMS 的跨轨扫描方式是从西(阳面)向东(阴面)的。同一个微波辐射计在每根扫描线上观测的地球视场总数是相同的。在每条扫描线上，MSU、AMSU-A、ATMS 的视场总数分别是 11、30、96。卫星到地球的距离在星下点最短，所以，星下点的视场最小。MSU 星下点的水平分辨率为 109 km。从一个视场到下一个视场的观测时间差是 1.84 s。MSU 完成一根扫描线的观测时间是 25.6 s。

AMSU-A 的最大扫描角是±49.5°，波束宽度为 3.3°，星下点的视场直径是 48 km。AMSU-A 完成每根扫描线上的 30 个视场的观测时间是 8s。扫描角越大，视场形状越扁(即椭圆的长短轴差更大)，如图 7.8a 所示。随着扫描角的增加，椭圆形视场在卫星轨道方向的长轴比跨轨方向的短轴增加得快。在最大扫描角处的第 1 和第 30 个视场的长轴和短轴分别是 150 km 和 80 km(图 7.8b)。因此， AMSU-A 的辐射观测资料在星下点附近比在刈幅边缘密集。

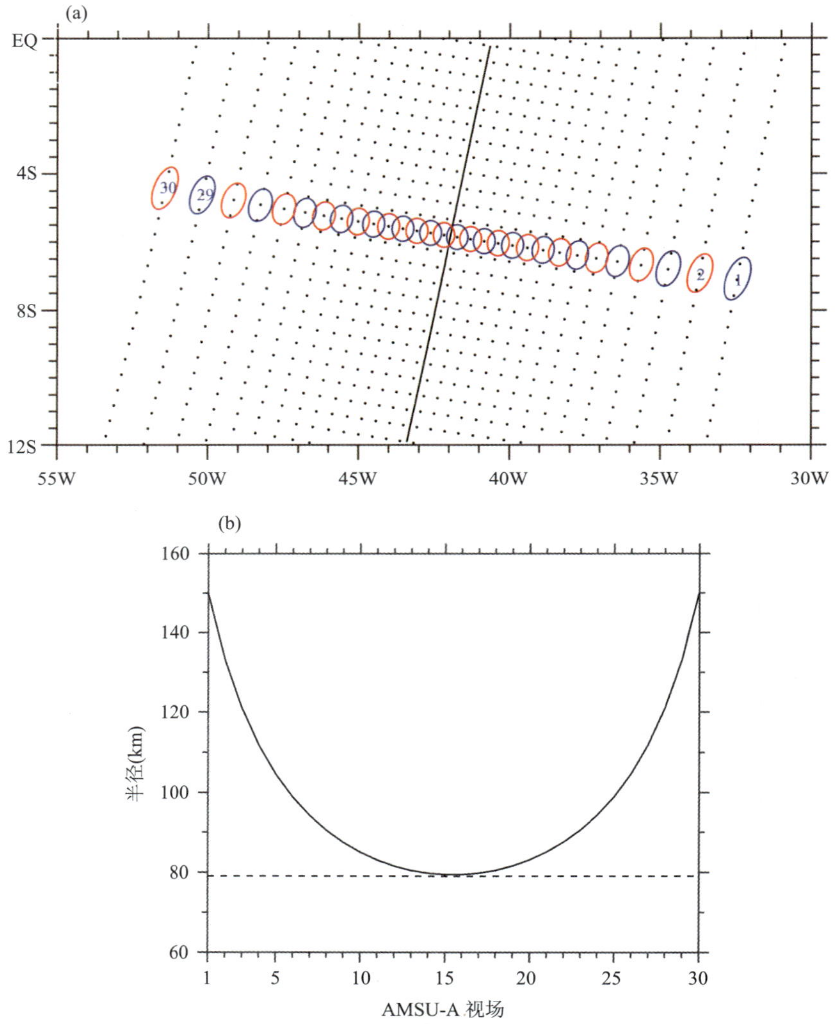

图 7.8　(a)2012 年 10 月 24 日 NOAA-18 降轨刈幅在赤道附近的 AMSU-A 数据点分布(黑点)和一条扫描线上 AMSU-A 的 30 个视场大小(蓝红间隔椭圆)；(b) AMSU-A 视场沿轨(虚线)和跨轨(实线)方向半径随视场数的变化

ATMS 的最大扫描角是±52.7°。所以，同一条扫描线上第一个与最后一个视场中心之间的夹角为 105.45°，比 AMSU-A 的大。与 MSU 和 AMSU-A 类似，面向卫星飞行方向，ATMS 天线按逆时针扫描顺序，依次观测地球视场、冷空、暖目标。每条扫描线上有 96 个视场，扫描速度是 61.6°·s^{-1}。星下点在第 48 和第 49 个视场之间。观测一个视场的时间是 18 ms，完成每根扫描线上 96 个视场的观测时间 1.73 s。

MSU、AMSU-A、ATMS 的波束宽度不同，所以，它们的视场大小差别很大，如图 7.9 所示。图 7.9a 对比了 NOAA-14 MSU 视场 5～7 和 NOAA-18 AMSU-A 视场 8～18；图 7.9b 对比了 NOAA-18 AMSU-A 视场 12～18 和 ATMS 探测通道的视场 41～55；图 7.9c 对比了 NOAA-18 AMSU-A 视场 12～18 和 ATMS 窗区通道视场 44～53。MSU 和 AMSU-A 视场的大小分别是根据 2006 年 8 月 1 日 NOAA-14 和 2016 年 8 月 1 日 NOAA-18 的轨道信息计算出来的，ATMS 视场的大小是根据 2016 年 8 月 1 日的 S-NPP 轨道信息计算出来的。除了波束宽度不同，卫星飞行高度对视场大小也略有影响。不同卫星飞行高度接近但不一样，譬如，NOAA-14 、NOAA-18、S-NPP 的飞行高度分别是 844 km、854 km、824 km。MSU 星下点的视场比 AMSU-A 星下点视场大一倍以上(图 7.9a)。MSU 或 AMSU-A 视场与相邻视场重叠很小，只在沿轨和跨轨方向的四侧与相邻的视场有少量重叠区。然而，不管是温度探测通道(图 7.9b)还是窗区通道(图 7.9c)，ATMS 相邻视场之间有很大重叠部分。ATMS 探测通道的每个视场在沿轨和跨轨方向上都与相邻两个视场有重叠(图 7.9b)。所有 AMSU-A 通道的视场大小是一致的，但 ATMS 的窗区通道比探测通道的视场大很多。一个窗区通道视场在沿轨和跨轨方向上与七个相邻视场重叠(图 7.9c)。ATMS 视场有明显重叠这件事既带来挑战，也带来机遇。例如，ATMS 视场之间的观测误差可能是相关的，这对于 ATMS 的资料同化来说不是一个理想的特征。Yang 和 Zou(2014)研发了一个最优 ATMS 映射算法，可以把大视场、视场之间有高度重叠区的 ATMS 资料映射到像 AMSU-A 那样的视场上。这不仅方便了 ATMS 的资料同化，也可以把映射后的 ATMS 与 AMSU-A 数据合并，适用于研究年代际气候变化趋势(Zou 等，2014)。

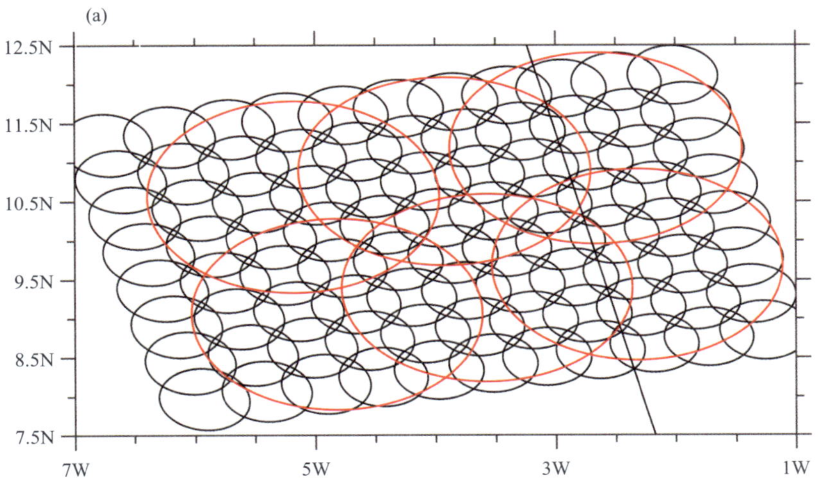

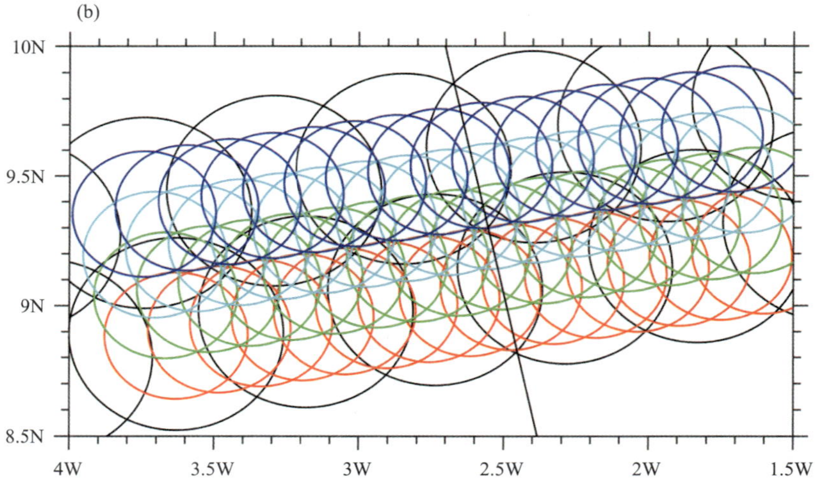

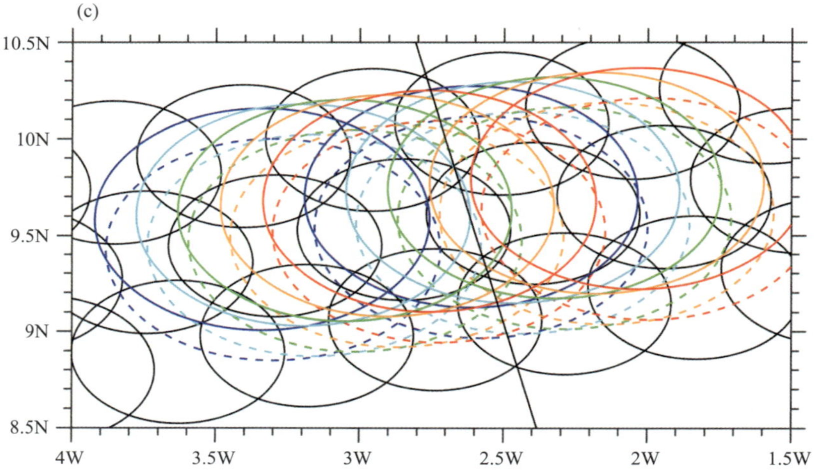

图 7.9　(a) MSU 探测通道视场 5～7(红色圆圈)和 AMSU-A 探测通道视场 8～18(黑色圆圈)；(b) AMSU-A 探测通道视场 12～18(黑色圆圈)和 ATMS 探测通道视场 41～55(彩色圆圈)；(c) AMSU-A 窗区通道视场 12～18(黑色圆圈)和 ATMS 窗区通道视场 44～53(彩色圆圈)

黑色直线显示星下点位置

MSU 视场根据 2006 年 8 月 1 日 NOAA-14 轨道信息算得，AMSU-A 和 ATMS 视场分别根据 2016 年 8 月 1 日 NOAA-18 和 S-NPP 轨道信息算得

MSU、AMSU-A 和 ATMS 的亮温观测值代表了对应视场地球大气中的氧气在指定频率(即某个高度层内)的辐射的垂直加权平均。在水平方向，一个圆形或椭圆形视场中不同位置的氧气对某个通道辐射的相对贡献是由该通道的天线方向图决定的。下面以 ATMS 通道 8 为例来描述天线方向图这个概念。图 7.10 展示了第 48 个视场内沿着与向北方向有 45°夹角的剖面上天线相对功率随扫描角的变化。为方便起见，图 7.10 横轴上视场中心位置的扫描角为零。我们看到一个稍微发散的锥形波束的天线相对功率分布，它的半功率宽度(也称为 3 dB 宽度)为 2.2°。主波束宽度定义为半功率宽度的 2.5 倍，所以，ATMS 通道 8 主波束宽度是 5.5°。在主波束两边接近主波束的天线相对功率图部分

称为近旁瓣，更远一点的天线相对功率图部分称为远旁瓣。主波束宽度内接收的能量约为 95%～97%，剩余部分小于 5%。值得指出的是，远旁瓣对观测误差可能有重要影响(Weng 等, 2013a)。

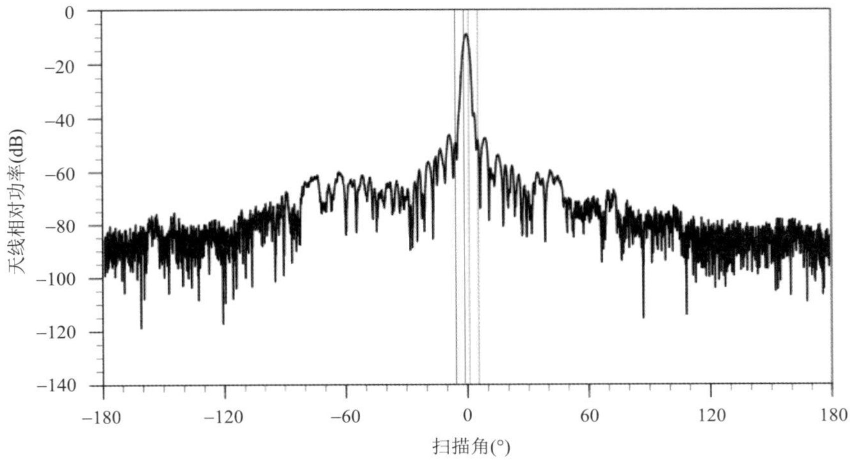

图 7.10　ATMS 通道 8 的天线相对功率随扫描角的变化

从第 48 个视场中心位置向两侧沿着与向北方向夹角 45°剖面

3 dB 宽度和主波束宽度分别用红色和蓝色线表示

利用辐射传输基本方程(7.43)和气体透过率(7.62)，可以计算 MSU、AMSU-A 和 ATMS 通道的权重函数。根据美国标准大气的温度、水汽和臭氧垂直廓线(图 7.11)，利用 CRTM，可以得到 MSU、AMSU-A、ATMS 温度探测通道的权重函数(图 7.12)。前面

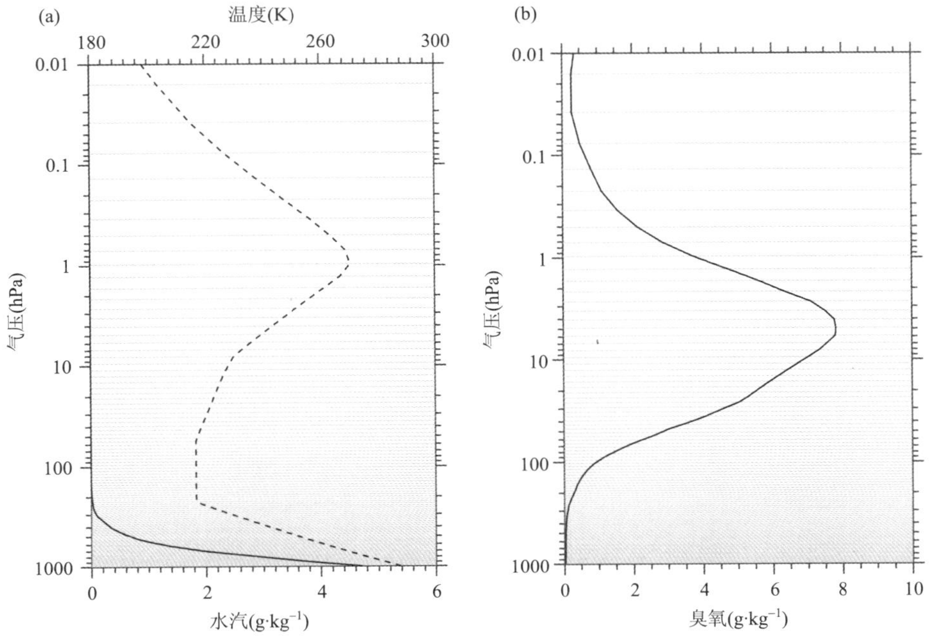

图 7.11　美国标准大气的(a)温度(虚线)和水汽(实线)以及(b)臭氧垂直廓线(实线)

提到，MSU、AMSU-A 或 ATMS 得到的亮温观测值是观测视场内不同高度大气微波辐射的加权平均，加权平均系数由权重函数决定。权重函数峰值高度附近的大气温度对辐射贡献最大。所有通道的权重函数随高度变化较慢，分布较宽。大气的辐射贡献随着距离权重函数峰值高度的垂直距离增加而逐渐减小。权重函数越宽，对应通道的观测垂直分辨率就越粗。由图 7.12 可知，MSU、AMSU-A、ATMS 观测资料的垂直分辨率较粗是因为通道较少，权重函数较宽。

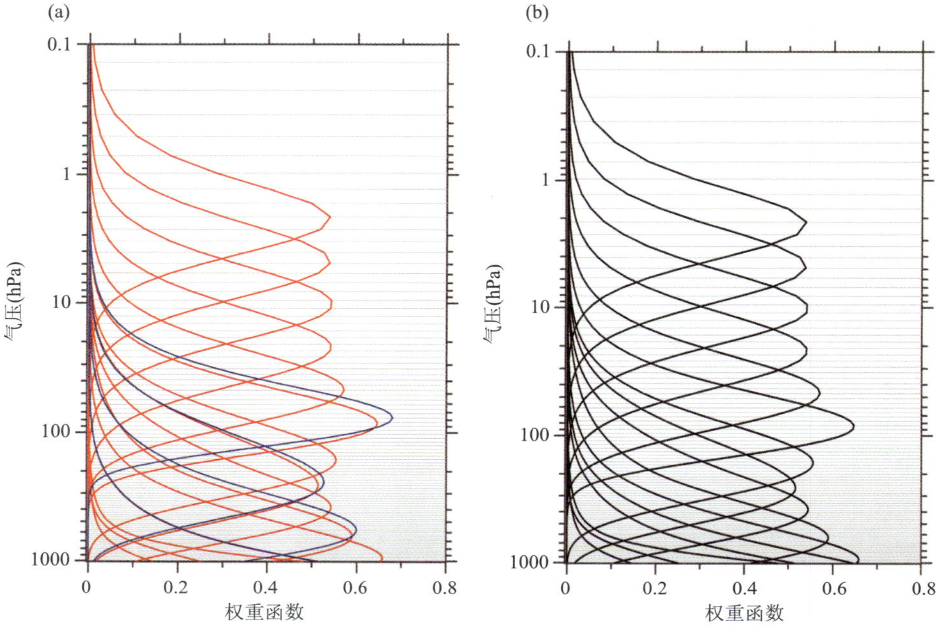

图 7.12　(a) MSU（蓝色）和 AMSU-A（红色）以及 (b) ATMS（黑色）温度探测通道的权重函数
水平线表示通用辐射传输模式（CRTM）的 100 个垂直层

7.9　ATMS 条带噪声分析与减噪

对于对流层上层和平流层下层的 ATMS 温度探测通道，亮温观测值（O）和模拟值（B）之差（O–B）的全球分布图中出现了跨轨条带噪声特征（Bormann 等, 2013）。 图 7.13 展示了 2013 年 1 月 2 日 ATMS 通道 10 和 AMSU-A 通道 9 的 O–B 全球分布。在 AMSU-A 温度探测通道中未曾见过类似的条带噪声特征。近地面通道和水汽通道的 O–B 的动态范围比上层通道大一个或两个量级，所以，这些通道的条带噪声很难直接从 O–B 分布图中识别，原因是画出 O–B 分布图的等值线间隔远大于条带噪声大小。幸运的是，2012 年 2 月 20 日，S-NPP 卫星平台翻转成背对地球，ATMS 对深空进行了大约 22 min 的所有扫描角上的冷空视场观测。由于冷空辐射几乎是均匀的（～2.73 K），与地球视场相比，更容易检测和验证与仪器随机误差量级相当的条带噪声是否存在于所有 ATMS 通道中。

图 7.14 为 ATMS 通道 3 和通道 10 的冷空亮温观测结果。与预期一样，这两个通道的观测亮温不仅都在 2.73 K 左右，图中还清楚地展示了条带噪声的存在。这些条带噪声沿着同一条扫描线几乎是常数值，但沿着卫星轨道方向的量值变化具有随机性。

Qin 等(2013a)提出了一种能有效去除 ATMS 观测亮温资料中的条带噪声的方法。首先，使用主成分分析(PCA)将连续 N 条扫描线的亮温资料($T_b^{obs}(k,j)$，$k=1, 2, \cdots, 96$; $j=1, 2, \cdots, N$) 分解为不同的特征向量(称为 PC 模态)：

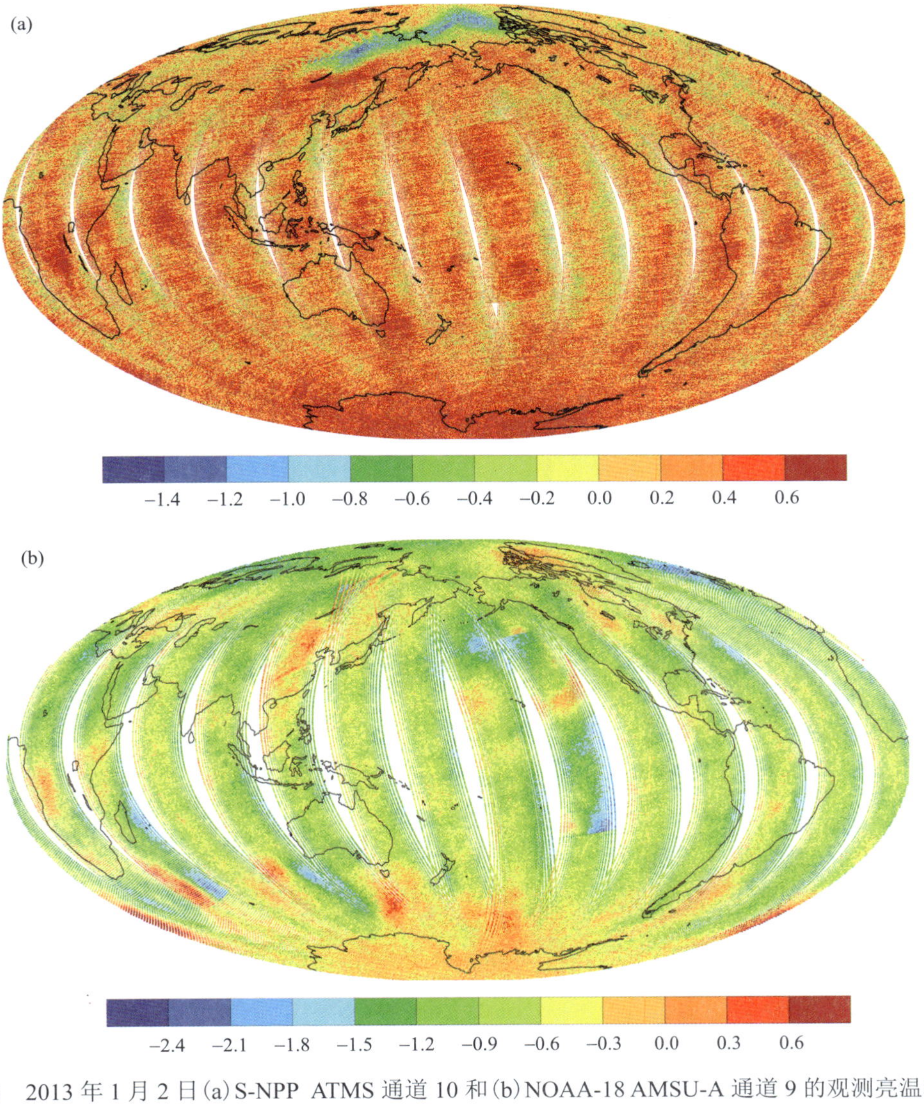

图 7.13　2013 年 1 月 2 日(a) S-NPP ATMS 通道 10 和(b) NOAA-18 AMSU-A 通道 9 的观测亮温和模式模拟亮温之差(单位：K)

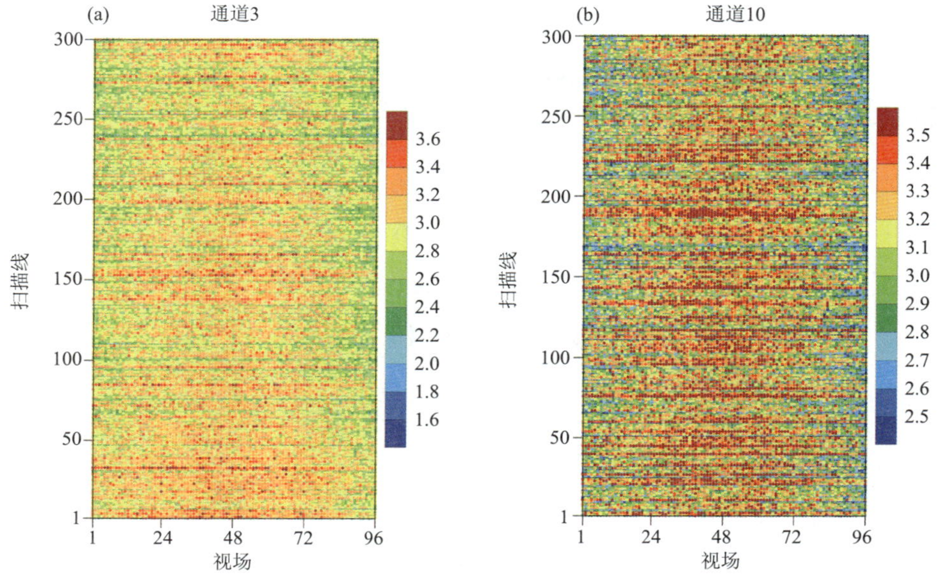

图 7.14　(a) ATMS 通道 3 和 (b) 通道 10 的俯仰翻转演习中得到的冷空观测亮温(单位：K)

$$\boldsymbol{A}=\begin{pmatrix} T_{\mathrm{b}}^{\mathrm{obs}}(1,1) & \cdots & T_{\mathrm{b}}^{\mathrm{obs}}(1,N) \\ \vdots & & \vdots \\ T_{\mathrm{b}}^{\mathrm{obs}}(M,1) & \cdots & T_{\mathrm{b}}^{\mathrm{obs}}(M,N) \end{pmatrix}=\sum_{i=1}^{96}\left(\sum_{k=1}^{96}\sum_{j=1}^{N}e_i(k)u_i(j)\right) \tag{7.65}$$

其中，

$$\vec{e}_i=\begin{pmatrix} e_i(1) \\ e_i(2) \\ \vdots \\ e_i(96) \end{pmatrix} \quad 和 \quad \vec{u}_i=\begin{pmatrix} u_i(1) \\ u_i(2) \\ \vdots \\ u_i(N) \end{pmatrix} \quad (i=1,\ 2,\ \cdots,96) \tag{7.66}$$

分别称为第 i 个 PC 模态及其和第 i 个 PC 模态的 PC 系数。因为 $\boldsymbol{AA}^{\mathrm{T}}\vec{e}_i=\lambda_i\vec{e}_i$，第 i 个 PC 模态对数据($\boldsymbol{A}$)的总方差的相对贡献可以通过 λ_i 来和衡量，并且

$$\lambda_1>\lambda_2>\cdots>\lambda_{96} \tag{7.67}$$

PCA 分解的优点是前几个 PC 模态就能捕获数据的大部分方差。

根据式(7.65)，可以把原始数据矩阵($\boldsymbol{A}$)分解成不同的 PC 模态之和:

$$\boldsymbol{A}=\sum_{i=1}^{96}\boldsymbol{P}_i,\qquad \boldsymbol{P}_i=\sum_{k=1}^{96}\sum_{j=1}^{N}e_i(k)u_i(j) \tag{7.68}$$

图 7.15 给出了 2013 年 1 月 2 日 ATMS 通道 10 在任意选择的一段升轨刈幅上的亮温观测值(图 7.15a)，第一 PC 模态(图 7.15b)、第二 PC 模态(图 7.15c)和第三 PC 模态(图 7.15d)的分布。

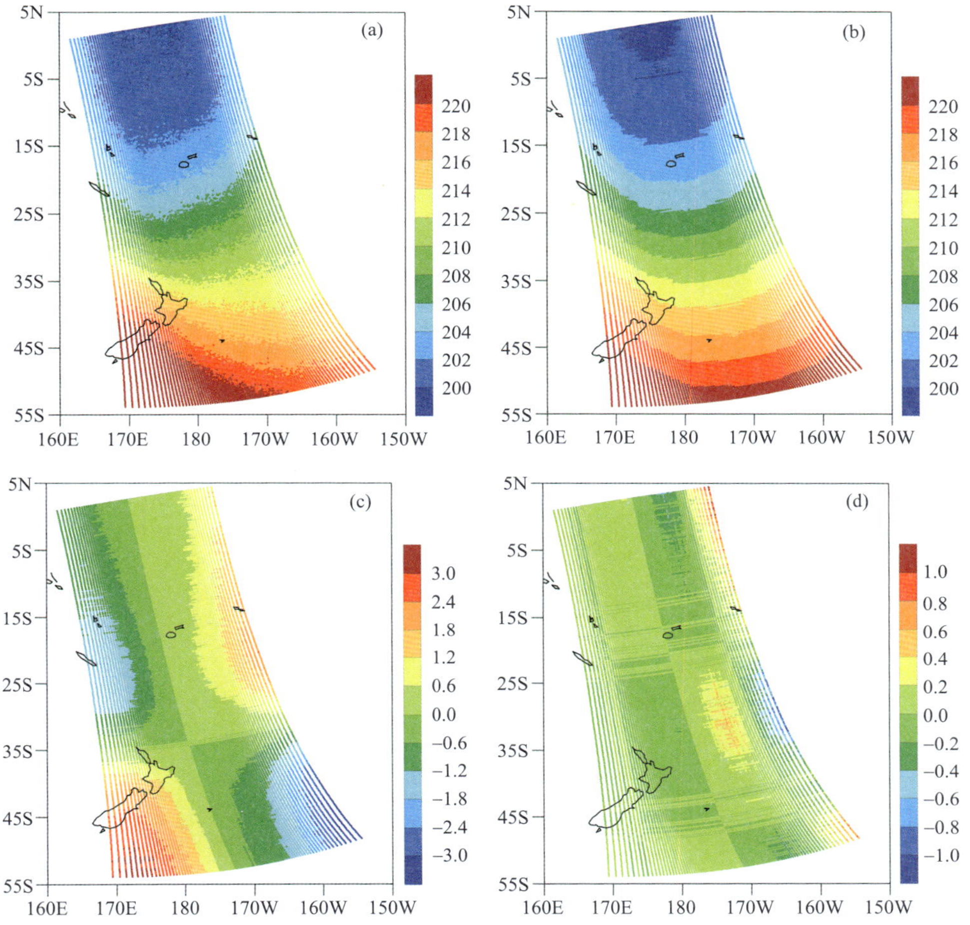

图7.15　2013年1月2日ATMS通道10在任选的一段升轨刈幅上的(a)观测亮温及其(b)第一PC模态、(c)第二PC模态和(d)第三PC模态(单位：K)

ATMS 观测亮温对扫描角有很强的依赖性，这是跨轨辐射计温度探测通道的一个典型特征。星下点的亮温比最大扫描角的亮温高好几度。PC 模态在跨轨方向的变化尺度随着 PC 模态数(i)的增加而减小。第一 PC 模态($\boldsymbol{P}_1$)捕获了依赖于扫描角的主要特性。第二 PC 模态($\boldsymbol{P}_2$)描述了 ATMS 观测亮温中相对于星下点位置的跨轨非对称变化，而第三 PC 模态($\boldsymbol{P}_3$)表示了不被第一和第二 PC 模态所描述的小尺度特征。由于前三个 PC 模就解释了 98%的原始亮温观测总方差，对 $\boldsymbol{P}_1$、$\boldsymbol{P}_2$、$\boldsymbol{P}_3$ 求和所得到的值与原始数据的差别就很小了(图略)。

第一 PC 模态中(图 7.15b)的跨轨条带噪声在沿轨方向的强弱变化由第一 PC 模态的 PC 系数($\vec{u}_1$)描述，如图 7.16a 所示。$\vec{u}_1$ 含有高频随机噪声。因此，我们可以利用经验集合模态分解(EEMD)法把 $\vec{u}_1$ 前三个本征模函数(IMF)中的高频随机噪声分离并去除，把去除了前三个 IMF 后的 PC 系数表示为 $\vec{u}_1^{\text{destriped}}$ (图 7.16d)。将式(7.65)中的 $\vec{u}_i$ 替换为 $\vec{u}_1^{\text{destriped}}$ 后可重建亮温数据，即

$$\boldsymbol{A}^{\text{destriped}}=\sum_{k=1}^{96}\sum_{j=1}^{N}e_1(k)u_1^{\text{destriped}}(j)+\sum_{i=2}^{96}\left(\sum_{k=1}^{96}\sum_{j=1}^{N}e_1(k)u_i(j)\right) \tag{7.69}$$

矩阵 $\boldsymbol{A}^{\text{destriped}}$ 代表 ATMS 条带噪声去除后的重建亮温观测资料。

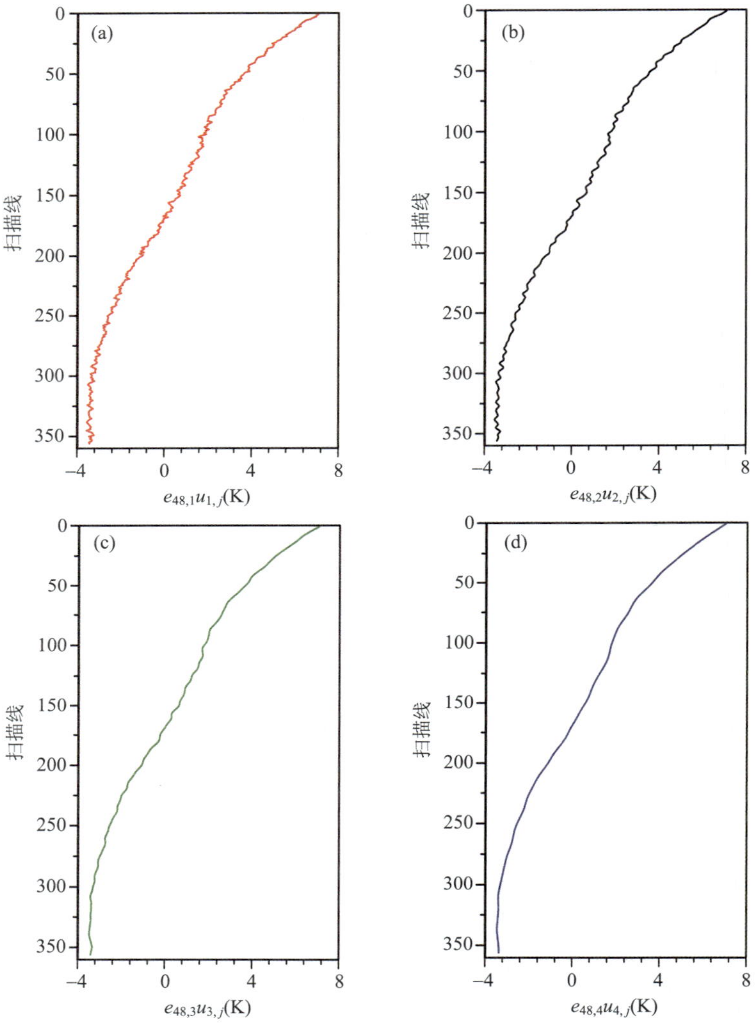

图 7.16　(a) ATMS 通道 10 亮温观测第一 PC 模态在星下点沿轨方向的变化，以及其减去 (b) 第一 IMF、(c) 第二 IMF 和 (d) 第三 IMF 后的变化

与原始数据（图 7.13a）相比，在 ATMS 通道 10 的 $O^{\text{destriped}}-B$ 全球分布图（图 7.17a）中已没有明显的条带噪声特征。图 7.17b 是所去除的条带噪声。ATMS 的条带噪声大约为 ±0.3 K。其他 ATMS 通道的观测亮温资料中亦有类似幅度的条带噪声（图略）。

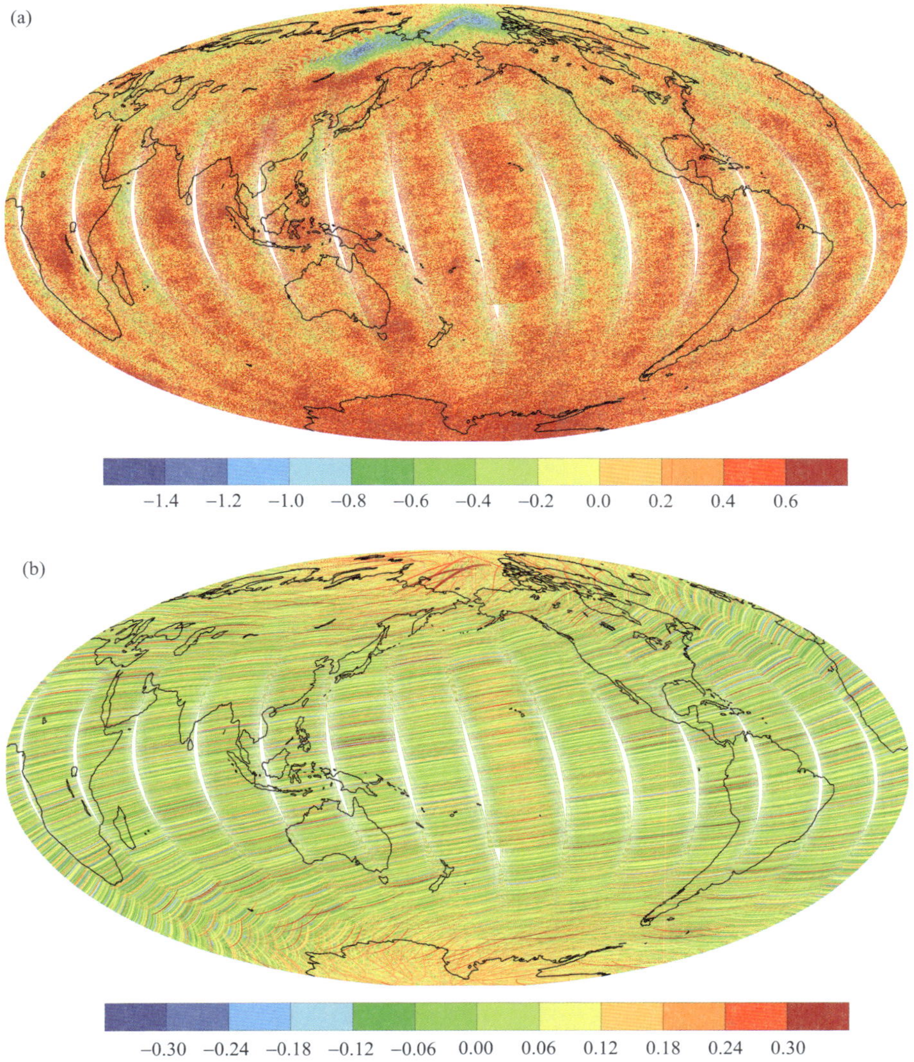

图 7.17　(a)去除条带噪声后的 ATMS 通道 10 的观测亮温与模式模拟亮温之差和所去除的(b)条带噪声(单位：K)

上述条带噪声分离和去除方法也适用于卫星俯仰翻转演习冷空观测数据。图 7.18 显示了去除条带噪声后 ATMS 通道 3 和通道 10 的冷空亮温观测结果(图 7.18a1、a2)，所去除的条带噪声见图 7.18b1、b2。与原数据(图 7.14)相比，去除条带噪声后的冷空亮温观测分布更加均匀，主要表现为随机噪声和随扫描角的变化。后者是由于卫星航天器的辐射通过近旁瓣作用或被固定在卫星上的平面反射器反射而产生的(Weng 等, 2013a)。

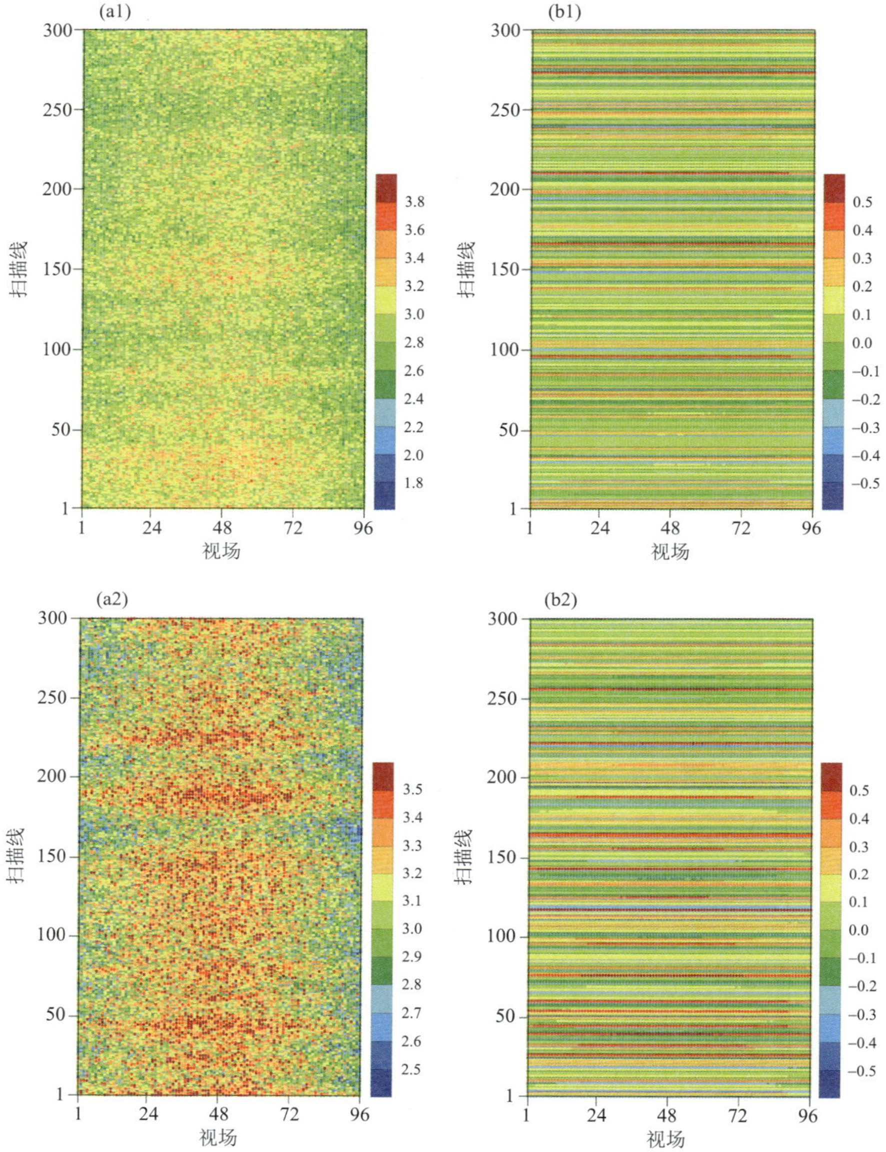

图 7.18　去除条带噪声后的冷空观测亮温(a1、a2，单位：K)和所去除的条带噪声(b1、b2)

a1、b1 对应 ATMS 通道 3，a2、b2 对应 ATMS 通道 10

通过比较 ATMS 通道 8 的(O–B)和($O^{\mathrm{destriped}}$–B)场的功率谱密度(PSD)分布(图 7.19)，可以知道条带噪声的去除对亮温观测资料的影响主要发生在什么频率范围。由图 7.19 可见，去除条带噪声只降低了频率在 10^{-2} s^{-1} 和 1.4×10^{-1} s^{-1} 之间的 PSD。顺便指出，由于 ATMS 完成一根扫描线耗时 1.73 s，ATMS 观测资料所能分辨的最低频率是 1.4×10^{-1} s^{-1}。因此，条带噪声的去除不影响频率小于 10^{-2} s^{-1} 的观测亮温信号。这是上述去噪方法的一个优良特性，它确保去除条带噪声过程不会改变重要天气信号。同样的方法也适用于 NOAA-20 ATMS 测资料(Zou 和 Tian, 2019)。Zou 和 Tian(2019)指出在

NOAA-20 ATMS 数据中也有条带噪声，但略小于比 S-NPP ATMS 数据中的条带噪声。

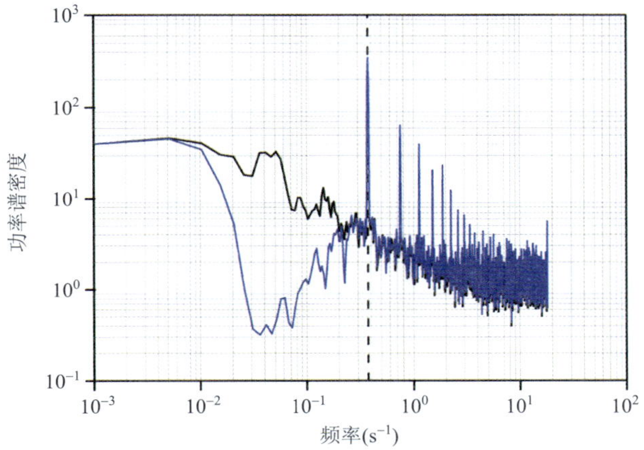

图 7.19　ATMS 通道 8 去除条带噪声前(黑色)后(蓝色) $O–B$ 的功率谱密度分布

Qin 等(2013a、b)提出的 ATMS 条带噪声去除方法对业务应用过于复杂。Ma 和 Zou(2015)研发了适用于业务应用的 22 个对称滤波器，可分别用于去除 22 个 ATMS 通道的条带噪声。此外，在 Qin 等(2013a、b)以及 Ma 和 Zou(2015)的研究工作中，条带噪声去除方法都直接应用于 ATMS 的亮温观测资料。Tian 和 Zou (2019a)尝试了直接去除原始辐射计数值数据中的条带噪声。具体而言，生成四组对称滤波器，分别去除暖目标计数值、冷空计数值、暖负载温度和地球视场计数值中的条带噪声。该研究还表明，只去除暖目标计数值、冷空计数值和热负载温度数据中的条带噪声，不去除地球视场计数值中的条带噪声，用两点定标得到的亮温观测资料中仍然有条带噪声。这解释了为什么在 ATMS 业务校正系统中(见式(7.15))，利用棚车滤波器平滑了暖目标计数值和冷空计数值后，仍然不能消除 ATMS 亮温观测资料中的条带噪声的原因。

值得指出的是，Qin 等(2013a、b)提出的去除条带噪声的方法只适用于 ATMS 高层温度测深通道资料，并不适用于 ATMS 窗区通道(通道 1、2、16～18)和对流层下层通道(通道 3～5)。因为受地形高度、海陆交界或液态水路径影响，这些通道的亮温观测值在沿轨方向出现突变，梯度很大。当海陆交界线或深厚云层边缘与扫描线平行时，就会出现这样的情况。使用上述条带噪声去除方法会在沿轨梯度突变地区产生人为虚假信息。为了解决这个问题，Zou 等(2017)修改了 PCA/EEMD 这个条带噪声去除方法，避免在消除这些通道的条带噪声时引入人为虚假信息。

如果所同化的亮温观测资料去除了条带噪声，则需要根据去除了条带噪声后的暖目标计数值重新计算 NEDT 作为观测误差。图 7.20 显示了 ATMS 通道 8 的校准暖目标的四个计数值在去噪前后的第一 PC 模态分布。为清楚起见，从暖目标计数值中减去了其平均值 19562.86。图 7.20d 为 ATMS 通道 8 第一个暖目标计数值在消除条带噪声前后的 PSD。我们可以同时用传统的 NEDT 和 Allan 标准差来评估条带噪声对 ATMS 亮温观测资料精度(即 NEDT)的影响 (图 7.21)。由图 7.21 可见，去除条带噪声后，ATMS 所有

16 个通道的 NEDT 和 Allan 标准差都减小了。

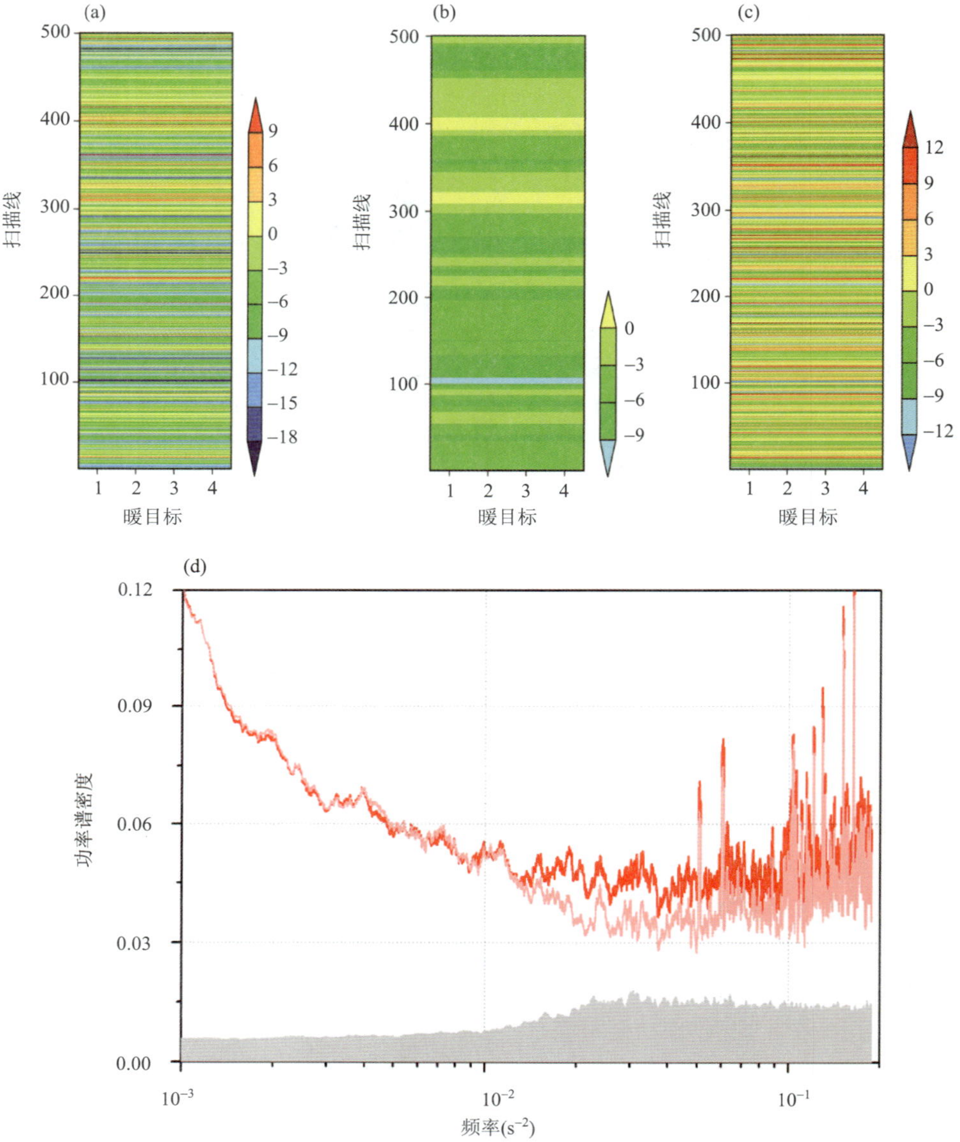

图 7.20　用于校准 ATMS 通道 8 观测亮温的四个暖目标计数值在条带噪声(a)去除前和(b)去除后的第一 PC 模态；(c)暖目标计数值中的条带噪声；(d)用于校准 ATMS 通道 8 观测亮温的第一个暖目标计数值在去除条带噪声前(红色)后(粉色)以及条带噪声(浅灰色阴影)的 PSD 分布

(a)(b)中暖目标计数值的平均值(19562.86)已被减去

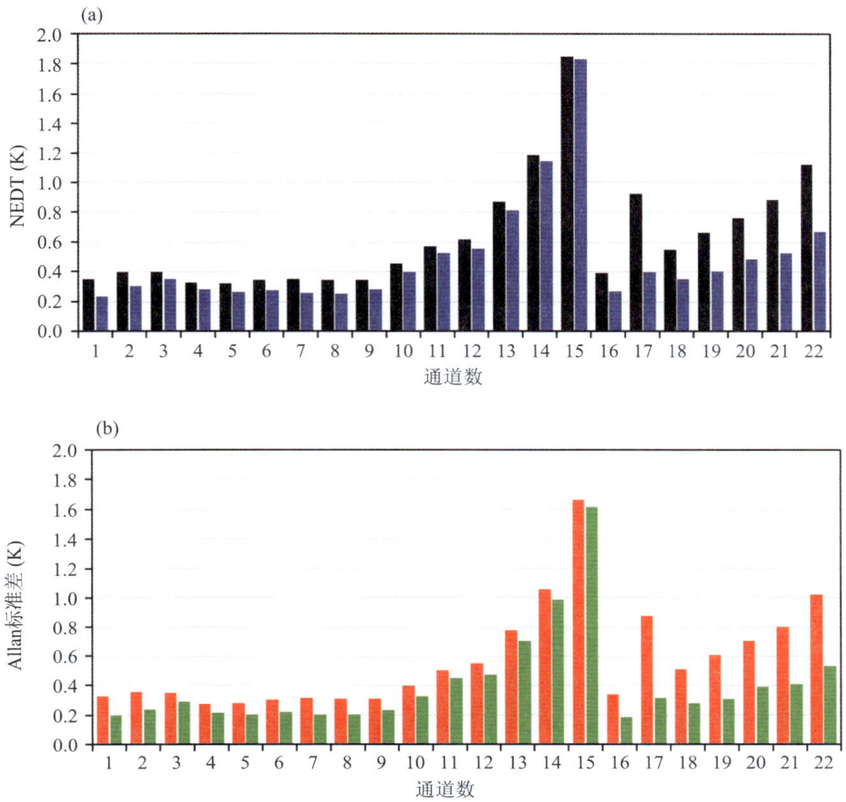

图 7.21　(a) 去除条带噪声前(黑条)后(蓝条)的 NEDT；(b) 去除条带噪声前(红条)后(绿条)的 Allan 标准差

7.10　风云三号卫星微波温度计

中国完成了第一代极轨气象卫星风云一号系列 4 颗极轨气象卫星(FY-1A、1B、1C、1D)的发射任务后，启动了第二代极轨气象卫星风云三号的发射计划。2008～2017 年，已发射了 4 颗风云三号极轨气象卫星(FY-3A、3B、3C、4D)，其中 FY-3A 和 FY-3B 是试验卫星，FY-3C 和 FY-3D 是业务卫星。这 4 颗风云三号卫星的发射时间分别是 2008 年 5 月 27 日、2010 年 12 月 5 日、2013 年 9 月 23 日和 2017 年 11 月 14 日。FY-3A 和 FY-3C 是上午星，它们的 LECT 分别是 0905 LT 和 1015 LT。FY-3B 和 FY-3D 是下午星，它们的 LECT 分别是 1338 LT 和 1400 LT。这 4 颗卫星上搭载有 MWTS 和 MWTS-2 两种微波温度计。FY-3A 和 FY-3B 卫星上搭载的是 MWTS，有 4 个通道，与 MSU 通道的频率相同。FY-3C 和 FY-3D 卫星上搭载的是 MWTS-2，有 13 个通道，与 AMSU-A 通道 3～15 的频率相同。

经过 6 个月密集的校准和验证后，FY-3A 上的大多数仪器被公布适合用户应用，特别是大气测深仪的性能已达到甚至超过质量标准(Dong 等，2009)。通过与 NOAA-18

AMSU-A 资料进行比较，Zou 等(2011a)对 FY-3A MWTS 观测资料进行了初步质量评估。与 AMSU-A 相同频率通道资料相比，MWTS 亮温资料全球平均偏差和标准偏差随温度和扫描角的变化与 AWSU-A 资料相似，量值略大。但是，MWTS 的亮温偏差 $O–B$ 随场景温度变化而变化，而 NOAA-18 AMSU-A 的偏差不依赖于场景温度。MWTS 偏差随场景温度变化的根本原因是 FY-3A 发射后 MWTS 的通道中心频率发生漂移(Wang 等, 2012)。如果在快速辐射传输模式中考虑了频率漂移，得到的模拟值表示为 B^{shifted}，则 MWTS 的偏差 $O–B^{\text{shifted}}$ 与 MetOp-A/NOAA-18 AMSU-A 资料的偏差一样，不依赖于场景温度。

Wang 和 Zou(2012)对 FY-3B MWTS 的亮温资料进行了质量评估。他们发现，在北半球一个较小的纬度带内(约 30～40°N)，通道 4 的亮温观测资料中存在较大的噪声污染，并且，在全球范围内第 4 个视场的亮温观测值比邻近视场的亮温观测值系统性地偏高。这些异常偏差可能是由旁瓣效应或被来自某些未知源的信号干扰造成的。因此，在将 FY-3B MWTS 观测资料应用于数值预报前，需要通过质量控制去除通道 4 第 4 视场的异常数据。

为了消除任何交叉扫描辐射计资料都有的依赖于扫描角的特征，Tian 等(2018)对 FY-3C MWTS-2 数据进行了跨轨扫描校正。跨轨扫描校正后的 MWTS-2 亮温观测资料图中可以直接看到全球大尺度天气结构和飓风结构特征。与 ATMS 的观测资料相似，MWTS-2 的亮温观测资料中也发现了跨轨条带噪声。而且，MWTS-2 观测资料中的条带噪声大于 ATMS 的条带噪声(Zou 和 Tian, 2019)。FY-3C MWTS-2 的变速扫描方式在 2014 年 5 月 12 日～18 日期间改成了匀速扫描，但条带噪声仍然存在，且噪声量值略高。Zou 和 Tian(2019b)指出，不管是哪种扫描模式，只要在 MWTS-2 亮温资料的前三个 PC 模态中，剔除前四个 IMF，就可以有效去除 MWTS-2 的条带噪声。

FY-3D MWTS-2 的观测时间介于 NOAA-20 ATMS 和 S-NPP ATMS 之间。Tian 和 Zou(2019b)研发了一个包含对流微物理参数化方案的非静力轴对称台风预报数值模式的四维变分涡旋初始化系统。他们用该系统进行了四维变分涡旋初始化，四维变分中的模式预报时间大约是 1 h，所同化的资料来自三种不同极轨气象卫星的微波温度计资料的热带气旋暖核温度反演产品和全球变化观测任务卫星 GCOM-W1 的总可降水量反演产品，得到的飓风强度预报和所有模式状态变量(如温度、水汽混合比、液态水含量混合比等)的垂直结构特征比利用 ECMWF ERA5 再分析资料作为初始条件的模式预报更逼近实际观测。

全球极轨气象卫星微波温度计 MSU(通道 2～4)和 AMSU-A(通道 5、7、9)数据已被广泛应用于气候研究(Vinnikov 和 Grody, 2003; Zou 等, 2009)。把 FY-3 MWTS 资料与 NOAA MSU/AMSU-A/ATMS 和 EUMETSAT AMSU-A 资料联接起来可以扩展和延伸微波温度计气候数据集，更有利于气候研究。然而，为了满足检测全球气候变化(量级在每十年 0.01～0.02 K)的长期气候趋势(Ohring 等, 2005)，需要非常精确的在轨校准以及卫星和卫星之间的交叉校准，才能得到有足够高准确度、精度、稳定性和一致性的卫星微波温度计观测亮温气候数据集(Wang 等, 2012)。例如，从数据(O)中减去($B^{\text{shifted}}–B$)后的FY-3A MWTS亮温与MetOp-A/NOAA-18 AMSU-A在极区匹配到的星下点数据非常接近(Wang 等，2012)。

7.11　AMSU-A 亮温的相对敏感性

通过相对敏感性研究，可以了解非线性算子(H)的输出辐射亮温($\boldsymbol{y}$)对输入模式变量($\boldsymbol{x}$)的敏感性。快速辐射传输模式可以表达为

$$\boldsymbol{y} = H(\boldsymbol{x}) \tag{7.70}$$

其中，向量 $\boldsymbol{x}$ 代表输入到快速辐射传输模式中的大气状态变量和地表参数。例如，$\boldsymbol{y}$ 可以写成

$$\boldsymbol{y} = \begin{pmatrix} T_{\mathrm{b},1} \\ T_{\mathrm{b},2} \\ \vdots \\ T_{\mathrm{b},I} \end{pmatrix}$$

其中，$T_{\mathrm{b},i}$ 是以 $\boldsymbol{x}$ 为输入，由快速辐射传输模式 H 得到的第 i 个 AMSU-A 通道亮温。设 R 为 $\boldsymbol{y}$ 的某个标量函数，则 $R=R(\boldsymbol{y})=R(\boldsymbol{x})$。$R$ 对 $\boldsymbol{x}$ 中不同分量的相对敏感性，反映了不同大气状态变量和地表参数对 AMSU-A 亮温的相对重要性。

快速辐射传输模式 H 的切线模式($\boldsymbol{H}$)和伴随模式($\boldsymbol{H}^{\mathrm{T}}$)满足下述方程：

$$\delta \boldsymbol{y} = \boldsymbol{H}(\boldsymbol{x}^{\mathrm{basic}})\delta \boldsymbol{x} \tag{7.71}$$

$$\hat{\boldsymbol{x}} = \boldsymbol{H}^{\mathrm{T}}(\boldsymbol{x}^{\mathrm{basic}})\hat{\boldsymbol{y}} \tag{7.72}$$

其中，$\boldsymbol{H}(\boldsymbol{x}^{\mathrm{basic}}) = \left.\dfrac{\partial H}{\partial \boldsymbol{x}}\right|_{\boldsymbol{x}^{\mathrm{basic}}}$ 是非线性快速辐射传输算子 H 的切线算子，$\boldsymbol{H}^{\mathrm{T}}(\boldsymbol{x}^{\mathrm{basic}})$ 是 H 或 $\boldsymbol{H}$ 的伴随算子，$\hat{y}_i = \hat{T}_{\mathrm{b},i} = \dfrac{\partial R}{\partial T_{\mathrm{b},i}}$ 称为计算相对敏感性的强迫项，$\hat{\boldsymbol{x}}$ 是伴随向量。假定我们想知道在某个指定地点第 i 通道的模拟亮温对不同垂直层上的温度和比湿的相对敏感性，可简单地把响应函数设为

$$R(\boldsymbol{x}) = T_{\mathrm{b},i}(\boldsymbol{x}) \tag{7.73}$$

这时，我们先要得到响应函数 $R(\boldsymbol{x})=T_{\mathrm{b},i}(\boldsymbol{x})$ 对于 $\boldsymbol{x}$ 的梯度，即$\nabla_{\boldsymbol{x}}R(\boldsymbol{x})$。令方程(7.72)等号右侧强迫项为

$$\hat{\boldsymbol{y}} = \frac{\partial R}{\partial \boldsymbol{y}} = \frac{\partial T_{\mathrm{b},i}}{\partial \boldsymbol{y}} = \begin{pmatrix} \hat{y}_1 \\ \vdots \\ \hat{y}_{i-1} \\ \hat{y}_i \\ \hat{y}_{i+1} \\ \vdots \\ \hat{y}_I \end{pmatrix} = \begin{pmatrix} 0 \\ \vdots \\ 0 \\ 1 \\ 0 \\ \vdots \\ 0 \end{pmatrix} \tag{7.74}$$

输入到快速辐射传输模式的伴随算子($\boldsymbol{H}^{\mathrm{T}}(\boldsymbol{x}^{\mathrm{basic}})$)，得到的伴随向量 $\hat{\boldsymbol{x}}$ 就是响应函数梯度，即 $\nabla_{\boldsymbol{x}}R(\boldsymbol{x}) = \hat{\boldsymbol{x}}$。

有了响应函数 $R(\boldsymbol{x})$ 对其输入变量 $\boldsymbol{x}$ 的梯度值($\hat{\boldsymbol{x}}$)，便可得到响应函数 $R(\boldsymbol{x})$ 对输入变量 $\boldsymbol{x}$ 的相对敏感性($\boldsymbol{s}$)。具体来说，在某个指定地点，第 i 通道的亮温对温度和比湿等输入变量的相对敏感性是(见第 5 章 5.9 节)

$$\boldsymbol{s}=\begin{pmatrix} s_1 \\ s_2 \\ \vdots \\ s_N \end{pmatrix},\quad s_n=\frac{\hat{x}_n x_n}{R} \tag{7.75}$$

其中，下标 N 是向量 $\boldsymbol{x}$ 的维数。

Carrier 等(2008)对先进红外高光谱探测器(AIRS)的所有通道进行了相对敏感性研究。他们发现大气亮温的最大敏感高度可以高于或低于权重函数峰值高度。最大敏感高度表示大气温度或湿度的变化对通道亮温影响最大的大气垂直高度层。权重函数峰值高度表示对通道亮温贡献最大的大气垂直高度层。利用辐射传输模式的伴随算子得到的相对敏感性结果有助于将卫星观测和模式亮温之间的差别与数值天气预报模式空间中温度和水汽的变化联系起来。

AMSU-A 亮温在海洋和不同地表类型(如草地和冰面)上的相对敏感性是不同的。选择一个海洋点和一个陆地地点，比较 AMSU-A 通道 1～6 对垂直大气温度($T(p)$)、地表温度(T_s)和地表发射率(ε)的相对敏感性的海陆差异。图 7.22 给出发生在 2019 年 8 月 14 日 1200±1.5 UTC 时间内 AMSU-A 的两个不同观测点上的大气温度廓线、地表温度和地表发射率，一个观测点位于海洋上的(13.53°N，112.86°E)，另一个观测点位于陆地上的(21.95°N，88.99°E)，地形高度是 2.4 m，地表类型是草地。温度廓线到了近地面与地表温度非常接近(图 7.22a)。海洋温度略低于陆地温度。海表发射率从通道 1 的 0.44 增加

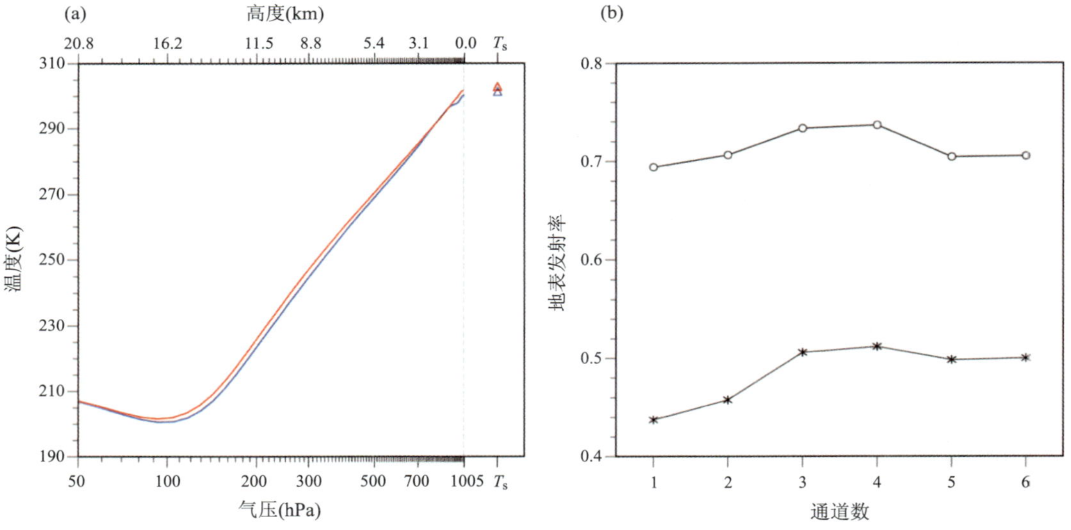

图 7.22　2019 年 8 月 14 日 1200±1.5 UTC 时间内的 AMSU-A 两个观测点上的(a)大气温度廓线(曲线)、地表温度(三角形)和(b)通道 1～6 的地表发射率

两个观测点分别为海洋数据点(13.53°N, 112.86°E)(蓝色曲线和星号)、地形高度为 2.4 m 的草地数据点(88.99°E, 21.95°N)(红色曲线和圆圈)

到通道 3 的 0.51，通道 3 到通道 6 的海表发射率变化不大。陆地地表发射率在 0.72 左右，比海表发射率大，通道和通道之间略有变化。图 7.23a 为海洋上 AMSU-A 通道 1～6 的模拟亮温对大气温度、地表温度和地表发射率的相对敏感性。为了清晰起见，通道 1～4 对地表温度和地表发射率的相对敏感性的值乘了系数 0.1。正如预期，亮温对大气温度的最大敏感高度随着通道数的增加而增加。AMSU-A 通道 6 的亮温对大气温度的相对敏感性大于对地表温度和地表发射率的相对敏感性，说明这个通道在低地形高度的情况下，对地表参数不太敏感。AMSU-A 通道 5 对地表温度的相对敏感性比对大气温度和地表发射率的相对敏感性大。对于 AMSU-A 通道 1～4，亮温对地表温度和地表发射率的相对敏感性远大于对大气温度的相对敏感性。通道 1 对地表温度的相对敏感性大于对地表发射率的相对敏感性，通道 2 对地表发射率的相对敏感性大于对地表温度的相对敏感性。陆地上所有 6 个通道对地表温度的相对敏感性始终大于对地表发射率的相对敏感性(图 7.23b)。AMSU-A 通道 1～6 在陆地上的相对敏感性的其他特点与海洋上的类同。

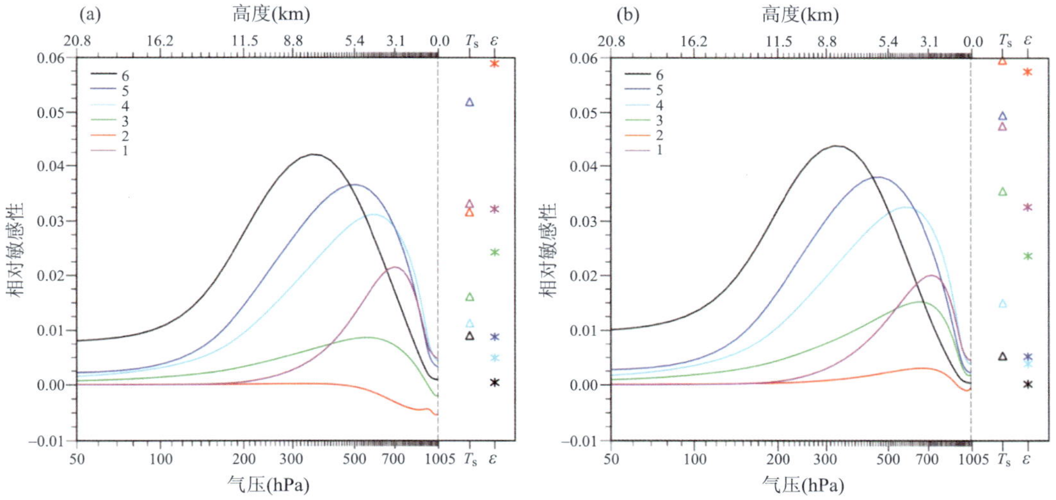

图 7.23　在(a)海洋数据点(13.53°N, 112.86°E)和(b)草地数据点(21.95°N, 88.99°E)上 AMSU-A 通道 1～6 的亮温对大气温度(曲线)、地表温度(三角形)和地表发射率(星号)的相对敏感性

时间与图 7.22 相同。为清楚起见，通道 1～4 的地表温度和地表发射率的相对敏感性乘了系数 0.1

为了进一步验证 AMSU-A 通道 6 对大气的敏感性大于对地表温度和地表发射率的敏感性(图 7.23a)，我们绘制了 AMSU-A 通道 6 亮温对大气垂直温度廓线和地表发射率的相对敏感性的意大利面图(图 7.24a)以及 AMSU-A 通道 6 亮温对大气温度的最大相对敏感性和对地表温度的相对敏感性的散点图(图 7.24b)，其中包括 2016 年 8 月 14 日 1200±1.5 UTC 在青藏高原附近(22～40°N, 60～110°E)所有地形高度低于 0.3 km 的 AMSU-A 亮温观测资料点。AMSU-A 通道 6 亮温对大气温度的相对敏感性始终大于对地表发射率(图 7.24a)和地表温度(图 7.24b)的相对敏感性。值得指出的是，通道 6 亮温对大气温度的最大相对敏感性随着对地表温度的相对敏感性的增加而降低(图 7.24b)。然而，在高地形(4.5～5 km)情况下，AMSU-A 通道 6 亮温对大气温度的相对敏感性远小于对地表温度和地表发射率的相对敏感性。图 7.25 和图 7.26 分别给出地表类型为草地和冰面的结果。换句话说，在平地上对地表不敏感的 AMSU-A 通道 6 在高地形情况下变成了对地表敏

感的通道（图 7.27）。在高地形情况下同化 AMSU-A 通道 6 亮温资料需要考虑这个特性。

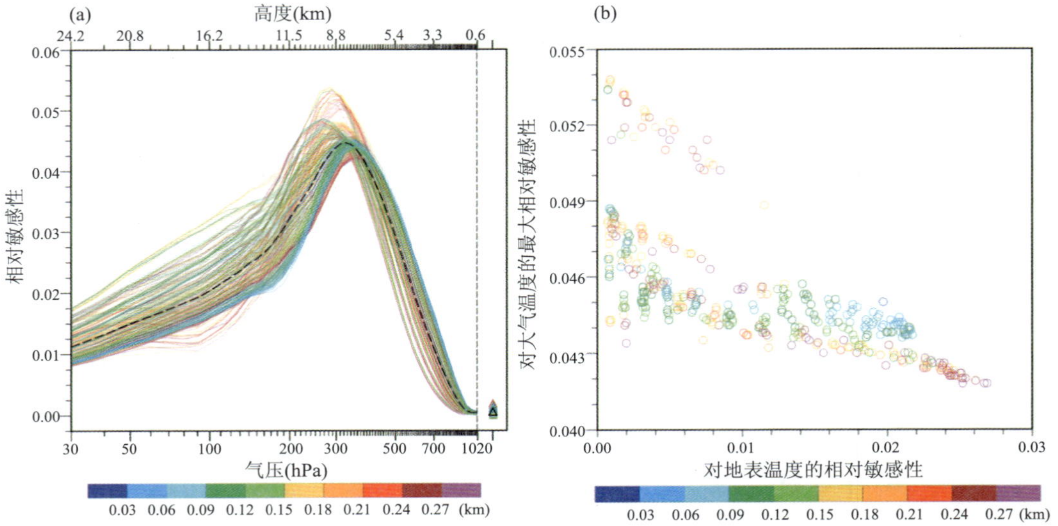

图 7.24　2016 年 8 月 14 日 1200±1.5 UTC 青藏高原（22～40°N, 60～110°E）地形高度低于 0.3 km 的所有草地观测点的相对敏感性

(a) AMSU-A 通道 6 亮温对大气温度（曲线）和地表发射率（三角形）相对敏感性的意大利面图；(b) AMSU-A 通道 6 亮温对大气温度的最大相对敏感性（y 轴）和对地表温度的相对敏感性（x 轴）的散点图

(a) 中黑色虚线和黑色三角形表示平均值

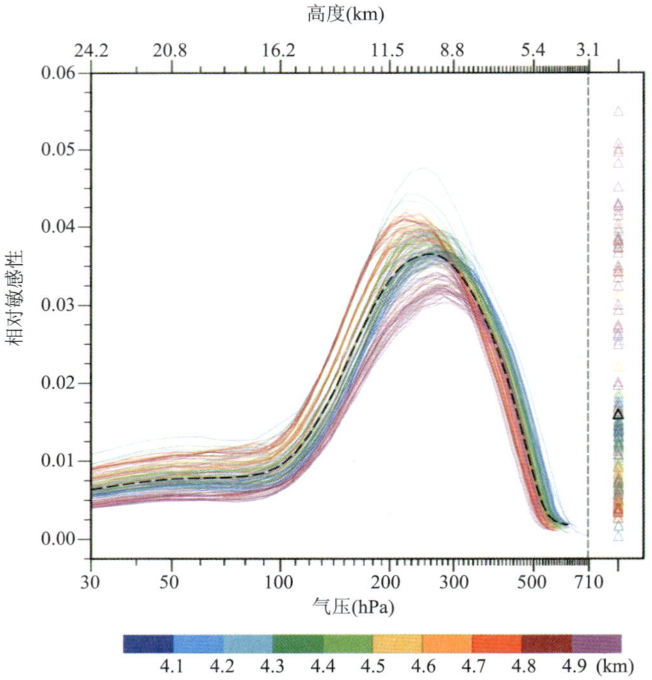

图 7.25　2016 年 8 月 14 日 1200±1.5 UTC 青藏高原（22～40°N，60～110°E）地形高度大于 4 km 的草地观测点的 AMSU-A 通道 6 亮温对大气温度（曲线）和地表发射率（三角形）的意大利面图

黑色虚线和黑色三角形表示平均值

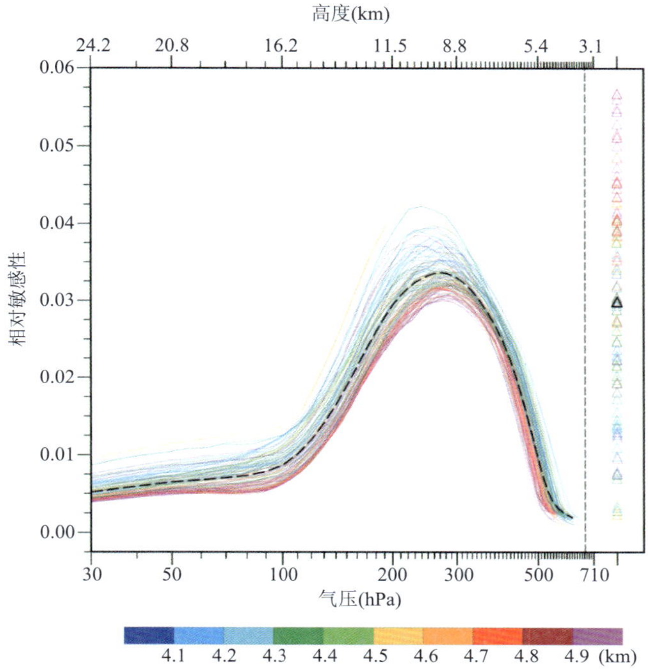

图 7.26 2016 年 8 月 14 日 1200±1.5 UTC 青藏高原(22～40°N，60～110°E)地形高度大于 4 km 冰面观测点的 AMSU-A 通道 6 亮温对大气温度(曲线)和地表发射率(三角形)的意大利面图

黑色虚线和黑色三角形表示平均值

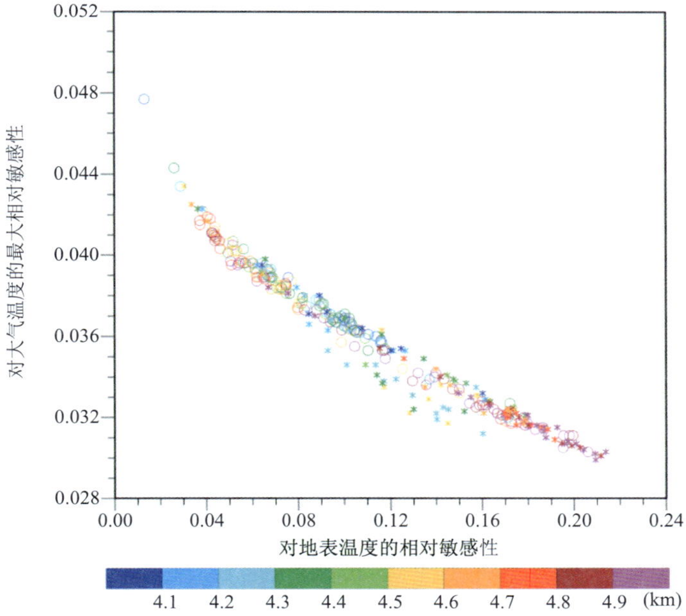

图 7.27 2016 年 8 月 14 日 1200±1.5 UTC 地形高度在 4～5 km 的草地(圆圈)和冰面(星号)观测点的 AMSU-A 通道 6 亮温对大气温度(y 轴)和地表温度(x 轴)的相对敏感性散点图

7.12 结 束 语

卫星微波温度计探测资料是 TIROS 业务垂直探测仪(TOVS，包括 MSU、高分辨率红外辐射探测仪)提供的三种最早的卫星遥感数据类型之一。1995 年，NCEP 利用三维变分同化业务系统，直接同化了这些卫星辐射资料(Parrish 和 Derber, 1992; Derber 和 Wu, 1998)。1996 年，ECMWF 采用四维变分同化业务系统，直接同化了这些卫星辐射资料(Courtier 等, 1993; Andersson 等, 1994)。与同化卫星反演温度和水汽产品相比，对 TOVS 辐射资料的直接同化对中期全球天气预报水平产生了更大的贡献。本章重点讨论了 MSU/AMSU-A/ATMS/MWTS/MWTS-2 的数据特征。对这些特征的了解有助于进行卫星资料同化工作。变分资料同化是下一章的主题。

第 8 章　三维变分资料同化

8.1　引　　言

从20世纪90年代初开始，三维变分(3D-Var)资料同化方法逐渐取代了最优插值(OI)算法。对任意一组给定模式状态变量，只要有一个前向模式(即观测算子)能计算对应观测量的模式模拟值，3D-Var 同化系统就能直接同化这些观测资料。例如，如果需要同化的数据是卫星亮温观测资料，那么前向模式就是快速辐射传输模式(见第 7 章)。给定输入变量和卫星仪器参数(如通道频率、带宽、谱响应函数、卫星运行高度、视场天顶角等)，快速辐射传输模式能输出亮温模拟值。动力约束和数学平滑约束条件可以直接构建到 3D-Var 资料同化系统中，也可以将这些条件作为弱约束以惩罚项的形式添加到 3D-Var 代价函数中。3D-Var 资料同化方法既可以用确定性数学公式定义(8.2 节)，也可以用最大似然估计方法等价给出(8.3 节)。在统计意义上，假设背景场、观测资料和模式模拟误差都满足高斯分布，3D-Var 资料同化方法得到的分析场是一个最大似然估计。最大似然估计的概率统计推导过程，不仅为构建 3D-Var 资料同化系统中的各个组成部分(如观测资料、背景场、误差协方差矩阵)，而且为分析 3D-Var 资料同化得到的分析场的误差来源，提供了一个清晰概念。背景误差协方差矩阵的估计方法包括美国国家气象中心(NMC)方法和递归滤波器，分别在 8.4 节和 8.5 节中讨论。8.6 节比较了 3D-Var 资料同化和卡尔曼滤波资料同化。8.7～8.9 节讨论 3D-Var 卫星微波温度计探测资料同化涉及的三个关键步骤：AMSU-A 液态水路径(LWP)反演和云检测方法(8.7 节)、偏差估计和订正(8.8 节)、AMSU-A 亮温资料同化对台风引起的沿海降水定量预报(QPF)的影响(8.9 节)。 8.10 节以一些附加说明结束本章。

8.2　确定性数学公式

资料同化的目的之一是通过“最优”地结合过去和现在的模式和观测信息，获得需要输入给数值天气预报(NWP)模式的初始条件。在 3D-Var 或 4D-Var 资料同化方法的确定性数学公式中，“最优”是指 NWP 模式在 t_0 时刻的初始条件(即模式变量 $\boldsymbol{x}_0^*$)使下面定义的代价函数 $J(\boldsymbol{x}_0)$ 达到极小值 $J(\boldsymbol{x}_0^*)$。换句话说，对邻近 $\boldsymbol{x}_0^*$ 的任何模式变量 $\boldsymbol{x}_0$，$J(\boldsymbol{x}_0^*)$ 不大于 $J(\boldsymbol{x}_0)$，即

$$J(\boldsymbol{x}_0^*) \leqslant J(\boldsymbol{x}_0), \quad 当 \quad \left\| \boldsymbol{x}_0 - \boldsymbol{x}_0^* \right\| < \varepsilon \tag{8.1a}$$

或

$$J(\boldsymbol{x}_\mathrm{a}) = \min_{\boldsymbol{x}_0} J(\boldsymbol{x}_0) \tag{8.1b}$$

3D-Var 代价函数 $J(\boldsymbol{x}_0)$ 定义为

$$J(\boldsymbol{x}_0) = (\boldsymbol{x}_0 - \boldsymbol{x}^{\mathrm{b}})^{\mathrm{T}} \boldsymbol{B}^{-1} (\boldsymbol{x}_0 - \boldsymbol{x}^{\mathrm{b}}) + \left(H(\boldsymbol{x}_0) - \boldsymbol{y}^{\mathrm{obs}}\right)^{\mathrm{T}} (\boldsymbol{O} + \boldsymbol{F})^{-1} \left(H(\boldsymbol{x}_0) - \boldsymbol{y}^{\mathrm{obs}}\right) \tag{8.2}$$

其中，$\boldsymbol{x}_0$ 是代价函数的控制变量，$\boldsymbol{x}^{\mathrm{b}}$ 表示模式背景场向量(例如，以 $t_0-\Delta t(\Delta t>0)$ 的分析场作为初始条件由 NWP 模式得到的 6 h 预报)，$\boldsymbol{B}$ 是背景场误差协方差矩阵，$\boldsymbol{y}^{\mathrm{obs}}$ 是观测资料，$\boldsymbol{O}$ 是观测资料误差协方差矩阵，H 是观测算子，$\boldsymbol{F}$ 是观测算子误差协方差矩阵。图 8.1 给出了 3D-Var 代价函数中的各个组成部分的示意图。

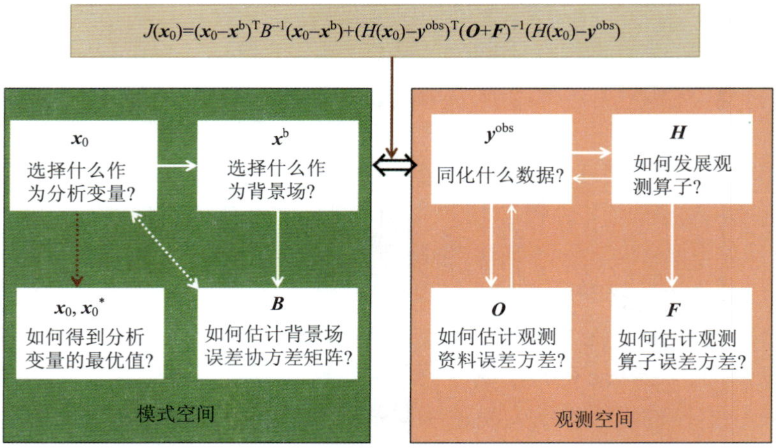

图 8.1　3D-Var 资料同化公式中所包含的各项任务示意图

3D-Var 代价函数 $J(\boldsymbol{x}_0)$ 是一个泛函。在 3D-Var 资料同化中，必须计算代价函数的梯度($\nabla_{\boldsymbol{x}_0} J$)。这里，我们给出泛函梯度的严格定义：如果在向量 $\boldsymbol{x}_0$ 所在的向量空间 V 中定义了一个内积 $\left\langle \boldsymbol{x}_0^{(1)}, \boldsymbol{x}_0^{(2)} \right\rangle$，其中“$\langle\ \rangle$”代表内积符号，$\boldsymbol{x}_0^{(1)}$ 和 $\boldsymbol{x}_0^{(2)}$ 是 V 中的任意两个向量，则泛函 $J(\boldsymbol{x}_0)$ 的梯度 $\nabla_{\boldsymbol{x}_0} J$ 是向量空间 V 中的这样一个向量，它与控制变量的扰动 $\delta\boldsymbol{x}_0$ 的内积 $\left\langle \nabla_{\boldsymbol{x}_0} J, \delta\boldsymbol{x}_0 \right\rangle$ 等于由该扰动引起的泛函 $J(\boldsymbol{x}_0)$ 的一阶变化，即

$$J(\boldsymbol{x}_0 + \delta\boldsymbol{x}_0) - J(\boldsymbol{x}_0) = \left\langle \nabla_{\boldsymbol{x}_0} J, \delta\boldsymbol{x}_0 \right\rangle + O\left((\delta\boldsymbol{x}_0)^2\right)$$

把由于扰动 $\delta\boldsymbol{x}_0$ 引起的泛函 $J(\boldsymbol{x}_0)$ 的一阶变化表达为 $\delta_{\boldsymbol{x}_0} J$，则 $\delta_{\boldsymbol{x}_0} J \equiv \left\langle \nabla_{\boldsymbol{x}_0} J, \delta\boldsymbol{x}_0 \right\rangle$。两个向量 $\boldsymbol{x}_1$ 和 $\boldsymbol{x}_2$ 的欧拉乘积是一个最常用内积：$\left\langle \boldsymbol{x}_1, \boldsymbol{x}_2 \right\rangle = \boldsymbol{x}_2^{\mathrm{T}} \boldsymbol{x}_1$。在这个内积定义下，可以直接推导出代价函数(8.2)的梯度：

$$\nabla_{\boldsymbol{x}_0} J = 2\boldsymbol{B}^{-1}(\boldsymbol{x}_0 - \boldsymbol{x}^{\mathrm{b}}) + 2\boldsymbol{H}^{\mathrm{T}} (\boldsymbol{O} + \boldsymbol{F})^{-1} \left(H(\boldsymbol{x}_0) - \boldsymbol{y}^{\mathrm{obs}}\right) \tag{8.3}$$

其中，$\boldsymbol{H}^{\mathrm{T}}$ 是观测算子 $H(\boldsymbol{x}_0)$ 的伴随算子。

在 3D-Var 资料同化方法中，代价函数的极小值点 $\boldsymbol{x}_0^*$ 就是 3D-Var 分析场：$\boldsymbol{x}_{\mathrm{a}} \triangleq \boldsymbol{x}_0^*$。很明显，根据式(8.2)，3D-Var 资料同化的目的是寻找背景场附近的一个大气变量分析场，它与各种直接和间接观测资料的“距离”最小。这里，“距离”是指以下两个量之和：①根据观测资料和模式模拟误差协方差逆矩阵进行加权平均得到的观测资料与模式模拟

向量之差的平方；②根据背景场误差协方差逆矩阵进行加权平均得到的控制变量与背景场向量之差的平方。在资料同化领域，人们习惯称泛函 $J(\boldsymbol{x}_0)$ 为代价函数，我们也这样称呼式(8.2)中的 $J(\boldsymbol{x}_0)$。

如果观测算子是线性的，则 $H(\boldsymbol{x}_0)$ 可以表达为 $H(\boldsymbol{x}_0)=\boldsymbol{H}\boldsymbol{x}_0$。将 $H(\boldsymbol{x}_0)=\boldsymbol{H}\boldsymbol{x}_0$ 代入式(8.3)并令 $\nabla_{\boldsymbol{x}_0}J=0$，得到 3D-Var 分析场的一个解析表达式：

$$\begin{aligned}\boldsymbol{x}_0^* &= \boldsymbol{x}^{\mathrm{b}} + (\boldsymbol{H}^{\mathrm{T}}\boldsymbol{R}^{-1}\boldsymbol{H} + \boldsymbol{B}^{-1})^{-1}\boldsymbol{H}^{\mathrm{T}}(\boldsymbol{O}+\boldsymbol{F})^{-1}(\boldsymbol{y}^{\mathrm{obs}} - \boldsymbol{H}\boldsymbol{x}^{\mathrm{b}}) \\ &= \boldsymbol{x}^{\mathrm{b}} + \boldsymbol{B}\boldsymbol{H}^{\mathrm{T}}(\boldsymbol{H}\boldsymbol{B}\boldsymbol{H}^{\mathrm{T}} + \boldsymbol{O} + \boldsymbol{F})^{-1}(\boldsymbol{y}^{\mathrm{obs}} - \boldsymbol{H}\boldsymbol{x}^{\mathrm{b}})\end{aligned} \tag{8.4a}$$

3D-Var 分析场的误差协方差矩阵的解析表达式为

$$\boldsymbol{A} = \left(\boldsymbol{H}^{\mathrm{T}}(\boldsymbol{O}+\boldsymbol{F})^{-1}\boldsymbol{H} + \boldsymbol{B}^{-1}\right)^{-1} = \boldsymbol{B} - \boldsymbol{B}\boldsymbol{H}^{\mathrm{T}}(\boldsymbol{H}\boldsymbol{B}\boldsymbol{H}^{\mathrm{T}} + \boldsymbol{O} + \boldsymbol{F})^{-1}\boldsymbol{H}\boldsymbol{B} \tag{8.4b}$$

如果观测算子是弱非线性的，$H(\boldsymbol{x}_0)$ 可以用背景场附近的线性近似表示：

$$H(\boldsymbol{x}_0) \approx H(\boldsymbol{x}^{\mathrm{b}}) + \boldsymbol{H}_{\mathrm{b}}(\boldsymbol{x}_0 - \boldsymbol{x}^{\mathrm{b}}), \qquad \boldsymbol{H}_{\mathrm{b}} = \left.\frac{\partial H(\boldsymbol{x}_0)}{\partial \boldsymbol{x}_0}\right|_{\boldsymbol{x}_0=\boldsymbol{x}^{\mathrm{b}}} \tag{8.5}$$

这时，3D-Var 分析场和分析误差协方差矩阵的解析表达式分别为

$$\begin{aligned}\boldsymbol{x}_0^* &\approx \boldsymbol{x}^{\mathrm{b}} + (\boldsymbol{H}_{\mathrm{b}}^{\mathrm{T}}\boldsymbol{R}^{-1}\boldsymbol{H}_{\mathrm{b}} + \boldsymbol{B}^{-1})^{-1}\boldsymbol{H}_{\mathrm{b}}^{\mathrm{T}}(\boldsymbol{O}+\boldsymbol{F})^{-1}\left(\boldsymbol{y}^{\mathrm{obs}} - H(\boldsymbol{x}^{\mathrm{b}})\right) \\ &= \boldsymbol{x}^{\mathrm{b}} + \boldsymbol{B}\boldsymbol{H}^{\mathrm{T}}(\boldsymbol{H}\boldsymbol{B}\boldsymbol{H}^{\mathrm{T}} + \boldsymbol{O} + \boldsymbol{F})^{-1}\left(\boldsymbol{y}^{\mathrm{obs}} - H(\boldsymbol{x}^{\mathrm{b}})\right)\end{aligned} \tag{8.6a}$$

$$\boldsymbol{A} = \left(\boldsymbol{H}_{\mathrm{b}}^{\mathrm{T}}(\boldsymbol{O}+\boldsymbol{F})^{-1}\boldsymbol{H}_{\mathrm{b}} + \boldsymbol{B}^{-1}\right)^{-1} = \boldsymbol{B} - \boldsymbol{B}\boldsymbol{H}_{\mathrm{b}}^{\mathrm{T}}(\boldsymbol{H}_{\mathrm{b}}\boldsymbol{B}\boldsymbol{H}_{\mathrm{b}}^{\mathrm{T}} + \boldsymbol{O} + \boldsymbol{F})^{-1}\boldsymbol{H}_{\mathrm{b}}\boldsymbol{B} \tag{8.6b}$$

因此，在观测算子是线性或弱非线性的情况下，3D-Var 资料同化得到的最优解(8.6a)，事实上是 $\boldsymbol{x}^{\mathrm{b}}$ 和 $\boldsymbol{y}^{\mathrm{obs}}-H(\boldsymbol{x}^{\mathrm{b}})$ 的加权线性组合：

$$\boldsymbol{x}_0^* = \boldsymbol{x}^{\mathrm{b}} + \boldsymbol{W}\left(\boldsymbol{y}^{\mathrm{obs}} - H(\boldsymbol{x}^{\mathrm{b}})\right), \qquad \boldsymbol{W} = \boldsymbol{B}\boldsymbol{H}^{\mathrm{T}}(\boldsymbol{H}\boldsymbol{B}\boldsymbol{H}^{\mathrm{T}} + \boldsymbol{O} + \boldsymbol{F})^{-1} \tag{8.7}$$

其中，$\boldsymbol{H}$ 是 H 在 $\boldsymbol{x}^{\mathrm{b}}$ 点的切线算子。或者说分析增量($\boldsymbol{x}_0^*-\boldsymbol{x}^{\mathrm{b}}$)是新息向量(innovation vector) ($\boldsymbol{y}^{\mathrm{obs}}-H(\boldsymbol{x}^{\mathrm{b}})$)的加权线性平均和。

下面给出一个直观讨论：由于观测误差协方差矩阵的逆矩阵 $\boldsymbol{O}^{-1}$ 出现在权重系数矩阵 $\boldsymbol{W}$ 中，所以，观测值越精确，误差方差越小，权重系数越大。出现在权重系数矩阵 $\boldsymbol{W}$ 中的第一个矩阵是 $\boldsymbol{B}$，该矩阵的作用是根据背景误差协方差大小，决定不在观测资料 $\boldsymbol{y}^{\mathrm{obs}}$ 所在观测位置的模式网格点上的分析增量($\boldsymbol{x}_0^*-\boldsymbol{x}^{\mathrm{b}}$)的大小。若观测位置与模式网格点之间的背景误差协方差大(小)，观测位置的新息向量对该网格点的分析增量贡献就大(小)；若观测位置与模式网格点之间的背景误差协方差为零，观测位置的新息向量对该网格点的分析增量贡献为零，即该观测位置的观测资料不影响该模式网格点上的分析值。

除了嵌入在 $\boldsymbol{B}$ 矩阵中的变量之间的关系外，观测算子对多元分析也有贡献。由于权重系数矩阵 $\boldsymbol{W}$ 中的第二个矩阵是 $\boldsymbol{H}^{\mathrm{T}}$，新息向量($\boldsymbol{y}^{\mathrm{obs}}-H(\boldsymbol{x}^{\mathrm{b}})$)的值，通过伴随算子，影响观测算子 $\boldsymbol{H}$ 的所有输入变量，再通过 $\boldsymbol{B}$ 矩阵，对其他网格点上的分析场产生影响。基于式(8.4b)和式(8.6b)给出的分析误差协方差矩阵，3D-Var 分析场($\boldsymbol{x}_0^*$)比背景场($\boldsymbol{x}^{\mathrm{b}}$)更接近观测资料，更能精确地描述大气状态。

代价函数(8.2)中的控制变量 $\boldsymbol{x}_0$ 的维数太大，计算机无法存储相同维数的矩阵。因此，解析方程(8.4a)～(8.7)中的矩阵运算并不能在 NWP 研究或业务中心的高性能计算机上进行，即无法根据这些方程，通过一系列矩阵相乘和逆矩阵求解得到 3D-Var 分析场。解析方程(8.4a)～(8.7)只能对不同误差协方差矩阵和观测算子在 3D-Var 资料同化试验中的作用提供一些理论见解。在实际应用中，3D-Var 分析场是利用无约束极小化算法(见第 5 章)求解代价函数(8.1)的局部极小值得到的。

把 3D-Var 分析场表达式(8.4a)与 3.7 节中的 OI 分析场表达式(3.74)进行比较。假设观测量($\boldsymbol{y}^{\text{obs}}$)是直接观测资料，即 $\boldsymbol{y}^{\text{obs}} \sim \boldsymbol{x}^{\text{obs}}$，则观测算子 H 只是一个三维空间的线性插值算子。在这种情况下，表达式(8.4a)中的 H 和 $\boldsymbol{R}$ 可以被替换成 $\boldsymbol{H}$ 和 $\boldsymbol{O}$，3D-Var 和 OI 分析场表达式中的各项有以下对应关系：

$$\boldsymbol{B}\boldsymbol{H}^{\mathrm{T}}(\text{3D-Var}) \leftrightarrow \boldsymbol{b}_i^{\mathrm{T}}(\text{OI})$$

$$\boldsymbol{H}\boldsymbol{B}\boldsymbol{H}^{\mathrm{T}}(\text{3D-Var}) \leftrightarrow \boldsymbol{B}(\text{OI})$$

$$H(\boldsymbol{x}^{\mathrm{b}})(\text{3D-Var}) \leftrightarrow \boldsymbol{x}^{\mathrm{b}}(\text{OI})$$

因此，若同化直接观测资料，3D-Var 与 OI 可以是等价的。

3D-Var 相对于 OI 的优势有以下几点：①只要有一个前向模式(观测算子)，3D-Var 更容易同化间接观测资料(即观测量是控制变量的函数)；②3D-Var 可以同时同化全球所有观测资料，生成不同网格点上分析场，不需要事先选择有限区域资料，因此 3D-Var 的分析场比由分成很多小区域得到的 OI 分析场更光滑；③3D-Var 中可以直接加入动力和物理约束条件 $\boldsymbol{g}(\boldsymbol{x})=0$ 的惩罚项(如地转方程、平衡方程、散度的二阶和更高阶导数)，后者可以抑止快速重力波振荡。

8.3 统计数学公式

3D-Var 资料同化方法涉及以下三个信息来源：分析时间的背景场、分析时间附近的观测资料、观测算子。因为所有信息源都有误差，可以利用概率统计估计方法得到大气变量的分析场。事实上，假设这三种信息来源的误差都满足正态分布，3D-Var 的分析场是结合了这三种信息的后验概率密度函数(PDF)的一个最大似然估计(Tarantola, 1987)。下面是得出上述结论的一个简短数学推导。

设 $p_{\text{obs}}(\boldsymbol{y}|\boldsymbol{y}^{\text{obs}})$ 是观测资料误差的条件概率密度函数，$p_H(\boldsymbol{y}|H(\boldsymbol{x}_0))$ 是观测算子误差的条件概率密度函数，$p_{\mathrm{b}}(\boldsymbol{x}_0|\boldsymbol{x}^{\mathrm{b}})$ 是背景场误差的条件概率密度函数。假定以上三种误差是相互独立的，那么，把这三种信息结合起来的后验概率密度函数是以上三个条件概率密度函数的乘积：

$$\sigma(\boldsymbol{y},\boldsymbol{x}_0) = p_{\text{obs}}(\boldsymbol{y} \mid \boldsymbol{y}^{\text{obs}}) p_H\left(\boldsymbol{y} \mid H(\boldsymbol{x}_0)\right) p_{\mathrm{b}}\left(\boldsymbol{x}_0 \mid \boldsymbol{x}^{\mathrm{b}}\right) \tag{8.8}$$

由于观测变量 $\boldsymbol{y}$ 代表多维资料空间 D 中的一个向量，$\boldsymbol{x}_0$ 代表多维模式空间 M 中的一个向量，则后验概率密度函数 $\sigma(\boldsymbol{y}, \boldsymbol{x}_0)$ 是定义在资料和模式合并空间 $D \cup M$ 上的一个函数。

对 $\sigma(\boldsymbol{y}, \boldsymbol{x}_0)$ 求资料空间 D 中的积分，可以得到模式空间 M 中的变量 $\boldsymbol{x}_0$ 的边缘后验概率密度函数 $\sigma(\boldsymbol{x}_0)$：

$$\sigma(\boldsymbol{x}_0)=\int_D \mathrm{d}\boldsymbol{y}\sigma(\boldsymbol{y},\boldsymbol{x}_0) \tag{8.9}$$

边缘后验概率密度函数的最大似然估计$(\boldsymbol{x}_0^*)$定义为

$$\sigma(\boldsymbol{x}_0)\big|_{\boldsymbol{x}_0=\boldsymbol{x}_0^*}=\max\{\sigma(\boldsymbol{x}_0),\boldsymbol{x}_0\in M\} \tag{8.10}$$

换句话说，利用观测资料、观测算子和背景场信息，$\boldsymbol{x}_0^*$ 是最可能发生的模式变量分析场。最大似然估计 $\boldsymbol{x}_0^*$ 的误差协方差矩阵$(\boldsymbol{A})$的数学表达式为

$$\boldsymbol{A}=\int_M(\boldsymbol{x}_0-\boldsymbol{x}_0^*)(\boldsymbol{x}_0-\boldsymbol{x}_0^*)^{\mathrm{T}}\sigma(\boldsymbol{x}_0)\mathrm{d}\boldsymbol{x}_0 \tag{8.11}$$

假设观测误差、观测算子误差、背景场误差都满足正态分布，则条件概率密度函数 $p_{\mathrm{obs}}(\boldsymbol{y}|\boldsymbol{y}^{\mathrm{obs}})$、$p_H(\boldsymbol{y}|H(\boldsymbol{x}_0))$ 和 $p_{\mathrm{b}}(\boldsymbol{x}_0|\boldsymbol{x}^{\mathrm{b}})$ 可以写成下面的显式表达式：

$$p_{\mathrm{obs}}(\boldsymbol{y}\mid\boldsymbol{y}^{\mathrm{obs}})=C_1\exp\left(-\frac{1}{2}(\boldsymbol{y}-\boldsymbol{y}^{\mathrm{obs}})^{\mathrm{T}}\boldsymbol{O}^{-1}(\boldsymbol{y}-\boldsymbol{y}^{\mathrm{obs}})\right) \tag{8.12}$$

$$p_H\left(\boldsymbol{y}\mid H(\boldsymbol{x}_0)\right)=C_2\exp\left(-\frac{1}{2}\left(\boldsymbol{y}-H(\boldsymbol{x}_0)\right)^{\mathrm{T}}\boldsymbol{F}^{-1}\left(H(\boldsymbol{x}_0)\right)\right) \tag{8.13}$$

$$p_{\mathrm{b}}(\boldsymbol{x}_0\mid\boldsymbol{x}^{\mathrm{b}})=C_3\exp\left(-\frac{1}{2}(\boldsymbol{x}_0-\boldsymbol{x}^{\mathrm{b}})^{\mathrm{T}}\boldsymbol{B}^{-1}(\boldsymbol{x}_0-\boldsymbol{x}^{\mathrm{b}})\right) \tag{8.14}$$

将表达式(8.12)～(8.14)代入等式(8.8)的右边，再对 $\boldsymbol{y}$ 求积分，得

$$\frac{\sigma(\boldsymbol{x}_0)}{p_{\mathrm{b}}(\boldsymbol{x}_0\mid\boldsymbol{x}^{\mathrm{b}})}=C\times\exp\left(-\frac{1}{2}(c-\boldsymbol{b}^{\mathrm{T}}\boldsymbol{R}^{-1}\boldsymbol{b})\right) \tag{8.15}$$

其中，$\boldsymbol{b}^{\mathrm{T}}=(\boldsymbol{y}^{\mathrm{obs}})^{\mathrm{T}}\boldsymbol{O}^{-1}+H^{\mathrm{T}}(\boldsymbol{x}_0)\boldsymbol{F}^{-1}$，$c=(\boldsymbol{y}^{\mathrm{obs}})^{\mathrm{T}}\boldsymbol{F}^{-1}\boldsymbol{y}^{\mathrm{obs}}+H^{\mathrm{T}}(\boldsymbol{x}_0)\boldsymbol{F}^{-1}H(\boldsymbol{x}_0)$，$C$ 是常数，$\boldsymbol{R}=\boldsymbol{O}+\boldsymbol{F}$。

利用矩阵恒等式关系，可以进一步简化等式(8.15)右边项中的指数表达式。首先，将 $\boldsymbol{R}$、$\boldsymbol{b}$ 和 c 的具体表达式代入指数表达式 $c-\boldsymbol{b}^{\mathrm{T}}\boldsymbol{R}^{-1}\boldsymbol{b}$，可以把它表示为以下三项之和：

$$\begin{aligned}c-\boldsymbol{b}^{\mathrm{T}}\boldsymbol{R}^{-1}\boldsymbol{b}=&(\boldsymbol{y}^{\mathrm{obs}})^{\mathrm{T}}\left(\boldsymbol{O}^{-1}-\boldsymbol{O}^{-1}(\boldsymbol{O}^{-1}+\boldsymbol{F}^{-1})^{-1}\boldsymbol{O}^{-1}\right)\boldsymbol{y}^{\mathrm{obs}}\\&+H^{\mathrm{T}}(\boldsymbol{x}_0)\left(\boldsymbol{F}^{-1}-\boldsymbol{F}^{-1}(\boldsymbol{O}^{-1}+\boldsymbol{F}^{-1})^{-1}\boldsymbol{F}^{-1}\right)H(\boldsymbol{x}_0)\\&-2H^{\mathrm{T}}(\boldsymbol{x}_0)\boldsymbol{F}^{-1}(\boldsymbol{O}^{-1}+\boldsymbol{F}^{-1})^{-1}\boldsymbol{O}^{-1}\boldsymbol{y}^{\mathrm{obs}}\end{aligned} \tag{8.16}$$

因为 $\boldsymbol{O}^{-1}(\boldsymbol{O}+\boldsymbol{F})=(\boldsymbol{O}^{-1}+\boldsymbol{F}^{-1})\boldsymbol{F}$，所以$(\boldsymbol{O}^{-1}+\boldsymbol{F}^{-1})^{-1}\boldsymbol{O}^{-1}=\boldsymbol{F}(\boldsymbol{O}+\boldsymbol{F})^{-1}$。在这个等式的左边分别乘以 $\boldsymbol{F}^{-1}$ 和 $\boldsymbol{O}^{-1}$，得到以下两个矩阵恒等式：

$$\boldsymbol{F}^{-1}\left(\boldsymbol{O}^{-1}+\boldsymbol{F}^{-1}\right)\boldsymbol{O}^{-1}=(\boldsymbol{O}+\boldsymbol{F})^{-1} \tag{8.17}$$

和

$$\boldsymbol{O}^{-1}\left(\boldsymbol{O}^{-1}+\boldsymbol{F}^{-1}\right)\boldsymbol{O}^{-1}=\boldsymbol{O}^{-1}\boldsymbol{F}(\boldsymbol{O}+\boldsymbol{F})^{-1} \tag{8.18}$$

因为 $\boldsymbol{I}=\boldsymbol{O}(\boldsymbol{O}+\boldsymbol{F})^{-1}+\boldsymbol{F}(\boldsymbol{O}+\boldsymbol{F})^{-1}$，我们得到

$$\boldsymbol{O}^{-1}=(\boldsymbol{O}+\boldsymbol{F})^{-1}+\boldsymbol{O}^{-1}\boldsymbol{F}(\boldsymbol{O}+\boldsymbol{F})^{-1} \tag{8.19}$$

将式(8.19)与式(8.18)相减，我们得到一个有用的表达式：

$$\boldsymbol{O}^{-1}-\boldsymbol{O}^{-1}(\boldsymbol{O}^{-1}+\boldsymbol{F}^{-1})^{-1}\boldsymbol{O}^{-1}=(\boldsymbol{O}+\boldsymbol{F})^{-1} \tag{8.20}$$

类似地，因为 $\boldsymbol{F}^{-1}(\boldsymbol{O}+\boldsymbol{F})=(\boldsymbol{O}^{-1}+\boldsymbol{F}^{-1})^{-1}\boldsymbol{O}$，我们有$(\boldsymbol{O}^{-1}+\boldsymbol{F}^{-1})^{-1}\boldsymbol{F}^{-1}=\boldsymbol{O}(\boldsymbol{O}+\boldsymbol{F})^{-1}$。因此，

$$\boldsymbol{F}^{-1}(\boldsymbol{O}^{-1}+\boldsymbol{F}^{-1})^{-1}\boldsymbol{F}^{-1}=\boldsymbol{F}^{-1}\boldsymbol{O}(\boldsymbol{O}+\boldsymbol{F})^{-1} \tag{8.21}$$

因为$\boldsymbol{I}=\boldsymbol{O}(\boldsymbol{O}+\boldsymbol{F})^{-1}+\boldsymbol{F}(\boldsymbol{O}+\boldsymbol{F})^{-1}$，我们可以得到下面的表达式：

$$\boldsymbol{F}^{-1}=\boldsymbol{F}^{-1}\boldsymbol{O}(\boldsymbol{O}+\boldsymbol{F})^{-1}+(\boldsymbol{O}+\boldsymbol{F})^{-1} \tag{8.22}$$

将式(8.22)与式(8.21)相减，我们得到又一个有用的表达式：

$$\boldsymbol{F}^{-1}-\boldsymbol{F}^{-1}(\boldsymbol{O}^{-1}+\boldsymbol{F}^{-1})^{-1}\boldsymbol{F}^{-1}=(\boldsymbol{O}+\boldsymbol{F})^{-1} \tag{8.23}$$

现在，可以把三个矩阵恒等式(8.17)、(8.20)和(8.23)代入等式(8.16)的右边，得到指数表达式 $\boldsymbol{c}-\boldsymbol{b}^{\mathrm{T}}\boldsymbol{R}^{-1}\boldsymbol{b}$ 的最后形式：

$$\boldsymbol{c}-\boldsymbol{b}^{\mathrm{T}}\boldsymbol{R}^{-1}\boldsymbol{b}=\left(H(\boldsymbol{x}_0)-\boldsymbol{y}^{\mathrm{obs}}\right)^{\mathrm{T}}(\boldsymbol{O}+\boldsymbol{F})^{-1}\left(H(\boldsymbol{x}_0)-\boldsymbol{y}^{\mathrm{obs}}\right) \tag{8.24}$$

把式(8.14)和式(8.24)代入式(8.15)，得到模式空间 M 中的变量 $\boldsymbol{x}_0$ 的边缘后验概率密度函数的最终表达式：

$$\sigma(\boldsymbol{x}_0)=C\exp\left(-\frac{1}{2}\left((\boldsymbol{x}_0-\boldsymbol{x}^{\mathrm{b}})^{\mathrm{T}}\boldsymbol{B}^{-1}(\boldsymbol{x}_0-\boldsymbol{x}^{\mathrm{b}})\right)+\left(H(\boldsymbol{x}_0)-\boldsymbol{y}^{\mathrm{obs}}\right)^{\mathrm{T}}\boldsymbol{R}^{-1}\left(H(\boldsymbol{x}_0)-\boldsymbol{y}^{\mathrm{obs}}\right)\right) \tag{8.25}$$

上式是在观测误差、模式误差和背景场误差相互独立且都服从正态分布的假设下，经过一系列数学运算，从一般表达式(8.8)和(8.9)得到的 $\sigma(\boldsymbol{x}_0)$ 的一个显式表达式。

不难看出，$\sigma(\boldsymbol{x}_0)$表达式中的指数部分就是代价函数 $J(\boldsymbol{x}_0)$（见式(8.2)）：

$$J(\boldsymbol{x}_0^*)=\min\left\{J(\boldsymbol{x}_0),\boldsymbol{x}_0\in M\right\}\Leftrightarrow\sigma(\boldsymbol{x}_0^*)=\max\left\{\sigma(\boldsymbol{x}_0),\boldsymbol{x}_0\in M\right\} \tag{8.26}$$

因此，代价函数的极小值点是模式空间中变量 $\boldsymbol{x}_0$ 的后验边缘概率密度函数的最大似然估计 $\boldsymbol{x}_0^*$，反之亦然。

当观测误差、观测算子误差和背景场误差无偏、相互独立、满足高斯分布时，3D-Var 资料同化方法是在模式空间中找到后验概率密度函数的最大似然估计。换言之，由 3D-Var 代价函数所定义的模式与观测资料之间的拟合标准隐含了关于所有误差满足高斯概率密度函数的假设。因此，在这些假设严重不成立的情况下，3D-Var 资料同化得到的不是后验概率密度函数在模式空间的最大似然估计。

如果观测算子是线性的，3D-Var 分析场误差也满足高斯分布。如果观测算子 $H(\boldsymbol{x}_0)$ 不是线性函数，则分析场误差不满足高斯分布。如果观测算子 $H(\boldsymbol{x}_0)$ 在背景场 $\boldsymbol{x}^{\mathrm{b}}$ 附近的线性一阶近似成立，那么分析误差接近高斯分布。观测算子 $H(\boldsymbol{x}_0)$ 的非线性程度越强，$\sigma(\boldsymbol{x}_0)$ 越不满足高斯分布。在线性和近似线性情形下，最大似然估计的后验概率分布函数及其误差协方差矩阵的推导留给读者。在高度非线性情况下，类似的理论推导可能非常困难，只能尝试数值解。

8.4　构造 *B* 矩阵的 NMC 方法

3D-Var 资料同化需要分析时刻(t_0)的背景场变量($\boldsymbol{x}^{\mathrm{b}}$)，它是对真值($\boldsymbol{x}^{\mathrm{t}}$)的一个近似：

$$\boldsymbol{x}^{\mathrm{t}}=\boldsymbol{x}^{\mathrm{b}}+\boldsymbol{\varepsilon}_{\mathrm{b}} \tag{8.27}$$

其中，$\boldsymbol{\varepsilon}_{\mathrm{b}}$ 表示背景场误差向量。如果把上一个时间的分析场 $\boldsymbol{x}^{\mathrm{a}}(t_0-\Delta t)$ 作为$(t_0-\Delta t)$时刻的

初始条件，做一个 $\Delta t \approx 6$ h 的 NWP 模式预报，把它作为 t_0 时刻的 $\boldsymbol{x}^{\mathrm{b}}$，则 $\boldsymbol{\varepsilon}_{\mathrm{b}}$ 是 NWP 模式短期预报的误差向量。

背景场误差协方差矩阵定义为

$$\boldsymbol{B} = \overline{(\boldsymbol{x}^{\mathrm{b}} - \boldsymbol{x}^{\mathrm{t}})(\boldsymbol{x}^{\mathrm{b}} - \boldsymbol{x}^{\mathrm{t}})^{\mathrm{T}}} \equiv \overline{\boldsymbol{\varepsilon}_{\mathrm{b}} + \boldsymbol{\varepsilon}_{\mathrm{b}}^{\mathrm{T}}} \tag{8.28}$$

其中，$\overline{()}$ 表示从给定数据样本中获取平均值的期望算子。假定 $\boldsymbol{x}^{\mathrm{b}}$ 由三维有限区域浅水波模式的位势高度($\boldsymbol{\Phi}$)、纬向风($\boldsymbol{u}$)、经向风($\boldsymbol{v}$)组成：

$$\boldsymbol{\Phi} = \begin{pmatrix} \boldsymbol{\Phi}_1 \\ \boldsymbol{\Phi}_2 \\ \vdots \\ \boldsymbol{\Phi}_N \end{pmatrix}, \quad \boldsymbol{u} = \begin{pmatrix} u_1 \\ u_2 \\ \vdots \\ u_N \end{pmatrix}, \quad \boldsymbol{v} = \begin{pmatrix} v_1 \\ v_2 \\ \vdots \\ v_N \end{pmatrix}$$

则 $\boldsymbol{x}^{\mathrm{b}}$ 和 $\boldsymbol{B}$ 可以表示为

$$\boldsymbol{x}^{\mathrm{b}} = \begin{pmatrix} \boldsymbol{u}^{\mathrm{b}} \\ \boldsymbol{v}^{\mathrm{b}} \\ \phi^{\mathrm{b}} \end{pmatrix}, \quad \boldsymbol{B} = \begin{pmatrix} \boldsymbol{B}_{uu} & \boldsymbol{B}_{uv} & \boldsymbol{B}_{u\phi} \\ \boldsymbol{B}_{uv} & \boldsymbol{B}_{vv} & \boldsymbol{B}_{v\phi} \\ \boldsymbol{B}_{u\phi} & \boldsymbol{B}_{v\phi} & \boldsymbol{B}_{\phi\phi} \end{pmatrix} \tag{8.29}$$

矩阵 $\boldsymbol{B}$ 中的子矩阵可以表示为

$$\boldsymbol{B}_{fg} = \begin{pmatrix} \overline{\left(f_1^{\mathrm{b}} - f_1^{\mathrm{t}}\right)\left(g_1^{\mathrm{b}} - g_1^{\mathrm{t}}\right)} & \overline{\left(f_1^{\mathrm{b}} - f_1^{\mathrm{t}}\right)\left(g_2^{\mathrm{b}} - g_2^{\mathrm{t}}\right)} & \cdots & \overline{\left(f_1^{\mathrm{b}} - f_1^{\mathrm{t}}\right)\left(g_N^{\mathrm{b}} - g_N^{\mathrm{t}}\right)} \\ \overline{\left(f_2^{\mathrm{b}} - f_2^{\mathrm{t}}\right)\left(g_1^{\mathrm{b}} - g_1^{\mathrm{t}}\right)} & \overline{\left(f_2^{\mathrm{b}} - f_2^{\mathrm{t}}\right)\left(g_2^{\mathrm{b}} - g_2^{\mathrm{t}}\right)} & \cdots & \overline{\left(f_2^{\mathrm{b}} - f_2^{\mathrm{t}}\right)\left(g_2^{\mathrm{b}} - g_2^{\mathrm{t}}\right)} \\ \vdots & & & \vdots \\ \overline{\left(f_N^{\mathrm{b}} - f_N^{\mathrm{t}}\right)\left(g_1^{\mathrm{b}} - g_1^{\mathrm{t}}\right)} & \overline{\left(f_N^{\mathrm{b}} - f_N^{\mathrm{t}}\right)\left(g_2^{\mathrm{b}} - g_2^{\mathrm{t}}\right)} & \cdots & \overline{\left(f_N^{\mathrm{b}} - f_N^{\mathrm{t}}\right)\left(g_N^{\mathrm{b}} - g_N^{\mathrm{t}}\right)} \end{pmatrix}$$

其中，f^{b} 和 g^{b} 表示背景场变量 Φ^{b}、u^{b} 或 v^{b}。我们称式(8.29)中的子矩阵 $\boldsymbol{B}_{uu}$、$\boldsymbol{B}_{uv}$、$\boldsymbol{B}_{\phi\phi}$ 为自协方差矩阵，非对角线上的子矩阵 $\boldsymbol{B}_{uv}$、$\boldsymbol{B}_{u\phi}$、$\boldsymbol{B}_{v\phi}$ 为互协方差矩阵。自协方差矩阵描述某个大气变量在模式区域内的空间自相关，互协方差矩阵描述两个不同变量之间在模式区域内的互相关。

背景误差协方差矩阵的定义(8.28)包含未知真值 $\boldsymbol{x}^{\mathrm{t}}$。幸运的是，资料同化只需要背景误差协方差矩阵，并不需要与每个数据样本所对应的真实大气状态。我们要做的是构造这样一组误差向量 $\tilde{\boldsymbol{\varepsilon}}_{\mathrm{b}}$ 样本，它们的协方差矩阵($\boldsymbol{B}_{\tilde{\varepsilon}_{\mathrm{b}}}$)是背景场误差向量 $\boldsymbol{\varepsilon}_{\mathrm{b}}$ 的背景场协方差矩阵($\boldsymbol{B}_{\varepsilon_{\mathrm{b}}}$)的一个合理近似：

$$\tilde{\boldsymbol{\varepsilon}}_{\mathrm{b}} \neq \boldsymbol{\varepsilon}_{\mathrm{b}} \quad \text{但} \quad \boldsymbol{B}_{\tilde{\varepsilon}_{\mathrm{b}}} \approx \boldsymbol{B}_{\varepsilon_{\mathrm{b}}} \tag{8.30}$$

以上情况是可能的。

背景场误差协方差矩阵对观测值如何影响分析场起着重要作用。矩阵 $\boldsymbol{B}$ 中的自协方差子矩阵决定某个观测位置的资料如何影响周围网格点上的分析场，矩阵 $\boldsymbol{B}_{\varepsilon_{\mathrm{b}}}$ 中的互协方差子矩阵决定观测算子的输入变量如何影响其他变量(即不是观测算子的输入变量)的分析场。因此，合理估计背景误差协方差矩阵($\boldsymbol{B}$)在 3D-Var 资料同化中非常重要，尤其在观测资料稀疏的情况下。

构造背景误差协方差矩阵($\boldsymbol{B}$)时必须牢记以下三点：①3D-Var 代价函数(8.2)中出现的是背景误差协方差矩阵的逆矩阵($\boldsymbol{B}^{-1}$)；②矩阵 $\boldsymbol{B}$ 的维数太大（$\gg 10^{-6}$），在 3D-Var 资料同化过程中，无法存储整个矩阵；③避免直接计算非对角分量不为零的 $\boldsymbol{B}$ 的逆矩阵。为了绕开这些问题，可以寻找从 NWP 模式变量($\boldsymbol{z}$)到分析变量($\boldsymbol{x}$)的一个线性变换关系：

$$\boldsymbol{x} = \boldsymbol{L}\boldsymbol{z} \tag{8.31}$$

这样，把式(8.31)代入式(8.2)中后，背景场项是 NWP 模式变量($\boldsymbol{z}$)的泛函：

$$J_{\mathrm{b}}(\boldsymbol{z}_0) = \left(\boldsymbol{z}_0 - \boldsymbol{z}_{\mathrm{b}}\right)^{\mathrm{T}} \boldsymbol{B}_{\mathrm{z}}^{-1} \left(\boldsymbol{z}_0 - \boldsymbol{z}_{\mathrm{b}}\right) \tag{8.32}$$

其中，$\boldsymbol{B}_z^{-1} = \boldsymbol{L}^{\mathrm{T}}\boldsymbol{B}^{-1}\boldsymbol{L}$。把式(8.32)写回到分析变量($\boldsymbol{x}$)，我们得到下面的等价表达式：

$$J_{\mathrm{b}}(\boldsymbol{x}_0) = \left(\boldsymbol{x}_0 - \boldsymbol{x}^{\mathrm{b}}\right)^{\mathrm{T}} \boldsymbol{L}^{-\mathrm{T}} \boldsymbol{B}_z^{-1} \boldsymbol{L}^{-1} \left(\boldsymbol{x}_0 - \boldsymbol{x}^{\mathrm{b}}\right) \equiv \left(\boldsymbol{x}_0 - \boldsymbol{x}^{\mathrm{b}}\right)^{\mathrm{T}} \boldsymbol{B}^{-1} \left(\boldsymbol{x}_0 - \boldsymbol{x}^{\mathrm{b}}\right) \tag{8.33}$$

所以，$\boldsymbol{B}^{-1} = \boldsymbol{L}^{-\mathrm{T}}\boldsymbol{B}_z^{-1}\boldsymbol{L}^{-1}$。因此，通过一个线性变换，一个对角矩阵 $\boldsymbol{B}$ 可以对应一个非对角矩阵 $\boldsymbol{B}_z$。若 $\boldsymbol{B}$ 是对角矩阵，它的逆矩阵 $\boldsymbol{B}^{-1}$ 也是对角矩阵，$\boldsymbol{B}^{-1}$ 的对角线上的元素是 $\boldsymbol{B}^{-1}$ 中对应对角线上的元素的倒数。

美国国家气象中心(NMC)方法是最早用于估计背景误差协方差矩阵的方法之一。NCEP 谱统计插值(SSI) 3D-Var 资料同化系统中用到的就是这个方法(Parrish 和 Derber, 1992)。NCEP SSI 3D-Var 资料同化系统是为改进 NCEP 全球谱模式的中期预报水平而设计的(Sela, 1980, 1982)。NCEP 全球谱模式的预报变量为涡度(ζ)、散度(D)、温度(T)、地面气压的对数($\ln p_{\mathrm{s}}$)和比湿(q)的谱系数。从 1974 年至 1979 年期间，Flattery(1970) 提出的 Hough 谱分析方法一直被应用于 NMC 全球谱模式中，把谱系数直接作为分析变量的想法是该方法的一个自然延续。事实上，第一个 NCEP SSI 3D-Var 实验版本是在二维空间中测试的，使用了 Hough 函数谱分析变量(Parrish，1988)。具体来讲，NCEP SSI 3D-Var 资料同化系统中的分析变量($\boldsymbol{x}$)由以下变量的谱系数组成的：涡度(ζ)、散度(D)、不平衡(快速)质量函数(Φ_{f})、地面气压的对数($\ln p_{\mathrm{s}}$)和比湿(q)，即 $\boldsymbol{x}_0=(\zeta, D, \Phi_{\mathrm{f}}, q, \ln p_{\mathrm{s}})^{\mathrm{T}}$。因此，式(8.31)中的 $\boldsymbol{L}$ 矩阵首先要完成谱空间到网格空间的转换($\boldsymbol{L}_1$)，然后要完成从 NWP 模式变量($\boldsymbol{z}$)到分析变量($\boldsymbol{x}$)的转换($\boldsymbol{L}_2$)。换句话说，式(8.31)中的线性变换矩阵 $\boldsymbol{L}$ 等于两个矩阵运算 $\boldsymbol{L}_1$ 和 $\boldsymbol{L}_2$ 的乘积：

$$\boldsymbol{x} = \boldsymbol{L}_2\boldsymbol{L}_1\boldsymbol{z}, \qquad \boldsymbol{z} = \begin{pmatrix} \zeta \\ D \\ T \\ q \\ \ln(p_{\mathrm{s}}) \end{pmatrix}, \qquad \boldsymbol{x} = \begin{pmatrix} \zeta \\ D \\ \Phi_{\mathrm{s}} \\ q \\ \ln(p_{\mathrm{s}}) \end{pmatrix}$$

不平衡(快速)质量函数(Φ_{f})这个分析变量，不是直接的模式变量，而是温度 T、地面气压的对数 $\ln p_{\mathrm{s}}$ 和比湿 q 这三个模式变量的线性函数。Φ_{f} 定义为质量函数(Φ)和其平衡(即慢速)部分(Φ_{s})之差：

$$\Phi_{\mathrm{f}} = \Phi - \Phi_{\mathrm{s}} \tag{8.34}$$

其中，质量函数的平衡部分 Φ_{s} 满足下面的线性平衡方程：

$$\Phi_{\mathrm{s}} = \nabla^{-2}(\nabla \cdot f\nabla)\nabla^{-2}\zeta \tag{8.35}$$

质量函数本身定义为

$$\boldsymbol{\Phi} = \boldsymbol{G}\boldsymbol{T}_{\mathrm{v}} + R\bar{\boldsymbol{T}}\ln p_{\mathrm{s}} \tag{8.36}$$

其中，R 是干空气气体常数(R=287 J·kg^{-1}·K^{-1})，$\bar{\boldsymbol{T}}$ 是 σ 垂直坐标下的平均温度廓线，$\boldsymbol{T}_{\mathrm{v}}$ 是虚温。虚温的定义如下：

$$T_{\mathrm{v}} = T(1+0.608q) \tag{8.37}$$

$\boldsymbol{G}$ 是对静力方程进行有限差分近似后的一个 $N_\sigma \times N_\sigma$ 阶的矩阵：

$$\frac{\mathrm{d}\Phi}{\mathrm{d}\ln\sigma} = -RT \qquad \Rightarrow \qquad \boldsymbol{\Phi} = \boldsymbol{G}\boldsymbol{T}_{\mathrm{v}} \tag{8.38}$$

其中，

$$\boldsymbol{G} = \begin{pmatrix} a_1 & 0 & 0 & \cdots & 0 \\ a_1+a_2 & a_2 & 0 & \cdots & 0 \\ a_1+a_2 & a_2+a_3 & a_3 & \cdots & 0 \\ \vdots & \vdots & \vdots & & \vdots \\ a_1+a_2 & a_2+a_3 & a_3+a_4 & \cdots & a_{N_\sigma} \end{pmatrix}$$

$$a_1 = -R\ln\sigma_1,\quad a_j = -\frac{R}{2}\ln\left(\frac{\sigma_j}{\sigma_{j-1}}\right) \quad (j=2, 3, \cdots, N_\sigma)$$

在分析变量的谱系数空间中将 $\boldsymbol{B}$ 矩阵构造为对角矩阵。这相当于假设背景误差在不同模式变量谱系数之间不相关。然而，由对角 $\boldsymbol{B}$ 矩阵转换到网格物理空间中的背景协方差矩阵 $\boldsymbol{B}_z$ ($\boldsymbol{B}_z^{-1} = \boldsymbol{L}_1^{\mathrm{T}}\boldsymbol{L}_2^{\mathrm{T}}\boldsymbol{B}^{-1}\boldsymbol{L}_2\boldsymbol{L}_1$) 是非对角线的。它包含同一模式变量的背景场误差的空间相关性($\boldsymbol{L}_1$ 的作用)，以及 $\boldsymbol{z}$ 中不同模式变量之间的背景场误差相关性($\boldsymbol{L}_2$ 的作用)。通过将 NWP 模式变量变换为上述分析变量，质量场与动量场之间的动力平衡隐式地、自动地被加进了 NCEP SSI 3D-Var 资料同化系统中。把质量场和风场之间的平衡关系建立到 NCEP SSI 3D-Var 资料同化系统中可以使与质量场有直接关系的观测信息去影响风矢量分析场，反之亦然。把这样得到的分析场作为模式的初始条件，可以减少 NWP 模式预报的起转(spin-up)时间。例如，卫星遥感观测资料得到的温度信息，通过质量场和动量场之间的平衡关系对风场进行相应的调整。值得一提的是，在谱空间中，很容易处理出现在线性平衡方程(8.35)中的拉普拉斯算子的逆算子(∇^{-2})。

如果把表达式(8.38)、(8.34)和(8.35)结合起来，我们可以根据温度 T、地面气压的对数 $\ln p_{\mathrm{s}}$ 和比湿度 q 这三个模式变量直接计算分析变量 Φ_{f}：

$$\Phi_{\mathrm{f}} = \boldsymbol{G}\boldsymbol{T}(\boldsymbol{I}+0.608\boldsymbol{q}) + R\bar{\boldsymbol{T}}\ln \boldsymbol{p}_{\mathrm{s}} - \nabla^{-2}(\nabla\cdot f\nabla)\nabla^{-2}\boldsymbol{\zeta} \tag{8.39}$$

从模式变量到分析变量的线性转换是针对 NMC 谱模式中 σ 垂直层上的球谐展开系数直接进行的。

构建 $\boldsymbol{B}$ 矩阵分以下三步步骤。第一步，生成一组 24 h 预报场与分析场之差的预报误差向量样本：

$$\tilde{\boldsymbol{\varepsilon}}_m^{(i)} = \boldsymbol{z}_{f_{24\mathrm{h}}}^{(i)} - \boldsymbol{z}_{\mathrm{a}}^{(i)} \quad (i=1, 2, \cdots, 30) \tag{8.40}$$

其中，$\boldsymbol{z}=(\zeta, D, T, q, p_{\mathrm{s}})^{\mathrm{T}}$ 是涡度、散度、温度、比湿和地面气压对数的谱系数，$\boldsymbol{z}_{f_{24\mathrm{h}}}^{(i)}$ 是

NMC 谱模式的 24 h 预报场，初始条件是前一个分析时间 (t_0–T) 的分析场，$\boldsymbol{z}_{\mathrm{a}}^{(i)}$ 是当前时间 (t_0) 的分析场，上标 i 代表连续 30 天的 0000 UTC。向量 $\tilde{\boldsymbol{\varepsilon}}_m^{(i)}$ 代表 NMC 谱模式短期预报误差。第二步，把模式变量 ($\boldsymbol{z}$) 的 24 h 预报误差转换到分析变量谱系数 ($\boldsymbol{x}_0=(\zeta, D, \Phi_{\mathrm{f}}, q, \ln(p_{\mathrm{s}}))^{\mathrm{T}}$) 上。第三步，根据 30 个样本值，计算分析变量谱系数的误差方差。第四步，把 24 h 预报的误差方差经验调整为 6 h 预报的误差方差，作为谱系数变量的背景误差协方差矩阵的对角元素，非对角元素设为零。由涡度、散度、不平衡质量变量和比湿谱系数组成的背景误差协方差对角矩阵确实能在三维物理空间中产生非对角背景误差协方差矩阵 $\boldsymbol{B}$。事实上，用 NCEP SSI 3D-Var 资料同化系统同化某 σ 模式层上一点的温度观测值 (可以假定观测值与背景场之差是 1 K) 所产生的温度和风的分析增量结构与 OI 业务系统所获得的结果相似 (见 Parrish 和 Derber (1992) 图 2)。

得到了模式网格上的 3D-Var 分析场后，再把分析变量转换到模式变量，即

$$\boldsymbol{z}=\boldsymbol{L}_1^{-1}\boldsymbol{L}_2^{-1}\boldsymbol{x} \tag{8.41}$$

从不平衡质量函数 (Φ_{f}) 和涡度 (ζ) 得到总质量函数 (Φ) 的转换相对比较简单，可以根据下面的方程完成：

$$\Phi=\Phi_{\mathrm{f}}+\nabla^{-2}(\nabla\cdot f\nabla)\nabla^{-2}\zeta \tag{8.42}$$

然而，从总质量函数 (Φ) 到温度 (T) 和地面气压对数 ($\ln p_{\mathrm{s}}$) 的转换是一个欠定问题。为了同时得到维数为 $N_\sigma+1$ 的 $\boldsymbol{T}_{\mathrm{v}}$ 和 $\ln p_{\mathrm{s}}$，对 T_{v} 的二阶导数增加一个约束条件，要求 $\ln p_{\mathrm{s}}$ 是以下代价函数的极小值解：

$$\min J(\ln p_{\mathrm{s}})=\sum_i\left(\frac{\partial^2\boldsymbol{T}_{\mathrm{v}}}{\partial\sigma^2}\right)^{\mathrm{T}}\frac{\partial^2\boldsymbol{T}_{\mathrm{v}}}{\partial\sigma^2} \tag{8.43}$$

其中，

$$\boldsymbol{T}_{\mathrm{v}}=\boldsymbol{G}^{-1}\left(\boldsymbol{\Phi}-R\bar{\boldsymbol{T}}\ln p_{\mathrm{s}}\right) \tag{8.44}$$

一旦有了 $\ln p_{\mathrm{s}}$，可以将 Φ 和 $\ln p_{\mathrm{s}}$ 的值代入式 (8.44) 中得到 $\boldsymbol{T}_{\mathrm{v}}$。最后，根据 $\boldsymbol{T}_{\mathrm{v}}$ 和 $\boldsymbol{q}$，利用式 (8.37) 便可以得到温度 ($\boldsymbol{T}$)。

NMC 方法中的误差向量可以用不同的误差样本来代替。例如，48 h 和 24 h 的模式预报差，预报结束时间相同，N 样本分布在一个月或一年中的不同时间：

$$\tilde{\boldsymbol{\varepsilon}}_m^{(i)}=\boldsymbol{z}_{48\mathrm{h}}^{(i)}-\boldsymbol{z}_{24\mathrm{h}}^{(i)}\qquad(i=1,2,\cdots,N) \tag{8.45}$$

或者一组集合预报与其平均值的差：

$$\tilde{\boldsymbol{\varepsilon}}_m^{(i)}=\boldsymbol{z}_{24\mathrm{h}}^{(i)}-\overline{\boldsymbol{z}_{24\mathrm{h}}^{(i)}}\qquad(i=1,2,\cdots,M) \tag{8.46}$$

选择谱系数作为代价函数的控制变量 (如上所述的 NCEP SSI 3D-Var 资料同化系统)，即使 3D-Var 代价函数中的 $\boldsymbol{B}$ 是一个对角矩阵，也可以通过一系列函数变换，获得网格空间的非对角背景误差协方差，它能表示大气变量的物理结构和大小等统计特征。然而，由谱空间中的对角背景场误差协方差矩阵产生的物理空间中的背景场协方差结构是均匀和各向同性的 (Parrish 和 Derber, 1992；Courtier 等, 1998)。下节讨论利用递归滤波器构造非均匀和各向异性的 $\boldsymbol{B}$ 矩阵。

8.5　构造 B 矩阵的递归滤波器

使用递归滤波器，Wu 等(2002)提出了一种构造非均匀和各向异性的背景场误差协方差矩阵的方法。3D-Var 全球资料同化系统的控制变量是模式变量在模式网格点上的值，不是模式变量的谱系数。利用一系列递归滤波器，模拟物理空间中的背景场误差结构。控制变量由流函数(ψ)、不平衡部分的速度势(χ_f)、不平衡部分的温度(T_f)、不平衡部分的地面气压($p_{s,f}$)和假相对湿度(q_{pseudo})组成，即

$$\boldsymbol{x} = \begin{pmatrix} \psi \\ \chi_f \\ T_f \\ p_{s,f} \\ q_{pseudo} \end{pmatrix}$$

这里，假相对湿度定义为水汽混合比除以背景场饱和水汽混合比(Dee 和 da Silva, 2002)。在谱空间中，可以利用包含拉普拉斯逆算子的线性平衡算子直接获得平衡(即慢变)温度。同样的方法没办法在模式网格空间中进行。因此，在模式网格空间中，质量场和流函数场之间的关系建立在一个统计线性回归模式上。在指定的纬度和高度上，从全流函数(ψ)增量中提取平衡部分温度(T_s)的增量(Gustafsson 等, 1999; Wu 等, 2002)。这个回归模式可以表示为

$$T_s = \boldsymbol{G}_\varphi \psi \tag{8.47}$$

其中，$\boldsymbol{G}_\varphi$ 是一个线性映射矩阵，它将流函数增量投影到指定纬度(φ)所有模式层上的平衡温度增量。平衡部分的地面气压增量定义为

$$p_{s,s} = \boldsymbol{W}\psi \tag{8.48}$$

其中，矩阵 $\boldsymbol{W}$ 是在静力方程(8.38)中先代入 $\Phi=f\psi$，然后进行垂直积分得到的。平衡部分的速度势定义为

$$\chi_s = c\psi \tag{8.49}$$

其中，c 是一个经验参数，它主要反映行星边界层中速度势和流函数之间的局部相关性。参数 c 的值随纬度和高度而变。这种考虑是由于行星边界层中散度与涡度相关性较大。

给定新息增量 $H(\boldsymbol{x}_0)-\boldsymbol{y}^{obs}$ 的一个空间分布，递归滤波器的平滑作用是通过 3D-Var 代价函数(8.2)中的 J_b 项来实现的。在讨论怎样构造 $\boldsymbol{B}$ 矩阵的数值递归滤波器之前，我们先来看一个简单的、各向同性的背景误差协方差的高斯函数模型：

$$B(r) = \sigma_b^2 e^{-\frac{r^2}{2R^2}} \tag{8.50}$$

其中，$r = \sqrt{(x-x')^2 + (y-y')^2}$，$\sqrt{2}R$ 是高斯函数的影响半径。这个高斯函数可以用作平滑核，若与二维函数 $\phi(x, y)$ 卷积，可以得到以下一个新函数：

$$\tilde{\phi}(x, y) = \int_{R^2} B(r)\phi(x', y')\mathrm{d}x'\mathrm{d}y' \tag{8.51}$$

上述等式右边的积分就是二维空间中的一个高斯滤波器。

为了推导高斯滤波器的响应函数，用 $\phi_{k,l}(x,y)=\mathrm{e}^{\mathrm{i}(kx+ly)}$ 替代式(8.51)中的 $\phi(x,y)$：

$$\tilde{\phi}_{k,l}(x,y)=\int_{R^2}\sigma_{\mathrm{b}}^2\mathrm{e}^{-\frac{r^2}{2R^2}}\mathrm{e}^{\mathrm{i}(kx'+ly')}\mathrm{d}x'\mathrm{d}y' \tag{8.52}$$

在式(8.52)中做如下坐标变换：$\hat{x}=x-x'$ 和 $\hat{y}=y-y'$，我们得到

$$\begin{aligned}\tilde{\phi}_{k,l}(x,y)&=\sigma_{\mathrm{b}}^2\phi_{k,l}(x,y)\int_{R^2}\mathrm{e}^{-\frac{\hat{x}^2+\hat{y}^2}{2R^2}+\mathrm{i}(k\hat{x}+l\hat{y})}\mathrm{d}\hat{x}\mathrm{d}\hat{y}\\&=2\pi R^2\sigma_{\mathrm{b}}^2\mathrm{e}^{-\frac{k^2+l^2}{2}R^2}\phi_{k,l}(x,y)\end{aligned} \tag{8.53}$$

根据上式，我们得到二维高斯滤波器的响应函数：

$$r(k,l)=2\pi R^2\sigma_{\mathrm{b}}^2\mathrm{e}^{-\frac{k^2+l^2}{2}R^2} \tag{8.54}$$

类似地，一维高斯滤波器的响应函数是

$$r(k)=\sqrt{2\pi}R\sigma_{\mathrm{b}}^2\mathrm{e}^{-\frac{k^2}{2}R^2} \tag{8.55}$$

对于大气中的长波，$k^{-1}\gg R$。响应函数(8.55)中的指数部分可以用泰勒展开中的前两项近似(当 $0<x\ll 1$ 时，$\mathrm{e}^{-x}=1-x+O(x^2)$)，得

$$r(k)\approx\sqrt{2\pi}R\sigma_{\mathrm{b}}^2\left(1-\frac{k^2R^2}{2}\right) \tag{8.56}$$

下面要讨论的数值递归滤波器可以完成上述高斯函数(8.50)所能完成的背景场误差协方差函数与空间分布的新息增量($H(\boldsymbol{x}_0)-\boldsymbol{y}^{\mathrm{obs}}$)的卷积任务。把在第 4.7 章中讨论过的由"前向"和"后向"两个递归方程组成的一个简单的一阶数值递归滤波器重复 M 次：

$$B_j^{(m)}=(1-\alpha)A_j^{(m)}+\alpha B_{j-1}^{(m)}\qquad (j=1, 2, \cdots, N) \tag{8.57a}$$

$$C_j^{(m)}=(1-\alpha)B_j^{(m)}+\alpha C_{j+1}^{(m)}\qquad (j=N-1, N-2, \cdots, 1) \tag{8.57b}$$

其中，上标 m 表示由"前向"(8.57a)和"后向"(8.57b)方程组成的一阶数值递归滤波器的第 m 次重复(m=0, 1, ⋯, M)，$A_i^{(0)}$ 和 $C_i^{(M)}$ 分别是滤波器的输入和输出控制变量，α 是反应平滑响应函数的相关性长度的平滑参数。

把 $A_j^{(0)}(x)=\mathrm{e}^{\mathrm{i}jx}$ 代入式(8.57a)和式(8.57b)中，我们得到对大气长波运动(即 $j\Delta x\approx 1$)重复 M 次一阶数值递归滤波后的响应函数的一个近似表达式：

$$r_M(j)\approx 1-\frac{\alpha}{(1-\alpha)^2}M(j\Delta x)^2 \tag{8.58}$$

因此，在长波情况下，数值递归滤波器响应函数(8.58)与高斯滤波器响应函数(8.56)相似。实际上，如果把平滑参数(α)设置为满足以下等式的值：

$$\frac{k^2R^2}{2}=\frac{\alpha}{(1-\alpha)^2}M(k\Delta x)^2 \tag{8.59}$$

即 $\alpha = 1 + \beta - \sqrt{\beta(\beta+2)}$ ，其中 $\beta=M\Delta x^2/R$，数值递归滤波器响应函数与高斯滤波器响应函数完全相同。值得注意的是，平滑参数(α)与高斯函数中的影响半径($\sqrt{2}R$)成反比关系。高斯形式的响应函数的意义在于，依次在 x 和 y 方向各应用一次这样的滤波器，可以获得在二维空间的各向异性响应函数。其他一维响应函数不具有这种简单特性。数值递归滤波器(8.57)有以下四个独特点：①它的响应函数是准高斯的；②它是自伴随的；③它也适用于非均匀网格；④通过调整平滑参数(α)，它可以生成具有局地自适应水平尺度的非均匀结构函数。

NCEP 3D-Var 全球资料同化系统采用四阶数值递归滤波器(Wu 等, 2002)。设在 x、y 和 z 方向分别使用四阶数值递归滤波器后产生的运算算子为矩阵 $\boldsymbol{B}_x$、$\boldsymbol{B}_y$ 和 $\boldsymbol{B}_z$，则模式网格空间上分析变量($\boldsymbol{x}$)的背景误差协方差矩阵($\boldsymbol{B}$)由以下一系列矩阵相乘和求和运算组成：

$$\boldsymbol{B} = \boldsymbol{B}_z \boldsymbol{V}\left(\boldsymbol{B}_x^1 \boldsymbol{B}_y^1 \boldsymbol{B}_y^1 \boldsymbol{B}_x^1 + \boldsymbol{B}_x^2 \boldsymbol{B}_y^2 \boldsymbol{B}_y^2 \boldsymbol{B}_x^2\right) \boldsymbol{V} \boldsymbol{B}_z \tag{8.60}$$

其中，$\boldsymbol{V}$ 是一个对角矩阵，对角元素是用 NMC 方法得到的网格点上的背景误差方差估计，矩阵上标 1 和 2 分别表示两个不同的四阶递归滤波器，下标 x 和 y 分别表示两个不同水平方向。矩阵 $\boldsymbol{V}$ 对角线上的方差值是根据一年时间内大约 50 个样本的 24 h 与 48 h 预报差计算得到的。上标为 2 的运算矩阵的水平尺度设为上标为 1 的运算矩阵的水平尺度的一半。每个变量在垂直方向使用一次递归滤波器。由于高斯型背景误差协方差的功率谱衰减速度快于实际大气情况，所以对每个状态变量应用两组不同水平尺度的递归滤波器(8.60)，可以获得胖尾谱。这样做的目的是使 3D-Var 资料同化系统在同化最小尺度特征的观测资料时，也能够具有较真实的误差分布，即背景场误差功率谱的尾部应该比任何纯高斯谱的尾部更胖(即能量降低得慢)。顺便提一句，在控制变量为谱系数的 NCEP SSI 3D-Var 系统里，背景误差协方差的谱也具有胖尾特征。在不同的垂直高度层，可以指定不同的水平尺度。背景场误差的方差、水平和垂直尺度随纬度和高度而变。

平滑参数(α)与每个分析变量的背景场误差水平相关长度(L)成反比。因此，它是递归滤波器定义公式(8.60)中的一个重要参数，矩阵 $\boldsymbol{B}_x^i$、$\boldsymbol{B}_y^i$ 和 $\boldsymbol{B}_z^i$ (i=1,2)中都包含这个参数。流函数(ψ)的水平尺度可以根据涡度方差(σ_ζ^2)与流函数方差(σ_ψ^2)的比值进行估计，具体公式如下(见 Wu 等(2002)附录)：

$$L_\psi = \left(\frac{8\sigma_\psi^2}{\sigma_\zeta^2}\right)^{1/4} \tag{8.61}$$

对其他控制变量(即 χ_{f}、T_{f}、$p_{\mathrm{s,f}}$、q_{pseudo})，水平相关长度(L_g)可以根据各自的方差与二阶导数的方差的比值得到，估计公式如下：

$$L_g = \left(\frac{\sigma_g^2}{\sigma_{\nabla^2 g}^2}\right)^{1/4} \tag{8.62}$$

其中，g 表示 χ_{f}、T_{f}、$p_{\mathrm{s,f}}$、q_{pseudo} 中的任何一个变量。二阶导数的计算是在谱空间中进行，通过谱转换再将其转换到模式网格点上。所有的方差都是在模式网格上计算得到的，这

样估计的 L_g 才能包含局部水平尺度信息。

各分控制变量的背景场误差垂直相关长度是根据各控制变量的垂直相关性估计的。在指定垂直层上，递归滤波器与某控制变量的垂直网格点相关性匹配最好的递归滤波器长度被指定为该控制变量在该垂直层上的垂直相关长度。注意，垂直相关长度是局部定义的，这样就可以避免在距离观测资料$(H(\boldsymbol{x}_0)-\boldsymbol{y}^{\text{obs}})$较远的高度出现负相关。

采用哪个方案构建背景场误差协方差 $\boldsymbol{B}$，是否成功，在很大程度上取决于实施细节，包括影响半径、误差向量 $\tilde{\varepsilon}_m$ 的统计特征是否近似于背景场误差向量的统计特征、用于统计估计的数据样本大小、数据精度等。若使用式(8.60)得到背景场误差协方差矩阵，实际上假设了背景场统计误差在水平方向和垂直方向上是可分离的，这有可能仅在特定大小的区域内有效。当然，即使 $\boldsymbol{B}$ 的构建不是绝对最优，但用次优系统得到的 $\boldsymbol{B}$ 所进行的 3D-Var 资料同化结果，通常比没有 $\boldsymbol{B}$ 矩阵项或对角 $\boldsymbol{B}$ 矩阵的结果好。进一步改进背景场误差协方差矩阵的合理性和精度是一项持续性的研究工作。

8.6　3D-Var 和卡尔曼滤波比较

卡尔曼滤波(KF)资料同化方法是在线性模式预报的每一积分步上进行的。在第 n 步积分时间$(t=t_n)$，KF 的输入包括上一个积分时间$(t=t_{n-1})$的模式变量分析场$(\boldsymbol{x}_{n-1}^*)$、模式变量协方差矩阵预报$(\boldsymbol{P}_{n-1})$、分析场误差协方差矩阵$(\boldsymbol{A}_{n-1})$；第 n 步积分时间的模式误差协方差矩阵$(\boldsymbol{Q}_n)$和观测信息$(\boldsymbol{y}^{\text{obs}}$、$\boldsymbol{H}_n$ 和 $\boldsymbol{R}_n)$，其中 $\boldsymbol{Q}_n$ 和 $\boldsymbol{R}_n$ 定义为

$$\boldsymbol{Q}_n=\overline{\boldsymbol{\varepsilon}_n^{\text{f}}(\boldsymbol{\varepsilon}_n^{\text{f}})^{\text{T}}}\ ,\qquad \boldsymbol{\varepsilon}_n^{\text{f}}=\boldsymbol{x}_n^{\text{f}}-\boldsymbol{x}_n^{\text{t}} \tag{8.63}$$

$$\boldsymbol{R}_n=\overline{\boldsymbol{\varepsilon}_n^{\text{obs}}(\boldsymbol{\varepsilon}_n^{\text{obs}})^{\text{T}}}\ ,\qquad \boldsymbol{\varepsilon}_n^{\text{obs}}=\boldsymbol{x}_n^{\text{obs}}-\boldsymbol{x}_n^{\text{t}} \tag{8.64}$$

在第 n 步积分时间，KF 资料同化完成以下的数学运算：

$$\boldsymbol{x}_n^{\text{f}}=\boldsymbol{M}(t_n,t_{n-1})\boldsymbol{x}_{n-1}^* \tag{8.65a}$$

$$\boldsymbol{P}_n^{\text{f}}=\boldsymbol{M}(t_n,t_{n-1})\boldsymbol{A}_{n-1}\boldsymbol{M}^{\text{T}}(t_n,t_{n-1})+\boldsymbol{Q}_{n-1} \tag{8.65b}$$

$$\boldsymbol{K}_n=\boldsymbol{P}_n^{\text{f}}\boldsymbol{H}_n^{\text{T}}\left(\boldsymbol{H}_n\boldsymbol{P}_n^{\text{f}}\boldsymbol{H}_n^{\text{T}}+\boldsymbol{R}_n\right)^{-1} \tag{8.65c}$$

$$\boldsymbol{x}_n^*=\boldsymbol{x}_n^{\text{f}}+\boldsymbol{K}_n\left(\boldsymbol{y}_n^{\text{obs}}-\boldsymbol{H}_n\boldsymbol{x}_n^{\text{f}}\right) \tag{8.65d}$$

$$\boldsymbol{A}_n=\boldsymbol{P}_n^{\text{f}}-\boldsymbol{P}_n^{\text{f}}\boldsymbol{H}_n^{\text{T}}\left(\boldsymbol{H}_n\boldsymbol{P}_n^{\text{f}}\boldsymbol{H}_n^{\text{T}}+\boldsymbol{R}_n\right)^{-1}\boldsymbol{H}_n\boldsymbol{P}_n^{\text{f}} \tag{8.65e}$$

同化循环的初始条件是

$$\boldsymbol{x}_0^{\text{f}}=\boldsymbol{x}_0 \tag{8.66a}$$

$$\boldsymbol{P}_0^{\text{f}}=\boldsymbol{B} \tag{8.66b}$$

表达式(8.65c)～(8.65e)中的矩阵 $\boldsymbol{K}_n$ 称为增益矩阵。增益矩阵 $\boldsymbol{K}_n$ 的表达式(8.65c)是这样产生的：假设 $\boldsymbol{\varepsilon}_n^{\text{f}}$ 和 $\boldsymbol{\varepsilon}_n^{\text{obs}}$ 都满足高斯白噪声序列的情况下，要求由 KF 得到的分析场是无偏的、误差方差最小。

KF 资料同化适用于线性预报模式(8.65c)，需要输入所有前向时间积分步$(t_n,\ n=1,$

2, …) 上的模式误差协方差矩阵($\boldsymbol{Q}_n$, n=1, 2, …)，还需要预报协方差矩阵($\boldsymbol{P}_n^{\mathrm{f}}$) (8.65b)。然而，不管是计算速度还是存储空间，现有计算机都不能直接对协方差矩阵($\boldsymbol{P}_n^{\mathrm{f}}$)进行预报。另外，模式误差协方差矩阵($\boldsymbol{Q}_n$)的计算也具有一定挑战。

把式(8.65c)代入式(8.65d)，我们得到时间积分步 t_n 的 KF 分析场表达式：

$$\boldsymbol{x}_n^* = \boldsymbol{x}_n^{\mathrm{f}} + \boldsymbol{P}_n^{\mathrm{f}}\boldsymbol{H}_n^{\mathrm{T}}\left(\boldsymbol{H}_n\boldsymbol{P}_n^{\mathrm{f}}\boldsymbol{H}_n^{\mathrm{T}} + \boldsymbol{R}_n\right)^{-1}\left(\boldsymbol{y}_n^{\mathrm{obs}} - \boldsymbol{H}_n\boldsymbol{x}_n^{\mathrm{f}}\right) \tag{8.67}$$

把 KF 分析场表达式(8.67)和 3D-Var 分析场表达式(8.4a)进行比较，我们不难发现，3D-Var 和 KF 分析场在 NWP 模式和观测算子都是线性的情况下是相同的。而且，KF 分析场误差协方差矩阵(8.65e)与 3D-Var 分析场误差协方差矩阵(8.4b)也相同。因此，我们得出如下结论：在线性模式和线性观测算子的情况下，在同一个分析时间上，3D-Var 等价于 KF。当然，在实际应用中，3D-Var 资料同化的循环步较长(如 6 h)，KF 则是在模式预报时间积分步上循环的；3D-Var 背景场误差协方差矩阵的更新周期长(与同化循环步长一样)或不更新，KF 则是在每个模式时间积分步上更新的。此外，由式(8.4a)定义的 3D-Var 代价函数中未考虑模式误差 $\boldsymbol{Q}_n$。

8.7　AMSU-A 液态水路径反演和云检测

在 AMSU-A 和 ATMS 通道频率上的微波辐射具有穿透非降水云的能力，为监测地球大气提供有用资料。AMSU-A 窗区通道 1 和 2 的频率最低，同时使用 AMSU-A 的这两个窗区通道，可以消除大气气体成分吸收和海表辐射的影响，忽略液态云的散射效应后，可以反演出非降水云区的海面液态水路径(LWP) (Greenwald 等, 1993; Weng 和 Grody, 1994, 2000；Wentz, 1997；Grody 等, 2001；Weng 等, 2003)。具体反演算法描述如下。假设单层云并忽略散射效应，利用辐射传输方程的双流近似，从 AMSU-A 通道 1 和 2 的亮温观测资料，计算 LWP 反演产品。辐射传输方程的解可以写成如下形式(Weng 等, 2001)：

$$I(0,\cos\theta) = B\left(1-(1-\varepsilon)\mathrm{e}^{-\frac{2\tau_1}{\cos\theta}}\right) - \left(B(T_{\mathrm{s}}) - B(T)\right)\left(1-\mathrm{e}^{-\frac{\tau_1}{\cos\theta}}\right)\left(1+(1-\varepsilon)\mathrm{e}^{-\frac{\tau_1}{\cos\theta}}\right) \tag{8.68}$$

其中，B 是温度为 T 的云发射的辐射，τ_1 是云层下大气氧气向上辐射的光学厚度，T_{s} 是海表温度，$B(T)$ 是温度为 T 的黑体辐射(这里的 $B(T)$ 是普朗克函数，见第 7 章)，ε 是海表发射率，θ 是卫星天顶角。

进一步假设等温大气，便可以得到 LWP 的反演公式(Weng 和 Grody, 1994)：

$$\mathrm{LWP} = a_0\cos\theta\left(\ln\left(T_{\mathrm{s}} - T_{\mathrm{b}}^{\mathrm{ch2}}\right) - a_1\ln\left(T_{\mathrm{s}} - T_{\mathrm{b}}^{\mathrm{ch1}}\right) - a_2\right) \tag{8.69}$$

其中，$T_{\mathrm{b}}^{\mathrm{ch1}}$ 和 $T_{\mathrm{b}}^{\mathrm{ch2}}$ 分别代表中心频率为 23.8 GHz(通道 1)和 31.4 GHz(通道 2)的亮温观测值，T_{s} 是海表温度，a_0、a_1 和 a_2 是回归系数。回归系数计算公式如下：

$$a_0 = -0.5 \frac{\kappa_v^{\text{ch1}}}{\kappa_v^{\text{ch1}} \kappa_l^{\text{ch2}} - \kappa_v^{\text{ch2}} \kappa_l^{\text{ch1}}}$$

$$a_1 = \frac{\kappa_v^{\text{ch2}}}{\kappa_v^{\text{ch1}}} \tag{8.70}$$

$$a_2 = -\frac{2}{\cos\theta}\left(\tau_0^{\text{ch2}} - a_1 \tau_0^{\text{ch1}}\right) + \left(1 - a_1\right) \ln T_s + \ln\left(1 - \varepsilon^{\text{ch2}}\right) - a_1 \ln\left(1 - \varepsilon^{\text{ch1}}\right)$$

其中，κ_v 和 κ_l 分别是水汽和云的质量辐射吸收系数，τ_0 是氧气光学厚度。τ_0 可以根据海表温度，通过一个简单的参数化公式得到：

$$\tau_0 = a_0 + b_0 T_{\text{s}} \tag{8.71}$$

AMSU-A 两个窗区通道的辐射波长大于或相当于云中粒子的大小，因此辐射吸收处于瑞利(Rayleigh)区。在瑞利近似下，κ_l 的值可以根据云层温度(T_{c})计算：

$$\kappa_l = a_l + b_l T_{\text{c}} + c_l T_{\text{c}} \tag{8.72}$$

Weng 等(2003)的表 3 中给出了反演 LWP 所涉及的下述参数值：κ_v^{ch1}、κ_v^{ch2}、$\kappa_l - a_l$、$\kappa_l - b_l$、$\kappa_l - c_l$、$\tau_0 - a_0$ 和 $\tau_0 - b_0$。反演算法得到的 LWP 的最小值为 0.01 $\text{kg}\cdot\text{m}^{-2}$。当然，当 LWP 大于 1.0 $\text{kg}\cdot\text{m}^{-2}$ 时，与降水云雨有关的散射作用将使 AMSU-A 通道 1 和 2 趋于饱和(Weng 和 Grody, 1994)。LWP 大于 1.0 $\text{kg}\cdot\text{m}^{-2}$ 相当于 5～10 $\text{kg}\cdot\text{m}^{-2}\cdot\text{h}^{-1}$ 的降水率。与地表辐射计得到的液态水观测资料相比，非降水区的 AMSU-A 反演的 LWP 的均方根误差小于 0.05 $\text{kg}\cdot\text{m}^{-2}$(Grody 等，2001)。

世界上第一个 AMSU-A 搭载在美国极轨气象业务卫星 NOAA-15 上。自 1998 年 7 月 NOAA-15 发射以来，NOAA 向全球用户提供了包括 LWP、水汽、降水率、积雪和海冰浓度等反演产品。同样的反演方法也可用于 ATMS 观测资料。图 8.2a 显示了 2013 年 1 月 2 日由 ATMS 观测资料得到的 LWP 的全球分布，以及 ATMS 通道 1(图 8.2b)和通道 2(图 8.2c)观

(a)

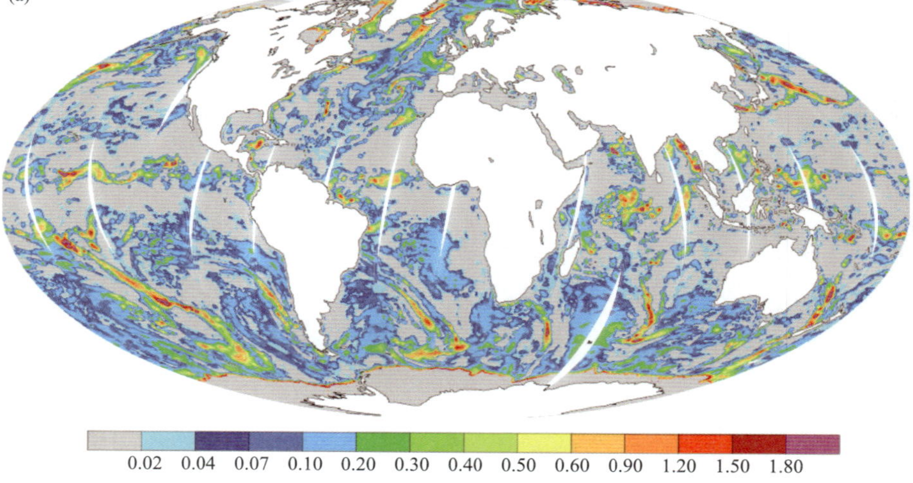

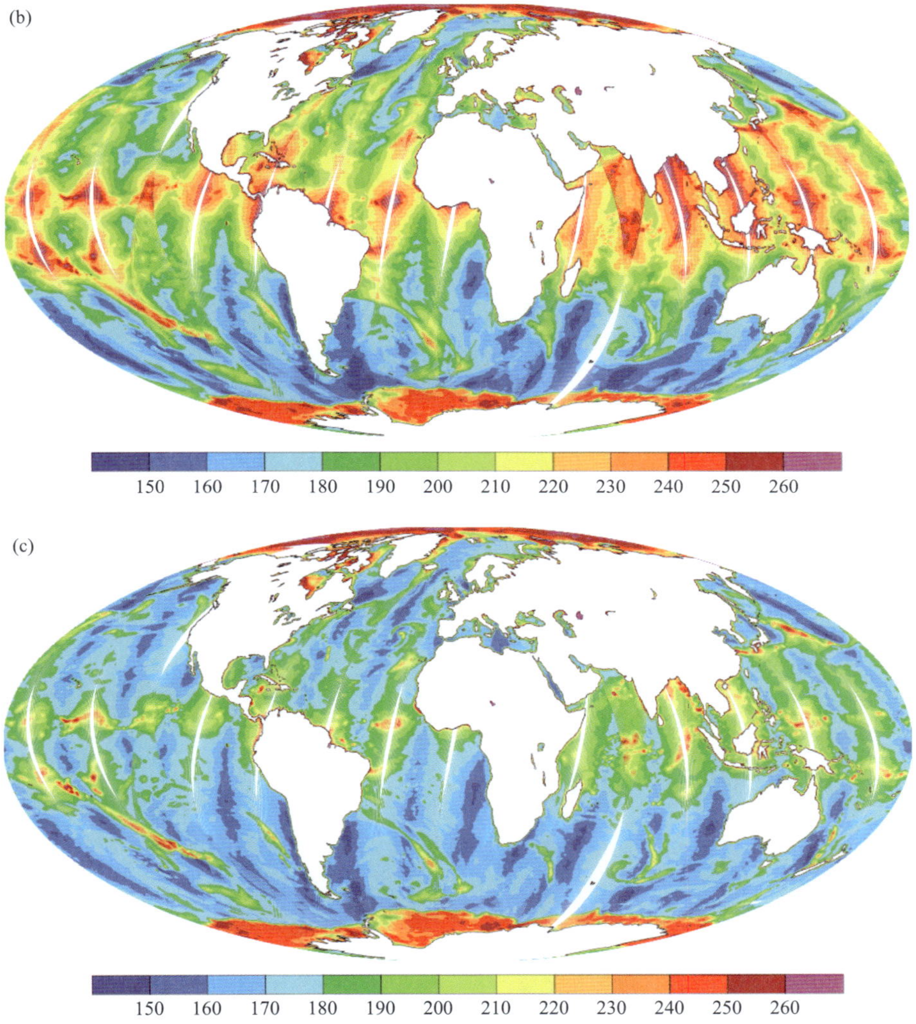

图 8.2　2013 年 1 月 2 日 ATMS 的(a)液态水路径(LWP)(单位：kg·m^{-2})、(b)通道 1 和(c)通道 2 亮温观测资料的全球分布(单位：K)

测亮温的全球分布。ATMS 很好地反映了全球不同天气系统中的 LWP 分布，LWP 大值区在热带对流区和中纬度气旋频发风暴轴附近。AMSU-A 窗区通道的观测亮温全球空间分布特征(图 8.2b、c)与 LWP (图 8.2a)的水平空间相关性极高。在有液态云存在的地区，亮温观测值较高，这是因为液态云和雨滴会产生额外辐射，使该地区的亮温高于海洋背景下的亮温。我们注意到通道 1 和 2 出现明显的相对于星下点的对称变化(图 8.2b、c)，在 LWP 反演算法中成功消除了 AMSU-A 的这种临边效应，确保了 LWP 反演产品的质量。

LWP 反演产品可应用于 AMSU-A 海面资料同化所需的云检测。通常，确定晴空观测资料的 LWP 阈值取为 0.01～0.05 kg·m^{-2}。

8.8　偏差估计和偏差订正

如第 6 章所述，在卫星资料同化系统中，观测资料(O)和背景场(B)误差均假定为无偏的。如果无偏假定不成立，则必须从观测和模拟亮温中分别减去观测误差和背景场误差的偏差 $\mu_o = \overline{O-T}$ 和 $\mu_b = \overline{B-T}$，其中 T 表示亮温真值。模式偏差可能来源于快速辐射传输模式本身，也可能来源于快速辐射传输模式的输入变量(如温度和湿度垂直廓线、地表温度、海表温度、海面风速)和其他参数(如氧气和臭氧等微量气体含量、地表类型)的数据误差。观测资料的偏差(μ_o)可能来源于卫星资料校准残余偏差。

在有偏差的情况下，需要将代价函数(8.2)中的(O–B)替换为下述表达式：

$$(O-\mu_o)-(B-\mu_b)=O-B-(\mu_o-\mu_b)=O-B-\mu_{O-B} \tag{8.73}$$

其中，$\mu_o = \overline{O-T}$，$\mu_b = \overline{B-T}$，$\mu_{O-B} = \overline{O-B}$。$\mu_{O-B}$ 是观测亮温和模式模拟亮温之间的偏差。上述表达式为偏差估计和偏差订正提供了依据。因为

$$\overline{O-B}-\mu_{O-B}=(\overline{O-T}-\mu_o)-(\overline{B-T}-\mu_b)=0 \tag{8.74}$$

所以，

$$\mu_{O-B}=\overline{O-B} \tag{8.75}$$

换句话说，我们只需根据 O–B 的样本资料，估计出 μ_{O-B} 的值，而不需要分别估计 μ_o 和 μ_b 的值。假如要分别估计 μ_o 和 μ_b 的值，则需要真值(T)的样本。真值是未知的。

基于上述讨论，对于每类卫星资料，我们不需要分别考虑观测资料偏差(μ_o)和模式偏差(μ_b)，只需要估计 μ_{O-B} 的值。由于卫星仪器校准和 NWP 模式经常发生变化，其中有些因素还会造成偏差随时间和空间的变化。因此，必须经常更新偏差估计。此外，根据一个 NWP 系统估计的 AMSU-A 偏差不一定适用于另一个 NWP 系统的 AMSU-A 资料同化 。

MSU、AMSU-A 和 ATMS 是跨轨扫描辐射计，资料偏差还依赖于扫描角。卫星近旁瓣辐射和固定在卫星上的平面反射器辐射都可能造成观测资料产生依赖于扫描角的偏差(Weng 等, 2013a)。此外，大气不均匀性随扫描角增加而增加，若模式不能完全模拟大气不均匀性，也可能导致模式模拟值产生依赖于扫描角的偏差(Zou 等, 2011a)。由于观测资料误差对地球视场温度的依赖性、快速辐射传输模式中的回归系数的光谱数据局限性，MSU、AMSU-A 和 ATMS 资料和模式模拟偏差还可能随纬度和时间变化。因此，MSU、AMSU-A 和 ATMS 观测资料与模式模拟之间的偏差可以表示为随纬度和时间变化的星下点偏差($\mu_{O-B}^{\text{nadir}}(\varphi,t)$)与只依赖于扫描角的偏差($\mu_{O-B}^{\alpha}(\alpha)$)之和：

$$\mu_{O-B}(\varphi,\alpha,t)=\mu_{O-B}^{\text{nadir}}(\varphi,t)+\mu_{O-B}^{\alpha}(\alpha) \tag{8.76}$$

其中，α 代表扫描角，φ 是纬度，t 是时间。

对于 AMSU-A 和 ATMS 资料，偏差估计需要重视以下几点：①数据样本足够多，以便获得稳定的随扫描角和场景变化的偏差估计；②选择不受强降水影响的高质量观测资料；③选择不受云或陆地地表参数(如表面类型、表面温度和表面发射率)影响的高精

度模式模拟数据；④没有异常亮温观测资料(如 O<150 K、O>350 K)，也没有异常 $O–B$ 值(如 $O–B$<–20 K 或 $O–B$>20 K)。建议采用资料同化时间前两周数据样本进行偏差估计，用于卫星资料同化中的偏差订正。

图 8.3～图 8.7 中提供了 AMSU-A 亮温偏差示例。来自一颗卫星的、连续两周的 AMSU-A 全球晴空数据就足以进行偏差估计。图 8.3 给出了 2014 年 NOAA-18 AMSU-A 晴空海洋资料偏差随纬度和时间的变化，其中晴空条件定义为 LWP<0.03 kg·m^{-2}。在每个 5°纬度带、两周时间段内，至少有 200 多个晴空数据样本。最大的数据样本(>2700)位于热带地区。在南北两个半球，冬季的晴空数据比夏季的多。图 8.4 显示了 2014 年 NOAA-18、NOAA-19 和 NOAA-15 AMSU-A 通道 5 星下点资料偏差(即 $\mu_{O-B}^{\text{nadir}}(\varphi,t)$)和标准差随时间(两周间隔)和纬度的变化。首先值得注意的是，来自 NOAA-18、NOAA-19 和 NOAA-15 的 AMSU-A 资料偏差随纬度和时间的变化比较相似。其次，AMSU-A 资料偏差随纬度变化较大，中纬度偏差大于低纬度偏差。AMSU-A 资料偏差随时间的变化也不容忽视。夏季的偏差大于冬季。最后，NOAA-18 AMSU-A 的资料偏差范围在–0.05～0.20 K 之间，NOAA-19 AMSU-A 的资料偏差范围在 0.10～0.15 K，NOAA-15 AMSU-A 的资料偏差范围在 0～0.35 K。

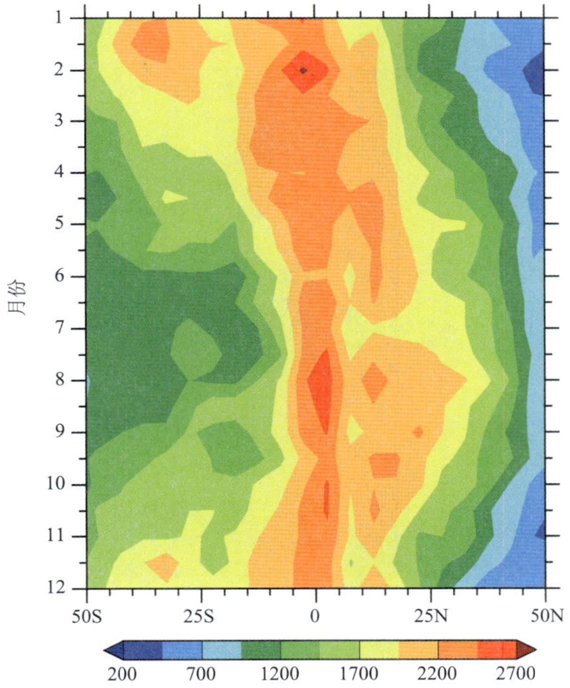

图 8.3　2014 年海洋上空每 5°纬度带内、每两周时间内 NOAA-18 AMSU-A 晴空数据总数

晴空条件定义为 LWP<0.03 kg·m^{-2}

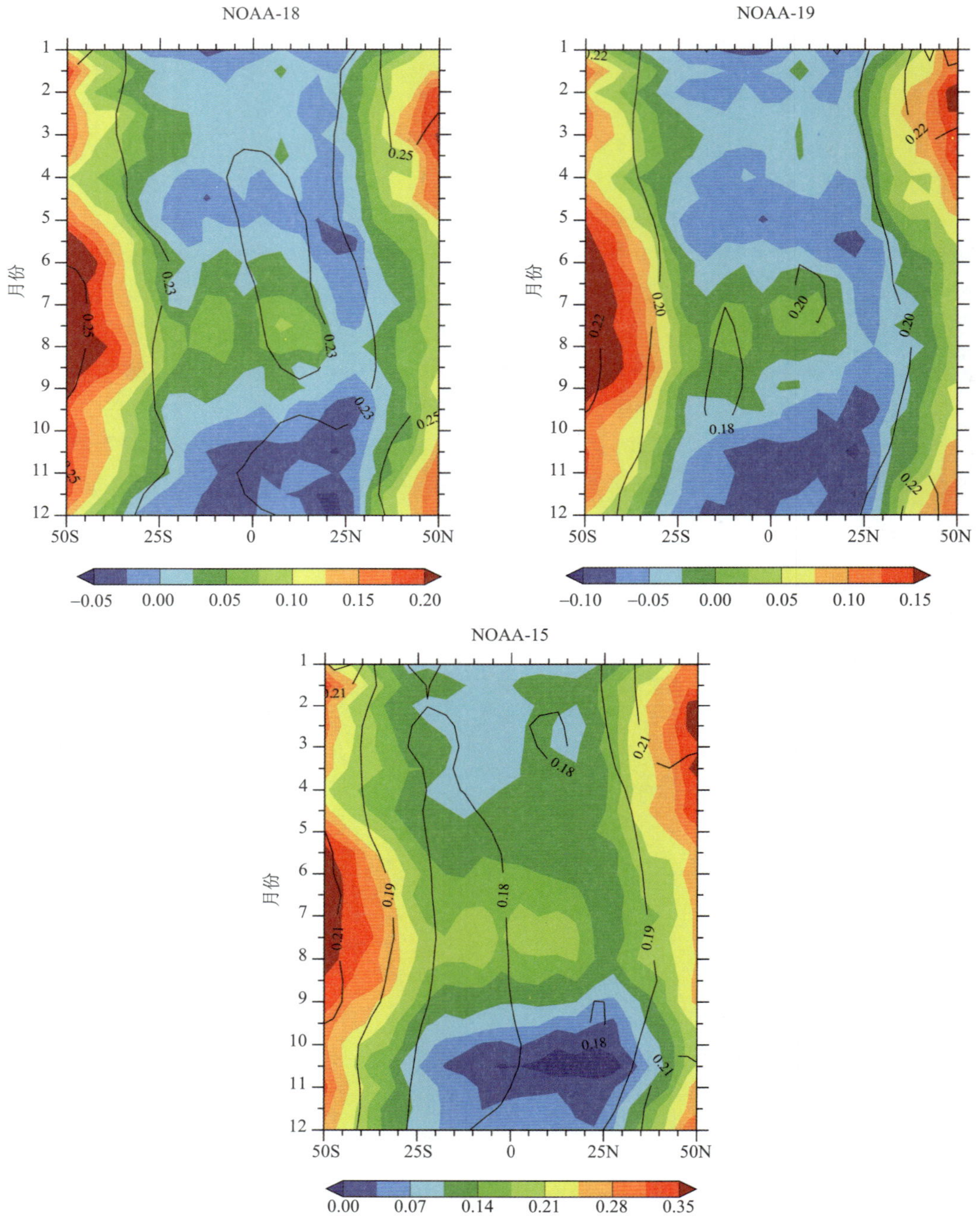

图8.4　2014年NOAA-18、NOAA-19和NOAA-15AMSU-A通道5星下点的偏差（彩色阴影）和标准差（黑色曲线）随纬度（5°间隔）和时间（两周间隔）的变化（单位：K）

AMSU-A 平流层通道的资料偏差随时间的变化与随纬度的变化一样大。图 8.5 显示了 2014 年 NOAA-18、NOAA-19 和 NOAA-15 AMSU-A 通道 10 的资料偏差在两周时间内的纬度变化。同样，来自三颗卫星的 AMSU-A 资料的偏差特征基本相似，只存在一些差别。三颗卫星的 AMSU-A 通道 10 的资料偏差都在 0.5 K 附近，NOAA-19 AMSU-A 资料偏差比 NOAA-18 的高 0.68 K，NOAA-15 AMSU-A 资料偏差比 NOAA-19 的低 0.13 K。图 8.4 和图 8.5 中的结果进一步说明有必要对每颗卫星上的微波温度计探测资料进行偏差估计。

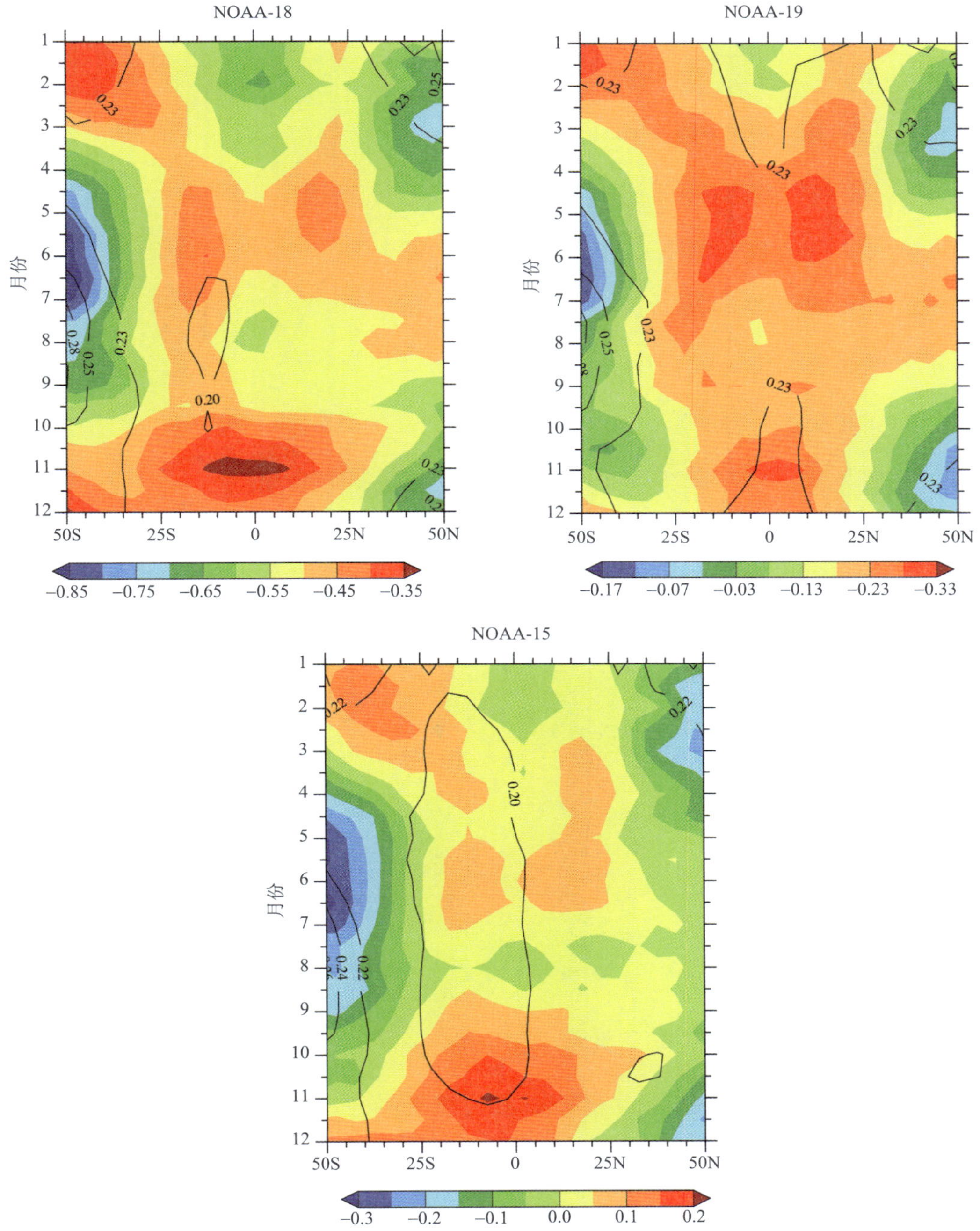

图 8.5　2014 年 NOAA-18、NOAA-19 和 NOAA-15 AMSU-A 通道 10 星下点的偏差（彩色阴影）和标准差（黑色曲线）随纬度（5°间隔）和时间（两周间隔）的变化（单位：K）

图 8.6 提供了 NOAA-18 AMSU-A 通道 1～15 的资料偏差随视场扫描角的变化。图中结果是根据 2014 年 7 月海洋晴空数据，通过以下公式计算得出的：

$$\mu_{O-B}^{\alpha}(\alpha)=\left(\overline{O-B}\right)-\mu_{O-B}^{\text{nadir}}(\varphi,t) \tag{8.77}$$

通道 1～6 的偏差随扫描角的增加而向下弯曲，相对于星下点位置基本上是对称的。对于通道 1～3，最大扫描角处的偏差比星下点的偏差小 2～3 K。通道 7～14 的扫描角偏差相对于星下点是不对称的。

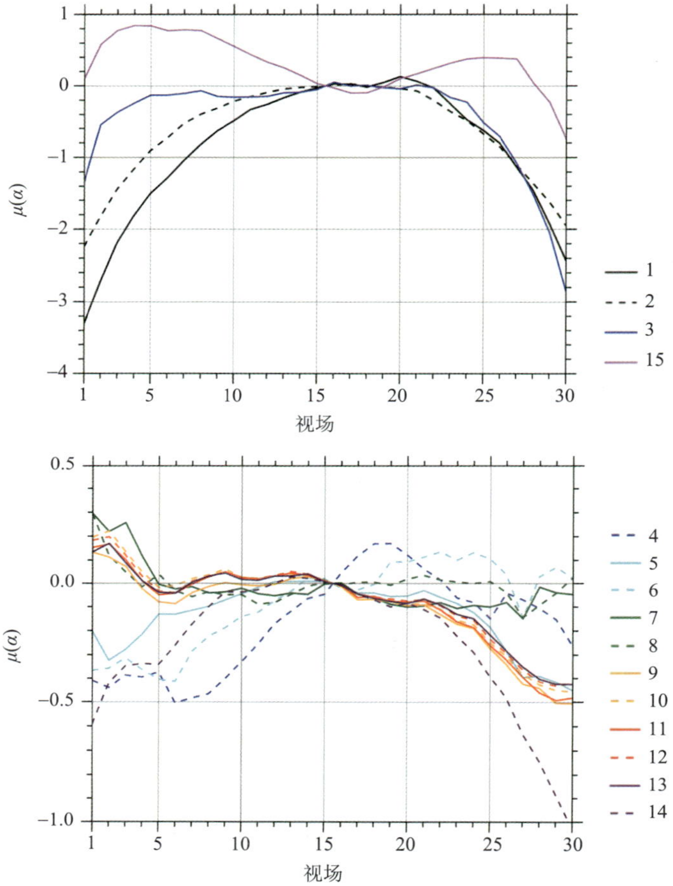

图 8.6　2014 年 7 月 NOAA 18 AMSU-A 通道 1～15 的晴空数据偏差随扫描视场的变化

由于卫星亮温资料存在偏差问题，监测 MSU 亮温资料与根据模式预报的温度和湿度廓线计算的模拟亮温之差变得极为重要(Smith 等, 1984；Chedin 和 Scott, 1983；Sussking 等, 1984)。早在 20 世纪 80 年代，就有人提出了在一维变分(1D-Var)或 3D-Var 同化过程中进行偏差订正(Pailleux 等, 1991; Eyre, 1992)。如今，不仅 ECMWF 等 NWP 中心实时监测 AMSU-A 和 ATMS 资料偏差，而且卫星校准/验证中心(如 NOAA/NESDIS/STAR)也对偏差和其他仪器性能参数进行实时监测。

卫星资料同化可以提高 NWP 预报水平，反之，NWP 模式预报也可以用来发现卫星数据中的一些问题。比较 NOAA-18、NOAA-19 和 NOAA-15 AMSU-A 通道 8 资料在 2014 年两周时间内的偏差随纬度变化(图 8.7)，不难发现，NOAA-19 AMSU-A 通道 8 的偏差特征与 NOAA-18 和 NOAA-15 的完全不同，因此，可以推断 NOAA-19 AMSU-A 通道 8 可能存在一些问题。事实上，自 2013 年 12 月以来，NOAA-19 AMSU-A 通道 8 就停止正常运行了。

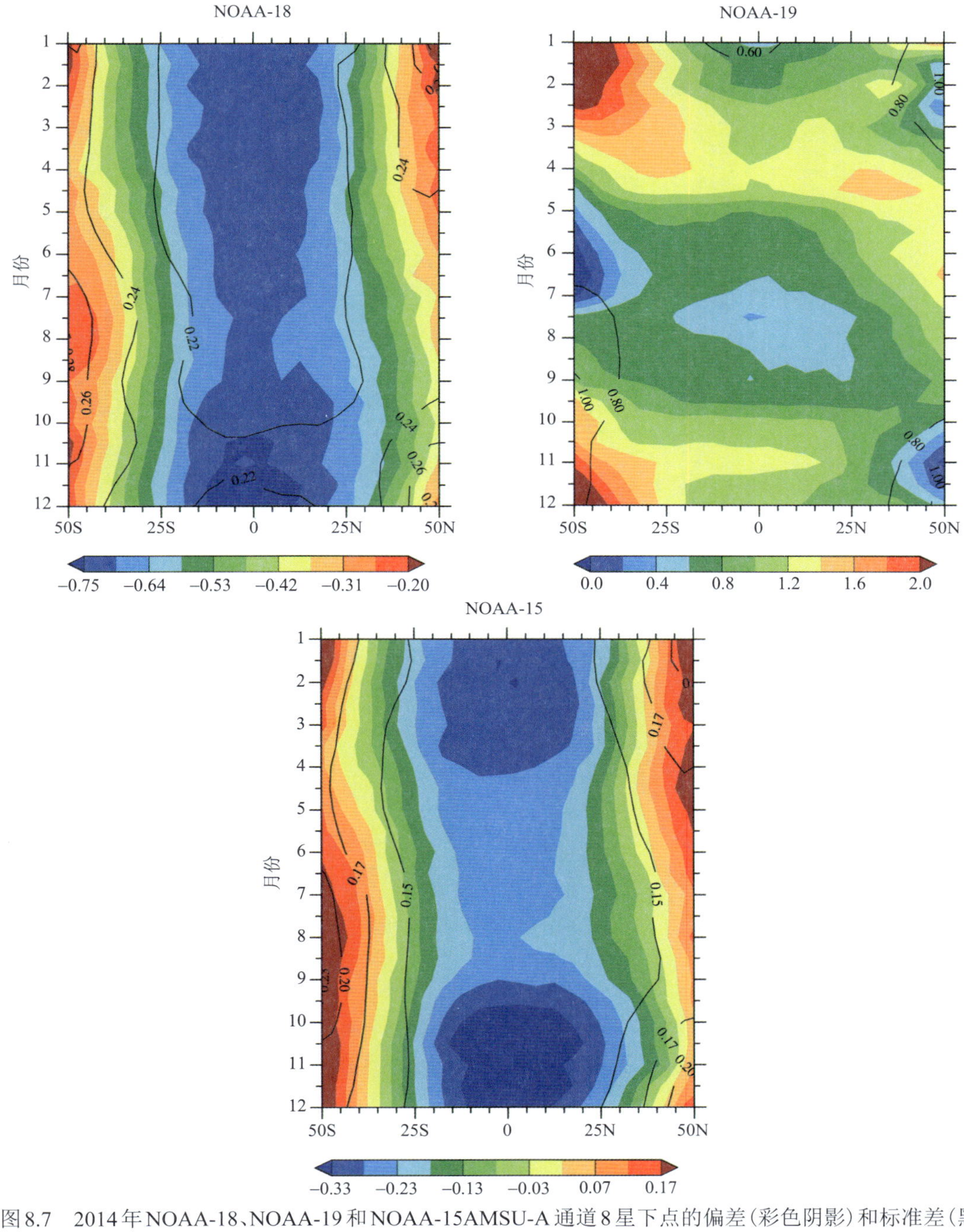

图 8.7　2014 年 NOAA-18、NOAA-19 和 NOAA-15AMSU-A 通道 8 星下点的偏差(彩色阴影)和标准差(黑色曲线)随纬度(5°间隔)和时间(两周间隔)的变化(单位：K)

如图 8.3～8.7 所示，MSU、AMSU-A 和 ATMS 通道的资料偏差从赤道到两极和随时间的变化都很大。长期以来，卫星亮温资料同化使用了依赖于空气质量的偏差订正方案(Derber 等, 1991；Parrish 和 Derber, 1992；Eyre, 1992；Harris 和 Kelly, 2001)。所谓的空气质量偏差订正，是把与“空气质量”有关的量作为大气质量偏差预测因子来实施偏差订正，譬如反应大气温度垂直变化的函数。这样做的理由是卫星资料偏差的时空变化与空气质量预测因子的时空变化存在线性相关性。

Derber 和 Wu(1998)描述了 NCEP 网格点统计插值(GSI)业务系统同化 MSU 亮温资料时采用的空气质量偏差订正方案(Wu 等, 2002; Purser 等, 2003)。该方案由两部分组成，第一部分与扫描角有关，第二部分与空气质量有关。下面我们简单讨论第二部分。与空气质量有关的偏差订正的数学表达式是

$$\mu_i^{\text{airmass}}(\beta, \boldsymbol{x}) = \sum_{j=1}^{5} \beta_{i,j} P_{i,j}^{\text{airmass}} \tag{8.78}$$

其中，$P_{i,j}^{\text{airmass}}$ (j=1, …, 5)是空气质量预测因子，定义为

$$\begin{aligned}
P_{i,1}^{\text{airmass}} &= 0.01 \\
P_{i,2}^{\text{airmass}} &= \frac{1}{10} \times \left(\frac{1}{\cos\theta} - 1 \right) - 0.015 \\
P_{i,3}^{\text{airmass}} &= L \\
P_{i,4}^{\text{airmass}} &= \left(\Gamma_i - \overline{\Gamma} \right)^2 \\
P_{i,5}^{\text{airmass}} &= \Gamma_i - \overline{\Gamma}
\end{aligned} \tag{8.79}$$

其中，θ 是天顶角，L 是 LWP，T 是大气温度，τ 是透过率，$\beta_{i,j}$ 是第 i 个通道、第 j 个预测因子的系数，$\Gamma_i(T,\tau)$ 定义为

$$\Gamma_i(T, \tau) = 0.01 \times \sum_{k=1}^{K-1} \left(\tau_{k+1} - \tau_k \right) \times \left(T_{k-1} - T_{k+1} \right) \tag{8.80}$$

空气质量偏差与偏差预测因子之间的相关性越高，空气质量偏差订正的效果就越明显。

前三个空气质量偏差预测因子的物理意义是显而易见的。第一个偏差预测因子是全球平均偏差，第二个预测因子与天顶角有关，第三个预测因子是 LWP，对于晴空资料同化，它的值设为零。第四个和第五个预测因子与温度递减率和通道的谱响应函数的卷积成正比，其中 $\Delta T|_k = T_{k-1} - T_{k+1}$ 用来近似温度递减率，$\Delta\tau|_k = \tau_{k+1} - \tau_k$ 用来近似通道的谱响应函数。Derber 和 Wu(1998)以及 Zhu 等(2014)指出，第五个预测因子还隐含这样的作用：如果发射后某通道的中心频率略有漂移，则该通道的透射率廓线将向上或向下移动。当透射率廓线稍微向上移动时，如果温度随高度下降(增加)，则亮温应减小(增加)。如果大气是等温的，则亮温不受通道中心频率移动的影响。

空气质量偏差订正可以通过把第 i 个通道的观测算子($H_i(\boldsymbol{x})$)替换成下面的观测算子来实现：

$$\tilde{H}_i(\boldsymbol{x}, \beta) = H_i(\boldsymbol{x}) - \mu_i^{\text{airmass}}(\beta, \boldsymbol{x}) \tag{8.81}$$

除了 3D-Var 同化原有的控制变量外，空气质量偏差订正系数 $\beta_{i,j}$ 也作为 3D-Var 代价函数的附加控制变量，在代价函数极小化迭代过程中，对分析变量和偏差订正系数同时进行最优估计。这个过程称为变分空气质量偏差订正。

值得一提的是，最早在 ECMWF 处进行 TIROS 业务垂直探测仪(TOVS)辐射偏差订正的方案中，直接利用 MSU 通道 2、3 和 4 的亮温观测资料作为空气质量偏差订正的预测因子。后来发现，在冬季海冰覆盖的海洋上的大偏差得不到订正，原因是把 MSU 辐射观测资料作为空气质量偏差订正的预测因子，不能充分描述对偏差有影响的海表特征。因此，Harris 和 Kelly(2001)提出了使用 1000～300hPa 厚度、200～50hPa 厚度、模式地表温度和根据背景场计算的总可降水量(TPW)作为四个空气质量偏差订正的预测因子，而不是 MSU 观测资料本身。为了了解偏差订正的效果，可以根据前期资料同化试验得到的观测和模拟亮温之间的差异，仔细选择样本，离线估计与扫描角和空气质量预测因子这两部分的亮温偏差。

根据 NWP 模式预报结果得到的模拟亮温与 MSU、AMSU-A 和 ATMS 观测值之间的系统偏差可能有许多误差源，包括仪器校准误差引起的偏差、仪器谱响应函数中有些参数值不准确、NWP 模式预报偏差、前向快速辐射模式误差、云和其他来源的残余污染。为了避免偏差对资料同化结果的影响，有各种不同的空气质量偏差订正方案，本书仅简单讨论了其中的一个方案。这些空气质量偏差订正方案并没有从源头上解决偏差问题。空气质量偏差订正起源于 20 多年前，当时 MSU 亮温观测资料的直接同化刚刚取代了间接同化，即不再同化卫星反演产品(Derber 和 Wu, 1998)。首先，把其他扫描角($\theta \neq 0$)上的亮温观测值跨轨订正到星下点($\theta=0$)亮温后，然后再进行同化。因此，卫星亮温资料偏差还可能来自跨轨订正误差。

在过去 20 年里，卫星资料校准和验证技术发展迅速，仪器校准误差大多在源头处得到纠正。与此同时，NWP 模式和快速辐射传输模式也越来越完善和精确，不仅能模拟星下点的观测亮温，也能模拟其他扫描角的观测亮温，不再需要先做跨轨订正、再同化订正过的资料。通过增加两个低频窗区通道，可以更好地对 AMSU-A 资料进行云检测。利用分析时间前两周数据，可以实时更新当前资料同化中的偏差随扫描角的变化($\mu_{O-B}^{\alpha}(\alpha)$)和星下点偏差随纬度的变化($\mu_{O-B}^{\text{nadir}}(\varphi,t)$)。基于上述卫星资料校准和模式模拟这两方面的快速发展，在 AMSU-A 资料同化中也可能不需要加入变分空气质量偏差订正。

图 8.8 展示 2012 年 6 月 29 日 NOAA-18 AMSU-A 通道 5 的亮温观测资料(图 8.8a)、LWP(图 8.8b)以及观测亮温和模拟亮温之差($O-B$)(图 8.8c)的全球晴空资料分布。亮温值在星下点最高，随着扫描角度的增加而减小。在热带和亚热带地区，星下点和最大扫描角之间的亮温差大于 10 K。在晴天条件下，$O-B$ 的值在 ± 1.8 K 之内。虽然观测算子较好地模拟了亮温随扫描角的变化，但 $O-B$ 偏差仍然存在一些随扫描角的变化（图 8.8c)，在较大扫描角处，$O-B$ 的负值比在星下点更大。

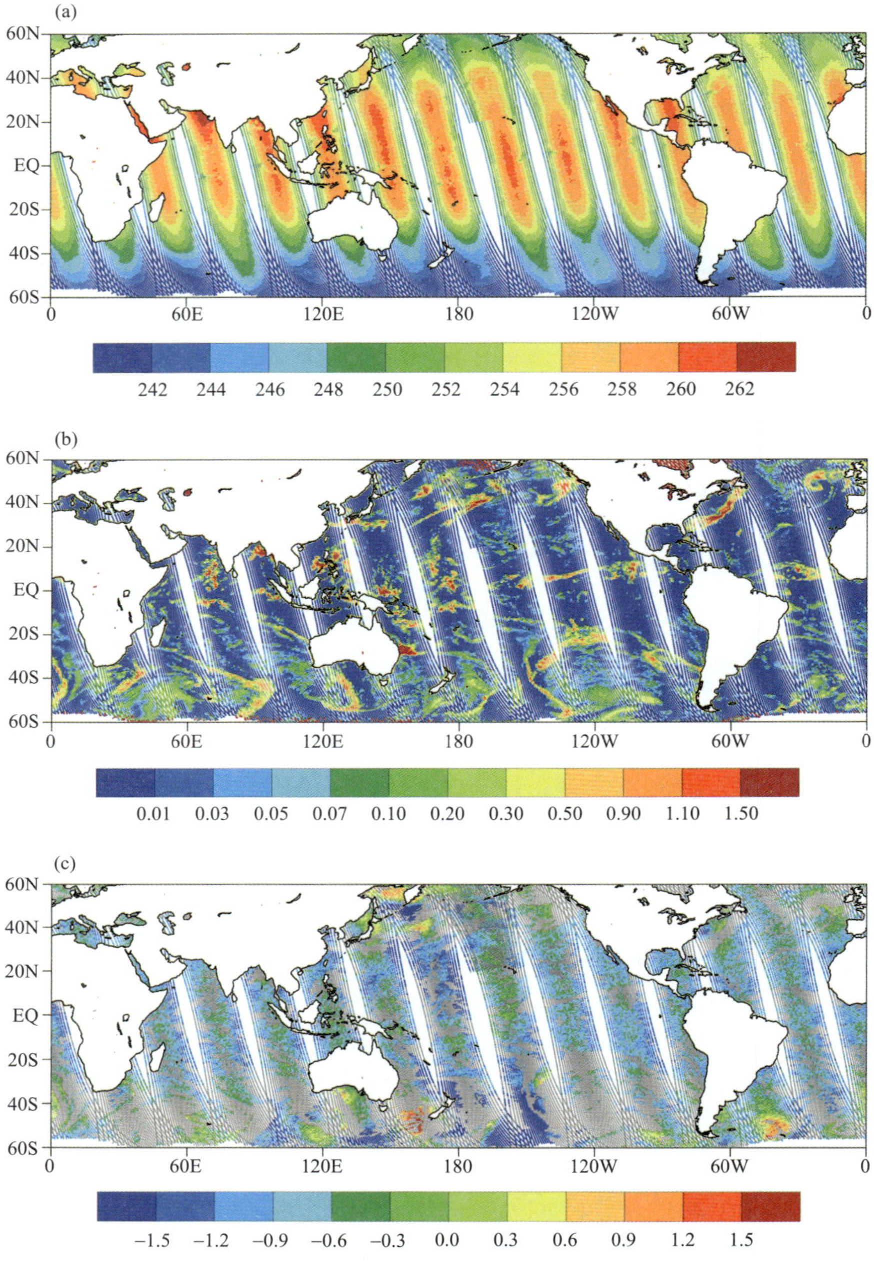

图 8.8　2012 年 6 月 29 日 NOAA-18 升轨观测得到的(a) AMSU-A 通道 5 观测亮温(单位：K)、(b)液态水路径(单位：kg·m^{-2})和(c)晴空条件下(LWP<0.01 kg·m^{-2}) O–B 的全球分布(单位：K)

(c)中灰色区域为 LWP ⩾ 0.01 kg·m^{-2}

对应 2012 年 6 月 29 日 NOAA-18 AMSU-A 通道 5 亮温观测资料的空气质量偏差订正的第五个预测因子的全球分布，如图 8.9 所示。第五个空气质量偏差预测因子在星下点最小，随着扫描角度的增加而增大。基于式(8.80)，通道 5 的第五个预测因子是由不

同垂直层(k)上$\Gamma_5^{(k)}$值的总和决定的，其中

$$\Gamma_5^{(k)}=\left(\tau_{k+1}-\tau_k\right)\left(T_{k-1}-T_{k+1}\right) \tag{8.82}$$

我们将$\Gamma_5^{(k)}$称为第 k 层大气对第五个预测因子的贡献。根据 ECMWF 再分析资料计算的不同垂直高度层(共 91 个模式层)大气对 AMSU-A 通道 5 的第五个预测因子的平均贡献如图 8.10 所示，其中把 30 个视场分成五组相近扫描角用不同符号表示。对第五个预测因子贡献最大的大气层在 400 hPa 左右，即$\Gamma_5^{400\,\text{hPa}}$。$\Gamma_5^{400\,\text{hPa}}$随扫描角的变化也是最大的。

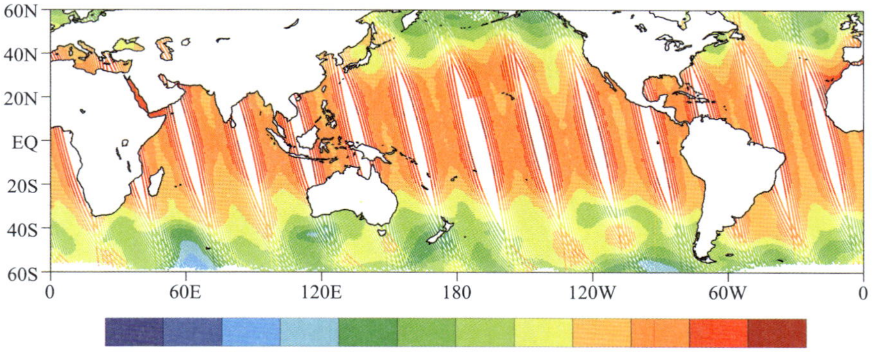

图 8.9　2012 年 6 月 29 日 NOAA-18 升轨观测 AMSU-A 通道 5 的第五个预测因子在 60°S～60°N 范围内的空间分布特征(单位：K)

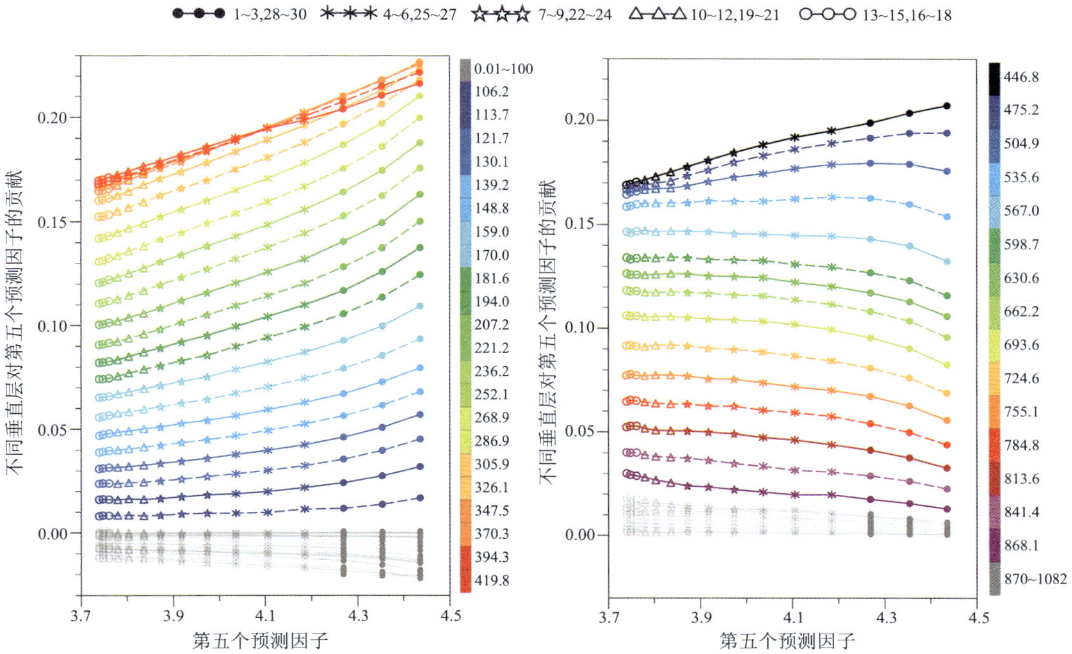

图 8.10　根据 2012 年 6 月 29 日 ECMWF 91 层再分析数据集计算得到的不同垂直高度(彩色)对 AMSU-A 通道 5 第五个预测因子的平均贡献

从最低点(圆圈)分五组相近扫描角计算

图 8.11a 给出了通道 5 的 $O–B$ 相对于第五个预测因子的散点图。由图可见，$O–B$ 值随第五个预测因子的增加而系统性地减小。如果我们把图中的资料点的视场数用颜色表示出来，不难发现 $O–B$ 随第五个预测因子的变化主要是由于扫描角的不同而造成的。平均偏差 μ_{O-B} 是纬度(φ)、扫描角(α)和时间(t)的函数，即 $\mu_{O-B}=\mu_{O-B}(\varphi,\alpha,t)$。利用 2012 年 6 月 29 日前两周时间 NOAA-18 AMSU-A 全球数据估计出来的通道 5 的 μ_{O-B} 的变化如图 8.11b 所示，偏差随纬度和扫描角的变化显而易见。如果将图 8.11a 中的 $O–B$ 值中减去图 8.11b 中 μ_{O-B} 的值，我们得到 $O–B–\mu_{O-B}$ 相对于第五个预测因子的散点图 8.11c。由图 8.11c 可见，$O–B–\mu_{O-B}$ 不再随第五个预测因子的增加而变小，而是集中在零值附近。这表明当资料同化循环随时间继续进行时，只要减去动态更新的与扫描角和纬度相关的 $O–B$ 平均偏差 $\mu_{O-B}(\varphi,\alpha,t)$，或许就不需要做变分空气质量偏差订正了。

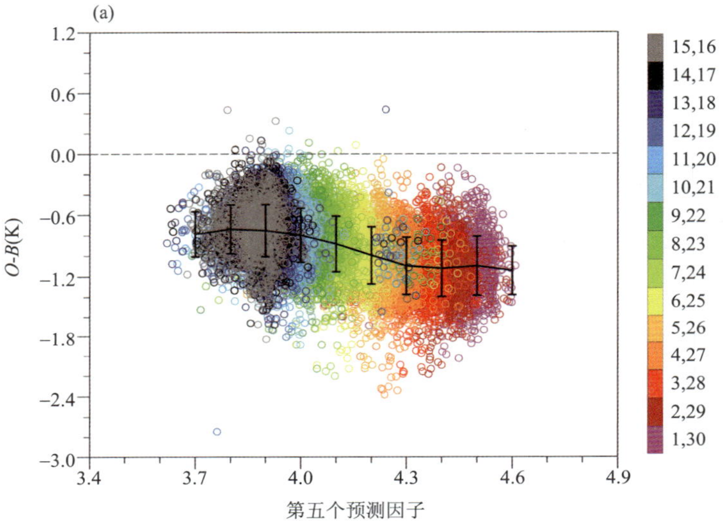

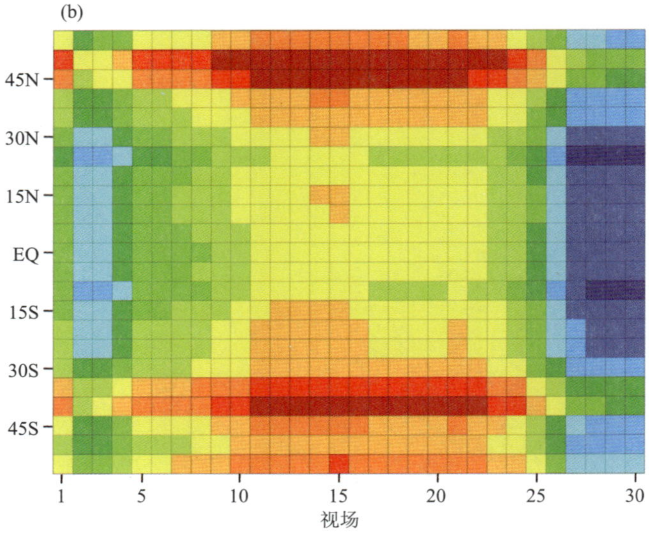

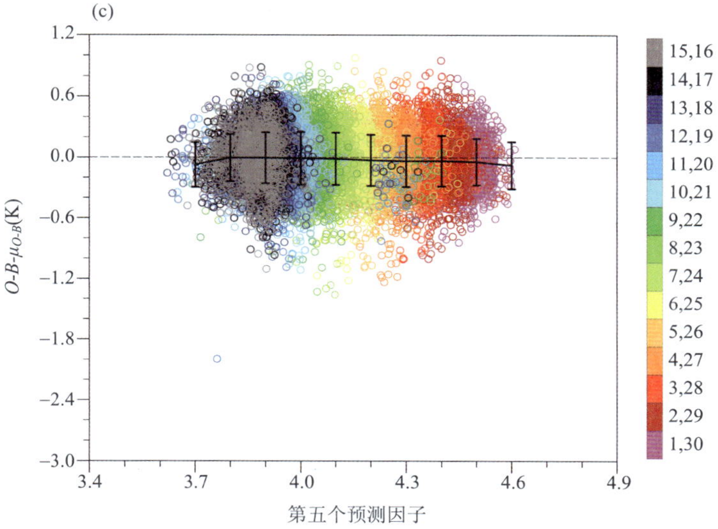

图 8.11　(a) 2012 年 6 月 29 日 NOAA-18 升轨观测得到的在 20°S～20°N 范围内、AMSU-A 通道 5 $O–B$ 相对于第五个预测因子的散点图(圆圈颜色指出 AMSU-A 视场数)，其中与星下点相距相同扫描角度的视场由相同颜色表示；以及在第五个预测因子 0.1 间隔内计算得到的 $O–B$ 的平均值(黑色曲线)和标准偏差(黑色垂直线)。(b) 2012 年 6 月 22 日～28 日期间 NOAA-18 AMSU-A 通道 5 的观测资料计算得到的偏差随纬度和扫描位置(即视场)的变化(即 $\mu_{O-B}(\varphi,\alpha,t)$)。(c) $O–B–\mu_{O-B}$ 相对于第五个预测因子的散点图，其他与(a)相同

8.9　AMSU-A 资料同化对定量降水预报的影响

选择 2012 年的飓风 Isaac 为例。图 8.12 给出了飓风伊莎贝尔(Isaac)从 8 月 20 日 1800 UTC 到 8 月 31 日 1800 UTC 的最佳路径，以飓风符号表示，间隔为 6 h。图 8.12 中还显示了 2012 年 8 月 29 日 1200 UTC NCEP FNL 全球分析资料给出的 500 hPa 位势高度和相对湿度在模式区域中的分布情况。2012 年 8 月 21 日，飓风 Isaac 是从非洲西海岸的热带波动发展起来的，该热带波动在当天晚些时候发展成了热带风暴。Isaac 在 2012 年 8 月 25 日之前向西移动，随后向西北方向移动。在维持了 7 天的热带风暴强度后，8 月 28 日上午，Isaac 增强为一级飓风，并于当天 2345 UTC 首次登陆密西西比河口西南部附近。2012 年 8 月 29 日 0715 UTC (凌晨 2:15)，Isaac 第二次登陆，地点是富尔雄港的西边。第二次登陆后几个小时内，Isaac 的结构变得不那么对称，雨带在西侧打开，在飓风的东部和西南部产生了强雷暴。8 月 30 日 2100 UTC 左右，Isaac 移到了路易斯安那州北部，并减弱为一个热带低压。2012 年 8 月 29 日 1200 UTC，飓风 Isaac 的中心位置在图 8.12 中用白色飓风符号表示。副热带高压和中纬度高压脊分别位于 Isaac 的东部和西北部。这样的大尺度环境气流有利于在 Isaac 的东部和西北部形成气旋性气流，其南风带着足够的水汽从东南方向进入 Isaac，从而在沿海地区产生强雷暴。

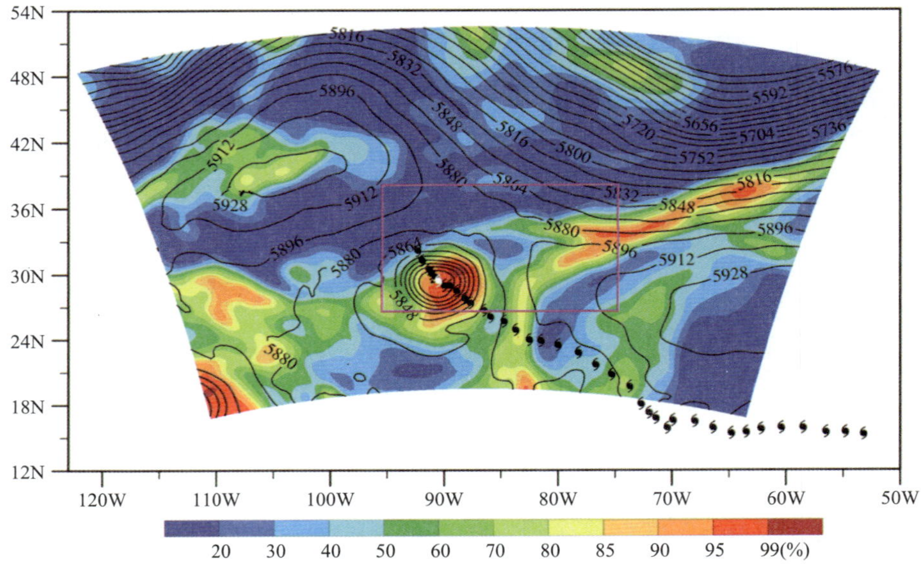

图 8.12　2012 年 8 月 20 日 1800 UTC 至 8 月 31 日 1800 UTC 飓风 Isaac 的最佳路径以及 2012 年 8 月 29 日 1200 UTC 由 NCEP 资料得到的相对湿度(彩色阴影)和 500 hPa 位势高度(16 m 间隔的等高线)分布

飓风路径时间间隔为 6 h，白色飓风符号对应 2012 年 8 月 29 日 1200 UTC

定量降水预报的检验区域由洋红色矩形表示

下面比较两个资料同化试验结果。第一个是对照试验(CTRL)，第二个修改试验(MBC)中去除了变分空气质量偏差订正，只做随纬度和扫描角变化的偏差订正，其他部分(资料、同化系统、预报模式等)与 CTRL 一样。同化资料包括 NOAA-15、 NOAA-18 和 MetOp-A 的 AMSU-A 亮温观测资料和常规资料，预报模式是先进天气研究和预报(ARW)区域模式，同化系统是 NCEP GSI 系统(Wu 等, 2002；Purser 等, 2003)。所有观测数据都以 BUFR 格式输入到 GSI 分析系统。BUFR 格式是世界气象组织维护的二进制数据格式(Dragosavac, 2007)。GSI 同化系统和 ARW 预报模式的水平分辨率为 10 km，有 27 个垂直高度层，层顶位于 50 hPa 左右。物理参数化选项和其他细节与 Zou 等(2011b)相同。

在某个固定 UTC 时间附近，极轨卫星 AMSU-A 遥感数据在模式区域内可能会有较大缺测区。例如，0600±3 UTC 的 6 h 窗口内，美国大陆有一大片区域都没有 MetOp-A 和 NOAA-18 观测资料。模式区域内有最多资料覆盖范围的同化时间是 1800 UTC。因此，需要一个数据同化的循环过程。然而，如果资料同化循环周期过长，则模式的侧边界条件将对内部区域产生主导影响。由于在任何 12 h 的时间窗口内，NOAA-15、NOAA-18 和 MetOp-A AMSU-A 资料完全覆盖模式区域，每对 CTRL 和 MBC 试验都采用 12 h 的资料同化循环总时间，循环时间间隔为 6 h。在 8 月 20 日 1800 UTC 至 8 月 29 日 1800 UTC 这 10 天时间内产生相隔 6 h 的分析场，作为模式初始条件。每个资料同化循环最开始时刻的背景场是 NCEP 全球预报系统(GFS)的分析场。同化循环开始后，前一时刻的分析场被用作 ARW 模式 6 h 预报的初始条件，ARW 模式 6 h 预报作为在当前分析时间的背景场，以此类推。最后，把 12 h 资料同化周期结束时得到的分析场作为 ARW 模式 24 h 预报的初始条件。从 8 月 20 日 0600 UTC 到 8 月 29 日 1200 UTC，每个同化试验(CTRL 或 MBC)资料同化循环和 24 h 预报试验共进行 40 次，加在一起共有 80 次同化循环和预报。

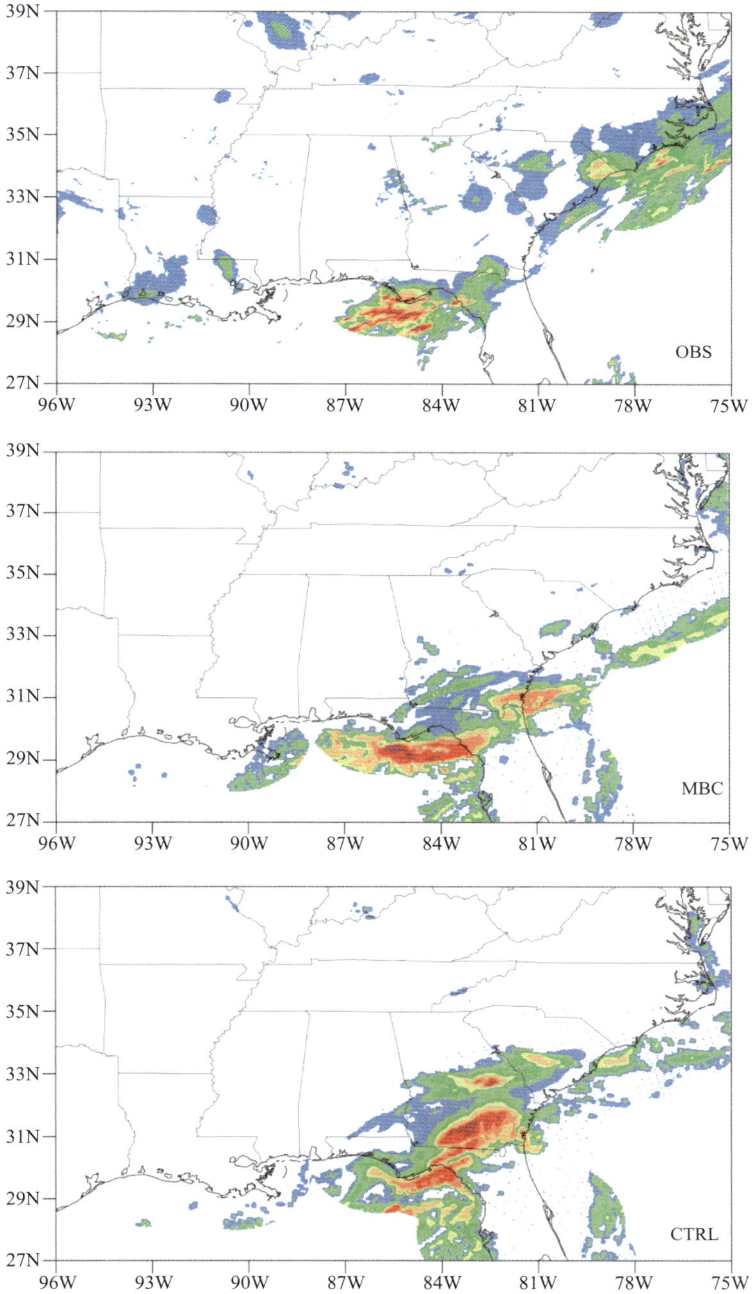

图 8.13　2012 年 8 月 21 日 1200～1500 UTC 期间 3 h 累积降水量的观测值(OBS)、修改试验(MBC)和对照试验(CTRL)

模式预报的初始时间是 8 月 20 日 1800 UTC，21～24 h 模式预报

用于偏差估计的是 2012 年 8 月 1 日～14 日的资料，包括 NOAA-15、NOAA-18 和 MetOp-A AMSU-A 全球晴空辐射亮温观测资料。如上所述，在 MBC 试验中对 AMSU-A 全球资料同化不做空气质量偏差订正，而是在代价函数(8.2)中把 $O\text{–}B$ 改成 $O\text{–}B\text{–}\mu_{O\text{–}B}(\varphi,\alpha,t)$。

图 8.13 比较 21～24 h 模式预报的 3 h 累积降水评分。对应的实际降水观测时间是 2012 年 8 月 21 日 1200～1500UTC。MBC 和 CTRL 两个试验中的模式预报初始条件是 8 月 20 日 1800UTC 时刻的分析场。降水观测数据来自中国 30000 多个自动气象站的逐小时雨量计数据与气候降水中心“Morphing”降水产品合成资料，合成方法基于概率密度函数的最优插值方法(Shen 等，2014)。CTRL 试验在北佛罗里达州和佐治亚州交界附近有虚假大降水事件。MBC 试验得到的 3 h 累积降水更接近实际降水分布，抑制了 CTRL 试验中出现的虚假降水区。

图 8.14 给出 24 h 预报时间内 3 h 累积降水量预报的平均(即 40 个例)公平威胁分数

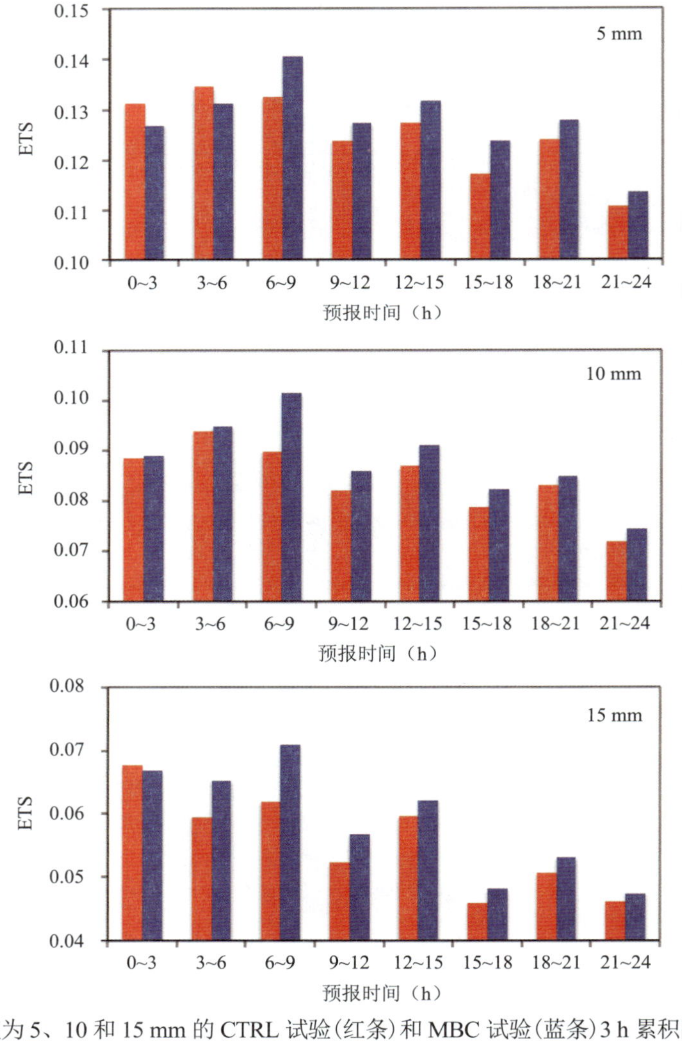

图 8.14　降水阈值为 5、10 和 15 mm 的 CTRL 试验(红条)和 MBC 试验(蓝条)3 h 累积降水量的平均 ETS

总共 40 个 24 h 预报样本，时间是从 1800 UTC 8 月 20 日至 8 月 29 日 1800 UTC，6 h 间隔，模式预报初始条件是通过 12 h 的循环资料同化获得的分析场

(ETS)，降水阈值设为 5、10 和 15 mm。除了 5 mm 阈值下 0～6 h 的数据外，MBC 试验得到的 24 h 预报时间内的 3 h 累积降水量的 ETS 普遍高于 CTRL 试验。

目前，NOAA-15 是唯一一颗晨昏轨道卫星。截至 2017 年，其飞行时间已经有 18 年，远远超过任何一颗极轨气象业务卫星的预期寿命。直至 2012 年，NOAA-15 AMSU-A 业务运行稳定，除了通道 11 和 14 外，其他 AMSU-A 通道仍然有很好的性能。极轨气象业务卫星的上午星和下午星在以 0000UTC 或 1200UTC 为中心的 6 h 数据同化窗口内没有观测到美国的大部分地区，因此我们来看一下同化 NOAA-15 AMSU-A 资料的额外影响。图 8.15 显示了上述 40 个样本的 24 h 预报时间内 3 h 累积降水量的平均 ETS，阈值是 10 mm。为了方便起见，图 8.15 还提供了被同化的 NOAA-15 AMSU-A 通道 6 在区域 27°N～40°N 和 75°W～95°W 内的晴空数据量。这里，数据量的多少不仅取决于 NOAA-15 AMSU-A 的轨道分布，而且还取决于云的分布。NOAA-15 AMSU-A 的晴空数据量虽然很小，但对提高定量降水预报水平有显著的正贡献，特别是在飓风 Isaac 登陆后的降水预报。Zou 等(2016)讨论了关于 NOAA-15 AMSU-A 资料对定量降水预报的影响以其晨昏、上午、下午这三种极轨气象业务卫星配置对 NWP 的重要性。

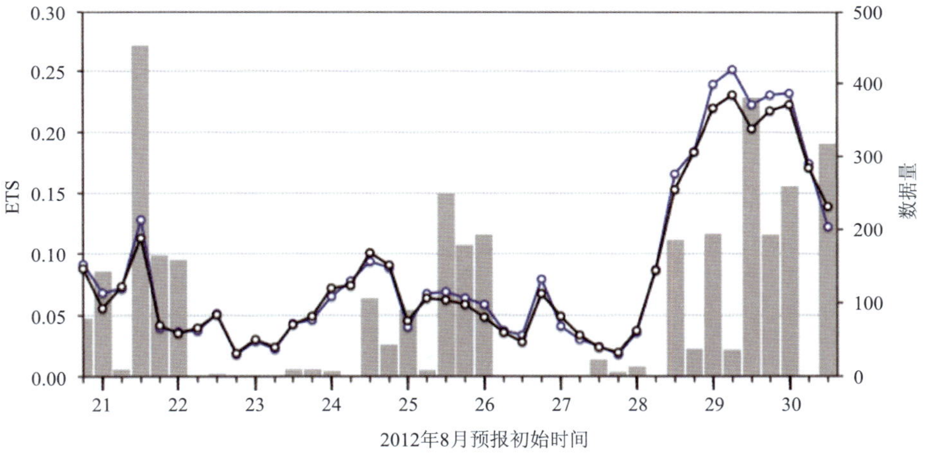

图 8.15　降水阈值为 10 mm 的 24 h 累积降水量的平均 ETS 随模式初始时间的变化

蓝色曲线：包含 NOAA-15 AMSU-A 资料；黑色曲线：不包含 NOAA-15 AMSU-A 资料；灰色柱状条对应 NOAA-15 AMSU-A 通道 6 27°N～40°N 和 75°W～95°W 通过资料同化质量控制的晴空数据量

AMSU-A 通道 6 和 7 是对流层中部通道，但在高地形地区可能仍然受到地表发射率和地表温度的强烈影响。出于这种考虑，GSI 中把同化 AMSU-A 通道 6 和 7 资料的权重系数经验性地减小了，地形越高，权重系数越小。通过伴随相对敏感性研究，Qin 和 Zou(2019)发现在青藏高原草甸地表，AMSU-A 通道 6 和 7 的亮温观测对大气温度的敏感性仍然高于对地表发射率和地表温度的敏感性。在这些草甸地区不需要人为减小同化 AMSU-A 通道 6 和 7 亮温资料的权重系数。试验表明正常同化这两个通道后，对对流层中层位势高度槽、水汽场和青藏高原下游地区降水 48 h 预报都产生了显著正影响。

8.10 附加说明

3D-Var 资料同化的一个主要优点是可以直接同化多个气象卫星携带的各种遥感仪器的原始卫星数据——即不同微波和红外频率下的亮温观测资料。这样的同化方法始于20世纪 90年代初，例如NCEP(1992)、ECMWF(1995)、NASA/Goddard 航天飞行中心资料同化办公室(1999)、位于蒙特利尔的加拿大气象中心(1999)、法国气象局(1999)、美国海军研究实验室(1999)、中国(2006)。只要有一个快速辐射传输模式，可以计算给定 NWP 模式大气在观测频率上的辐射亮温，就可以直接同化亮温观测资料，而不需要先进行卫星辐射观测资料反演，再同化卫星反演产品。直接同化原始亮温数据相比同化卫星反演产品的优点如下：①亮温观测误差比卫星反演产品误差简单(例如，不同同化资料之间的误差相关性低、观测资料误差与背景场误差的相关性低)；②亮温观测误差方差的定量估计与亮温观测资料是一起提供给 NWP 用户的；③向用户提供卫星反演产品时经常不提供统计误差，而且不是实时的。MSU/AMSU-A 辐射亮温资料是 NCEP SSI 3D-Var 同化系统(Parrish 和 Derber, 1992；Derber 和 Wu, 1998)和 ECMWF 3D-Var 资料同化系统(Courtier 等, 1993; Andersson 等, 1994)最早直接同化的卫星遥感资料类型之一。与早期的同化卫星反演产品的结果相比，直接同化辐射亮温资料对全球中期预报水平的影响要大得多。类似的技术也应用到了其他类型的卫星遥感数据。

下一章将讨论 4D-Var 资料同化方法，它是 3D-Var 资料同化方法的一个拓展，允许在观测时间同化观测资料，这对于同化飓风等快速演变天气系统中的高时间分辨率资料非常重要。第 10 章和第 11 章分别介绍另外两种卫星观测资料：GPS 掩星资料(第 10 章)和地球静止业务环境卫星(GOES)新、旧成像仪红外通道资料(第 11 章)。POES 微波温度计亮温观测资料、GPS RO 弯角观测资料和 GOES 成像仪红外通道观测资料是所有大气资料同化系统中的三类主要气象卫星观测资料。

第 9 章　四维变分同化

9.1　引　　言

四维变分(4D-Var)同化方法是 3D-Var 同化方法在三维空间加一维时间中的拓展，非线性 NWP 模式是 4D-Var 代价函数的强约束条件，观测资料与模式模拟对比是在精准观测时刻进行的。这些对于同化高时间频率资料(如地球静止卫星和雷达观测资料)、研究和预报快速演变系统如飓风等非常重要。9.2 节给出 4D-Var 代价函数以及使用伴随模式计算代价函数梯度的数学公式。关于怎样通过在 4D-Var 代价函数中增加惩罚项控制重力波振荡见 9.3 节。9.4 节讨论带有“开-关”过程的物理参数化方案的伴随算子。9.5 节描述具有完整物理过程的全球 4D-Var 同化系统研发。9.6 节介绍两个区域伴随模式系统的研发。9.7 节讨论如何使用伴随技术进行模式参数估计。9.8 节介绍了增量 4D-Var 同化的数学公式。9.9 节比较 4D-Var 和扩展卡尔曼滤波器数学表达式，并讨论如何使用集合预报样本近似计算预报误差协方差矩阵。9.10 节给出一些附加说明。

9.2　4D-Var 公式和利用伴随模式的梯度计算

对于一个特定的 NWP 模式，初始条件对预报准确性非常重要。Richardson(1922)是尝试 NWP 的第一人，由于初始条件中存在小尺度重力波，气压场和风场之间不平衡，导致产生数值计算不稳定，使他的预报尝试失败了。大气资料同化的目的是根据某个时刻(t_0)的背景场(例如，从前一个分析场作为初始条件得到的短期预报变量场)和 t_0 时刻附近的常规和卫星遥感观测资料，在指定的分辨率(λ_i,φ_j,I_k)(i=1，…，I；j=1，…，J；k=1，…，K)上得到 t_0 时刻的大气变量 $\boldsymbol{x}_0$ 的“最优”估计。这里，大气变量的观测值被称为直接观测资料，非大气变量观测值被称为间接观测资料。几乎所有的观测资料在时空上都是不规则分布的。我们把观测资料表示为向量

$$\boldsymbol{y}^{\text{obs}}(t_n),\ n=1,2,\cdots,N \tag{9.1}$$

将 NWP 模式变量($\boldsymbol{x}$)与观测向量($\boldsymbol{y}^{\text{obs}}$)联系起来的物理模型表示为

$$\boldsymbol{y}_n^{\text{obs}}=H_n(\boldsymbol{x}_n)+\boldsymbol{\varepsilon}_n^{\text{obs}} \tag{9.2}$$

其中，$\boldsymbol{\varepsilon}^{\text{obs}}$ 表示观测误差。在大气资料同化中，物理模型 H_n 被称为观测算子。

只要给定 t_0 时刻模式变量的一个初始条件($\boldsymbol{x}_0$)，通过前向积分 NWP 模式($M_l(\boldsymbol{x}_0)$)，可以预报未来时刻(t_l)的模式变量($\boldsymbol{x}_l$=$M_l(\boldsymbol{x}_0)$)。4D-Var 同化的目的是利用观测算子($H_n(\boldsymbol{x}_n)$)并根据观测资料($\boldsymbol{y}_n^{\text{obs}}=H_n(\boldsymbol{x}_n)$，$n$=1, 2, …, N)，得到对模式变量($\boldsymbol{x}_0$)的一个最优估计。因为涉及将一个时间段[t_0, t_M]内的观测资料与 NWP 模式预报在精确观测时间进行拟合，4D-Var 求解的数学逆问题比 3D-Var 更复杂。

NWP 模式已成为预报天气和理解大气运动动力和物理过程的主要工具。随着计算机科学、卫星遥感观测技术以及通信技术的飞速发展，NWP 模式的分辨率越来越高，观测数据量和类型迅速增加，社会对预报速度和精度要求也越来越高。资料同化因此受到越来越多重视。虽然有新挑战，新观测资料和新计算机技术为资料同化提供了许多新机遇。除了其他许多判断资料同化结果好坏的标准(见下文)，通常期望资料同化能对 NWP 预报水平产生正影响。这是基于“初始条件越精确，预报水平越高”这个假设对资料同化做出的以目标为导向的要求。

4D-Var 的代价函数与 3D-Var 的表达式(8.2)类似，但添加了时间维数，从而允许在一段时间内同时同化不同时间的所有观测值。具体表达式如下：

$$J(\boldsymbol{x}_0)=\left(\boldsymbol{x}_0-\boldsymbol{x}^{\mathrm{b}}\right)^{\mathrm{T}}\boldsymbol{B}^{-1}\left(\boldsymbol{x}_0-\boldsymbol{x}_{\mathrm{b}}\right)+\sum_{n=0}^{N}\left(H_n(\boldsymbol{x}_n)-\boldsymbol{y}_n^{\mathrm{obs}}\right)^{\mathrm{T}}\left(\boldsymbol{O}+\boldsymbol{F}\right)_n^{-1}\left(H_n(\boldsymbol{x}_n)-\boldsymbol{y}_n^{\mathrm{obs}}\right) \tag{9.3}$$

其中，$\boldsymbol{x}_n$ 表示 NWP 模式根据 t_0 时刻的初始条件 $\boldsymbol{x}(t_0)$ 所预报出来的未来 t_n 时刻的大气状态($t_n>t_0$)。将式(6.8)代入式(9.3)中，代价函数是 $\boldsymbol{x}_0$ 的一个隐式标量函数：

$$\begin{aligned}J(\boldsymbol{x}_0)=&\left(\boldsymbol{x}_0-\boldsymbol{x}^{\mathrm{b}}\right)^{\mathrm{T}}\boldsymbol{B}^{-1}\left(\boldsymbol{x}_0-\boldsymbol{x}^{\mathrm{b}}\right)\\&+\sum_{n=0}^{N}\left(H_n(M_n(\boldsymbol{x}_0))-\boldsymbol{y}_n^{\mathrm{obs}}\right)^{\mathrm{T}}\left(\boldsymbol{O}+\boldsymbol{F}\right)_n^{-1}\left(H_n(M_n(\boldsymbol{x}_n))-\boldsymbol{y}_n^{\mathrm{obs}}\right)\end{aligned} \tag{9.4}$$

为方便后面的讨论，式(9.4)可以写为以下形式：

$$J(\boldsymbol{x}_0)=J_{\mathrm{b}}+J_{\mathrm{o}} \tag{9.5}$$

其中，

$$J_{\mathrm{b}}(\boldsymbol{x}_0)=(\boldsymbol{x}_0-\boldsymbol{x}^{\mathrm{b}})^{\mathrm{T}}\boldsymbol{B}^{-1}(\boldsymbol{x}_0-\boldsymbol{x}^{\mathrm{b}}) \tag{9.6}$$

$$J_{\mathrm{o}}(\boldsymbol{x}_0)=\sum_{n=0}^{N}\left(H_n\left(M_n(\boldsymbol{x}_0)\right)-\boldsymbol{y}_n^{\mathrm{obs}}\right)^{\mathrm{T}}(\boldsymbol{O}+\boldsymbol{F})^{-1}\left(H_n\left(M_n(\boldsymbol{x}_n)\right)-\boldsymbol{y}_n^{\mathrm{obs}}\right) \tag{9.7}$$

J_{b} 和 J_{o} 分别称为代价函数的背景场项和观测项。4D-Var 代价函数(9.4)看起来与 3D-Var 代价函数(8.2)非常相似，所不同的是 4D-Var 的观测项 J_{o} 中多了一个对观测时间 t_n 的求和符号 $\sum_{n=0}^{N}$，相应地，在观测算子($H_n(M_n)$)中增加了一个非线性 NWP 模式预报算子 $M_n(\boldsymbol{x}_0)$。

背景场项 J_{b} 是控制变量 $\boldsymbol{x}_0$ 的显式函数。该项的梯度是

$$\nabla_{\boldsymbol{x}_0}J_{\mathrm{b}}=2\boldsymbol{B}^{-1}(\boldsymbol{x}_0-\boldsymbol{x}^{\mathrm{b}}) \tag{9.8}$$

由于 NWP 模式在未来时间 t_n 的预报向量 $\boldsymbol{x}_n$ 是初始条件 $\boldsymbol{x}_0$ 的非线性隐式函数，J_{o} 关于 $\boldsymbol{x}_0$ 的梯度 $\nabla_{\boldsymbol{x}_0}J_{\mathrm{o}}$ 要利用伴随数值模式才能高效计算出来。为了简单起见，我们把 J_{o} 写成

$$J_{\mathrm{o}}(\boldsymbol{x}_0)=\sum_{n=0}^{N}r_n(\boldsymbol{x}_n) \tag{9.9}$$

其中，

$$r_n(\boldsymbol{x}_n)=\left(H_n\left(M_n(\boldsymbol{x}_0)\right)-\boldsymbol{y}_n^{\text{obs}}\right)^{\text{T}}(\boldsymbol{O}+\boldsymbol{F})^{-1}\left(H_n\left(M_n(\boldsymbol{x}_n)\right)-\boldsymbol{y}_n^{\text{obs}}\right) \tag{9.10}$$

这样，J_{o} 的梯度可以表示为

$$\nabla_{\boldsymbol{x}_0}J_{\text{o}}=\sum_{n=1}^{N}\nabla_{\boldsymbol{x}_0}r_n \tag{9.11}$$

为了得到梯度 $\nabla_{\boldsymbol{x}_0}r_n$ 的计算公式，我们写出函数 $r_n(\boldsymbol{x}_n)$ 的泰勒展开

$$r_n(\boldsymbol{x}_n+\delta\boldsymbol{x}_n)=r_n(\boldsymbol{x}_n)+\left\langle\frac{\partial r_n}{\partial\boldsymbol{x}_n},\delta\boldsymbol{x}_n\right\rangle+O\left(\left\|\delta\boldsymbol{x}_n\right\|^2\right) \tag{9.12}$$

将切线模式 $\delta\boldsymbol{x}_n=\boldsymbol{M}_n\delta\boldsymbol{x}_0$ 代入上式得

$$\begin{aligned}\delta r_n(\boldsymbol{x}_0)&=r_n(\boldsymbol{x}_n+\delta\boldsymbol{x}_n)-r_n(\boldsymbol{x}_n)=\left\langle\frac{\partial r_n}{\partial\boldsymbol{x}_n},\delta\boldsymbol{x}_n\right\rangle\\&=\left\langle\frac{\partial r_n}{\partial\boldsymbol{x}_n},\boldsymbol{M}_n\delta\boldsymbol{x}_0\right\rangle=\left\langle\boldsymbol{M}_n^{\text{T}}\frac{\partial r_n}{\partial\boldsymbol{x}_n},\delta\boldsymbol{x}_0\right\rangle\equiv\left\langle\nabla_{\boldsymbol{x}_0}r_n,\delta\boldsymbol{x}_0\right\rangle\end{aligned} \tag{9.13}$$

式(9.13)中的最后一项内积是梯度的定义(见 6.9 节)。当且仅当

$$\nabla_{\boldsymbol{x}_0}r_n=\boldsymbol{M}_n^{\text{T}}\frac{\partial r_n}{\partial\boldsymbol{x}_n} \tag{9.14a}$$

才能保证式(9.13)中的最后一个恒等式对任何 $\delta\boldsymbol{x}_0$ 都成立。根据式(9.10)，$r_n(\boldsymbol{x}_n)$ 是 $\boldsymbol{x}_n$ 的显函数，对 $\boldsymbol{x}_n$ 直接求导，得

$$\frac{\partial r_n}{\partial\boldsymbol{x}_n}=2\boldsymbol{H}^{\text{T}}(\boldsymbol{O}+\boldsymbol{F})^{-1}\left(H(\boldsymbol{x}_0)-\boldsymbol{y}_n^{\text{obs}}\right) \tag{9.14b}$$

最后，把式(9.14a)和式(9.14b)代入式(9.11)，便得到 J_{o} 关于 $\boldsymbol{x}_0$ 的梯度：

$$\nabla_{\boldsymbol{x}_0}J_{\text{o}}=\sum_{n=0}^{N}2\boldsymbol{M}_n^{\text{T}}\boldsymbol{H}^{\text{T}}(\boldsymbol{O}+\boldsymbol{F})^{-1}\left(H(\boldsymbol{x}_0)-\boldsymbol{y}_n^{\text{obs}}\right) \tag{9.15}$$

在 4D-Var 同化中，$\nabla_{\boldsymbol{x}_n}J\equiv\partial J/\partial\boldsymbol{x}_n=2\boldsymbol{H}^{\text{T}}(\boldsymbol{O}+\boldsymbol{F})^{-1}\left(H(\boldsymbol{x}_n)-\boldsymbol{y}_n^{\text{obs}}\right)$ ($=\dfrac{\partial r_n}{\partial\boldsymbol{x}_n}$)称为强迫项，当伴随模式从 t_N 积分到 t_0 的过程中，要把该强迫项加到 t_n 时间的伴随模式变量 $\hat{\boldsymbol{x}}_n$ 上。

在非线性模式完成从 t_0 到 t_N 的前向时间积分的每个积分步 t_n，可以计算出代价函数(9.6)中在 t_n 的项，同时，把下面非线性模式预报 $\boldsymbol{x}_n$ 和强迫项 $\partial J/\partial\boldsymbol{x}_n$ 储存起来：

$$\boldsymbol{x}_n,\ \hat{\boldsymbol{x}}_n^{\text{fc}}=2\boldsymbol{H}_n^{\text{T}}(\boldsymbol{O}+\boldsymbol{F})^{-1}(H(\boldsymbol{x}_0)-\boldsymbol{y}_n^{\text{obs}})\qquad(n=0,1,\cdots,N)$$

完成了非线性模式预报后，再进行从 t_N 到 t_0 的伴随模式后向积分。在伴随模式积分过程中，$\boldsymbol{x}_n(n=0,1,\cdots,N)$ 和 $\hat{\boldsymbol{x}}_N$ 是输入。具体来说，$\boldsymbol{x}_n$ 是伴随模式的基本态，$\hat{\boldsymbol{x}}_N$ 是伴随模式的“初始条件”。当伴随模式从 t_N 积分到下一个观测时间 t_{N-1} 时，把强迫项 $\hat{\boldsymbol{x}}_{N-1}^{\text{fc}}$ 加到伴随变量 $\hat{\boldsymbol{x}}_{N-1}$ 上，即

$$\hat{\boldsymbol{x}}_{N-1}\Leftarrow\hat{\boldsymbol{x}}_{N-1}+\hat{\boldsymbol{x}}_{N-1}^{\text{fc}}$$

然后继续伴随模式得后向积分。这个在观测时间把强迫项加到伴随模式变量上的过程一直持续到 t_0 时刻。这时得到的伴随变量 $\hat{\boldsymbol{x}}_0$ 就是 J_{o} 关于 $\boldsymbol{x}_0$ 的梯度，即 $\nabla_{\boldsymbol{x}_0}J_{\text{o}}=\hat{\boldsymbol{x}}_0$。因此，

4D-Var 代价函数的总梯度是

$$\nabla_{x_0} J = 2\boldsymbol{B}^{-1}(\boldsymbol{x}_0 - \boldsymbol{x}^{\mathrm{b}}) + \hat{\boldsymbol{x}}_0 \tag{9.16}$$

图 9.1 给出了 4D-Var 代价函数和梯度的详细计算步骤。

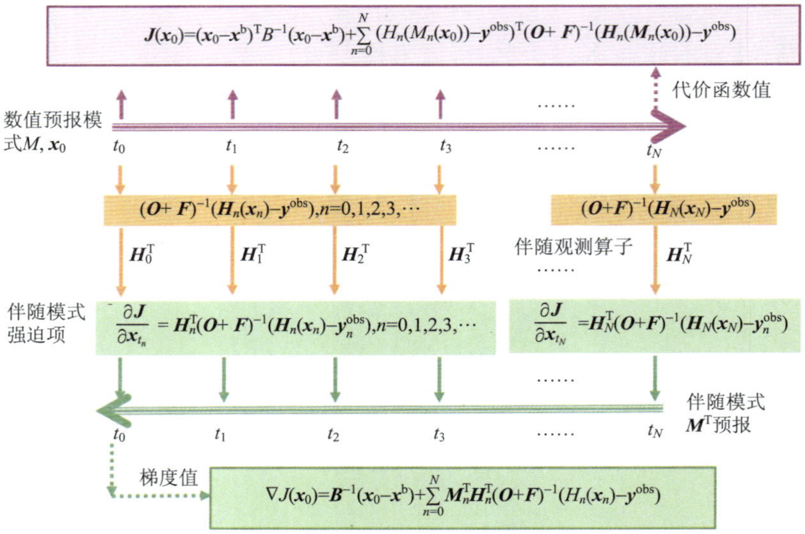

图 9.1 4D-Var 资料同化代价函数 J 和梯度∇J 计算示意图

通过前向积分非线性数值天气预报模式(M)可以得到代价函数 J 的值

通过后向积分伴随模式($\boldsymbol{M}^{\mathrm{T}}$)可以得到代价函数的梯度值

如果梯度计算正确，那么，对于任意选择的向量 $\boldsymbol{h}$，随着 α 数量级的降低，下述函数 $\psi(\alpha)$ 的值必须线性地接近单位值：

$$\psi(\alpha) = \frac{J(\boldsymbol{x}_0 + \alpha \boldsymbol{h}) - J(\boldsymbol{x}_0)}{\alpha \boldsymbol{h}^{\mathrm{T}} \nabla_{x_0} J} \tag{9.17}$$

选择 $\boldsymbol{h}$ 的一个简单方法是取 $\boldsymbol{h} = \nabla_{x_0} J$ 。

用于变分资料同化的所有极小化算法(见第 5 章)都要求用户对于任意给定的 $\boldsymbol{x}_0$，计算出 $J(\boldsymbol{x}_0)$ 和 $\nabla_{x_0} J$ 的值。因此，用伴随模式计算梯度这一关键技术使 4D-Var 同化在现有计算机上实现成为可能。若没有伴随技术，使用有限差分方法获得梯度的近似值，则梯度的第 n 分量的近似式计算公式为

$$\left(\nabla_{x_0} R\right)_n = \frac{R(\boldsymbol{x}_0 + \delta_n \boldsymbol{x}_0) - R(\boldsymbol{x}_0)}{\delta x_0^{(n)}} \qquad (n=1, 2, \cdots, N) \tag{9.18}$$

其中，

$$\delta_n x_0^{(m)} = \begin{cases} \delta x_0^{(n)}, & \text{当 } m = n \\ 0, & \text{当 } m \neq n \end{cases}$$

由于 NWP 模式变量的维数通常大于 $N=10^6$，有限差分近似计算梯度法需要进行 N 次从 t_0 到 t_N 的前向模式积分，这是不可行的。只有对于小维数问题，可以考虑用有限差分法计算梯度的近似值。

9.3　控制重力波振荡的惩罚方法

如果资料和模式都有较大误差，同化得到的分析场误差也较大，用这样的分析场作为数值天气预报的初始条件，会导致在数值天气预报过程中产生不真实的大振幅重力波振荡。为了避免这种情况发生，大多数非变分资料同化业务系统会对分析场进行初始化，然后再作为数值天气预报的初始条件。这里，初始化是完成了资料同化之后的一个独立步骤，目的是得到不会引起虚假重力振荡的动力平衡初始条件。典型的初始化方法有标准模态初始化(NMI)技术(Machenhauer, 1977)或隐式 NMI(Kreiss， 1980；Semazzi 和 Navon, 1986；Temperton, 1988, 1989)。NMI 方法需要将大气变量分解为慢变和快变模态之和。隐式 NMI 方法不需要直接分离慢变和快变模态。后者更适用于高分辨率谱模式。

初始化作为一个独立步骤，在资料同化产生分析场后再进行，初始化后的模式初始条件有可能加大与之前被同化资料的标准差。3D-Var 和 4D-Var 同化方法可以避免这个问题，只要在代价函数中加入弱约束惩罚项，就能生成适当平衡的分析场，也能避免数值预报模式在预报过程中产生不真实的、快速增长的虚假重力波振荡。换句话说，除了 J_b 和 J_o 两项外，我们可以在 3D-Var 或 4D-Var 代价函数中添加抑制重力振荡增长的惩罚项 J_c。利用有限区域浅水波方程差分模式，Zou 等(1992a)发现如果把 J_c 定义为位势高度时间导数的平方，便可以达到上述目的。这个惩罚项 J_c 的数学表达式为

$$J_c = r\left\|\frac{\partial \phi}{\partial t}\right\|^2 \tag{9.19}$$

其中，$\|\cdot\|$ 是 L_2-范数，ϕ 是位势高度，r 是惩罚参数。惩罚方法是在资料同化的极小化迭代过程中，将位势场时间导数的绝对值逐步减小到一个很小的值。

NCEP 4D-Var 同化系统使用了三个惩罚项，分别用来约束对数地面气压($\ln p_s$)的一阶和二阶时间导数以及散度(D)的一阶时间导数(Zou 等，1993b)：

$$J_{c1} = r_1\left\|\frac{\partial \ln p_2}{\partial t}\right\|^2,\quad J_{c2} = r_2\left\|\frac{\partial D}{\partial t}\right\|^2,\quad J_{c3} = r_3\left\|\frac{\partial^2 \ln p_2}{\partial t^2}\right\|^2 \tag{9.20}$$

惩罚参数 $r_i(i=1, 2, 3)$越大，对重力波振荡的阻尼越强。取 $r_1=10^{15}$、$r_2=10^{19}$、$r_3=10^{22}$，将上述简单的惩罚项加到 NCEP 4D-Var 代价函数中，可以充分抑制引起重力波振荡的初始噪声，有效地避免重力波振荡在 NCEP NWP 谱模式预报中随积分时间增长。由此可见，4D-Var 同化系统中的惩罚方法简单、直接，计算量也小。

Courtier 和 Talagrand(1990)使用浅水波模式方程对 NMI 分离出的重力波分量求时间导数的惩罚项，结果发现，在可接受的迭代步数内便获得了适当平衡的分析场，把它作为浅水波模式预报初始条件，有效地消除了分析场中导致过度重力波振荡噪声。当然，这种把 NMI 和变分资料同化相结合的做法物理概念清晰、理论优美，但工作量大。除了要定义和计算数值预报模式变量的 NMI，还要研发 NMI 的伴随算子。直接约束模式变量的时间导数这种惩罚方法(如式(9.19)～式(9.20))是一条捷径，避免了 NMI 及其伴随算子的研发需求。事实上，利用 NCEP 全球绝热谱模式 4D-Var 同化系统，Zou 等(1993b)

比较了上述两种方法，两种方法对抑制虚假重力波增长的效果相近。

在 NCEP 4D-Var 同化系统中，约束对数地面气压($\ln p_s$)的一阶和二阶时间导数以及散度(D)的一阶时间导数的三个惩罚参数都取了有限定值，并不是极限值(∞)。所以，变分资料同化迭代过程中并没有将这些惩罚项真正减为零。因此，通过惩罚方法，我们对变分资料同化问题施加的约束是弱约束，有助于提取模式变量在慢流形上的投影，不需要再对分析场做独立的初始化，这是 3D-Var 和 4D-Var 同化方法的一个明显优点(Parrish 和 Derber，1992)。

9.4 含有“开−关”过程的物理参数化方案的伴随算子

在 NCEP 全球中期预报业务模式中，如果满足过饱和条件，模式会启动大尺度降水过程(Zou 等，1993c)，计算网格可分辨降水、计算降水潜热释放而产生的增温、水汽凝结降水而产生的湿度减少量，并把温度增量和负湿度增量分别加到当前时间积分步的温度和湿度倾向量上，输出大尺度降水率。积云参数化方案的启动需要满足以下四个条件：①低层温度高于 5℃；②没有低层逆温；③最低 5 个模式层的总水汽辐合足以产生大于 2 mm 的日降水量；④浮力层(即 $T_c-T_e>0$)的气压层厚度大于 $0.3\times p_s$，其中 T_c 是气团的温度(也称为云中廓线)，T_e 是环境温度。满足这些启动条件后，才能计算对流降水量。类似地，正温度增量和负湿度增量分别添加到从云底到云顶的温度和比湿倾向量。通过湿物理过程参数化方案添加到温度和比湿廓线上的这些增量分别表示了式(1.65)和式(1.66)中的源、汇项(即 S_θ 和 S_q)。湿物理过程参数化方案从比湿廓线中减去的量与降水量成正比。

如上所述，湿物理过程参数化方案将所谓的开−关过程引入了 NCEP 和其他 NWP 模式中。不仅如此，控制这些开−关过程的“IF”语句依赖于模式变量。当预报模式在同化时间窗口内启动湿物理过程参数化方案时，非线性模式解和 4D-Var 代价函数可能是不连续的。在建立湿物理过程参数化方案的切线模式和伴随模式时，Zou 等(1993c)提出在切线模式和伴随模式中，保持湿物理过程参数化“开−关”与非线性模式一致，即湿物理过程参数化开−关是由非线性模式预报变量(即基本态 $\boldsymbol{x}_n^{\text{basic}}$)决定的。这个做法是基于如下考虑：切线模式预报的扰动变量 $\delta\boldsymbol{x}_n(=\boldsymbol{x}_n^{\text{ptb}}-\boldsymbol{x}_n^{\text{basic}})$ 是在 $\boldsymbol{x}_n^{\text{basic}}$ 附近把非线性模式预报扰动 $(\boldsymbol{x}_n^{\text{ptb}}-\boldsymbol{x}_n^{\text{basic}})$ 进行线性化后的一阶增量，即 $\delta\boldsymbol{x}_n\approx\boldsymbol{x}_n^{\text{ptb}}-\boldsymbol{x}_n^{\text{basic}}$ (见第 5 章)。从数学上讲，这种方法得到的梯度是次梯度，即单侧梯度。Zou 等(1997，1998)的研究表明，即使伴随模式 $\boldsymbol{M}^{\text{T}}$ 中包含带有开−关的湿物理过程参数化方案，当初始扰动 $\delta\boldsymbol{x}_0$ 足够小，“小”到可以忽略高阶项$\{O[(\delta\boldsymbol{x}_0)^2]\}$，但 $\delta\boldsymbol{x}_0$ 又不能太小以便避免机器截断误差影响，由式(9.15)和式(9.16)计算得到的梯度与初始扰动的内积是由该初始扰动引起的代价函数变化的一阶精确近似。所以，即使 NCEP 4D-Var 同化系统包含湿物理过程参数化方案及其伴随算子，利用 Zou 等提出的“开−关”处理方法，L-BFGS 极小化过程仍然收敛，模式预报也能很好地拟合同化资料。

利用全物理 MM5 区域伴随模式系统，Zou 和 Kuo(1996)开展了降水资料的直接同化。他们发现降水资料同化对美国中西部干线(dryline)沿线发展出来的中尺度对流降水的短期预报水平有正贡献。Zupanski(1993)以及 Mahfouf 和 Rabier(2000)也都成功进行了有湿物理过程参数化方案的 4D-Var 降水资料同化数值试验。

Zhang 等(2001)进一步解释了为什么适用于可微问题的 L-BFGS 极小化算法在包含有不连续湿物理过程参数化方案的 4D-Var 同化试验中仍然有效。利用不连续 Arakawa-Schubert 积云参数化方案，他们研究了代价函数及其梯度的变化特点。在有积云对流发生的情况下，虽然在控制变量空间中的一个小范围内求出的代价函数有振荡现象，但次梯度的变化不仅是平滑的，还能捕获代价函数的凸性特征。因此，由不连续湿物理过程参数化方案的伴随算子计算得到的代价函数的次梯度仍然可以为 4D-Var 极小化迭代过程提供可靠的线搜索方向(见第 5 章)。

若采用了湿物理过程参数化方案的非绝热数值天气预报模式，4D-Var 代价函数仅分段可微。可微极小化算法，包括 L-BFGS 方法，最初是为求解可微代价函数的极小值而设计的。使用包含浅对流参数化方案的一个不连续理想模式，Zhang 等(2000)发现 L-BFGS 算法仍然可以对非光滑代价函数进行极小化运算，这与 Zou 等(1993a)得到的结论一致。但如果与开-关相关的不连续物理过程参数化方案导致模式变量发生跳跃，从而使代价函数有局部极小值，则极小化算法有可能收敛到开-关所引入的局部极小值并陷入其中。在这种情况下，或者可以引入平滑函数，消除与开-关相关的不连续性；或者使用不可微极小化迭代方法。若引入平滑函数来消除与开-关相关的不连续性，很可能会引入人为的平衡点，这将导致极小化迭代程序收敛到错误解，并不一定能帮助资料同化得到正确结果。若使用不可微极小化算法，是对次梯度进行平滑，根据平滑后的次梯度寻找下降搜索方向，代价函数沿搜索方向减小。平滑次梯度的优点是不改变原始问题。对于极小化非平滑代价函数，Zhang 等(2000)将 Lemaréchal(1977, 1978, 1989)的不可微极小化方法与 L-BFGS 可微极小化方法进行了比较。在可微极小化可能失败的情况下，不可微优化算法能够找到真正的最小值。当然，在不可微极小化方法中，为了实现次梯度平滑，需要计算更多次梯度，计算成本比 L-BFGS 极小化方法的更高。上述结论是针对包含浅对流参数化方案的一个不连续理想模式得到的，将不可微极小化算法应用于更一般的含有开-关的 4D-Var 同化试验的可行性值得进一步研究。

9.5　完整物理过程 4D-Var 全球同化系统研发

NCEP 全球中期预报谱模式的 4D-Var 资料同化系统始于 1989 年秋，该全球中期预报模式是 NCEP 在 1995 年之前使用的业务预报版本。NCEP 全球中期预报模式在水平方向上采用谱展开离散方法，在垂直方向上共有 18 模式层，采用了 Arakawa 的二次守恒有限差分。动量方程用涡度和散度表示，避免了在地球球体上对风矢量进行谱展开时的困难。时间导数的离散方案采用半隐式时间积分(Sela, 1980)。NCEP 完整物理过程 4D-Var 同化系统的研发分为以下两个步骤进行：①NCEP 全球伴随模式系统的研发；②NCEP 全球伴随模式系统与 NCEP SSI 3D-Var 业务同化系统的结合。

NCEP 全球伴随模式系统研发是分阶段完成的。第一步，发展了只包含动力框架、水平扩散和地表阻力的 NCEP 绝热全球谱模式的切线模式和伴随模式(Navon 等, 1992)。第二步，通过比较几种已有的极小化数学软件(Zou 等, 1993a)，选择出了可能最适用于 NCEP 4D-Var 全球同化系统的 L-BFGS 极小化算法并把该算法进行了模块化处理。第三步，研发了控制重力波振荡的惩罚项，并把它嵌入到 4D-Var 全球同化系统中，这样，对 4D-Var 分析场不再需要进行初始化(Zou 等, 1993b)。第四步，分别研发了网格可分辨大尺度降水和次网格降水(即积云对流参数化方案)的伴随算子，并将它们添加到 NCEP 全球中期预报谱模式的切线模式和伴随模式中(Zou 等, 1993c)。第五步，研发了 NCEP 全球中期预报谱模式中的行星边界层方案(Hong 和 Pan, 1996)、浅对流和重力波阻力参数化(Pierrehumbert, 1986)的切线算子和伴随算子，并添加到了 NCEP 4D-Var 全球资料同化系统中。

完成了包含以上提到的物理过程的 NCEP 全球中期预报谱模式的伴随模式系统的研发工作后，Zou 和 Deber 一起把非线性模式和伴随模式与 NCEP SSI 3D-Var 同化业务系统(见 6.6 节以及 Parrish 和 Derber, 1992)结合起来，完成了 NCEP 完整物理过程 4D-Var 全球同化系统的研发(Zou 等, 2001a)。换言之，除了在 NCEP SSI 3D-Var 同化业务系统中添加 6 h 同化窗口内的 $\boldsymbol{y}_n^{\mathrm{obs}}$、NCEP 业务谱模式和伴随模式， 4D-Var 代价函数(9.3)中的所有其他组成部分与 3D-Var 代价函数(6.36)中的相同。Liu 和 Zou(2001) 对 3D-Var 和 4D-Var 同化试验的结果进行了平行比较，在 6 h 同化循环间隔的一周时间内连续同化常规观测，利用 1998 年北太平洋试验得到的下投探空目标观测资料作为验证资料(Langland 等, 1999)。他们的试验结果表明，4D-Var 同化得到的中期预报比 3D-Var 的更接近下投探空目标观测资料。几乎是在研发完整物理过程 NCEP 全球 4D-Var 同化系统的相同时间， ECMWF 也研发了一个具有简化物理过程参数化方案的全球 4D-Var 同化系统(Rabier 等, 2000)和进一步改进了物理过程参数化方案的全球 4D-Var 同化系统(Mahfouf 和 Rabier，2000)。

NCEP 3D-Var 和 4D-Var 全球资料同化系统被广泛用于全球定位系统(GPS)无线电掩星观测资料同化研究中(见第 10 章)。NCEP 4D-Var 全球资料同化系统使采用全球射线追踪观测算子同化 GPS 掩星弯角观测资料成为可能(Zou 等, 1999, 2000, 2002, 2004；Liu 等, 2001；Shao 和 Zou, 2002；Liu 和 Zou, 2003)。此外，还利用非局部、近地面点附近有限空间内的超位相观测算子，同化了用 GPS 掩星折射率观测资料转换得到的超相位观测资料(Shao 等, 2009)。

9.6 完整物理过程区域伴随模式系统研发

第一个完整物理过程区域伴随模式系统是在 1993～1996 年期间完成的(Zou 等, 1997；Zou 等, 1998)，所选择的模式是宾夕法尼亚州立大学和美国国家大气研究中心(Penn State/NCAR)联合研发的第五代有限区域非静力中尺度模式(MM5)。MM5 伴随模式系统包括一个总体(bulk)边界层参数化方案(Zou 和 Kuo, 1996；Zou 和 Xiao, 2000)、Blackadar 高分辨率边界层参数化方案(Blackadar, 1976, 1978, 1979；Peng 和 Zou, 2002)、中期预报(MRF)边界层参数化方案 (Hong 和 Pan, 1996；Peng 和 Zou, 2004)、依赖于 Richardson 数的垂直扩散方案、四阶水平扩散方案、干对流调整方案、网格可分辨大尺度降水方案、Kuo 积云对流参数化方案(Kuo, 1965, 1974；Anthes, 1977)、Grell 积云对流参数化方案(Grell 等, 1994)和 Dudhia 显式微物理参数化方案(Dudhia, 1993)。与 NCEP 中期预报模式的全球伴随模式不同，除了模式初始条件，区域模式 MM5 的侧边界条件可以是 MM5 完整物理过程区域伴随模式系统的控制变量(Zou 和 Kuo, 1996)。

MM5 完整物理过程区域伴随模式系统被应用于多种气象观测资料的同化试验中，包括 GPS 掩星折射率模拟观测资料的同化(Zou 等，1995；Kuo 等，1997b)、可降水观测资料同化(Kuo 等，1996b；Xiao 等，2000a)、地面站降水观测资料同化(Zou 和 Kuo，1996；Peng 和 Zou，2002，2010)、飓风涡旋初始化(Zou 和 Xiao，2000；Park 和 Zou，2004；Xiao 等，2000b)、地球静止业务环境卫星 8 号(GOES-8)红外探测亮温资料同化(Zou 等，2001b)、地面 GPS 天顶延迟观测资料同化(De Pondeca 和 Zou，2000，2001；Peng 和 Zou，2004)、卫星反演风资料同化 (Xiao 等，2001)和卫星总柱臭氧资料同化(Jang 等，2003；Wu 和 Zou，2008)等。

1998 年，MM5 伴随模式系统的源代码，包括 MM5 切线模式、MM5 伴随模式和 L-BFGS 极小化模块，向气象学界公开，同时还向广大用户提供了《伴随技术与 MM5 伴随模式系统介绍》(Zou 等，1997)和《MM5 伴随模式系统用户指南》(Zou 等，1998)两份技术文件。这个版本的 MM5 4D-Var 系统的计算机程序代码完全是手工编写的，也没有并行计算功能。在 MM5 4D-Var 同化系统的源代码公布后，Ruggiero 等(2006)研发了适用于并行计算机的 MM5 伴随模式，通过与非并行的源程序系统的比较，验证了新并行计算版本的切线模式和伴随模式的正确性。计算时间测试结果表明，随着并行处理器数量的增加，完成伴随模式积分的时间迅速减少。

另一个微物理过程区域伴随模式系统是 2001～2005 年期间为美国海军研究实验室(NRL)的海-气耦合中尺度预报系统(COAMPS)的大气模式研发的(Amerault 和 Zou，2003，2006；Amerault 等，2008)。该伴随模式系统包含了微物理过程参数化方案伴随算子，有了它，就可以直接计算 4D-Var 代价函数关于模式预报初始条件中的水凝物浓度变量的梯度。在高分辨率(4 km 水平网格间距)理想对流情况下，Amerault 等(2008)测试了切线模式和伴随模式的正确性，并且发现，对较大的初始扰动，切线模式得到的所有模式变量(包括云水)的 1 h 预报都能较好地近似非线性模式扰动的时间演变。利用 COAMPS 伴随模式计算得到的梯度也有较高的精度。一对孪生试验结果表明，当同化所有模式变量时，模式预报与观测资料的一致性最高。如果不同化水凝物信息，模式预报与观测资料的一致性在预报刚开始的短时间内不是很好，但由于水凝物变量的快速适应，在预报后期几乎与同化了所有变量的结果一样好。

COAMPS 伴随模式系统主要目的是同化受降水影响的大气微波辐射观测资料，特别是那些对云冰敏感的特殊传感器微波成像仪(SSM/I)通道资料(Amerault 等，2009)。通过一组敏感性试验，发现辐射模拟误差主要取决于预报初始时间降水区水凝物变量的初始条件。在预报后期，模式预报误差对其他常规模式变量(如水汽和温度)的初始条件更为敏感。在 4D-Var 变分同化中，不仅要同化对云冰和云水敏感的卫星观测资料，而且还需要同时同化对温度、水汽和风等大气变量敏感的其他观测资料，才能提高有云辐射模拟资料同化的正效果。

9.7 参数估计

到目前为止，我们描述了在 4D-Var 资料同化中，通过将同化窗口内的模式预报与可用观测资料进行拟合来调整大气控制方程(1.1)中的模式变量的初始条件 $\boldsymbol{x}_0$。数值天气预报模式中有一些经验参数，它们的值通常是根据经验预先给定的。这些参数也可以通过 4D-Var 资料同化方法，根据新观测资料进行优化调整。我们可以把大气控制方程(1.1)改写为如下形式：

$$\begin{cases} \dfrac{\partial \boldsymbol{x}}{\partial t} = F(\boldsymbol{x}, \boldsymbol{\alpha}) \\ \boldsymbol{x}\big|_{t=t_0} = \boldsymbol{x}_0 \end{cases} \tag{9.21}$$

或者等价地写成

$$\boldsymbol{x}_n = M_n(\boldsymbol{x}_0, \boldsymbol{\alpha}), \quad n = 1, 2, \cdots \tag{9.22}$$

其中，$\boldsymbol{\alpha}$ 表示模式参数向量。相应地，4D-Var 代价函数(9.6)也可以改写为如下形式：

$$\begin{aligned} J(\boldsymbol{x}_0, \boldsymbol{\alpha}) = & \left(\boldsymbol{x}_0 - \boldsymbol{x}^{\mathrm{b}}\right)^{\mathrm{T}} \boldsymbol{B}^{-1}\left(\boldsymbol{x}_0 - \boldsymbol{x}^{\mathrm{b}}\right) + \left(\boldsymbol{\alpha} - \boldsymbol{\alpha}_{\mathrm{g}}\right)^{\mathrm{T}} \boldsymbol{K}\left(\boldsymbol{\alpha} - \boldsymbol{\alpha}_{\mathrm{g}}\right) \\ & + \sum_{n=0}^{N}\left(H_n(M_n(\boldsymbol{x}_0, \boldsymbol{\alpha})) - \boldsymbol{y}_n^{\mathrm{obs}}\right)^{\mathrm{T}} (\boldsymbol{O} + \boldsymbol{F})^{-1}\left(H_n(M_n(\boldsymbol{x}_n, \boldsymbol{\alpha})) - \boldsymbol{y}_n^{\mathrm{obs}}\right) \end{aligned} \tag{9.23}$$

其中，$\boldsymbol{\alpha}_{\mathrm{g}}$ 是模式参数的预估值，$\boldsymbol{K}$ 是模式参数预估值的误差方差对角矩阵。上式明确反映了代价函数对 $\boldsymbol{\alpha}$ 的依赖性。换句话说，模式变量 $\boldsymbol{x}_0$ 和模式参数 $\boldsymbol{\alpha}$ 同时都是代价函数 $J(\boldsymbol{x}_0, \boldsymbol{\alpha})$ 的控制变量。

输入到 NWP 模式中的初始条件($\boldsymbol{x}_0$)和模式参数($\boldsymbol{\alpha}$)是通过“最优”结合过去的模式背景场信息 $\boldsymbol{x}^{\mathrm{b}}$、已知的模式参数 $\boldsymbol{\alpha}_{\mathrm{g}}$ 和新观测资料 $\boldsymbol{y}_n^{\mathrm{obs}}(n = 0, 1, \cdots, N)$ 得到的。这里，“最优”意味着模式变量($\boldsymbol{x}_0$)和模式参数($\boldsymbol{\alpha}$)取它们的最优值时，代价函数的值在($\boldsymbol{x}_0^*$，$\boldsymbol{\alpha}^*$)附近最小，即

$$J(\boldsymbol{x}_0^*, \boldsymbol{\alpha}^*) \leqslant J(\boldsymbol{x}_0, \boldsymbol{\alpha}) \qquad \text{如果} \quad \left\|\boldsymbol{x}_0 - \boldsymbol{x}_0^*\right\| < \varepsilon_1 \ \text{且} \ \left\|\boldsymbol{\alpha} - \boldsymbol{\alpha}^*\right\| < \varepsilon_2 \tag{9.24}$$

其中，ε_1 和 ε_2 是两个正数。换言之，极小化是针对 $\boldsymbol{x}_0$ 和 $\boldsymbol{\alpha}$ 一起进行迭代调整的：

$$J(\boldsymbol{x}_{\mathrm{a}}, \boldsymbol{\alpha}^*) = \min_{\boldsymbol{x}_0, \boldsymbol{\alpha}} J(\boldsymbol{x}_0, \boldsymbol{\alpha}) \tag{9.25}$$

Zou 等(1992b)给出了一个使用 4D-Var 资料同化系统进行参数估计的例子。在 4D-Var 同化框架下，利用 NCEP 全球绝热伴随模式系统(Navon 等，1992)，得到了一个“最优”动态松弛逼近(nudging)技术。传统的动态松弛逼近技术(Anthes，1994)是在大气控制方程(9.2)的等号右边添加一个非物理扩散项[$\boldsymbol{G}(\boldsymbol{x}^{\mathrm{obs}} - \boldsymbol{x})$]，将模式变量($\boldsymbol{x}$)向观测值($\boldsymbol{x}^{\mathrm{obs}}$)松弛逼近，即

$$\begin{cases} \dfrac{\partial \boldsymbol{x}}{\partial t} = F(\boldsymbol{x}) + \boldsymbol{G}(\boldsymbol{x}^{\mathrm{obs}} - \boldsymbol{x}) \\ \boldsymbol{x}\big|_{t=t_0} = \boldsymbol{x}_0 \end{cases}, \qquad \boldsymbol{G} = \begin{pmatrix} \boldsymbol{\alpha}_{\zeta} & 0 & 0 & 0 \\ 0 & \boldsymbol{\alpha}_D & 0 & 0 \\ 0 & 0 & \boldsymbol{\alpha}_{\ln p_{\mathrm{s}}} & 0 \\ 0 & 0 & 0 & 0 \end{pmatrix} \tag{9.26}$$

其中，$\boldsymbol{\alpha}_\zeta$、$\boldsymbol{\alpha}_D$ 和 $\boldsymbol{\alpha}_{\ln p_s}$ 是松弛逼近系数的对角矩阵。假设不同大气变量的排列如下：$\boldsymbol{x}=(\zeta, D, \ln p_s, T, q)^{\mathrm{T}}$，则矩阵 $\boldsymbol{G}$ 如式(9.26)中所示。经验选择的松弛逼近系数不能太大也不能太小，一方面要小到确保非物理扩散项小于大气控制方程中的主导强迫项，另一方面要大到足以影响模式解。传统的动态松弛逼近技术有应用于全球模式的(Krishnamurti 等，1991；Lorenc 等，1991；Lyne 等，1992)，也有应用于中尺度模式的(Hoke 和 Anthes，1976；David 和 Turner，1977；Stauffer 和 Seaman，1990)。Zou 等(1992b)采用 Krishnamurti 等(1991)研究中的经验松弛逼近系数 $\boldsymbol{\alpha}_{\zeta,\mathrm{g}}=10^{-4}\ \mathrm{s}^{-1}$、$\boldsymbol{\alpha}_{D,\mathrm{g}}=0.5\times10^{-4}\ \mathrm{s}^{-1}$ 和 $\boldsymbol{\alpha}_{\ln p_s,\mathrm{g}}=10^{-4}\ \mathrm{s}^{-1}$ 作为 4D-Var 同化参数估计的预估值 $\boldsymbol{\alpha}_\mathrm{g}$。

为了得到由方程(9.24)或方程(9.25)定义的最佳松弛逼近系数，我们需要修改伴随模式并验证梯度$\nabla_{\boldsymbol{\alpha}}\boldsymbol{J}$的计算正确性。对于一个 6 h 的同化窗口，Zou 等(1992b)得到的最佳松弛逼近系数是 $\boldsymbol{\alpha}_\zeta^*=4.16\times10^{-4}\ \mathrm{s}^{-1}$、$\boldsymbol{\alpha}_D^*=8.89\times10^{-4}\ \mathrm{s}^{-1}$ 和 $\boldsymbol{\alpha}_{\ln p_s}=1.99\times10^{-4}\ \mathrm{s}^{-1}$，分别比预估值 $\boldsymbol{\alpha}_{\zeta,\mathrm{g}}$ 和 $\boldsymbol{\alpha}_{D,\mathrm{g}}$ 大了半个数量级，比预估值$\boldsymbol{\alpha}_{\ln p_s,\mathrm{g}}$ 大了四分之一数量级。如果使用 12 h 同化窗口，则最佳松弛逼近系数略有增加，它们的值是 $\boldsymbol{\alpha}_\zeta^*=9.514\times10^{-4}\ \mathrm{s}^{-1}$、$\boldsymbol{\alpha}_D^*=5.021\times10^{-4}\ \mathrm{s}^{-1}$ 和 $\boldsymbol{\alpha}_{\ln p_s}=4.276\times10^{-4}\ \mathrm{s}^{-1}$。

Zou 和 Kuo(1996)给出了另一个在 4D-Var 同化系统进行参数估计的例子。他们对有限区域 MM5 模式的初始条件和侧边界条件(LBC)参数同时进行了最优控制试验。有限区域中尺度和风暴尺度模式需要使用独立于模式的外部数据源来指定模式的侧边界条件。MM5 模式中使用了一个松弛侧边界指定方法。通过在大气控制方程中加入以下牛顿扩散项，模式预报变量向指定的侧边界条件(如全球模式分析或预报场)逐步逼近：

$$\left(\frac{\partial T}{\partial t}\right)_{\mathrm{LBC}}=\frac{5-n}{3}\times\left(\frac{1}{10\Delta t}(T_{\mathrm{LBC}}-T)-\frac{(\Delta x)^2+(\Delta y)^2}{50\Delta t}\nabla_\sigma^2(T_{\mathrm{LBC}}-T)\right) \tag{9.27}$$

其中，n 是从最外侧边界(n=1)向模式区域内移动的网格点数，Δt 是时间步长，Δx 和 Δy 是水平网格间隔，∇_σ^2 表示曲面上的水平拉普拉斯算子。除了流出边界的水平速度分量，与式(9.27)相同的方程适用于所有模式变量。流出边界的水平速度分量是根据区域内部的水平速度分量，通过外插得到的。在侧边界处的垂直速度允许自由变化。在没有给定侧边界条件的时间区间中，式(9.27)右边的值是根据该时间前后的给定侧边界条件，通过时间上的线性插值得到的。

对侧边界条件进行最优控制调整，侧边界条件就不再是常数，是控制变量的一部分，因此，需要对 MM5 伴随模式进行修改。为了得到切线模式，对非线性模式代码逐行微分时，涉及对 $\boldsymbol{x}_{\mathrm{LBC}}$ 求导数的项不再是零，将保留含有侧边界项 $\delta\boldsymbol{x}_{\mathrm{LBC}}$，伴随模式需要做相应地修改，梯度的正确性也需要再次验证。

有准确的侧边界条件对区域模式至关重要。随着预报模式的向前时间积分，大气特征从流入侧边界进入区域内部，而大气的内部特征离开流出侧边界。当然，一个简单的解决方法是使用一个更大的模式区域，可是，这样又会增加计算成本。由于极小化过程的迭代特征，侧边界处的大气特征对区域内部的影响在 4D-Var 情况下更为严重。假设流入边界处的边界特征可以在 6 h 内向区域内部传播的距离是 d，则 4D-Var 区域需要增加

$6\times K$，其中 K 是 4D-Var 极小化过程的总迭代次数。因此，Zou 和 Kuo(1996)提出了在寻找最优初始条件的同时，对侧边界条件进行最优控制，结果表明，同时调整初始条件和侧边界条件，比仅调整初始条件(侧边界条件保持不变)得到的分析增量小，降水预报与降水观测资料更接近。

9.8　增量 4D-Var 资料同化方法

在 20 世纪 90 年代早期，为了在当时的计算机条件下实现 4D-Var 同化的业务应用，必须降低 4D-Var 的计算成本。所谓的增量 4D-Var 方法为 4D-Var 最化控制理论找到了一条实际应用的途径(Courtier 等，1994)。 增量 4D-Var 代价函数是 4D-Var 代价函数(9.4)的一种近似表达，为的是降低计算成本，使 4D-Var 同化可以应用于 NWP 业务。4D-Var 同化的控制变量是大气变量 ($\boldsymbol{x}_i$，i=0, 1, …, N)，增量 4D-Var 同化的控制变量是大气变量的增量($\delta\boldsymbol{x}_i$，i=0, 1, …, N)，代价函数定义为

$$\begin{aligned}J_1(\delta\boldsymbol{x}_0)=&(\delta\boldsymbol{x}_0)^{\mathrm{T}}\boldsymbol{B}^{-1}\delta\boldsymbol{x}_0\\&+\sum_{n=0}^{N}\left(H_n(\boldsymbol{x}_n^{\text{basic}}+\tilde{\boldsymbol{M}}(t_n,t_0)\delta\boldsymbol{x}_0)-\boldsymbol{y}_n^{\text{obs}}\right)^{\mathrm{T}}\boldsymbol{R}_n^{-1}\left(H_n(\boldsymbol{x}_n^{\text{basic}}+\tilde{\boldsymbol{M}}(t_n,t_0)\delta\boldsymbol{x}_0)-\boldsymbol{y}_n^{\text{obs}}\right)\end{aligned}\tag{9.28}$$

或等价地表述为

$$\begin{aligned}J_2(\delta\boldsymbol{x}_0)=&(\delta\boldsymbol{x}_0)^{\mathrm{T}}\boldsymbol{B}^{-1}\delta\boldsymbol{x}_0\\&+\sum_{n=0}^{N}\left((\boldsymbol{y}_n^{\text{basic}}+\tilde{\boldsymbol{H}}_n\tilde{\boldsymbol{M}}(t_n,t_0)\delta\boldsymbol{x}_0)-\boldsymbol{y}_n^{\text{obs}}\right)^{\mathrm{T}}\boldsymbol{R}_n^{-1}\left((\boldsymbol{y}_n^{\text{basic}}+\tilde{\boldsymbol{H}}_n\tilde{\boldsymbol{M}}(t_n,t_0)\delta\boldsymbol{x}_0)-\boldsymbol{y}_n^{\text{obs}}\right)\end{aligned}\tag{9.29}$$

其中，$\boldsymbol{x}_n^{\text{basic}}$ 表示从时间 t_0(初始条件为 $\boldsymbol{x}_0^{\text{basic}}$)开始积分非线性大气模式得到的 t_n 时刻的大气变量预报，它是增量 4D-Var 同化的基本态：

$$\boldsymbol{x}_n^{\text{basic}}=M(t_n,t_0;\boldsymbol{x}_0^{\text{basic}})\tag{9.30}$$

$\boldsymbol{y}_n^{\text{basic}}$ 是根据 $\boldsymbol{x}_n^{\text{basic}}$ 得到的对应 t_n 时刻观测资料的模式模拟：

$$\boldsymbol{y}_n^{\text{basic}}=H_n(\boldsymbol{x}_n^{\text{basic}})\tag{9.31}$$

$\tilde{\boldsymbol{M}}_n$ 和 $\tilde{\boldsymbol{H}}_n$ 分别是 $M(t_n, t_0)$ 和 $H_n(\boldsymbol{x}_n^{\text{basic}})$ 线性近似算子。$\boldsymbol{x}^{\text{b}}$ 是 $\boldsymbol{x}_n^{\text{basic}}$ 的最简单选择。

用 $\delta\tilde{\boldsymbol{x}}_n$ 和 $\delta\tilde{\boldsymbol{y}}_n$ 分别表示对 $\delta\boldsymbol{x}_0$ 施加线性近似算子 $\tilde{\boldsymbol{M}}_n$ 和 $\tilde{\boldsymbol{H}}_n$ 运算后的结果：

$$\delta\tilde{\boldsymbol{x}}_n=\tilde{\boldsymbol{M}}(t_n,t_0;\boldsymbol{x}_0^{\text{basic}},\boldsymbol{x}_1^{\text{basic}},\cdots,\boldsymbol{x}_n^{\text{basic}})\delta\boldsymbol{x}_0\tag{9.32}$$

$$\delta\tilde{\boldsymbol{y}}_n=\tilde{\boldsymbol{H}}_n(\boldsymbol{x}_n^{\text{basic}})\delta\tilde{\boldsymbol{x}}_n\tag{9.33}$$

方程(9.28)和方程(9.29)可以改写为

$$\begin{aligned}J_1(\delta\boldsymbol{x}_0)=&(\delta\boldsymbol{x}_0)^{\mathrm{T}}\boldsymbol{B}^{-1}\delta\boldsymbol{x}_0\\&+\sum_{n=0}^{N}\left(H_n(\boldsymbol{x}_n^{\text{basic}}+\delta\tilde{\boldsymbol{x}}_n)-\boldsymbol{y}_n^{\text{obs}}\right)^{\mathrm{T}}\boldsymbol{R}_n^{-1}\left(H_n(\boldsymbol{x}_n^{\text{basic}}+\delta\tilde{\boldsymbol{x}}_n)-\boldsymbol{y}_n^{\text{obs}}\right)\end{aligned}\tag{9.34}$$

和

$$J_2(\delta \boldsymbol{x}_0) = (\delta \boldsymbol{x}_0)^{\mathrm{T}} \boldsymbol{B}^{-1} \delta \boldsymbol{x}_0 + \sum_{n=0}^{N} \left((\boldsymbol{y}_n^{\text{basic}} + \delta \tilde{\boldsymbol{y}}_n) - \boldsymbol{y}_n^{\text{obs}} \right)^{\mathrm{T}} \boldsymbol{R}_n^{-1} \left((\boldsymbol{y}_n^{\text{basic}} + \delta \tilde{\boldsymbol{y}}_n) - \boldsymbol{y}_n^{\text{obs}} \right) \tag{9.35}$$

下面我们来比较一下式(9.34)和式(9.35)。在 $J_1(\delta \boldsymbol{x}_0)$ 的表达式中，基本态的时间积分共有$(N+1)$向量($\boldsymbol{x}_n^{\text{basic}}$ ，$n=0, 1, 2, \cdots, N$)，把它们存储起来。在极小化过程的第 l 次迭代，得到 $\delta \tilde{\boldsymbol{x}}_n^{(l)}$ 后，基本态 $\boldsymbol{x}_n^{\text{basic}}$ 与 $\delta \tilde{\boldsymbol{x}}_n^{(k)}$ 相加后输入给观测算子，把得到的模拟 $\boldsymbol{y}_n^{(l)} = H_n(\boldsymbol{x}_n^{\text{basic}} + \delta \tilde{\boldsymbol{x}}_n^{(l)})$ 与观测资料 $\boldsymbol{y}_n^{\text{obs}}$ 比较，计算出 $J_1(\delta \boldsymbol{x}_0^{(l)})$ 及其梯度 $\nabla J_1(\delta \boldsymbol{x}_0^{(l)})$，直到找到 $J_1(\delta \boldsymbol{x}_0)$ 的最小值解 $\delta \boldsymbol{x}_0^*$。然而，在 $J_2(\delta \boldsymbol{x}_0)$ 的表达式中，根据基本态得到的$(N+1)$模拟观测向量($\boldsymbol{y}_n^{\text{basic}}$ ，$n=0, 1, 2, \cdots, N$)被存储起来。在第 l 次极小化迭代，模拟观测向量 $\boldsymbol{y}_n^{\text{basic}}$ 与 $\delta \tilde{\boldsymbol{y}}_n^{(l)}$ 相加后，再与观测资料 $\boldsymbol{y}_n^{\text{obs}}$ 比较，直到找到 $J_2(\delta \boldsymbol{x}_0)$ 的“最优”解 $\delta \boldsymbol{x}_0^*$。因此，虽然代价函数 $J_1(\delta \boldsymbol{x}_0)$ 和 $J_2(\delta \boldsymbol{x}_0)$ 的计算量相当，但它们的存储需求不同。如果向量 $\boldsymbol{x}_n^{\text{basic}}$ 的维数小于向量 $\boldsymbol{y}_n^{\text{basic}}$ 的维数，则可以选择 $J_1(\delta \boldsymbol{x}_0)$，反之选择 $J_2(\delta \boldsymbol{x}_0)$。

在增量 4D-Var 同化中，原非线性模式用来描述大气变量的时间演变(即 $\boldsymbol{x}_n^{\text{basic}}$)，线性近似算子 $\tilde{\boldsymbol{M}}(t_n, t_0)$ 用来得到近似增量的时间变化($\delta \tilde{\boldsymbol{x}}_n$)。如果 $\tilde{\boldsymbol{M}}(t_n, t_0) = \boldsymbol{M}(t_n, t_0)$，则增量 4D-Var 同化得到的分析场对 4D-Var 同化分析场的近似程度与切线模式对非线性模式的近似程度相同。

当然，取 $\tilde{\boldsymbol{M}}(t_n, t_0) = \boldsymbol{M}(t_n, t_0)$ 不是增量 4D-Var 同化的目的。事实上，$\boldsymbol{M}(t_n, t_0)$ 的计算量比 $M(t_n, t_0)$ 大。正是当 $\tilde{\boldsymbol{M}}(t_n, t_0) \neq \boldsymbol{M}(t_n, t_0)$ 时，增量 4D-Var 同化不仅具有一定的灵活性，计算量的合理性也可以加以考虑。例如，为了节省计算量，$\tilde{\boldsymbol{M}}(t_n, t_0)$ 的水平分辨率可以低于 $M(t_n, t_0)$ 的水平分辨率，$\tilde{\boldsymbol{M}}(t_n, t_0)$ 中的物理过程参数化方案可以比原模式中的简单。例如，ECMWF 4D-Var 中的 $\tilde{\boldsymbol{M}}(t_n, t_0)$ 只包含了水平和垂直扩散以及简单的表面摩擦(Thépaut，1992)、后又加上了大尺度凝结降水(Rabier 等，1992)和简化积云对流参数化方案(Mahough 和 Rabier，2000)。

增量 4D-Var 同化并不要求线性近似算子 $\tilde{\boldsymbol{M}}(t_n, t_0)$ 和 $\tilde{\boldsymbol{H}}_n$ 分别是非线性预报模式($M(t_n, t_0)$)和观测算子(H_n)的一阶精确近似。由于这个原因，通常会添加一个外部循环去更新式(9.30)和式(9.31)中的基本态 $\boldsymbol{x}_n^{\text{basic}}$ ($n=0, 1, 2, \cdots, N$)，第 k 次更新的基本态表示为 $\boldsymbol{x}_n^{\text{basic},k}$ ：

$$\boldsymbol{x}_n^{\text{basic},k} = M(t_n, t_0; \boldsymbol{x}_0^{\text{basic},k}) \tag{9.36}$$

$$\boldsymbol{x}_0^{\text{basic},0} = \boldsymbol{x}^{\mathrm{b}} \tag{9.37}$$

以及

$$\boldsymbol{x}_0^{\text{basic},k} = \boldsymbol{x}^{\mathrm{b}} + \sum_{m=1}^{k} (\delta \boldsymbol{x}_0^*)^m \qquad (k=1, 2, \cdots, K) \tag{9.38}$$

这里，$(\delta \boldsymbol{x}_0^*)^k = \boldsymbol{x}_0 - \boldsymbol{x}_0^{\text{basic},k-1}$ ($k=1，2，\cdots，K$)是通过极小化 $J_1^{(k)}(\delta \boldsymbol{x}_0)$ 或者 $J_2^{(k)}(\delta \boldsymbol{x}_0)$ 获得

的，其中 $J_1^{(k)}(\delta \boldsymbol{x}_0)$ 和 $J_2^{(k)}(\delta \boldsymbol{x}_0)$ 的定义是把 $\boldsymbol{x}_n^{\text{basic},k-1}$ (k=1，2，…，K) 作为式(9.34)和式(9.35)中的基本态即可：

$$J_1^{(k)}(\delta \boldsymbol{x}_0) = (\delta \boldsymbol{x}_0)^{\mathrm{T}} \boldsymbol{B}^{-1} \delta \boldsymbol{x}_0 + \sum_{n=0}^{N} \left(H_n(\boldsymbol{x}_n^{\text{basic},k-1} + (\delta \tilde{\boldsymbol{x}}_n)^k) - \boldsymbol{y}_n^{\text{obs}} \right)^{\mathrm{T}} \boldsymbol{R}_n^{-1} \left(H_n(\boldsymbol{x}_n^{\text{basic},k-1} + (\delta \tilde{\boldsymbol{x}}_n)^k) - \boldsymbol{y}_n^{\text{obs}} \right) \tag{9.39}$$

$$J_2^{(k)}(\delta \boldsymbol{x}_0) = (\delta \boldsymbol{x}_0)^{\mathrm{T}} \boldsymbol{B}^{-1} \delta \boldsymbol{x}_0 + \sum_{n=0}^{N} \left((\boldsymbol{y}_n^{\text{basic},\,k-1} + (\delta \tilde{\boldsymbol{y}}_n)^k) - \boldsymbol{y}_n^{\text{obs}} \right)^{\mathrm{T}} \boldsymbol{R}_n^{-1} \left((\boldsymbol{y}_n^{\text{basic},\,k-1} + (\delta \tilde{\boldsymbol{y}}_n)^k) - \boldsymbol{y}_n^{\text{obs}} \right) \tag{9.40}$$

其中，

$$\boldsymbol{x}_n^{\text{basic},\,k-1} = M(t_n, t_0; \boldsymbol{x}_0^{\text{basic},\,k-1}) \tag{9.41}$$

$$\boldsymbol{y}_n^{\text{basic},\,k-1} = H_n(\boldsymbol{x}_n^{\text{basic},\,k-1}) \tag{9.42}$$

$$(\delta \tilde{\boldsymbol{x}}_n)^k = \tilde{\boldsymbol{M}}^k(t_n, t_0; \boldsymbol{x}_0^{\text{basic},\,k-1}, \cdots \boldsymbol{x}_n^{\text{basic},\,k-1})(\delta \boldsymbol{x}_0)^k \tag{9.43}$$

$$(\delta \tilde{\boldsymbol{y}}_n)^k = \tilde{\boldsymbol{H}}_n^k(\boldsymbol{x}_n^{\text{basic},\,k-1})(\delta \tilde{\boldsymbol{x}}_n)^k \tag{9.44}$$

在增量 4D-Var 同化中，极小化 $J_1^{(k)}(\delta \boldsymbol{x}_0)$（或 $J_2^{(k)}(\delta \boldsymbol{x}_0)$）的迭代过程被称为第 k 个外循环中的内循环。这种内外循环方法还允许通过增加外循环次数，逐步添加更多或更复杂的物理过程参数化方案和更高的模式分辨率。作为一种节约 4D-Var 同化计算量、适用于业务运行的方法，增量 4D-Var 同化在降低计算成本的同时，会牺牲一些精度。虽然增量 4D-Var 同化得到的分析场 $\boldsymbol{x}^{\mathrm{b}}+(\delta \boldsymbol{x}_0^*)^k$ 不一定能收敛到 4D-Var 同化分析场 $\boldsymbol{x}_0^*$，但 ECMWF 已证实，增量 4D-Var 同化是实际可行的(Rabier 等，2000；Mahfouf 和 Rabier，2000)。

9.9　4D-Var 与扩展卡尔曼滤波和集合卡尔曼滤波方法的比较

扩展卡尔曼滤波(ExKF)在数学上与式(8.65)中的卡尔曼滤波类似，只是不要求前向积分模式和观测算子是线性的，即将式(8.65a)和式(8.65d)改为如下形式：

$$\boldsymbol{x}_n^{\mathrm{f}} = M(t_n, t_{n-1}; \boldsymbol{x}_{n-1}^*) \tag{9.45a}$$

和

$$\boldsymbol{x}_n^* = \boldsymbol{x}_n^{\mathrm{f}} + \boldsymbol{K}_n \left(\boldsymbol{y}_n^{\text{obs}} - H_n(\boldsymbol{x}_n^{\mathrm{f}}) \right) \tag{9.45b}$$

在 4D-Var 同化时间窗[t_1, t_N]的结束时间 t_N，ExKF 得到的分析场与 4D-Var 分析场相同。如果 $\boldsymbol{M}'(t_n, t_0)=\boldsymbol{M}(t_n, t_0)$，并且背景误差协方差矩阵 $\boldsymbol{B}_n^{\mathrm{f}}$ 随时间步长的变化由线性算子 $\boldsymbol{B}_n^{\mathrm{f}} =\boldsymbol{M}'(t_n, t_0)\boldsymbol{A}_{n-1}\boldsymbol{M}'(t_n, t_0)$ 得到，则增量 4D-Var 等价于卡尔曼滤波。

尽管由式(8.65b)预报的预报误差协方差 $\boldsymbol{P}_n^{\mathrm{f}}$（下标“$n$”是时间步长）的时间演变可以捕获模式预报误差的每日变化(Kalnay 和 Pu，1997)，但对于 NWP 模式，实现式(8.65b)的计算成本过高。采用集合卡尔曼滤波(EnKF)是实现 ExKF 的一种切实可行的方法。除了使用集合预报来近似计算式(8.65b)中的预报误差协方差矩阵外，EnKF 的其他部分与

ExKF 一样。仔细观察式(8.65c)，我们发现卡尔曼滤波的增益矩阵包含 $\boldsymbol{H}_n\boldsymbol{P}_n^{\mathrm{f}}\boldsymbol{H}_n^{\mathrm{T}}$ 和 $\boldsymbol{P}_n^{\mathrm{f}}\boldsymbol{H}_n^{\mathrm{T}}$ 两个矩阵，它们都可以根据集合预报样本 $\boldsymbol{x}_n^{\mathrm{f}}(m)$ $(m=1, 2, \cdots, M)$，利用下面的近似计算公式(Evensen，1994；Houtekamer 和 Mitchell，1998)：

$$\boldsymbol{H}_n\boldsymbol{P}_n^{\mathrm{f}}\boldsymbol{H}_n^{\mathrm{T}} = \frac{1}{M-1}\sum_{m=1}^{M}\left(H_n\left(\boldsymbol{x}_n^{\mathrm{f}}(m)\right)-H_n\left(\overline{\boldsymbol{x}_n^{\mathrm{f}}(m)}\right)\right)\left(H_n\left(\boldsymbol{x}_n^{\mathrm{f}}(m)\right)-H_n\left(\overline{\boldsymbol{x}_n^{\mathrm{f}}(m)}\right)\right)^{\mathrm{T}} \tag{9.46}$$

$$\boldsymbol{P}_n^{\mathrm{f}}\boldsymbol{H}_n^{\mathrm{T}} = \frac{1}{M-1}\sum_{m=1}^{M}\left(\boldsymbol{x}_n^{\mathrm{f}}(m)-\overline{\boldsymbol{x}_n^{\mathrm{f}}(m)}\right)\left(H_n\left(\boldsymbol{x}_n^{\mathrm{f}}(m)\right)-H_n\left(\overline{\boldsymbol{x}_n^{\mathrm{f}}(m)}\right)\right)^{\mathrm{T}} \tag{9.47}$$

$$\boldsymbol{x}_n^{*}(m) = \boldsymbol{x}_n^{\mathrm{f}}(m)+\boldsymbol{K}_n\left(\boldsymbol{y}_n^{\mathrm{obs}}-H_n\left(\boldsymbol{x}_n^{\mathrm{f}}(m)\right)\right) \tag{9.48}$$

在观测值上可以添加随机扰动 $\boldsymbol{v}_n^{\mathrm{obs}}(m)$ $(m=1, 2, \cdots, M)$，得到 EnKF 的分析场样本 $\boldsymbol{x}_n^{*}(m)$ $(m=1, 2, \cdots, M)$，即

$$\boldsymbol{x}_n^{*}(m) = \boldsymbol{x}_n^{\mathrm{f}}(m)+\boldsymbol{K}_n\left(\boldsymbol{y}_n^{\mathrm{obs}}+\boldsymbol{v}_n^{\mathrm{obs}}(m)-H_n\left(\boldsymbol{x}_n^{\mathrm{f}}(m)\right)\right) \tag{9.49}$$

集合预报协方差矩阵($\boldsymbol{P}_n^{\mathrm{f}}$)与 3D-Var/4D-Var 协方差背景协方差矩阵($\boldsymbol{B}$)的一个简单的线性组合便是所谓的混合 3D-Var 或 4D-Var 同化系统中的背景误差协方差矩阵(Hamill 和 Snyder，2000)：

$$\boldsymbol{B}_{N_i}^{\mathrm{hybrid}} = (1-\alpha)\boldsymbol{P}_{N_i}^{\mathrm{f}}+\alpha\boldsymbol{B}_{N_{i-1}}^{\mathrm{hybrid}},\quad \boldsymbol{B}_{N_0}^{\mathrm{hybrid}} = \boldsymbol{B} \tag{9.50}$$

其中，α 是一个取值范围在区间[0, 1]中的可调参数，下标 i 表示第 i 个资料同化周期。如果可以承受超过 M(=10～100)个集合预报成员，混合 3D-Var 或 4D-Var 同化有可能优于 3D-Var 或 4D-Var 同化(Kalnay，2003)。

9.10　附 加 说 明

3D-Var 和 4D-Var 资料同化方法可以更直接地利用卫星观测亮温资料，它们属于间接资料范畴。第 7～8 章讨论了极轨气象卫星微波温度计亮温观测资料的同化问题。接下来的两章将分别重点介绍另外两类卫星资料：GPS 掩星探测技术(第 10 章)以及地球静止气象卫星成像仪和先进成像仪红外通道亮温观测资料(第 11 章)。

第 10 章　GPS 无线电掩星技术

10.1　引　　言

全球定位系统(GPS)无线电掩星(RO)技术是观测大气状态的一种主动遥感空间临边探测技术(Melbourne 等，1988；Ware，1992)。GPS 卫星发射的是波长为厘米量级的双微波无线电信号。有些 GPS 卫星发射器发射的无线电信号，穿过大气层后，被安装在低轨(LEO)卫星上的 GPS 接收器接收。如果大气处于真空状态，那么，无线电信号的传播路径会是一条连接发射信号的 GPS 卫星和接收该信号的 LEO 卫星之间的一条直线。在实际大气层中，无线电信号会沿着一条向地面弯曲的路径传播，大气折射率梯度越大，传播路径弯曲程度越大。受大气密度的影响，大气折射率随高度呈指数减小。通常，大气折射率垂直梯度远大于水平梯度。大气折射率的局地大梯度与天气系统有关，在对流层低层水汽丰富区最大。因此，无线电信号传播路径向地球方向弯曲，越接近地球表面的射线路径弯曲越大，在离地球表面最近时的弯曲最大。显而易见，无线电信号沿着实际大气中的传播路径到达 LEO 卫星所需的传播时间比真空中的直线路径所需时间长。两者之差被称为延迟传播时间，这个延迟传播时间的长短依赖于传播路径上大气折射率和折射率梯度在三维空间的分布。

大气折射率是大气温度、气压、湿度、云水含量和冰水含量的函数(Kursinski 等，1997；Zou 等，2012b)。在每一次掩星事件中，从大气层顶向下或者从地球表面向上，共有 300 多条无线电传播路径，一层一层地横切地球大气，获取具有高垂直分辨率的大气状态廓线(Hardy 等，1992)。与前面所描述的极轨气象卫星大气温度计采用的被动遥感星下垂直探测技术(如 MSU、AMSU-A、ATMS)不同，GPS 掩星临边探测技术是个全新、独特、高精度、可靠的全球大气主动遥感观测资料。GPS 掩星观测资料的垂直分辨率在 60 km 高度附近大约是 1 km，随高度减小而增加，接近地球表面时的垂直分辨率大约为几百米。而极轨气象卫星得到的微波温度计某个探测通道的亮温观测值是该通道权重函数峰值高度附近大约 5 km 大气层内的辐射总和。显然，GPS 掩星观测廓线的垂直分辨率比微波辐射观测资料的垂直分辨率高很多。GPS 掩星观测资料的水平分辨率在无线电信号传播路径的切向和法向不同，水平分辨率在传播路径的法向与垂直分辨率接近，因此，远远高于微波辐射观测资料的水平分辨率(50～150 km)。但是，在传播路径的切向方向，GPS 掩星观测资料的水平分辨率约为 200～300 km，比卫星微波亮温观测资料的水平分辨率低。全球 GPS 掩星资料的观测时间不同于 AMSU-A(或 MSU 和 ATMS)。来自同一颗极轨环境卫星的 AMSU-A 观测资料在地球的相同地方有两次观测，观测局地时间基本固定，但 GPS 掩星观测时间不是固定的，可以发生在任何地方的任何局地时间。总之，GPS 主动临边掩星技术和极轨气象卫星被动星下垂直探测技术这两种不同大气探测技术在准确度、精密度、时空分辨率等方面的不同特点，对观测地球大气而言相互补充，都很重要。

GPS 掩星探测技术已成为全球大气遥感探测的一种比较成熟的方法，全球掩星资料已普遍被同化在 NWP 业务系统中。本章针对 GPS 掩星资料同化和其他应用，选择性地介绍一些有关 GPS 掩星探测技术的知识。10.2 节简述 GPS 和 LEO 卫星轨道特征和若干 GPS 掩星计划。10.3～10.5 节介绍从超相位延迟、超多普勒频移、弯角和影响参数，到折射率观测变量的数据处理链。10.6 节介绍 GPS 掩星资料同化的两个局地观测算子。10.7 节和 10.8 节分别介绍 GPS 掩星资料同化的两个非局地观测算子。10.9 节讨论多路径发生情况和检测方法。10.10 节讨论掩星观测误差源。10.11 节探讨在不同云类中的 GPS 掩星资料偏差以及云中液态水和冰的影响。10.12 节给出根据掩星折射率观测资料反演大气温度、气压及水汽垂直廓线的主要方程式。10.13 节介绍如何利用 GPS 掩星观测资料，对卫星微波温度计的对流层和平流层通道进行在轨定标。结束语见 10.14 节。

10.2　GPS 和 LEO 卫星轨道特征以及 GPS 掩星计划

GPS 是一种先进人造卫星多卫星导航系统。每个 GPS 卫星装有小型无线电信号电子发射器，根据沿着视线方向传送过来的无线电信号，可以确定地球上任何一点的精确地理定位(经度、纬度和高度)。一颗 GPS 卫星在高约 20200 km 的中等地球轨道上每天绕地球运转两周，比前面提到的极轨气象卫星的运行高度(800 km 左右)高很多。因为 GPS 卫星在这样高的轨道上运行，地球表面或者接近地球表面的任何位置都在这些卫星的视线方向上。在这个高度上运行的 GPS 卫星沿轨道旋转一圈的时间是二分之一个恒星日(0.5×23 h 56 min 4.0916 s)，每天在地球上空重复相同的轨道。实际上，一颗固定的 GPS 卫星的运行轨迹的东西向漂移很小，在地球赤道处大约每天±222 km，并且在相当长的时间内保持不变。这些特征使得对 GPS 多卫星导航系统星座进行地面跟踪具有可重复性。

美国 GPS 卫星导航系统由至少 24 颗、最多 32 颗运行卫星组成，它们围绕地球均匀分布在 6 个不同的轨道面上，轨道倾角为 55°。这样的分布使得用户在地球任何地方可观测到 4 颗以上 GPS 卫星。美国 GPS 卫星导航系统可供持有 GPS 接收器的任何人免费使用，全球用户最多。GNSS 泛指全球卫星导航系统，包括美国、俄罗斯(GLONASS)、欧洲(伽利略)、中国(北斗)及其他地区的 GPS 卫星导航系统。多个卫星导航系统的联合使用保证全球地理空间定位的准确性、冗余性和时间连续性，即使有一个 GPS 不能正常运转或者视线受阻时，也不受影响。通常，GNSS 和 GPS 两个词可互换使用。

每颗GPS 卫星连续发送两个 L 波段微波频率 f_1(1575.42 MHz)和 f_2(1227.60 MHz)的信号，使位于地球表面或 LEO 星载 GPS 接收器不仅能确定 GPS 卫星和 LEO 卫星的空间位置和运行速度，还能记录下微波信号在传播过程中受折射率影响造成的时间延迟。每颗 LEO 卫星的轨道半径大约是地球半径的 1.1 倍，地心角速率约为 $4\ \text{rad}\cdot\text{h}^{-1}$。GPS 卫星同时发射两个相近频率的信号，便于消除信号中大部分电离层对时间延迟的贡献(见 10.4 节)。

GPS 星座出现在 20 世纪 80 年代，用于探测行星(如火星)大气。后来，同样的无线电掩星观测技术应用于探测地球大气。第一个对地球大气进行主动临边探测的 GPS 掩星计划是 GPS/MET(Ware 等，1996)。从那以后，全球启动了多个 GPS 掩星计划，其中包括德国的挑战性小卫星有效载荷（CHAMP）、阿根廷科学应用卫星（SAC-C）、重力恢复和气候实验（GRACE）、德国雷达卫星（TerraSAR-X）、美国/中国台湾联合星座观测系统（COSMIC）、MetOp-A 和 MetOp-B 上的 GNSS 大气探测接收器（GRAS）、韩国多用途卫星-5（KOMPSAT-5）和中国风云三号 C 星（FY-3C）GNSS 掩星探测器（FY-3C/GNOS）等。

作为第一个 GPS 掩星计划，GPS/MET 计划证明了全球定位系统可用于对地球大气的主动遥感探测（Ware 等，1996）。1995 年 4 月 3 日，一颗名为 MicroLab-1 的小型低轨研究卫星携带着 GPS 接收器被成功地发射到一个倾角为 70°、高度约 750 km 的轨道上。它每 100 min 绕地球循环一次。发射 13 天后，从 1995 年 4 月 16 日开始到 1997 年 3 月，共收集了数万个无线电掩星廓线。利用 GPS/MET 观测资料，首次评估了 GPS 无线电掩星廓线的精度和潜在应用。

自 1995 年 GPS/MET 计划的启动，一场利用 GPS 掩星技术探测地球大气的革命就开始了。2000 年 7 月和 11 月德国的 CHAMP 和阿根廷的 SAC-C 分别启动（Wickert 等，2001；Hajj 等，2002）。CHAMP 和 SAC-C 卫星的极轨轨道接近圆形，并配备了由 NASA 喷气推进实验室（JPL）设计和制造的下一代 GPS 接收器（BlackJack）。从 2001 年 2 月到 2008 年 10 月，CHAMP 卫星每天提供大约 230 个掩星垂直廓线，廓线高度范围是 0～50 km。在开始的两年，由于进行了大量的软件上传和测试（如开环跟踪的实现），SAC-C 卫星资料覆盖范围变化很大。值得一提的是，CHAMP 项目的目标之一是为德国气象局开发和实施一套完整的掩星数据处理的地面基础设施和一个全自动分析系统，从而同时同化地基和天基 GPS 资料与其他观测资料。

除了使用 GPS 掩星技术对地球大气和电离层进行全球临边探测外（Beyerle 等，2004），GRACE 计划旨在把测量地球大地水准面（即重力平面）高度的精度水平从当时的米级改进到厘米级，改进地球重力场的时间变化测量（Dunn 等，2003）。2007 年 6 月 15 日发射的德国 TerraSAR-X 上搭载了一个跟踪、掩星、测距、精确定位和进行大气探测的高精度双频综合 GPS 掩星接收器（Beyerle 等，2011）。

COSMIC 计划与其他 GPS 计划不同，它由 6 颗低轨卫星组成，每颗低轨卫星携带一个 GPS 接收器。COSMIC 计划于 2006 年 4 月 15 日 0140 UTC 从加利福尼亚州范登堡空军基地成功发射（Kuo 等，2004；Anthes 等，2008）。COSMIC 每颗低轨卫星的轨道倾角为 72°，比极轨卫星（如 S-NPP 卫星）轨道的倾角低，每天可以绕地球 15 次（Ma 等，2017），而以更大轨道倾角绕地球运转的极轨卫星每天完成 14 个刈幅，覆盖全球。自 2006 年以来，大量高质量 COSMIC 掩星资料实时提供给世界各地，使 GPS 掩星资料迅速成为 NWP 资料同化系统中的一类关键观测资料。另外，将 GRAS 纳入欧洲极轨气象卫星 MetOp-A、MetOp-B 和 MetOp-C 任务亦是一个令人兴奋的进步（Montenbruck 等，2008；Luntama 等，2008）。在 MetOp-A、MetOp-B 和 MetOp-C 约 14 年（2006～2020 年）的卫星计划运行期间，一个 GRAS 每天提供约 600 个掩星廓线。GRAS 数据产品对用户的分发几乎是实时的，在 NWP 系统中可以把它们与搭载在同一颗卫星上的微波探测仪和其他仪器观测资料同时同化。

美国空军通信/导航中断预测系统（C/NOFS）卫星于 2008 年 4 月发射升空，对地球大气和电离层进行临边探测，不仅测量与折射率相关的变量，还测量电场、等离子体特性、中层风、闪烁产生的不规则强度。研究和预测地球电离层闪烁对掩星数据质量的影响是 C/NOFS 卫星的任务之一。

另外两个 GPS 掩星计划是韩国的 KOMPSAT-5 和中国的 FY-3C 和 FY-3D GNOS（Liao 等，2016；Bai 等，2018）。KOMPSAT-5 于 2013 年 8 月 22 日发射， FY-3C 和 FY-3D 卫星分别于 2013 年 9 月 23 日和 2017 年 11 月 15 日发射。与搭载 GRAS 仪器的 EUMETSAT-MetOp 系列类似，中国 FY-3 系列未来业务气象卫星将继续搭载 GNOS 仪器。

表 10.1 列出了 GPS 掩星计划的发射日期和可用数据时间段，图示见图 10.1。自 2001 年以来，掩星数据已有 21 年无缺口连续记录。GPS 掩星观测数据对 GPS 接收器类型不

表 10.1　GPS 无线电掩星计划的发射日期和可用数据时间段

GPS 掩星计划	发射日期(月/日/年)	可用数据时间段(月/日/年)
GPSMETAS	01/13/1994	08/25/1995～01/16/1997
GPS/MET	04/03/1995	04/21/1995～02/16/1997
SAC-C	06/08/2000	03/09/2006～08/14/2013
CHAMP	07/15/2000	05/19/2001～10/05/2008
GRACE	03/17/2002	02/28/2007～11/30/2017
TerraSAR-X	06/15/2007	02/10/2008～11/30/2017
MetOp-A/GRAS	10/19/2006	10/01/2007～02/03/2017
MetOp-B/GRAS	09/17/2012	02/01/2013～11/30/2017
COSMIC	04/15/2006	04/22/2006～
C/NOFS	04/14/2008	03/01/2010～07/12/2015
KOMPSAT-5	08/22/2013	11/01/2015～
FY-3C/GNOS	09/23/2013	01/30/2014～

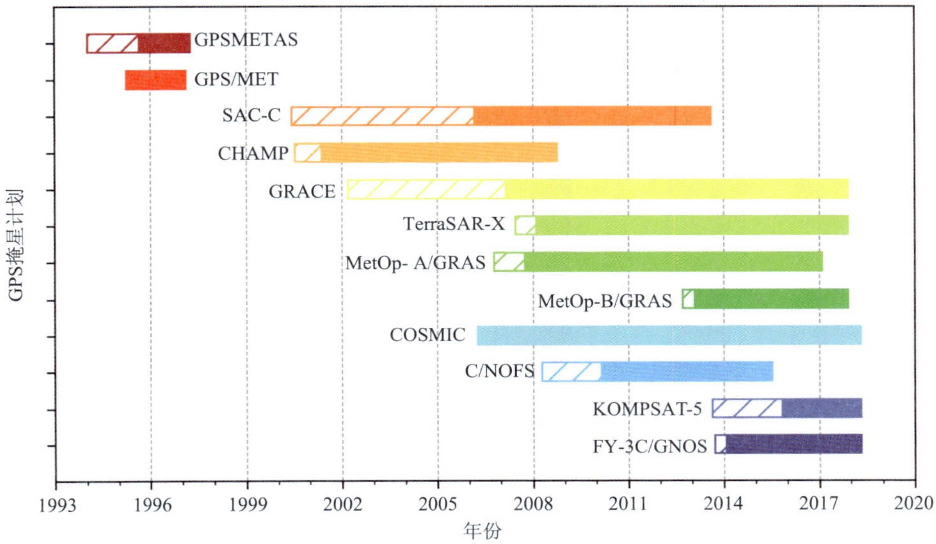

图 10.1　GPS 掩星计划在轨时间（阴影条）和数据时间（实心条）

敏感，这与极轨气象卫星亮温观测资料不同，后者有系统偏差，与轨道漂移、校准误差等有关。亮温观测资料的系统偏差可能导致错把日变化当成气候信号(Chen 等，2018)，GPS 掩星数据不存在这样的问题。因此，GPS 掩星观测数据不仅对 NWP 应用具有重要意义，对研究气候变化也具有独特意义。

10.3　超相位延迟和超多普勒频移

GPS 卫星发射的频率是高度稳定的($\delta f/f \leqslant 10^{-14}$，其中 δf 表示短期振荡器不稳定度)。LEO 卫星携带的 GPS 接收器以非常高的精度跟踪信号的频率(1 Hz 采样率下约为 0.1 mm)。掩星发生时，GPS 和 LEO 卫星的移动方式使得连接这两颗卫星的电磁射线穿过大气层。由于沿着传播路径上的地球大气折射率梯度、电离层电子数密度和电离层的色散性质对电磁射线都有影响，导致射线弯曲、射线相位发生变化。LEO 卫星上的 GPS 接收器跟踪的是相位随时间的变化(即相位延迟 ρ_1 或 ρ_2)。

GPS 临边探测技术观测的基本量是 L_1(1575.42 MHz)或 L_2(1227.60 MHz)波段的 GPS 信号在大气中传输而产生的相位延迟。每个 GPS L 波段载波由 10.23 $\mathrm{MB \cdot s^{-1}}$ 的伪随机数序列组成的精确测距码进行相位调制。GPS 信号的每一个随机数的发送时间由 GPS 卫星上的时钟精确记录。LEO 卫星 GPS 接收器上的时钟在识别接收到的随机数的同时记录下它的到达时间。GPS 轨道位置及 GPS 发射和 LEO 接收器接收信号之间的时钟偏移是已知的，并广播给用户。GPS 发射信号的时间与 LEO 接收器接收到该信号的时间差，经过时钟校正后，称为伪距。伪距是反映 GPS 卫星与 LEO 接收器之间距离的一个观测量。如果一颗 LEO 卫星上的 GPS 接收器同时测量了四颗 GPS 卫星的伪距，便可以同时确定 GPS 发射与 LEO 接收之间的时钟偏移。COSMIC 精密定轨(POD)要求 LEO 和 GPS 卫星轨道运行速度的精度约为 0.1 $\mathrm{mm \cdot s^{-1}}$，在三维空间确定 LEO 卫星位置的精度为 10 cm。由此推导出的 GPS 发射与 LEO 接收之间的时钟偏差小于 1 μs，GPS L 波段载波相位信号的精度小于波长的 0.5%(约 1 mm)。

GPS 掩星信号在地球大气中的传播路径是由地球折射指数($n(f)$)的三维空间分布决定的，折射率的三维空间分布一般是复杂的、色散的。如果假定吸收为零，则折射率是实数。具体地说，载波频率(f_i)的无线电信号通过大气后的相位延迟(ρ_i)由下式给出(Melbourne 等，1994)：

$$\rho_i = \int_{\mathrm{ray}_i} n_i \mathrm{d}s \qquad (i=1,2) \tag{10.1}$$

其中，n_i 是对应 L_i 频率的大气总折射指数，ds 是信号传播弯曲光线路径(ray_i)上的一个小弧长。在中性大气中，折射指数大于 1，与频率无关。在电离层中，折射指数小于 1，与频率有关。

在 $n_i - 1 \ll 1$ 的情况下，折射指数的梯度范数($\|\nabla n_i\|$)沿射线传播路径的变化缓慢，式(10.1)可以用更简单的形式表示如下：

$$\rho_{L_i} = \int_0^{R_{\mathrm{LG}}} n_i \mathrm{d}x - \frac{1}{2}\int_0^{R_{\mathrm{LG}}} \frac{1}{x^2}\left(\left(\int_0^x \frac{\partial n_i}{\partial z} x'\mathrm{d}x'\right)^2 + \left(\int_0^x \frac{\partial n_i}{\partial y} x'\mathrm{d}x'\right)^2\right)\mathrm{d}x \quad (i=1, 2) \tag{10.2}$$

其中，所有的积分都是沿着连接发射器和接收器的直线(R_{LG})进行的，dx 和 dx'是直线 R_{LG} 上的一小段，x、y 和 z 形成一个正交坐标系，其中 x 轴与直线 R_{LG} 平行，方向是从发射器指向接收器。沿着直线传播路径，式(10.2)右边的第一个积分是折射介质对信号的影响，第二个积分是曲率修正项或弯曲项。

包括电离层折射指数一阶近似的总折射指数可以写成(Bassiri 和 Hajj，1993)：

$$n_i = 1 + 10^{-6} N_{\mathrm{neut}} - \frac{1}{2}\left(\frac{f_{\mathrm{p}}}{f_i}\right)^2 \tag{10.3}$$

其中，N_{neut} 是大气折射率，f_{p} 是等离子气体频率。将式(10.3)代入式(10.2)，我们得到对应 L_1 和 L_2 频率的超相位延迟分别是

$$\rho_1 = R_{\mathrm{LG}} + \rho_{L_1,\mathrm{neut}} - \frac{q-\varepsilon}{f_1^2} \tag{10.4}$$

$$\rho_2 = R_{\mathrm{LG}} + \rho_{L_1,\mathrm{neut}} - \frac{q-\varepsilon}{f_1^2} + \delta\rho_{\mathrm{neut}} \tag{10.5}$$

其中，

$$\delta\rho_{\mathrm{neut}} = \rho_{L_2,\mathrm{neut}} - \rho_{L_1,\mathrm{neut}} \tag{10.6}$$

$$q = \frac{1}{2}\int_0^{R_{\mathrm{LG}}} f_{\mathrm{p}}^2 \mathrm{d}x = 40.3\int_0^{R_{\mathrm{LG}}} n_{\mathrm{e}} \mathrm{d}x = 40.3\mathrm{TEC} \tag{10.7}$$

$$\begin{aligned}\varepsilon = {} & 40.3\times 10^{-6}\int_0^{R_{\mathrm{LG}}} n_i \mathrm{d}x \\ & -\frac{1}{2}\int_0^{R_{\mathrm{LG}}} \frac{\mathrm{d}x}{x^2}\left(\left(\int_0^x \frac{\partial n_{\mathrm{e}}}{\partial z} x'\mathrm{d}x'\right)\left(\int_0^x \frac{\partial N_{\mathrm{neut}}}{\partial z} x'\mathrm{d}x'\right) + \left(\int_0^x \frac{\partial n_{\mathrm{e}}}{\partial y} x'\mathrm{d}x'\right)\left(\int_0^x \frac{\partial N_{\mathrm{neut}}}{\partial y} x'\mathrm{d}x'\right)\right)\end{aligned} \tag{10.8}$$

这里，$\rho_{L_1,\mathrm{neut}}$ 和 $\rho_{L_2,\mathrm{neut}}$ 分别表示 L_1 和 L_2 频率的信号传播路径上由中性大气产生的超相位延迟(弯曲)(我们将在下文中称之为大气超相位延迟)，n_{e} 是电子数密度，TEC 是沿积分路径的总柱状电子含量。电离层的色散特性导致 L_1 和 L_2 信号的传播速度不同，因此，这两个频率的信号传播路径不同。

超相位延迟最终可以计算为相位延迟观测值与“真空”路径相位之间的差，后者等于 GPS 和 LEO 之间的几何距离(R_{LG})：

$$\Delta\rho_i = \int_{\mathrm{ray}_i} n_i \mathrm{d}s - R_{\mathrm{LG}} \quad (i=1, 2) \tag{10.9}$$

或者更明显地表述为（见式(10.4)和式(10.5)）

$$\Delta\rho_1 \equiv \rho_1 - R_{\mathrm{LG}} = \rho_{L_1,\mathrm{neut}} - \frac{q-\varepsilon}{f_1^2} \tag{10.10a}$$

$$\Delta\rho_2 \equiv \rho_2 - R_{LG} = \rho_{L_2,\mathrm{neut}} - \frac{q-\varepsilon}{f_1^2} + \delta\rho_{\mathrm{neut}} \tag{10.10b}$$

若射线的近地面点在对流层顶以上，由于大气两侧电离层的作用，超相位延迟的值是负的(大小约 10～100 m)。在对流层顶高度附近和对流层内的射线，由于大气部分的影响超过电离层的影响，超相位延迟的值是正的。

在约 20200 km 高度，GPS 发射的无线电信号首先进入电离层，然后进入中性大气，到达离地球最低高度(称为近地面点)后，再逐渐离地球越来越远，穿过中性大气层，然后进入电离层，最后到达约 750 km 高度处的 GPS 接收器。从 GPS 接收器接收到的载波相位中除去电离层引起的传播延迟，得到中性大气引起的传播延迟。相位测量中电离层产生的延迟与载频的平方成反比(f_i^{-2}，i=1, 2)(式(10.5))。为了消除电离层对相位延迟(弯曲)的影响，我们可以把 ρ_{L_1} 和 ρ_{L_2} 做一个线性加权平均：

$$\left(\frac{f_1^2}{f_1^2-f_2^2}\right)\Delta\rho_{L_1}-\left(\frac{f_1^2}{f_1^2-f_2^2}\right)\Delta\rho_{L_2}=\rho_{L_1,\,\text{neut}}-1.546\delta\rho_{\text{neut}} \tag{10.11}$$

将 f_1=1575.42 MHz 和 f_2=1227.60 MHz 代入上式，得到中性大气引起的传播相位延迟：

$$\rho_{L_1,\,\text{neut}}=2.546\Delta\rho_{L_1}-1.546\Delta\rho_{L_2}+1.546\delta\rho_{\text{neut}} \tag{10.12}$$

由于电离层的色散特性导致两个 GPS 信号的(L_1 和 L_2)传播路径分开，可将式(10.12)右边最后一项作为一个误差源。

Gorbunov 等(2011)描述了 COSMIC 无线电掩星资料的处理过程，并比较和验证了不同资料处理中心的结果。图 10.2 显示了 2009 年 1 月 4 日四个 COSMIC 掩星廓线的超相位延迟的垂直变化。具体而言，该图显示了掩星射线从大气层顶部(60～100 km)逐步观测到地球表面时，L_1 频率、L_2 频率和电离层校正后(LC)的超相位延迟随观测时间的变化。这四个掩星廓线分别位于(61.50°S，40.71°E)、(66.05°S，151°E)、(11.03°N，97.18°W)和(9.92°S，87.97°W)，廓线起始时间分别为 0002 UTC、0013 UTC、0440 UTC、0447 UTC。

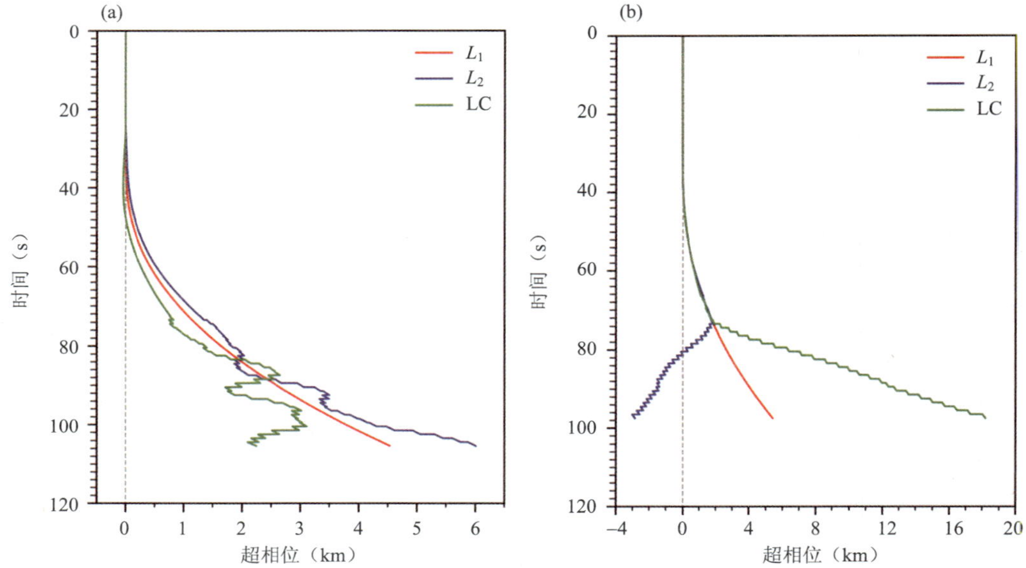

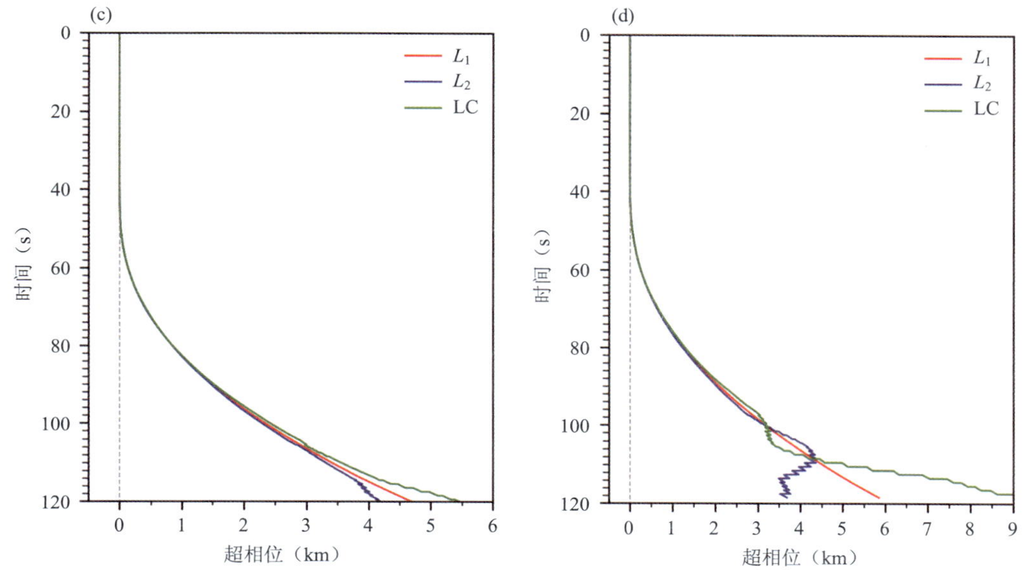

图 10.2　2009 年 1 月 4 日四个 COSMIC 掩星廓线的 L_1(红色)影像、L_2(蓝色)频率以及经过电离层校正后(LC，绿色)的超相位延迟随观测时间的变化

四个掩星廓线位置和起始观测时间分别为(a) (61.50°S, 40.71°E)，0002 UTC；(b) (66.05°S, 151°E)，0013 UTC；(c) (11.03°N, 97.18°W)，0440 UTC；(d) (9.92°S, 87.97°W)，0447 UTC

同一廓线的两个相邻观测之间的时间差为 0.02 s

两个相邻观测值之间的观测时间差几乎是恒定的，等于 0.02 s。完成一个掩星垂直廓线的观测时间小于 2 min。随着射线高度的下降，L_1 和 L_2 频率之间的超相位延迟的差异增大。LC 超相位延迟廓线分布在 L_1 和 L_2 的超相位延迟廓线之间。在高海拔地区，LC 超相位延迟几乎为零，到近地面高度，LC 超相位延迟增加到几公里。

消除了电离层效应，$\rho_{L_1,\mathrm{neut}}$ 是由于射线在中性大气中的弯曲产生的 L_1 射线的时间相位变化，射线弯曲多少是由射线路径上的大气折射率及其三维梯度的综合影响决定的。我们可以称 $\rho_{L_1,\mathrm{neut}}$ 为大气超相位延迟。根据 $\rho_{L_1,\mathrm{neut}}$ 的时间序列，可以估计多普勒频移：

$$f_{\mathrm{Doppler\ shift}}^{\mathrm{obs}} = -f_1 c^{-1} \frac{\mathrm{d}\rho_{L_1,\mathrm{neut}}}{\mathrm{d}t} \tag{10.13}$$

其中，c 是真空中的光速。

10.4　弯角和影响参数

载波频率多普勒频移与由卫星位置和运行速度定义的掩星几何结构有关，可以表达为

$$f_{\mathrm{Doppler\ shift}} = f_{\mathrm{c}}\left(\frac{c - n_{\mathrm{L}}\vec{v}_{\mathrm{L}} \cdot \vec{u}_{\mathrm{L}}^{\mathrm{t}}}{c - n_{\mathrm{G}}\vec{v}_{\mathrm{G}} \cdot \vec{u}_{\mathrm{G}}^{\mathrm{t}}} - 1\right) \tag{10.14}$$

其中，f_{c} 为光的频率；$\vec{v}_{\mathrm{G}}$ 和 $\vec{v}_{\mathrm{L}}$ 分别为 GPS 和 LEO 卫星运行速度矢量；$\vec{u}_{\mathrm{G}}^{\mathrm{t}}$ 和 $\vec{u}_{\mathrm{L}}^{\mathrm{t}}$ 分别为

GPS 和 LEO 卫星位置处射线的切线方向单位矢量；n_G 和 n_L 是 GPS 和 LEO 卫星位置处的折射率指数。用 GPS 掩星观测多普勒频移 $f_{\text{Doppler shift}}^{\text{obs}}$ 代替式(10.14)中的 $f_{\text{Doppler shift}}$，我们得到计算 GPS 掩星弯角观测值的第一个关键方程：

$$f_{\text{Doppler shift}}^{\text{obs}} = f_c\left(\frac{c - n_L\vec{v}_L \cdot \vec{u}_L^t}{c - n_G\vec{v}_G \cdot \vec{u}_G^t} - 1\right) \tag{10.15}$$

图 10.3 给出了掩星射线路径和由卫星位置和速度定义的掩星几何的示意图。图中所示的参数对于描述一条射线的特征非常重要，这里给出它们的定义。弯曲角(α)定义为射线在 GPS 卫星和 LEO 卫星位置的两个切向量之间的夹角。射线上某个点的位置由从地球中心到该点的半径矢量($\vec{r}$)表示。GPS 和 LEO 位置的半径矢量分别用 $\vec{r}_G$ 和 $\vec{r}_L$ 表示。近地面点($\vec{r}_0$)是射线上到地球中心距离最短的那个点。影响参数(a)定义为射线到地球中心的距离乘以折射率指数，即 a=$rn(r)$。因此，近地面点的影响参数为 a_0=$r_0n(r_0)$。射线天顶角(ϕ_G)定义为卫星半径矢量($\vec{r}_G$)和射线在 GPS 位置的切线方向($\vec{u}_G^t$)之间的夹角。类似地，射线天顶角(ϕ_L)定义为卫星半径向量($\vec{r}_L$)和 LEO 位置处射线切线方向($\vec{u}_L^t$)之间的夹角。

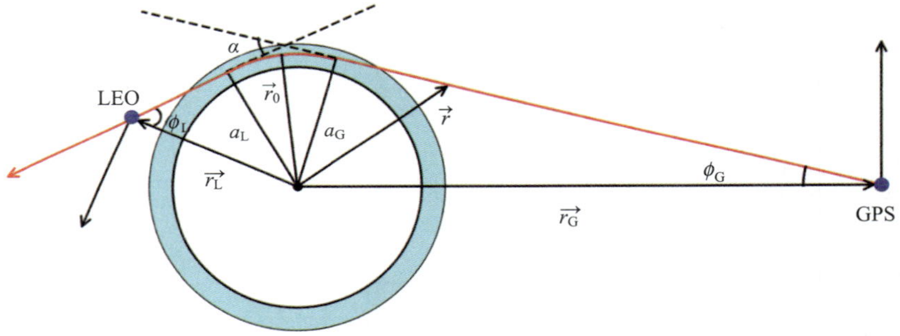

图 10.3　GPS 掩星射线路径示意图

α 为弯角，定义为射线在 GPS 卫星和 LEO 卫星位置处的两个切向量之间的角度；$\vec{r}$ 为射线上任意点的位置，即从地球中心到该点的半径向量；$\vec{r}_G$ 和 $\vec{r}_L$ 表示 GPS 和 LEO 卫星位置的半径向量；$\vec{r}_0$ 是射线近地面点位置，它是射线到地球中心最短距离的那个点；a 为影响参数，定义为 a=$rn(r)\sin\phi$，在近地面点(ϕ_0=90°)的影响参数表示为 a_0= $r_0n(r_0)$；射线在 GPS 卫星位置处的天顶角 ϕ_G 定义为 $\vec{r}_G$ 与 GPS 卫星位置处射线的切线方向($\vec{u}_G^t$)之间的角度；类似地，射线在 LEO 卫星位置处的天顶角 ϕ_L 定义为 $\vec{r}_L$ 与 LEO 卫星位置处射线的切线方向($\vec{u}_L^t$)之间的角度

根据图 10.3 所示的掩星几何关系，可以由超多普勒频移观测值($f_{\text{Doppler shift}}^{\text{obs}}$)确定弯曲角($\alpha$)和影响参数($a$)(Gorbunov 等, 1996；Zou 等, 1999)。两个卫星速度矢量可分解为三个分量：

$$\vec{v}_G = \vec{v}_G^t + \vec{v}_G^r + \vec{v}_G^n \tag{10.16a}$$

$$\vec{v}_L = \vec{v}_L^t + \vec{v}_L^r + \vec{v}_L^n \tag{10.16b}$$

其中，$\vec{v}_G^t$、$\vec{v}_G^n$、$\vec{v}_G^r$($\vec{v}_L^t$、$\vec{v}_L^n$、$\vec{v}_L^r$)表示卫星速度矢量 $\vec{v}_G$($\vec{v}_L$)投影到射线路径切线方向($\vec{t}$)、射线路径的法线方向($\vec{n}$)和半径方向($\vec{r}$)的速度分量，射线路径的法线方向 $\vec{n}$ 平行于矢量 $\nabla n \times \vec{t}$。将式(10.16)代入式(10.15)，我们得到计算 GPS 掩星弯角观测值的第

一个关键方程(10.15)的又一个表达式：

$$f_{\text{Doppler shift}}^{\text{obs}} = f_c\left(\frac{c - n_L\left(v_L^r \cos\phi_L - v_L^t \sin\phi_L\right)}{c - n_G\left(v_L^r \cos\phi_G - v_G^t \sin\phi_G\right)} - 1\right) \tag{10.17}$$

其中，$f_{\text{Doppler shift}}^{\text{obs}}$、$f_c$、$c$、$v_L^r$、$v_L^t$、$v_G^r$和$v_G^t$都是已知的掩星数据，但两个天顶角($\phi_G$和$\phi_L$)是未知变量。

根据 Snell 定律，沿每条射线路径的影响参数是恒定的：

$$a = n(r)\left\|\vec{r} \times \vec{u}^t\right\| \equiv \text{常数} \tag{10.18}$$

如果大气折射指数是球对称的，即

$$n(\vec{r}) = n(r) \tag{10.19}$$

则$\vec{u}^t$为射线切线方向的单位矢量。引用 Snell 定律，假设影响参数(a)在 GPS 和 LEO 卫星位置有相同的值，我们得到计算 GPS 掩星弯角观测值的第二个关键方程：

$$r_G n_G \sin\phi_G = r_L n_L \sin\phi_L \tag{10.20}$$

令式(10.17)和式(10.20)中 $n_G=n_L=1$，则可使用迭代方法求出ϕ_G和ϕ_L。

一旦求出ϕ_G和ϕ_L，根据掩星几何关系，可以根据以下公式计算弯曲角(α)和影响参数(a)：

$$a = r_L \sin\phi_L \tag{10.21}$$

$$\alpha = \phi_G + \phi_L + \arccos\left(\frac{\vec{r}_G \vec{r}_L}{r_G r_L}\right) - \pi \tag{10.22}$$

因此，对于每条射线路径，根据超多普勒频移观测资料和 POD 信息，可以获得配对值(α, a)。弯角(α)是分别在 GPS 和 LEO 卫星位置发射和入射渐近线之间的夹角。影响参数(a)是射线在 LEO 卫星位置的曲率半径。

在上述推导中，我们隐式地对 GPS 信号的射线路径作了共面性假设，即射线发生在连接 GPS 卫星位置、LEO 卫星位置和地球中心的二维平面上。射线路径共面所需的一个充分条件是，垂直于切线方向的折射率水平梯度沿射线路径处处为零(Melbourne 等, 1994)。

10.5　折射率反演

在共面性假设下，所有相邻路径具有相同的相位延迟。换言之，从 GPS 卫星到 LEO 卫星的射线路径是固定不变的，因此超相位延迟方程(10.9)可以写成

$$\Delta\rho_i \equiv \int_{\text{ray}_i} n_i \text{d}s - R_{LG} = \text{固定值}，(i=1, 2) \tag{10.23}$$

根据微积分原理(Melbourne 等, 1994，附录 B)，式(10.23)成立的一个必要条件是，在射线路径所有点上都满足下述射线曲率方程：

$$n\frac{\vec{R}}{R^2}=\vec{t}\times\left(\nabla n\times\vec{t}\right) \tag{10.24}$$

其中，$\vec{R}(\vec{r})$ 是曲率向量，即射线曲率半径的向量形式。曲率向量 $\vec{R}$ 位于掩星平面上，垂直于射线的切线方向（$\vec{t}$），并指向折射率指数 (n) 增加的方向。基于式(10.24)，我们可以得到任意射线微分弧长上的微分弯角（$\mathrm{d}\vec{\alpha}$）的表达式：

$$\mathrm{d}\vec{\alpha}=n^{-1}\left(\vec{t}\times\nabla n\right)\mathrm{d}s \tag{10.25}$$

把式(10.25)沿着射线路径积分，得出总弯角的计算公式：

$$\alpha=\int_{\text{ray}}n^{-1}\left(\vec{t}\times\nabla n\right)\mathrm{d}s \tag{10.26}$$

这是从弯角得出折射率的掩星反演算法的基础方程。

假设折射率是局部球面对称的，则对于任意给定的一对弯角 (α) 和影响参数 (a) 值，就可以导出近地面点的折射率。首先，对于球对称大气，假定折射率指数 (n) 为地心径向距离的连续函数(式(10.19))，则式(10.26)可以写成

$$\alpha(r_0)=-2a\int_{r_0}^{\infty}\frac{n'\mathrm{d}r}{n\sqrt{n^2r^2-a^2}} \tag{10.27}$$

其中，r_0 是近地面点的地心径向距离。令 $\mu=nr$，上述方程可以写成

$$\alpha(a)=-2a\int_a^{\infty}\frac{1}{\sqrt{\mu^2-a^2}}\mathrm{d}\ln n \tag{10.28}$$

将式(10.28)的两边乘以 $1/\sqrt{\xi^2-a^2}$，再对 ξ 求积分，我们得到以下表达式

$$\ln\left(n(a)\right)=\frac{1}{\pi}\int_a^{\infty}\frac{\alpha(\xi)}{\sqrt{\xi^2-a^2}}\mathrm{d}\xi \tag{10.29}$$

式(10.28)和式(10.29)形成一个 Abel 变换对，分别被称为 Abel 变换和 Abel 逆变换。

最后，折射率与折射率指数之间的关系为

$$N=10^6(n-1) \tag{10.30}$$

10.6　折射率和弯角的局地观测算子

大气作为干空气和水汽的混合气体，在微波频率下的折射率可以写成下述形式(Smith 和 Weintraub, 1953；Thayer, 1974)：

$$\begin{aligned}N&=N_{\text{dry}}+N_{\text{wv}}=c_{\text{dry}}n_{\text{dry}}+\left(c_{\text{wv}}+\frac{d_{\text{wv}}}{T}\right)n_{\text{wv}}\\&=c_{\text{dry}}\left(n_{\text{dry}}+n_{\text{wv}}\right)+\left(\left(c_{\text{wv}}-c_{\text{dry}}\right)+\frac{d_{\text{wv}}}{T}\right)n_{\text{wv}}\\&=c_{\text{dry}}n+\left(\left(c_{\text{wv}}-c_{\text{dry}}\right)+\frac{d_{\text{wv}}}{T}\right)n_{\text{wv}}\end{aligned} \tag{10.31}$$

其中，$n_{\text{dry}}=N/V$ 为干空气的分子数密度(V 为体积，N 为体积 V 中干空气分子总数)，n_{wv}

为水汽的分子数密度，c_{dry}、c_{wv}、d_{wv} 是三个经验系数，它们的值分别是 $c_{dry}=1.056\times10^{-23}$ m³，$c_{wv}=0.840\times10^{-23}$ m³，$d_{wv}=5.14\times10^{-20}$ m³。干空气和水汽的理想气体定律是

$$p = nkT, \quad e_{wv} = n_{wv}kT \tag{10.32}$$

其中，k 是玻尔兹曼常数(k=1.38×10^{-23} J·K^{-1})。把式(10.32)代入式(10.31)，我们得到中性大气的折射率，它是气压(p)、水汽压(e_{wv})和温度(T)的函数：

$$N = 77.6\frac{p}{T} + 3.73\times10^5\frac{e_{wv}}{T^2} \tag{10.33}$$

这里，p 和 e_{wv} 的单位是 hPa，T 的单位是 K。

由于云的吸收和散射效应，云中液态水和冰水含量对微波频率下的大气折射率稍有贡献。由于云中粒子尺度参数($\alpha=2\pi r/\lambda$，其中 r 是云中粒子的半径，λ 是 GPS 信号波长)远远小于 1，球面粒子的 Mie 理论成立(Mie, 1908)。在瑞利近似下，根据球面粒子的 Mie 理论，可以导出散射系数和吸收系数。这时，折射率表达式(10.33)需要增加分别与云内液态水和冰水含量有关的项，即

$$N = 77.6\frac{p}{T} + 3.73\times10^5\frac{e_{wv}}{T^2} + 1.45w_{liquid} + 0.69w_{ice} \tag{10.34}$$

式中，w_{liquid} 是液态水混合比，w_{ice} 是云冰混合比，w_{liquid} 和 w_{ice} 的单位是 g·m^{-3}。式(10.34)中最后两项的详细推导见 Zou 等(2012b)。

图 10.4 展示了任意选择的三个 COSMIC 掩星弯角和折射率廓线，垂直高度从大约 60 km 到最低观测高度。第一个掩星廓线(RO1)发生在 2007 年 11 月 22 日 0620 UTC，

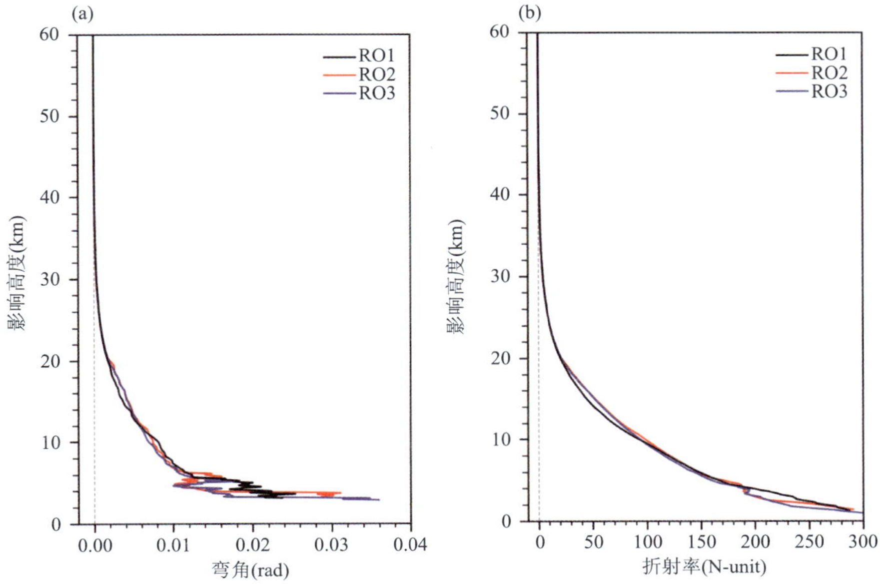

图 10.4　COSMIC 观测到的三个掩星(a)弯角(α^{obs})和(b)折射率(N^{obs})垂直廓线

RO1(黑色)：2007 年 11 月 22 日 0620 UTC，平均位置(36.77°N，55.90°W)，位于深对流内；RO2(红色)：2007 年 4 月 12 日 0511 UTC，平均位置(19.69°N，153.20°W)，位于积云内；RO3(蓝色)：2009 年 1 月 1 日 0945 UTC，平均位置(13.16°S，88.93°E)，晴空条件

位于深对流中，平均位置是(36.77°N，55.90°W)；第二个掩星廓线(RO2)发生于 2007 年 4 月 12 日 0511 UTC，位于积云内，平均位置是(19.69°N，153.20°W)；第三个掩星廓线(RO3)发生在 2009 年 1 月 1 日 0945 UTC，晴空，平均位置是(13.16°S，88.93°E)。弯角观测值在接近地表的高度最大(～0.035 rad)，随着高度迅速减小，在 30 km 以上接近零。折射率观测廓线随高度呈指数减小，从约 300 N-unit 随高度减小到零。三个掩星廓线的弯角和折射率的最大差异出现在 5～6 km 以下，在有云条件下，RO1 和 RO2 的弯角和折射率随高度减小的速度比晴空条件下(RO3)的更快。

图 10.5 提供了 16 km 以下图 10.4 中的三个 COSMIC 掩星廓线的折射率观测值(N^{obs})与 ECMWF 模拟值(N^{model})之间的对比。模式模拟的折射率廓线与掩星观测廓线非常接近，从 1 km 以下约 300～350 N-unit 的值随高度减小，到 16 km 处约 50 N-unit。模式模拟廓线比观测廓线更光滑。观测值与模拟值的标准化折射率之差基本上小于 1%。在 8 km 以下，位于深对流区的 RO1 的折射率观测值与模式模拟值之差最大，位于晴空区的 RO3 的折射率观测值与模式模拟值之差最小。

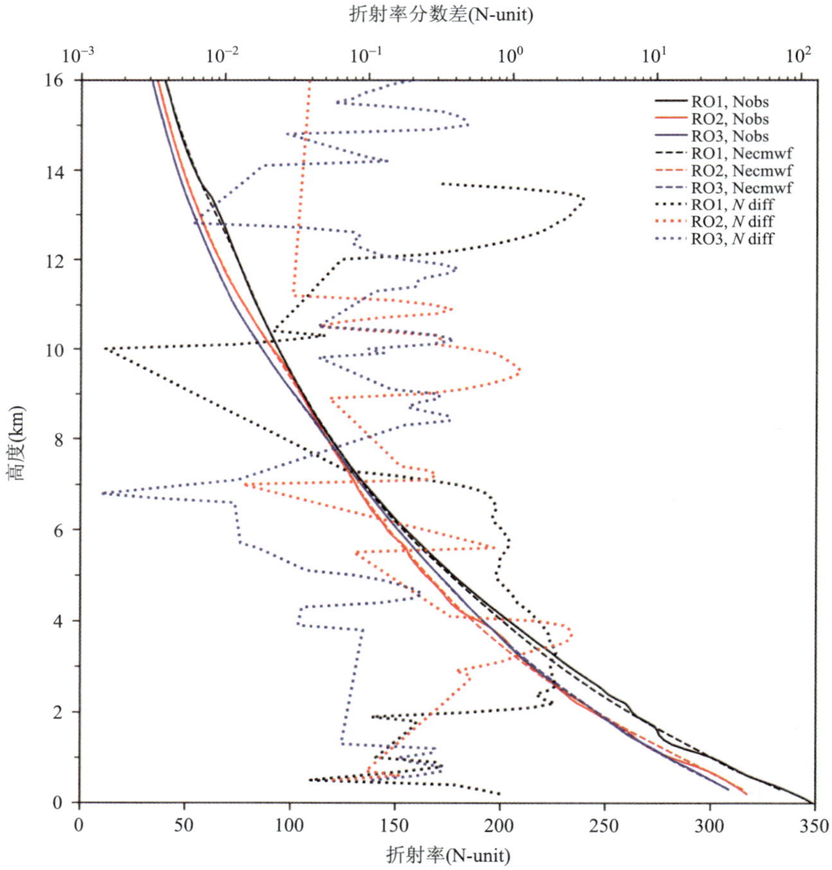

图 10.5　上图中三个 COSMIC 掩星廓线的折射率垂直廓线(Nobs，实线)、ECMWF 模拟廓线(Necmwf，虚线)和分数差[N diff=(Nobs–Necmwf)/Nobs，虚线]

为了显示式(10.34)右边四项的不同量值，根据 COSMIC 二级反演产品，即温度、水汽和气压，可以计算干空气项和水汽项对折射率的百分比贡献；根据与 RO1、RO2 和 RO3 匹配、云卫星(CloudSat)云廓线雷达(CPR)提供的云中液态水和云冰混合比观测值，可以计算式(10.34)右边第三、第四项对折射率的百分比贡献。由图 10.6 可见，干空气、水汽、液态水和云冰对折射率的百分比贡献分别为 99%、0.1%～2%、0.1%和 0.01%～0.7%。RO1 的干空气项最小，RO3 的干空气项最大。这三个掩星廓线中，水汽项的贡献差异很大，其中位于深对流区的 RO1 的水汽项最大，位于晴空区的 RO3 的水汽项最小。

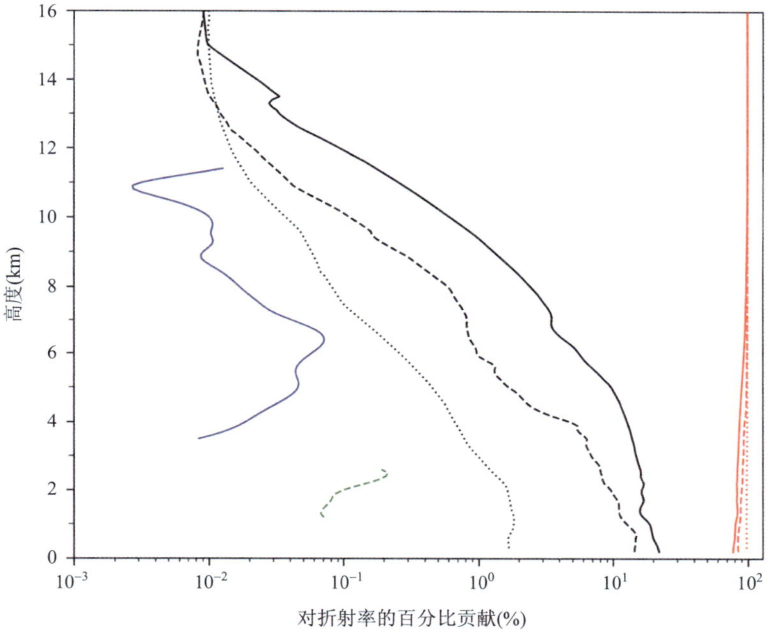

图 10.6　根据 COSMIC 的温度、水汽和气压二级反演产品计算得到的干空气(红色)、水汽(黑色)、液态水(绿色)和冰(蓝色)项的折射率分数差的垂直廓线

实线是 RO1，短横线是 RO2，虚线是 RO3

液态水和冰项对折射率的贡献是根据与 RO1 和 RO2 匹配的 CloudSat 云降水雷达反演得到的液态水和冰水含量观测值得出的

方程(10.31)是折射率资料同化的观测算子，用作观测系统模拟试验(OSSE)、3D-Var 同化试验(Zou 等，1995)和 1D-Var 同化试验(不考虑云效应)(Kursinski 等，2000；Poli 等，2002)。在这些同化试验中，将近地面点的折射率垂直廓线的模拟与掩星观测的折射率资料相比较。除式(10.31)外，Abel 变换积分方程(10.28)是用于弯角资料同化的另一个局地观测算子。Palmer 和 Barnett(2001)利用 Abel 积分变换作为观测算子，同化 GPS/MET 弯角观测资料。在 ECMWF 4D-Var 系统中，同化 CHAMP 掩星弯角资料的观测算子用了 Abel 积分变换(Healy 和 Thepaut，2006)，也用了二维射线追踪方程(Healy 等，2007)。

由于观测算子式(10.28)和式(10.31)中没有考虑近地面点之外的、沿着掩星传播路径的模式大气对弯角和折射率的贡献，因此它们在掩星资料同化中被称为局地观测算子。

10.7　弯角的非局地射线跟踪观测算子

用于 GPS 掩星弯角观测资料同化的非局地观测算子要完成对射线轨迹方程的数值求解。在笛卡儿坐标系中，射线轨迹方程可以表示为(Kravtsov 和 Orlov，1990)

$$\frac{d^2\vec{r}}{d\tau^2}=n\nabla n \tag{10.35}$$

其中，$\vec{r}$ 是笛卡儿坐标系（$\vec{r}=(x_1,x_2,x_3)$）中的三维空间位置矢量，τ 是与射线长度(s)和大气折射率指数(n)有关的一个参数，其关系如下：

$$d\tau=\frac{ds}{n} \tag{10.36}$$

射线轨迹方程(10.35)是一个二阶常微分方程。它可以等价地写为两个耦合一阶方程：

$$\begin{cases}\dfrac{d\vec{r}}{d\tau}=\vec{y}\\ \dfrac{d\vec{y}}{d\tau}=n\nabla n\end{cases} \tag{10.37}$$

求解偏微分方程组(10.37)的初始条件是需要发送无线电信号的 GPS 卫星位置向量 $\vec{r}_G$ 和在 GPS 卫星位置处所发射信号的传播路径切线方向 $\vec{y}_G$（$=\vec{t}_G$）。

微分方程组(10.37)可以使用二阶交替方向有限差分格式来求解：

$$\vec{y}_{1/2}=\vec{y}_0+\frac{1}{2}\Delta\tau\left(n\nabla n\right)\Big|_{\vec{r}_G+\frac{1}{8}\Delta\tau\left(\vec{y}_{1/2}+\vec{y}_G\right)}+O\left(\left(\Delta\tau\right)^3\right) \tag{10.38a}$$

$$\begin{cases}\vec{r}_{m+1}=\vec{r}_m+\Delta\tau\vec{y}_{m+1/2}+O\left(\left(\Delta\tau\right)^3\right)\\ \vec{y}_{m+3/2}=\vec{y}_{m+1/2}+\Delta\tau\left(n\nabla n\right)\Big|_{\vec{r}_{m+1}}+O\left(\left(\Delta\tau\right)^3\right)\end{cases}\quad (m=0,\ 1,\ 2,\ \cdots) \tag{10.38b}$$

其中，$\Delta\tau$=30 km。离散化后的射线轨迹方程(10.38)的数值积分从 GPS 卫星位置开始，当模拟射线离开地球表面 100 km 以上时停止。将射线方程数值积分的终点作为接收无线电信号的 LEO 卫星位置 $\vec{r}_L$，射线切线方向表示为 $\vec{t}_L$。最后，我们得到弯角 $\alpha(a)$ 的计算公式：

$$\alpha(a)=\angle\left(\vec{t}_G,\vec{t}_L\right) \tag{10.39}$$

因此，把射线轨迹方程作为观测算子，模拟弯角 $\alpha(a)$ 是无线电信号传播路径在 GPS 卫星处的切线矢量（$\vec{t}_G$）和在 LEO 卫星处的模拟切线矢量（$\vec{t}_L$）之间的角度。

选择二阶交替方向有限差分格式是因为它保留了微分系统的重要几何结构(Peaceman 和 Rachford，1955；Yanenko，1971)。这样，可以计算不同近地面点高度处的射线，从而获得弯角相对于影响参数的函数关系，然后再把弯角对影响参数的这种依赖关系插值到弯角观测廓线的影响参数网格中。值得一提的是，得到弯角模拟的另一种方法是，把 GPS 和 LEO 卫星位置作为射线轨迹方程的边界条件，直接求解二阶射线轨迹方程(10.35)的边界问题(Gorbunov 和 Sokolovskiy，1993)。

对于区域 NWP 模式，可以使用以下近似：

$$\begin{cases} \vec{r}_{\mathrm{G}} = \vec{r}_0 - \lambda \vec{t}_0 \\ \vec{t}_{\mathrm{G}} = \dfrac{\vec{r}_0}{\|\vec{r}_0\|} \times \vec{n}_0 \end{cases} \tag{10.40}$$

其中，$\vec{n}_0$ 和 $\vec{t}_0$ 分别是射线在近地面点的切线和法向方向，参数 λ 的值是根据方程 $\|\vec{r}_{\mathrm{G}}\| = R_{\max}$ 求出的，其中，$R_{\max}$ 是近地面点沿着切线方向到达射线边界的最大距离。在这种情况下，射线积分不需要 GPS 位置矢量($\vec{r}_{\mathrm{G}}$)和在 GPS 卫星位置处射线的切线方向($\vec{t}_{\mathrm{G}}$)。

使用 NCEP 全球预报系统 (GFS)分析场作为二维弯角模拟的输入，我们得到任意选择的四个 COSMIC 掩星观测廓线的模拟廓线(图 10.7)。第一个 COSMIC 掩星观测廓线发生在 2017 年 3 月 19 日 1110 UTC，平均位置在(19.9°N，134.3°E；RO1)；第二个在 2017 年 3 月 28 日 2307 UTC，平均位置在(18.4°N，141.5°E；RO2)；第三个在 2017 年 4 月 3 日 0759 UTC，平均位置在(9.0°N，132.2°E；RO3)，第四个在 2017 年 4 月 25 日 1333 UTC，平均位置在(4.9°N，136.0°E；RO4)。由二维射线追踪观测算子模拟的弯角廓线与 COSMIC 观测弯角的垂直廓线非常接近。由于弯角观测的垂直分辨率远高于 GFS 模式，弯角模拟廓线的垂直变化比 COSMIC 弯角观测廓线更平滑。

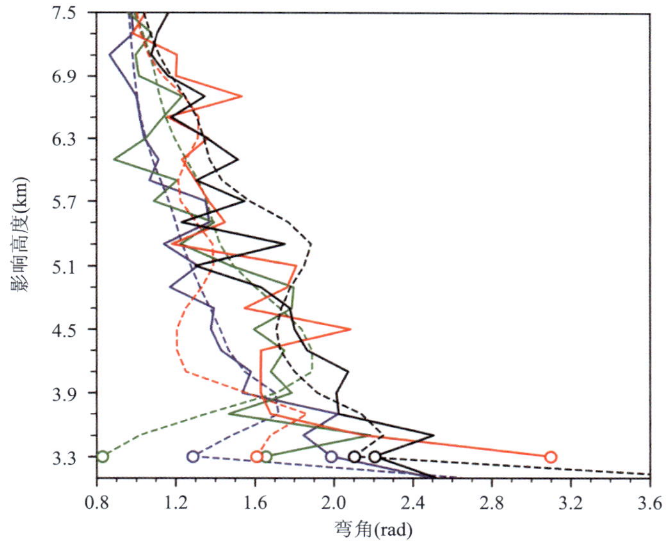

图 10.7　2017 年的四个 COSMIC 掩星弯角垂直廓线观测值(实线)和二维射线追踪模拟结果(虚线)

RO1(蓝线)，3 月 19 日 1110 UTC，(19.9°N，134.3°E)；RO2(绿线)，3 月 28 日 2307 UTC，(18.4°N，141.5°E)；RO3(红线)，4 月 3 日 0759 UTC，(9.0°N，132.2°E)；RO4(黑线)，4 月 25 日 1333 UTC，(4.9°N，136.0°E)

由于实际观测弯角是三维空间中折射率和折射率梯度的函数(式(10.35))，为了完整性，我们利用图 10.7 中讨论的四个 COSMIC 弯角观测例子，展示了在三维模式空间中折射率和折射率垂直梯度沿着影响高度为 3.3 km 的射线轨迹在近地面点附近 ± 180 km 水平距离内的变化(图 10.8)和折射率切线和法向梯度沿着射线轨迹的变化(图 10.9)。图 10.8 和图 10.9 中还给出了 3.3 km 影响高度处 COSMIC 弯角观测和模拟弯角之间的差别。廓线 RO3 的差别最大(约 1.5 rad)，廓线 RO4 的差别最小(约 0.1 rad)。廓线 RO3 在近地面点处的折射率垂直梯度最大(图 10.8)。在离开近地面点 60 km 水平距离处，对应 RO3 的折射率的切向梯度和法向梯度最大。在影响高度为 3.3 km 处弯角观测和模拟弯角之间的大差别似乎与在近地面点及其附近存在大的折射率梯度有关。

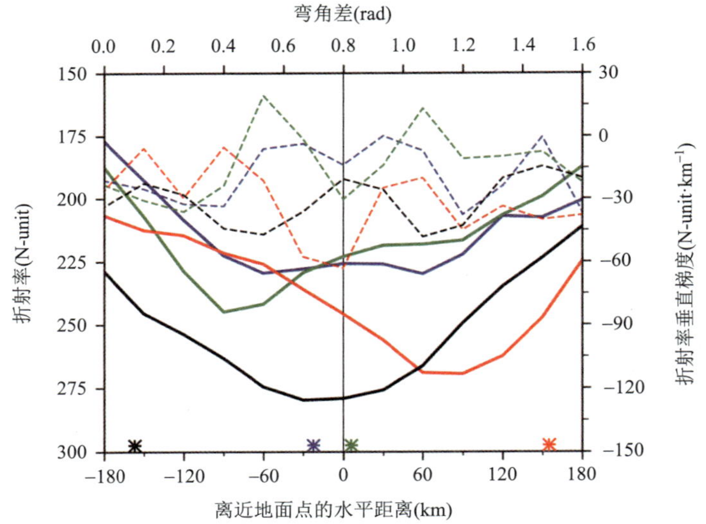

图 10.8　对于图 10.6 所示的四个 COSMIC 掩星观测(RO1，蓝色；RO2，绿色；RO3，红色；RO4，黑色)，近地面点影响高度为 3.3 km 的信号传播路径在其 180 km 水平距离内折射率(实线)和折射率垂直梯度(虚线)的沿轨道变化，以及弯角观测值和模拟值之差(*，顶部 x 轴)

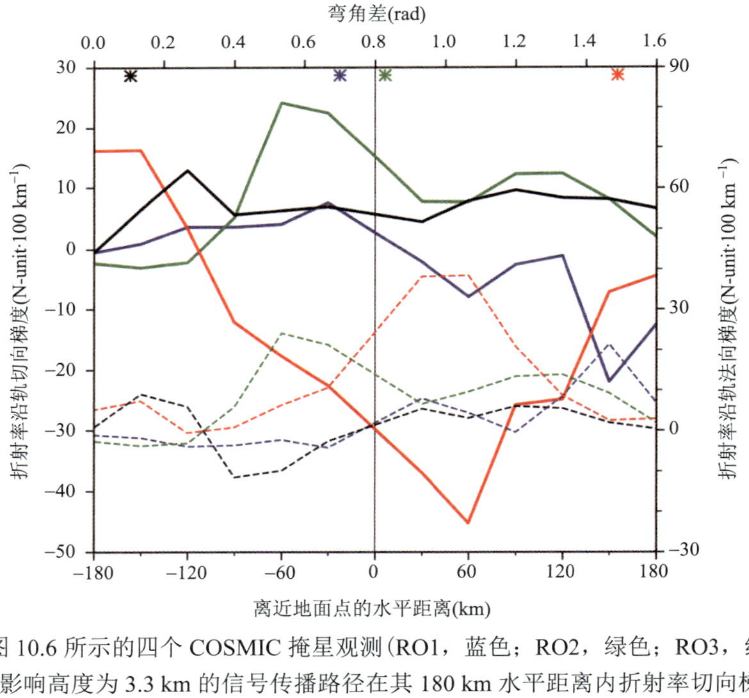

图 10.9　对于图 10.6 所示的四个 COSMIC 掩星观测(RO1，蓝色；RO2，绿色；RO3，红色；RO4，黑色)，近地面点影响高度为 3.3 km 的信号传播路径在其 180 km 水平距离内折射率切向梯度(实线)和折射率法向梯度(虚线)的沿轨道变化，以及弯角观测值和模拟值之差(*，顶部 x 轴)

10.8　超相位延迟的非局地切线连接观测算子

另一个用于掩星折射率资料同化的非局地观测算子是 Shao 等(2009)研发的切线连接观测算子，用来计算超相位延迟。首先，将掩星折射率观测值(N^{obs})转换为超相位延迟的观测值：

$$L^{obs} = 10^{-6}\int_{ray} N^{obs} ds \tag{10.41}$$

根据折射率与折射率指数之间的关系式(10.30)，方程(10.41)与式(10.9)相似。对应式(10.41)的模式模拟超相位延迟定义为

$$L = 10^{-6}\int_{ray} N ds \tag{10.42}$$

沿着每条掩星射线路径，以下等式成立：

$$\int_{ray} N^{obs} ds = \int_{ray} N ds \tag{10.43}$$

方程(10.43)把大气局地折射率(N)与非局地 GPS 掩星折射率观测值(N^{obs})联系了起来。

下面，通过一种近似方法来求解式(10.43)。用沿着经过近地面点的直线积分替换式(10.43)中沿着射线路径的积分，该直线与近地面点的地球的局部曲率相切，并与二维掩星平面共面。这条直线被定义为切线连接(tangent link)。由于 N 定义在离散模式网格点，N^{obs} 代表掩星观测廓线，因此沿切线连接的积分方程只能通过以下代数方程来进行计算：

$$\sum_{l=1}^{M} b_{m,l} N_l^{obs} = \sum_{n=1}^{N} a_{m,n} N_n \tag{10.44}$$

其中，N 是沿着第 m 个切线连接的数值模式网格盒的总数，M+1 是数值模式垂直层总数，N_l^{obs} 是位于由模式层 l 和 l+1 限定的第 l 模式层内的 GPS 掩星观测值，$a_{m,n}$ 是第 m 个切线连接在第 n 个模式网格盒里的长度，$b_{m,l}$ 是第 m 个切线连接在第 l 模式层内的长度。

方程(10.44)可以用矩阵形式表示为

$$\boldsymbol{B}\boldsymbol{N}^{obs} = \boldsymbol{A}\boldsymbol{N} \tag{10.45}$$

这样，GPS 掩星折射率观测向量($\boldsymbol{N}^{obs}$)与局地折射率向量($\boldsymbol{N}$)之间的关系是

$$\boldsymbol{N}^{obs} = \boldsymbol{B}^{-1}\boldsymbol{A}\boldsymbol{N} \equiv \boldsymbol{K}\boldsymbol{N} \tag{10.46}$$

矩阵 $\boldsymbol{K}=\boldsymbol{B}^{-1}\boldsymbol{A}$ 称为核(kernel)函数。为了避免计算逆矩阵 $\boldsymbol{B}^{-1}$，掩星资料同化采用方程(10.45)，而不是方程(10.46)。换言之，等式(10.45)的左边和右边分别用作 GPS 掩星超相位延迟观测和模式模拟的超相位延迟。我们这里所提出的超相位延迟“观测值”同化与折射率的非局部同化是等价的。

10.9 多路径现象的发生与检测

大气成分对无线电信号的衰减作用是由散焦(defocusing)、吸收和散射引起的，其中散焦是主要的衰减机制。它的特点是两束几乎平行的射线进入大气层时会产生不同弯曲，相互干扰，从而导致接收器接收到的信号强度减弱，偶尔有增强。当射线的曲率半径小于大气的曲率半径时，就会发生信号的完全衰减。射线随后向下弯曲进入地球表面，未被接收器接收到，即信号丢失。这种情况通常发生在折射率垂直梯度大于临界梯度值的情况，即 $dN/dr<-10^6/R_c$，其中 R_c 是大气曲率半径(Kursinski 等，1997)。在正常大气条件下，dN/dr 约为–0.16 N-unit·m^{-1}。只有在有急剧逆水汽梯度的海洋边界层区域，才容易产生折射率的临界梯度。因此，在低纬度地区，折射率临界梯度通常限制在距地表 2～4 km 以内，在高纬度地区临界折射率临界梯度出现的高度甚至更低。

当部分信号衰减时，多个相互干扰的掩星弱信号同时到达接收器，这种现象称为多路径现象，这时，获得掩星信号变得复杂。这种情况发生在折射率梯度远高于周围环境的区域。图 10.10 提供了发生多路径的一个示例，对应 2009 年 4 月 12 日 2004 UTC、位于(84.4°W, 28.4°S)处的一个 COSMIC 掩星廓线(简写为 RO1)。我们看到，对近地面点的影响高度(a_0)大于 3.5 km 的射线，模拟弯角作为近地面点的影响高度的函数($\alpha^{2D}(a_0)$)、LEO 卫星处影响高度的函数($\alpha^{2D}(a_L)$)和 GPS 卫星位置影响高度的函数($\alpha^{2D}(a_G)$)基本相同，但对近地面点的影响高度小于 3.5 km 的射线，这三个函数相差较大，特别是 $\alpha^{2D}(a_L)$。值得注意的是，$\alpha^{2D}(a_L)$作为影响高度的函数是多值的。图 10.10a 中三个廓线之间差异，是由射线轨迹方程(10.35)右边项中的变量 n 的分布特点决定的。研究发现，折射率垂直梯度在近地面的分布是造成影响高度沿射线路径发生剧烈变化的主要原因(图 10.10b，蓝色和青色曲线)。在离近地面点的水平距离约 120 km 处，折射率有一个局部强垂直梯度区域，当射线跟踪观测算子模拟的射线路径经过这个区域时，邻近射线发生相交，相互干扰(蓝色和青色曲线)。我们也注意到，对近地面点影响高度大于 3 km 的射线路径，影响高度不随路径变化(黑色曲线)。为了直观起见，我们可以在几何高度坐标上画类似于图 10.10b 的图形，即图 10.11 和图 10.12。它们分别给出射线路径和折射率(图 10.11)、折射率垂直梯度(图 10.12a)和折射率在射线切线方向的水平梯度(图 10.12b)在二维掩星平面上的分布情况。这里，几何高度坐标(z)定义为 $z=r-r_e$，其中 r_e 是地球局部曲率半径。从图 10.11 可以看出，在二维掩星平面上，大气折射率随几何高度的增加而迅速减小，折射率等值线几乎是水平的。沿着射线路径，折射率从近地面点高度的大于 275 N-unit 的值减小到约 25 N-unit(图 10.11)。除了高度最低的四条射线路径外，其他射线路径在二维掩星平面上均匀分布，原因是沿着这些射线的影响参数几乎恒定(见图 10.10b)。由于折射率有局部强垂直梯度(图 10.10b 和图 10.12a)和沿射线切线方向的强水平梯度(图 10.12b)，图 10.11 中的四条最低高度射线路径要么拥挤、要么相交，不像高层的射线路径那样分布均匀。因此，RO1 代表地球大气折射率在其观测位置附近的分布是局地非对称的。

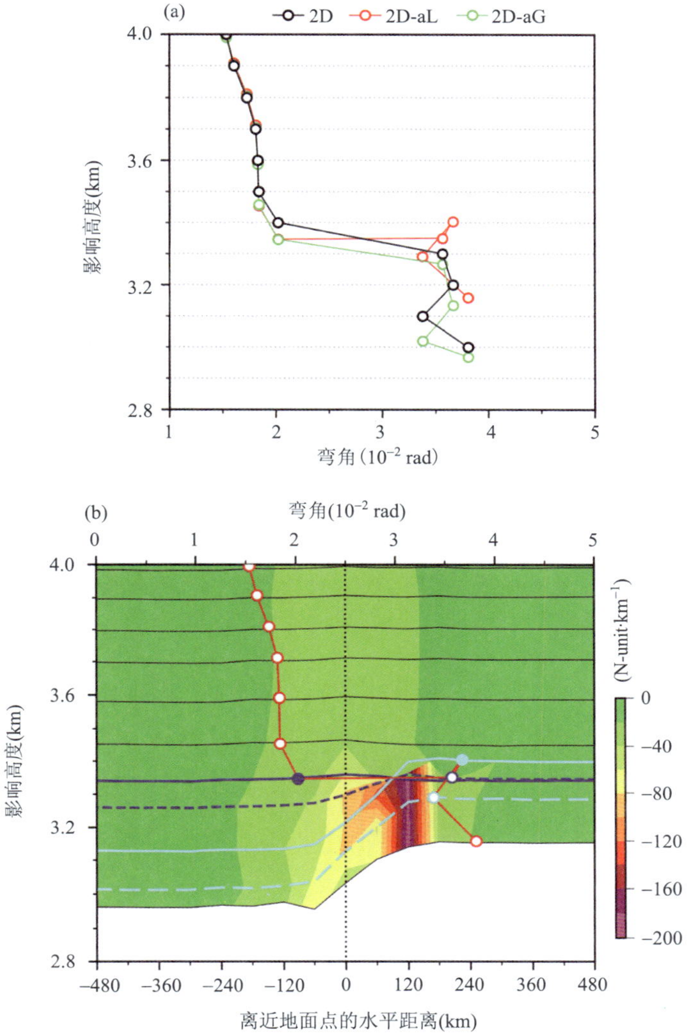

图 10.10　(a) 2009 年 4 月 12 日 2004 UTC、位于(84.4°W，28.4°S)的 COSMIC 掩星弯角观测模拟路径随近地面点影响参数($\alpha^{2D}(a_0)$，黑色)、低轨卫星位置处影响参数($\alpha^{2D}(a_L)$，红色)、掩星 GPS 卫星位置处影响参数($\alpha^{2D}(a_G)$，绿色)的变化；(b) 射线模拟路径(黑、蓝、青色曲线)和沿着距近地面点 480 km 水平距离内射线模拟路径的折射率垂直梯度(N-unit·km^{-1}，彩色阴影)

掩星弯角资料同化要求给定一个影响参数(a)值对应一个弯角(α)值，即弯角(α)是影响参数(a)的一个单值函数。但是，在折射率局部强垂直梯度处，存在多路径现象，弯角(α)不再是影响参数(a)的单值函数。Zou 等(2019)指出，在潮湿的热带对流层下层，大气折射率受水汽影响，出现很强的垂直折射率梯度，大约 18%的掩星廓线出现多路径现象。为了简洁起见，我们可以将这种一个弯角对应多个影响参数的情况称为影响参数多路径(impact multipath)。Zou 等(2019)提出了三个步骤的影响参数多路径质量控制方法，检测多路径射线模拟路径，从而，在掩星资料同化中可以只剔除那些有多路径射线模拟路径的数据，保留热带对流层下层无多路径现象的资料。

GPS 发射功率、LEO 接收器噪声性能、观测几何和大气衰减决定了掩星信号的信噪比(SNR)。例如，在没有大气衰减的情况下，以锁相环方式记录信号的 GPS/MET 雏形接收器，在 20 ms 积分周期内获得的信噪比大约是 1～2×10^3(Kursinski 等，1997)。用开环方式代替锁相环方式，提高了在热带对流层低层 COSMIC 掩星观测资料的准确度和精密度。用开环方式中，利用一个独立于测量信号的相位模式控制的振荡器向下转换信号频率(Sokolovskiy 等, 2009)。相位模式预测信号的多普勒频率的准确度为 10～15 Hz，这足以正确预测信号相位。

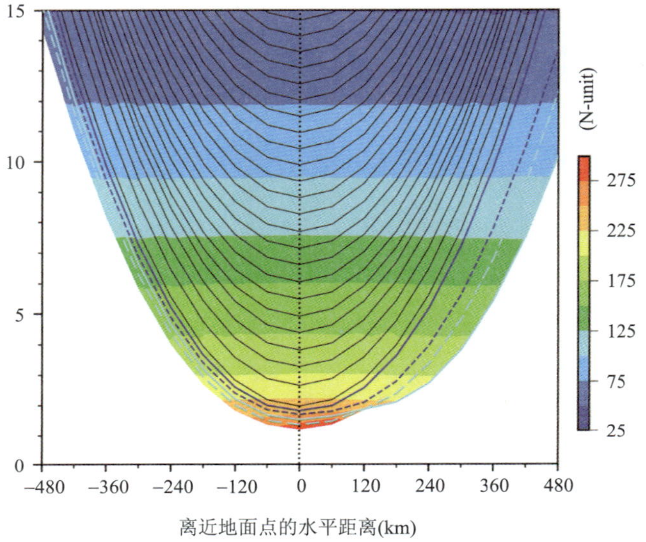

图 10.11　与图 10.10 相同掩星观测的射线模拟路径随几何高度的变化(黑、蓝、青色曲线)，以及在二维掩星平面上、距近地面点±480 km 水平距离内的折射率(彩色阴影)

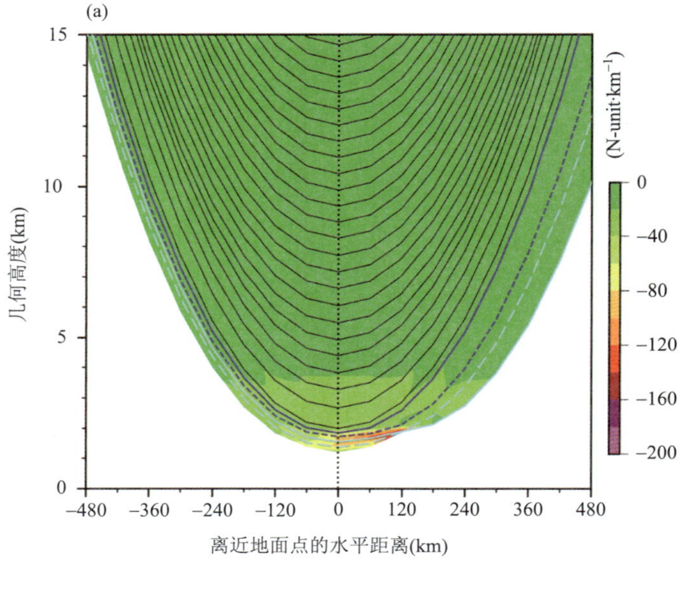

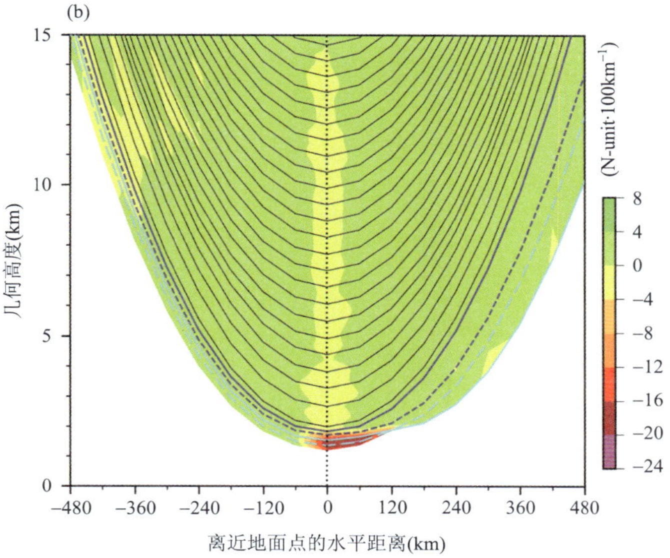

图 10.12　与图 10.11 相同，只是将折射率替换为(a)折射率的垂直梯度和(b)折射率的切向水平梯度

图 10.13 显示了三个任意选择的 COSMIC 掩星廓线的 L_1(图 10.13a)和 L_2(图 10.13b)频率的信噪比廓线，这些是存在大气衰减的实际观测资料。第一个掩星廓线(RO1)的观测时间是 2007 年 11 月 22 日 0620 UTC，平均位置是(36.77°N, 55.90°W)，有深对流；第二个掩星廓线(RO2)的观测时间是 2007 年 4 月 12 日 0511UTC，平均位置在(19.69°N, 153.20°W)，有积云；第三个掩星廓线(RO3)的观测时间是 2009 年 1 月 1 日 0945UTC，平均位置是(13.16°S, 88.93°E)，是晴空条件。COSMIC 掩星信噪比大于 10，从低层的 10^2 左右，增加到 5×10^3 左右。注意，掩星 RO1 信号消失的时间早于 RO2 信号，即 RO1 信号消失的高度高于 RO2 信号。这是因为 RO1 信号穿过位于 3～11 km 之间的深对流冰云区，而掩星 RO2 信号穿过位于 2.5～1.1 km 之间的浅层液态云区(见图 10.5)。掩星 RO3 位于整个晴空大气中，在地表附近的信噪比大于 10。我们还注意到，L_1 频率的信噪比(图 10.13a～c)通常比在 L_2 频率的信噪比(图 10.13d)弱，垂直变化较小。

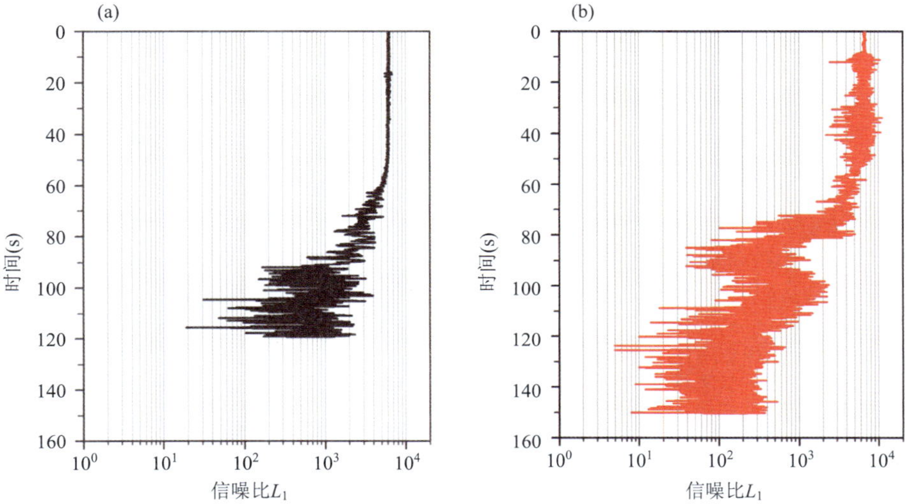

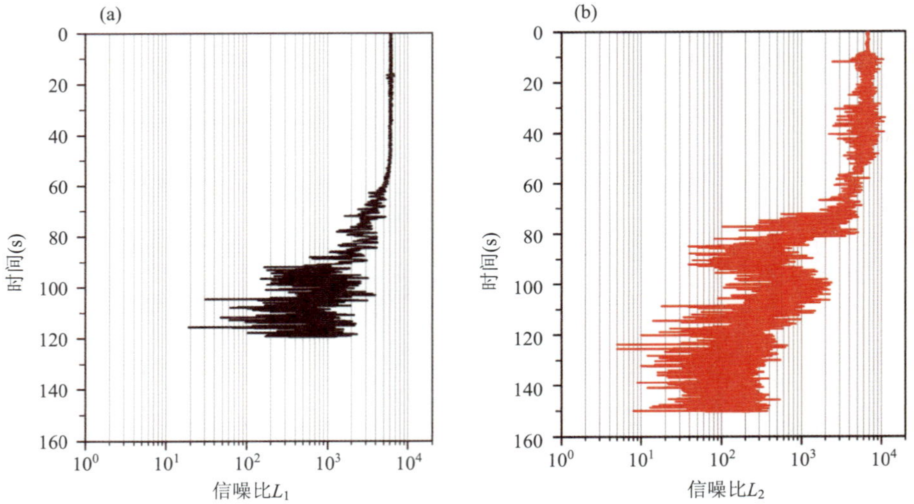

图 10.13　三个选定 COSMIC 掩星观测在(a)～(c)L_1 频率的信噪比垂直廓线和(d)L_2 频率的信噪比垂直廓线

(a) RO1(深对流，黑色)，观测时间为 2007 年 11 月 22 日 0620 UTC，平均位置是(36.77°N，55.90°W)；(b) RO2(积云，红色)，观测时间为 2007 年 4 月 12 日 0511 UTC，平均位置是(19.69°S，153.20°W)；RO3(晴空，蓝色)，观测时间为 2009 年 1 月 1 日 0945 UTC，平均位置是(13.16°S，88.93°E)

10.10　观测误差源

所有观测资料都有误差。观测误差分为随机误差和系统误差两类。多普勒频移的准确度决定了 GPS 掩星资料的精度。由观测资料数据处理链推导出来的所有资料的误差来源有以下两种：①观测误差在数据处理链中的传播引起的误差，②由数据处理链中所采用的近似假设而产生的反演误差。GPS 掩星资料的随机误差来源于时钟误差和热噪声。为了确定掩星折射率、温度和位势高度反演廓线的精度，Kursinski 等(1997)较早地对 GPS 掩星资料技术进行了深入讨论。他们发现，除了有高垂直湿度梯度的 250 m 高度的近地面层，在约 60 km 以下的范围内可以得到有用的折射率廓线。在温度低于 250 K 的对流层高度范围内，可以忽略水汽效应，温度廓线的误差小于 1 K。在对流层温度等于 250 K 的高度以下，由于水汽和干空气都对总折射率有贡献，掩星反演的温度廓线的误差较大。在 10～20 km，等压面位势高度的误差小于 10 m。

时钟误差来源于 GPS 发射器和 LEO 接收器频率振荡器的不稳定性和漂移。使用双差分技术可以消除这种类型的误差。热噪声存在于 LEO 接收器和地面接收器，热噪声的大小取决于信号强度、背景辐射和接收器硬件。随机误差是不相关的，通常小于 1 mm 的相位延迟。

GPS 掩星资料中的系统误差由局地多路径效应、GPS 和 LEO 卫星的位置和速度误差以及反演误差引起。大气折射率逆垂直梯度导致多路径信号进入接收天线。卫星位置误差主要在径向方向，主要影响射线路径切线高度的精确确定，但高度误差小于 1 m，速度误差小于 1 mm·s^{-1}。

反演误差包括电离层定标误差、高空边界条件误差、非球面对称误差、大气多路径和衍射误差。由于电离层折射率对频率的依赖性，L_1 和 L_2 信号在电离层中的射线路径略有不同，因而影响 L_1 和 L_2 信号传播路径的电离层电子密度不同。因此，通过 L_1 和 L_2 路径相位的线性组合所做的一阶电离层订正并不能完全消除电离层效应。电离层校准误差包括未考虑 L_1 和 L_2 信号在电离层的传播路径不同造成的误差以及一阶电离层订正中省略的高阶电离层项。

通过 Abel 反演，从弯角随影响参数的变化廓线可以推算出折射率随高度的变化。但是，Abel 反演需要在大气层顶(无穷远处)的弯角观测(见式(10.29))。在很高的大气层，掩星信号小于随机误差和电离层误差，所以，即使我们确实有很高大气层的弯角观测，这些测量也是没用的。在掩星信号不小于噪声的高度以上，不管是弯角廓线的外推还是利用模式廓线，都会引入上边界条件误差。

在弯角和折射率的推导中引用了球对称假设，从而产生系统误差。对于穿过折射率水平强梯度区的射线，这些误差较大。必须注意地球的扁率，即遵循地球椭球形状而不是球体的大气水平结构。忽略地球扁率导致的温度误差在 10 km 和地表分别为 3 K 和 6 K。在掩星资料同化的观测算子中，必须考虑地球的椭球形状。利用与椭球相切的局部球对称性假设，地球表面由于球对称性假设引起的反演误差可以减小到 0.25 K。

由多路径和散焦引起的系统误差在水汽丰富的热带对流层下部比较大。在中性大气中，掩星射线通常向地球方向弯曲。在干燥大气中，总弯角由密度的垂直梯度决定。如 10.9 节所述，当出现折射率垂直梯度局地异常大值时，会发生多路径传播现象。在这种情况下，LEO 接收器接收到的是来自三个或更多传播路径的组合信号。采用波光学(wave optics)方法，可以先将复杂的多路径掩星信号(相位和振幅)时间函数转换为影响参数的函数(Gorbunov, 2002；Jensen 等, 2003, 2004；Gorbunov 和 Lauritsen, 2004)，再计算弯角。因此，即使在多路径情况下，也可以获取掩星弯角观测廓线。

波动光学变换信号的局部谱宽(LSW)可以用来表征掩星反演的弯角和折射率廓线的随机误差。当多路径发生时，LSW 变宽，包含来自具有相同影响高度的多条射线的多个光谱成分(Gorbunov 等, 2006；Sokolovskiy 等, 2010)。在无多路径情况下，LSW 较小。描述弯角误差的另一个参数是置信参数(CP, confidence parameter)，定义为 1–P2/P1，其中 P1 和 P2 分别是弯角局部谱中最大和第二大峰值的强度。CP 值越大，最大谱分量越清晰。当 CP 为 100%时，弯角局部谱的最大峰值最明显。COSMIC 数据分析和归档中心(CDAAC, COSMIC Data Analysis Archival Center)为用户提供掩星数据的同时还提供了 LSW 和 CP 这两个误差参数的值。

图 10.14 显示了对应图 10.4 中三个 COSMIC 掩星观测廓线的 LSW 和 CP 的垂直变化廓线。掩星观测廓线 RO1 和 RO2 分别位于深对流云和积云中，它们的弯角观测不确定度大于晴空掩星观测廓线 RO3 的弯角观测不确定度(图 10.14a)。在 5～6 km 以下，LSW 的最大值在 10^{-3}～10^{-2} rad 弧度范围内变化。CP 随着高度增加，在 1 km 左右处，CP≈15%～35%；到了 6 km 左右，CP≈100%。RO3 位于晴空大气，CP 值最大。RO2 的 CP 值在液态积云中最小(见图 10.6)。同时提供 LSW 和 CP 参数以及弯角观测值是 COSMIC

GPS 掩星数据处理的一个重要进展。Liu 等(2018)的研究表明，在 COSMIC GPS 掩星资料同化中合理考虑弯角资料的 LSW，能提高热带对流层低层水汽分析场精度。

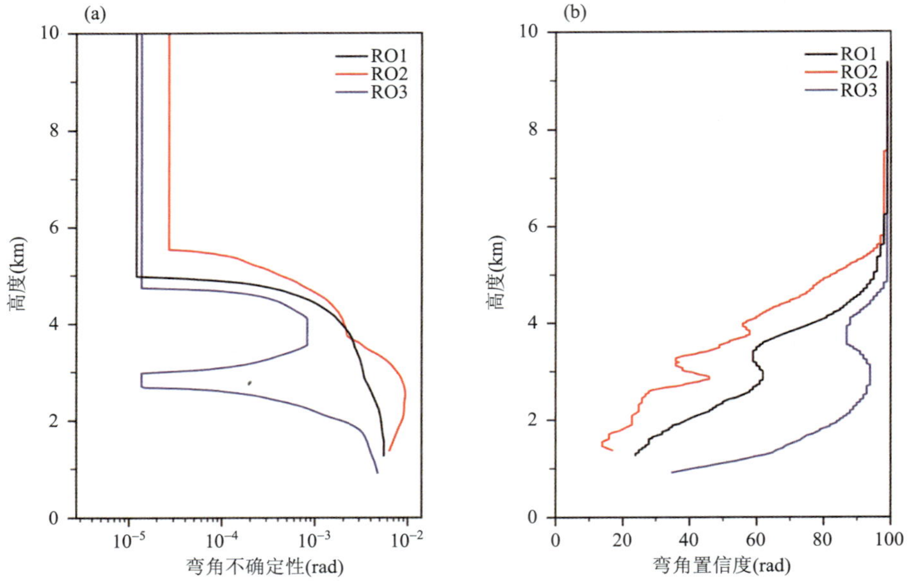

图 10.14　图 10.4 中三个 COSMIC 掩星观测廓线的局部光谱宽度(a)和置信参数(b)的垂直变化

10.11　液态云和冰云的影响

云粒子散射的消光作用是对在大气中传播的 GPS 掩星信号的另一个衰减机制。虽然对于实际悬浮在大气中的水滴或冰粒子而言，粒子散射对 *L* 波段的影响通常很小(<0.1%)(图 10.6)，COSMIC 的大气折射率观测资料在有云条件下有正偏差，在晴空条件下才是无偏的(Lin 等, 2010；Zou 等, 2012b；Yang 和 Zou, 2012, 2013, 2016, 2017a、b)。正确估计有云环境下的 GPS 掩星资料偏差，并将其从掩星资料同化中剔除是非常重要的。

GPS 掩星弯角和折射率的一个观测值，代表了以切点为中心的数百公里传播路径上的大气综合效应。通过把 2009 年和 2010 年两年的 COSMIC 折射率数据与 CloudSat-CPR 观测资料和 NOAA-18 AMSU-A 资料进行匹配，在近地面点附近 300 km 长的 GPS 掩星传播路径上，CloudSat-CPR 提供云的类型，AMSU-A 提供海面液态水路径，Yang 等(2018)指出折射率偏差确实依赖于掩星信号传播路径上的云量分布。我们先定义沿着射线路径上 AMSU-A 有云视场数与近地面点±300km 射线路径上 AMSU-A 视场总数为云占比量。当云占比量超过某个值时，标准化折射率偏差(图 10.15a)和均方根误差(图 10.15b)在不同高度的变化情况。图 10.15c 中提供了相应的有云数据量，数据量、偏差和标准差是在 10%液态水路径间隔和 0.2 km 高度间隔内计算的。由图可见，折射率偏差对传播路径上的云占比量的依赖性在 2～4 km 高度范围内最大(图 10.15a)。在 3 km 处，随着云占比量的增加，标准化折射率偏差增加。当云占比量从 5%增加到 80%以上时，标准化折射率偏差从 0.7%增加到 1%以上(图 10.15a)。折射率标准差随着高度减小，受云占比量的影响很小(图 10.15b)。有云掩星数据量和云占比量在 2～3 km 高度范围内最大(图 10.15c)，这主要是由于这一高度范围内盛行层积云(Yang 和 Zou, 2012)。

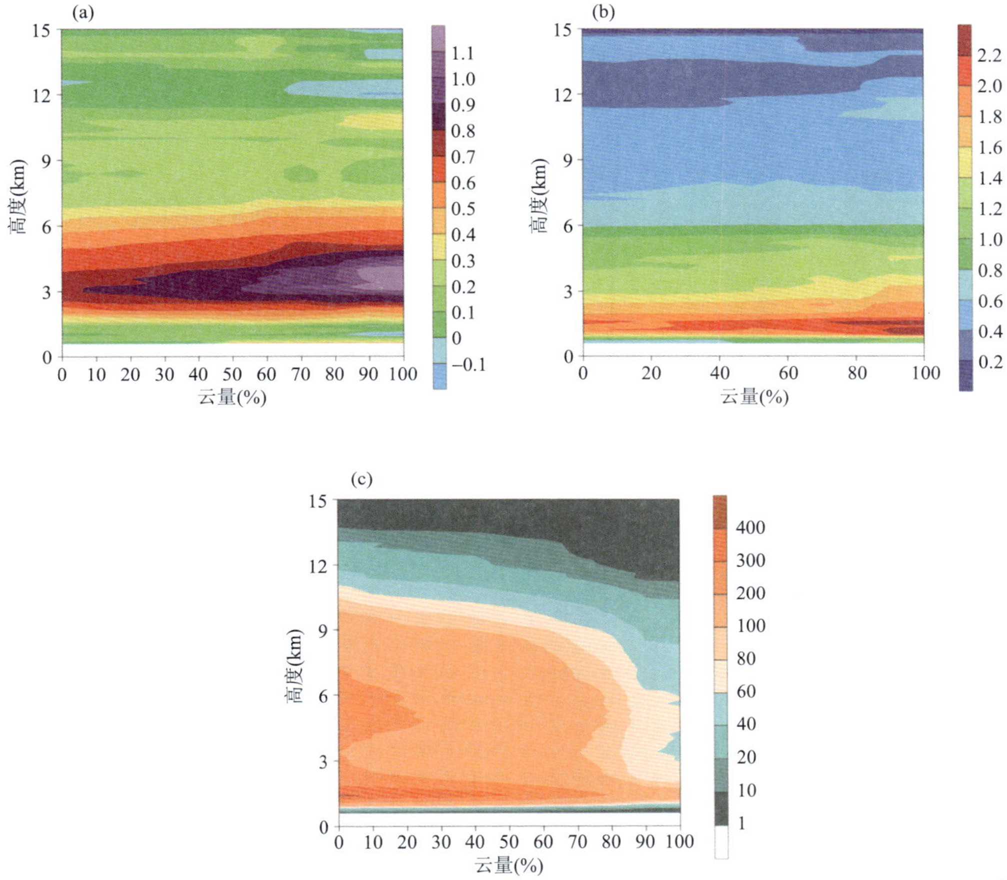

图 10.15　2009～2010 年海洋上空与 NOAA-18 AMSU-A 和 CloudSat 资料匹配后的 COSMIC 掩星折射率分数值($(N^{obs}-N^{ECMWF})/N^{obs}$)的(a)平均值和(b)标准差随高度和沿着 a_0±300 km 射线路径上的云量百分比(即超过 x 轴上的云量百分比)的变化；(c) x 轴和 y 轴的间隔分别为 10%和 0.2 km 的网格盒内数据量随沿着 300 km 射线路径的云量百分比的变化

根据 NOAA-18 AMSU-A 液态水路径决定云量，根据 CloudSat 资料决定晴空和云资料

图 10.15 中的结果包括 CloudSat 识别的七种云类：高积云、高层云、卷云、积云、深对流、雨层云和层积云。图 10.15a、b 中的折射率没有包含云对折射率的贡献。根据折射率的公式(10.34)，我们知道忽略第三项(液态水对折射率的贡献)和第四项(冰对折射率的贡献)将导致折射率有小的正偏差，但是，这个正偏差究竟有多小呢？通过以下计算公式可以估算云对折射率的百分比贡献：

$$\mu_{\text{cloud}}=\overline{\left(\frac{1.45w_{\text{liquid}}+0.69w_{\text{ice}}}{N^{\text{obs}}}\right)} \tag{10.47}$$

对式(10.47)右边分子中的两项表达式的理论推导可参见 Zou 等(2012b)。图 10.16 显示了与高积云匹配的掩星资料的标准化折射率偏差(图 10.16a)和云对折射率的百分比贡献 μ_{cloud} 随高度和云占比量的变化特征(图 10.16b)。与高积云匹配上的掩星数据量如图 10.16c 所示。由图可见，云对大气折射率的贡献(图 10.16b)比标准化折射率正偏差(图 10.16a)小一个数量级以上。在距离云底 0.5～1.0 km 的云层内，云量超过 40%，标准化折射率正偏差大于 1.6%。在距离云底 1.5～2.0 km 的云层内，云量超过 80%，标准化折射率正偏差也大于 1.6%。但 μ_{cloud} 的值小于 0.16%。因此，引起有云折射率资料正偏差的主要因素并不仅仅是云的吸收和散射作用，很可能与云内和云底附近丰沛的、小尺度变化特征的水汽的分析场偏差有关。

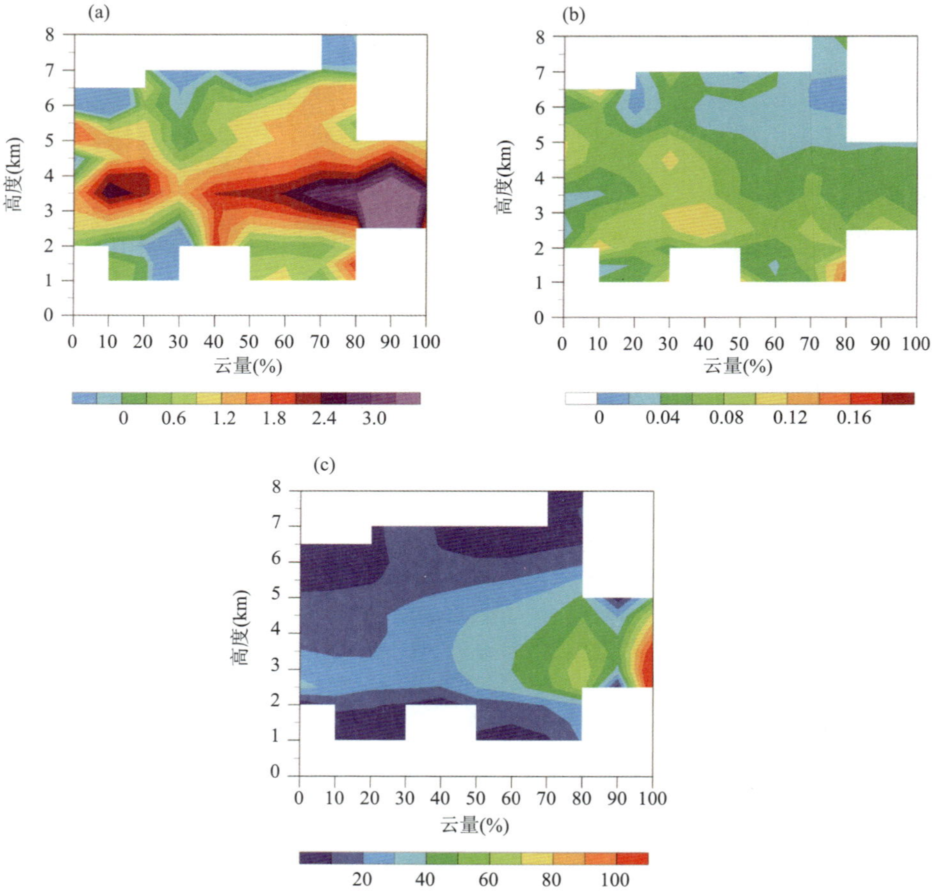

图 10.16　(a)与图 10.15a 相同，但只包含高积云内的数据；(b)云水和云冰含量对 COSMIC 掩星折射率正偏差的贡献；(c)与图 10.15b 相同，但只包含高积云内的数据

高积云类资料是根据 CloudSat 资料决定的

图 10.17 显示了折射率正偏差与衡量观测不确定度的局部谱宽之间的可能关系。利用热带低层大气(30°S～30°N，2～5 km)2017 年 3 月 19 日至 4 月 30 日期间 COSMIC 和 MetOp-A/-B 的掩星资料，根据 NCEP GFS 分析场得到(30°S～30°N)、2～5 km 高度范围内的一维弯角模拟值，我们计算了标准化弯角偏差$(\alpha^{obs}-\alpha^{1D})/\alpha^{obs}$。结果表明，当 LSW 最小时，标准化弯角平均偏差最小，折射率的水平梯度的范数最小，沿射线切线方向的水平梯度略大于射线法向梯度。当标准化弯角平均偏差小于零(即$(\alpha^{obs}-\alpha^{1D})/\alpha^{obs}<0$)时，偏差值较大，平均折射率垂直梯度也较强；但当标准化弯角平均偏差大于零(即$(\alpha^{obs}-\alpha^{1D})/\alpha^{obs}>0$)时，平均折射率垂直梯度较弱。图 10.17 中的结果表明，正偏差与观测不确定度大、沿射线路径折射率水平梯度大和垂直梯度小有关。这与多云条件下，强垂直混合降低折射率的垂直梯度这一特征吻合。

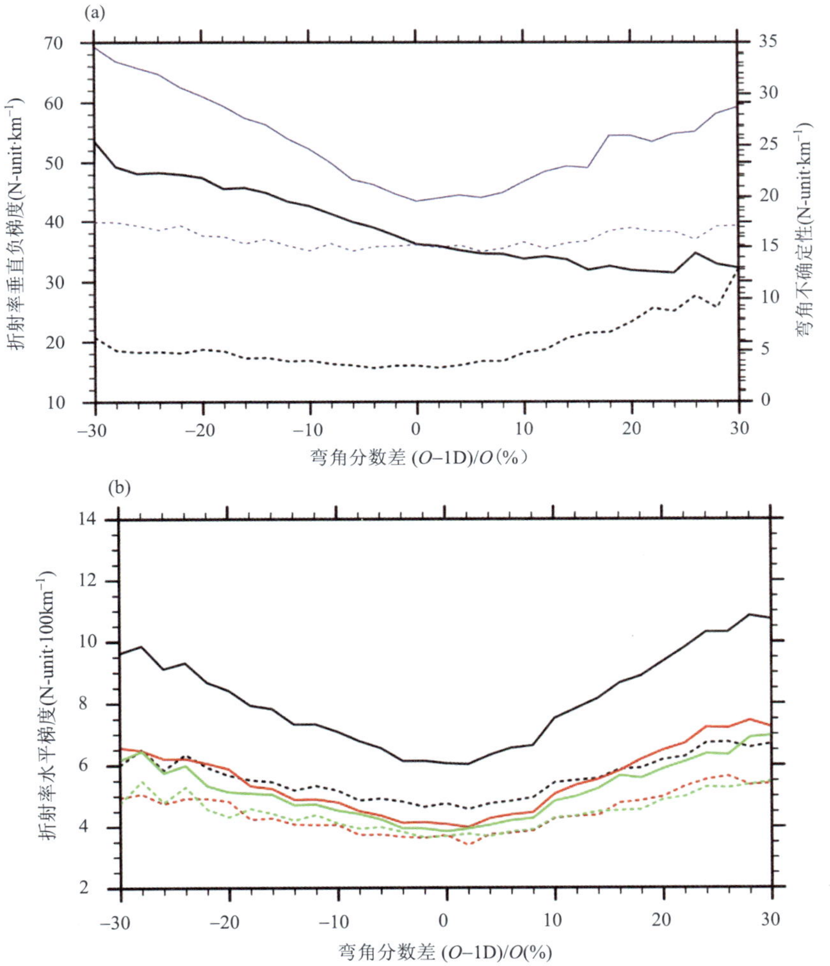

图 10.17　2017 年 3 月 19 日至 4 月 30 日热带(30°S～30°N)、影响高度在 2～5 km 内的弯角分数差$(\alpha^{obs}-\alpha^{1D})/\alpha^{obs}$的平均值(实线)和标准差(虚线)(a)随折射率垂直负梯度(黑色)和弯角观测平均不确定性(蓝色)以及(b)弯角分数差$(\alpha^{obs}-\alpha^{1D})/\alpha^{obs}$的平均值(实线)和标准差(虚线)随折射率切向(红色)和法向(绿色)水平梯度以及总梯度(黑色)的变化

模式计算的一维弯角值(α^{1D})用的是 ECMWF 分析场

10.12　温度、气压和水汽反演

在温度低于 250K 时，水汽项对折射率的贡献较小。因此，大气温度、气压和密度的垂直廓线可以直接从 GPS 掩星折射率观测廓线反演出来。忽略水汽项，式(10.34)简化为

$$N = 77.6\frac{p}{T} \equiv N_{\text{dry}} \tag{10.48}$$

大气状态方程把温度、气压和密度这三个热力学变量联系起来。对于干空气，状态方程可以写成如下形式：

$$p = \frac{R^*}{m_{\text{d}}}\rho T \equiv R_{\text{d}}\rho T \tag{10.49}$$

其中，R^*=9.314 J·mol^{-1}·K^{-1} 是通用气体常数，m_{d}=28.96 g·mol^{-1} 是干空气分子质量，R_{d}=287 J·kg^{-1}·K^{-1} 是干空气气体常数。利用式(10.48)和式(10.49)，可从折射率观测值直接给出干空气密度：

$$\rho_{\text{ROdry}}(h) = \frac{m_{\text{d}}N_{\text{dry}}}{77.6R^*} = \frac{N_{\text{dry}}(h)}{77.6R_{\text{d}}} \approx \frac{N^{\text{obs}}(h)}{77.6R_{\text{d}}} \tag{10.50}$$

其中，$h=r_0-r_{\text{surface}}$ 是掩星资料近地面点离地球表面的高度，r_{surface} 是射线在近地面点的局部曲率中心到地球表面的径向距离。

有了干空气反演密度后，可使用静力方程导出气压。静力方程表示大气垂直气压梯度力与重力的一个平衡关系：

$$\frac{\text{d}p}{\text{d}z} = -\rho g \tag{10.51}$$

其中，g 是重力常数，它与引力常数 G=6.674×10^{-11} m^{-3}·kg^{-1}·s^{-2} 有如下关系：$g = GM_{\text{e}}/r_{\text{e}}^2$，$M_{\text{e}}$ 和 r_{e} 分别表示地球质量和地球半径。将静力方程从高度(h)积分到“大气层顶(∞)”，得到气压的掩星反演公式：

$$p_{\text{ROdry}}(h) = \int_{R+h}^{\infty} \rho_{\text{ROdry}}(z)g(z)g\text{d}z \tag{10.52}$$

最后，再次使用静力方程和状态方程，得到掩星干温度(dry-temperature)的反演公式：

$$T_{\text{ROdry}}(h) = \frac{p_{\text{ROdry}}(h)}{R_{\text{d}}\rho_{\text{ROdry}}(h)} \tag{10.53}$$

Kursinski 等(1997)讨论了掩星干温度反演的精度。在温度低于 250 K 的对流层高度，可以忽略水汽对折射率指数的贡献，掩星干温度反演误差小于 1 K。

虽然当水汽含量很小时，可以从掩星折射率数据中获得密度、气压和温度的精确廓线，但在全球水汽含量最大的热带对流层下部，水汽项对折射率的净贡献率可达 30%，并可控制局部折射率垂直梯度。在水汽丰沛的对流层，从折射率一个观测量反演温度和水汽这两个变量是一个欠定问题。当然，如果能从独立的观测和天气分析中获得高精度

的温度分布，就可以从掩星折射率观测资料得到水汽的反演产品。

1D-Var 掩星湿反演温度和水汽对背景场廓线的依赖性较大。不同掩星计划的掩星反演产品使用了不同的背景场资料，如 COSMIC 使用了 ERA-40 再分析资料、MetOp-A GRAS[①]使用了 ECMWF 分析资料。为了解决不同掩星计划间的湿温度反演结果不一致问题，COSMIC CDAAC 提出了掩星资料再处理方案，使用 ERA-40 再分析资料作为 GPS/MET、GPSMETAS、CHAMP、COSMIC、GRACE-A、SAC-C、MetOp-A/-B GRAS、TerraSAR-X 和 C-NOF 的背景场。在使用温度和水汽廓线等掩星资料的二级数据产品时必须特别小心，记得检查背景场的适用性及其对应用目的的可能影响。

我们把 2012～2016 年 COSMIC CDAAC 二级数据产品中的干温度反演廓线和 1D-Var 反演得到的温度与 ECMWF 分析的温度做个比较。图 10.18 提供了在 5°纬度间隔和气压层 5～20、20～50、50～100、100～250 和 250～1050 hPa 内分别以 5、10、20、

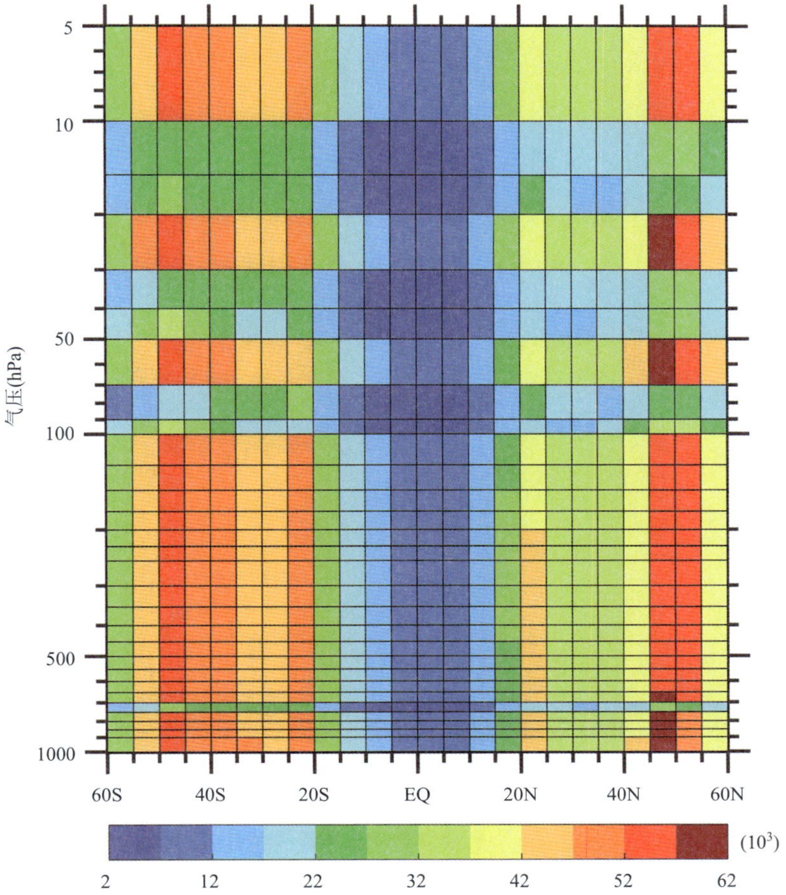

图 10.18　2012～2016 年与 ATMS 观测资料相匹配得到的海洋晴空条件下的 COSMIC 数据量

纬度间隔是 5°，气压间隔是 5～20、20～50、50～100、100～250 和 250～1050 hPa

①http://cdaac-www.cosmic.ucar.edu/cdaac/status.html

25、50 hPa 气压间隔计算的数据量，这些数据是与 2012～2016 年海洋上晴空条件下(液态水路径小于 0.03 $kg·m^{-2}$)的 ATMS 观测值相匹配的。匹配标准为时间间隔小于 3 h，空间距离小于 50 km。所有纬度和气压间隔网格内的数据量都超过 10^3。图 10.19 显示了掩星干温度反演(T^{dry})和 ECMWF 温度分析场(T^{ECMWF})之间的平均差的剖面图。掩星干温度反演和 ECMWF 温度分析之间的差异在 200～5 hPa 的大气层内小于 1 K。最小的差异(在–0.3～0 K 之间)出现在 200～80 hPa 层内。考虑到掩星干温度反演完全独立于 ECMWF 分析，这些显然是激动人心的结果。

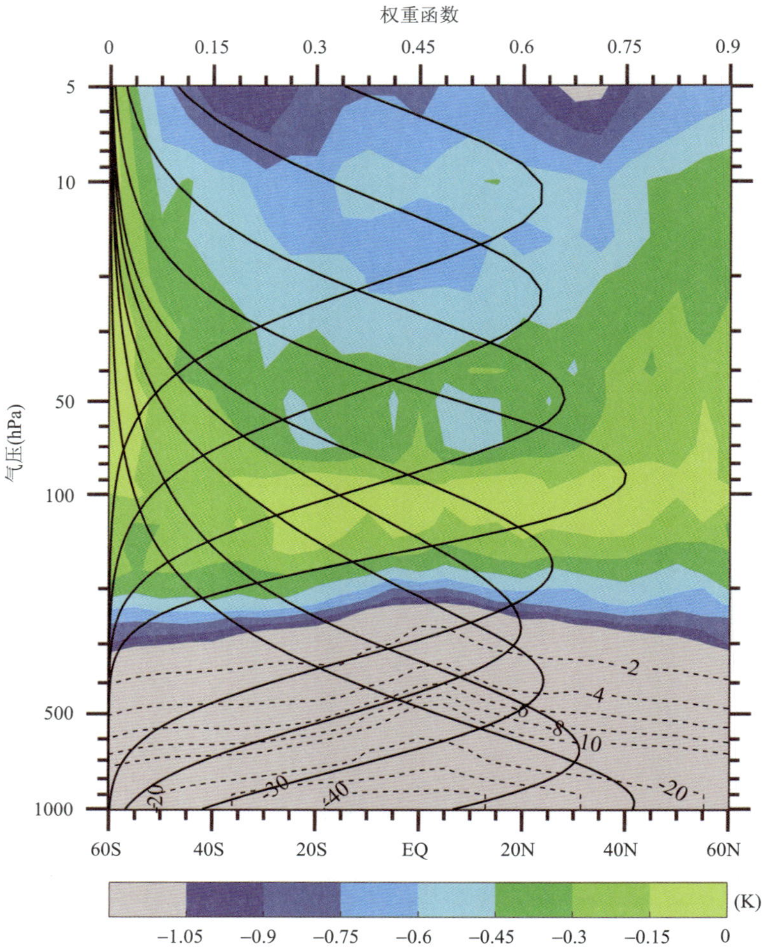

图 10.19　掩星干温度反演(T^{dry})与 ECMWF 分析温度(T^{ECMWF})之差的平均值剖面图

$T^{dry}–T^{ECMWF} \geq –1.05$：彩色阴影；$T^{dry}–T^{ECMWF} < –1.05$：黑色虚线；ATMS 通道 5～13 的权重函数：黑色实线

我们再看一看 1D-Var 方法得到的掩星湿温度反演(T^{wet})和 ECMWF 温度分析场之间的平均差异(图 10.20)。赤道附近的对流层底层和 70 hPa 附近的亚热带区域除外，在 750 hPa 和 30 hPa 之间，掩星湿温度与 ECMWF 温度之间的平均差异在(–0.45 K, 0.15 K)这个范围内。在 200 hPa 以上，掩星湿温度反演和干温度反演与 ECMWF 温度分析的可比性相当，但在 200～800 hPa 之间，掩星湿温度反演与 ECMWF 温度分析之间的平均差异小于掩星干温度反演与 ECMWF 温度分析场之间的平均差。

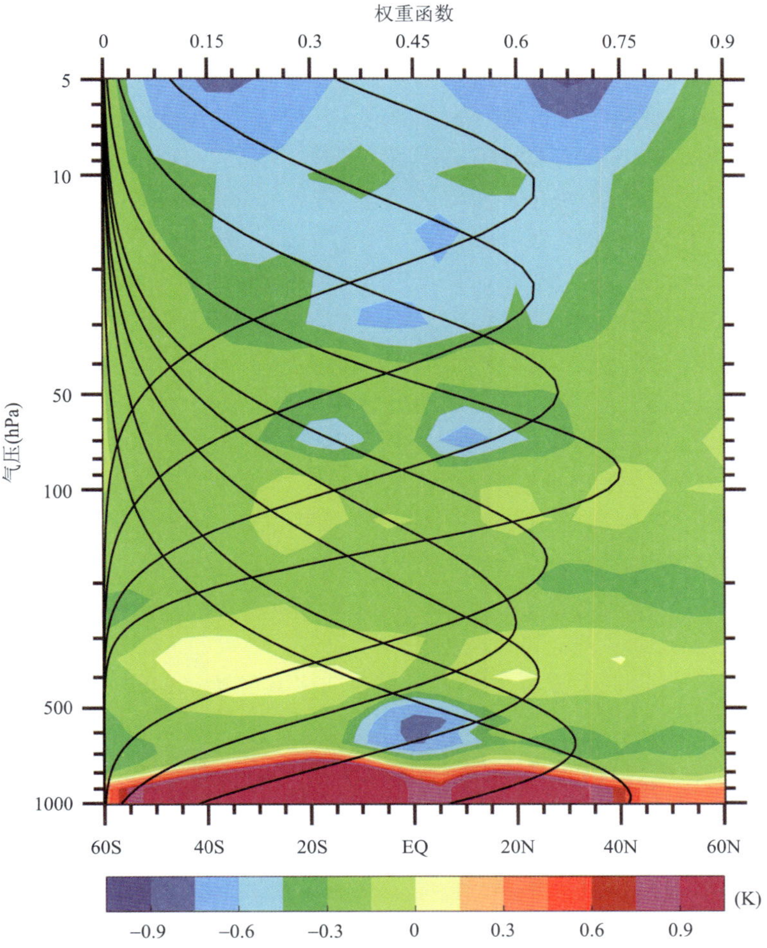

图 10.20　掩星 1D-Var 湿温度反演(T^{wet})与 ECMWF 分析温度(T^{ECMWF})之差的平均值剖面图(彩色阴影)

ATMS 通道 5～13 的权重函数由黑色实线表示

10.13　卫星微波温度计探测资料的发射后校准

如上所述，GPS 掩星观测是主动临边遥感技术，传播信号具有 *L* 波段的微波波长，比第 7 章中讨论的极轨卫星微波温度计的观测波长长很多。由于来自 GPS 掩星探测的原始数据是根据国际标准(SI)单位校准到了原子钟的参考时间， GPS 掩星数据具有 SI 可追溯性(Ohring 等, 2004)。

被动遥感微波亮温观测资料不具有 SI 可追溯性，其准确度因传感器不同而不同。另一方面，卫星微波数据已经有 40 多年的记录，是构建大气再分析的关键数据来源，还被广泛用于气候变化研究（Christy 等, 1998, 2000, 2003a、b；Mears 等，2002；Vinnikov 和 Grody, 2003；Zou 等, 2009；Qin 等, 2012）。虽然 AMSU-A 和 ATMS 在发射前都经过严格的定标校准和检验，但在每颗卫星发射后继续跟踪其在轨性能依然很重要。

GPS 掩星临边探测技术的 SI 追溯性以及全球覆盖、高精度、高垂直分辨率、长期稳定性和对云的弱敏感性等特点，对卫星微波观测资料在气候研究中的应用可以起到很大的补充作用。例如，GPS 掩星数据可以作为校准微波温度计高层探测通道的参考数据。Zou 等（2012b）首次提出使用 COSMIC 掩星数据作为美国通用辐射传输模式（CRTM）的输入，估算 S-NPP ATMS 天线亮温数据（TDR）的绝对偏差。采用逐线辐射传输模式对 CRTM 模拟误差进行了估计，结果表明 CRTM 的准确度和精度均小于 0.18K。所以，可以利用高质量 GPS 掩星观测资料和 CRTM，对 ATMS 高层温度探测通道 5～13 进行校准，得到这些通道的绝对偏差。Chen 和 Zou（2014）对 NOAA-18 AMSU-A 观测资料也进行了类似于 ATMS 的在轨定标研究。除了估计准确度和精度外，Chen 和 Zou（2014）还利用海洋晴空资料得出 AMSU-A 观测值与 GPS 模拟值之间的依赖于扫描角的线性回归关系，对 AMSU-A 高空探测通道进行校准。结果表明，经过掩星资料校准后，AMSU-A 高空探测通道无偏差，具有高斯分布误差特征。利用 GPS 掩星数据进行发射后校准所获得的准确度和精密度估计，不仅是 NWP 中进行 ATMS/AMSU-A 资料同化所需要的，对气候研究也很重要，例如在融合不同极轨气象卫星 AMSU-A 和 ATMS 数据以建立权威卫星微波气候数据记录时（Ohring 等，2005）。

S-NPP ATMS 在提供微波温度探测资料方面比其前身 AMSU-A 有了一个飞跃。自 2011 年 10 月 28 日发射至 2017 年初，已有五年多的 S-NPP ATMS 数据记录。然而，在 S-NPP 卫星任务的早期阶段，S-NPP ATMS 的数据已经用一种不断更新的校准和验证（cal/val）算法进行了处理。2017 年，采用一致的 cal/val 算法重新处理了 ATMS 的天线温度数据记录，纠正了两点校准方程中非线性项的一个符号错误（见第 7 章）。接下来，我们将展示采用一致的 cal/val 算法重新处理的 ATMS 数据以及掩星数据的质量控制，对于用 GPS 掩星观测数据对 ATMS 偏差进行发射后绝对校准的重要意义。

某个指定通道的 ATMS 亮温值表示以权重函数峰值高度为中心的大气层内大气辐射的垂直加权平均值。图 10.21 说明了温度和亮温之间的差异。采用的大气温度廓线是 2016 年 1 月 1 日 1252 UTC、位于[8.68°N, 98.69°W]的一个 COSMIC 掩星廓线的湿温度反演产品。不出所料，大气温度的垂直变化比 ATMS 不同通道亮温的垂直变化要剧烈得多。

下面，我们把美国大学大气研究联盟（UCAR）CDAAC 第 3 版（Kuo 等, 2004）提供的 COSMIC 和 MetOp-A 和 MetOp-B 上的 GRAS 二级反演产品作为 CRTM 的输入，产生 ATMS 温度探测通道 5～13 的亮温模拟，并对这些通道进行校准。用作校准的掩星数据是由以下四个质量控制（QC）步骤选择出来的。第一个质量控制步骤是范围检查，删除那些最低观测高度不到 800hPa 的掩星廓线，删除那些折射率值为负的或 50 hPa 高度以下的温度超出（−150°C, 80°C）范围的数据。第二个质量控制步骤消除观测异常值，这些异常值定义为折射率观测资料的 Z_i 值大于 2.5，其中 Z_i 定义为

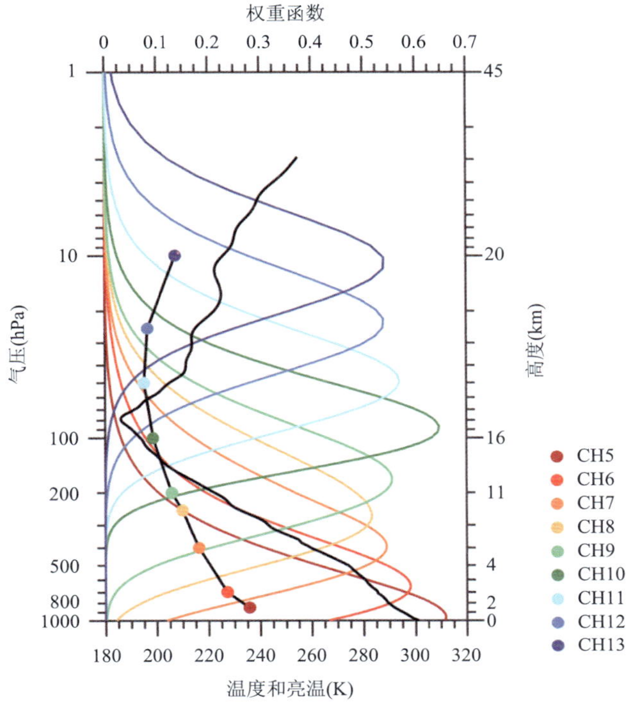

图 10.21　2016 年 1 月 1 日 1252 UTC 时发生在[8.68°N，98.69°W]处的 COSMIC 掩星温度反演廓线(T^{wet}，黑色曲线)以及把 T^{wet} 作为输入由辐射传输模式计算得到的 ATMS 通道 5～13 的亮温模拟值(彩色点)

亮温模拟值画在了权重函数(彩色曲线)峰值的高度，亮温是用美国通用辐射传输模式(CRTM)计算得到的，权重函数是用美国通用辐射传输模式(CRTM)、根据美国标准大气廓线计算得到的

$$Z_i = \frac{N_i - \mathrm{BM}(N_i)}{\mathrm{BSD}(N_i)} \tag{10.54}$$

其中，BM 是样本系列$\{N_i,\ i=1, 2, \cdots, n\}$的双权重平均值，BSD 是同一样本系列的双权重标准差(Lanzante, 1996；Zou 和 Zeng, 2006)。传统的均值和标准差受异常值的影响较大，使用双权重平均值和双权重标准差是为了减小异常值的影响。第三个质量控制步骤消除模式模拟 Z_i 值大于 2.5 的模拟异常值。最后，剔除与模式模拟相差较大的观测数据，即观测和模拟值之差 $O-B$ 的 Z_i 值大于 3.5。

图 10.22 显示了质量控制对($O^{\mathrm{ATMS}}-B^{\mathrm{RO}}$)偏差估计的影响，其中 O^{ATMS} 是与 GPS 掩星资料匹配的 ATMS 观测亮温值，B^{RO} 是 COSMIC 和 MetOp-A 和 MetOp-B GRAS 掩星廓线模拟的亮温值。匹配条件是时间间隔小于 3 h，空间距离小于 50 km。所用 ATMS 资料是 2012 年 1 月和 2016 年 7 月 50°S～50°N 海洋晴空(液态水路径小于 0.03 kg·m^{-2})业务资料和采用一致的 cal/val 算法重新处理后的资料。在 2012 年 1 月或 2016 年 7 月，通过上述四个质量控制步骤删除的掩星数据总数在所有高度分别小于 0.01%、1.5%、1.5% 和 2.2%。尽管质量控制步骤只删除了少量数据，但对于大多数温度探测通道来说，质量控制后的偏差明显减小。在两个不同月，采用一致的 cal/val 算法重新处理 ATMS 数据后，所

有温度探测通道的偏差一致为负。然而，对于业务数据，1 月和 7 月的 ATMS 通道 10～13 和 1 月的 ATMS 通道 5～7 的偏差是正的，其他时间和其他通道的偏差是负的。正如预期，ATMS 观测值与质量控制后的掩星亮温模拟值之差的标准差明显小于没有质量控制的(图 10.23)。ATMS 业务数据与掩星亮温模拟值之差的标准差接近 cal/val 算法重新处理后的 ATMS 数据与掩星亮温模拟值之差的标准差，说明 cal/val 新算法主要改变了数据的准确度，对精密度的影响不大。

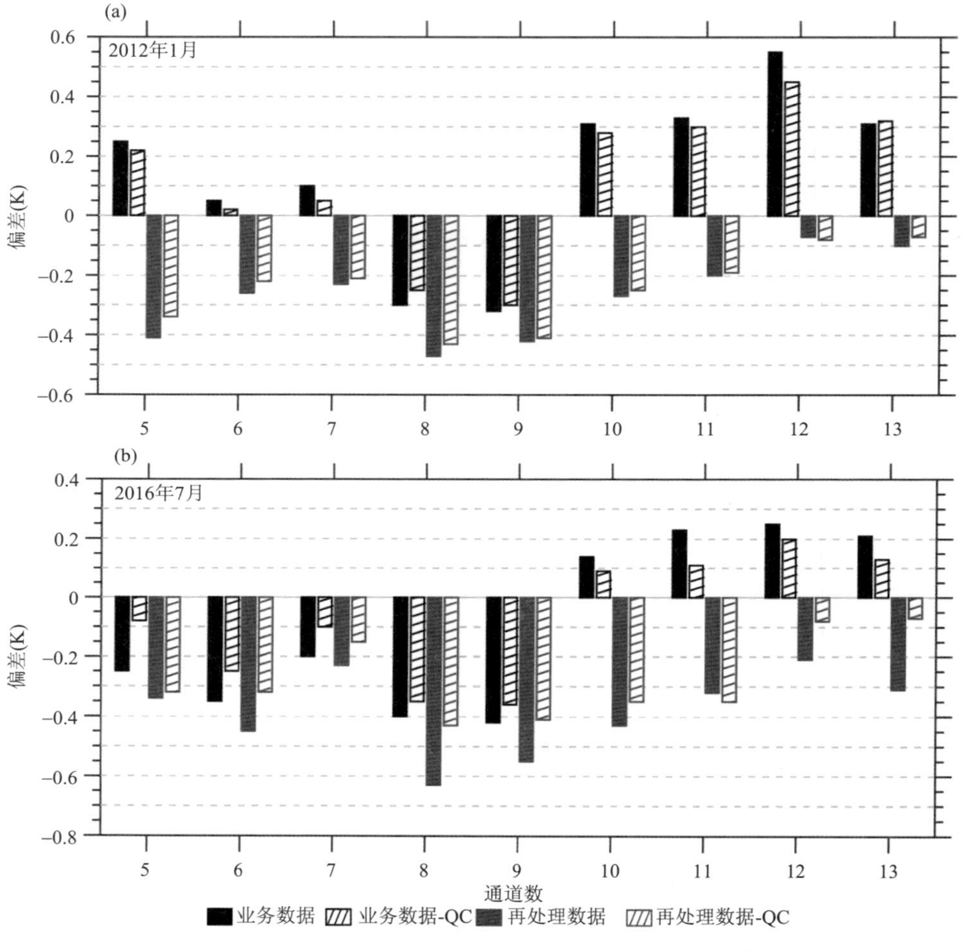

图 10.22　2012 年 1 月(a)和 2016 年 7 月(b)，ATMS 星下点晴空观测值(O^{ATMS})与由搭载在 MetOp-A 和 MetOp-B 上的掩星 GRAS 资料计算得到的 ATMS 通道亮温(B^{RO})之差(O^{ATMS}–B^{RO})的平均偏差

两类资料的匹配条件是时间间隔小于 3 h，空间距离小于 50 km，所用晴空(液态水路径小于 0.03 kg·m^{-2})资料是 50°S～50°N 海洋区域，亮温由美国通用辐射传输模式(CRTM)计算得到

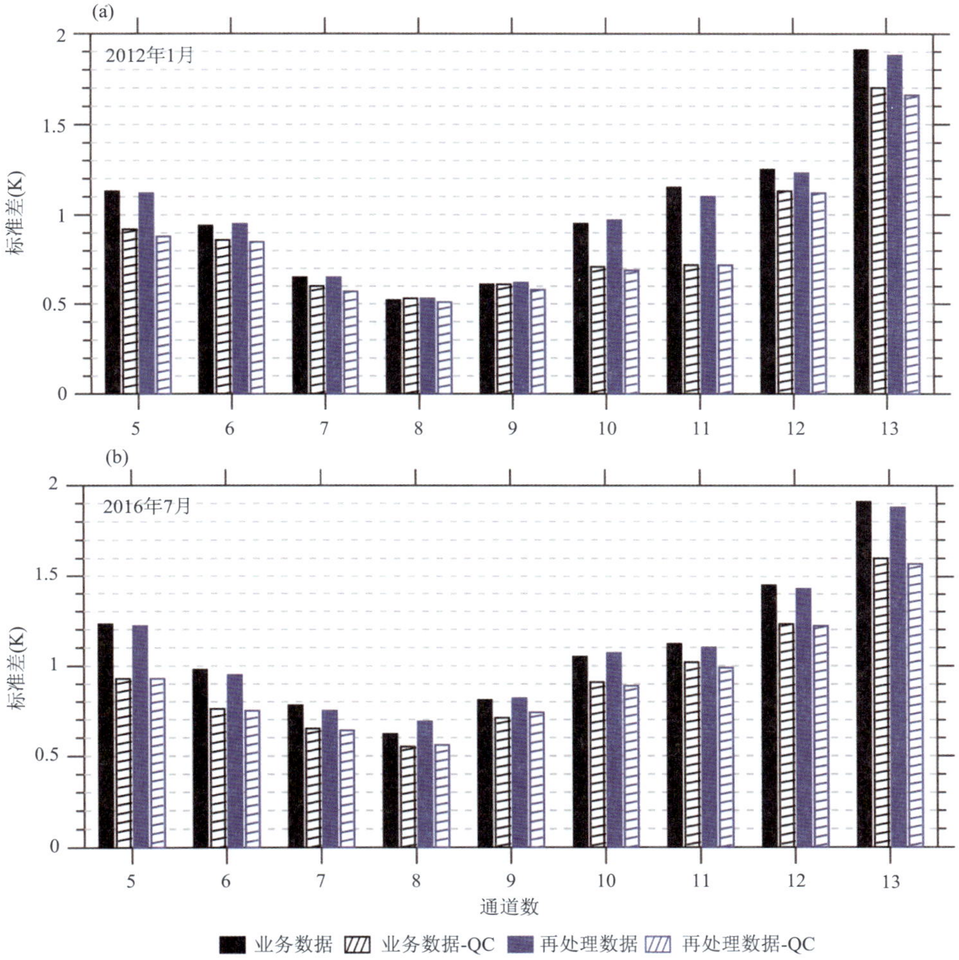

图 10.23　与图 10.22 相同条件和参数的标准差

图 10.24 显示了 ATMS 星下点观测值与匹配掩星模拟值之差(O^{ATMS}–B^{RO})的偏差和标准差从 2012 年到 2016 年的变化。偏差和标准差每年都不同，而且各通道也不同。因此，有必要把 GPS 掩星数据作为参考数据，对 ATMS 数据持续进行发射后校准。由于 ATMS 是一个跨轨扫描辐射计，权重函数随扫描角变化。图 10.25 给出 ATMS 通道 6、9 和 12 的权重函数随扫描角的变化。权重函数峰值高度在星下点是最低的，并且随着扫描角的增加而增加。ATMS 资料偏差也可能随扫描角变化。图 10.26 提供了 2012 年至 2016 年五年内 ATMS 通道 6、9 和 12 的偏差随扫描角的变化。对这三个通道，对流层中低层通道 6 的偏差随扫描角的变化最大。对流层通道 6 和 9 扫描角偏差曲线向下弯曲，平流层通道 12 的扫描角偏差曲线向上弯曲。每年的偏差有一些不同，尤其是扫描角大的视场。另外，这三个通道的扫描偏差都是不对称的。

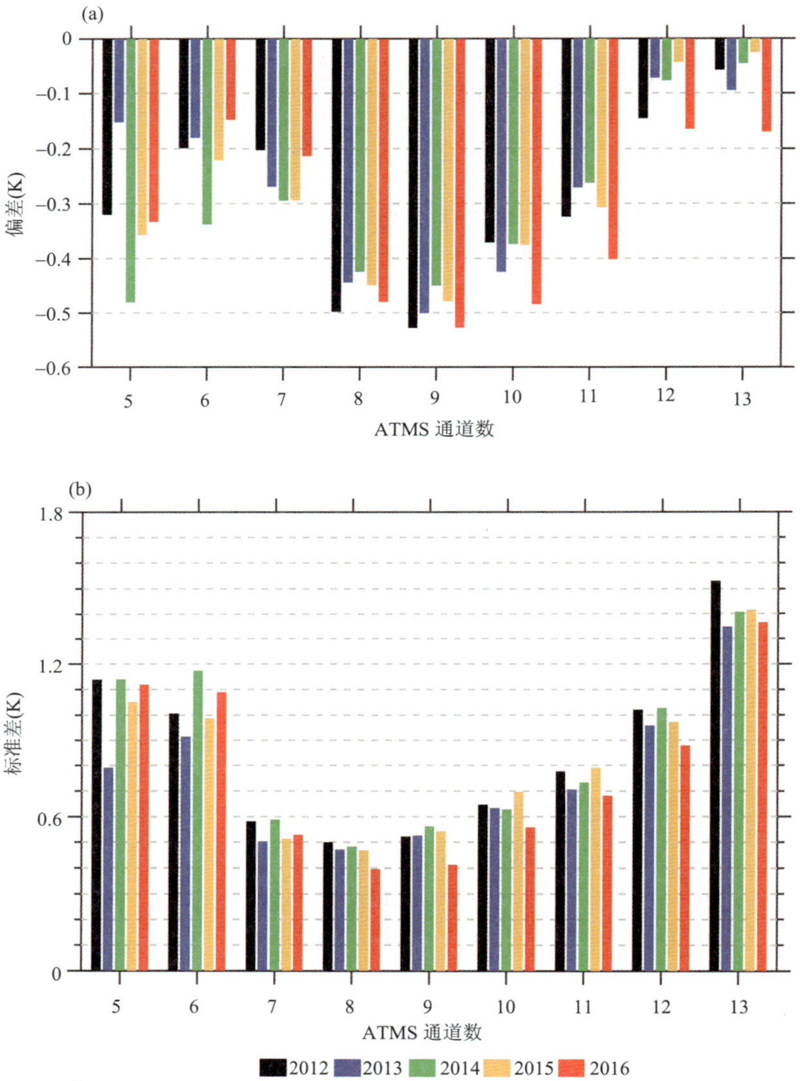

图 10.24　2012 年至 2016 年 ATMS 星下点晴空观测值(O^{ATMS})与由搭载在 MetOp-A 和 MetOp-B 上的掩星 GRAS 资料计算得到的 ATMS 通道亮温(B^{RO})之差(O^{ATMS}–B^{RO})的年平均偏差(a)和标准差(b)

两类资料的匹配条件是时间间隔小于 3 h，空间距离小于 50 km，所用资料是 50°S～50°N 海洋区域经过质量控制的 ATMS 再处理晴空(液态水路径小于 0.03 kg·m^{-2})数据，亮温由美国通用辐射传输模式(CRTM)计算得到

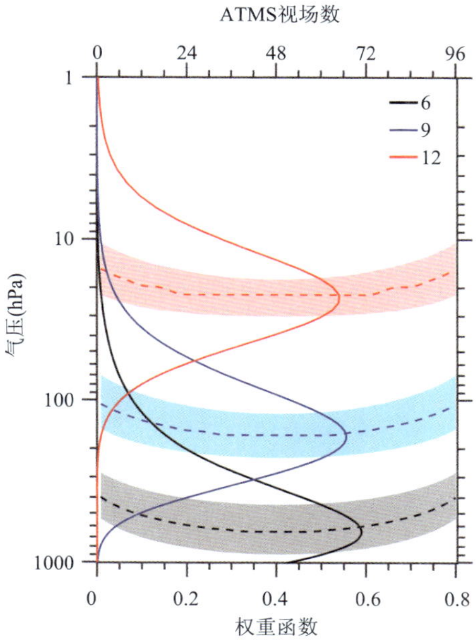

图 10.25　ATMS 通道 6、9 和 12 的星下点权重函数(实心曲线)，以及这三个通道的权重函数 ATMS 通道峰值高度(虚线曲线)和权重函数值大于 0.5(阴影)随扫描角(即视场数)的变化

权重函数是根据美国通用辐射传输模式(CRTM)和美国标准大气廓线计算的

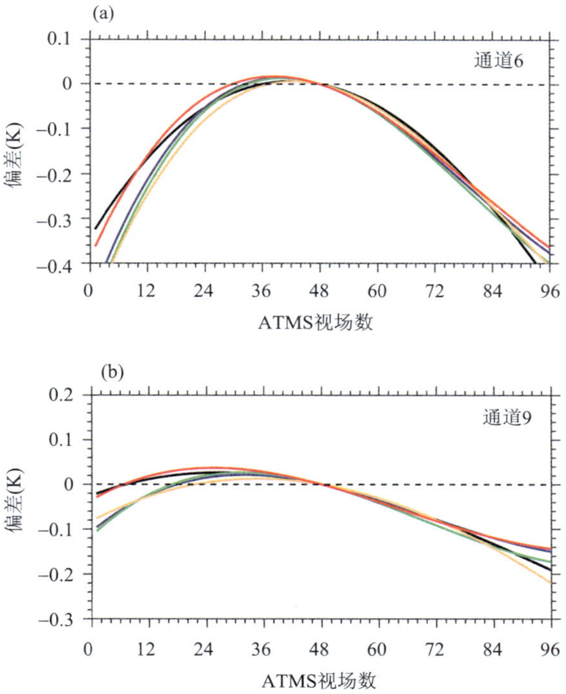

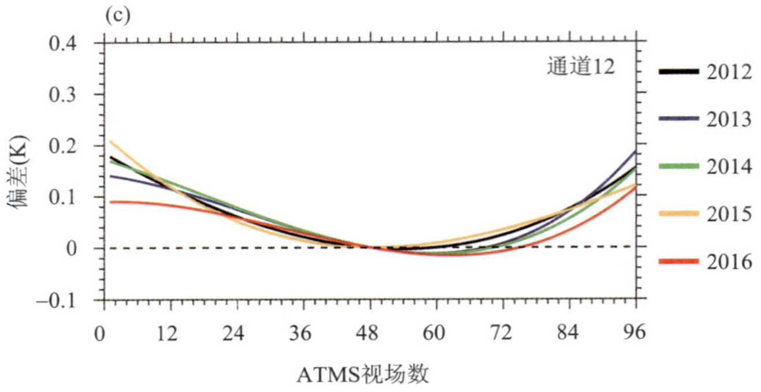

图 10.26　根据 S-NPP ATMS 亮温观测值(O)和 GPS RO 模拟亮温值(B^{GPS})之差($O–B^{GPS}$)得到的 2012 年至 2016 年 ATMS 通道 6(a)、9(b)和 12(c)的年平均亮温偏差随扫描角的变化(彩色实心曲线)

所用数据是与 GPS 掩星资料匹配后的、2012 年 1 月 1 日至 2016 年 11 月 9 日期间 50°S～50°N 海洋晴空资料，亮温(B^{GPS})由美国通用辐射传输模式(CRTM)计算得到

10.14　结　束　语

GPS 掩星遥感观测不仅具有全天候高垂直分辨率探测能力，而且具有 SI 可追溯性。这些特性对 NWP 和气候研究都具有重要意义。GPS 接收器重量轻，研发周期较短，允许重量小于 500 kg 的小型卫星(包括航天器和有效载荷)携带以获得 GPS 掩星观测资料。发射失败造成的损失比极轨气象卫星的小很多。由携带 GPS 接收器的若干小卫星组成的小卫星星座对理解、监测和预报快速发展的天气系统极其有用。一个很好的例子是在 2019 年 6 月 25 日发射到低倾角轨道的 COSMIC-2 的六颗卫星星座。COSMIC-2 卫星天线功率更大，采样率高达 100 Hz(是 COSMIC 采样率的两倍)，其倾角(24°)是 COSMIC 倾角(72°)的 1/3。因此，热带地区有更多的 COSMIC-2 数据，为飓风成因以及飓风和台风的较长期预报等领域的创新科学研究提供前所未有的观测资料。

预计在将来，政府和商业私营公司均会提供小卫星掩星数据，这带来的主要挑战包括掩星数据科学业务产品系统和应用、掩星数据质量的提高、掩星数据不确定性参数的定量估计、观测资料和反演产品的科学业务监控。此外，在水汽充沛的对流层低层，由于强对流，信号幅度逐渐降低到噪声水平以下，大气折射率时空分布不均匀，掩星弯角和折射率数据可能具有显著的观测不确定性，这也是一项挑战。

除了掩星资料小卫星，还有微波资料小卫星，包括微型微波大气卫星(MicroMAS, Blackwell 等, 2012) 、微波辐射计技术加速(MiRaTA)和地球观测纳米卫星(EON)(Cahoy 等, 2015)。MiRaTA 和 EON 都携带一个多波段微波探测仪和一个 GPS 掩星传感器。此外，还有用于监测恶劣天气的微波小卫星，例如高时间分辨率降水结构和暴雨强度观测小卫星星座(TROPICS①)、气旋全球导航卫星系统(CYGNSS②)，以及风暴和热带系统时

① https://tropics.ll.mit.edu/CMS/tropics/

② http://clasp-research.engin.umich.edu/missions/cygnss/

间演变试验器(TEMPEST)(Reising 等, 2015)。TROPICS 是一个由 12 个立方小卫星组成的星座，携带一个微波辐射计，共 12 个通道，其中 7 个通道位于 118.75GHz 氧气吸收线，用于探测大气温度，3 个通道位于 183GHz 水汽吸收线，用于探测大气中的水汽，1 个通道的中心频率是 90GHz，用于降水观测，最后 1 个通道的中心频率是 206GHz，用于观测云冰。CYGNSS 是一个由 8 个小卫星组成的星座，它们接收直接和反射 GPS 信号，分别获得 CYGNSS 天文台定位和海洋表面的粗糙度。

虽然 GPS 掩星观测资料非常适合于校准微波仪器观测资料，但用 1D-Var 方法同化掩星折射率或弯角观测廓线得到的温度和水汽反演廓线在一定程度上依赖于背景场初值和背景场误差协方差矩阵。Xu 和 Zou(2020)注意到 COSMIC/CDAAC 1D-Var 反演得到的 MetOp-A/-B GRAS 温度与欧洲无线电掩星气象卫星应用(ROM)、无线电掩星处理包(ROPP)的反演结果有很大不同。仔细分析不同二级掩星反演产品对 1D-Var 系统的依赖性和因此引起的差异，对于面向气候应用的 ATMS 高层温度探测通道发射后的校准工作非常重要。

第 11 章　GOES 成像仪

11.1　引　　言

地球静止业务环境卫星(GOES)携带的成像仪可在电磁波谱的可见光、近红外和红外范围内提供高时间和高水平分辨率观测资料。在赤道，GOES 成像仪观测资料的水平分辨率最高，瞬时几何视场(IGFOV)变形最小。因此，对于观测诸如热带气旋之类的快速发展天气系统和相关云和水汽的精细结构，GOES 成像仪是独一无二的。

本章重点介绍GOES成像仪观测资料和所观测到的台风结构。11.3 节简要介绍GOES计划和瞬时几何视场特征。11.4 节介绍日本先进葵花成像仪(AHI，advanced himawari imager)和美国先进基准成像仪(ABI, advanced baseline imager)特性。11.5 节讨论云检测。11.6 节主要介绍成像仪资料偏差特性。11.7 节概述 GOES 资料同化的若干研究。11.8 节给出了一个关于同时同化 GOES 和 POES 多卫星遥感观测资料的案例研究。11.9 节是结束语。

11.2　GOES 卫星高度

地球同步卫星以与地球相同的角速度绕地轴旋转。如果一个地球同步卫星的星下点地理位置不变，则称其为地球静止卫星。因此，地球静止卫星所在高度(h_{SAT})可以根据该卫星受到的重力与地球自转引起的向心力之间的平衡计算出来：

$$\frac{m_{SAT}\Omega^2}{h_{SAT}+R_{Earth}}=\frac{Gm_{Earth}m_{SAT}}{\left(h_{SAT}+R_{Earth}\right)^2} \tag{11.1}$$

其中，Ω 是地球自转角速度，m_{SAT} 是卫星质量，h_{SAT} 是卫星轨道高度，R_{Earth} 是地球半径($R_{Earth}\approx 6378$ km)，R 是卫星轨道半径($R\approx R_{Earth}+h_{SAT}$)，$m_{Earth}$ 是地球质量($m_{Earth}=5.972\times10^{24}$ kg)，G 是万有引力常数($G=6.673\times10^{-11}$ N·m^{-2})。 根据式(11.1)，我们获得地球静止卫星轨道高度：

$$h_{SAT}=\frac{Gm_{Earth}}{\Omega^2}-R_{Earth} \tag{11.2}$$

假设地球静止卫星绕地轴旋转的轨道是圆形的，则地球静止卫星的高度约为 35787.6 km。

太阳同步极轨卫星每天两次提供全球观测，而地球静止卫星不同，它能提供时间连续的观测资料，但观测区域是星下点附近的有限区域。除了极高的时间分辨率，地球静止卫星成像仪资料的水平分辨率也很高。地球静止卫星资料在时间和水平空间的连续性对于捕获诸如云、水汽、风等变量的快速变化极为重要。因此，各国发射越来越多的地球静止气象卫星以覆盖本国领土。表 11.1 列出了所有当前的气象地球静止气象卫星，包括它们的星下点经度、名称、发射日期、运行状态和运行机构。

表 11.1　美国、欧洲、日本和中国发射的地球静止气象卫星的卫星名、发射时间、状态和星下点经度①

国家	代数	卫星名	发射时间	状态	星下点
美国	0	GOES-1, -3	1975, 1978	不运转	135°W
		GOES-2	1977/06		75°W
	1	GOES-4, -6	1980, 1983		135°W
		GOES-5, -7	1981, 1987		75°W
	2	GOES-8, -12	1994, 2001		75°W
		GOES-9, -10, -11	1995, 1997, 2000		135°W
	3	GOES-13	2006/05	业务	75°W
		GOES-14	2009/06	待命	105°W
		GOES-15	2010	业务	135°W
	4	GOES-16	2016	现役	89.5°W
欧洲	1	Meteosat-1, -2, …, -7	1977, 1981, 1988, 1989, 1991, 1993, 1997	不运转	0°
	2	Meteosat-8	2002		3.7°E
		Meteosat-9	2005	业务	9.5°E
		Meteosat-10	2012		0°
		Meteosat-11	2015	待命	3.4°W
日本	1	GMS-1, -2, -3, -4, -5	1977, 1981, 1984, 1989, 1995	不运转	140°E
	2	MTSAT-1R	2005/02		140°E
		MTSAT-2	2006/02	待命	145°E
	3	Himawari-8	2014/10	业务	140.7°E
		Himawari-9	2016/11	待命	140.7°E
中国	1	FY-2A, -2B, -2C	1997, 2000, 2004	不运转	105°E
		FY-2D	2006/12		86.5°E
		FY-2E	2008/12	业务	86.5°E
		FY-2F	2012/01	待命	112.5°E
		FY-2G	2014/12	业务	105°E
		FY-2H	2018	待定	待定
	2	FY-4A	2016/12	现役	99.5°E

11.3　GOES 计划和瞬时几何视场特性

地球静止卫星成像仪在其观测范围内可提供高时间分辨率(≤1 h)、高水平分辨率(几公里)和低光谱分辨率(≤16 通道)的天气观测资料。地球静止卫星观测资料在国家气

① 信息来自网站：https://www.wmo-sat.info/oscar/satellites/，2017 年 8 月 15 日

象服务和临近预报应用中发挥关键作用。例如，通过反演方法，可以从 GOES 可见光和红外观测资料中得出云粒子大小和云顶特性等(Mecikalskiet 等, 2008；Zhuge 等, 2017a)。通过跟踪红外和水汽通道亮温像素，可以从云和水汽像素的移动，推算出大气运动速度矢量(Velden 等, 1996, 1997, 1998)。对流触发(CI)、云顶气压和云类型等 GOES 反演产品，已被用于确定对流天气系统发生发展的不同阶段：从对流前环境、对流发生和发展到对流消亡(Mecikalski 和 Bedka, 2006; Mecikalski 等, 2015; Gravelle 等, 2016; Zhuge 和 Zou, 2018)。GOES 风矢量同化对提高 NWP 预报水平有积极影响(Velden 等, 1996, 1997；Tomassini 等, 1999；Soden 等, 2001；Goerss 等, 1998)。但是，GOES 风矢量反演的主要难点是卫星反演风矢量的指定高度具有较高的不确定性(Rao 等，2002)，因为 GOES 成像仪观测到的是仪器视场范围内地表和某高度层内大气的总辐射量，不是在特定高度的大气辐射，GOES 反演的风矢量(即风速和风向)是指定在特定高度上的。因此，直接同化 GOES 成像仪亮温资料是有优势的，可以避免上述问题，以便快速辐射传输模式准确模拟辐射亮温。依赖于通道频率的权重函数，使快速辐射传输模式可以计算与该通道相关高度层内的地表和大气总辐射量。此外，权重函数随高度分布越宽，GOES 反演风矢量的误差越大。相比 GOES 反演产品，同化 GOES 亮温资料的另一个优点是观测误差更简单、更容易量化。

20 世纪 90 年代初期，通过直接同化极轨气象业务卫星遥感观测资料，NWP 预报水平取得了显著提高(Eyre 等, 1993；Andersson 等, 1994)。而地球静止卫星成像仪辐射资料的直接同化却晚了十年左右。关于地球静止卫星辐射资料的直接同化及其对 NWP 影响的研究包括欧洲 Meteosat-7 上的成像仪 MVIRI(Köpken 等, 2004)，欧洲 Meteosat-8 上的成像仪 SEVIRI(Szyndel 等, 2005； Stengel 等, 2009)，美国地球静止业务环境卫星 GOES-11/-12(Zou 等, 2011b；Qin 等, 2013b)和 GOES-13/-15(Zou 等，2015b)上的 GOES 成像仪，日本 Himahari-8 卫星上的 AHI(Qin 和 Zou, 2017)，以及美国 NOAA-20 上的 ABI(Qin 和 Zou, 2018)。

表 11.1 和图 11.1 列出了日本、中国、美国和欧洲发射的地球静止气象卫星，包括卫星名称、发射时间、截至 2017 年 8 月 15 日的状态以及星下点经度①。美国、欧洲和日本分别于 1975 年、1977 年和 1977 年发射了地球静止卫星，比中国的“风云 2 号”(FY-2)系列早了 20 年(Zhang 等, 2006)。每个国家的 GOES 数据记录在时间上几乎没有空缺，即下一颗卫星的发射时间比上一颗卫星的退役时间早。地球静止气象卫星位于赤道上方。图 11.2 是显示地球静止气象卫星(如 Meteosat-10)如何扫描地球的示意图。星下点用加号表示，位于赤道，是地球距离静止卫星最近的一点。每颗地球静止卫星的观测资料覆盖以星下点为中心的有限区域。来自不同国家的不同地球静止卫星位于不同经纬度。图 11.3 说明了 2017 年 8 月 15 日欧洲的 Meteosat-9/-10、中国的 FY-2E/-2G、日本的 Himawari-8 和美国的 GOES-13/-15 地球静止业务气象卫星的资料覆盖区域和卫星星下点位置。除两个以 120°E 和 110°W 为中心的狭窄区域(经度宽约为 60°)外，大部分地区都有重叠的 GOES 观测资料。

①https://www.wmo-sat.info/oscar/satellites/

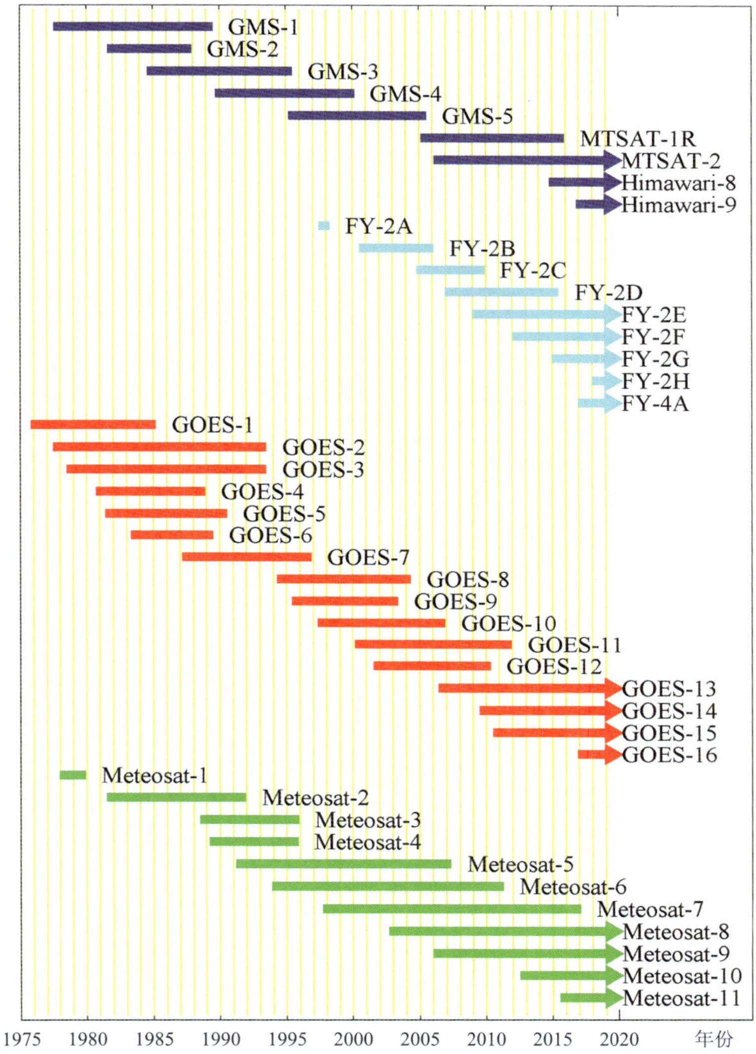

图 11.1　日本(蓝色)、中国(青色)、美国(红色)和欧洲(绿色)地球静止气象卫星发射和运行时间

数据来自：http://www.wmo-sat.info/oscar/satellites/

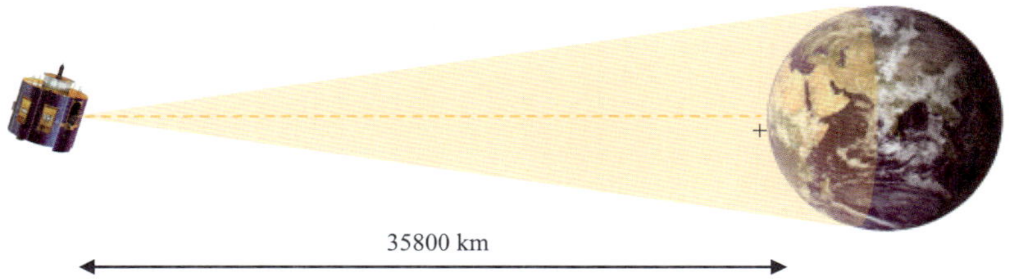

图 11.2　地球静止气象卫星(如 Meteosat-10)扫描地球示意图

+表示星下点

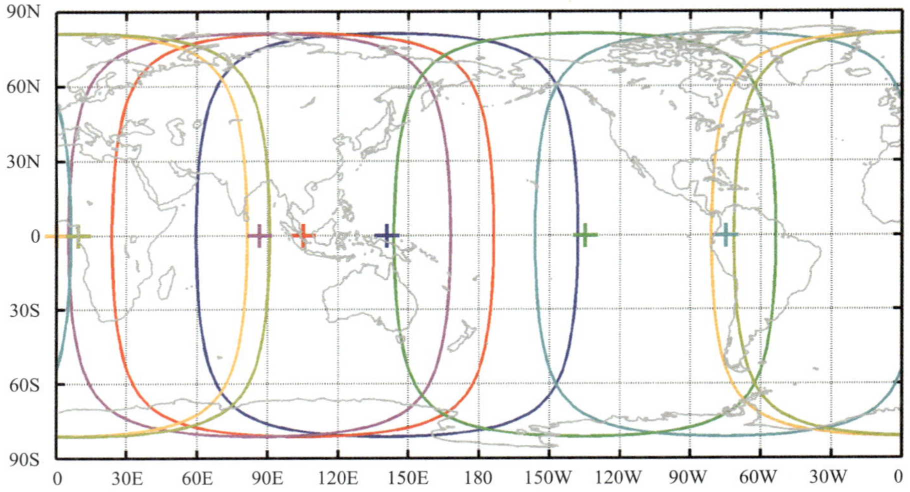

图 11.3　2017 年 8 月 15 日在轨运行的地球静止气象卫星的最大覆盖范围(实线)和星下点(加号)

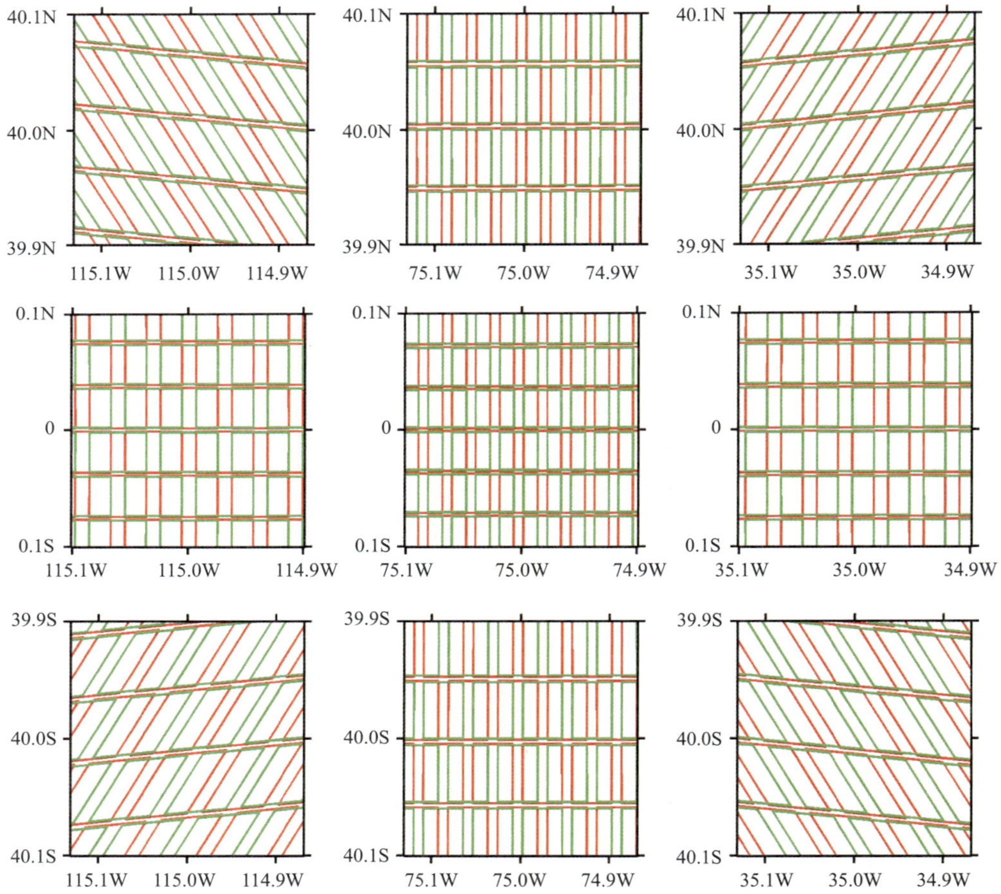

图 11.4　GOES-13 成像仪红外像素对应的地面视场区域

两个相邻像素分别显示为绿线和红线，GOES-13 位于 75°W 处

GOES 瞬时几何视场的大小决定观测值的水平分辨率。对于 GOES-11/-12/-13/-15，星下点的视场大小随通道而变，可见光通道 1 是 1 km，红外通道 2～5 是 4 km；GOES-13 红外通道 6 是 8 km。图 11.4 给出了在星下点(0°N, 75°W)附近以及其他 8 个不同地方的 GOES-13 成像仪的 IGFOV 分布。GOES-13 成像仪通道的视场形状与 AMSU-A 视场(参见第 7 章)不同，不是圆形或椭圆形的，而是矩形或平行四边形的。GOES-13 成像仪使用正方形检测器，在赤道星下点附近，视场是矩形的(Landecker 等，2009)，视场大小在星下点最小，随离星下点距离增加，变形程度增加。事实上，GOES 成像仪视场形状与纬度、经度、卫星天顶角、卫星方位角、卫星与目标视场之间的距离有关(Zou 和 Da, 2014)。视场的三分之二以上部分与纬向相邻两个视场重叠，在子午方向上的重叠很小，可以忽略不计。在星下点相同经度上的像素在子午方向上会发生变形。相比于星下点视场，距离星下点位置较远的赤道附近的矩形视场在东西方向上的长度增加更明显，南北方向上的长度不变。在静止卫星资料覆盖区域的四个对角位置，视场在纬向和经向都有扭曲，呈平行四边形。图 11.5 给出了视场分布的又一个示例，是多功能交通运输卫星(MTSAT-1R)成像仪的视场分布。MTSAT-1R 和 GOES-13 视场分布的主要区别是相邻 MTSAT-1R 视场之间没有重叠。与图 11.4 中类似，在图 11.5 中也可以看到视场变形。

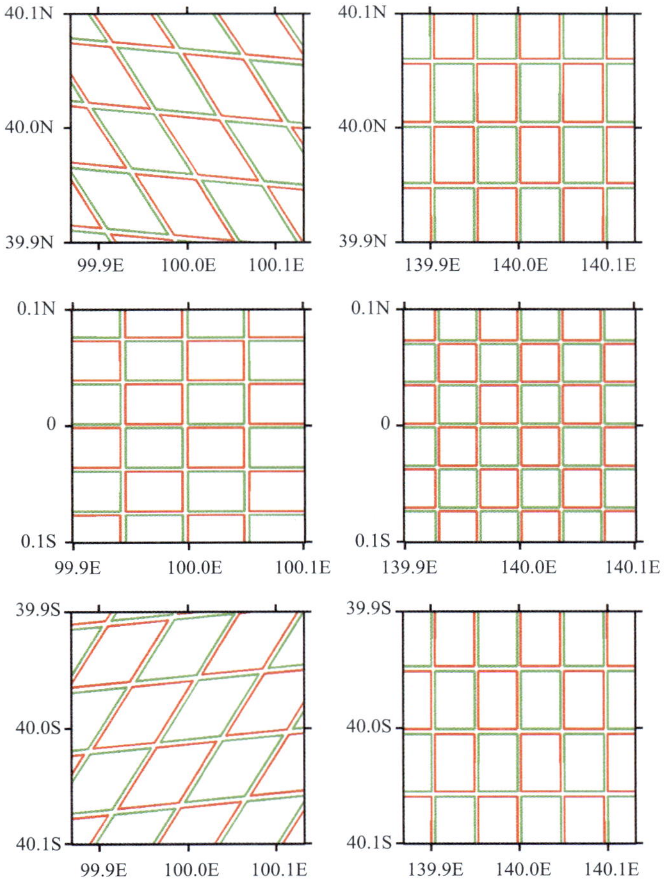

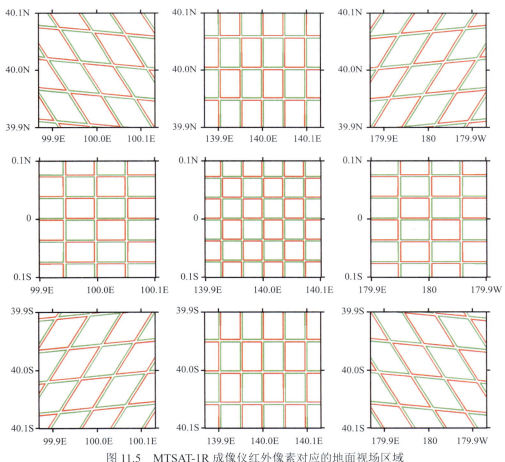

图 11.5　MTSAT-1R 成像仪红外像素对应的地面视场区域

两个相邻像素分别显示为绿线和红线，MTSAT-1R 位于 140°E 处扫描角越大，视场变形越大。由于高纬度有较大的像素变形，因此，高纬度的亮温观测资料及其反演产品不如低纬度的可靠。在 GOES 资料同化中，通常只同化扫描角小于 60° 的观测资料(Köpken 等, 2004; Qin 和 Zou, 2018)。

每个通道的权重函数廓线分布反映 GOES 观测值的垂直分辨率。图 11.6 显示 GOES-11/-12 成像仪的 4 个红外通道以及 ABI 和 AHI 的 10 个红外通道的权重函数随气压的垂直变化特征，它们是根据美国标准大气廓线由 CRTM 计算得到的。来自权重函数最大值高度处的大气辐射对卫星观测亮温的贡献最大。权重函数的宽度决定了该高度上下大气对卫星观测辐射的相对贡献。图 11.6 清楚地表明，GOES-11/-12 成像仪水汽探测通道 3 的主要辐射贡献来自 500～300 hPa 大气层。ABI 和 AHI 拥有 3 个水汽探测通道，即通道 8、9 和 10。所有其他红外通道(即 GOES-11/-12 的通道 2 和 4～5，ABI 和 AHI 的通道 7 和 11～16)都是窗区通道，不同频率辐射主要是来自地球表面和云顶的辐射。在所有窗口通道中，大气排放对 GOES-11/-12 通道 5 和 GOES-16 通道 16 的影响最大。

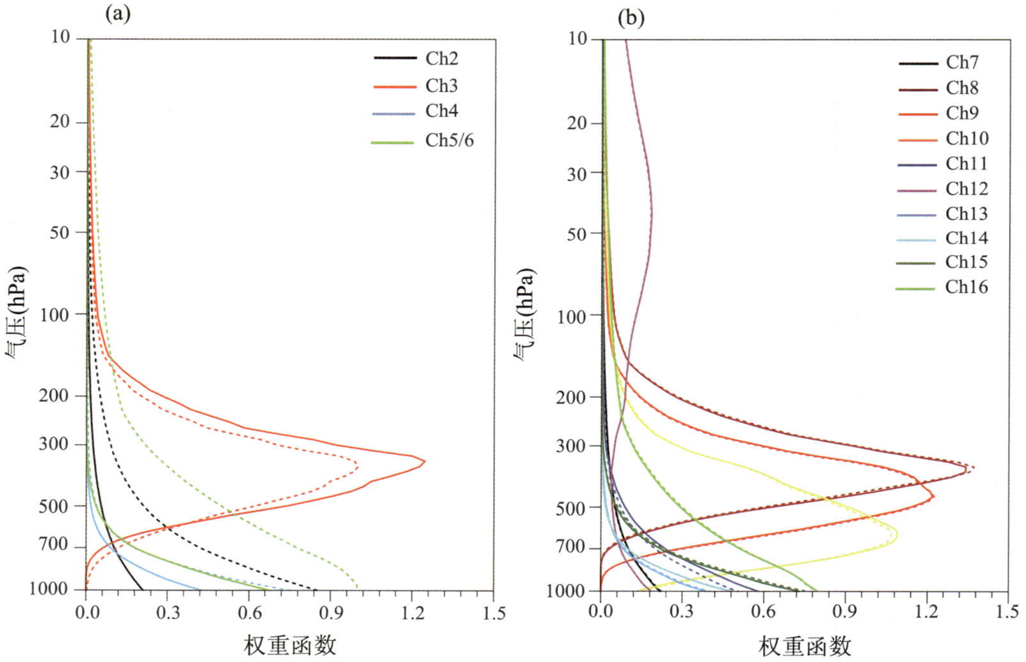

图 11.6　(a)GOES-11 成像仪红外通道 2～5(实线)、GOES-12 成像仪红外通道 2～4 和 6(虚线)以及(b)AHI(实线)和 ABI(虚线)的 10 个红外通道 7～16 的权重函数

11.4　AHI 和 ABI 仪器特征

AHI 搭载在日本新一代地球静止气象卫星 Himawari-8 和-9 上(Bessho 等, 2016)。Himawari-8 和-9 分别于 2014 年 10 月 7 日和 2016 年 11 月 2 日成功发射升空。Himawari-8 位于 140.7°E，它的替补卫星 Himawari-9 直到 2022 年都处于待命状态。GOES-16 是美国第五代 GOES 系统的第一颗卫星，于 2016 年 11 月 19 日成功发射。自 2017 年 11 月

起，GOES-16 已成为一枚 GOES-East 业务运行卫星，位于 75°W。搭载在 GOES-16 卫星上的 6 个仪器旨在从其距赤道 22300 mile(35888 km)的高度监测整个美国的地球天气和太空环境(Schmit 等, 2017)。ABI 是 GOES-16 携带的主要仪器之一。GOES-16 设计的在轨运行时间是 10 年，在轨存储时间至少是 5 年。

ABI 是最新的辐射成像仪，可以以 0.5～2 km 的水平空间分辨率、5 min 一次的刷新率提供全覆盖区观测。搭载在先前运行的 GOES 卫星(即 GOES-11/-1/-13/-15)上的成像仪只有 6 个通道，即可见光通道 1 和红外通道 2～4、5 和 6，而 ABI 可见光通道有 3 个(通道 1～3)、近红外光通道有 3 个(通道 4～6)、红外通道有 10 个(通道 7～16)。ABI 与 AHI 非常相似。AHI 通道 3 和 ABI 通道 2(0.636 μm)的星下点水平分辨率为 0.5 km，AHI 和 ABI 通道 1(0.470 μm)、AHI 通道 2 和 4 以及 ABI 通道 3 和 5 的星下点分辨率为 1 km，其余的 AHI 和 ABI 通道的星下点分辨率为 2 km(表 11.2)。对于可见光和近红外通道，在 100%反照率下的信噪比(SNR)大于 300；对于通道 7～15，在 300 K 时的噪声等效温差(NEdT)小于 0.1 K；对于通道 16，在 300 K 时的噪声等效温差(NEdT)小于 0.3 K。ABI 的精度要求与 AHI 的相同。

表 11.2　AHI 和 ABI 通道特性的比较，包括中心波长、星下点分辨率、可见光和近红外通道的信噪比以及红外通道的 NEdT

通道		AHI/Himawari-8			ABI/GOES-16		
		中心频率(μm)	星下点分辨率(km)	信噪比或 NEdT	中心频率(μm)	星下点分辨率(km)	信噪比或 NEdT
可见光和近红外	1	0.470	1	≥300 (100%反照率)	0.470	1	≥300 (100%反照率)
	2	0.509	1		0.636	0.5	
	3	0.636	0.5		0.864	1	
	4	0.856	1		1.373	2	
	5	1.610	2		1.609	1	
	6	2.256			2.242	2	
红外	7	3.882		≤ 0.16 (300 K)	3.890		≤ 0.10 (300 K)
	8	6.214		≤ 0.40 (240 K)	6.171		
	9	6.934		≤ 0.10 (300 K)	6.927		
	10	7.345		≤ 0.32 (240 K)	7.336		
	11	8.588		≤ 0.10 (300 K)	8.444		
	12	9.633			9.607		
	13	10.402			10.331		
	14	11.227			11.186		
	15	12.357			12.266		
	16	13.274		≤ 0.30 (300 K)	13.266		≤ 0.30 (300 K)

注：中心波长数据来自 https://nwpsaf.eu/downloads/rtcoef_rttov12/ir_srf/，信噪比和 NEdT 数据来自 https://www.wmo-sat.info/oscar/satellites/

ABI 用两种扫描模式观察西半球。第一种扫描模式以 15 min 的时间间隔扫描整个资料覆盖区，以 5 min 的时间间隔扫描美国大陆(CONUS)，以 30 s 的时间间隔扫描中尺度天气事件。第二种扫描模式以 5 min 的时间间隔提供连续的全覆盖区域观测资料。覆盖 CONUS 和中尺度天气事件的扫描范围可根据感兴趣的目标而变化。在 CONUS 扫描中，以星下点为中心的 ABI 观测区域在东西方向和南北方向的大小分别是 5000 km 和 3000 km 左右。扫描中尺度天气事件的覆盖区域约为 1000 km×1000 km。如前所述，瞬时视场的大小随视角的增加而增加。

AHI 和 ABI 的 10 个红外通道的权重函数分别可以在 Zou 等(2016b)以及 Qin 和 Zou(2018)的文章中找到。在 10 个 ABI 红外通道中，通道 7、11 和 13～15 是地表敏感通道；通道 8～10 位于水汽吸收带中，对对流层中的水汽分布比较敏感；而窗区通道 12 和 16 分别位于臭氧和二氧化碳吸收带中。

图 11.7 显示了 2017 年 4 月 29 日 0300 UTC ABI 通道 14 的观测亮温(图 11.7a)，通道 7 与通道 14 之间的亮温差(图 11.7b)以及通道 15 与通道 14 之间的亮温差(图 11.7c)。台风雨带内深对流云区域的亮温比其周围晴空区的亮温低 50 K 以上(图 11.7a)。尽管 ABI 通道 7、14 和 15 都是地表敏感通道，但通道 7 和 14(图 11.7b)之间的亮温差较大的区域以及通道 15 和 14(图 11.7c)之间的亮温差较大的区域与云的分布紧密相关。在深对流地区，主要受云顶温度影响，不同通道之间的差异较小。在半透明云区，通道 7 和 14 之间以及通道 15 和 14 之间的亮温差异较大。云对 3.9 μm 光谱区通道 7 的发射率影响比对别的通道的影响更大。因此，在深对流云附近，较短波长的地表观测通道 7 的亮温比地表通道 14 的亮温高 10 K 以上(图 11.7b)。在半透明云区，通道 14 和 15 之间的亮温差(通道 15 减去通道 14)为负值，是由水汽连续吸收线在通道 14 和 15 的两个频率处的差异所致。深对流云中通道 14 和 15 之间的负值在 0 ～ −1.6K 范围内，深对流云周围半透明云区中的负值约−4K。正是因为 ABI 不同通道之间的亮温光谱差的空间特征与云分布的某些特征相关，ABI 观测到的亮温光谱差是研发云检测算法的基础。

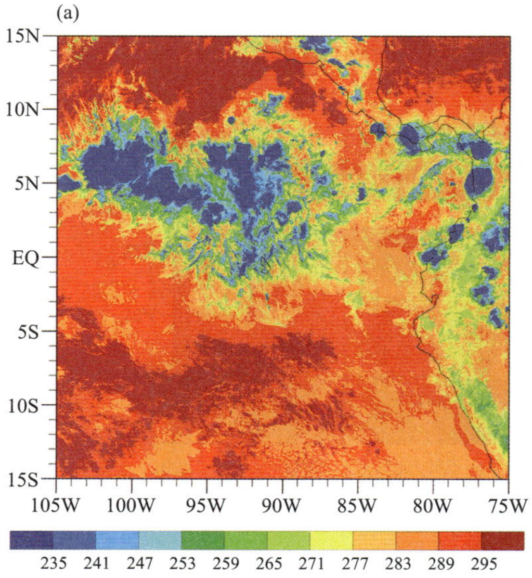

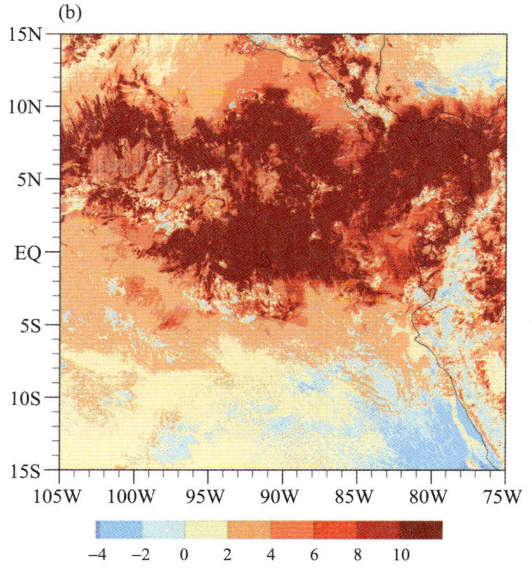

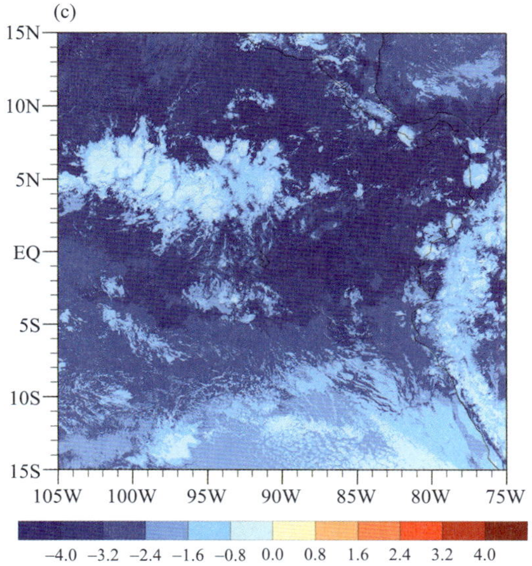

图 11.7　2017 年 4 月 29 日 0300 UTC 时 ABI 亮温观测值的空间分布(单位：K)
(a)通道 14，(b)通道 7 与通道 14 之差(通道 7–通道 14)，(c)通道 15 与通道 14 之差(通道 15–通道 14)

11.5　云　检　测

为检测云而开发的云罩(CM，cloud mask)算法基于可见光、近红外和红外通道辐射观测资料的光谱差、空间变化以及时间相干性。通常，CM 算法由若干个 CM 检验步骤组成，相应地有一组 CM 检验阈值，用来区分晴空像素和云像素。过去的 CM 算法示例包括 NOAA POES 的超高分辨率辐射计(AVHRR)(Stowe 等, 1999; Heidinger 等, 2012)、NASA 地球观测系统(EOS)Aqua 和 Terra 卫星中分辨率成像光谱仪(MODIS)(Ackerman 等, 2006)、SEVIRI(Hocking 等, 2011)以及 AHI 和 ABI(Heidinger 和 Straka Ⅲ, 2013)。AVHRR CM 算法的最新版本简称为 CLAVR-x CM，支持几乎所有的业务地球静止卫星成像仪资料，包括 AHI 和 ABI。这些 CM 算法主要是为国家气象服务和气候监测目的而开发的(Ackerman 等, 2006)。

确定 CM 检验阈值是进行 CM 检验的关键。若 CM 检验阈值不合适，CM 算法的整体性能将降低。Heidinger(2011)使用了一个为期 8 周的 SEVIRI 训练数据集，与云-气溶胶激光雷达和红外探路者卫星观测(CALIPSO)数据进行匹配，生成 CALIPSO 云观测数据，用于确定 SEVIRI 数据的 CM 检验阈值。CM 检验阈值要满足的条件是，当将此阈值应用到这组与 CALIPSO 数据匹配的 SEVIRI 训练数据集中并把 CALIPSO 数据用作“真值”情况时，云检测错误率不超过 2%。陆地阈值与海洋阈值不同。Hocking 等(2011)建议不仅在海洋和陆地上，而且在不同地表植被类型、不同时间段(例如，白天或晚上)，使用不同阈值。Zou 和 Da(2014)研发了一种局地、依赖于亮温分布的 CM 算法，并应用于 GOES-11/-12/-13/-15 成像仪资料，区分晴空像素和云像素。通过基于附近像素的两个概率分布函数的一维优化方法，确定六个 CM 检验的“最佳”阈值。这两个概率分布函数分别是以目标像素为中心的 $10°\times10°$区域内的有“云”像素的概率分布函数和“晴空”像素的概率分布函数。在陆地和海洋上，平均检验正确概率(PCT)分别达到 92.94%和 91.50%。

在 NWP 系统中可以直接同化地球静止卫星成像仪红外通道亮温资料(Köpken 等, 2004; Szyndel 等, 2005; Stengel 等, 2009; Zou 等, 2011a、b; Qin 等, 2013a、b, 2017; Qin 和 Zou, 2018; Zou 等, 2015a、b)。云检测对 ABI 红外通道偏差估计和同化都起着关键作用。地球静止卫星成像仪红外通道辐射资料同化需要一个高效的红外 CM 算法，该算法可以嵌入数据同化系统中，识别受云污染的像素，不需要任何可见光或近红外通道。基于这些考虑，Zhuge 和 Zou(2016)研发了一个只用红外通道观测亮温的 CM 算法，用于云检测。该算法由 10 个 CM 检验步骤组成，其中 7 个与 Heidinger 和 Straka Ⅲ(2013)研究中只涉及红外通道的 7 个 ABI CM 检验相同，修改了 2 个 ABI CM 检验，新增加了 1 个 CM 检验。新增加的 CM 检验是为了识别光学厚度较小的薄云。以下简要概述这 10 个 AHI 和 ABI CM 检验(CM1～CM10)公式。这 10 个 CM 检验的阈值见 Zhuge 和 Zou(2016)的文章。

对于某个目标像素，如果以下不等式成立，则第一个相对热对比度云罩检验(CM1)将判断该目标像素受到了云的影响：

$$\left(O_{\text{ch14}}^{\max}-O_{\text{ch14}}\right)-3\gamma\sigma_z>\varepsilon_1 \tag{11.3}$$

其中，O_{ch14}是目标像素通道 14 亮温观测值，$O_{\text{ch14}}^{\max}$是包围该目标像素的 3×3 像素框中通道 14 的最大亮温观测值，σ_z是围绕目标像素的 3×3 像素框中地形高度的标准差，γ代表温度递减率(7 K·km^{-1})，ε_1是 CM1 检验阈值。ABI 通道 14 的中心频率是 11.2 μm，分辨率是 4 km，与 GOES-11/-12 成像仪通道 4(11.7 μm，4 km 分辨率)类似。通道 14 是为了区分地表温度和云顶温度而设计的通道。来自 AHI/ABI 通道 14 和 GOES 通道 4 的亮温观测值的空间分布通常用于描绘热带气旋中云的水平分布特征。定性来说，该通道的亮温越低，云顶越高，热带气旋内部的对流越强。因此，CM1 检验反映了目标像素相对于其周围环境的相对热对比度。这个 CM 检验假定，在地形校正后，通道 14 在云像素中的亮温观测值比周围平均亮温低几度(海洋上为 3.2 K，陆地上为 4.1 K)。

第二个云罩检验(CM2)是把某目标像素辐射率与对流层顶高度的辐射率进行比较。对于某目标像素，如果以下不等式成立，则 CM2 判断该目标像素受到了云的影响：

$$\frac{I_{11.2\mu\text{m}}\left(O_{\text{ch14}}\right)-I_{11.2\mu\text{m}}\left(B_{\text{ch14}}^{\text{clear-sky}}\right)}{I_{11.2\mu\text{m}}\left(T_{\text{tropopause}}\right)-I_{11.2\mu\text{m}}\left(B_{\text{ch14}}^{\text{clear-sky}}\right)}>\varepsilon_2 \tag{11.4}$$

其中，$I_{11.2\mu\text{m}}(T)$代表在给定温度(T)下通过普朗克函数计算出的 11.2μm 辐射率，$B_{\text{ch14}}^{\text{clear-sky}}$是在晴空条件下 ABI 通道 14 的模拟亮温值。换句话说，$I_{11.2\mu\text{m}}\left(O_{\text{ch14}}\right)$、$I_{11.2\mu\text{m}}\left(B_{\text{ch14}}^{\text{clear-sky}}\right)$和$I_{11.2\mu\text{m}}\left(T_{\text{tropopause}}\right)$分别是在温度$O_{\text{ch14}}$、$B_{\text{ch14}}^{\text{clear-sky}}$和$T_{\text{tropopause}}$下计算得到的 11.2 μm 辐射率。阈值参数 ε_2 的值在海洋、陆地和雪面上分别是 0.1、0.3 和 0.4。 根据不等式(11.4)，我们可以这样理解 CM2 检验：假设目标像素是云像素， 则 AHI 通道 14 的亮温观测值与

晴空模拟值作为温度得到的 11.2 μm 辐射率之差，比对流层顶温度与晴空模拟值作为温度得到的 11.2 μm 辐射率之差大 10%~40%。

第三个云罩检验(CM3)用于检测半透明云像素。在存在半透明云的情况下，水汽连续辐射吸收谱在通道 14 和 15 之间产生的亮温差是正的，并大于在晴空条件下这两个通道的正差，即

$$O_{\mathrm{ch14}}^{\text{semi-transparent}} - O_{\mathrm{ch15}}^{\text{semi-transparent}} > O_{\mathrm{ch14}}^{\text{clear-sky}} - O_{\mathrm{ch15}}^{\text{clear-sky}} > 0 \tag{11.5}$$

用观察值之差 $O_{\mathrm{ch14}} - O_{\mathrm{ch15}}$ 代替式(11.5)中的 $O_{\mathrm{ch14}}^{\text{semi-transparent}} - O_{\mathrm{ch15}}^{\text{semi-transparent}}$，用模式模拟值之差 $B_{\mathrm{ch14}}^{\text{clear-sky}} - B_{\mathrm{ch15}}^{\text{clear-sky}}$ 替代式(11.5)中的 $O_{\mathrm{ch14}}^{\text{clear-sky}} - O_{\mathrm{ch15}}^{\text{clear-sky}}$，式(11.5)可以写成

$$\left(O_{\mathrm{ch14}} - O_{\mathrm{ch15}}\right) - \left(B_{\mathrm{ch14}}^{\text{clear-sky}} - B_{\mathrm{ch15}}^{\text{clear-sky}}\right) > 0 \tag{11.6}$$

若 $O_{\mathrm{ch14}} - O_{\mathrm{ch15}}$ 的值较大，则目标像素受到了半透明云的影响。因此，CM3 使用的公式为

$$\left(O_{\mathrm{ch14}} - O_{\mathrm{ch15}}\right) - \alpha\left(B_{\mathrm{ch14}}^{\text{clear-sky}} - B_{\mathrm{ch15}}^{\text{clear-sky}}\right) > \varepsilon_3 \tag{11.7}$$

其中，α 是当 O_{ch14} 和 $B_{\mathrm{ch14}}^{\text{clear-sky}}$ 都大于 270K 时，为了减少晴空水汽连续吸收的影响而加上去的一个因子，α 定义为

$$\alpha = \begin{cases} 1, & \text{当 } O_{\mathrm{ch14}} \text{ 和 } B_{\mathrm{ch14}}^{\text{clear-sky}} < 270\mathrm{K} \\ \dfrac{O_{\mathrm{ch14}} - 260}{B_{\mathrm{ch14}}^{\text{clear-sky}} - 260}, & \text{其他} \end{cases}$$

CM3 检验涉及通道 14 和 15 之间的差异，通常称 CM3 为正 14 减 15 测试(PFMFT)。

第四个云罩检验(CM4)是检测受位于大量水汽上方的不透明云层影响的目标像素。在这种情况下，通道 14 和 15 观测值之差 $O_{\mathrm{ch14}} - O_{\mathrm{ch15}}$ 小于晴空估计值之差 $B_{\mathrm{ch14}}^{\text{clear-sky}} - B_{\mathrm{ch15}}^{\text{clear-sky}}$，即

$$\left(O_{\mathrm{ch14}} - O_{\mathrm{ch15}}\right) - \left(B_{\mathrm{ch14}}^{\text{clear-sky}} - B_{\mathrm{ch15}}^{\text{clear-sky}}\right) < 0 \tag{11.8}$$

因此，如果以下不等式成立，则 CM4 将判断该目标像素受到了云的影响：

$$\left(B_{\mathrm{ch14}}^{\text{clear-sky}} - B_{\mathrm{ch15}}^{\text{clear-sky}}\right) - \left(O_{\mathrm{ch14}} - O_{\mathrm{ch15}}\right) > \varepsilon_4 \tag{11.9}$$

通常称 CM4 检验为负 14 减 15 测试(NFMFT)。

第五个云罩检验(CM5)可识别云厚度变化较大区域中的云像素。云的厚度一般不均匀。我们将目标像素周围的 21×21 像素框中的最暖像素的通道 14 和 15 亮温观测值分别表示为 $O_{\mathrm{ch14}}^{\text{warmest}}$ 和 $O_{\mathrm{ch15}}^{\text{warmest}}$。最暖像素代表目标像素邻近局部区域中光学厚度最薄的像素。如果通道 14 和 15 亮温观测值之差在目标像素与最暖像素的绝对差大于某个阈值，则 CM5 将判断该目标像素受到了云的影响，即

$$\left|\left(O_{\mathrm{ch14}} - O_{\mathrm{ch15}}\right) - \left(O_{\mathrm{ch14}}^{\text{warmest}} - O_{\mathrm{ch15}}^{\text{warmest}}\right)\right| > \varepsilon_5 \tag{11.10}$$

我们称 CM5 为 14 减 15 相对测试(RFMFT)。

由地表特征引起的通道 14 亮温观测值的空间变化与水汽通道 10 亮温观测值的空间变化显然不同，但对流层上层云(主要是卷云)引起的通道 14 亮温观测值的空间变化是与

通道 10 亮温观测值相关的。因此，第六个云罩(CM6)检验使用的是窗区通道 14 和水汽通道 10 之间的空间相关性来检测对流层上层的云。在数学上，如果在以目标像素为中心的 5×5 像素框中，通道 10 和 14 亮度温度观测值之间的线性相关系数大于某个阈值，则判定该目标像素受到了云影响，即

$$\rho\left(O_{\mathrm{ch14}}, O_{\mathrm{ch10}}\right) > \varepsilon_6 \tag{11.11}$$

CM6 检验也称为卷云水汽检测(CIRH2O)。

第七个云罩检验(CM7)建立在 3.9 μm 光谱区的通道 7 的发射率对云很敏感这一物理特性上。受云影响的 3.9 μm 发射率大于晴空条件下的发射率的估计值。修改后的 4 μm 发射率(M-EMISS4)测试表示为

$$\frac{\dfrac{I_{3.9\mu\mathrm{m}}(O_{\mathrm{ch7}})}{I_{3.9\mu\mathrm{m}}(O_{\mathrm{ch14}})} - \dfrac{I_{3.9\mu\mathrm{m}}(B_{\mathrm{ch7}})}{I_{3.9\mu\mathrm{m}}(B_{\mathrm{ch14}})}}{\dfrac{I_{3.9\mu\mathrm{m}}(B_{\mathrm{ch7}})}{I_{3.9\mu\mathrm{m}}(B_{\mathrm{ch14}})}} > \varepsilon_7 \tag{11.12a}$$

其中，$I_{3.9\mu\mathrm{m}}(O_{\mathrm{ch7}}) / I_{3.9\mu\mathrm{m}}(O_{\mathrm{ch14}})$ 这项是对 3.9 μm 发射率观测值的一个近似，$I_{3.9\mu\mathrm{m}}(B_{\mathrm{ch7}}) / I_{3.9\mu\mathrm{m}}(B_{\mathrm{ch14}})$ 是晴空条件下对 3.9 μm 发射率的一个估计值。式(11.12a)仅适用于太阳闪烁角小于 40°的区域，以便忽略太阳光反射对亮温观测的影响。在太阳闪烁角小于 40°的海洋上，CM7 将根据下面的不等式判断该目标像素是否受到了云的影响：

$$O_{\mathrm{ch7}} - B_{\mathrm{ch7}}^{\text{clear-sky}} < \mu - 3\sigma \equiv \varepsilon_7^{\text{sun-glint}} \tag{11.12b}$$

其中，μ 和 σ 分别表示晴空条件下 AHI 通道 7 亮温观测值与模式模拟值之差的偏差和标准差。不等式(11.12b)是基于以下考虑：云区的通道 7 亮温观测值低于晴空区的通道 7 亮温模式模拟值。Zhuge 和 Zou(2016)的研究表明，虽然式(11.12a)没有检测到在澳大利亚西面的阳光直射区域上的有云像素，但式(11.12b)能成功检测出这些有云像素。

第八个云罩检验(CM8)是一个改良了的均匀低层测试(M-ULST)，它检测位于均匀低层层云中的像素。在 3.9 μm 发射率，均匀的低层层云的发射率小于地表发射率。如果以下不等式成立，则 CM8 检验判定该目标像素受到了雾或低层层云影响：

$$\frac{I_{3.9\mu\mathrm{m}}(B_{\mathrm{ch7}}^{\text{clear-sky}})}{I_{3.9\mu\mathrm{m}}(B_{\mathrm{ch14}}^{\text{clear-sky}})} - \frac{I_{3.9\mu\mathrm{m}}(O_{\mathrm{ch7}})}{I_{3.9\mu\mathrm{m}}(O_{\mathrm{ch14}})} > \varepsilon_8 \tag{11.13}$$

CM8 检验仅在夜间进行。在白天，太阳反射的辐射的不确定性大于低空层云与地表之间的辐射差别。

第九个云罩检验(CM9)可识别云边缘的像素。当云层移至晴空像素时，通道 14 观测亮温将明显降低。由于 AHI 的时间分辨率为 10 min，因此，用于 CM9 检验的所谓红外时间差(TEMPIR)测试云像素的公式如下：

$$O_{\mathrm{ch14}}^{-10\,\mathrm{min}} - O_{\mathrm{ch14}} > \varepsilon_9 \tag{11.14}$$

其中，$O_{\mathrm{ch14}}^{-\Delta t}$ 表示上一观测时间的通道 14 亮温观察值，比当前观测值 O_{ch14} 早了 Δt 时间。这里，Δt 是数据刷新时间(例如，对于 AHI 为 10 min)。

第十个云罩检验(CM10)是检测光学厚度薄的云(N-OTC)的新方法。由于地表辐射

对通道 7 的影响大于对通道 15 的影响，因此在薄云情况下，通道 7 的亮温明显高于通道 15 的亮温。如果以下不等式成立，则 CM10 检验判定该目标像素受到了薄云的影响：

$$O_{ch7} - O_{ch15} > \varepsilon_{10} \tag{11.15}$$

考虑到云层反射的太阳辐射对通道 7 亮温观测值的贡献，白天的阈值(ε_{10})大于夜间的阈值。

云检测是这样进行的：一个目标像素只要被以上 10 个云罩检验中的任何一个判定为受云影响，该像素就是受云影响的云像素。因此，这种云检测方法在删除大部分(如果不是全部)云污染像素的同时，有可能会牺牲一些晴空像素。这 10 个云罩检验使用了四个通道(7、10、14 和 15)的观测值。一半的云罩检验需要晴空亮温模拟。CM2 检验使用了通道 14 的观测值，CM3 和 CM4 检验使用通道 14 和 15 的观测值，CM7 和 CM8 检验则使用了通道 14 和 7 的观测值。不仅云检测需要晴空亮温模拟，卫星资料的偏差估计和资料同化都需要进行晴空模式模拟，后两者将分别在 11.5 节和 11.6 节中讨论。表 11.3 总结了晴空辐射模拟所需要的输入变量和参数。气压、温度、水汽混合比和臭氧混合比是三维空间变量，地表温度和地面风是二维水平空间变量，它们的值来自 ECMWF 分析场或 NCEP GFS 分析场。我们使用的 ECMWF 分析场时间是 0300、0900、1500 和 2100 UTC，有 91 个垂直层，模式层顶约为 0.01 hPa，水平分辨率为 0.25°×0.25°；NCEP GFS 分析场时间是 0000、0600、1200 和 1800 UTC，有 31 个垂直层，模式层顶约为 1 hPa，水平分

表 11.3　使用通用辐射传输模式 CRTM 2.2.3 版进行晴空模拟的输入变量和参数

类别	变量名	单位	数据来源
大气变量	气压	hPa	ECMWF 分析场 或 NCEP GFS 分析场
	温度	K	
	水汽混合比*	ppmv	
	O_3 混合比**		
	CO_2 混合比		常数（376）
地表变量	地表温度	K	ECMWF/NCEP GFS 分析场
	地表发射率	—	CAMEL_HSRemis
	海表发射率	—	根据 Wu 和 Smith（1997）计算
	风速	$m\cdot s^{-1}$	ECMWF/NCEP GFS 分析场
	风向	°	
几何	卫星天顶角	°	根据经纬度计算
	太阳天顶角		
参数	气候	—	美国标准大气廓线
	土地覆盖率	—	1 表示陆地，0 表示海洋
	水覆盖率		0 表示陆地，1 表示海洋
	雪覆盖率		总是 0
	冰覆盖率		总是 0

* 若用 NCEP GFS 分析场，垂直层在 100 hPa 以上的值与 100 hPa 的值相同

** 若用 NCEP GFS 分析场，垂直层在 400 hPa 以下的值与 400 hPa 的值相同

辨率与 ECMWF 分析场相同。由于 NCEP GFS 分析场没有 400 hPa 气压层以下的臭氧分布，我们将 400 hPa 的值用于 400 hPa 垂直层以下高度的臭氧混合比。NCEP GFS 分析中的相对湿度提供了有关大气中水汽含量的信息。从相对湿度到混合比的变量转换在 100 hPa 以上有很大的不确定性。因此，高于 100 hPa 的水汽混合固定为 100 hPa 的值。

除三个水汽通道(8、9 和 10)以外，其他 AHI/ABI 红外通道受地表影响很强。因此，地表发射率是一个重要的输入参数，并且在这些通道的模式模拟中起关键作用。我们根据 Wu 和 Smith(1997)提出的红外海表发射率算法计算海表发射率。陆地上的地表发射率用的是数据集 CAMEL_HSRemis(Borbas 等, 2017)，该数据集结合了先进的星载热辐射、反射辐射仪以及中分辨率成像分光辐射仪资料，比嵌入在 CRTM 中的三个红外陆地地表发射率模块更准确，尤其是在沙漠和地表发射率月变化较大的地方(Zhuge 等, 2017b)。

图 11.8 给出了 2017 年 4 月 29 日 0300 UTC 赤道东太平洋 10 个 CM 检验得出的云像素空间分布。晴空像素用青色和白色表示(CM 云检测表达式的值小于阈值)，云像素用绿色和其他颜色表示。不出所料，10 个 CM 检验反映了云的不同属性，可识别位于云的不同地方的云像素。

把 10 个 CM 检验结合起来得到的 CM 最终结果如图 11.9 所示。作为参考，图 11.7a 显示了 ABI 通道 14 亮温观测值。我们注意到，云像素也可以在通道 14 亮温高于 290 K 的区域中发现。与图 11.9 比较，单个通道亮温图可能会丢失一些云像素。如下面几节所示，对于 ABI/AHI 红外通道的偏差特性和资料同化而言，云检测是一个关键步骤。

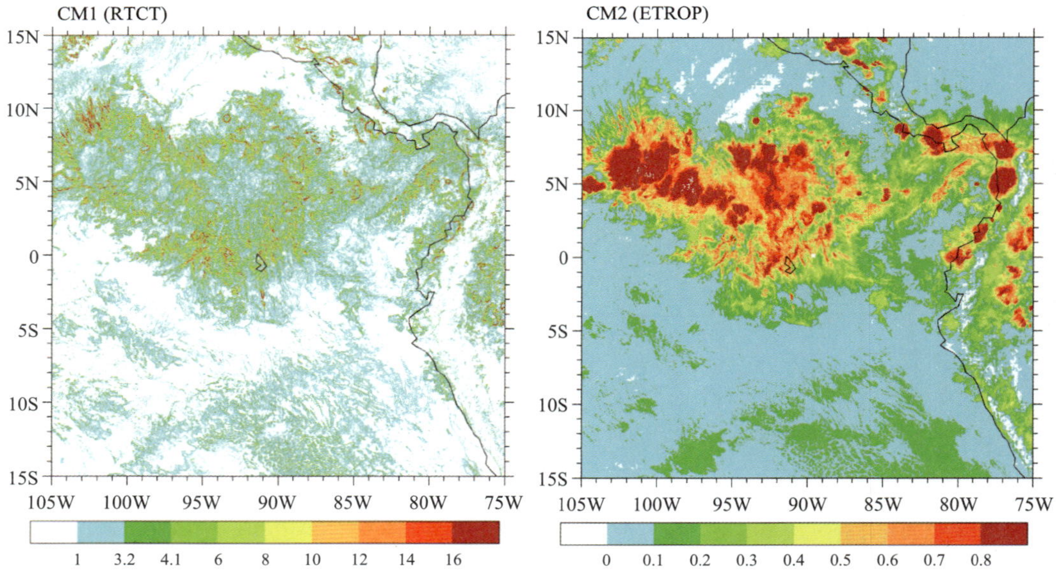

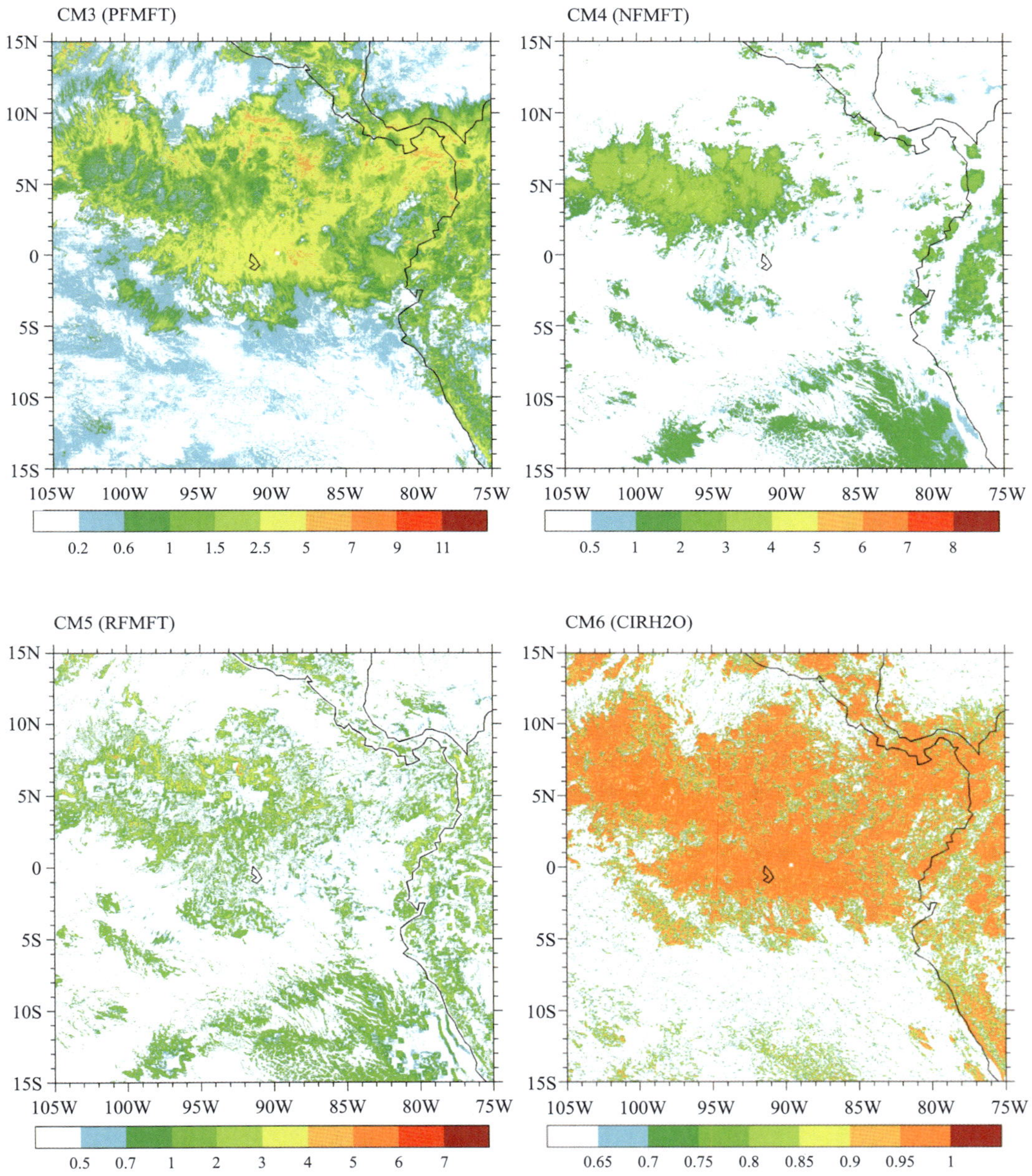
CM3 (PFMFT)
CM4 (NFMFT)
CM5 (RFMFT)
CM6 (CIRH2O)
15N
10N
5N
0
5S
10S
15S
105W
100W
95W
90W
85W
80W
75W
0.2 0.6 1 1.5 2.5 5 7 9 11
0.5 1 2 3 4 5 6 7 8
0.5 0.7 1 2 3 4 5 6 7
0.65 0.7 0.75 0.8 0.85 0.9 0.95 1

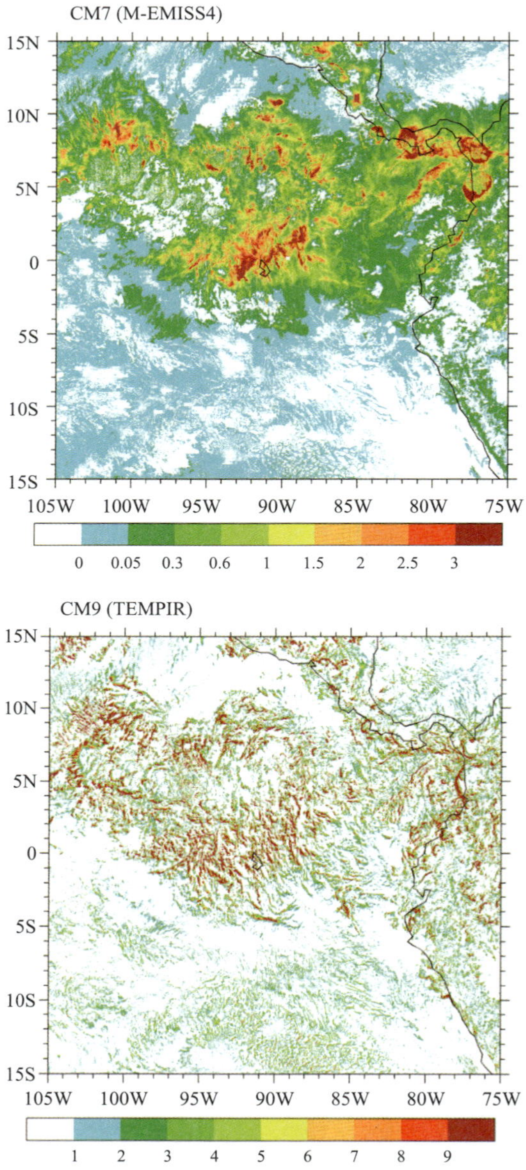

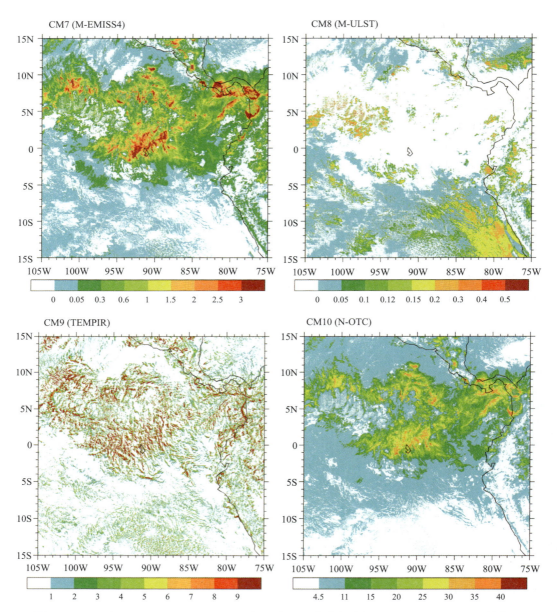

图 11.8　2017 年 4 月 29 日 0300 UTC 10 个云罩(CM)指数的空间分布(CM2 和 CM8 无单位；其他单位：K)

CM 指数超过阈值的多云像素以绿色和绿色右侧的其他颜色显示,白色和青色区域是具有晴空像素的区域

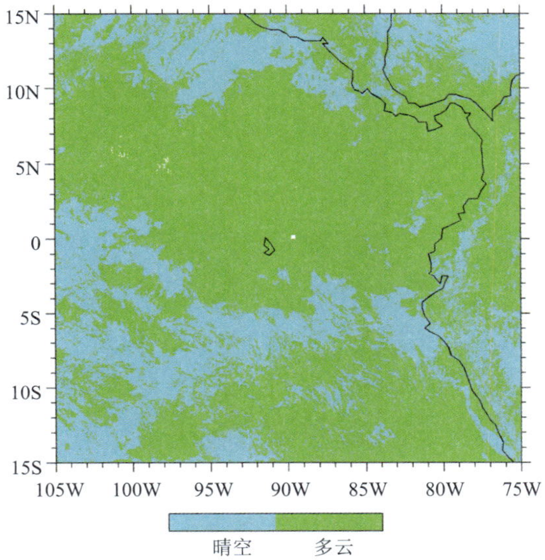

图 11.9　2017 年 4 月 29 日 0300 UTC 云罩的空间分布

11.6　ABI 偏差特征

对 GOES 成像仪资料偏差做定量估计的常用方法是将观测值(O)与快速辐射传输模式和 NWP 模式场一起生成的模拟结果(B)进行比较，简称为 OMB 方法。由于 GOES 成像仪亮温的模式模拟在晴空条件下最准确(Zou 等, 2016a、b)，偏差估计通常使用晴空资料(晴空像素)。因此，估算 GOES 成像仪亮温资料偏差的第一步是选择晴空像素，可以用前面小节中描述的云检测算法。作为例子，下面介绍如何使用 OMB 方法，获得 ABI 10 个红外通道的偏差估计。

云随时间不断变化，并在三维空间中移动。一个有云区域稍后可能会变成晴空区域。为便于说明，我们选择从 2017 年 4 月 28 日至 5 月 6 日共 9 天的 ABI 数据。图 11.10 显示了在这 9 天内观察到的晴空像素的合成图，由图可见，持续 9 天有云的区域范围很小。

基于 ECMWF(B^{ECMWF})和 NCEP GFS(B^{NCEP})分析场，利用 CRTM 计算出的各通道的 OMB 的偏差和标准差为

$$\mu_{\text{omb}}^{\text{ECMWF}} \equiv \overline{O - B^{\text{ECMWF}}}, \quad \mu_{\text{omb}}^{\text{NCEP}} \equiv \overline{O - B^{\text{NCEP}}} \tag{11.16a}$$

$$\sigma_{\text{omb}}^{\text{ECMWF}} \equiv \overline{(O - B^{\text{ECMWF}} - \mu_{\text{omb}}^{\text{ECMWF}})^2}, \quad \sigma_{\text{omb}}^{\text{NCEP}} \equiv \sqrt{\overline{(O - B^{\text{NCEP}} - \mu_{\text{omb}}^{\text{NCEP}})^2}} \tag{11.16b}$$

图 11.11 和图 11.12 分别是海洋和陆地上的偏差和标准差计算结果，具体数值见表 11.4。为了避免 CRTM 模拟不确定性，卫星天顶角大于 60°的数据不包括在内。对于地表敏感通道 7、11～16 和最低层水汽探测通道 10，海洋上的偏差估计值($\mu_{\text{omb}}^{\text{ECMWF}}$ 和 $\mu_{\text{omb}}^{\text{NCEP}}$)一致为负($>-1$ K)。从 O–B^{NCEP} 数据样本计算出的偏差和标准差比从 O–B^{ECMWF} 数据样本计算

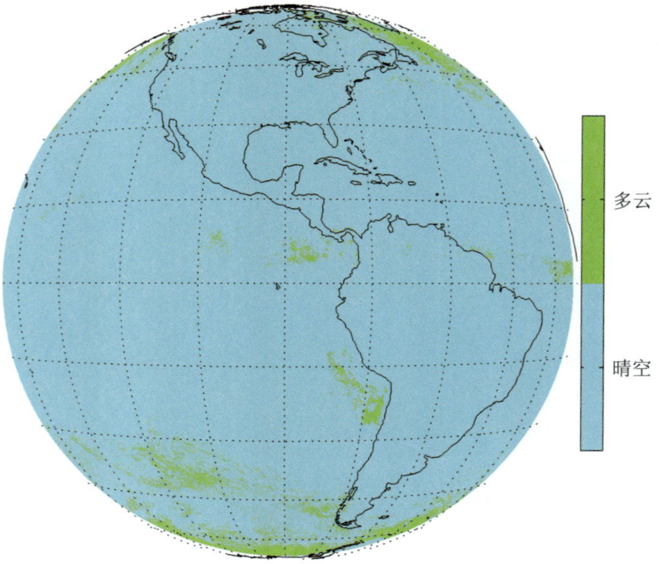

图 11.10　2017 年 4 月 28 日～5 月 6 日 9 天时间内至少有一次晴空像素(青色)或无晴空像素(绿色)的区域合成图

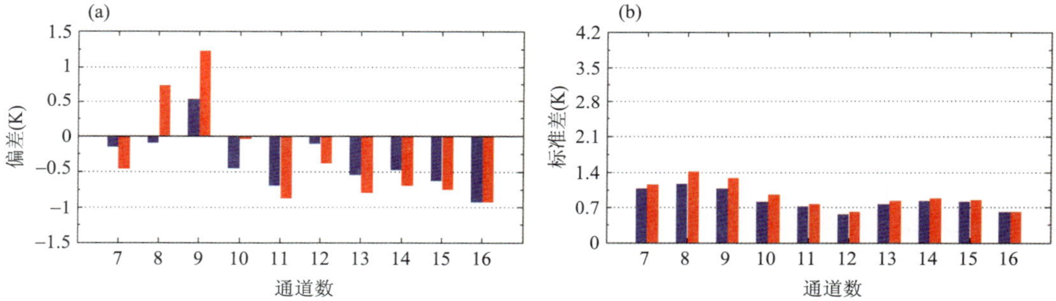

图 11.11　卫星天顶角小于 60°的海洋上所有数据的 $O\!-\!B^{\mathrm{ECMWF}}$(蓝色)和 $O\!-\!B^{\mathrm{GFS}}$(红色)的(a)偏差和(b)标准差

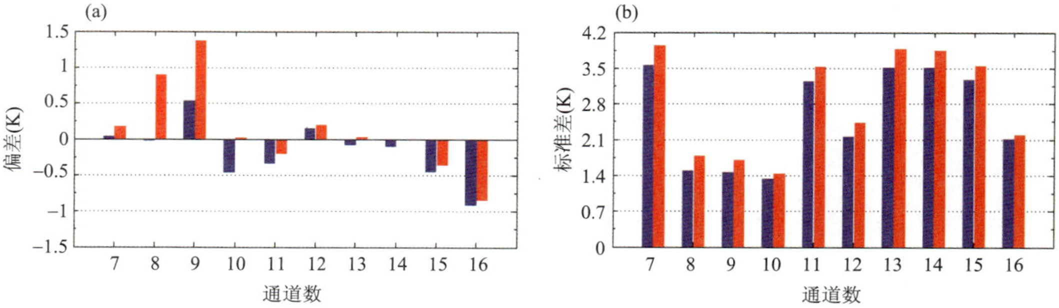

图 11.12　卫星天顶角小于 60°的陆地上所有数据的 $O\!-\!B^{\mathrm{ECMWF}}$(蓝色)和 $O\!-\!B^{\mathrm{GFS}}$(红色)的(a)偏差和(b)标准差

出的稍大(图 11.11)。除了两个较高层的水汽探测通道 8 和 9 以及地表敏感通道 7 和 12 外，陆地上的偏差基本上都是负的。ECMWF 和 NCEP GFS 分析场估计的水汽通道 8～10 的偏差差别较大。地表敏感通道 7 和 11～16 的标准差($\sigma_{\mathrm{omb}}^{\mathrm{ECMWF}}$ 和 $\sigma_{\mathrm{omb}}^{\mathrm{NCEP}}$)在陆地上(图 11.12b)比在海洋上(图 11.11b)大得多，这主要是由于陆地上地表发射率和地表温度变化有较大不确定性(Zhuge 等, 2017b；Zhuge 和 Zou, 2018)。

表 11.4 使用 2017 年 4 月 28 日～5 月 6 日的 ECMWF 或 NCEP GFS 分析场作为 CRTM 的输入得到晴空条件下卫星天顶角小于 60°的 AHI 观测和 CRTM 模拟亮温之间的偏差(μ)和标准偏差(σ)

通道数	ECMWF				NCEP GFS			
	海洋		陆地		海洋		陆地	
	μ(K)	σ(K)	μ(K)	σ(K)	μ(K)	σ(K)	μ(K)	σ(K)
7	–0.16	1.09	0.04	3.56	–0.47	1.17	0.17	3.93
8	–0.11	1.18	–0.03	1.49	0.73	1.41	0.90	1.78
9	0.54	1.08	0.54	1.45	1.22	1.29	1.37	1.70
10	–0.46	0.82	–0.47	1.33	–0.05	0.95	0.02	1.43
11	–0.70	0.73	–0.34	3.24	–0.87	0.77	–0.21	3.53
12	–0.11	0.56	0.15	2.16	–0.39	0.61	0.20	2.43
13	–0.55	0.77	–0.08	3.51	–0.79	0.82	0.02	3.87
14	–0.48	0.83	–0.10	3.52	–0.69	0.87	–0.01	3.85
15	–0.63	0.82	–0.45	3.28	–0.76	0.85	–0.37	3.54
16	–0.93	0.60	–0.92	2.11	–0.93	0.61	–0.85	2.18

观测资料、CRTM 和 CRTM 模拟输入—NWP 模式场的系统偏差对 OMB 偏差都有贡献。由于使用相同的观测资料和相同的 CRTM 来估计 $\mu_{\mathrm{omb}}^{\mathrm{ECMWF}}$ 和 $\mu_{\mathrm{omb}}^{\mathrm{NCEP}}$，因此，$\mu_{\mathrm{omb}}^{\mathrm{ECMWF}}$(图 11.11)和 $\mu_{\mathrm{omb}}^{\mathrm{NCEP}}$(图 11.12)之间的差别是由输入到 CRTM 中的 ECMWF 和 NCEP GFS 比湿和温度廓线之间的差异引起的。在 250～400 hPa 大气层，NCEP GFS 分析场的水汽含量比 ECMWF 分析场的水汽含量高，NCEP GFS 分析场的温度比 ECMWF 分析场的温度低(图 11.13)。该大气层与两个上层水汽通道 8 和 9 的大部分权重函数(也显示在图 11.13 中)重叠。水汽含量的增加会增加对流层上部水汽的吸收。较低的温度降低了大气的热辐射。因此，根据 NCEP GFS 分析场得到的模拟亮温(B^{NCEP})小于根据 ECMWF 分析场得到的模拟亮温(B^{ECMWF})，从而导致 B^{NCEP} 有负偏差，因而，使 $\mu_{\mathrm{omb}}^{\mathrm{NCEP}}$ 大于 $\mu_{\mathrm{omb}}^{\mathrm{ECMWF}}$。

在资料同化中，我们假设了观察误差和背景误差是无偏的，即

$$\mu_{\mathrm{o}} \equiv \overline{O-T} = 0, \quad \mu_{\mathrm{b}} \equiv \overline{B-T} = 0 \tag{11.17}$$

其中，T 代表真值。当 μ_{o}=0 和 μ_{b}=0 时，下面等式成立：

$$\overline{O-B} = (\overline{O-T}) - (\overline{B-T}) = \mu_{\mathrm{o}} - \mu_{\mathrm{b}} = 0 \tag{11.18}$$

但是，如果式(11.18)成立，式(11.17)不一定成立。

因为 $\mu_{\mathrm{omb}} = \overline{O-B}$ 是 OMB 方法得到的偏差，因此，下面等式成立：

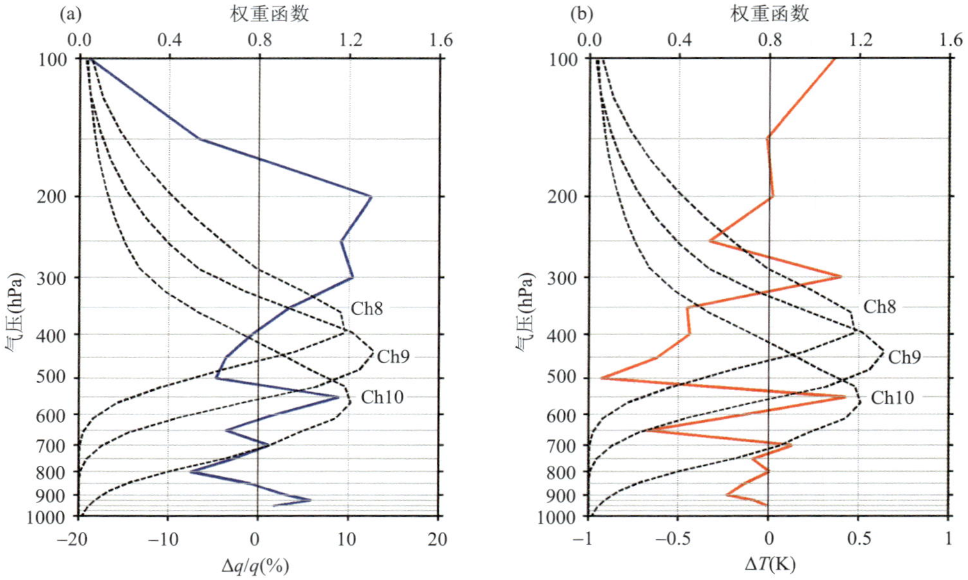

图 11.13　使用 2017 年 4 月 28 日～5 月 6 日 9 天时间内的 ABI 观测域(天顶角小于 60°)内海洋上晴空条件下的 GFS 和 ECMWF 分析场之差(GFS–ECMWF) (a)比湿分数($\Delta q/q$)和(b)温度(ΔT)偏差的垂直分布
图中还显示了 ABI 信道 8～10 相对于美国标准大气的权重函数(虚线)

$$\overline{O-B-\mu_{\text{omb}}}=0 \tag{11.19}$$

ABI 亮温资料同化将极小化(O–B–μ_{omb})的平方项，(O–B–μ_{omb})这项是没有偏差的。μ_{omb}是把观测值和背景场偏差一起考虑了：$\mu_{\text{omb}}=\mu_{\text{o}}-\mu_{\text{b}}$。这样做有可能会在模式场中引入偏差漂移。因此，最好的办法是先用无偏数据(如探空仪或 GPS 无线电掩星数据)估算模式偏差(Zou 等, 2014a)。 假设

$$\mu_{\text{b}}^{\text{ro}}\equiv\overline{B-B^{\text{ro}}}\approx\mu_{\text{b}} \tag{11.20}$$

则

$$\mu_{\text{omb}}+\mu_{\text{b}}^{\text{ro}}=\overline{O-T-(B-T)}+\mu_{\text{b}}^{\text{ro}}=\mu_{\text{o}}-(\mu_{\text{b}}-\mu_{\text{b}}^{\text{ro}})=\mu_{\text{o}} \tag{11.21}$$

把卫星亮温资料与其他无偏资料(如探空、飞行和 GPS 无线电掩星观测资料)一起同化，后者有助于锚定模式，避免偏差漂移。当然，最安全的方法是使用最合适和最准确的数据，在同化之前分别完成μ_{o}–μ_{b}和μ_{b}的定量估计。

我们还可以看一看 ABI 偏差在整个资料覆盖区域内的空间分布。利用 9 天时间内的资料，图 11.14a 显示了每个 2°×2°网格内 ABI 晴空像素的数据量。在整个 ABI 资料覆盖区域内，几乎每个 2°×2°网格中都有 50 个以上的晴空像素样本。图 11.14b 和图 11.14c 分别显示了在每个 2°×2°网格中计算得到的 AHI 通道 10 和 14 的 O–B^{ECMWF} 偏差。两个通道在海洋上的偏差和陆地上通道 10 的偏差($-1\ \text{K}\leqslant\mu_{\text{omb}}^{\text{ECMWF}}\leqslant 0.5\ \text{K}$)比陆地上通道 14 的偏差更均匀并且更小。在陆地上，地表敏感通道 14 的偏差是不均匀的，并且比海洋偏差大 3 至 4 倍($\mu_{\text{omb}}^{\text{ECMWF}}<-3\text{K}$，　$\mu_{\text{omb}}^{\text{ECMWF}}>3\text{K}$)。其他地表敏感通道的结果与通道 14 的相似。ECMWF 分析场中地表发射率的不确定性(Zhuge 等，2017b；Zhuge 和 Zou，2018)

或陆地地表温度的不确定性导致了地表敏感通道在陆地上的偏差较大(Trigo 等，2015)。

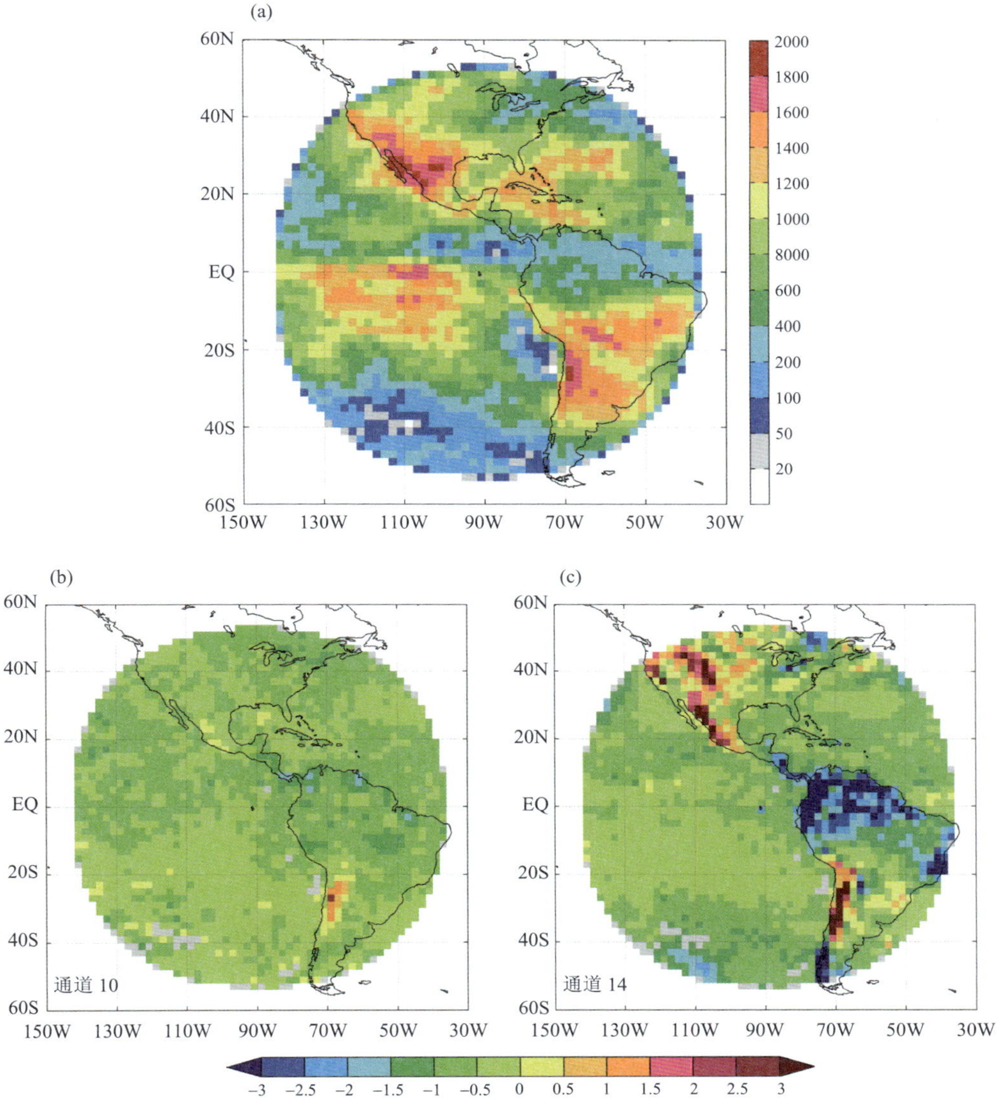

图 11.14　(a) 2017 年 4 月 28 日～5 月 6 日 9 天时间内的数据量、(b) AHI 通道 10 和 (c) AHI 通道 14 的亮温偏差(单位：K)的空间分布

这些数据是根据 2°×2°网格内晴空像素的 $O\text{–}B^{\mathrm{ECMWF}}$ 统计数据计算得出的

通道 14(图 11.14c)的偏差分布特征似乎与 Köppen-Geiger 气候分类系统中的 6 个主要类别相关(图 11.15)。CONUS 和智利西部以干旱或半干旱气候为特征，而巴西属于热带雨林气候类别。Trigo 等(2015)指出，在干旱和半干旱地区，ECMWF 分析场中的地表温度在夜间有暖偏差，在白天有明显的冷偏差，这与我们得到的在整个干旱地区 $O\text{–}B$ 的负偏差是一致的。热带地区的负偏差最大。图 11.16 显示了 6 个气候类别的偏差和标

准偏差。在热带地区，偏差最大，并与大多数红外通道的其他 4 种陆上地表类型的偏差符号相反，标准差在靠近极区最大。

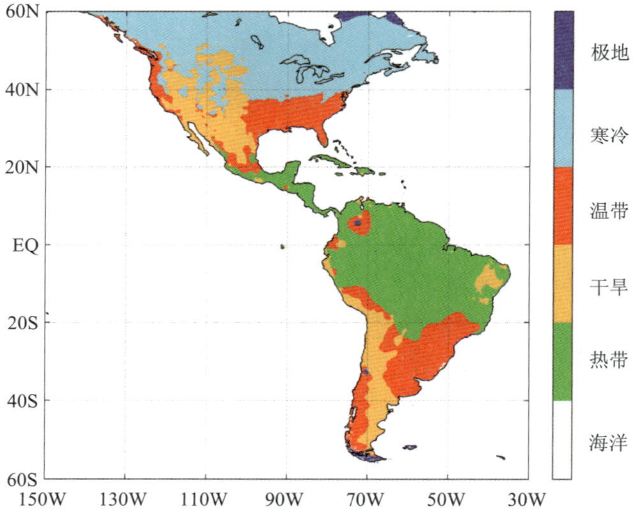

图 11.15　Köppen-Geiger 气候分类系统中 6 个主要类别的空间分布

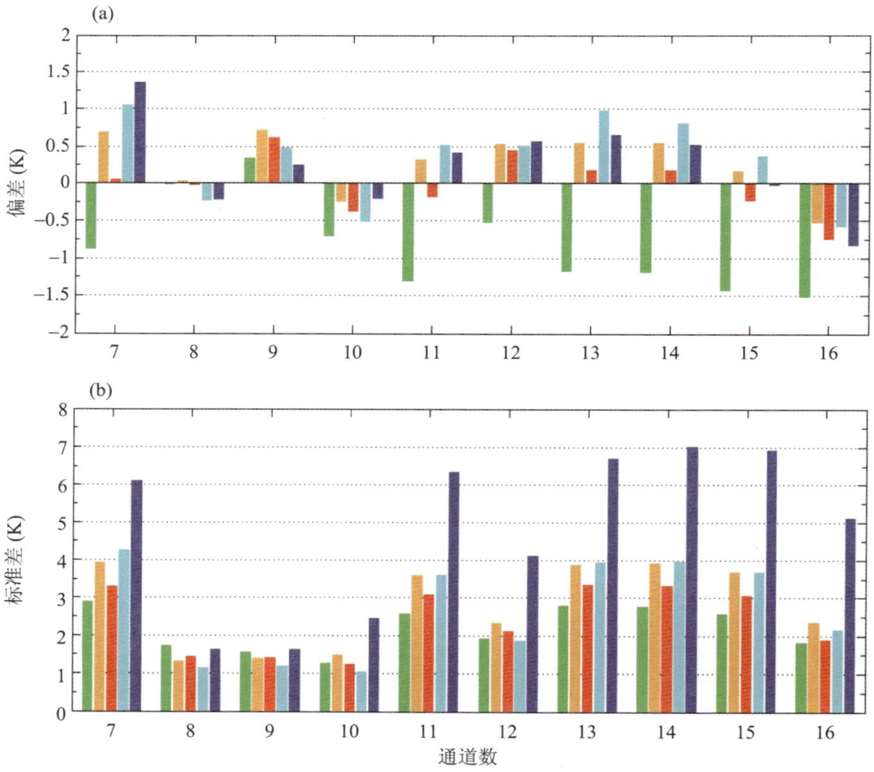

图 11.16　不同气候类别下的 $O\text{–}B^{\mathrm{ECMWF}}$ 的 (a) 偏差和 (b) 标准差

不同气候等级的颜色约定与图 11.15 一致

11.7 GOES 成像仪资料同化

静止卫星资料同化比极轨卫星资料同化开始得晚。静止卫星资料的早期用途主要是通过连续跟踪卫星红外通道图像中的云或水汽特征而获得风反演产品(Nieman 等, 1997; Velden, 1996, 1997)。后来是同化风反演产品，对 NWP 有中性或正影响(Goerss 等, 1998; Velden 等, 1998; Tomassini 等, 1999; Soden 等, 2001)。众所周知，反演风的过程中，指定风的高度具有不确定性，这是同化 GOES 风反演产品的缺点(Rao 等, 2002)。在全球和区域 NWP 系统中直接同化静止卫星成像仪亮温资料的一些研究工作可列举如下：Meteosat-7 MVIRI(Köpken 等, 2004)、Meteosat-8 SEVIRI(Szyndel 等, 2005; Stengel 等, 2009)、美国 GOES(Su 等, 2003)、GOES-11/-12(Zou 等, 2011a、b; Qin 等, 2012)、GOES-13/-15(Zou 等, 2015a、b)。Zou 等(2011a、b)和 Qin 等(2012)评估了 GOES-11/-12 成像仪资料同化对区域模式定量降水预报的影响。Zou 等(2015a、b)通过同化 GOES-13/-15 成像仪资料，改进了热带气旋的预报水平。在对流开始和发展之前的 6～12 h 时间窗口内同化 GOES 成像仪辐射可以显著改进墨西哥湾北部海岸附近的定量降水预报(Zou 等, 2011a、b)。利用 NCEP GSI 和 ARW 区域模式同化系统，Qin 等(2012)评估了将 GOES-11/-12 成像仪红外通道辐射资料与其他类型的卫星资料同时同化的作用，其中 NCEP GSI 方案用于资料同化，ARW 模式用于模式短期(如 24～36 h)预报。其他卫星资料包括 AMSU-A、高光谱大气红外测深仪(AIRS)、高分辨率红外测深仪(HIRS)、GOES 测深仪(GSN)、高级微波探测仪(AMSU-B 和 MHS)。结果表明，同时同化 GOES 资料和其他卫星资料，可以进一步改善墨西哥湾沿岸对流诱发的定量降水预报。此外，Zou 等(2015a、b)利用飓风天气研究和预报(HWRF)系统，通过同化 GOES-13/-15 红外通道亮温数据资料，显著改进了发生在 2012 年 6 月墨西哥湾的热带风暴 Debby 的预报水平。

相比 GOES-11～GOES-15 成像仪(总共 5 个通道)，AHI 或 ABI 有更多光谱通道(总共 16 个通道)，对大气参数反演和 NWP 应用更广泛。例如，使用 3 个可见光(0.47、0.51 和 0.64 μm)和新添加的近红外(0.86μm)通道，可以开发具有业务可行性的快速云检测算法(Zhuge 等, 2017a)和适用于白天的雾检测算法(Shang 等, 2017)。AHI 观测资料的高空间分辨率和快速时间刷新率也有助于较准确地预测亚热带地区的对流触发(Zhuge 和 Zou, 2018)。直接同化三个而不是一个 AHI 红外水汽通道辐射观测资料，可产生更准确的对流层中上层湿度分析场，从而对中国东部地区的定量降水预报产生更大的正影响(Qin 等, 2017; Ma 等, 2017)。Qin 和 Zou(2018)评估了同化 ABI 亮温资料对定量降水预报的影响。与无线电探空观测和 NCEP 多传感器每小时降水观测资料相比，同化 10 个 ABI 红外通道不仅提高了温度和比湿的 24 h 预报精度，还改进了定量降水预报水平。与同化单个 GOES-13/-15 水汽通道相比，同化 3 个 ABI 水汽通道资料对定量降水预报的正影响更大。

11.8　GOES 和 POES 遥感资料的同时同化

现在，我们讨论把 AHI 观测资料与 POES 观测资料一起同化对区域定量降水预报的额外影响。我们可以进行以下四个数值试验，都是从 2016 年 7 月 1 日 0600 UTC 到 1800 UTC 进行 6 h 循环同化，然后从 2016 年 7 月 1 日 1800 UTC 到 2016 年 7 月 3 日 1800 UTC 的 48 h 模式预报。第一个实验(Exp1)是基准控制试验，同化资料包括 NOAA-15/-18/-19 和 MetOp-A 的 AMSU-A、NOAA-18/-19 和 MetOp-A 的 MHS、NOAA-19 和 MetOp-A 的 HIRS/4、S-NPP 的 ATMS 和 CrIS 观测资料。第二个实验(Exp2)是在 Exp1 的基础上再添加 AHI 观测资料。第三个试验(Exp3)与 Exp1 的唯一不同是不同化 NOAA-18/-19 和 MetOp-A 的 AMSU-A 观测资料。第四个实验(Exp4)是在 Exp3 的基础上再添加 AHI 观测资料。NCEP GSI 系统(Wu 等, 2002)和 ARW 模式分别用于资料同化和预报。模式水平分辨率为 15 km。从地球表面到模式层顶(大约 1 hPa)有 65 个垂直高度层。常规观测是由 NCEP 业务同化的一组全球地面和高空报告组成，包括陆地表面、海洋表面、全球电信系统(GTS)无线电探空仪和飞机报告、风廓线、雷达反演风、特殊传感器微波成像仪(SSM/I)海面风反演和大气总柱可降水反演、美国国家环境卫星、数据和信息服务(NESDIS)的卫星反演风产品。MHS 是一种跨轨扫描微波辐射仪，有 5 个通道，探测对流层大气中的水汽分布，5 个通道的频率分别是 89 GHz、157 GHz、183.31±1.0 GHz、183.31±3.0 GHz 和 190.31 GHz(Mo, 1999)。每条 MHS 扫描线上共有 90 个视场，星下点分辨率为 15 km(Boukabara 等, 2007; Zou 等, 2013a, 2017)。HIRS/4 是一种大气探测仪器，具有 1 个可见光通道(0.6 mm)、7 个短波通道(3.7～4.6 mm)和 12 个长波红外通道(6.7～15 mm)，星下点资料分辨率是 10 km(Wang 等, 2007)。S-NPP 卫星上的 CrIS 是一个高光谱傅里叶变换红外探测仪，可测量 3.7～15.4 mm 长波、中波和短波红外波段中 1305 个通道的地球辐射(Han 等, 2013; Li 和 Zou, 2017)。

选择一个典型夏季降水为例，降水发生在一个向东传播的中纬度槽下游。图 11.17a 给出了从 2016 年 7 月 1 日 1800 UTC 到 7 月 3 日 1800 UTC 这 48 h 内的累积降水量观测分布，降水量观测来自中国 30000 多个自动气象站的逐小时雨量计数据与气候中心降水形态(CMORPH)降水量产品的融合结果(Shen 等，2014)。为了显示大尺度环流动特征，图 11.17a 中还给出了 7 月 1 日 1800 UTC 的 NCEP 500 hPa 位势高度分析场。强降水带位于海岸附近，雨带分布从西南到东北，位于青藏高原下游大尺度位势高度槽下游地区。东海岸还有一个亚热带槽，槽前的气旋风与副热带高压西部的反气旋风有利于大量水汽从海洋区域向内陆输送。图 11.17b 显示了 2016 年 7 月 2 日 0000 UTC AHI 通道 16(13.3 μm)亮温观测资料在模式区域中的分布。AHI 通道 16 在云雨区的观测亮温值远低于周围环境。

如第 7 章所述，来自单个 POES 卫星轨道的微波温度计刈幅经过全球不同地区的当地时间几乎是固定的，但 UTC 时间不是固定的。另一方面，资料同化产生的模式分析场是在四个 UTC 分析时间(0000、0600、1200 和 1800 UTC)循环的。因此，POES 观测资料在模式区域中的覆盖范围取决于该区域所在经度范围。图 11.18 显示了来自 MetOp-A

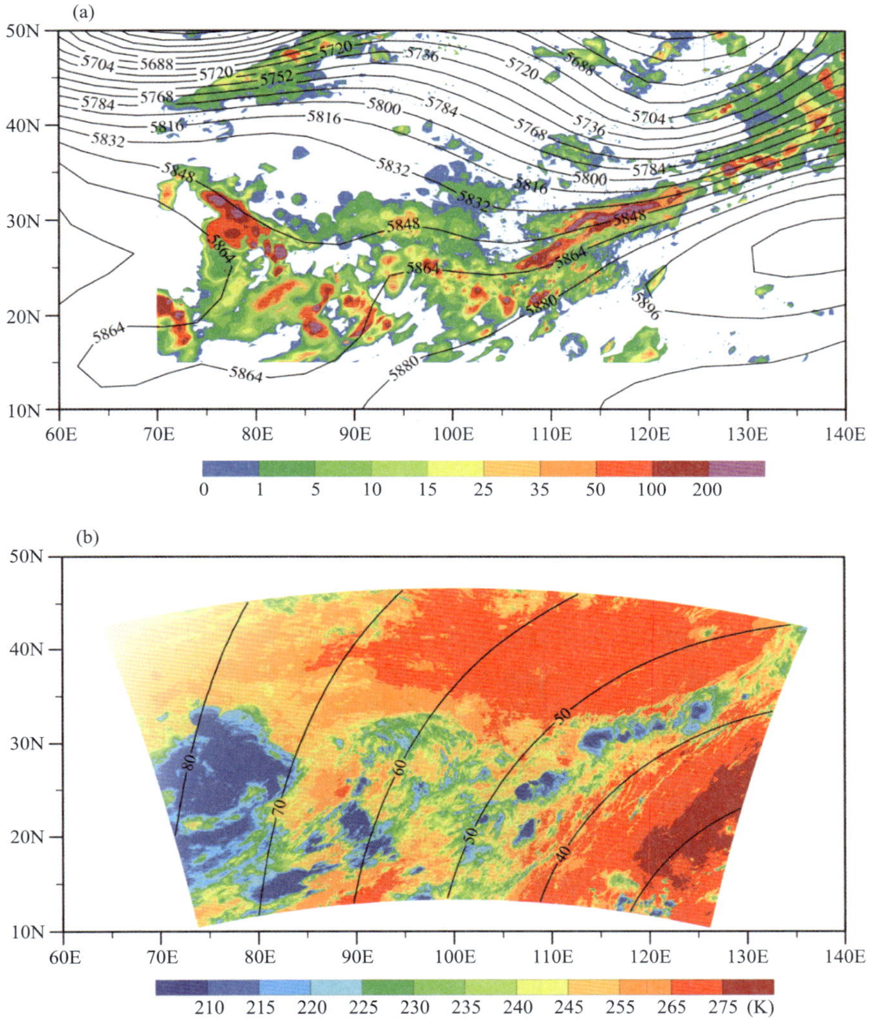

图 11.17　(a) 2016 年 7 月 1 日 1800 UTC 至 7 月 3 日 1800 UTC 期间 48 h 累积降水量（彩色阴影，单位：mm）和 2016 年 7 月 1 日 1800 UTC 时 GFS 500 hPa 位势（黑色曲线，单位：gpm）的空间分布；(b) 2016 年 7 月 2 日 0000 UTC AHI 通道 16（13.3 μm）亮温观测（彩色阴影，单位：K）和卫星天顶角在模式区域内的空间分布（黑线）

（图 11.18a）、NOAA-18（图 11.18b）、NOAA-19（图 11.18c）和 NOAA-15（图 11.18d）的 AMSU-A 观测资料在 2016 年 7 月 1 日的四个分析时间的覆盖情况。上午星 MetOp-A AMSU-A 观测资料在 0600 UTC 和 1200 UTC 分别覆盖了模式区域的东部和西部。NOAA-18（以前是下午星，由于轨道漂移，现在的运行轨道接近晨昏轨道）在 1200 UTC，除了东部不到三分之一的区域外，模式区域上都有 AMSU-A 观测资料（图 11.18b）。在 0600 UTC 和 1800 UTC，下午星 NOAA-19 AMSU-A 的一个刈幅覆盖模式区域东边界附近的地方（图 11.18c）。晨昏星 NOAA-15 上的 AMSU-A 资料在 1200 UTC 时覆盖了模式区域的西部一半（图 11.18d）。对于一个固定的 UTC 时间，MetOp-A 和 NOAA-15/-19

AMSU-A 的最佳资料覆盖是在 1200 UTC。在 0000 UTC，模式区域上没有 MetOp-A 和 NOAA-15/-18/-19 AMSU-A 资料。由于同一 POES 的局地观测时间的逐日变化很小，不同天的 AMSU-A 资料覆盖类似图 11.18 中显示的 2016 年 7 月 1 日的情况。

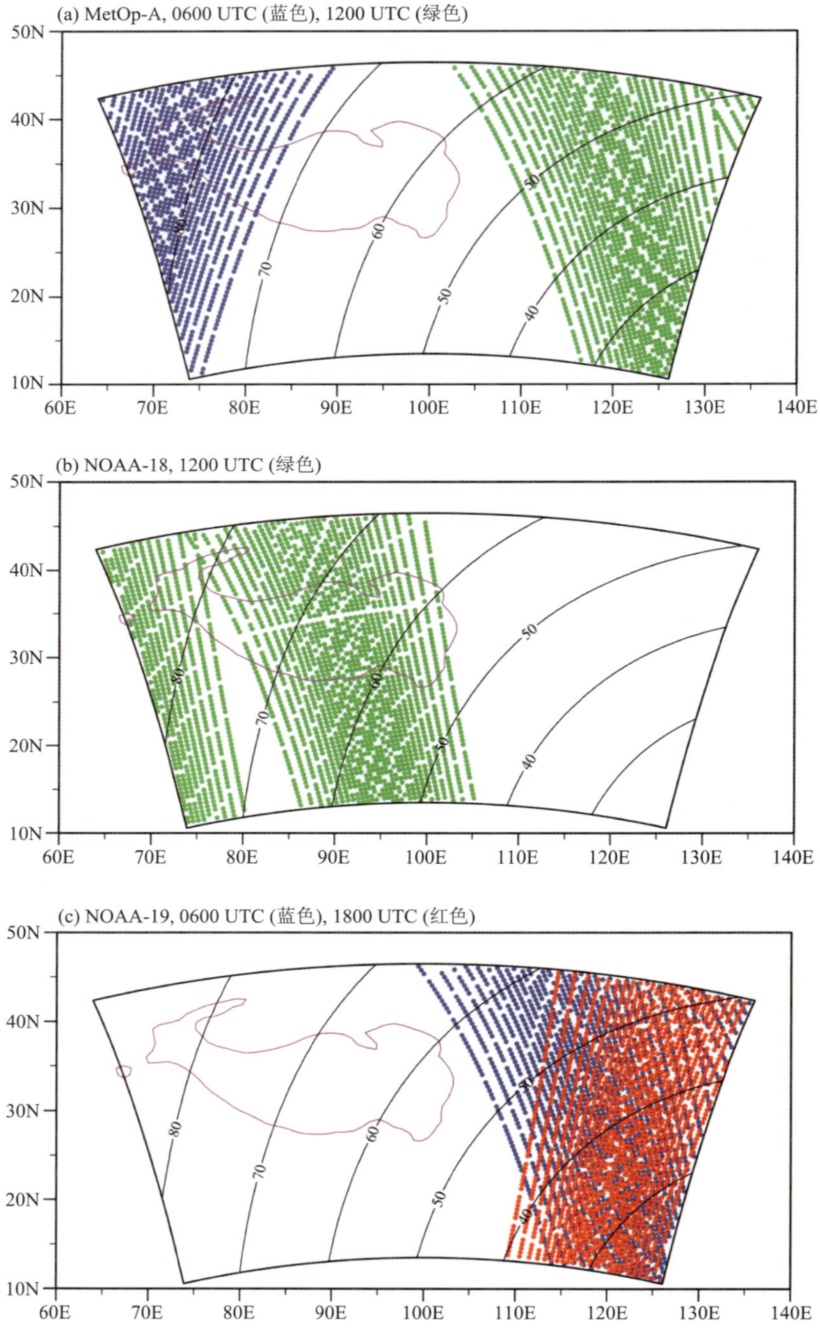

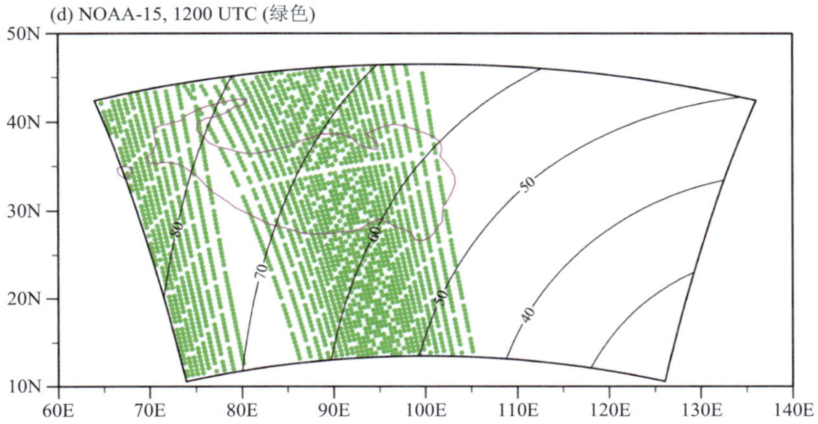

图 11.18　2016 年 7 月 1 日(a) MetOp-A、(b) NOAA-18、(c) NOAA-19 和(d) NOAA-15 在 0600 UTC(蓝色)、1200 UTC(绿色)和 1800 UTC(红色)的 AMSU-A 数据的空间分布

AHI 卫星天顶角显示为黑线，每个面板上的粉红色轮廓勾勒出青藏高原轮廓

图 11.19 显示了 2016 年 7 月 1 日 1200 UTC 经过 GSI 质量控制后在 Exp2 试验中同化了的 AMSU-A 数据点、AMSU-A 通道 6 和 7 观测和背景场之间的亮温差(*O–B*)、观测和分析场之间的亮温差(*O–A*)分布。被 GSI 质量控制留下来和去除的 AMSU-A 数据分别用彩色和灰色点表示。AMSU-A 通道 6 的权重函数峰值位于 500 hPa 附近，该通道 6 大多数数据在青藏高原地区 GSI 同化中被删除。图 11.19 中结果表明，*O–B* 的值可以大到±1 K(图 11.19a 和 c)。*O–A* 的值小于±0.5K(图 11.19b 和 d)，显著小于 *O–B* 的值。

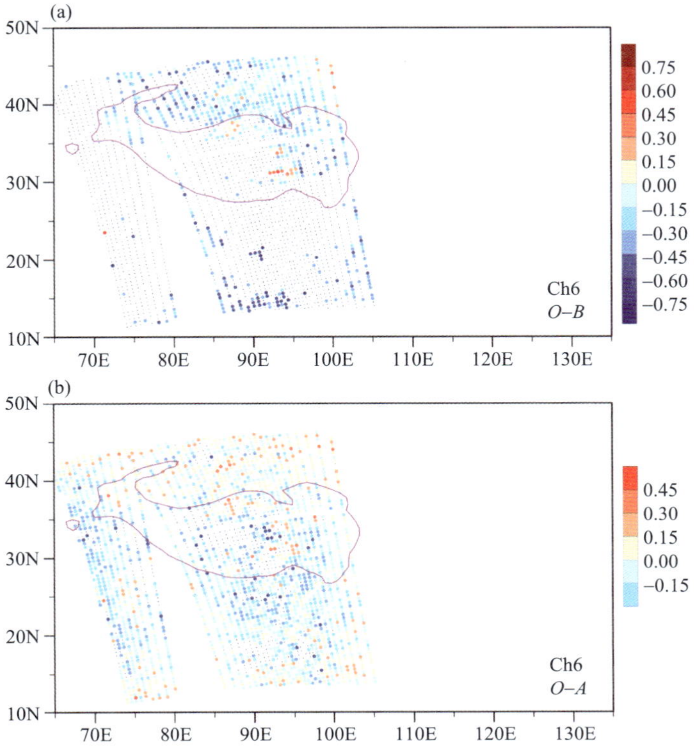

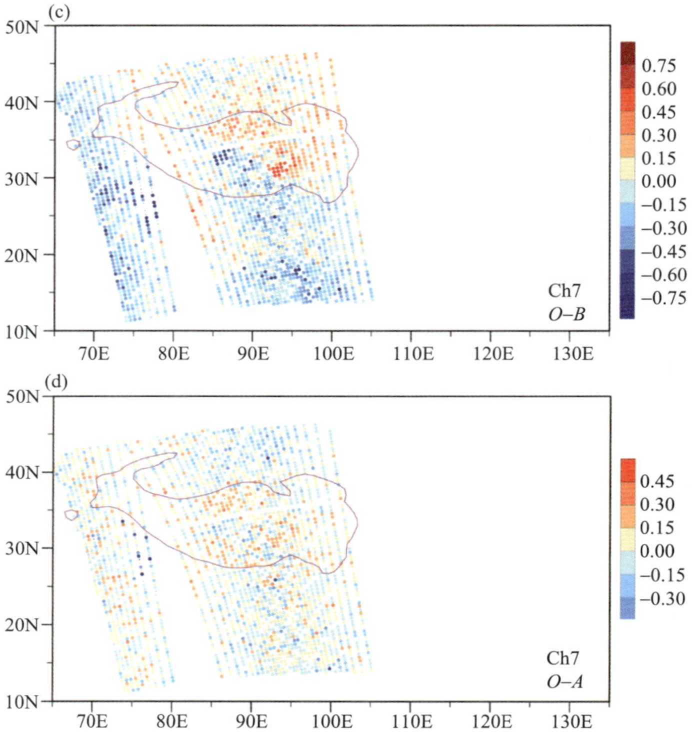

图 11.19　2016 年 7 月 1 日 1200 UTC 数值试验 Exp2 中的 NOAA-15 AMSU-A (a) 通道 6 亮温的 *O–B*、(b) 通道 6 亮温的 *O–A*、(c) 通道 7 亮温的 *O–B* 和 (d) 通道 7 亮温的 *O–A* 的空间分布（单位：K）

质量控制去除的 AMSU-A 数据在 *O–B* 图中显示为灰色点

图 11.20 和图 11.21 分别给出了四个数值试验在 2016 年 7 月 1 日 1800～2100 UTC（即 0～3 h 的预报）和 0000～0300 UTC（即 30～33 h 的预报）的 3 h 累积降水量预报结果和降水量观察资料。所有这四个数值试验都可以预报出 3 h 降水带从西南向东北的走向，与观测一致。但是，除了 Exp4，其他三个试验（Exp1、Exp2 和 Exp3）在 0～3 h 预报中产生了一个伸向高纬度、向东北弯曲的虚假雨带（图 11.20）。Exp1、Exp2 和 Exp3（图 11.21）预报的 3～6 h 雨带比 Exp4 预报的雨带宽，后者与观测值更接近。试验 Exp4 对强降水区的预报比其他三个试验的预报更准确。

图 11.22 显示了试验 Exp1、Exp2、Exp3 和 Exp4 得到的 48 h 预报在 1、5、10 和 15 mm 降水阈值处的 ETS。这 48 h 预报时间对应于 2016 年 7 月 1 日 1800 UTC 到 2016 年 7 月 3 日 1800 UTC 时段。在整个预报时段内，在 1 mm 阈值上，Exp2 的 3 h 降水 ETS 均高于 Exp1，在其他阈值上，Exp2 的 3 h 降水 ETS 只在预报时段 3～18 h 和 30～36 h 上高于 Exp1。在 21～33 h 预报时段，Exp2 的 3 h 降水 ETS 低于 Exp1，即在同化中增加 AHI 资料使这段时间的定量降水预报水平降低了。如果将 AHI 资料与 NOAA-15 AMSU-A、NOAA-18/-19 和 MetOp-A MHS、NOAA-19 和 MetOp-A HIRS/4、S-NPP ATMS 和 CrIS 一起同化，AHI 资料同化对区域定量降水预报有一致正效果。我们注意到，除了在 21～27 h 预报时段 Exp1 的评分最高外，Exp4 表现最佳。试验 Exp4 在所有四个 3 h 降水阈值下、在整个 48 h 预报时间内的平均 ETS 评分也最高（图 11.23）。

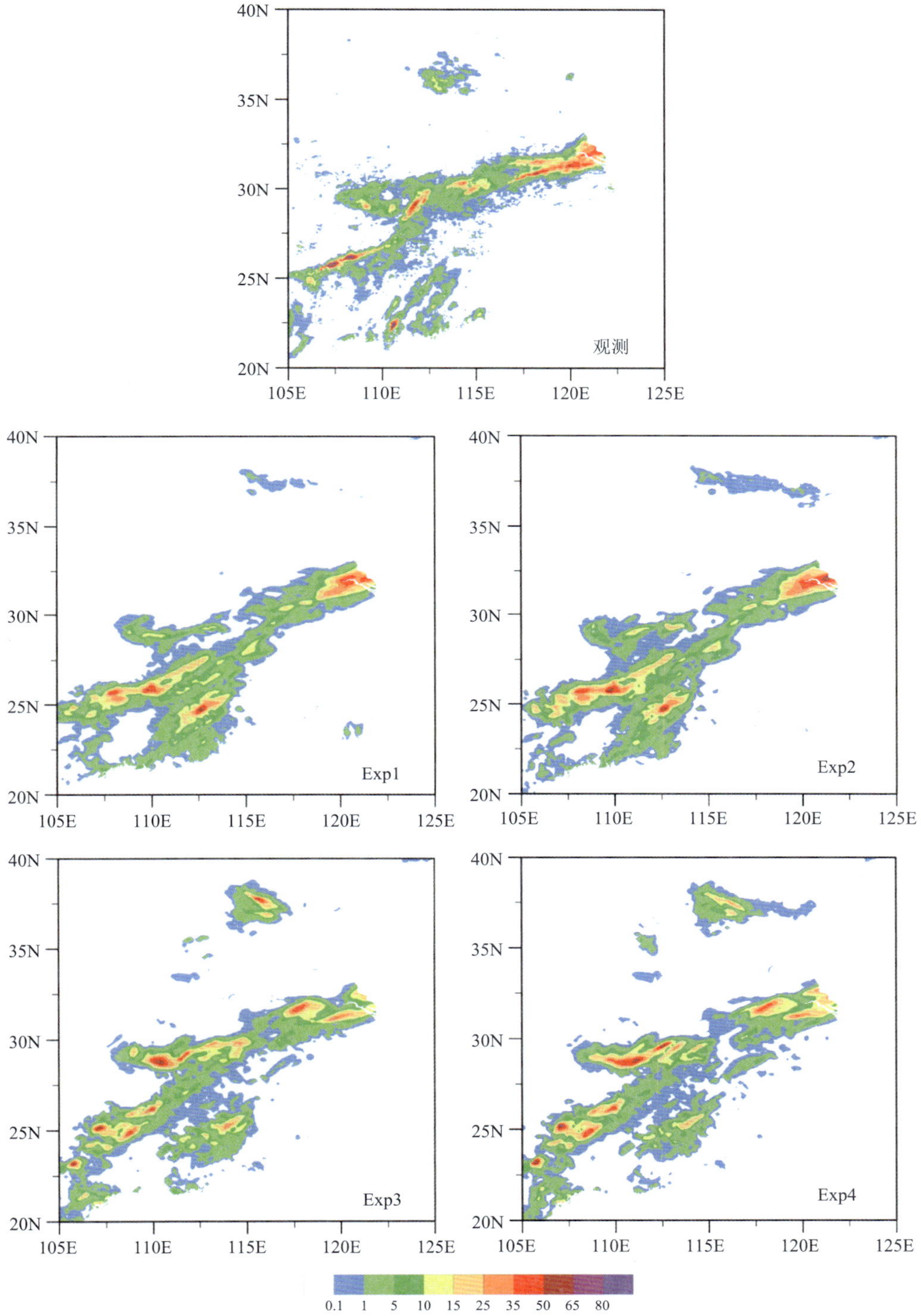

图 11.20　2016 年 7 月 1 日 1800～2100 UTC 的 3 h 累积降水量观测的空间分布(上图)，以及数值试验 Exp1、Exp2、Exp3 和 Exp4 得到的 0～3 h 模式预报值的空间分布(单位：mm)

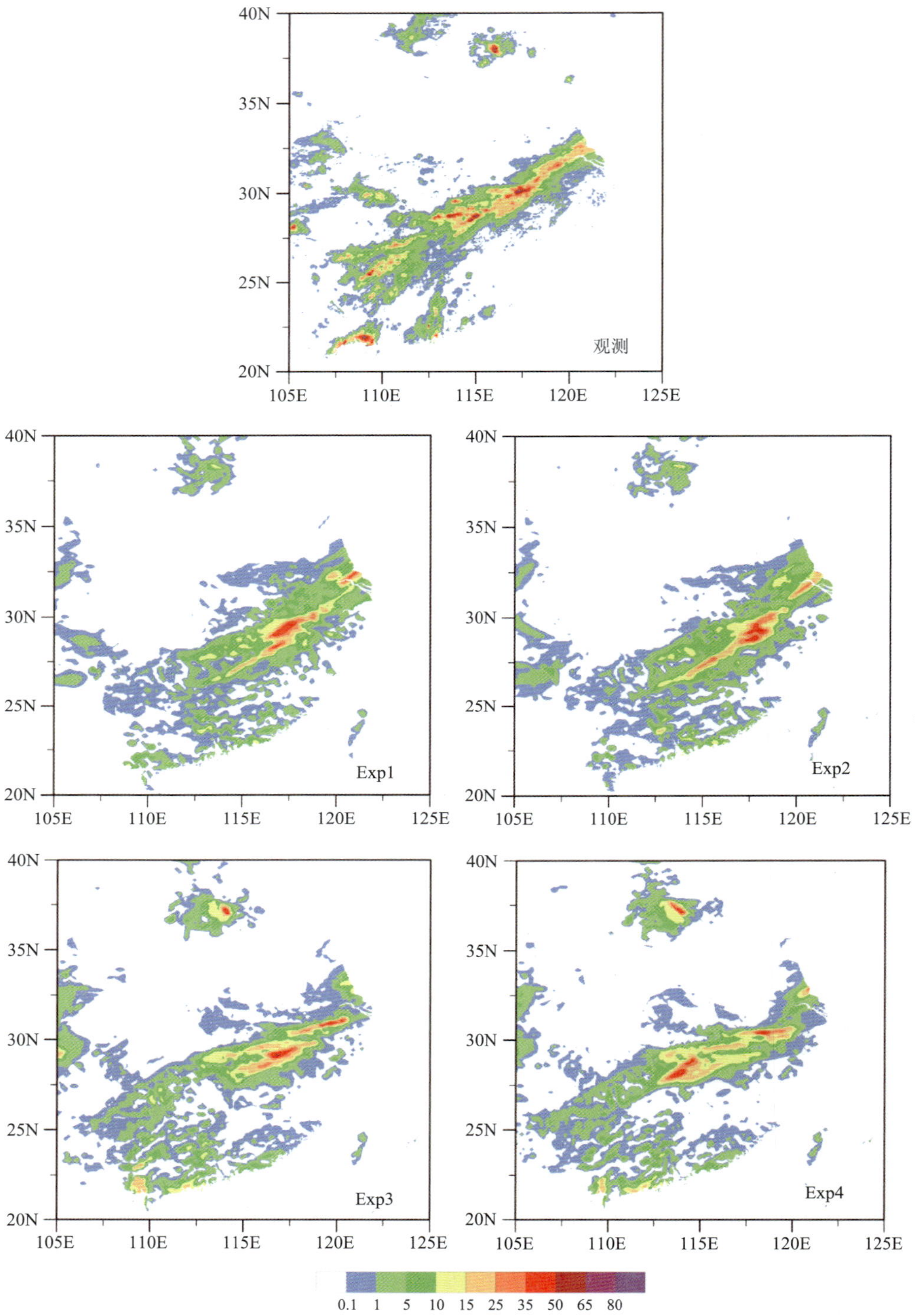

图 11.21　2016 年 7 月 3 日 0000～0300 UTC 的 3 h 累积降水量观测的空间分布（上图），以及 Exp1、Exp2、Exp3 和 Exp4 得到的 30～33 h 模式预报值空间分布（单位：mm）

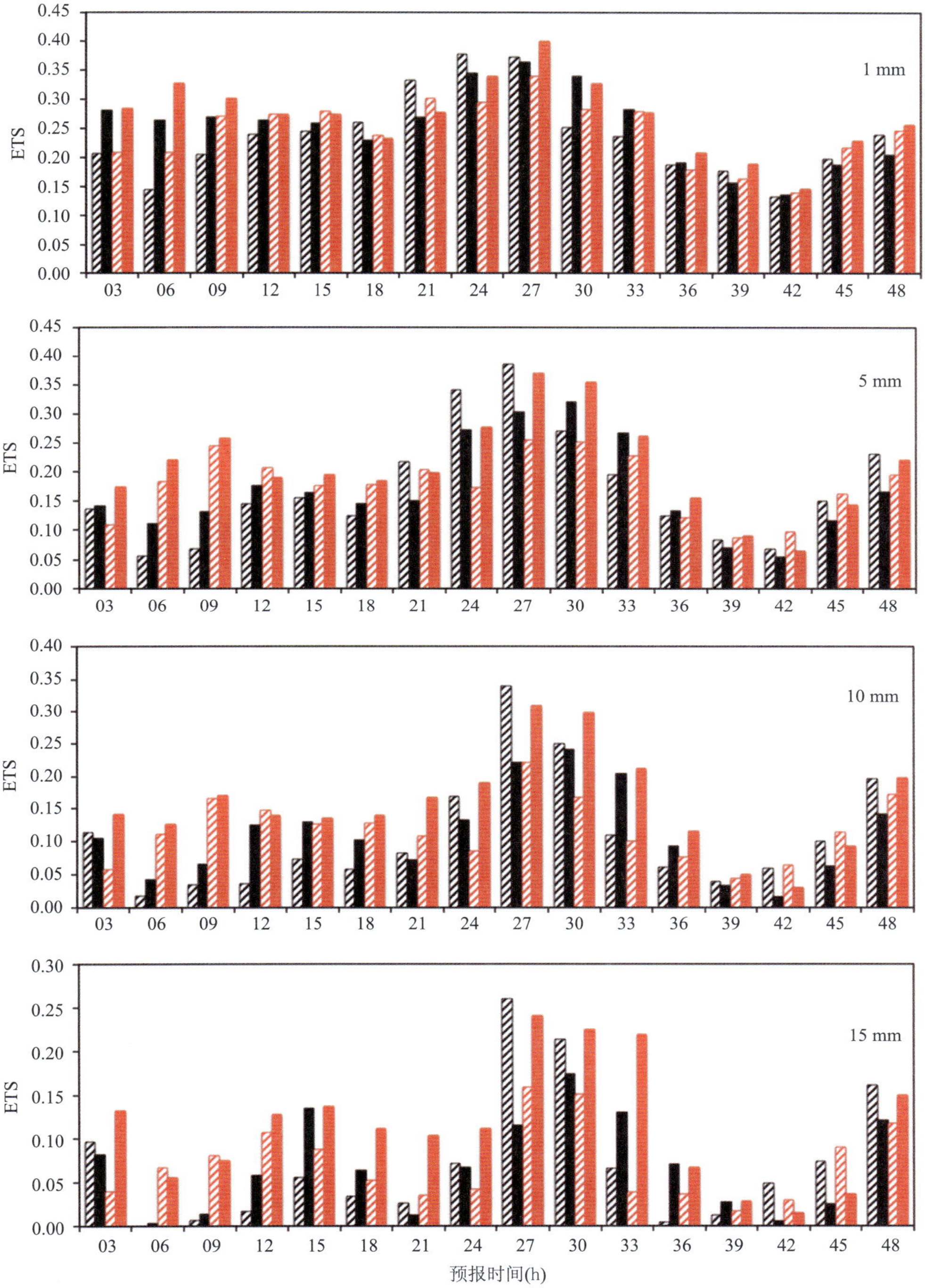

图 11.22 用数值试验 Exp1(黑色斜杠条)、Exp2(黑色实心条)、Exp3(红色斜杠条)和 Exp4(红色实心条)的分析场作为初始条件得到的 3 h 累积降水阈值为 1、5、10 和 15 mm 的 48 h 模式预报的公平阈值分数(ETS)(单位：mm)

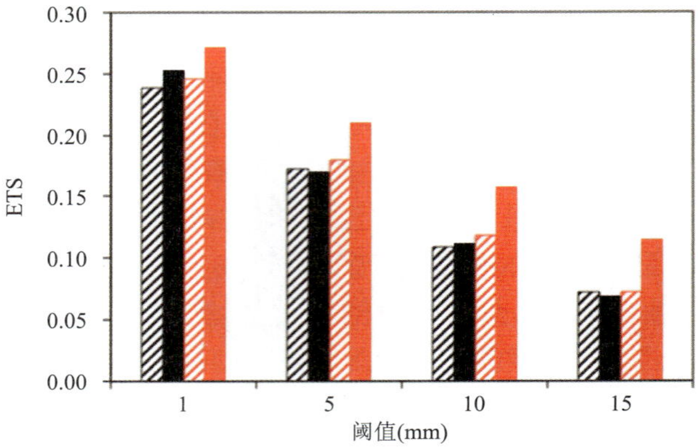

图 11.23　用数值试验 Exp1（黑色斜杠条）、Exp2（黑色实心条）、Exp3（红色斜杠条）和 Exp4（红色实心条）的分析场作为初始条件得到的 3 h 累积降水阈值为 1、5、10 和 15 mm 的 48 h 模式预报的平均公平阈值分数（ETS）（单位：mm）

图 11.24 展示了试验 Exp2 和 Exp4 在 2016 年 7 月 1 日 1200 UTC 同化前后观测值与模式模拟亮温差的偏差和标准差。值得一提的是，在陆地和海洋上都同化了的只有水汽通道 8～10，但只在海洋上同化地表敏感通道。三个水汽通道的平均偏差小于 0.03 K，而地表敏感通道的平均偏差小于 0.15 K。水汽通道的标准差大于地表通道的标准差。Exp4 产生的（O–A）的标准差小于 Exp2，这表明与 Exp2 相比，Exp4 中模式与 AHI 观测资料的拟合得更好。Exp4 的（O–A）偏差也小于 Exp2。这就解释了为什么将 AHI 资料添加到 Exp1 和 Exp3 对区域定量降水预报分别产生了中性和正影响。

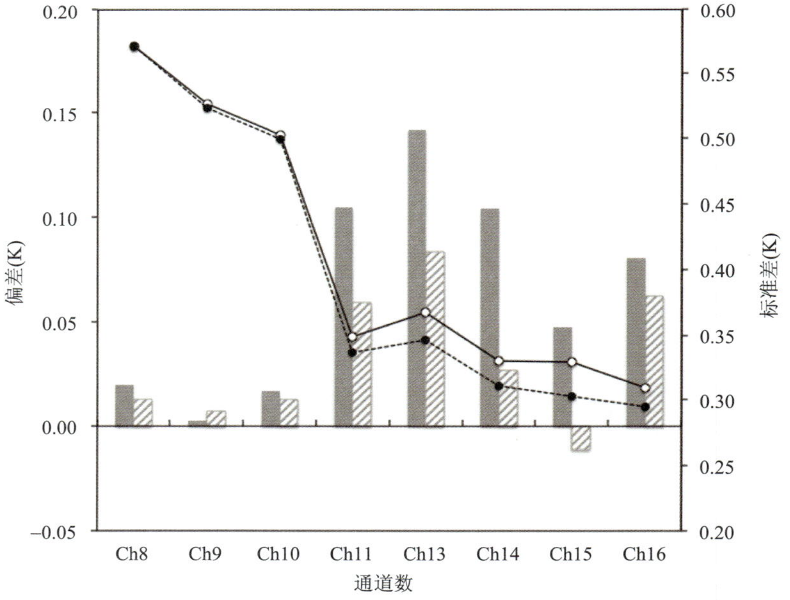

图 11.24　2016 年 7 月 1 日 1200 UTC AHI 通道 8～11 和 13～16 的 O–A 的偏差（柱状）和标准差（曲线）

Exp2：灰色竖条和带白点的黑色实线，Exp4：灰色斜杠竖条和带黑点的黑色虚线

11.9 结 束 语

长期以来，地球静止气象卫星提供的云、火、地貌以及环境数据记录(EDR)产品一直被应用于国家气象服务和恶劣天气监测。在 NWP 中定量使用地球静止卫星成像仪亮温资料的潜力尚未像 POES 遥感探测仪亮温资料那样得到充分实现。尽管地球静止气象卫星成像仪亮温观测资料具有较高的时间和水平分辨率，但光谱分辨率(即垂直分辨率)很低。目前，地球静止气象卫星成像仪资料同化只同化了稀疏到非常粗的网格分辨率上(40～60 km)的那部分资料。地球静止气象卫星资料同化的主要挑战在于：①构建尺度依赖的背景协方差矩阵，以及②根据大气动力学和物理特征，针对在 NWP 模式的水平和垂直分辨率下可预报天气现象，发展“最佳”资料稀疏方案。这里的“最佳”是指从“最佳”成像仪观测资料中提取最大资料量的同时，仍然满足资料同化要求，如观测误差没有时空相关性，观测误差协方差矩阵是对角的等。

地球静止气象卫星成像仪提供了锋面、飓风和云的精细结构及其连续时间演变。由于很高的水平分辨率，根据成像仪观测亮温的陡峭梯度，可以很好地定义这些极端天气的边界结构。在不久的将来，基于水平集方法与动态隐式曲面(level set methods and dynamic implicit surfaces)的图像同化这一创新方法(Blayo 等, 2015；Li 等, 2017)，可以让我们在 NWP 中更有效地提取 GOES 成像仪资料中包含的极端天气结构信息。

第 12 章　卫星资料中的热带气旋及其环境

12.1　引　　言

热带气旋的大部分时间都在海洋上。当它们远离陆地时，常规观察资料很少。对于大西洋上空的许多飓风，有机载多普勒雷达和空投仪观测资料。但是，在深海和太平洋上，没有机载多普勒雷达观测资料，只有一些飞机资料。因此，对热带气旋及其环境条件的观测主要依靠卫星遥感资料。第 11 章中讨论的 GOES 观测资料是独特的，可提供有关诸如热带气旋和其他快速发展天气系统中的小尺度云和水汽分布的精细结构。许多极轨环境卫星(POES)遥感仪器则可以观测到热带气旋和其他多种大尺度环流特征。尽管 GOES 成像仪观测资料具有较高的时间和水平分辨率，但垂直分辨率很低，只有一个或三个红外水汽探测通道，能穿透光学厚度稀薄的云(如卷云)，但无法穿透其他云类，受到云污染。除了强降水区外，第 7 章中讨论的微波温度计(如 MSU、AMSU-A、ATMS、MWTS-2)，可以提供几乎所有天气条件下的、从地面到平流层低层的温度垂直廓线观测信息，每颗卫星上的每个微波温度计提供每天两次这样的全球观测资料。当然，微波温度计资料的水平分辨率比 GOES 成像仪资料的水平分辨率低一个数量级。GPS 掩星观测资料(第 10 章)具有较高的垂直分辨率，但水平分辨率较差，并且在任何一个固定时间，资料的水平分布是离散的。提供热带气旋观测资料的其他卫星遥感仪器还有：与 ATMS 搭载在同一颗卫星(S-NPP)上的跨轨红外高光谱探测仪(CrIS)和臭氧测绘仪套件(OMPS)的星下点测绘仪(Flynn 等，2014，2016)、搭载在全球变化观测一号水卫星(GCOM-W1)上的先进微波锥形扫描辐射计 2(AMSR2)(Kachi 等, 2009)、与 AMSU-A 搭载在同一颗卫星上的微波湿度探测仪(MHS)(Boukabara 等, 2007)、搭载在中国风云三号系列卫星 FY-3B(下午星)和 FY-3C(上午星)上的微波辐射成像仪(MWRI)。

本章重点讨论热带气旋以及上段提到的 GOES 和 POES 卫星遥感仪器所观测到的热带气旋及其环境场特征。12.2 节是对热带气旋的一个简单概述，所讨论的诸如台风的中心位置、对称性、大小、垂直倾斜度、高度和强度等特征是涡旋初始化中的重要参数，对台风卫星资料同化也是有益的。12.3～12.8 节展示热带气旋的一些重要观测特征。利用 AHI 高水平分辨率(2 km)资料，12.3 节给出 2018 年台风“玛莉亚”每小时变化的一种新颖表达方式。利用 AMSU-A 和 ATMS 温度探测通道资料，12.4 节介绍对流层高层飓风暖核反演算法，并展示了台风“玛莉亚”暖核演变特征。12.5 节专门介绍 AMSR2 和 MWRI，虽然它们也是在微波频谱上进行观测，但扫描方式与 AMSU-A 不同，是锥形扫描仪，所有视场的扫描角相同。此外，AMSR2 和 MWRI 有频率比 AMSU-A 低和高的通道，便于获取热带气旋中的重要地球物理量，例如液态水路径(LWP)、海面风速(SSW)和海面温度(SST)。12.6 节讨论 MHS 观测资料的独特性，MHS 通道频率比 AMSU-A 通道的高，对冰的散射作用敏感，水平分辨率(约 15 km)也比 AMSU-A (50～

100 km)高很多。因此，MHS 观测资料不仅能提供对流层低层水汽的珍贵信息，也可以很好地捕获热带气旋中冰云路径的水平结构。12.7 节给出卫星总柱臭氧观测资料在热带气旋中的一些有趣分布特征，讨论总柱臭氧与热带气旋环境环流的垂直积分位涡之间的相关性。12.8 节提供一个示例，说明如何把 CrIS 长波通道与短波通道配对，发展一组云发射和散射指数(CESI)，用来检测不同高度的云。12.9 节概述涡旋初始化，目的是启发基于卫星资料的涡旋初始化的未来发展。12.10 节给出一些附加说明。

12.2　热带气旋概述

对流云遍布热带地区，它们嵌入在水平气压力梯度弱、几乎无辐散风的大规模环境热带环流中。有一些对流云会合并增强为雷暴，有一些对流云会衰减并消失。大西洋上的飓风通常起源于非洲海岸的热带波动，它们向西传播。在适当条件下，多个单体雷暴组合成一个雷暴复合体，形成一个热带低压(TD)。所谓的适当条件，是指有这样一个低压系统(即海平面气压图中至少有一根封闭等压线)，中心有弱气旋风，海面温度等于或高于 80°F(26.7℃)，对流层中低层有丰沛的水汽。TD 的最大持续风速小于 39 mph①。随着 TD 中心气压继续下降，气旋性环流变得更明显，低空辐合加强，最大持续阵风风速增加到大于 39 mph。这时，TD 升级为热带风暴(TS)。当经过暖海水海域、没有风切变或风切变较弱时，TS 中心气压会进一步下降，最大持续阵风风速不断增强，当达到或超过 74 mph 时，TS 升级为飓风。根据飓风的风速强度和损坏力大小，再进一步将飓风分为五类(Saffir-Simpson 分级)。热带气旋的能量主要来自上层海洋内以及气旋发展过程中的潜热释放(Rotunno 和 Emanuel, 1987；Emanuel, 1988, 1995；Persing 和 Montgomery, 2003)。

飓风的特征是正涡度异常集中在几百公里的半径内。在飓风气旋内，有一个主环流和一个次级环流。主环流由最大切向风界定，在飓风内核区，内核的半径随高度增加而增加(Jorgensen, 1984a、b)。最大风速位于 1.5～2.5 km 高度(Marks 和 Houze, 1987)。次级环流由对称分量和非对称分量组成。次级环流的对称分量包括对流层低层大气向气旋内的复合流入(从地表延伸至边界层以上约 4.5 km)和高层(10～14 km)大气从气旋内向外的强辐散流出。高层大气从气旋内向外的流出源于眼墙附近的中尺度上升气流，具有不对称特征。对流层低层大气向气旋内的流入通常在东西向不对称。飓风路径和强度预报的准确与否取决于模式能否预报出实际飓风主环流和次级环流的主要特征，以便为人员撤离和防灾减灾提供精准预警，减少人员伤亡和财产损失。

飓风路径受许多因素影响。第一重要因素是大尺度环境引导风，第二重要因素是 β 漂移(Elsberry, 1995)。热带气旋的移动方向和速度基本由大尺度环境引导风决定(Adem 和 Lezama, 1960)。大尺度环境引导风对热带气旋路径的影响可以理解为热带气旋周围的大尺度环流对热带气旋起到的一个平流作用。热带气旋周围的大尺度环境引导风的强度，由一个二维(2D)引导风矢量表示，定义为距风暴中心 500 km 半径内无涡流环境气流的

① mph，非法定单位，1 mph=1 mile·h^{-1}≈1.609 km·h^{-1}

平均值，其中无涡流环境气流是指去除了涡旋分量(u_{vortex}, v_{vortex})的平均气流(u_{mean}, v_{mean})。具体而言，先计算平均气流(Carr 和 Elsberry, 1990)：

$$u_{mean} = \frac{75u_{300} + 100u_{400} + 150u_{500} + 175u_{600} + 150u_{850}}{825} \tag{12.1a}$$

$$v_{mean} = \frac{75v_{300} + 100v_{400} + 150v_{500} + 175v_{600} + 150v_{850}}{825} \tag{12.1b}$$

再计算引导风 ($u_{steering}$, $v_{steering}$)：

$$u_{steering} = \sum_{r \leqslant 500\text{km}} (u_{mean} - u_{vortex}) \tag{12.2a}$$

$$v_{steering} = \sum_{r \leqslant 500\text{km}} (v_{mean} - v_{vortex}) \tag{12.2b}$$

可采美国地球物理流体动力学实验室(GFDL)方案提取涡旋分量(见 12.9 节，Kurihara 等, 1993)。

尽管大尺度环境引导气流对热带气旋的移动路径贡献最大，β 漂移对热带气旋移动方向和速度的影响不可忽略。β 漂移使北半球气旋移动路径向西北移动。这是由于地球行星涡度($f=2\Omega\sin\varphi$)随纬度增加，即经向梯度

$$\beta = \frac{\mathrm{d}f}{\mathrm{d}y} \tag{12.3}$$

随纬度减小造成的。科里奥利(Coriolis)参数 f 是由地球自转引起的气团围绕局地垂直方向上的自旋分量，因此称为行星涡度。在极地，局地垂直方向与地球的旋转轴重合，f 的值最大。而在赤道，局地垂直线与地球的旋转轴垂直，f 的值为零。气旋环流对行星涡度的平流作用在气旋内不同区域是不同的，β 漂移代表气旋环流对行星涡度的平流作用总影响。切向风速($r\omega$)和 f 随纬度变化，位于热带气旋不同区域的气团会经历不同强度的 f 平流。这里，r 代表离气旋中心的径向距离，ω 是热带气旋的旋转角速度。具体来说，在热带气旋中心的东部，低纬度气团行星涡度小，气旋环流的向北平流使该气团向北移动，从而在热带气旋中心以东产生反气旋旋涡扰动。在热带气旋中心的西侧，具有大行星涡度的高纬度地区的气团向南平流，在热带气旋中心以西产生气旋涡旋扰动。气旋主环流进一步把位于热带气旋中心东(西)部的反气旋(气旋)向北(南)平移，从而产生位于热带气旋中心东北(西南)的反气旋(气旋)涡旋。这对反气旋和气旋环流在最靠近热带气旋中心的地方产生从东南向西北方向的合成风矢量(β 漂移风速)，增加了热带气旋向西北方向的移动分量。一般情况下，β 漂移速度约为每秒几米。热带气旋通常出现在东风带或西风带中。因此，在北半球，β 漂移使热带气旋在东(西)风带中移动更快(慢)，向右(左)侧偏移。

环境引导风矢量和 β 漂移风矢量是影响热带气旋移动路径的两个主要动力过程，它们以非线性方式相互作用(Holland, 1983)。其他影响热带气旋移动路径的动力和物理过程包括非绝热加热、由对流和平流产生的动量传输、非对称涡旋环流、环境环流中的水平和垂直风切变、其他邻近天气系统的影响、大气不稳定性、浮力通量、海气相互作用、地表摩擦、地形等(Elsberry, 1995；Wang, 1998)。在所有这些因素的影响下，热带气旋移动路径可能是笔直的、弯曲的、蜿蜒的、摆线的、环状的或不规则的。尽管在过去的

20 年中已经取得了重大进展，热带气旋路径预报仍然具有挑战性，尤其是在模式预报刚开始的大约 12 h 内。

热带气旋强度预报能力的提高不如路径预报显著(Gall 等, 2013)。热带气旋强度受到对流、海面温度(SST)、大尺度环境环流、内部涡旋动力学、相邻热带气旋或其他类型天气系统环流以及地形的强烈影响。

气旋眼墙内外的对流潜热释放，为保持热带气旋强度提供了所需要的有效势能。对流还会引起眼区下沉气流，产生绝热加热，根据静力平衡关系，中心海平面气压降低。这继而增加海平面气压的径向梯度，增强二级热环境，把热带气旋周围地表附近区域的水汽和动量输入到热带气旋中，大气质量再从热带气旋上层输出。数值模式模拟(Kurihara 和 Tuleya, 1974；Rosenthal, 1978)和卫星观测(Adler 和 Rodgers, 1977；Gentry 等, 1980；Rodgers 和 Adler, 1981；Steranka 等, 1986；Zerh, 1988)表明，热带气旋最强风速发生时间比最大潜热释放时间滞后 24～72 h。换句话说，热带气旋内核区附近的强对流增长可能是热带气旋增强的先兆(Hack 和 Schubert, 1986；Rodgers 等, 1991)。随着北半球热带气旋范围扩大、强度增强、向西北移动，相当大的水平强梯度、低层辐合和高层辐散发生在几公里(对流)到几千公里(飓风)的范围内。在热带气旋内部和周围地区，风、温度、水汽和水凝物的量值大、变化尺度小，呈现对流云和晴空相间的条状旋转分布特征。热带气旋中的海平面气压、温度、位涡和切向风分量基本上是对称的，但是风矢量、湿度和水凝物变量的分布不太对称。这些大气状态变量的对称和非对称分量特征对热带气旋的进一步演变都非常重要。在进行热带气旋的涡旋初始化和资料同化时，需要考虑这些因素。

如果一个热带气旋移到海面温度较高(通常高于 26.7℃)的区域，来自上层海洋的潜热和感热表面通量为热带气旋提供能量，对气旋的增强产生正影响。暖海温还有助于维持对流发展所需的潮湿、不稳定环境(Miller, 1958；Malkus 和 Riehl, 1960；Emanuel, 1986)。潜热通量的损失、蒸发和下沉气流可能导致上层海洋温度下降 3～4℃，这又反过来限制了热带气旋的进一步增强(Gallacher 等, 1989；Dickey 等, 1998；Schade 和 Emanuel, 1999；Bender 和 Ginis, 2000；Watson, 2005)。

大尺度环境气流可以造成热带气旋的强度起伏(Simpson 和 Riehl, 1958；Molinari 等, 1995)。譬如，垂直切变小、对流层中层大气潮湿，有利于对流单元组织起来，以增强热带气旋(Reuter 和 Yau, 1986)。低层辐合产生质量、水汽和动量向热带气旋内输送，从而增强对流生长和气旋环流，有利于强度较弱的热带气旋的增强。若热带气旋接近对流层高空的一个中纬度槽，热带气旋高层的反气旋流出环流增强，通过以下两种可能机制，可以增强热带气旋的对流活动：①产生涡流相对角动量通量的辐合，使气旋内核附近对流层上层的气流旋转起来(Palmen 和 Rielh, 1957; Pfeffer, 1958; Black 和 Anthes, 1971; Challa 和 Pfeffer, 1980; Holland, 1983; Molinari 和 Vollario, 1989)；②在流出气流的入口处诱发一个二级热环流，增强热带气旋中的对流活动(Merrill, 1984；Shi 等, 1990；Rodgers 等, 1991)。

热带气旋的强度变化还受到内部涡旋动力学的调制作用，包括眼墙循环、轴对称化、围绕台风眼的位涡环的断裂、惯性不稳定变化、静力不稳定变化、对称不稳定变化。在这里，轴对称化表示嵌入在飓风核心区域的一级环流中的不对称扰动涡旋对称化的一个过程，可以用线性涡旋罗斯贝(Rossby)波理论来描述轴对称化过程(Montgomery 和 Kallenbach, 1997；Montgomery 和 Enagonio, 1998)。围绕台风眼的位涡环的断裂是由于正压不稳定性造成的(Schubert 等, 1999)。热带气旋高层的非对称反气旋辐散的增加造成热带气旋中的惯性不稳定。这里的惯性不稳定是指如果给处于梯度风平衡状态的气团一个小小的向外或向内的径向移动，该气团有可能无法返回其原来位置。若在热带气旋的某个区域，等角动量面几乎是垂直(水平)的，那么，该区域的对称不稳定与静力(惯性)中性稳定等同。但是，如果等熵面的斜率大于(小于)等角动量面的斜率，那里的气团即使是静力稳定的和惯性稳定的，气团的绝热运动(即沿等熵面运动) 也是不稳定(稳定)的。

GOES 和 POES 卫星上的各种被动遥感仪器(12.3～12.8 节)提供了有关热带气旋热力和云的分布特征，这些卫星观测结构对于理解已知现象和发现未知科学现象都非常重要。

12.3　AHI 观测到的台风玛莉亚(2018)

台风玛莉亚(Maria)于 2018 年 6 月 26 日晚起源于马绍尔群岛(Marshall Islands)10°W 的地方，在 7 月 2 日被联合台风预警中心评定为 TD。受位于东北部的热带对流层高层槽的影响，向极地方向的气流加强，西北方向 30～31℃的海面温度高，再加上适度的垂直风切变，玛莉亚于 7 月 4 日 1200 UTC 左右发展为 TS。6 h 后，风暴玛莉亚袭击了关岛，当时的最大持续风速为 50 $kt\cdot min^{-1}$ (93 $km\cdot h^{-1}$)、中心海平面气压是 984 hPa。7 月 5 日，玛莉亚缓慢向西北移动，并于 7 月 5 日下午迅速增强为一级台风。图 12.1 显示了台风玛莉亚在 7 月 2 日 0600 UTC～7 月 12 日 1800 UTC 期间的最佳观测路径(图 12.1a，间隔 6 h)，以及 7 月 3 日 0000 UTC～7 月 12 日 0000 UTC 期间最大地面风速和 34、50、64 kt 风速半径(图 12.1b)。图 12.1 中还指出了台风玛莉亚的强度类别 TD、TS、H1～H5。7 月 4 日至 6 日，玛莉亚经历了一个特别快的增强阶段，最大表面风速从 7 月 4 日 0000 UTC 的 15 $m\cdot s^{-1}$ 迅速增强到 7 月 6 日 0000 UTC 的 72 $m\cdot s^{-1}$，成为超强台风(相当于 5 级飓风)。与此同时，34 kt 风速半径迅速增加，在 7 月 5 日 0000 UTC 达到 225 km，随后缓慢增加，到 7 月 9 日 1800 UTC 大约 350 km。7 月 6 日至 9 日，玛莉亚的强度稳定保持在 4～5 级飓风。2018 年 7 月 11 日 0110 UTC 左右，玛莉亚登陆中国福建黄岐半岛。玛莉亚空间覆盖范围的增加稍早于强度开始迅速增加的时间，即 7 月 4 日。从 7 月 8 日开始，玛莉亚强度逐渐减弱，两天后(大约 7 月 10 日晚)，玛莉亚空间覆盖范围开始缩小。

玛莉亚是 2018 年北半球第一个 5 级飓风。它正好发生在作者开始写第 12 章的时候，因此，我们选它来说明几种不同卫星遥感仪器气捕获到的台风玛莉亚的不同特征。

图 12.2 展示了台风玛莉亚 2018 年 7 月 1 日～11 日期间云图每日时间演变，观测时间在 0300 UTC 左右。图中黑色符号“×”表示台风玛莉亚的中心位置。黑白阴影展示的是 AHI 可见光通道 2(0.64 μm)的反射率观测资料，显示了云的空间分布情况。AHI 观测时间间隔为 15 min，但此处选择 0300 UTC 的观测值与卫星总柱臭氧观测资料时间一致(见 12.7 节)。由图可见，7 月 2 日(150°E, 10°N)附近形成一个逗点云系，一天前(7 月 1 日)这个逗点云系还没有出现。该逗点云系向北略偏西移动，逐步加强，7 月 5 日到达

(15°N, 140°E)。7 月 6 日，该云系统的中心部分与其尾部分离，形成了典型飓风的孤立云系统。受到北半球 β 漂移作用，如预期的那样，7 月 6 日之后，玛莉亚向西北移动。

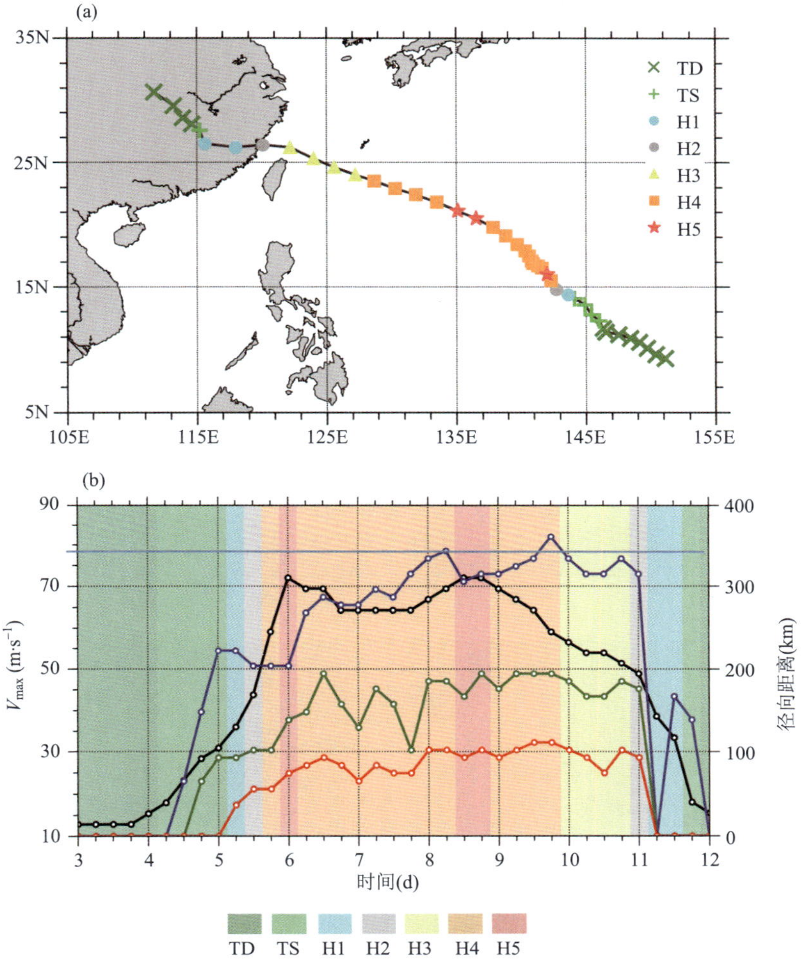

图 12.1　(a) 2018 年 7 月 2 日 0600 UTC～2018 年 7 月 12 日 1800 UTC 期间，台风玛莉亚的最佳观测路径(强度以不同颜色标记，间隔 6 h)；(b) 2016 年 7 月 3 日～12 日期间的最大地面风速(V_{max}，黑色)和 34(蓝色)、50(绿色)、64 kt(红色)风速的半径

(b)中的背景色表示(a)中定义的强度类别，TD、TS 和 H1～H5 代表热带低压、热带风暴和 1～5 级飓风

图 12.3 和图 12.4 分别显示了 2018 年 7 月 10 日 0000 UTC 玛莉亚附近云类型和云顶气压分布。玛莉亚的台风眼很清晰，台风眼只有一些光学厚度稀薄的液态云和卷云。在离玛莉亚中心 600 km 以内，基本都分布着不透明冰云，在台风眼附近出现了多层重叠云和过冲云。在玛莉亚的东南部大部分地区分布着卷云、从南到北的冰云带和从西到东北的重叠云带。在从深厚云过渡到晴空的区域中分布着液态云和雾。图 12.2 中的可见光图像清楚地显示了具有强对流的高空云类(如不透明的冰云、多层重叠云和过冲云)。低云(液态云和雾)和光学厚度稀薄的卷云的检测通常更具有挑战性。

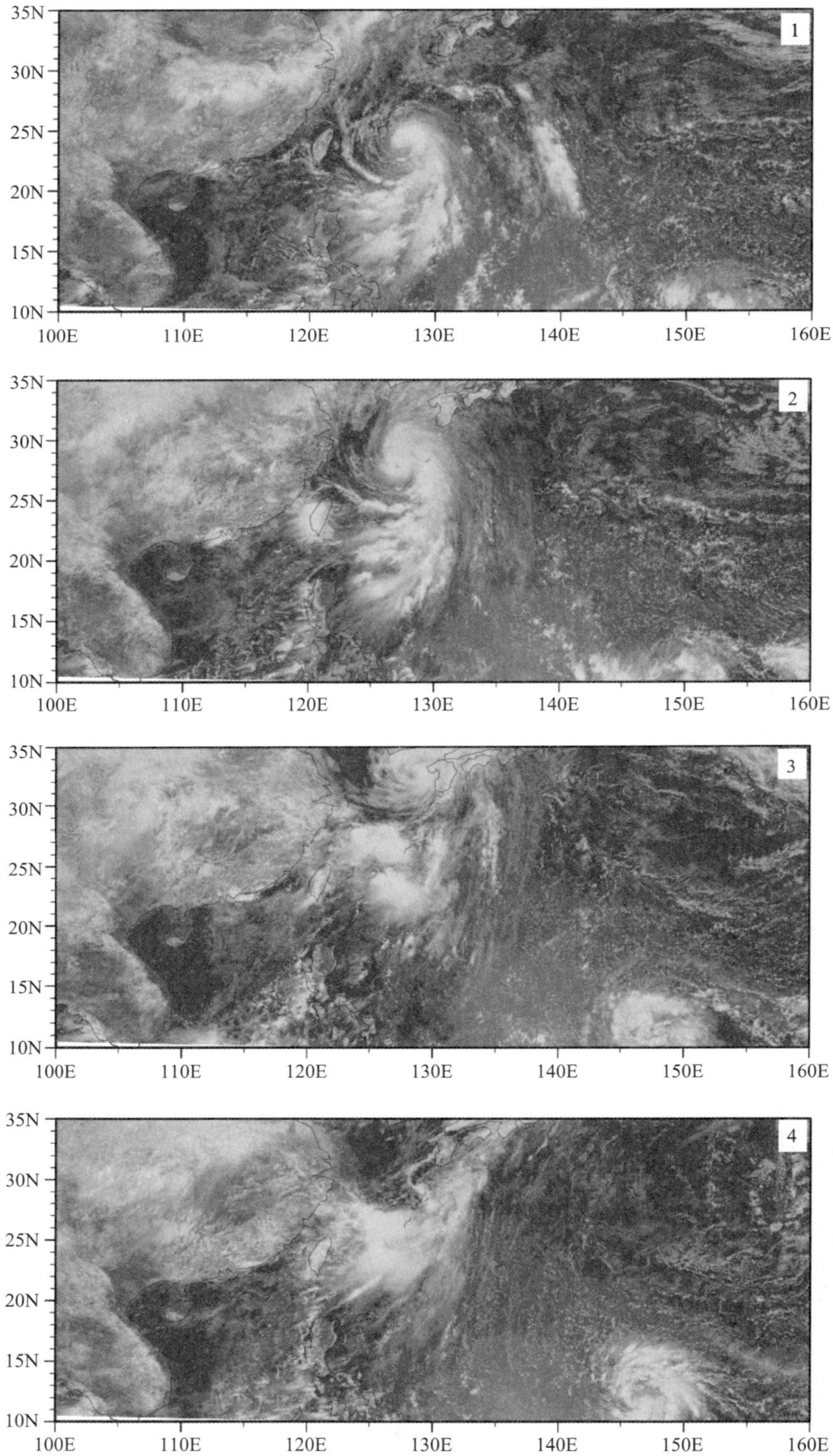

1
2
3
4
35N
30N
25N
20N
15N
10N
100E
110E
120E
130E
140E
150E
160E

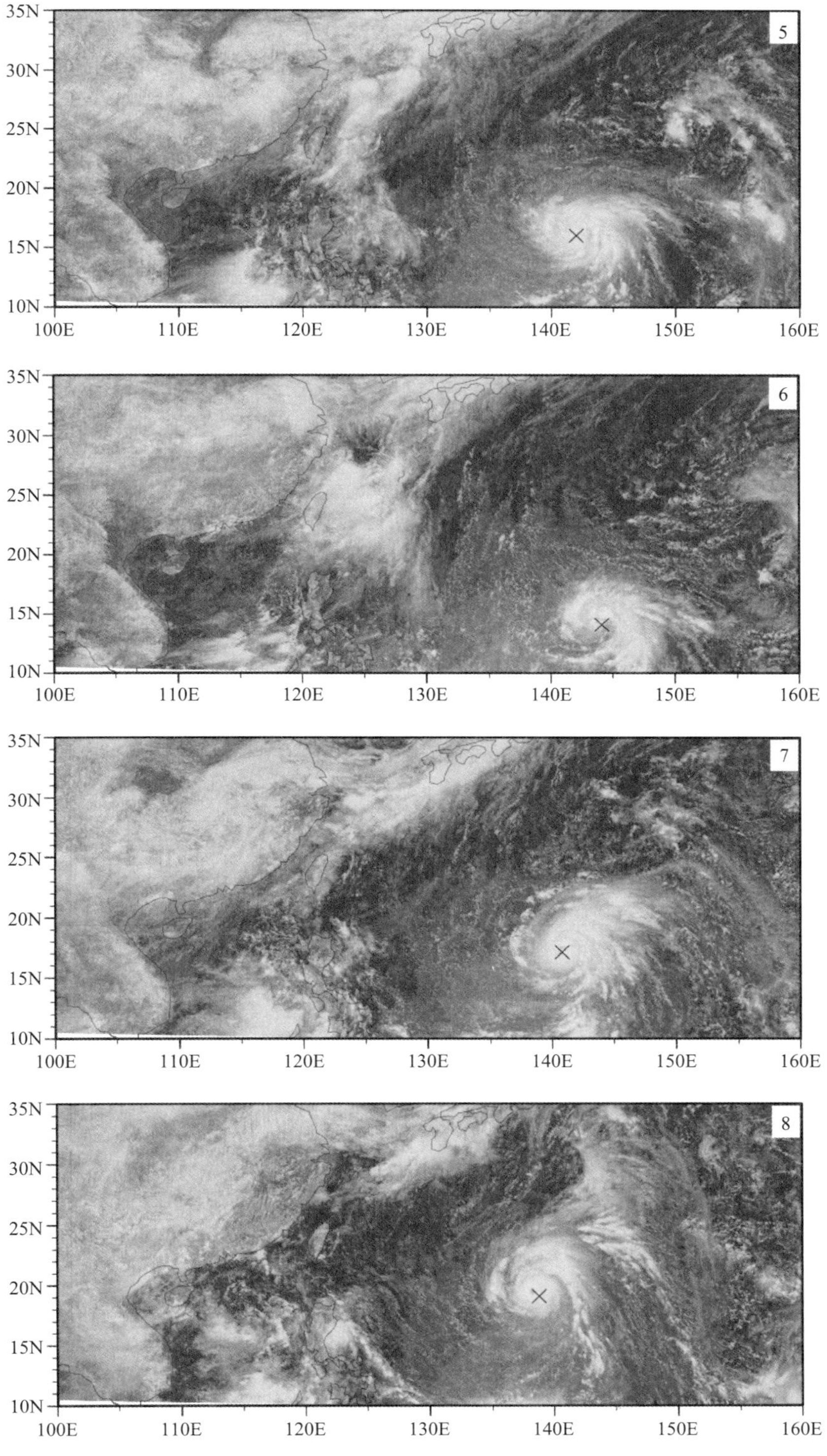
5
6
7
8
35N
30N
25N
20N
15N
10N
100E
110E
120E
130E
140E
150E
160E

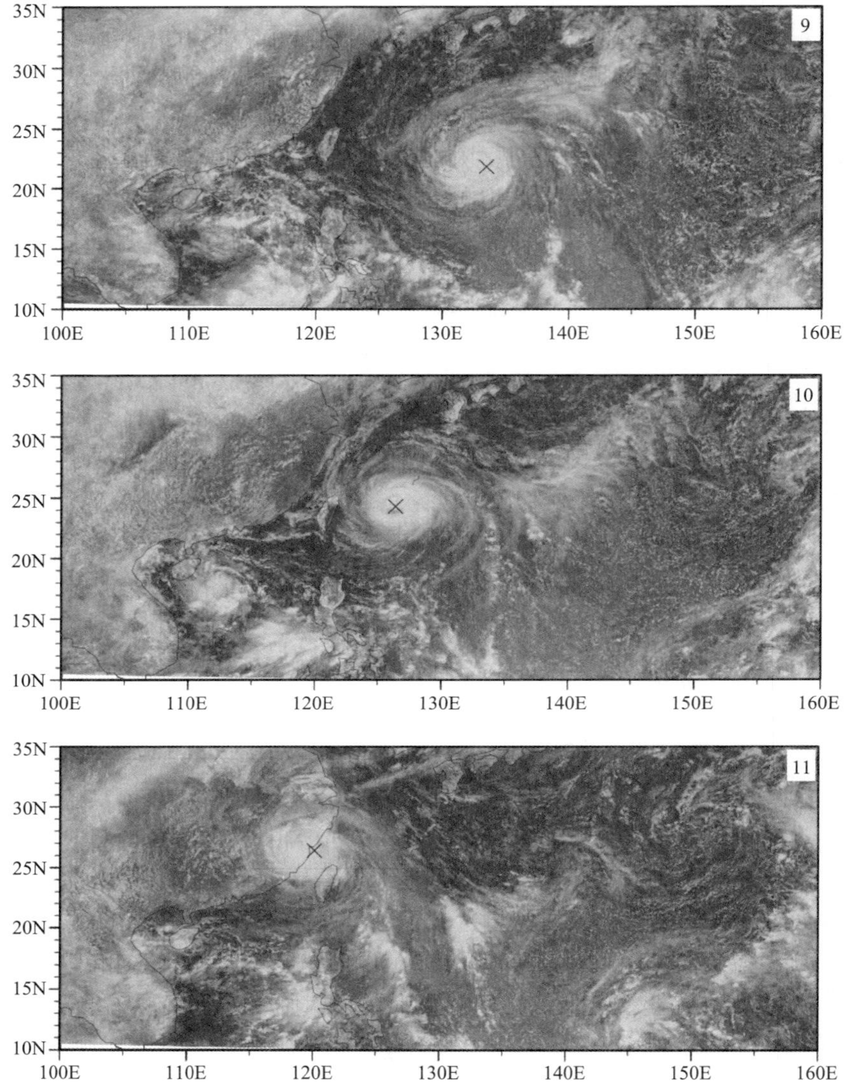

图 12.2　2018 年 7 月 1 日～11 日期间台风玛莉亚 AHI 可见光通 2（0.64 μm）反射率观测的每日空间分布图

观测时间在 0300 UTC 左右；台风玛莉亚中心用符号“×”表示，日期显示在相应图的右上角

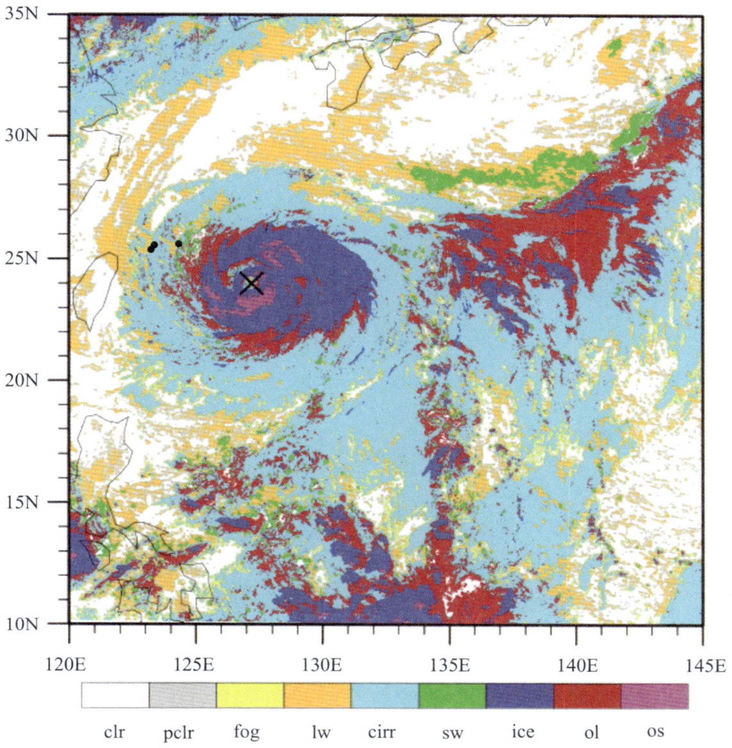

图 12.3　2018 年 7 月 10 日 0000 UTC 时台风玛莉亚附近的云类型分布

类型包括晴空(clr)、可能晴空(pclr)、雾(fog)、液态云(lw)、过冷水云(sw)、混合云(mix)、不透明冰云(ice)、卷云(cirr)、重叠云(ol)和过冲云(os)

台风中心用符号“×”表示

强对流云云顶高，云顶温度远低于海表温度，从红外窗区通道亮温分布图中可以检测出来。作为一个例子，图 12.5a 展示了 AHI 红外窗区通道 14 的亮温观测资料的空间分布，时间与图 12.3 和图 12.4 相同。在有不透明冰云、重叠云和过冲云的地区，云顶高度高，亮温观测值约为 220 K，比周围环境亮温观测值低了 60 K 以上，比晴空条件低 80 K 以上。图 12.5b 展示了通道 14 和 15 之间的观测亮温差，可应用于检测深对流云。当然，从单个通道 14 的观测亮温或通道 14 和 15 之间的亮温差中很难检测出其他类型的云，例如卷云。

如第 11 章中所述，可以通过通道 7 和 15 之间的亮温差来检测卷云。图 12.6 显示了 2018 年 7 月 10 日 0000 UTC 时卷云区域中通道 7 和 15 之间的亮温差的空间分布。基于第 11 章中介绍的第 10 个 CM 检测(见公式(11.15))，若通道 7 的亮温比通道 15 的亮温观测高 12 K，则对应像素内存在卷云。

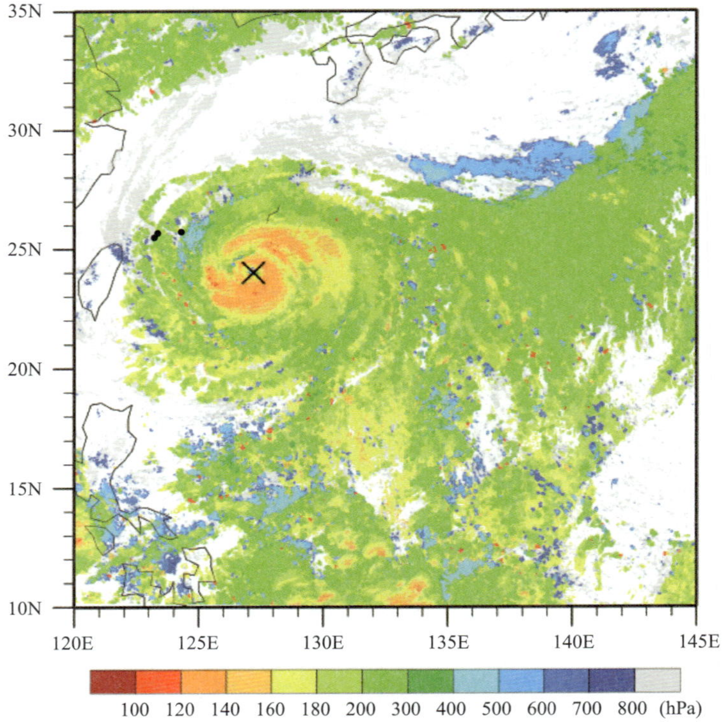

图 12.4　2018 年 7 月 10 日 0000 UTC 时台风玛莉亚附近云顶气压分布

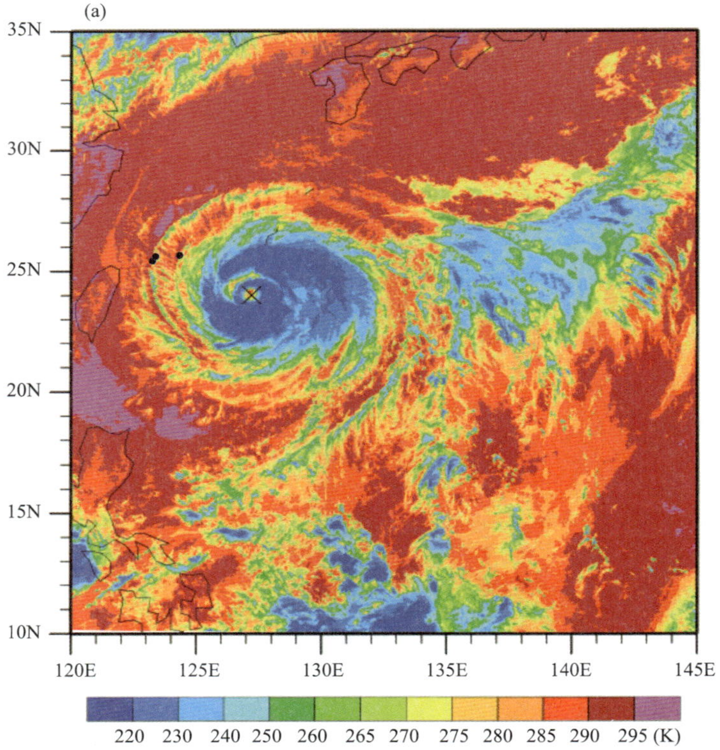

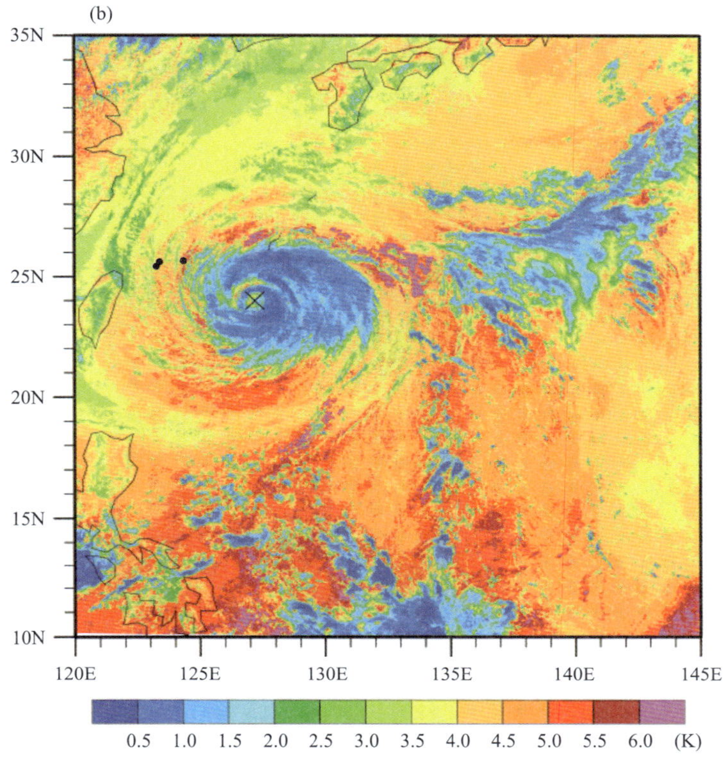

图 12.5　2018 年 7 月 10 日 0000 UTC 时台风玛莉亚附近(a)AHI 通道 14 亮温观测值的空间分布和(b)通道 14 和 15 亮温观测值之差(即通道 14 减去通道 15)的空间分布

台风中心用符号“×”表示

与 POES 相比，GOES 的一个优点是观测资料具有时间连续性。考虑到这一点，我们选择了一个通道画出该通道观测亮温在穿过台风玛莉亚中心的时间/经度剖面图，来了解 GOES 观测亮温穿过台风玛莉亚中心的时间演变特征。图 12.7 显示了 2018 年 7 月 5 日 0000 UTC～7 月 7 日 0600 UTC(图 12.7a)和 2018 年 7 月 9 日 0000 UTC～7 月 11 日 0600 UTC(图 12.7b)期间 AHI 通道 4 亮温观测值的逐小时变化。玛莉亚中心位置随时间向西北移动，该图右侧的彩色条指出台风中心位置的纬度。由于左边 y 轴上的时间具有恒定的间隔，因此，若右侧纬度彩色条中的某颜色的间隔长度较长，表示玛莉亚在相

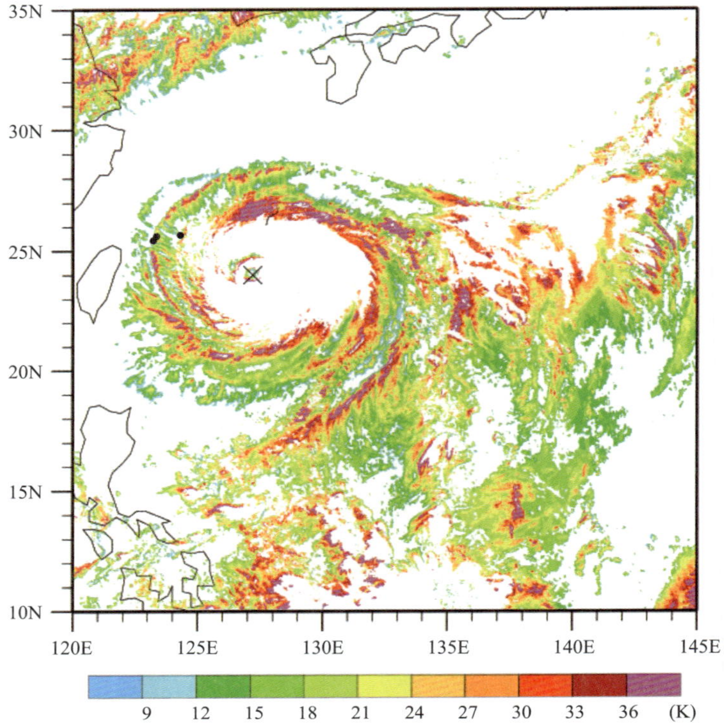

图 12.6　2018 年 7 月 10 日 0000 UTC 时台风玛莉亚附近卷云区域的通道 7 和 15 亮温观测值之差(即通道 7 减去通道 15)的空间分布

台风中心用符号“×”表示

应时间内的移动速度较慢。7 月 5 日～6 日是玛莉亚经历快速发展的时间段，AHI 通道 14 亮温观测值明显低于 7 月 9 日～10 日的观测值。由于 AHI 观测资料具有较高的水平分辨率(2 km)，AHI 观测亮温清楚地揭示了 7 月 9 日～10 日的台风眼(图 12.7b)。6 h 间隔的台风最佳路径与 AHI 观测亮温图所揭示的台风眼位置非常一致。因此，风暴中心、对流区域以及台风运动速度和方向在图 12.7a 和图 12.7b 中清晰可见。

台风眼区和深对流以外区域的亮温随通道数（波长）的变化比深对流区域更明显（图 12.8）。对于水汽探测通道 8、9 和 10，权重函数峰值高度越低，观测亮温越高。在强对流区域，通道 8～11 和 13～16 的亮温观测值非常接近，表明云顶温度起主要作用，与频率无关，而发射率和冰散射对频率的依赖性并不明显。换句话说，相比有云情况，在晴空条件下更能从 10 个 AHI 红外通道获得大气垂直探测信息。Qin 等（2017）证实，同化更多通道的 AHI 晴空资料比同化较少通道的 GOES 晴空资料对降水预报更有利。

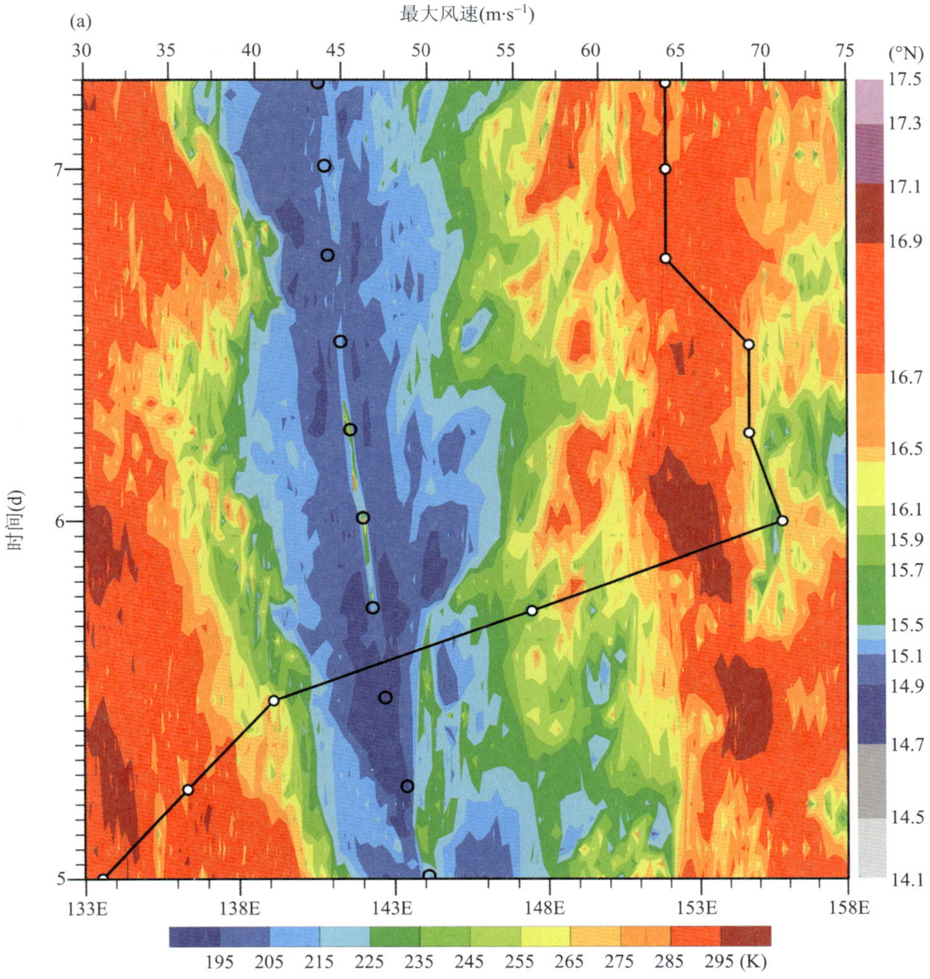

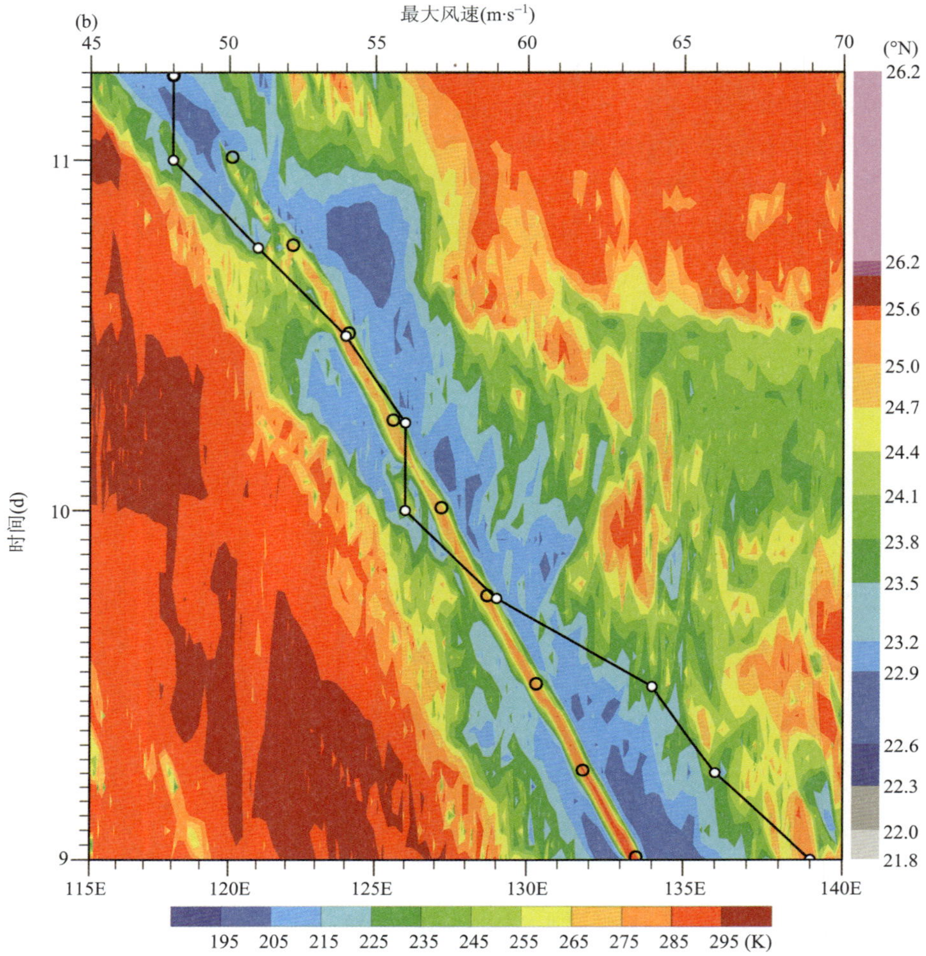

图 12.7　(a) 2018 年 7 月 5 日 0000 UTC～2018 年 7 月 7 日 0600 UTC 和 (b) 2018 年 7 月 9 日 0000 UTC～2018 年 7 月 11 日 0600 UTC 期间沿着穿过玛莉亚中心的东西向、1 h 间隔的 AHI 通道 14 观测亮温(彩色阴影)和最大持续风(由黑线连接的空心圈)的逐小时变化

空心圈为最佳路径台风中心位置，间隔 6 h

图右边的色条显示台风中心的纬度

图 12.9 用另一种方式展示了 AHI 10 个红外通道所观测到的台风结构。通过两个垂直剖面图(图 12.9a 和图 12.9b)，可以比较 2018 年 7 月 10 日 0000 UTC 10 个红外通道的观测亮温(图 12.9a)和亮温异常(图 12.9b)在台风中心附近的分布特征，其中亮温异常是减去了根据环境区域(23～25°N, 120～220°E)内晴空资料计算得出的环境亮温平均值。左边纵轴从上向下的通道排列顺序为 8、9、10、12、16、15、14、13、11 和 7。通道 7～16 的亮温异常垂直剖面图(图 12.9b)更能显示台风中不同 AHI 通道对云的不同敏感性，台风眼附近的暖核中心更明显，尤其是水汽探测通道 8～10。对流层上层通道的温度暖异常，与从 AMSU-A 和 ATMS 观测资料通过反演得到的台风暖核一致(见下一节)。

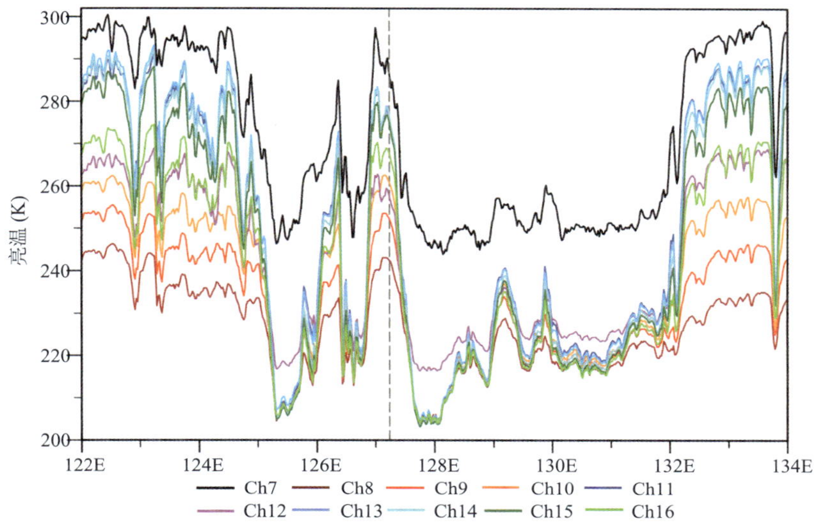

图 12.8　2018 年 7 月 10 日 0000 UTC 沿着穿过玛莉亚中心(灰色垂直虚线)在东西方向上的 AHI 通道 7～16 亮温观测值(单位：K)随经度的变化

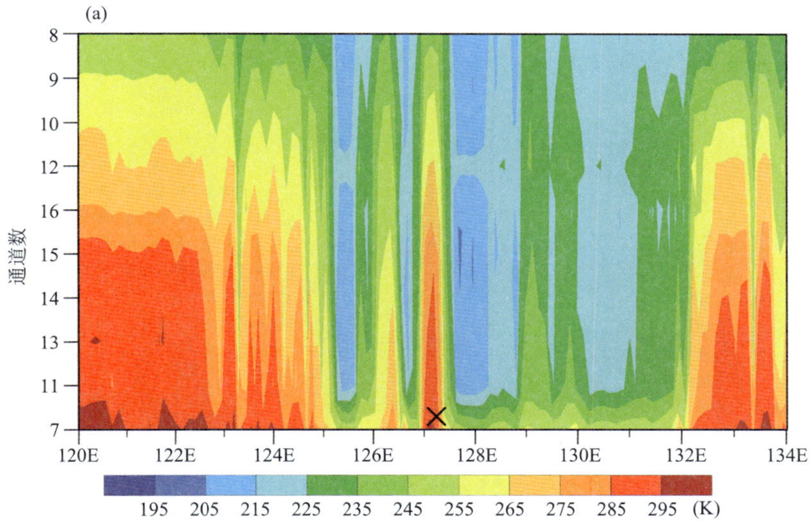

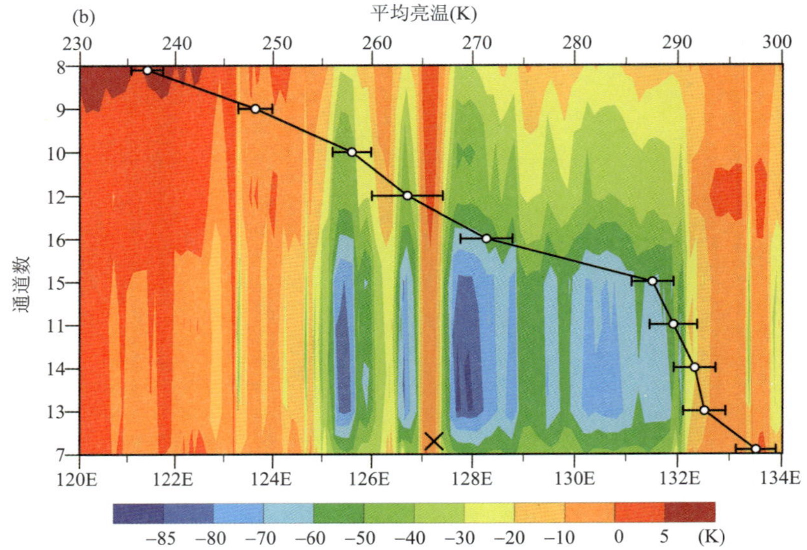

图 12.9　(a) 2018 年 7 月 10 日 0000 UTC 通道 7～16 亮温观测沿着穿过玛莉亚中心、沿着东西方向剖面图(彩色阴影)；(b) 根据区域(23～25°N, 120～220°E)内的晴空数据(总共 119690 个 AHI 识别的晴空像素)计算的平均亮温(黑色曲线)和标准差(黑色水平线)，以及减去该平均亮温后的通道 7～16 亮温观测亮温沿着穿过玛莉亚中心的东西向剖面图(彩色阴影)

中心位于玛莉亚中心位置的同一纬度，台风中心用符号“×”表示

图 12.10 显示了 2018 年 7 月 10 日 0000 UTC 时玛莉亚附近 AHI 通道 8～10 的观测亮温与各通道的晴空亮温平均值(分别为 237.0、248.2 和 258.0 K)之差(即亮温异常)的空间分布。在亮温低异常区域(如多云区域)，三个通道之间的差异可以忽略，但在亮温异常高的区域(如晴空区域)，这三个通道之间的差异明显。减去晴空亮温平均值后，这三个水汽通道显示的云结构略有不同。与高层通道相比，低层通道的亮温异常较低、范围较广。

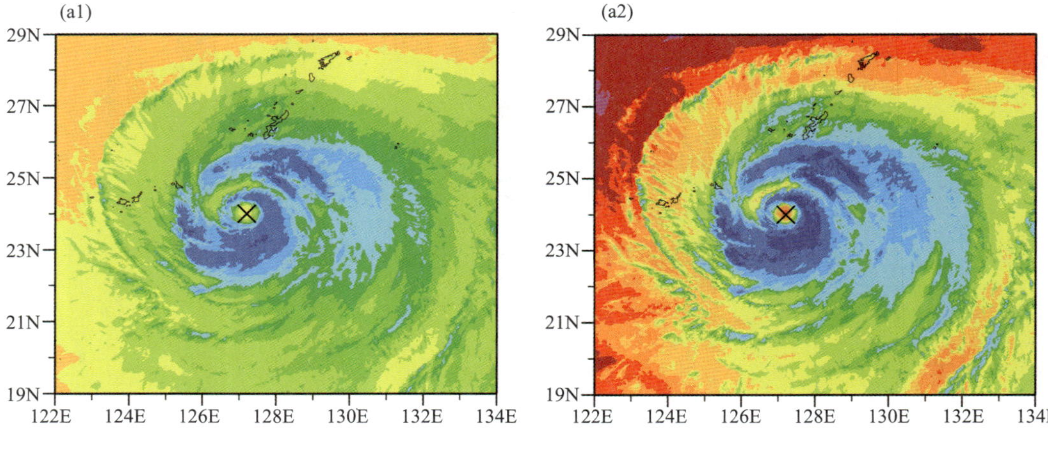

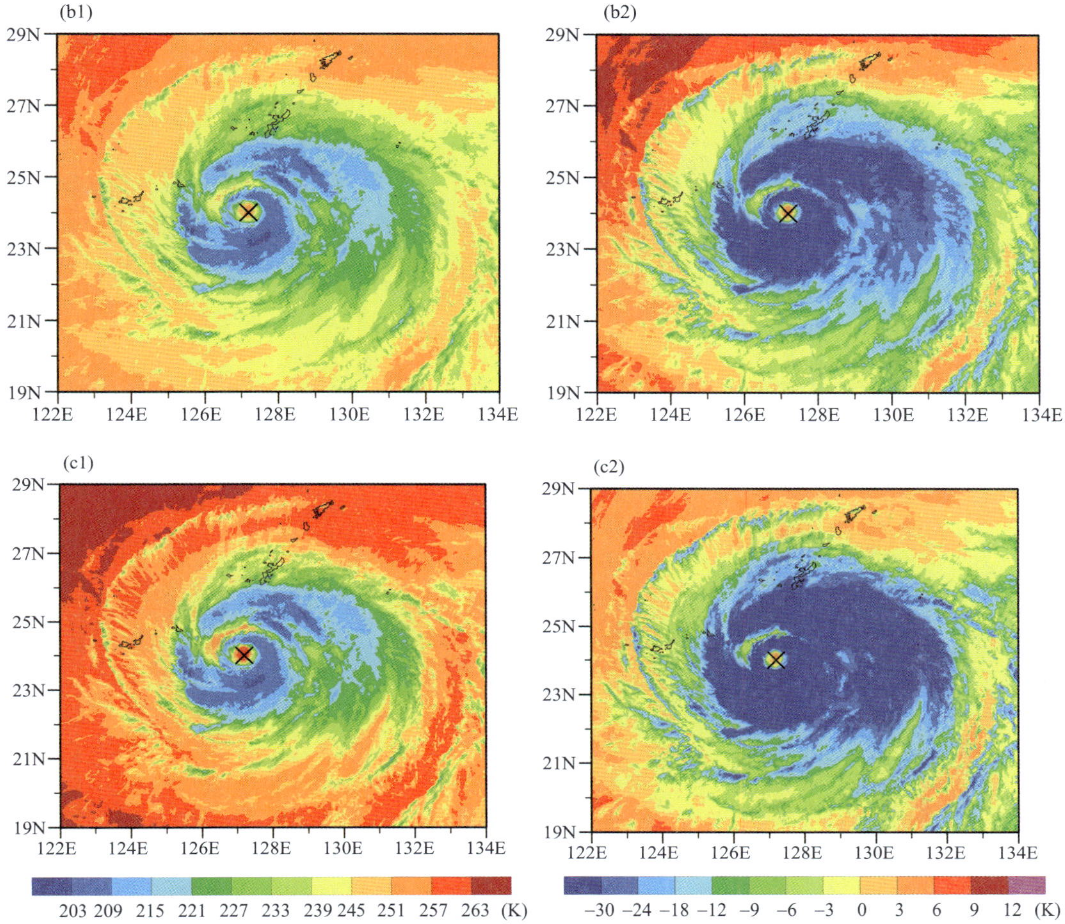

图 12.10　2018 年 7 月 10 日 0000 UTC 时玛莉亚附近通道 8(a1、a2)、通道 9(b1、b2)和通道 10(c1、c2)观测亮温的空间分布

已减去每个通道的晴空亮温平均值(分别为 237.0、248.2 和 258.0 K)

黑色“×”字表示台风中心的位置

为了了解玛莉亚内部的云类型如何随时间演变，图 12.11 显示了 2018 年 7 月 8 日 1410 LST～7 月 9 日的 1357 LST 约 24 h 内、9 个时间的云类型分布。这 9 个时间与 NOAA-15、18、20 和 S-NPP 卫星经过玛莉亚中心位置的时间一致，方便后面把 AMSU-A/ATMS 反演的台风暖核结构(见 12.4 节)与云类型分布进行比较。台风眼区有一些卷云。对冲云是眼墙区的特征。随着离眼墙的径向距离增加，不透明冰云、多层重叠云、卷云，还有一些过冷水云占主导。在 2～3 h 的时间间隔内，雨带的地理分布和云类型发生明显变化。AHI 捕获的台风雨带结构的这些快速变化为热带气旋卫星资料同化提供非常重要的观测信息。

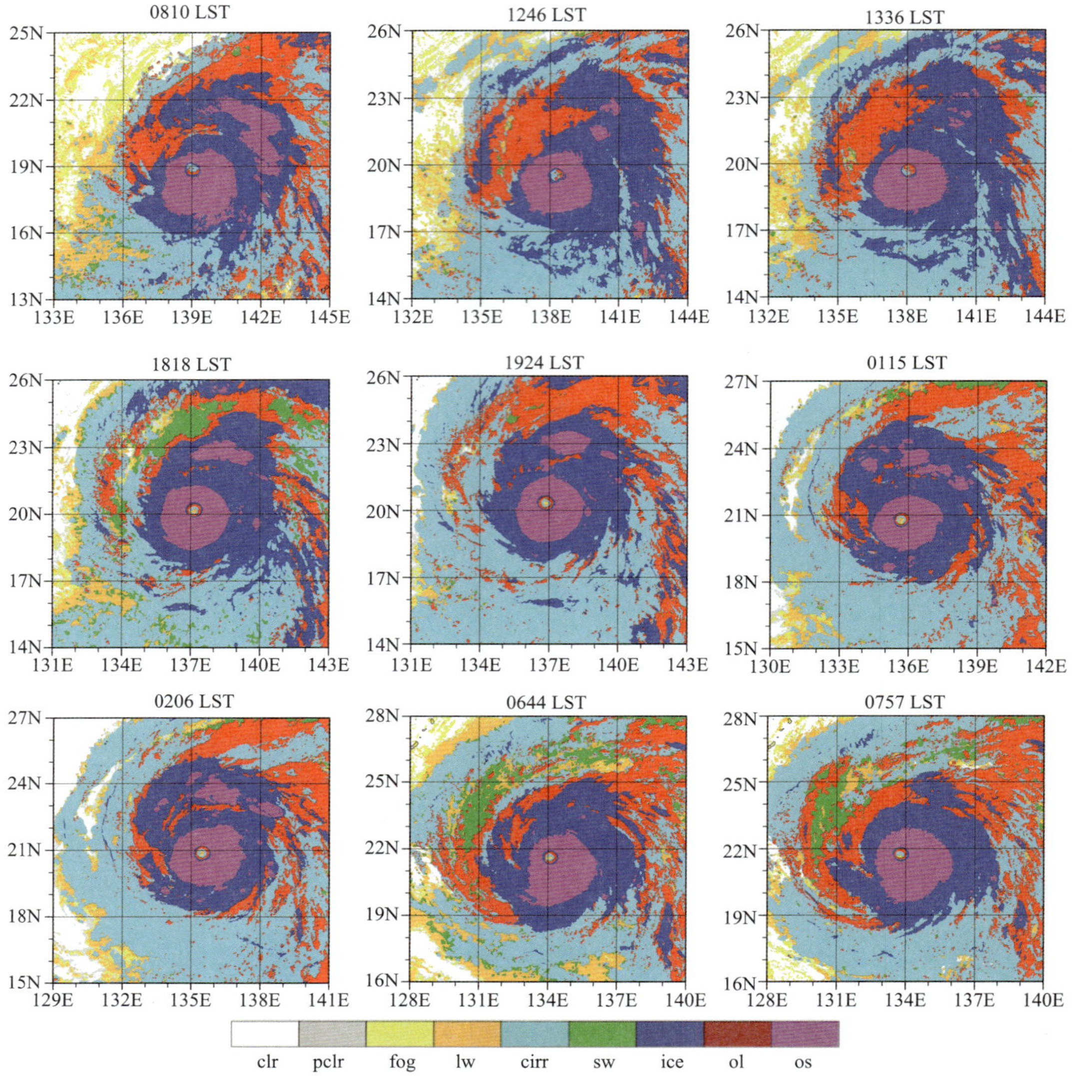

图 12.11　2018 年 7 月 8 日 1410 LST～7 月 9 日 1357 LST 约 24 h 内的 9 个观测时间玛莉亚内部的云类型分布

每个图的上方给出了当地标准时间(LST)

这 9 个观测时间对应 NOAA-15 和 NOAA-18 的 AMSU-A 以及 NOAA-20 和 S-NPP 的 ATMS 在这一天的观测时间

12.4　AMSU-A 和 ATMS 台风暖核反演

台风暖核(warm core)定义为台风中心附近、对流层中高层的温度正异常，比环境温度高出几度。这是台风的一个特征。促成台风暖核形成的动力和物理过程包括眼区下沉绝热运动引起的绝热增温、台风内的凝结潜热释放、台风强度快速增强过程中对流爆发引起的沉降变暖(Chen 和 Zhang, 2013)。早在 1960 年，根据飞机数据，人们就已经发现了台风暖核的存在(La Seur 和 Hawkins, 1963；Hawking 和 Rubsam, 1968；Hawkins 和

Imbembo, 1976）。一种方法是根据在 500 hPa 和 180 hPa 两个气压层上的飞机数据，通过垂直插值，得到台风暖核，其中心位于 250 hPa 左右。另一种方法是综合多种常规观测资料，发现了台风暖核。常规观测资料包括浮标、安装在船舶和飞机上的测量仪器、空投探空仪和岛屿上的地面气象站。不同台风暖核中心所在高度不同，一般在 760～250hPa（Durden, 2013）。较强的飓风具有较强的暖核（Komaromi 和 Doyle, 2017）。暖核的最早形成时间可能代表 TD 升级为 TS 和飓风（Dolling 和 Barnes, 2012）。

卫星微波温度探测仪（第 7 章）可提供几乎所有天气（除强降水以外）条件下大气不同高度层的热辐射观测值。因此，这些观测资料可以用来获取对流层和平流层中的大气温度，甚至包括热带气旋内部和周围地区的大气温度（Demuth 等, 2004, 2006; Knaff 等, 2004; Tian 和 Zou, 2016b, 2018；Zou 和 Tian, 2018）。

ATMS 温度探测通道的视场比 AMSU-A 视场小（图 12.12，另见第 7 章）。为了比较 AMSU-A 和 ATMS 资料反演的台风暖核，两种仪器的视场大小最好一致。因此，我们把 ATMS 观测资料，通过重映射（remap），转换成与 AMSU-A 视场大小相同的 ATMS 亮温观测资料。由于 ATMS 视场之间有足够密集的重合，这种从较小的 ATMS 原始视场转换到较大的类似于 AMSU-A 的视场是可行的（图 12.12a）。正如预期，重映射生成的 ATMS 视场与原视场中心位置相同，大小与 AMSU-A 视场相同。因此，沿一条 ATMS 扫描线仍然有 96 个重映射视场，而一条 AMSU-A 扫描线只有 30 个视场（图 12.12b）。为了方便把 ATMS 和 AMSU-A 观测分辨率与台风眼和台风环境中云团大小进行一个定性对比，图 12.12b 中还显示了 2016 年 7 月 8 日 0400 UTC AHI 通道 13（10.4 μm）的观测亮温分布。由图可见，星下点附近的视场尺寸比台风眼小一些。但是，在大扫描角度处，AMSU-A 观测资料分辨率较粗，不能很好地分辨台风眼、雨带中的小尺度特征和狭窄晴空带。

温度反演的线性回归方程可以写成如下形式（Tian 和 Zou, 2016a、b、c）：

$$T(p,\theta)=C_0(p,\theta)+\sum_{i=i_{1,p}}^{i_{2,p}}C_i(p,\theta)T_b^{\text{obs}}(\nu_i,\theta) \tag{12.4}$$

其中，p 是气压，θ 是天顶角（即地球视场线束与本地法线方向之间的夹角），ν_i 是第 i 个通道的中心频率（i =5, 6, …, 15），T_b^{obs} 是观测亮温值，$i_{1,p}$, …, $i_{2,p}$ 表示与 p 气压层上的温度相关性较高的所有通道（相关系数大于 0.5），C_0 和 C_i（$i=i_{1,p}$, …, $i_{2,p}$）是回归系数。这些回归系数是根据训练数据集获得的，训练数据集取暖核反演时间前两周内的 ATMS 和 AMSU-A 亮温观测资料以及 NCEP GFS 温度场（Tian 和 Zou, 2016a、b、c, 2018）。

Zou 和 Tian（2018）使用与 ATMS 和 AMSU-A 观测资料匹配的 GPS 掩星反演温度廓线替代大尺度模式温度场，进行了台风暖核反演。这里，我们用相同方法反演台风玛莉亚的暖核结构。GPS 掩星训练数据集是 2018 年 5 月这一个月时间内的 MetOp-A 和 MetOp-B GRAS 观测资料。GPS 掩星与 ATMS/AMSU-A 的匹配条件是观测时间间隔 3 h 以内，空间距离小于 100 km。由于 GPS 掩星数据量远小于 NCEP GFS 网格数据量，依赖于扫描角度的温度反演公式（12.4）修改为

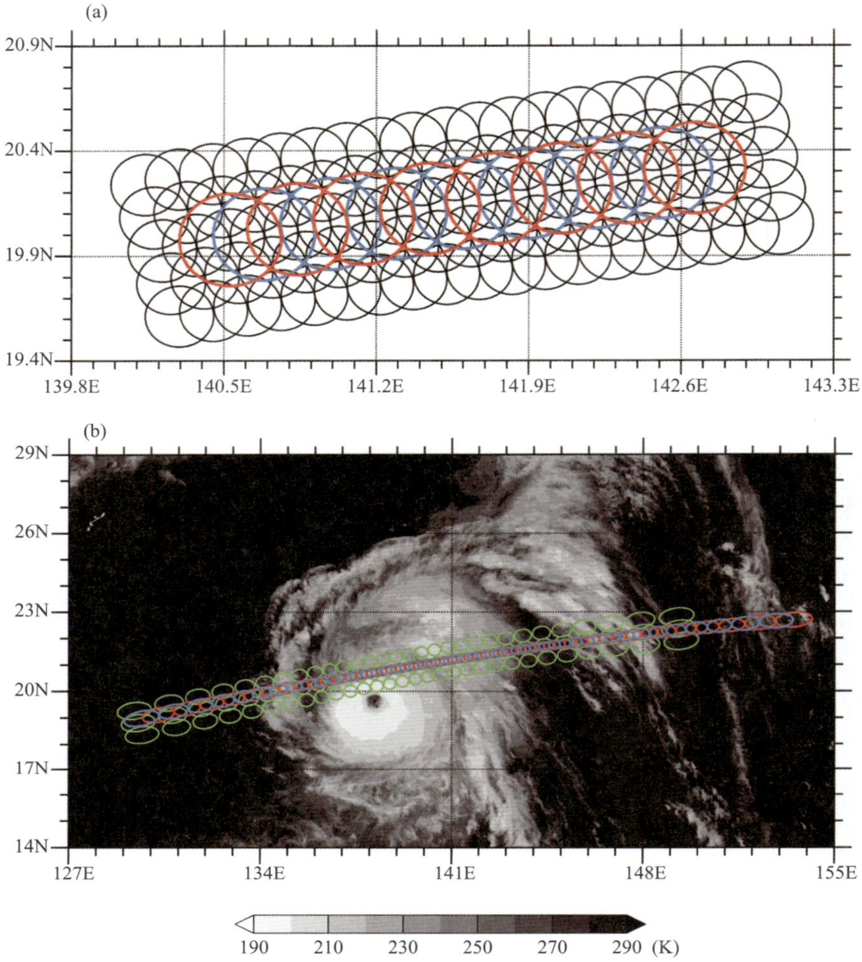

图 12.12　(a) 2018 年 7 月 8 日 3656 UTC 连续五条扫描线上 S-NPP ATMS 通道 5～15 的视场 40～56 的大小（黑色椭圆），以及重映射后第三条扫描线上的与 AMSU-A 类似的 ATMS 视场大小（为了清晰起见，依次为红色和蓝色椭圆）；(b) 在 (a) 中单条扫描线上重映射后的 96 个 ATMS 视场（蓝红相间椭圆），以及 2018 年 7 月 8 日 0400 UTC 时在该 ATMS 扫描线附近的 NOAA-18 AMSU-A 的三条连续扫描线上的 AMSU-A 视场（绿色椭圆）

图 (b) 中的黑白阴影是 AHI 通道 13 (10.4 μm) 亮温观测值

$$T(p) = C_0(p) + \sum_{i_{1,p}}^{i_{2,p}} C_i(p) T_{\mathrm{b,LC}}^{\mathrm{obs}}(\nu_i) \tag{12.5}$$

其中，$T_{\mathrm{b,LC}}^{\mathrm{obs}}(\nu_i)$ 是临边订正后的亮温观测值，回归系数 C_0 和 C_i ($i=i_{1,p}, \cdots, i_{2,p}$) 仅依赖气压 ($p$) 而与天顶角 ($\theta$) 无关。式 (12.5) 中的临边订正后的亮温观测 $T_{\mathrm{b,LC}}^{\mathrm{obs}}(\nu_i)$ 参照 Zhang 等 (2017) 文章中的公式：

$$T_{\mathrm{b,LC}}^{\mathrm{obs}}(\nu_i, \theta, j) = b(\nu_i, \theta) + \sum_{m=\nu_i-1}^{\nu_i+1} a(m, \theta)\left(T_{\mathrm{b}}^{\mathrm{obs}}(m, \theta, j) - \overline{T_{\mathrm{b}}^{\mathrm{obs}}}(\nu_i, \theta)\right) \tag{12.6}$$

其中，j 代表扫描线序号，$a(v_i-1)$、$a(v_i)$、$a(v_i+1)$ 和 $b(v_i,\theta)$ 是临边订正回归系数，这些临边订正回归系数通过最小二乘拟合获得。最小二乘拟合的代价函数定义为

$$J\left(a(v_i),a(v_i),a(v_i+1),b(v_i,\theta)\right)=\sum_{j}\sum_{m=v_i-1}^{v_i+1}\left(T_{\mathrm{b,LC}}^{\mathrm{obs}}(m,\theta,j)-\overline{T_{\mathrm{b,nadir}}^{\mathrm{obs}}}(v_i)\right) \tag{12.7}$$

使用 2018 年 1 月至 2018 年 5 月对 ATMS 观测值进行临边订正，结果如图 12.13 所示。未进行临边订正的 ATMS 通道 6～9 的全球平均观测亮温 $\overline{T_{\mathrm{b}}^{\mathrm{obs}}}(v_i,\theta)$ 随扫描角的变化对较大(7～15 K)，通道 11～12 的较小。经过临边订正后，所有通道的全球平均观测亮温 $\overline{T_{\mathrm{b,LC}}^{\mathrm{obs}}}(v_i,\theta)$ 随扫描角保持恒定。

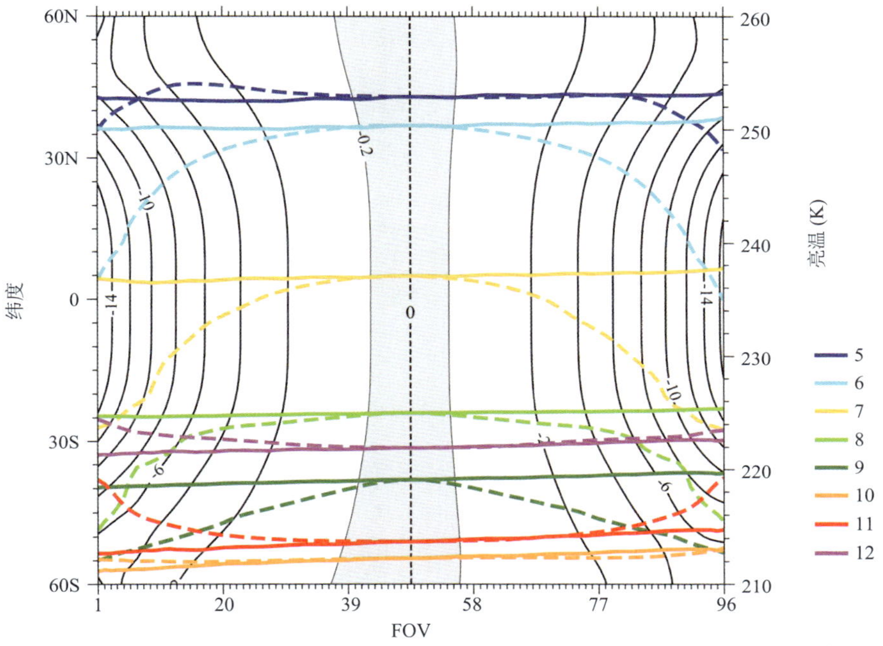

图 12.13　临边订正前后 ATMS 通道 8 亮温观测值在 2°纬度间隔内的平均差异 $(T_{\mathrm{b}}^{\mathrm{obs}}(v_i,\theta)-T_{\mathrm{b,LC}}^{\mathrm{obs}}(v_i,\theta))$ (黑色曲线，等值线间隔：2 K)，以及临边订正前(彩色虚线)后(彩色实线)ATMS 通道 5～12 全球平均亮温随扫描角的变化

图中结果使用了 2018 年 1 月至 5 月的 ATMS 观测数据

图 12.14a～d 给出了 2018 年 7 月 8 日 0456 UTC 台风玛莉亚附近临边订正前后 ATMS 亮温观测资料的瞬时空间分布。根据 AHI 红外通道 13(10.4 μm)的观测亮温(图 12.14e)，2016 年 7 月 8 日 0400 UTC 时，玛莉亚已形成可以清晰界定的台风眼，台风眼是一个观测亮温局部最大值区(～280 K)，位于(19.8°N，138.1°E)附近。台风雨带区的观测亮温较低。由于临边效应占主导地位，在未经过临边订正的 ATMS 亮温观测场上，几乎看不到台风玛莉亚；但是，经过临边订正后，ATMS 亮温观测场上可以明显看到台风玛莉亚的许多特征。由于观测分辨率差异(几十公里与几千米)和频率(微波与红外)的差异，从 ATMS 和 AHI 观测亮温分布图中看到的特征不会完全一样。

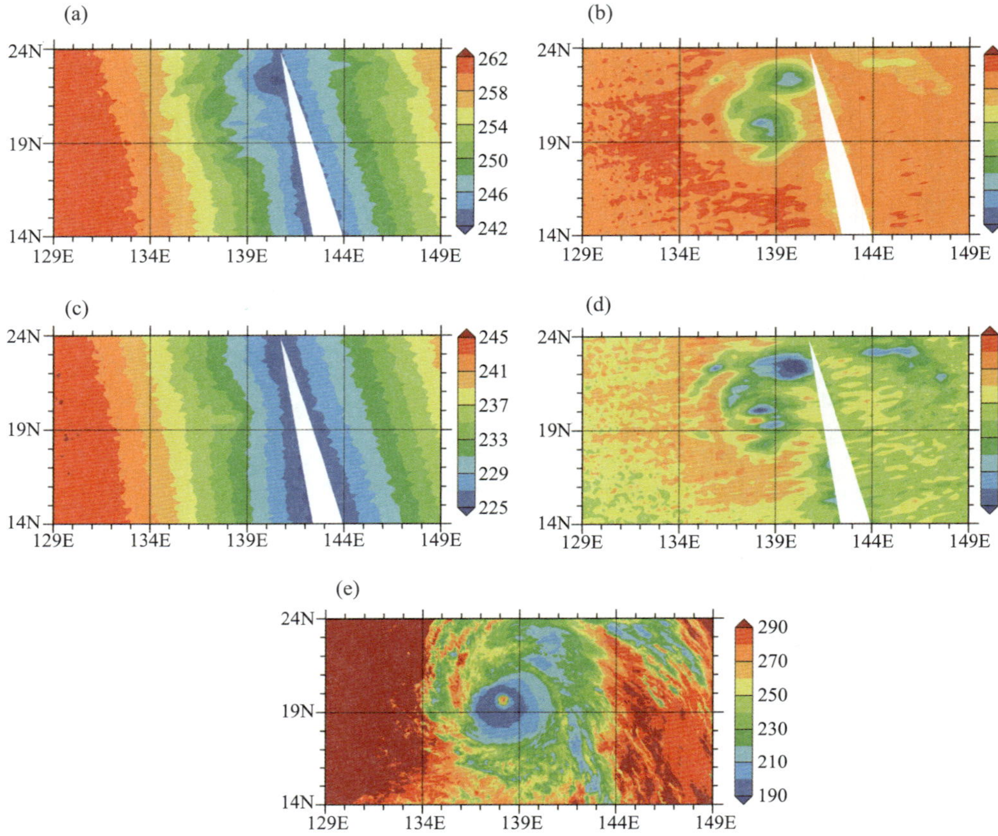

图 12.14　临边订正前后 2018 年 7 月 8 日 0436 UTC S-NPP ATMS (a) (b) 通道 6 和 (c) (d) 通道 7 亮温观测的二维分布(单位：K)；(e) 2018 年 7 月 8 日 0400 UTC AHI 通道 13 (10.4 μm) 红外亮温观测的二维分布(单位：K)

(a) (c) 为临边订正前，(b) (d) 为临边订正后

台风玛莉亚暖核计算公式(12.5)和(12.6)具有以下特征：①临边订正的回归系数是扫描角的显式函数；②某气压层上的反演温度只用了观测亮温与该气压层的温度相关较高的部分通道；③台风玛莉亚发生前一个月的 AMSU-A/ATMS 观测资料作为训练数据集，获得临边订正的回归系数；④温度反演回归系数分晴空和有云两种情况分别进行；⑤将 Atkinson (2011) 开发的重映射算法应用于 ATMS 亮温观测，不仅产生与 AMSU-A 视场大小相同的 ATMS 视场，而且减少了 ATMS 观测资料的随机噪声；⑥有云条件下(液态水路径大于 0.03 $g \cdot kg^{-1}$)的温度反演，不使用 AMSU-A 通道 4～6 和 ATMS 通道 5～7。下面我们使用这个方案，根据 AMSU-A 和 ATMS 亮温观测资料，得到台风玛莉亚的暖核反演结构。图 12.15 给出 400、250 和 200hPa 的 ATMS 回归系数，所用训练数据集是 2018 年 5 月 1 日～30 日期间与掩星资料匹配的 AMSU-A 和 ATMS 亮温观测资料。图 12.15a 是晴空条件下的回归系数，图 12.15b 是有云情况下的回归系数。正如预期，通道 7、8 和 9 的晴空回归系数分别在 400、250 和 200 hPa 最大，与这三个通道的权重函数峰值的气压高度一致。

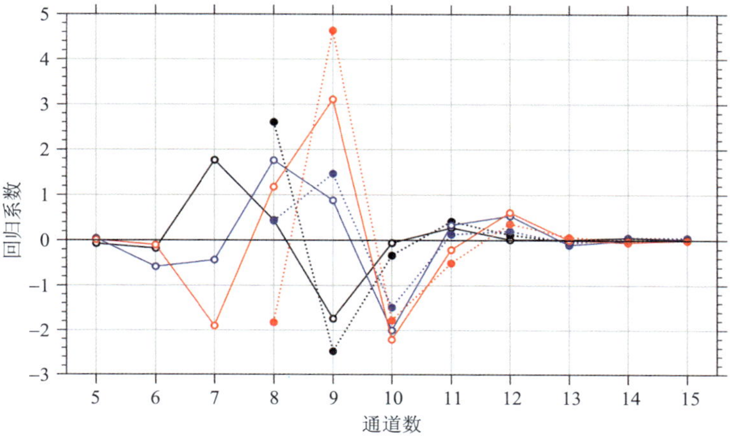

图 12.15　以 2018 年 5 月 1 日～30 日与 ATMS 匹配的掩星观测资料为训练数据集得到的晴空（实线连接的圆圈）和有云（虚线连接的实点）情况下 400（黑色）、250（蓝色）和 200 hPa（红色）温度反演回归系数

400、250 和 200 hPa 温度反演的截距在晴空条件下分别为 95.99、121.63 和 139.14 K；在有云条件下分别为 136.98、35.28 和 17.43 K

图 12.16 显示了根据 ATMS 重映射前后亮温资料反演得到的 2018 年 7 月 8 日 0436 UTC 台风玛莉亚的暖核在 230 hPa 气压层上的分布特征，从中可以看到 ATMS 重映射的影响。暖核定义为减去了环境平均温度的温度异常，环境平均温度定义为位于风暴中心 15°经纬度框内、34 kt 风速半径范围外的平均温度。没有进行重映射的反演温度场（图 12.16a）包含明显的噪声（～1 K），这可能是由 ATMS 条状噪声和随机噪声（见第 7 章）共同引起的。重映射算法确实消除了噪声，产生的暖核分布比较平滑（图 12.16b）。2018 年 7 月 8 日 0436 UTC，台风玛莉亚暖核位于台风中心观测位置，最高温度异常超过 12 K。图 12.17 显示了温度异常沿着台风中心经度从南到北的垂直剖面，这是根据经过重映射和临边订正后的 ATMS 观测资料得到的反演结果。最高温度异常位于 230 hPa。暖核垂直范围在 300～150 hPa，水平范围大约为 3°纬度。

(a)

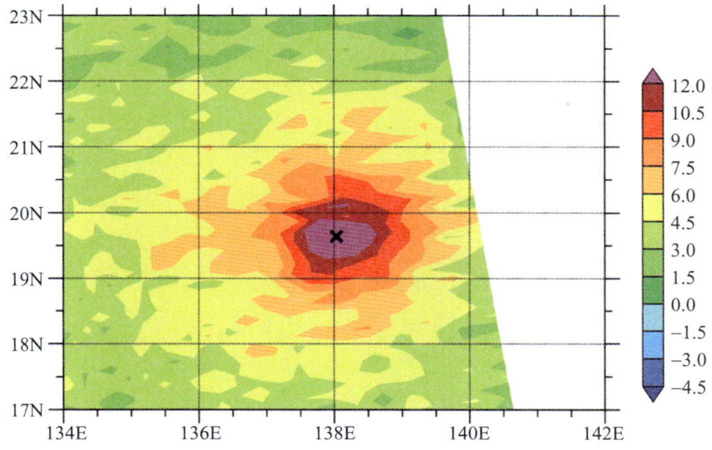

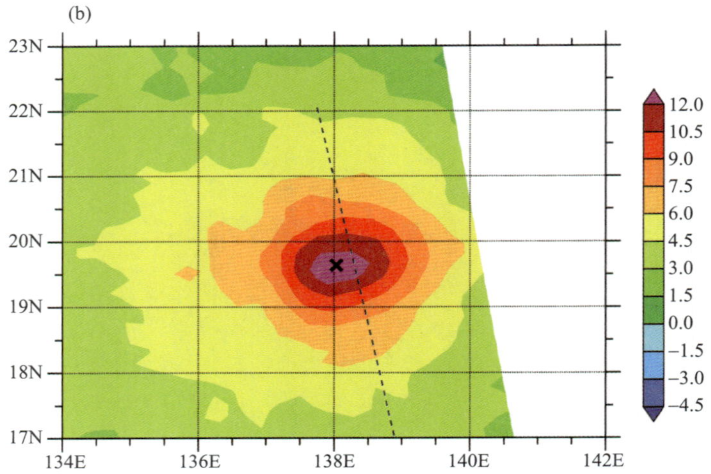

图 12.16　根据 S-NPP ATMS 观测值(a)没有和(b)有重映射后得到的 2018 年 7 月 8 日 0436 UTC 时 230 hPa 温度异常(单位：K)

黑色“×”为最佳路径的飓风中心位置

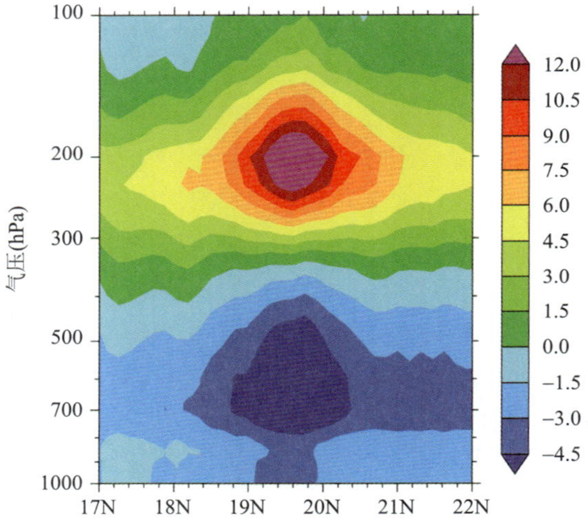

图 12.17　沿着图 12.19b 中虚线的温度异常垂直剖面图

时间和资料与图 12.19b 相同

2018 年 7 月 8 日 1410 LST～7 月 9 日 1357 LST 一天时间内台风玛莉亚暖核的时间演变如图 12.18 所示，暖核所在高度是 250 hPa。所用观测资料来自 NOAA-15 和 NOAA-18 的 AMSU-A 以及 S-NPP 和 NOAA-20 的 ATMS。暖核位于最佳路径台风中心。在这一天左右的时间内，玛莉亚暖核的大小和强度随时间都有变化。特别值得指出的是，台风玛莉亚暖核在夜间比在白天更强，这点与 2017 年大西洋飓风“厄玛”(Irma)和“玛莉亚”(Maria)的最大暖核强度的日变化特征相似(Tian 和 Zou, 2018)。

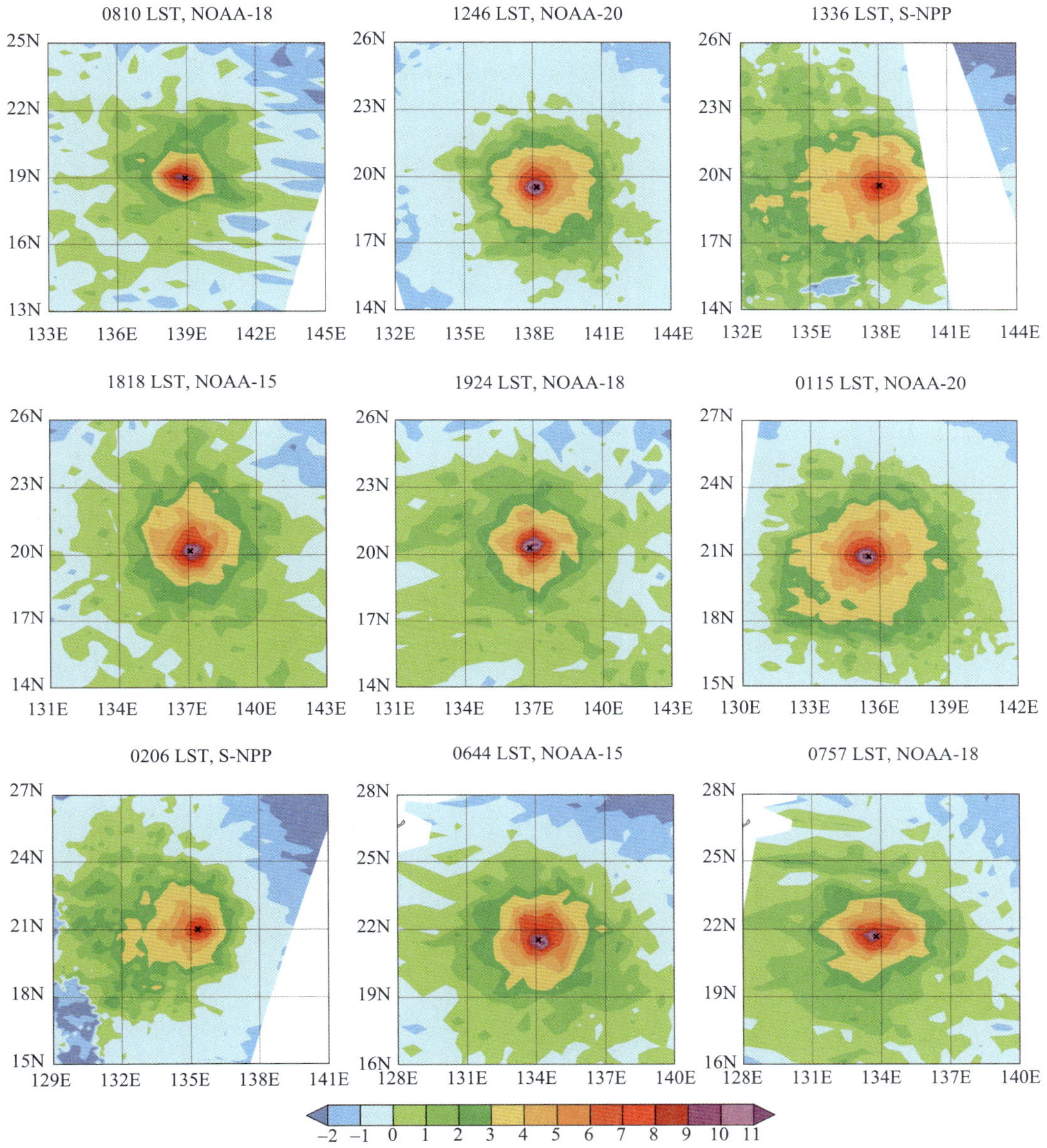

图 12.18　从 NOAA-15 和 NOAA-18 AMSU-A 以及 NOAA-20 和 S-NPP ATMS 亮温观测资料反演得到的 2018 年 7 月 8 日 1410 LST～7 月 9 日 1357 LST 约 24 h 内台风玛莉亚的 250 hPa 暖核异常结构（单位：K）

局地时间 LST 和卫星名称在每个图上方给出

太平洋台风玛莉亚从 2018 年 7 月 4 日的 TD 发展到 7 月 5 日的 TS，并在 7 月 6 日迅速增强为 5 级飓风强度。此后，玛莉亚一直处于 4～5 级强度，直到 7 月 9 日才开始减弱。玛莉亚的登陆时间是 2018 年 7 月 11 日（图 12.1a）。最低海平面气压（图 12.19）和最大持续地面风速（图 12.1b）在 7 月 5 日迅速增加，到 7 月 9 日开始减弱。在台风玛莉亚的时间演变过程中，搭载在六颗极轨卫星上的 4 个 AMSU-A 和 2 个 ATMS 仪器同时提供了温度探测资料(图 12.19)。S-NPP 和 NOAA-20 上的 ATMS 和 NOAA-15、18、19 上的 AMSU-A 亮温观测资料反演得到的 250 hPa 的暖核强度从 2018 年 7 月 5 日到 9 日持续稳定地增加，9 日至 11 日以后逐步减弱(图 12.19)。

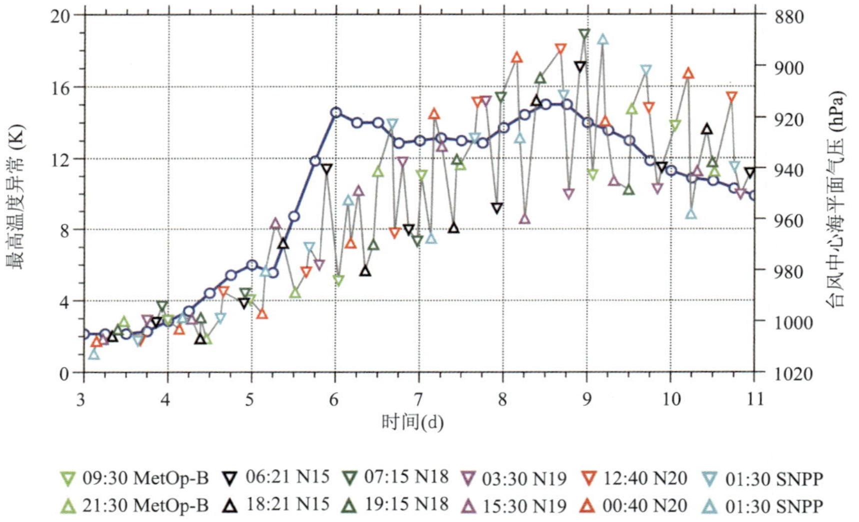

图 12.19　2018 年 7 月 3 日～11 日 ATMS 和 AMSU-A 亮温资料反演得到的台风玛莉亚的暖核区最高温度异常(灰色线连接的彩色三角形)和最佳路径台风中心海平面气压(蓝色线连接的蓝色圆圈)的时间演变

不同卫星时间由不同颜色表示：NOAA-20(红色)、S-NPP(青色)、NOAA-19(洋红)、NOAA-15(黑色)、NOAA-18(深绿色)和 MetOp-B(浅绿色)

卫星升(上三角形)降(下三角形)轨的过赤道局地时间写在图下方的三角形旁边

假设六颗极轨气象业务卫星都携带 1 个温度探测仪，则每天可能有 12 次暖核反演。当然，在低纬度，轨道和轨道之间有间隙，有些情况下会略少于 12 次。这足以捕捉台风玛莉亚整个生命期中暖核最高温度异常的昼夜变化。随着玛莉亚从较低纬度向较高纬度移动时，它从 7 月 4 日的 TD 演变为 7 月 6 日的 5 级飓风，7 月 6～9 日稳定为 5 级飓风，7 月 9 日～10 日减弱到 3、4 级飓风。图 12.20 是玛莉亚在 7 月 3 日～10 日这 8 天时间内，暖核对应的最高温度异常的逐日变化。夜间的高层暖核比白天的强。由于暖核温度异常是通过从 AMSU-A/ATMS 的反演温度中减去它们的环境平均温度而获得的，因此我们还给出了同样 8 天时间内台风玛莉亚的 250 hPa 环境平均温度的逐日变化。随着台风从低纬度向高纬度移动，环境平均温度随时间增加，但没有明显的昼夜起伏变化。这些有关暖核温度异常的昼夜周期变化与 Leppert 和 Cecil(2016)报告的结果一致，他们得出的结论是，热带气旋内的暖核在高层(8～10 km)有单峰昼夜周期变化特征，最大峰值时间为当地标准时间 2230～0430 LST。Dunion 等(2014)也发现，局部日落和下一次日出之间的时间段是在台风内核区发生强对流的最佳时间。卫星资料得到的关于 2017 年发生在大西洋上空的飓风“厄玛”和“玛莉亚”的暖核温度异常的昼夜周期变化的结论，也与 Leppert 和 Cecil(2016)以及 Dunion 等(2014)的研究结果一致。

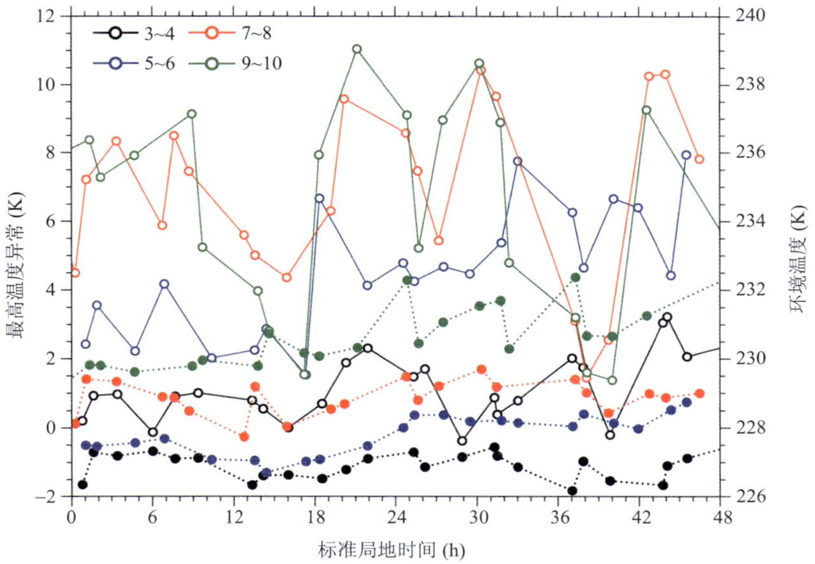

图 12.20　2018 年 7 月 3～4 日(黑色)、5～6 日(蓝色)、7～8 日(红色)和 9～10 日(绿色)台风玛莉亚在 250 hPa 气压层上的暖核最高温度异常(由实线连接的圆圈)和环境温度(由虚线连接的实点)的日变化

12.5　锥形扫描微波辐射计 AMSR2 和 MWRI

对于监测热带气旋，锥形扫描微波辐射计具有其独特性。与跨轨扫描微波辐射计(如 AMSU-A 和 ATMS)不同，锥形扫描微波辐射计的所有观测视场的扫描角是相同的。因此，热带气旋的一些特征可以直接从亮温观测空间分布得到。不需要进行临边订正。

自 1987 年 6 月 18 日美国空军防空气象卫星计划(DMSP)极轨卫星 F-8 发射以来，就有了锥形扫描微波辐射计提供的全球亮温观测资料。DMSP F-8 携带的特殊传感器微波成像仪(SSM/I)是搭载在业务卫星上的第一台锥形扫描微波辐射计。此后，SSM/I、特殊传感器微波温度探测器(SSM/T)、特殊传感器微波水汽探测器(SSM/T2)和特殊传感器微波成像仪垂直探测器(SSMIS)，搭载在一系列 DMSP 极轨卫星 F-10/11/13/14/15/16/17 上。其他锥形扫描微波辐射计还包括 NASA 地球观测系统(EOS)水卫星(Aqua)上的锥形扫描高级微波辐射仪(AMSR-E)、美国国防部 Coriolis 卫星上的锥形扫描微波辐射仪(WindSat)、中国第二代极轨卫星 FY-3B/3C 上的锥形扫描微波辐射成像仪(MWRI)以及 GCOM-W1 卫星上的 AMSR-E 的继任者 AMSR2。搭载 AMSR2 的 GCOM-W1 卫星于 2012 年 7 月 4 日成功发射到极地轨道(Kachi 等, 2009)。AMSR2 在距地面 700 km 的轨道上运行，局部入射角为 55°。图 12.21 给出了这些卫星的过赤道局地时间(LECT)和观测时间段。AMSR2 亮温观测是从 2013 年 1 月 25 日开始向公众发布的。自 2010 年 12 月 5 日发射了携带 MWRI 的 FY-3B 卫星后，MWRI 观测资料从未间断。自 2013 年 9 月 23 日 FY-3C 发射以来，FY-3C 和 FY-3B 卫星分别在上、下午两个轨道上运行。

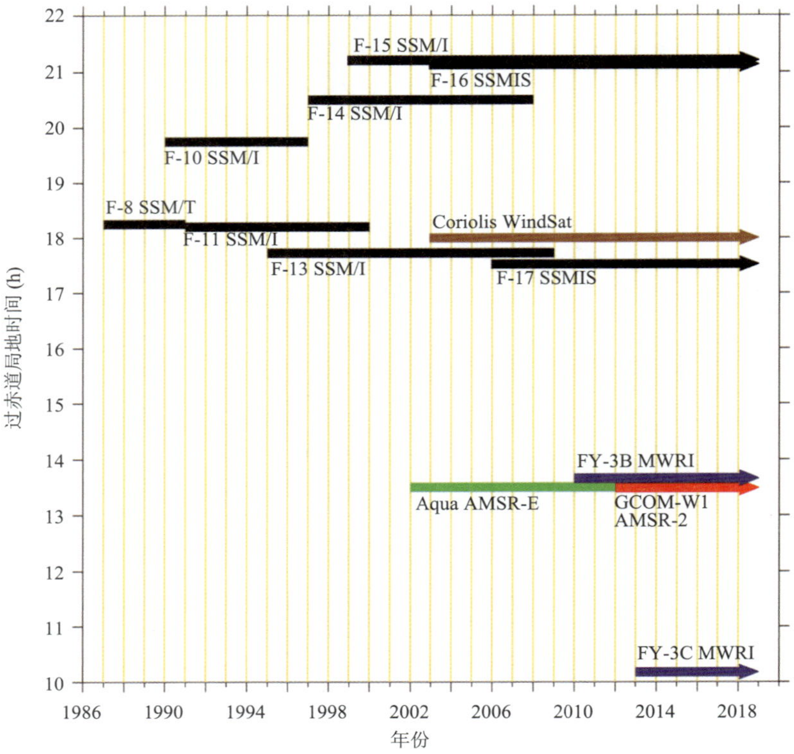

图 12.21　搭载不同锥形扫描微波成像仪卫星的过赤道局地时间和观测时段

极轨气象卫星上的锥形扫描微波成像仪传感器的主要设计目的是增强探测地球表面的能力(Kawanishi 等, 2003)。例如，AMSR2 有 14 个成像仪通道，每连续 2 个通道的中心频率相同、但极化不同，有垂直极化和水平极化两种。因此，AMSR2 的 14 个成像仪通道有 7 个不同中心频率：6.925、7.3、10.65、18.7、23.8、36.5 和 89.0 GHz。AMSR2 比 AMSR-E 多了 2 个通道，新增通道的中心频率是 7.3 GHz，垂直极化和水平极化都有。土壤水分(soil moisture)含量的反演需要用到 AMSR2 两个 C 波段上的最低频率通道(Njoku 等, 2003)。利用 AMSR2 实际观测资料，Zou 等(2015b)证实了 7.3 GHz 通道大大缓解了无线电频率干扰(RFI)问题，与 6.925 GHz 通道的互补性很好。在美国大都市地区，中心频率在 6.925 GHz 的水平极化和垂直极化 C 波段通道资料均受到很强的 RFI 污染，但 7.3 GHz 的两个通道没有受到污染。反之，在墨西哥范围内，AMSR2 7.3 GHz 水平极化和垂直极化这两个通道都有很强的 RFI 污染，但是 6.925 GHz 通道没有。因此，可以从 AMSR2 观测资料中可靠地反演出所有北美地区的土壤水分含量。

所有 AMSR2 通道的权重函数的最大值都在地球表面(图 12.22)。除 36.5 GHz 通道外，近地面大气对低频通道的影响较小。大气对 36.5 GHz 通道的贡献比对更低频率的 23.8 GHz 通道的贡献要小。不同 AMSR2 通道观测到的辐射对海面温度、海面风速、云顶温度、液态水路径、云冰散射等有不同的敏感性。大气对低频通道比对高频率通道更透明。

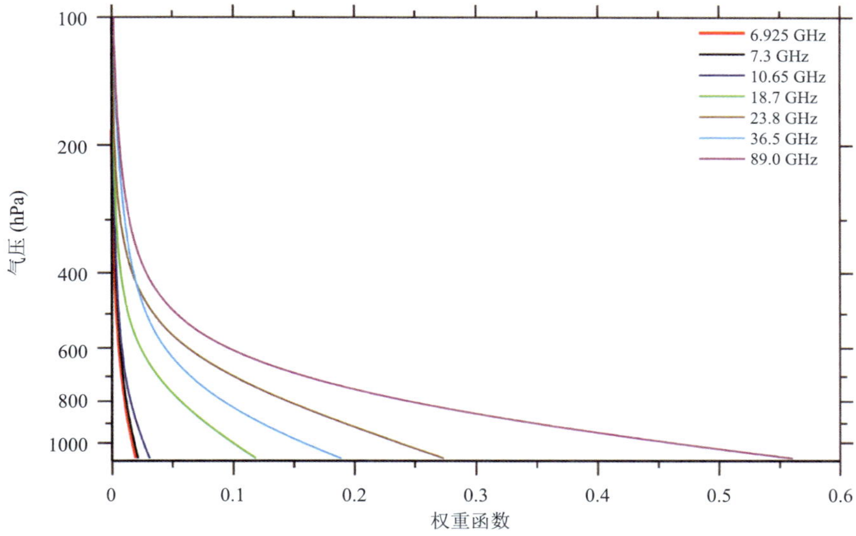

图 12.22　中心频率为 6.925、7.3、10.65 、18.7、23.8、36.5 和 89.0 GHz 的 AMSR2 14 个通道的权重函数

权重函数是根据美国标准大气使用美国通用辐射传输模式(CRTM)得到的，相同频率下的垂直极化和水平极化两通道的权重函数相同

锥形扫描微波辐射计的地面瞬时视场除了依赖于波束宽度和卫星高度外，还随频率变化。通道频率越低，视场越大。具体来说，瞬时视场在跨轨和沿轨两个方向上的空间分辨率分别是：62×35 km^2(6.925 和 7.3 GHz)，42×24 km^2(10.65 GHz)、22×14 km^2(18.7 GHz)、26×15 km^2(23.8 GHz)、12×7 km^2(36.5 GHz)和 5×3 km^2(89.0 GHz)(图 12.23)。89.0 GHz 通道的采样间隔(即临近两个地面瞬时视场的距离)为 5 km， 所有其他通道的采样间隔为 10 km。

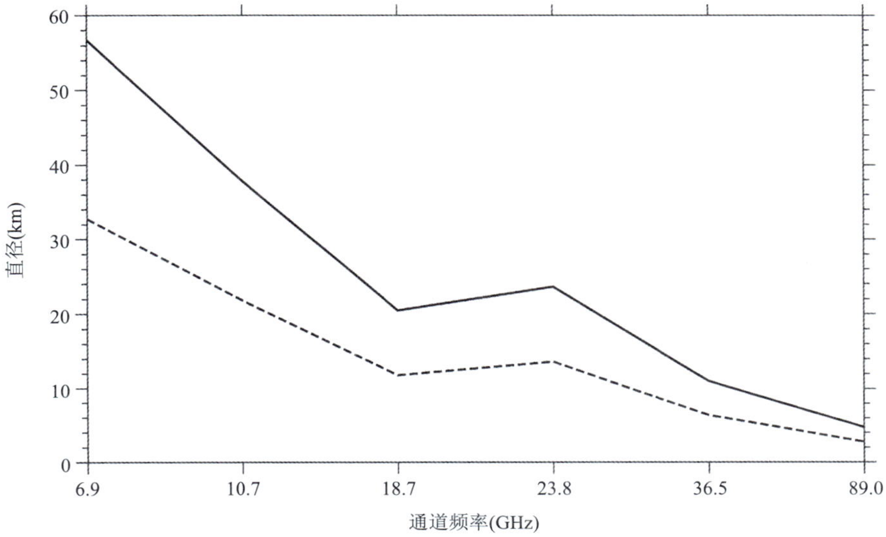

图 12.23　沿轨(实线)和跨轨(虚线)方向上 AMSR2 视场的直径

图 12.24 显示了 2018 年 7 月 6 日 1600 UTC 时台风玛莉亚中心附近、AMSR2 降轨刈幅上连续两条扫描线上的视场形状和 6.925、36.5、89.0 GHz 通道的观测亮温分布。视场形状是椭圆形的，沿轨道方向的直径大于跨轨方向的直径。6.925 GHz 通道的视场有明显的重叠，比 36.5 GHz 和 89.0 GHz 通道的视场大很多。在 2018 年 7 月 6 日 1600 UTC，台风玛莉亚的中心位于(16.9°N, 141.0°E)附近。此时，最低频率(6.925 GHz)通道的观测亮温在台风中心的值较高，达到 180 K。随着离台风中心的径向距离的增加，6.925 GHz 通道的观测亮温值逐渐减小，在亮温最大闭合等值线处，亮温值小于 100 K(图 12.24a)。36.5 GHz 通道的观测亮温分布表明，在台风玛莉亚的第三和第四象限有一些小尺度雨带特征(图 12.24b)。台风眼墙呈现一个亮温高值窄圆形带(>270 K)特征。在 6.925 GHz

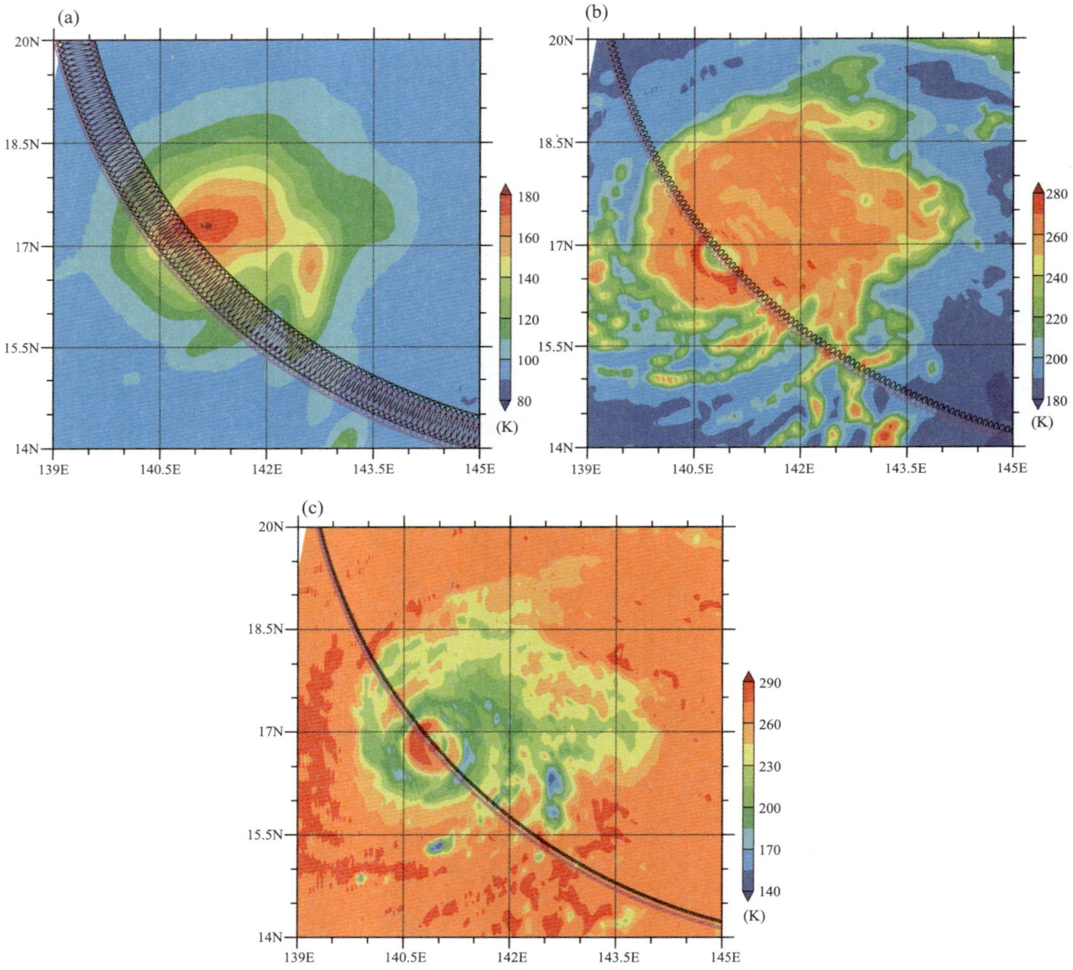

图 12.24　2018 年 7 月 6 日 1600 UTC 台风玛莉亚附近(a)6.925 GHz、(b)36.5 GHz、(c)89.0 GHz 水平极化通道的亮温观测分布(彩色阴影)

图中的黑色和洋红色圆圈表示穿过台风玛莉亚的连续两条扫描线上的视场 8～110 的大小。请注意，沿单条 AMSR2 扫描线总共有 243 个视场。玛莉亚此时的中心位置大约在(16.9°N, 141.0°E)

通道亮温随径向距离逐渐降低的区域，36.5 GHz 通道的亮温几乎均匀不变。在这个区域之外的很短径向距离内，36.5 GHz 通道的观测亮温值从 250 K 迅速下降到 200 K 以下，该区域可以被认为是云边缘区。AMSR2 频率最高的通道(89.0 GHz，图 12.24c) 对冰云最敏感。在云主体之外，85.0 GHz 通道的观测亮温值约为 260 K，而在雨带区域则降低至 140～200K。与 36.5 GHz 频率通道类似，在距离玛莉亚中心约 50 km 台风眼墙处，85.0 GHz 通道的观测亮温有一个环形大值带(260～290 K)。AMSR2 观测亮温大小主要由以下三个部分决定：地球表面辐射、大气贡献和云冰散射。因此，图 12.24 所示的 AMSR2 三个通道反映了台风玛莉亚的不同特征。像 AMSR2 这样的锥形扫描微波辐射计得到的不同频率亮温观测值可直接用于监测大西洋飓风或太平洋台风的许多有趣特征。

图 12.25 显示了所有 14 个 AMSR2 通道的观测亮温沿着穿过 2018 年 7 月 6 日 1600 UTC 时台风玛莉亚中心的一根扫描线上的变化特征。该扫描线的第 49 个视场(由灰色竖

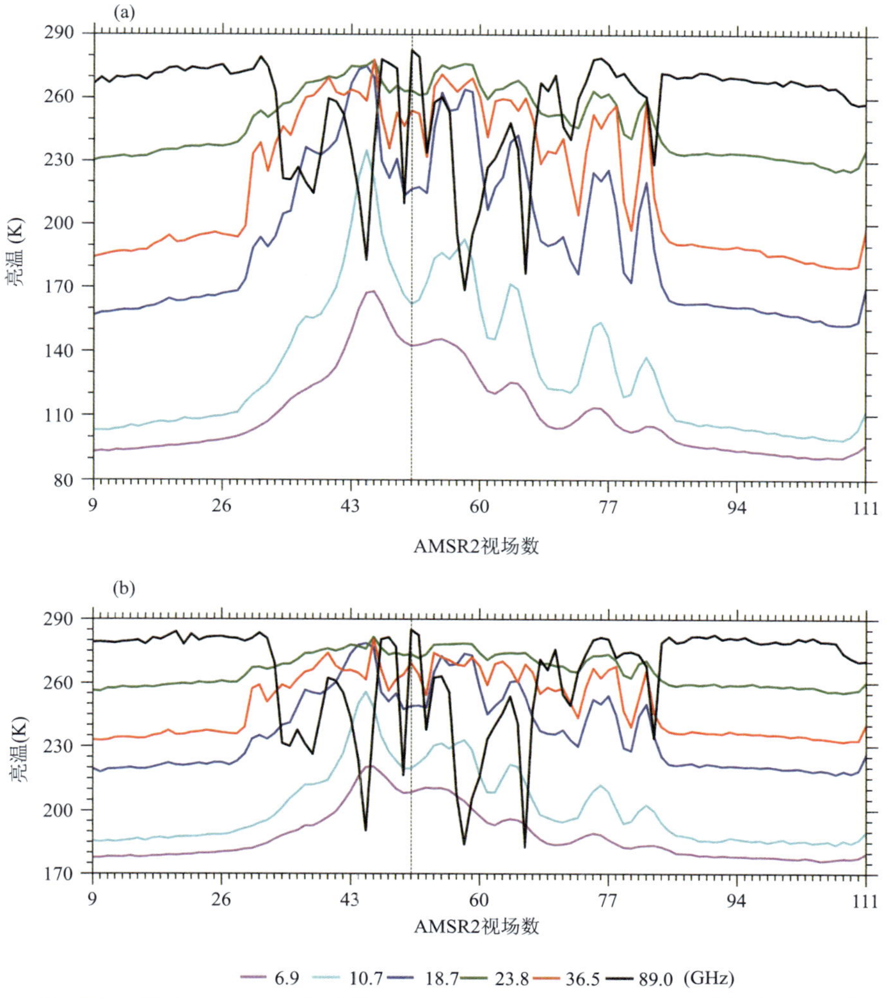

图 12.25　不同频率通道的 AMSR2 亮温观测值在 2018 年 7 月 6 日 1600 UTC 沿穿过台风玛莉亚中心的扫描线上的变化：(a) 水平极化，(b) 垂直极化

台风中心位于该扫描线的第 49 个视场，由灰色竖直虚线指示。视场 9 位于(19.8°N, 139.4°E)，视场 111 位于(14.2°N, 145.2°E)

直虚线指出）与台风中心重合。在玛莉亚内的对流区附近，除了 23.8 GHz 通道外，水平极化（图 12.25a）和垂直极化（图 12.25b）通道亮温观测值均随频率而增加。水平极化通道之间的亮温差异在幅度上要大于垂直极化通道之间的差异。在晴空条件下，垂直极化的观测亮温高于水平极化的观测亮温。在玛莉亚的云区内，观测亮温沿着扫描线上下振荡。由于各个通道的资料分辨率不同，较高频率通道比较低频率通道的观测亮温振荡更频繁。除了 89.0 GHz 通道，似乎所有 AMSR2 通道的观测亮温均在台风眼区有局部最小值。由于云冰散射的强烈影响，89.0 GHz 通道的振荡幅度最大。

图 12.26、图 12.27 与图 12.24、图 12.25 类似，只是时间不同。图 12.26 显示了 2018 年 7 月 10 日 0459 UTC 台风玛莉亚中心附近 AMSR2 升轨刈幅连续两条扫描线上

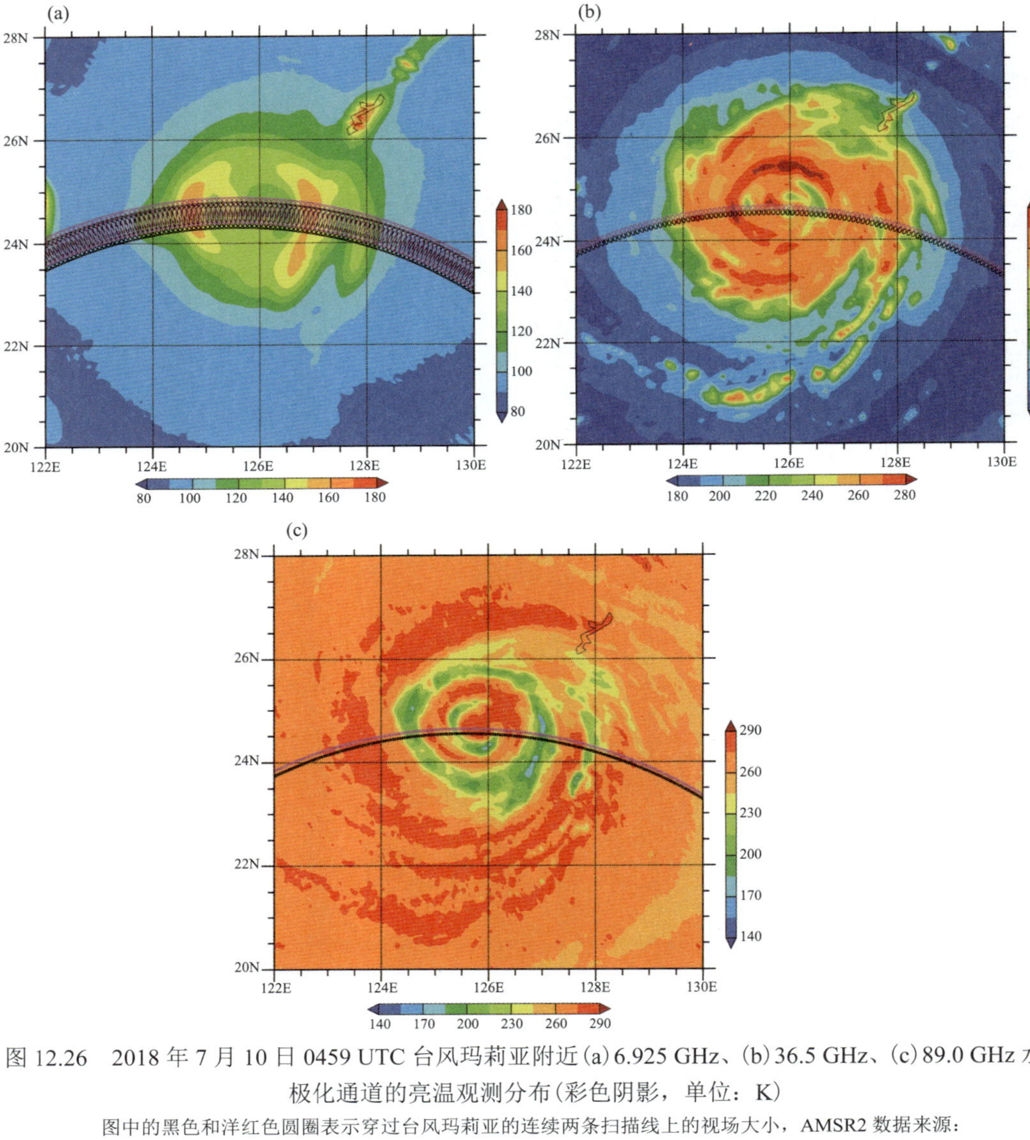

图 12.26　2018 年 7 月 10 日 0459 UTC 台风玛莉亚附近（a）6.925 GHz、（b）36.5 GHz、（c）89.0 GHz 水平极化通道的亮温观测分布（彩色阴影，单位：K）

图中的黑色和洋红色圆圈表示穿过台风玛莉亚的连续两条扫描线上的视场大小，AMSR2 数据来源：https://gportal.jaxa.jp/gpr/?lang=en

AMSR2 视场形状和 6.925、36.5、89.0 GHz 通道的观测亮温的空间分布。与图 12.24 不同，图 12.26 中的两条扫描线的方向是从东到西的。与图 12.24 相似，三个通道之间的亮温差异很大。玛莉亚在 7 月 10 日 0459 UTC 比在 2018 年 7 月 6 日 1600 UTC 更对称。89.0 GHz 的亮温沿着径向距离依次有多个环形分布：在玛莉亚中心有个局部最大值(～280 K)、在眼墙处有一个不完整的低值(～200 K)环、再往外有一个完整的高值(200～270 K)环和一个完整的低值(～200 K)环。事实上，所有 AMSR2 通道的亮温分布中都能看到这种环形高值、低值在径向的交替振荡(图 12.27)。除最高频率的通道外，所有通道的振荡位相一致。89.0 GHz 通道随径向距离的变化与其他通道的位相相反。

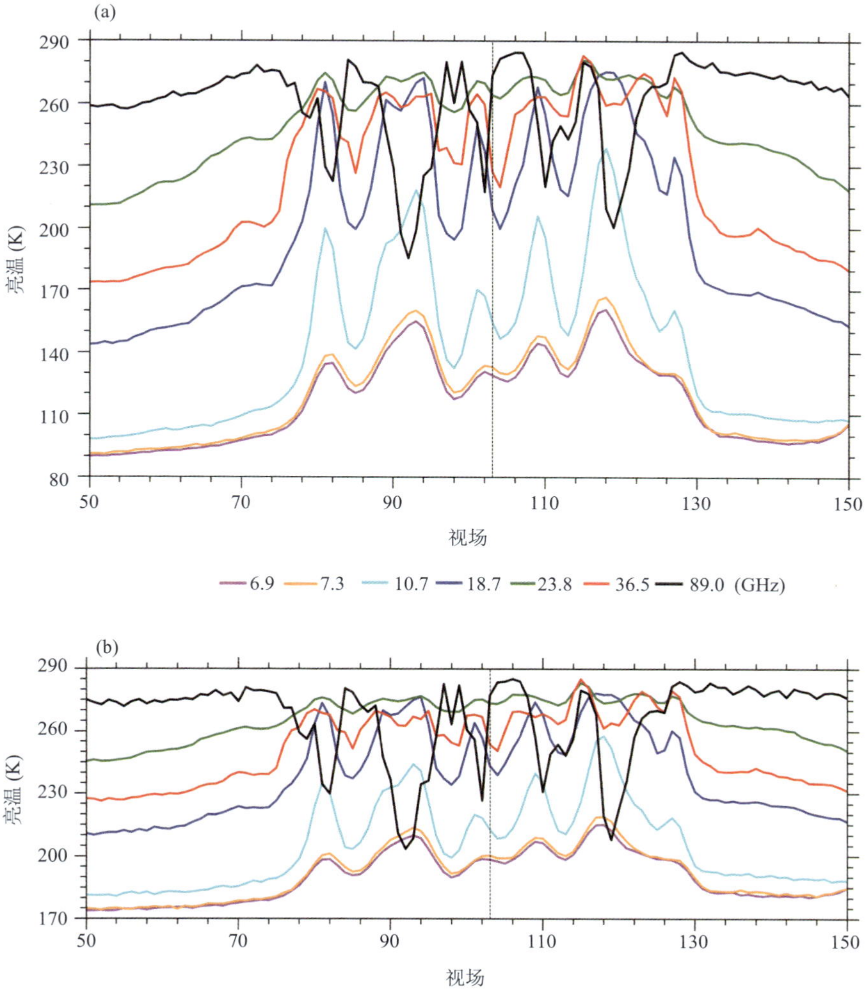

图 12.27　不同频率通道的 AMSR2 亮温观测值在 2018 年 7 月 6 日 0453 UTC 沿穿过台风玛莉亚中心的扫描线上的变化：(a) 水平极化，(b) 垂直极化

台风中心位于(24.5°N, 126°E)，在该扫描线的第 103 个视场，由灰色竖直线指示。视场 15 位于(21.6°N, 131.8°E)，视场 150 位于(14.1°N, 128.4°E)

通过锥形扫描微波辐射计不同通道亮温资料的组合，可以获得多种地球物理量反演产品。例如，6.925 GHz 和 10.65 GHz 通道可用于反演海面温度（SST），10.65 GHz 和 36.5 GHz 通道可用于反演海面风速（SSW）（Yan 和 Weng, 2008），6.925 GHz 和 18.7 GHz 通道可用于反演液态水路径和总可降水量（TPW）（Weng 和 Grody, 1994）。图 12.28 展示了 2018 年 7 月 10 日 0459 UTC 时 AMSR2 海面风速、总可降水量和海面温度以及 NCEP GFS 大尺度分析场中的对应变量分布。大尺度分析场的海面风速和总可降水量分布特征与 AMSR2 反演产品的可比性比海面温度更高。海面风速和总可降水量在玛莉亚中心附近有一个较大尺度、近似圆形的大值区。由于 NCEP GFS 分析资料的分辨率比 AMSR2 观测资料分辨率低，海面风速和总可降水量大值区域较 AMSR2 反演的范围大，空间分布更平滑。对应 89.0 GHz 通道低亮温值的一个完整环形带所在的径向距离处（见图 12.26c），海面温度场上是一个高值环形带。在靠近玛莉亚中心的东北方向，海面温度有个低值区。NCEP GFS 分析场完全看不到这些特征。

极轨卫星 FY-3B 和 FY-3C 的运行高度约 836 km，FY-3B 是下午星，FY-3C 是上午星。FY-3B 和 FY-3C 上的锥形扫描微波辐射成像仪（MWRI）以 45°恒定扫描角观测地球，沿着一条扫描线上总共有 254 个形状、大小一样的观测视场。从第一个到最后一个视场之间的视线角度是 105°。FY-3C 上的 MWRI 与 FY-3B 上的相同，但与 AMSR2 不同，MWRI 没有 AMSR2 的 2 个低频率（6.925 GHz 和 7.3 GHz）通道。图 12.29 显示了 FY-3C MWRI 通道在 10.65、18.7、23.8、36.5 和 89.0 GHz 5 个频率上的权重函数，由 CRTM 根据美国标准大气计算得到的。图 12.29 所示的权重函数与图 12.22 中相应通道的权重函数相似。利用 MWRI 通道亮温观测资料，可以反演洋面上的液态水路径。Tang 和 Zou（2017）指出，较低频率的通道更适合获取对流云中的液态水路径反演产品。因此，他们研发了一个 MWRI 多通道液态水路径反演算法，以便从 FY-3B、FY-3C MWRI 亮温观测资料中反演出不同强度的液态水路径：

$$\mathrm{LWP_{MWRI}}=\begin{cases}\mathrm{LWP_{10.65\,V}}, & \text{当}\quad \mathrm{LWP_{10.65\,V}}\geqslant 2.5\mathrm{mm}\\ \mathrm{LWP_{18.7\,V}}, & \text{当}\quad \mathrm{LWP_{18.7\,V}}\geqslant 0.5\mathrm{mm}\\ \mathrm{LWP_{36.5\,V}}, & \text{当}\quad \mathrm{LWP_{36.5\,V}}>0.1\mathrm{mm}\cup e_{\mathrm{v}}>30\mathrm{mm}\\ \mathrm{LWP_{89\,H}}, & \text{当}\quad \mathrm{LWP_{89\,H}}\leqslant 0.1\mathrm{mm}\cup e_{\mathrm{v}}\leqslant 30\mathrm{mm}\end{cases}\tag{12.8}$$

其中，LWP_{ν_i} 是通道频率为 ν_i（ν_i=10.65 V、18.7 V、36.5 V、89 H）反演得到的液态水路径，V 和 H 分别表示水平和垂直极化，e_{v} 是水汽的垂直积分，它们由以下公式计算：

$$\mathrm{LWP}_{\nu_i}=a_{\nu_i}\left(\ln(290-T_{\mathrm{b},\nu_i}^{\mathrm{obs}})-b_{\nu_i}-c_{\nu_i}\ln(290-T_{\mathrm{b,23.8\,V}}^{\mathrm{obs}})\right)\tag{12.9}$$

$$\begin{aligned}e_{\mathrm{v}}&=232.89-0.1486(T_{\mathrm{b,18.7\,V}}^{\mathrm{obs}})-0.3695(T_{\mathrm{b,36.5\,V}}^{\mathrm{obs}})\\&\quad-\left(1.8291-0.006193(T_{\mathrm{b,23.8\,V}}^{\mathrm{obs}})\right)T_{\mathrm{b,23.8\,V}}^{\mathrm{obs}}\end{aligned}\tag{12.10}$$

其中，a_{ν_i}、b_{ν_i} 和 c_{ν_i} 是回归系数，是通过最小二乘拟合方法获得的。公式（12.10）是基于这样的物理考虑，当某个通道的亮温变化主要取决于水汽和液态水路径时，可以使用该通道和另一个仅对水汽敏感的通道来获取液态水路径（Hargens, 1992；Grody 和 Ferraro, 1992）。频率为 23.8 GHz 的通道位于水汽吸收线上，可作为仅对水汽敏感的通道

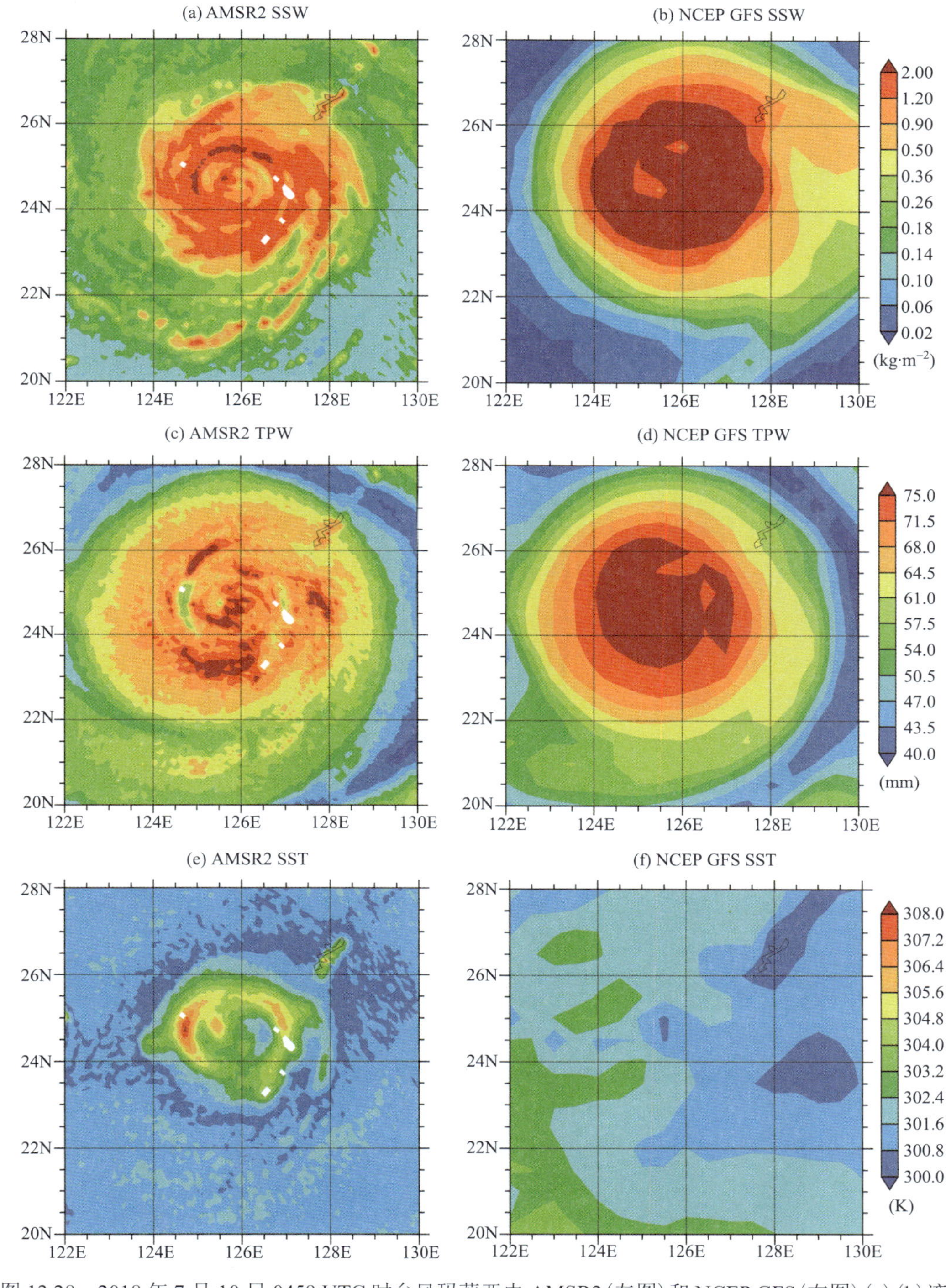

图 12.28　2018 年 7 月 10 日 0459 UTC 时台风玛莉亚内 AMSR2（左图）和 NCEP GFS（右图）(a)(b) 液态水路径（LWP）、(c)(d) 总可降水量（TPW）和 (e)(f) 海表温度（SST）的空间分布

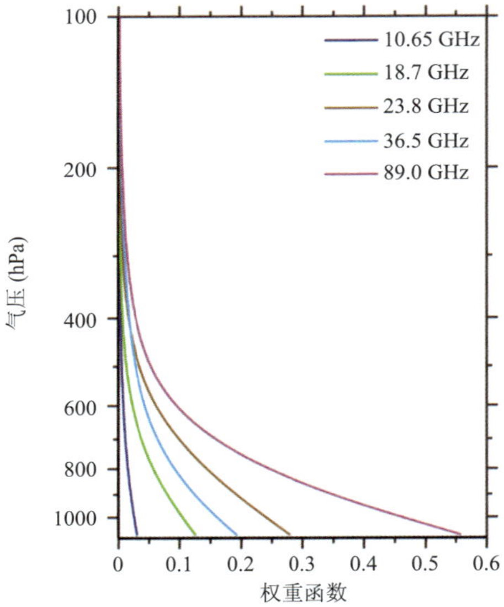

图 12.29　中心频率为 10.65 、18.7、23.8、36.5 和 89.0 GHz 的 FY-3C MWRI 通道的权重函数
权重函数是根据美国标准大气使用美国通用辐射传输模式(CRTM)得到的

用于 10.65、18.7、36.5 和 89 GHz 通道反演液态水路径的公式(12.9)中。 计算总可降水量的经验公式(12.10)是 Alishouse 等(1990)研发的。

Tang 和 Zou(2017)指出，使用 10.65 GHz 的观测亮温，能更好地获取 2014 年超级台风“浣熊”(Neoguri)的眼墙区的大于 3 mm 的液态水路径。通过结合多个不同频率通道得到的液态水路径反演结果，可以很好地捕获台风浣熊内和周围的云的螺旋结构。不仅如此，Tang 和 Zou(2018)使用 2014 年一整年的 FY-3B、FY-3C MWRI 数据，得到的东南太平洋液态水路径的年平均日周期变化与来自热带降水测量任务(TRMM)微波成像仪(TMI)的观测结果一致。两种数据来源均表明，液态水路径的最大值和最小值分别发生在清晨和下午。最大的昼夜振幅是平均液态水路径的 40%，位于(85°W, 20°S)附近。日周期变化强度存在季节性变化。

图 12.30 展示了 2018 年 7 月 7 日根据 FY-3C MWRI 多通道亮温观测资料反演得到的液态水路径在全球降轨(图 12.30a)和升轨(图 12.30b)刈幅上的分布。2018 年 7 月 7 日 0037 UTC，玛莉亚的中心位置在(17.2°N, 140.7°E)，正好位于 FY-3C MWRI 一条刈幅的中部(图 12.30a)，飓风内的局地最大液态水路径大于 1 $kg \cdot m^{-2}$。2018 年 7 月 7 日 1149 UTC，玛莉亚的中心位置(18.2°N, 140.1°E)位于 MWRI 一条刈幅的边缘附近(图 12.30b)。MWRI 刈幅之间的间隙较大，尤其是在低纬度，相邻刈幅之间的间隙几乎与刈幅一样宽。尽管下午星 FY-3B 和上午星 FY-3C MWRI 每天提供四次全球观测，但低纬度地区刈幅之间的大间隙使每天观测到玛莉亚的次数减少到两次左右。

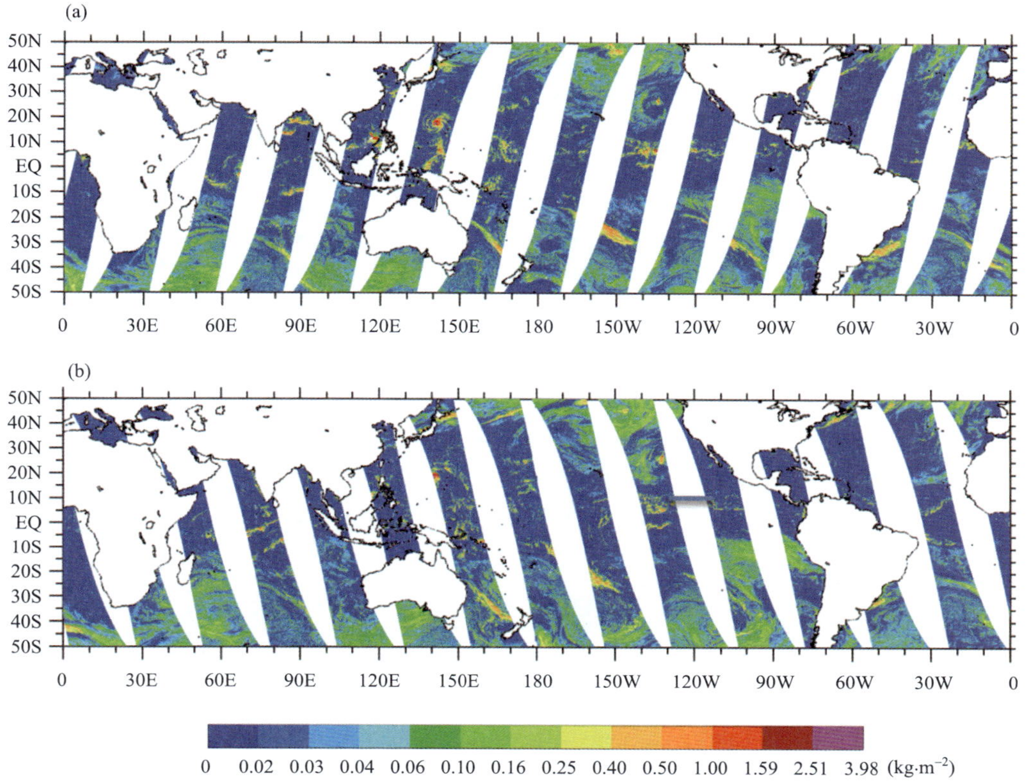

图 12.30　2018 年 7 月 7 日根据 FY-3C MWRI 多通道亮温观测资料反演得到的海洋上空液态水路径全球分布

(a) 降轨观测(0037 UTC，0959 LST)，(b) 升轨观测(1149 UTC，2110 LST)
在 (a) 和 (b) 中，玛莉亚中心分别位于(17.2°N, 140.7°E)和(18.2°N, 140.1°E)

在 2018 年 7 月 4 日～10 日期间，MWRI 仅有 9 次观测到了玛莉亚的中心位置。使用 Tang 和 Zou(2018)研发的多通道液态水路径反演算法，可以得到这 9 个时次的液态水路径图(图 12.31)。随着玛莉亚从 7 月 4 日的 TD 演变为 7 月 6 日的 5 级强度，液态水路径从分散状分布逐渐变得越来越紧凑，强度迅速增强，到 7 月 6 日 1203 UTC，液态水路径最大值大于 2.5 $kg·m^{-2}$，位于台风中心东北部。此后，液态水路径大值区缩小并呈气旋性地向内旋转，最终于 7 月 9 日 1816 UTC 消失。此外，7 月 8 日 0544 UTC，在离玛莉亚中心较远处，液态水路径大值区在台风中心以北开始形成半环形状，从 7 月 9 日的 1301 UTC 到 7 月 10 日 0657 UTC，逐步形成了最大液态水路径的一个完整轴对称环形带。尽管刈幅之间的间隙较大，但上午星 FY-3C 和下午星 FY-3B 一起，很好地捕获了台风玛莉亚云结构的时间演变特征。

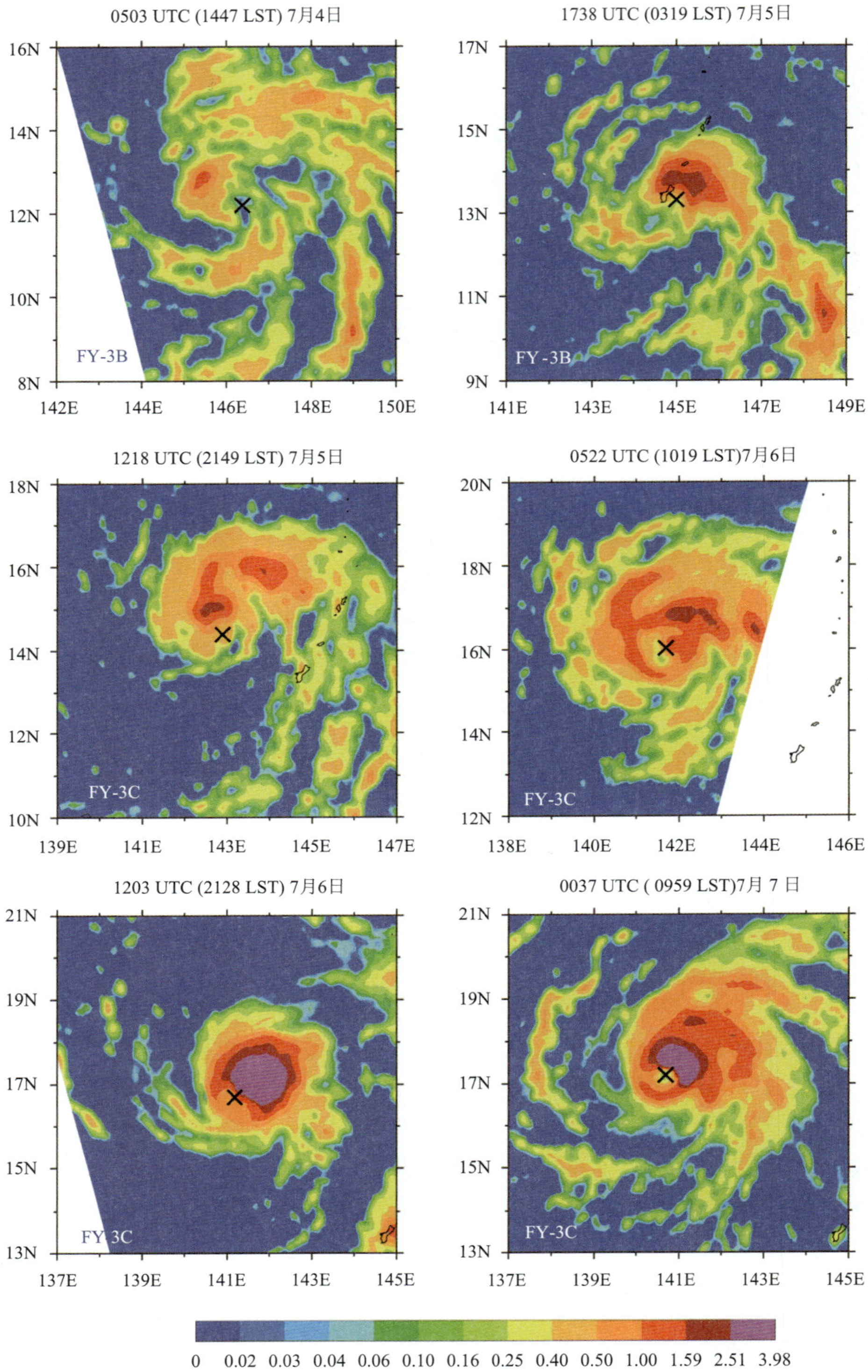
0503 UTC (1447 LST) 7月4日
16N
14N
12N
10N
8N
142E 144E 146E 148E 150E
FY-3B
1738 UTC (0319 LST) 7月5日
17N
15N
13N
11N
9N
141E 143E 145E 147E 149E
FY-3B
1218 UTC (2149 LST) 7月5日
18N
16N
14N
12N
10N
139E 141E 143E 145E 147E
FY-3C
0522 UTC (1019 LST)7月6日
20N
18N
16N
14N
12N
138E 140E 142E 144E 146E
FY-3C
1203 UTC (2128 LST) 7月6日
21N
19N
17N
15N
13N
137E 139E 141E 143E 145E
FY-3C
0037 UTC (0959 LST)7月 7 日
21N
19N
17N
15N
13N
137E 139E 141E 143E 145E
FY-3C
0 0.02 0.03 0.04 0.06 0.10 0.16 0.25 0.40 0.50 1.00 1.59 2.51 3.98

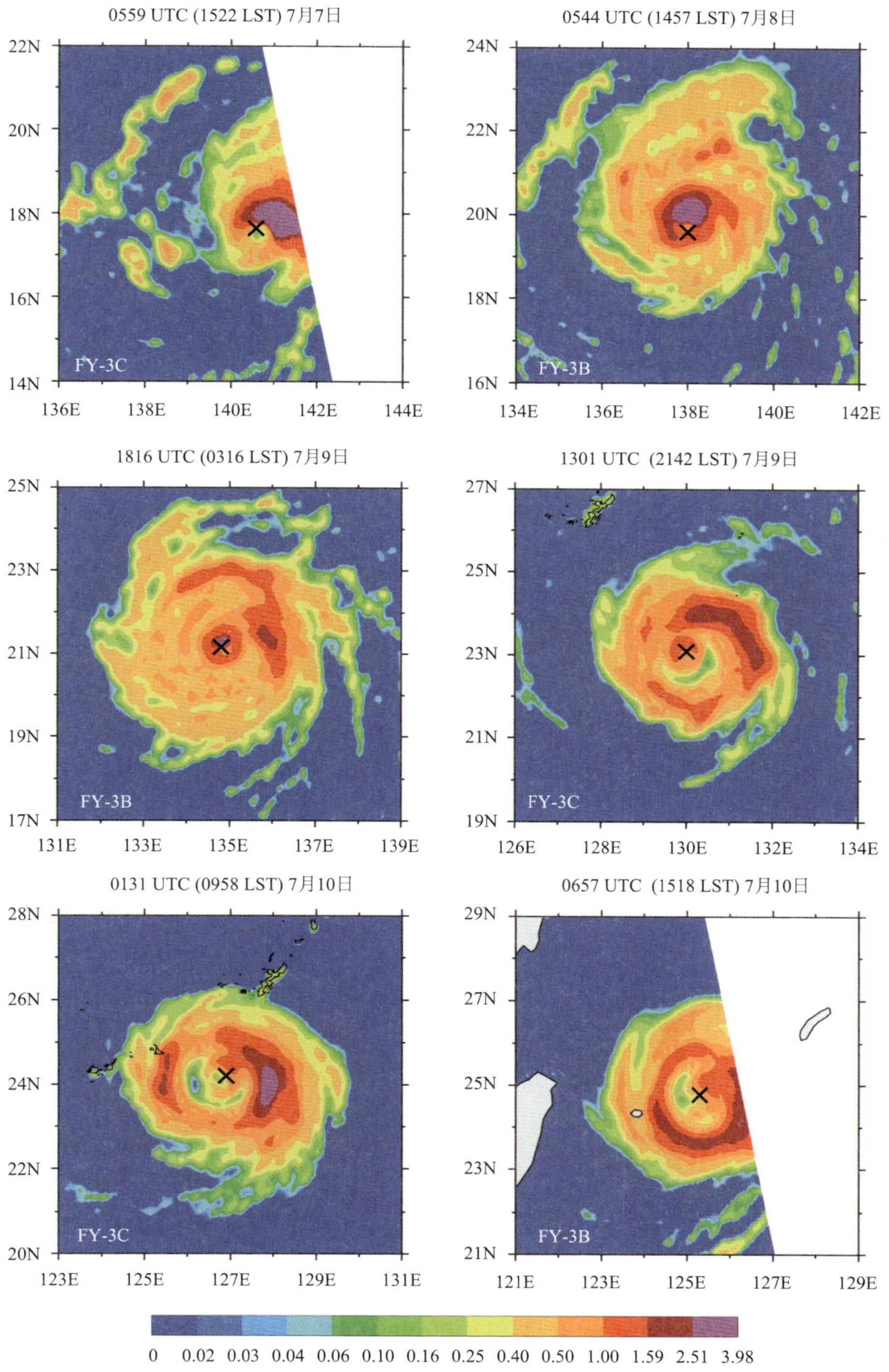

图 12.31　根据 FY-3B 和 FY-3C MWRI 多通道观测资料得到的 2018 年 7 月 4 日 0503 UTC(1447 LST)～7 月 10 日 0657 UTC(1518 LST)期间台风玛莉亚海面液态水路径反演结果(单位：$kg \cdot m^{-2}$)

液态水路径利用 Tang 和 Zou（2018）的多通道反演算法获得(Tang 和 Zou，2018)

黑色“×”表示台风中心

AMSR2 和 MWRI 都是锥形扫描微波辐射计，通道频率总体低于 AMSU-A 和 ATMS 通道频率。低频通道面临一个独特问题，即电视频率干扰(TFI)。当遍及各大洲的地球静止卫星电视(TV)发出的广播信号到达海洋和积雪表面、又被反射并被极轨卫星上的锥形扫描微波成像仪接收天线拦截时，来自地球大气的辐射将与截获的电视信号混合在一起。卫星微波成像仪的观测亮温会受到电视信号污染，这种污染称为 TFI。如果不检测和纠正，TFI 会增加地球物理海洋环境参数(如海面温度、海面风速、总可降水量、液态水路径等)的反演误差。Zou 等(2014)以及 Tian 和 Zou(2016a、b、c)研发了 TFI 检测方法。Zou 等(2014)开发了基于对观测资料的主成分分析(PCA)的 TFI 检测方法，该方法与早期的 TFI 检测方法不同，不需要先验信息(Li 等, 2006)。Zou 等(2014)成功检测到了 Aqua AMSR-E 10.65 GHz 和 18.7 GHz 通道在降轨海洋观测中的 TFI 信号。此外，因为降雪反演使用了 AMSR2 18.7 GHz 频率(K 波段) 的观测资料，K 波段通过 DirecTV 卫星信号在雪面的反射会引入 TFI，从而有可能会在 AMSR2 雪反演产品中引入误差。AMSR2 观测资料受到 TFI 的一个必要条件是这些资料的闪烁角(glint angle)较小。使用 2014 年 1 月的 AMSR2 观测资料，Tian 和 Zou(2016a、b、c)指出，当闪烁角接近零时，在 DirecTV-11 和 DirecTV-12 的 55°入射角附近的资料受到 TFI 影响。DirecTV-11 和 DirecTV-12 的 55°入射角大约位于北美大陆的 44°N 附近，由于雪面反射，在电视信号强度最强的东海岸 44°N 附近出现了最大的 TFI。

电视的位置和强度，即 TFI 源，是固定且已知的。因此，研发一个 TFI 订正模式是可能的。Tian 和 Zou(2016a、b、c)研发了一个经验物理模式，根据观测闪烁角和分别位于 99.2°W 和 102.8°W 的 DirecTV-11 和 DirecTV-12 的已知电视信号强度，定量计算 TFI 对 AMSR2 观测量的贡献。Tian 和 Zou(2016a、b、c)把这个经验物理模式应用到 AMSR2 18.7 GHz(K 波段)通道在北美地区和 10.65 GHz(X 波段)通道在欧洲地区。长达一年时间的观测资料结果表明，TFI 订正显著减小了液态水路径和总可降水量的反演误差，消除了沿海地区附近的液态水路径被高估、总可降水量被低估的现象。

微波 C 波段和 X 波段是不受保护的频率波段，同时被用于被动和主动遥感仪器。主动传感器(如雷达、空中交通管制塔、车库遥控器、高速公路上的 GPS、防御追踪以及用于执法的车辆速度检测)发出的信号可能会严重干扰 C 波段和 X 波段的卫星被动遥感微波成像仪在陆地上的观测资料。卫星被动遥感微波辐射信号与主动传感器信号发生混合时称为 RFI。Zou 等(2012a)和 Zhao 等(2013)研发了检测 C 波段和 X 波段(如 AMSR2、WindSat、MWRI)观测资料是否受 RFI 污染的两种方法，适用于包括雪、海冰、格陵兰和南极冰盖在内的全球不同地表类型。由于陆地上的 RFI 源在空间和时间上的分布是未知的，开发 RFI 订正模式比较困难。

以上讨论的 TFI 和 RFI 检测方法不仅对地球物理参数反演重要，对 C、X 和 K 波段微波资料同化也很重要。TFI 和 RFI 检测方法可以作为 AMSR2 和 MWRI 低频通道资料同化中的质量控制方案。

12.6　微波湿度计 MHS、ATMS、MWHS 和 MWHS2

NOAA-15 携带的 AMSU-B 是第一台先进微波湿度计。AMSU-B 和 AMSU-A 一起简称为 AMSU。AMSU-B 共有两个窗区通道（1 和 2）和三个水汽探测通道（3、4 和 5）。两个窗区通道的中心频率分别是 89.9 GHz（通道 1）和 150 GHz（通道 2）。它们对冰云、地表温度、海面温度和地表发射率比较敏感。三个 AMSU-B 水汽探测通道的中心频率位于 183.31 GHz 水汽吸收线上，通道 2、4、5 的中心频率分别为 183.31±1 GHz、183.31±3 GHz、183.31±7 GHz。自 NOAA-15 发射后，AMSU-B 与 AMSU-A 也同时搭载在 NOAA-16 和 NOAA-17 上。NOAA-18 于 2005 年 5 月 20 日成功发射，微波湿度计 MHS①替代了 AMSU-B。MHS 通道 2 的中心频率是 157 GHz，与 AMSU-B 通道 2 不同。MHS 其他通道的中心频率与 AMSU-B 的对应通道相同。MHS 也搭载在 NOAA-19、MetOp-A、MetOp-B 和 MetOp-C 卫星上。Bonsignori（2007）对来自 NOAA-18 和 MetOp-A 两颗卫星的 MHS 观测资料进行卫星在轨验证，得出了如下结论：相比 AMSU-B 数据，MHS 数据的噪声更小，校准精度更高。ATMS 是 AMSU-A 和 MHS 的组合，ATMS 通道 17～22 为湿度通道。

FY-3A 和 FY-3B 携带的微波湿度计为 MWHS，它们分别于 2008 年 5 月 27 日和 2010 年 11 月 5 日成功发射（Dong 等, 2009；Zhang 等, 2009），携带了微波湿度计 MWHS。FY-3A 和 FY-3B 不是业务卫星，是实验卫星。MWHS 通道 3、4 和 5 与 MHS 通道 3、4 和 5 相似，但是 2 个窗区通道与 MHS 窗区通道不同。Guan 等（2011）把 FY-3A MWHS 亮温观测资料与 NOAA-18 MHS 对应通道的观测资料进行了比较，发现两种资料的偏差和标准差特征相似。MWHS 通道 1 和 2 的中心频率相同，都是 150 GHz，但极化状态不同。Zou 等（2014e）研究了 MWHS 两个窗区通道之间的差别，在平静海洋条件下（即海面风速较弱），中心频率为 150 GHz 的两种极化观测资料之间有些差异，这种差异随着海面风速的增加而减小。

FY-3C 的发射时间是 2013 年 9 月 23 日，它携带的微波湿度计 MWHS2 与 MWHS 不同。除了有与 MWHS 相同的 5 个通道外，MWHS2 还新增了 10 个通道，其中 2 个新增通道的中心频率在 183.31 GHz 附近，分别是 183.31±1.8 和 183.31±4.5 GHz；8 个新增通道的中心频率位于 118 GHz 氧气吸收带附近。FY-3C 是一颗气象业务卫星。Qin 和 Zou（2018）通过把晴空 MWHS2 资料与 COSMIC 掩星资料进行匹配，对 MWHS2 亮温观测资料的校准精度进行了评估。FY-3C 上还有微波温度计 MWTS，共有 13 个通道，位于 50～60 GHz 的氧气吸收带，类似于 AMSU-A 的通道 3～15。在对流区，由于冰粒子散射作用对 118 GHz 通道比对 54 GHz 通道的影响更大，118 GHz 附近通道的亮温观测值远低于 54 GHz 附近的亮温观测值（Blackwell 等, 2001）。FY-3C 是第一颗能提供 118 GHz 通道资料的极轨气象业务卫星。通过将具有相同权重函数峰值高度的两个氧气探测通道 MWTS 和 MWHS2 进行配对，Han 等（2015）提出了使用这些独特的 FY-3C 双氧气

①http://www.wmo-sat.info/oscar/instruments/view/281

通道，得到与飓风和台风系统相关的云和降水在不同高度层上的分布特征。尽管之前有人利用机载平台数据探索了如何利用 60 GHz 和 118 GHz 双频率观测值获取降水廓线(Blackwell 等, 2001; Bauer 和 Mugnai, 2003)，但利用极轨气象业务卫星跨轨扫描微波温度计 54 GHz 氧气吸收带资料和跨轨扫描微波湿度计 118 GHz 氧气吸收带通道，探测不同高度大气层中的温度和湿度，获取不同高度层上的云和降水分布，这是首次。

所有 AMSU-B、MHS、MWHS、MWHS2 和 ATMS 仪器都是跨轨扫描辐射计。AMSU-B、MHS、MWHS 或 ATMS 完成一条扫描线的时间是 8/3 s。这 4 个微波辐射计的视场波束宽度都是 1.11°，数据点的空间分辨率约为 15 km。MHS 的标准空间分辨率在星下点为 15 km，MHS 天线的跨轨扫描范围是±49.4°，对应的刈幅宽度是 2250 km，每条扫描线上总共有 90 个观测视场。MWHS 在星下点的标准瞬时视场也是 15 km，天线跨轨扫描范围为±53.38°，共有 98 个观测视场。因此，MWHS 的扫刈幅比 MHS 的宽，约为 2700 km。表 12.1 提供了微波湿度计 MHS 和 MWHS2 通道特性。MHS 的仪器噪声(NEDT)小于 MWHS2。

表 12.1　微波湿度计 MHS 和 MWHS2 通道特点

通道数	中心频率(GHz)	光束宽度(°)	带宽(MHz)	NEDT(K)	权重函数峰值高度
MWHS2 / MHS					
1 / 1	89.0 V	2.0 / 1.1	1500 / 2800	1.0 / 0.22	窗区
2 / -	118.75±0.08 H	2.0	20	3.6	25
3 / -	118.75±0.2 H	2.0	100	2.0	60
4 / -	118.75±0.3 H	2.0	165	1.6	90
5 / -	118.75±0.8 H	2.0	200	1.6	200
6 / -	118.75±1.1 H	2.0	200	1.6	300
7 / -	118.75±2.5 H	2.0	200	1.6	窗区
8 / -	118.75±3.0 H	2.0	1000	1.0	窗区
9 / -	118.75±5.0 H	2.0	2000	1.0	窗区
10 / 2	150.0 V/157.0 V	1.0/1.1	1500 / 2800	1.0 / 0.34	窗区
11 / 3	183.31±1 H	1.0/1.1	500 / 2×500	1.0 / 0.51	300
12 / -	183.31±1.8 H	1.0	700	1.0	400
13 / 4	183.31±3 H	1.0 / 1.1	1000 / 2×1000	1.0 / 0.40	500
14 / -	183.31±4.5 H	1.0	2000	1.0	700
15 / 5	183.31±7 H / 190.3 V	1.0 / 1.1	2000 / 2200	1.0 / 0.46	800

图 12.32 显示了 5 个 MHS 通道和 7 个 MWHS2 通道的权重函数的垂直分布，是根据美国标准大气廓线、用 CRTM 计算得到的(Chen 等, 2008)。MHS 通道 3、4 和 5 的权重函数峰值分别位于 300、500 和 800 hPa。MWHS2 通道 1、10、11、13 和 15 的权重函数与 MHS 通道 1、2、3、4 和 5 的权重函数重叠。由于中心频率差异，MWHS2 通道 10(150.0 GHz)与 MHS 通道 2(157 GHz)略有不同。MWHS2 通道 12 和 14 是两个新增的对流层通道，它们的权重函数峰值分别位于 400 和 700 hPa 附近。MHS 通道 3～5 和 MWHS2 通道 11～15 观测的是对流层不同大气层的辐射。

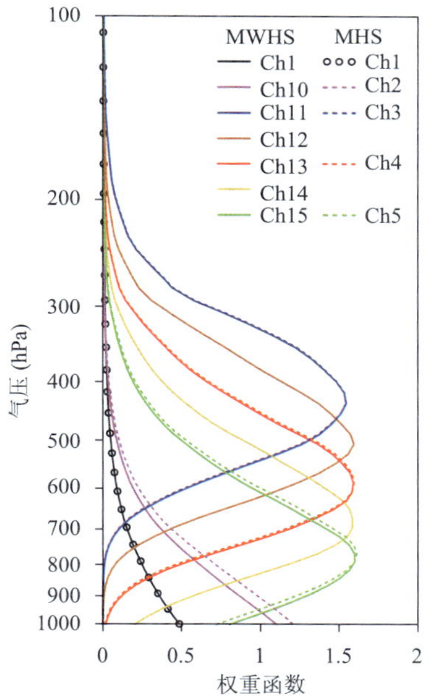

图 12.32　FY-3C MWHS2 通道（实线）和 MetOp-B MHS 通道（虚线或圆圈）的权重函数

图 12.33a 展示了 2018 年 7 月 7 日上午星 MetOp-B MHS 通道 5 观测亮温的全球分布，图 12.33b 展示了 S-NPP ATMS 通道 18 观测亮温的全球分布图。MetOp-B 是上午星，

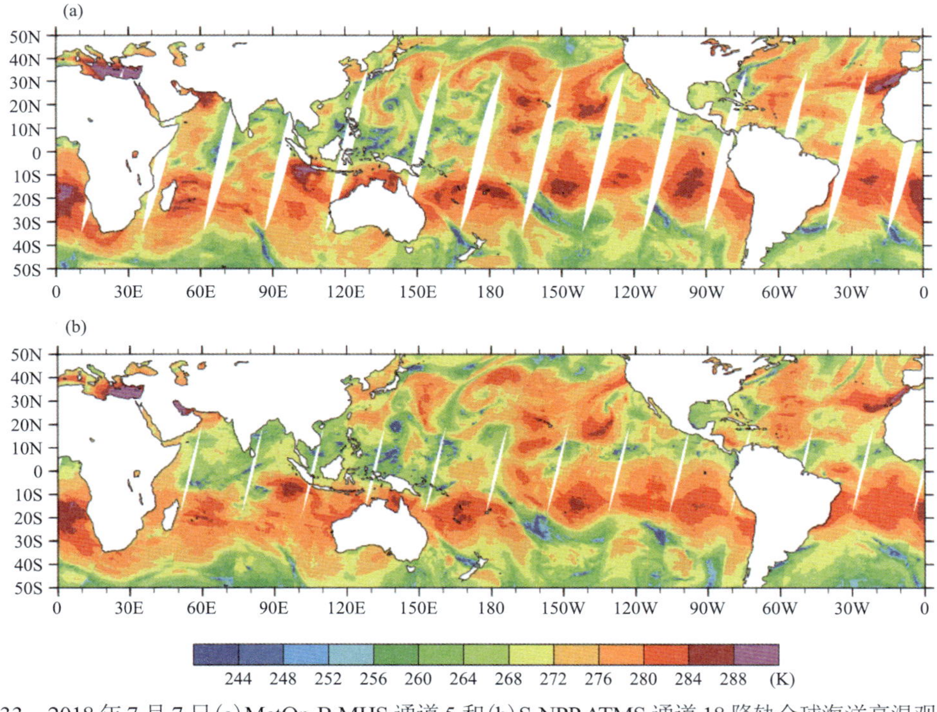

图 12.33　2018 年 7 月 7 日(a) MetOp-B MHS 通道 5 和(b) S-NPP ATMS 通道 18 降轨全球海洋亮温观测分布

在(a)中，MHS 在 0008 UTC 经过位于(19.2°N, 138.7°E)的台风玛莉亚中心，在(b)中，ATMS 在 1543 UTC 经过位于(18.3°N, 139.7°E)的台风玛莉亚中心

S-NPP 是下午星，图 12.33 中给出的是降轨资料。在对流区域，由于云冰粒子的散射作用，MHS 通道 5 和 ATMS 通道 18 的亮温观测值较低。在图 12.33a 中，台风玛莉亚的中心位置在(19.2°N, 138.7°E)，2018 年 7 月 7 日 MHS 在台风中心的观测时间是 2349 UTC (0905 LST)。在图 12.33b 中，台风玛莉亚的中心位置在(18.3°N, 139.7°E)，ATMS 观测时间是 1543 UTC(0203 LST)。在图 12.33a 和图 12.33b 中都可以清楚地看到台风玛莉亚内是一个圆形亮温低值区。此外，ATMS 的刈幅更宽，在两个连续的刈幅之间几乎没有间隙。

图 12.34a 和图 12.34b 分别以 LST 和 UTC 为时间单位提供了图 12.33a 中 MHS 观测时间。MetOp-B 是上午星，它经过赤道的时间在任何经度上都是上午 9:30 LST 左右(图 12.34a)。由于在大多数全球资料同化系统中，资料同化是在固定的 UTC 时间或 UTC 时间间隔(如 $t_0 \pm \Delta t$)内进行的，因此如果 Δt 远小于 24 h，则不是所有地区都有 MetOp-B MHS 资料覆盖。

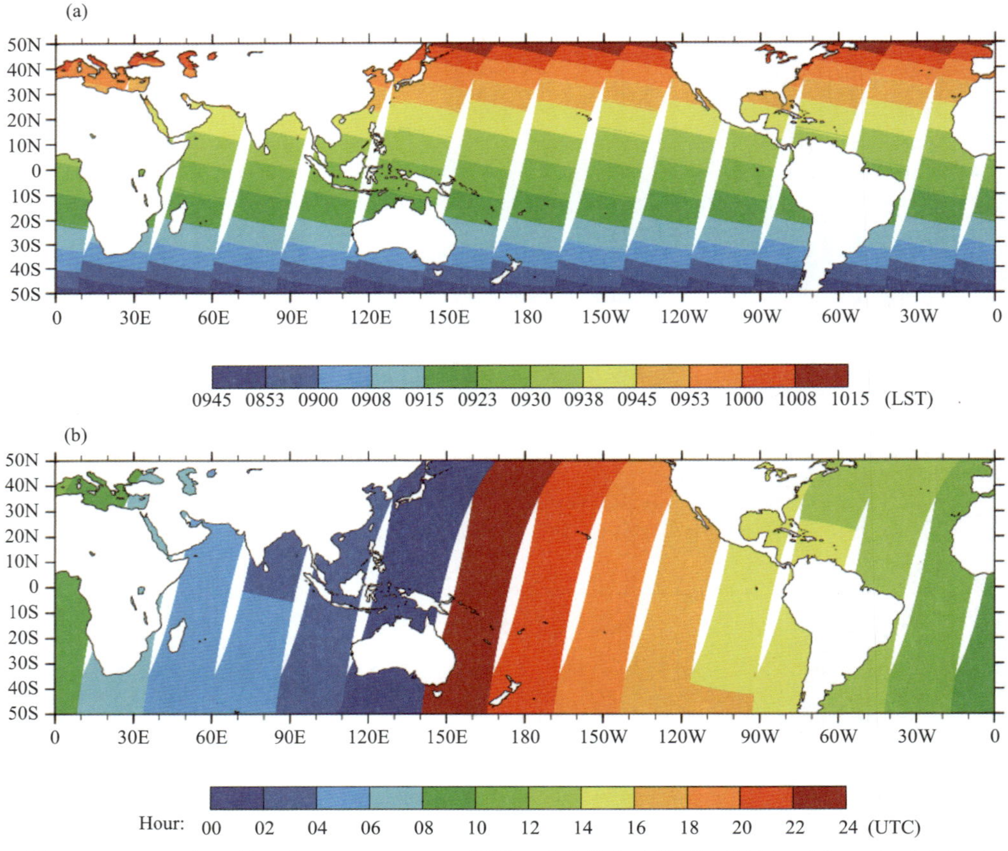

图 12.34　2018 年 7 月 7 日 Met Op-BMHS 通道 5 全球海洋亮温观测时间：(a)LST，(b)UTC
其他同图 12.33a

我们把在 2018 年 7 月 7 日 1036 UTC 穿过台风玛莉亚中心的一条扫描线视场叠加在了 NOAA-18 MHS 通道 5 观测亮温图中(图 12.35)。此时，玛莉亚中心在(17.81°N,

140.37°E)附近，观测亮温在玛莉亚中心有个局部最大值(>267K)，被一个亮温低值环形带(<198 K)包围。在离玛莉亚中心较远距离处有一些类似于雨带形状的亮温高、低值间隔分布特征，在其他通道中也可以看到类似结构。这一点可以通过图 12.36 得到部分证实，图 12.36 是沿着穿过台风玛莉亚中心的一条扫描线、在 5 个 MHS 通道权重函数峰值高度处绘制的观测亮温剖面图。由于冰云的散射效应，最低的亮温观测值与台风玛莉亚内最大冰水路径峰值位置一致。

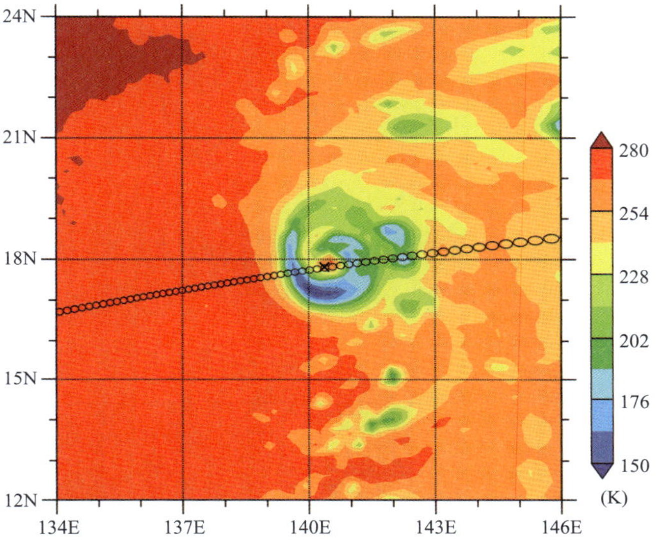

图 12.35　2018 年 7 月 7 日 1036 UTC NOAA-18 MHS 通道 5 观测亮温(彩色阴影，单位：K)以及沿着穿过台风玛莉亚中心的一条扫描线上的 MHS 视场 26～87 的大小(黑色圆圈)

此时玛莉亚中心位置在(17.81°N, 140.37°E)附近，视场 26 位于(16.72°N, 134.08°E)，视场 87 位于(18.56°N, 146.17°E)

图 12.37 和图 12.38 提供了 2018 年 7 月 7 日台风玛莉亚内 MHS 资料分布的另一个例子。沿着穿过台风玛莉亚中心位置附近的连续两条 MHS 扫描线上第 38～49 视场分别用黑色和紫色圆圈表示。此时，玛莉亚中心位于(19.2°N, 138.7°E)附近。对于水汽探测通道 3～5(图 12.37)，台风眼区的局地亮温最大值与玛莉亚环境区域的观测亮温量值相当(图 12.38)。台风眼外的亮温观测最低值区是冰水路径最大值区(图 12.38)，冰云的散射效应可以使眼墙中的观测亮温值降低几十度。MHS 观测资料完全捕获了台风玛莉亚几乎对称的云结构。较高的探测通道受冰云影响的区域较窄。

图 12.39 显示了 9 个时间冰水路径分布时间序列，描述了台风玛莉亚从 7 月 8 日 1010 UTC 到 2018 年 7 月 9 日 0845 UTC 每隔 3 h 的时间演变情况，资料来源于 NOAA-18 和 MetOp-A/-B 的 AMSU-A 以及 S-NPP 和 NOAA-20 的 ATMS。由于 MHS/ATMS 观测分辨率较高，我们可以从第 2 个到第 3 个时间看到台风玛莉亚冰云结构发生了显著变化。如图 12.40 所示，冰云是嵌入在液态云中的。由于用于反演液态水路径的 AMSU-A 窗区和 ATMS 温度窗区通道的观测分辨率比用于反演冰水路径的 MHS 窗区和 ATMS 湿度窗区通道的观测分辨率低很多，因此，云中液态水路径的水平分布比冰水路径要平滑得多。

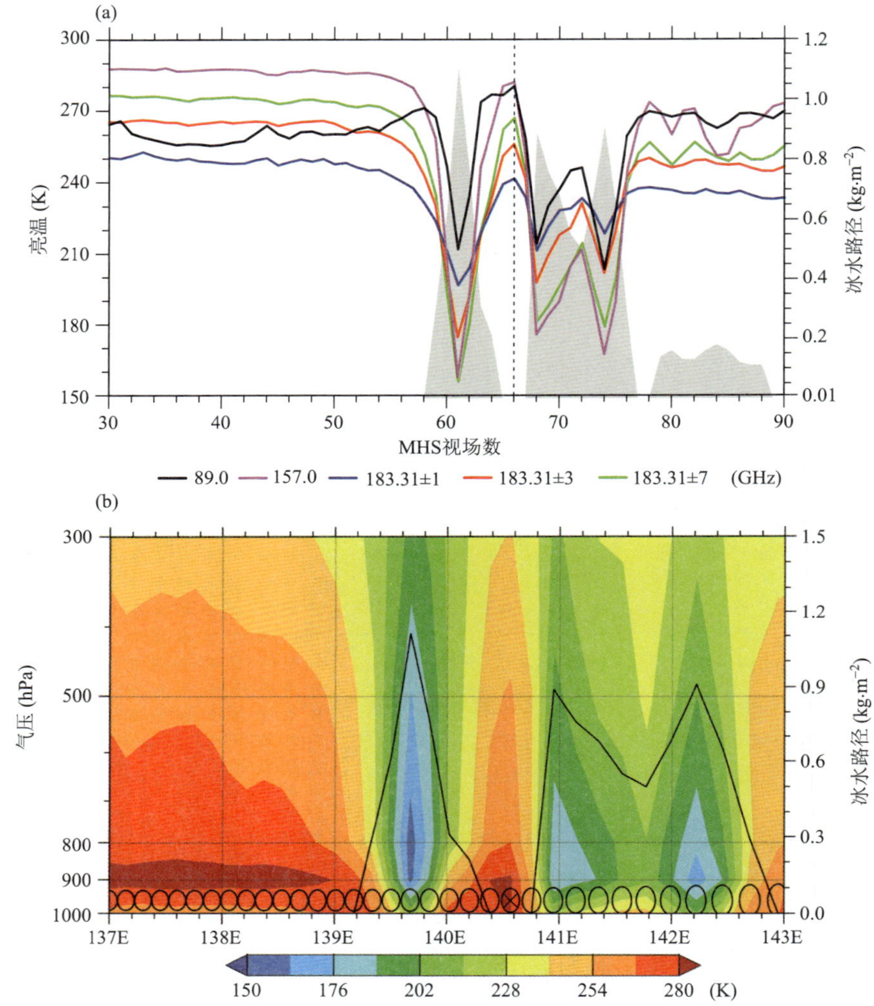

图 12.36　(a) NOAA-18 MHS 不同频率通道的观测亮温(彩色曲线，单位：GHz)和冰水路径(灰色阴影)沿着穿过台风玛莉亚中心的扫描线上的变化，(b) 在 MHS 权重函数峰值高度处绘制的亮温观测剖面图(单位：K)以及图 12.35 所示穿过台风玛莉亚中心扫描线上的冰水路径(黑色曲线)

观测时间是 2018 年 7 月 7 日 1036 UTC 左右

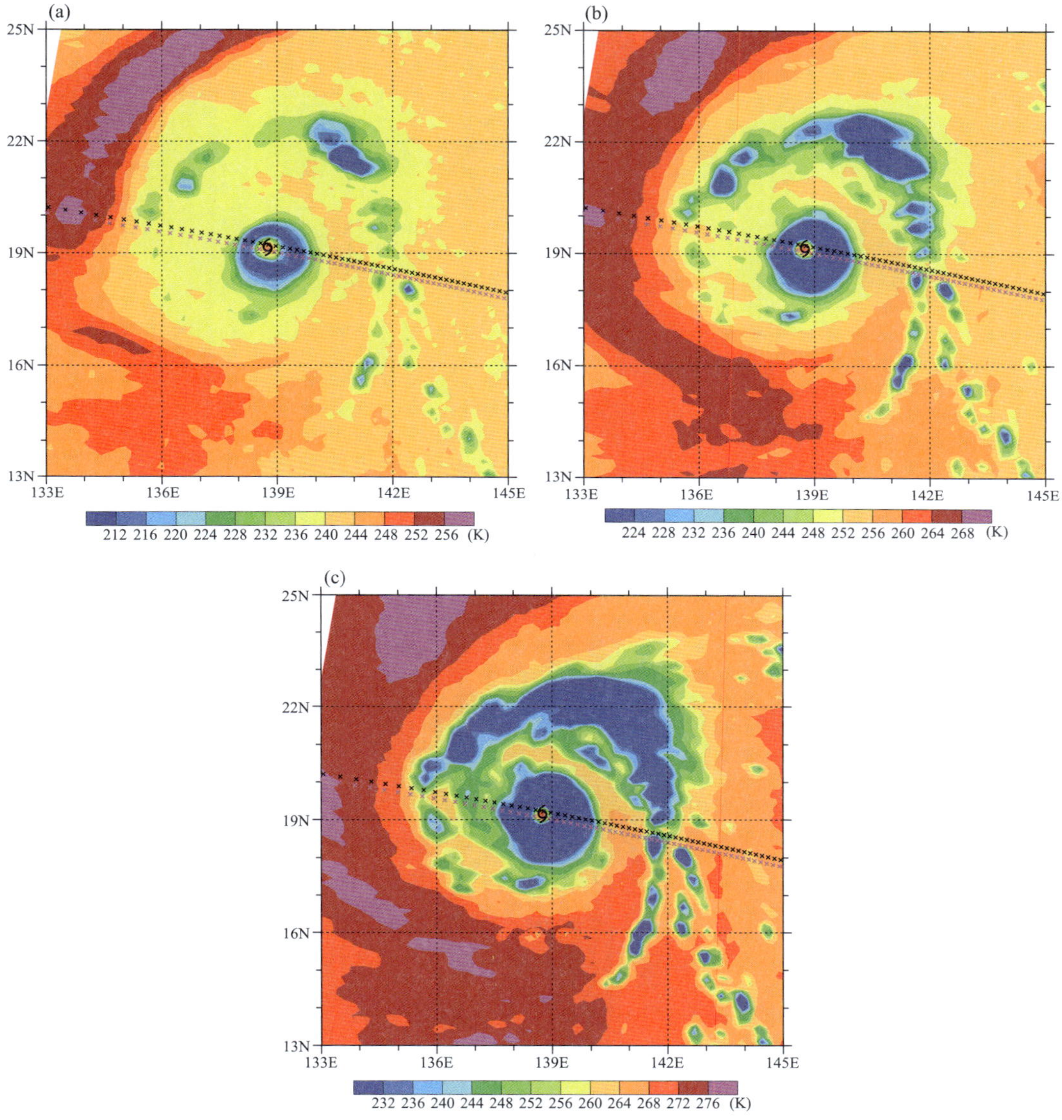

图 12.37　2018 年 7 月 7 日 0008 UTC 台风玛莉亚附近 MetOp-B MHS(a)通道 3(183.31 ± 1.0 GHz)、(b)通道 4(183.31 ± 3.0 GHz)、(c)通道 5(183.31 ± 7.0 GHz)的降轨观测亮温分布(颜色阴影)

黑色和洋红色符号“×”表示穿过台风玛莉亚的连续两条扫描线上视场 30～89 的中心位置(沿一条 MHS 扫描线总共有 90 个视场)，此时，玛莉亚位于(19.2°N, 138.7°E)附近

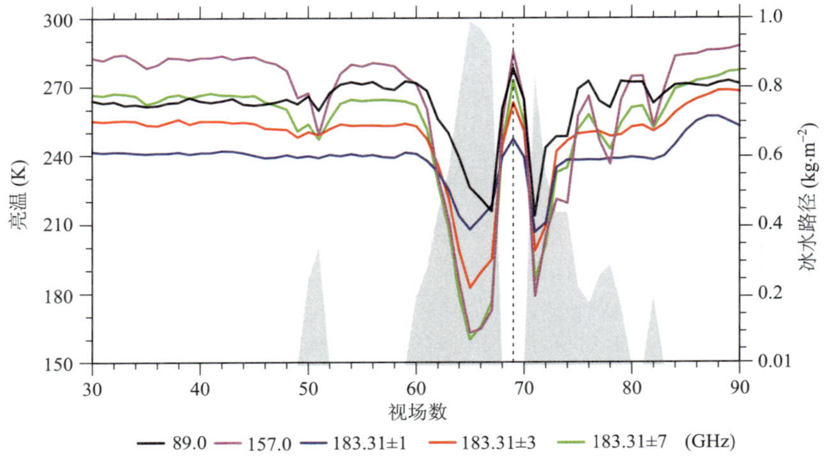

图 12.38　2018 年 7 月 7 日 0008 UTC MetOp-B MHS 不同通道的观测亮温(彩色曲线)和冰水路径(灰色阴影)沿着穿过台风玛莉亚中心的一条扫描线上(图 12.37 中洋红色符号“×”表示)的变化

玛莉亚的中心位于该扫描线的第 69 个视场，由垂直虚线表示

自从 1998 年 NOAA-15 发射以来，微波湿度计资料已在 NWP 主要业务中心同化系统中得到广泛应用。然而，如何合理同化地表敏感通道和云辐射 MHS 资料，仍然具有挑战性(McNally 等, 1999)。这些挑战包括地表发射率、偏差订正、云和降水检测。Weng 和 Zou(2013)指出，用于两点校准的瑞利-金斯(Rayleigh-Jeans)近似会对较高频率通道引入较大的正偏差。在 89.0 和 190.3 GHz 微波频率下，偏差值分别高达 2.1 和 4.4 K。

Qin 等(2013b)发现，若将 MHS 资料与其他卫星仪器观测资料(如 GOES 成像仪、AMSU-A)一起同化时，反而会降低降水定量预报水平。主要原因是在云边缘附近，NWP 模式得到的云区与实际云区不完全吻合，基于 *O–B* 的云检测方法不能识别出受云污染的 MHS 观测资料。如果在质量控制阶段添加一个基于 MHS 通道(1、2 和 5)与 GOES 成像仪红外通道(频率为 10.7 μm)之间的统计关系建立的云检测步骤，可以成功识别以上情况下受云污染的 MHS 观测资料，把它们从同化中删除后，MHS 资料同化明显提高了降水定量预报水平(Zou 等, 2013a、b)。为了进一步改善 MHS 陆地资料同化效果，Qin 和 Zou(2016a)研发了又一个云检测新方法，其中定义了一个陆地指数，该指数不涉及其他卫星仪器观测资料(如 GOES 成像仪)。用于云检测的这个新陆地指数与有云地区 MHS 通道之间亮温观测值的标准差有关。以前的基于 *O–B* 的质量控制方法遗漏的那些有云污染的 MHS 辐射资料可以通过新陆地指数成功识别。这样，不仅减小了 MHS 通道之间的相关性，还改善了降水定量预报水平。

用同一仪器的观测资料进行质量控制是资料同化的一个传统做法。这样一来，尽管自 NOAA-15 发射以来，AMSU-A 和 AMSU-B 这两种仪器都被安装在同一卫星平台上，这两种资料是通过两个独立的数据流定期传播给用户的，在 NWP 同化系统中，AMSU-A 和 AMSU-B(MHS)微波辐射资料的质量控制、云检测和同化也是独立进行的。这就给 MHS 资料同化带来了如上所述的挑战。温度和湿度探测通道是 ATMS 同一观测仪器观测的，在同一个数据流中，ATMS 资料同化对台风路径和强度预报都有明显正影响

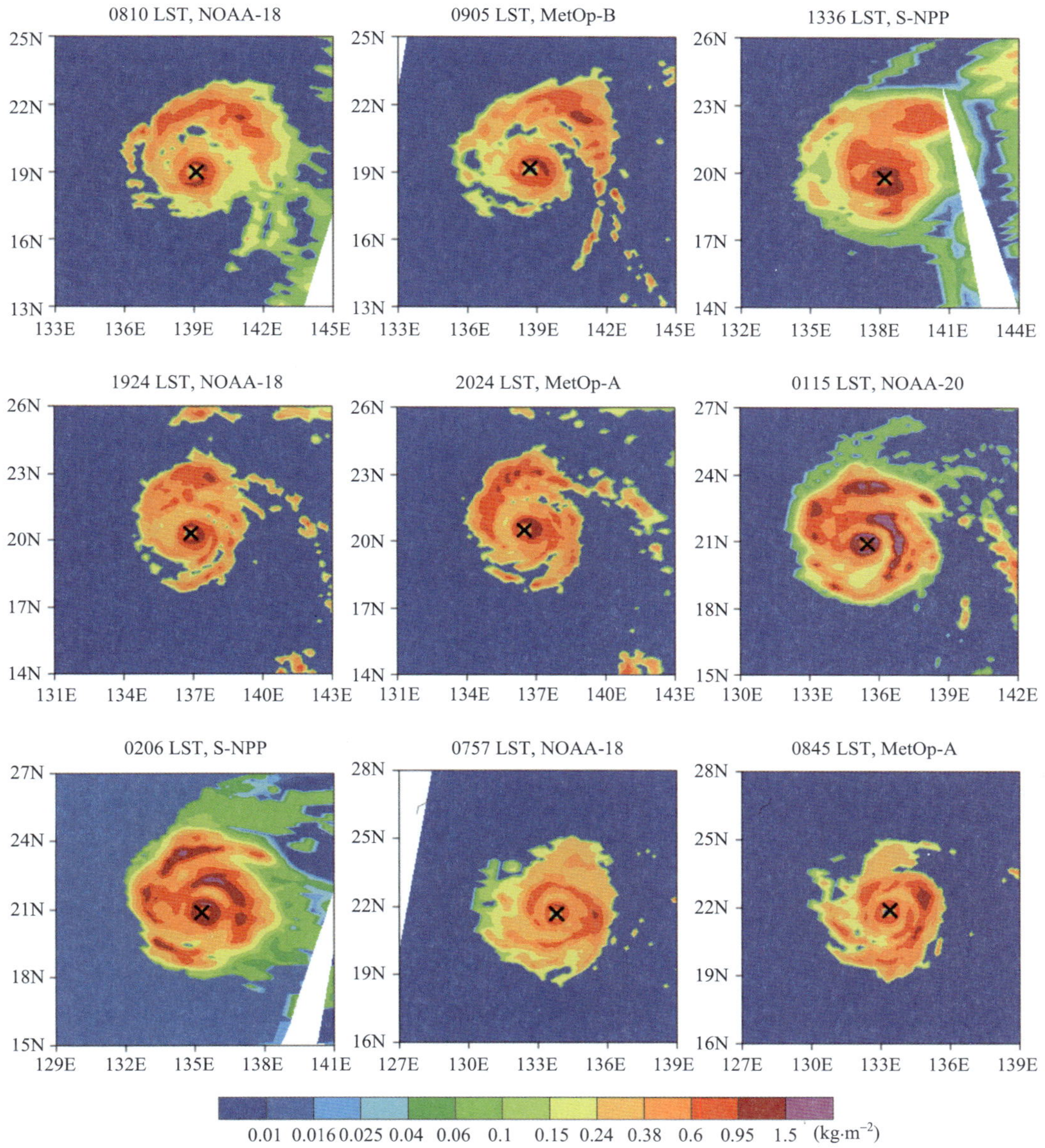

图 12.39　2018 年 7 月 8 日和 9 日根据 NOAA-18、MetOp-A、MetOp-B MHS 以及 NOAA-20 和 S-NPP ATMS 观测资料反演得到的台风玛莉亚中的冰水路径分布

MHS 冰水路径数据从 NOAA CLASS 网站下载的，而 ATMS 冰水路径是使用 Xu 和 Zou(2018)的改进反演方法得到的
每个图上方给出了 LST 和卫星名称

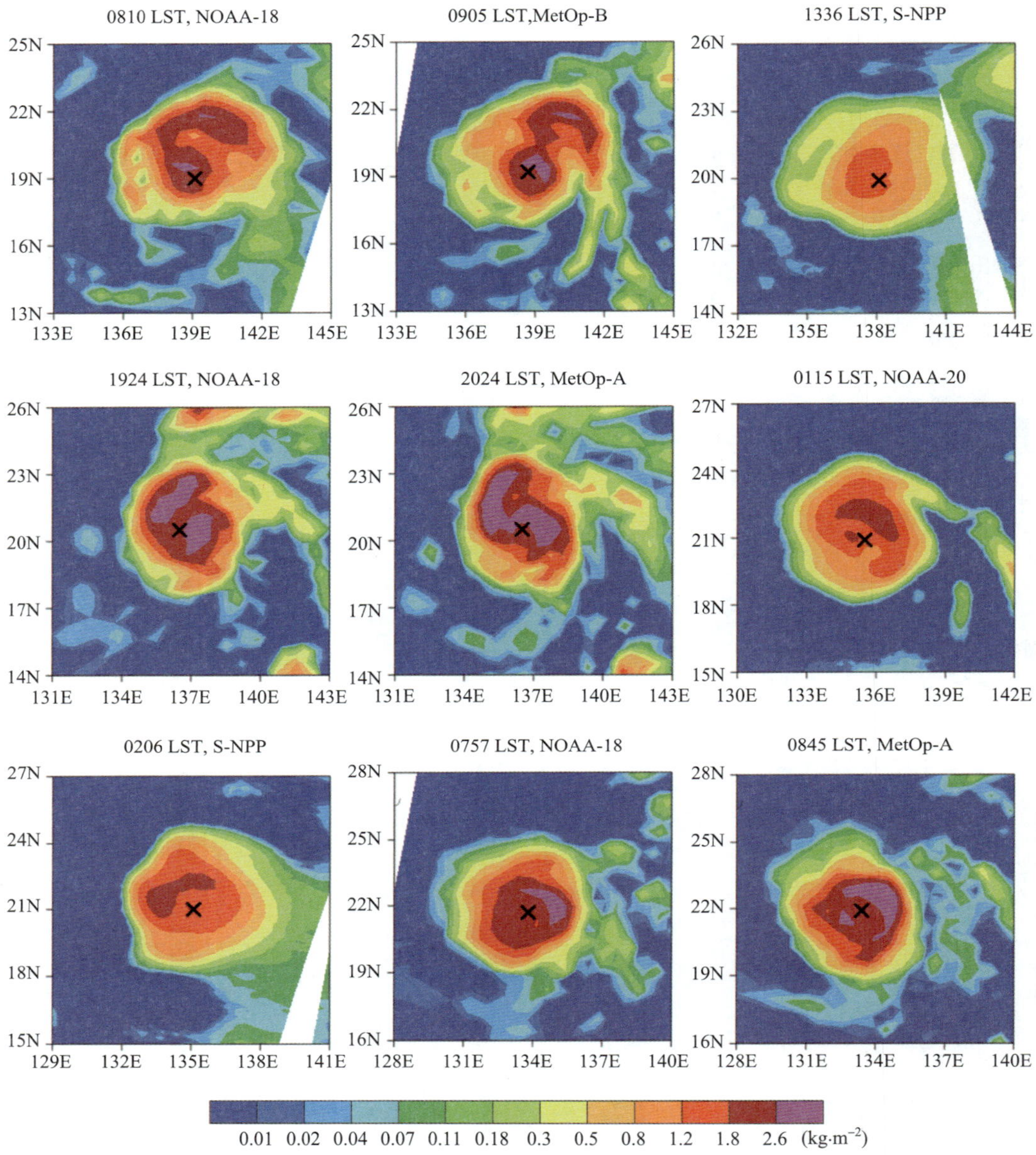

图 12.40　液态水路径分布

资料来源和相关信息同图 12.39

(Zou 等, 2013a、b)。受此启发，Zou 等(2017)提出了将 MHS 和 AMSU-A 视场进行空间匹配，并把它们组成一个数据流，像同化 ATMS 资料那样同化同一数据流中的 MHS 和 AMSU-A 资料。这样不仅改进了对 MHS 资料的云检测，还显著提高了飓风“艾萨克”(Isaac)造成的为期 10 天的强降水定量预报水平。

12.7　TOMS 和 OMPS 总柱臭氧卫星资料

平流层是臭氧高浓度层。大气柱中的臭氧总量称为总柱臭氧(total column ozone, TCO)。总柱臭氧在热带地区最小，随纬度增加。总柱臭氧的波动型分布及其逐日变化在 20 世纪初就被观测到了(Dobson 等, 1929)。大尺度大气运动是造成总柱臭氧逐日变化的主要因素(Danielsen, 1968)。在斜压波发生发展区域，向北(南)水平平流导致该区域的总柱臭氧增加(减少)(Mote 等, 1991)。在垂直方向上，平流层空气向下侵入到对流层，会导致对流层槽后(Reed, 1950; Barsby 和 Diab, 1995)和反气旋内(Orlanski 等, 1989)的总柱臭氧增加。由于平流层也是较高的位涡层，因此总柱臭氧高值区域对应垂直积分平均位涡大值区(Riishøjgaard 和 Källén, 1997)、对流层顶高度较低(Penn, 1964, 1966; Schubert 和 Munteanu, 1988)、对流层上层温度较高(Normand, 1953)、平流层下层和对流层上层的低压系统(Ohring 和 Muench, 1960)。

臭氧与各种大气变量之间的这些关系允许人们利用卫星总柱臭氧数据研究气象现象。Orsolini 等(1998)使用逐日总柱臭氧图谱仪(TOMS)总柱臭氧网格点数据，根据冬季和春季的总柱臭氧波动分布确定出了风暴路径。Davis 等(1999)研发了一个从 TOMS 总柱臭氧资料推算出平衡风、温度和位势高度的反演算法。在天气尺度(Stanford 和 Ziemke, 1996)、中尺度(Olsen 等, 2000)和风暴尺度(Zou 和 Wu, 2005)天气系统中，总柱臭氧分布与 350 hPa 等压面上的位势高度相关性很强。Jang 等(2003)使用 MM5 伴随模式系统进行了总柱臭氧资料同化实验，其中同化总柱臭氧资料的观察算子是平均位涡和总柱臭氧之间的一个线性回归模式：

$$\mathrm{TCO}^{\mathrm{model}} = \alpha(\mathrm{MPV}) + \beta \tag{12.11}$$

其中，

$$\mathrm{MPV} = \frac{1}{\Delta p}\int_{p_1}^{p_2} \frac{1}{\rho}\eta \cdot \nabla \theta \mathrm{d}p \tag{12.12}$$

$\boldsymbol{\eta} = f\boldsymbol{k} + \nabla \times \boldsymbol{V}$ 是三维绝对涡度，ρ、θ 和 p 分别代表密度、位温和气压，p_1=100 hPa，p_2=500 hPa。平均位涡的单位与位涡单位相同(1 PV = 10^{-6} $\mathrm{m^2 \cdot K \cdot kg^{-1} \cdot s^{-1}}$)。针对 2000 年 1 月 24 日～25 日发生在美国东海岸冬季风暴，Jang 等(2003)评估了总柱臭氧资料同化的预报影响，发现对该冬季风暴的移动路径、强度、风暴气旋诱发的降水预报都有改进。

与中高纬度气旋相比，总柱臭氧观测资料在低纬度热带气旋研究中的应用较少。大多数飓风发生在热带和亚热带地区，那里的总柱臭氧和平均位涡之间的相关性通常比中高纬度地区弱得多。总柱臭氧与其他模式变量之间的相关性也很难定义。下面，我们将简单介绍 S-NPP 臭氧测绘仪套件 OMPS 的总柱臭氧观测资料特点。OMPS 是一种跨轨扫描仪器，可在 110°的扫描角跨度内提供 105 个跨轨视场 (Wu 等, 2014; Pan 等, 2014)。利用来自 12 个反向散射紫外线(BUV)通道(波长为 308.7、310.8、311.9、312.61、313.2、314.4、317.6、322.4、331.3、345.4、360.2 和 372.8 nm)的亮温观测资料，进行多通道组合，把臭氧吸收作用与云、地表反射和散射作用分离，根据臭氧吸收作用大小，确定总柱臭氧量(Flynn 等, 2014, 2016)。OMPS 中分辨率模态资料的分辨率在星下点为 17×17 km^2，在刈幅边缘为 40×40 km^2。这样的总柱臭氧资料分辨率可以较好地捕获小尺度特征，尤其是飓风眼中的总柱臭氧局部最大值。OMPS 低分辨率模态资料的分辨率在星下点为 50×50 km^2，在刈福边缘为 120×120 km^2，这样的粗分辨率较难捕捉到飓风中的小尺度特征。

图 12.41 显示了 2018 年 7 月 1 日～11 日 S-NPP OMPS 总柱臭氧观测资料空间分布的逐日变化。为方便讨论，这里回顾一下图 12.2 AHI 可见光通道 2(0.64 μm)的反射率观测资料的逐日变化，图中所示观测资料时间是 0300 UTC，与 OMPS 总柱臭氧观测时间一致。总柱臭氧在 5°S 附近的纬度带是一个低值区(<250 DU)。在中纬度(～35°N)，总柱臭氧值大于 295 DU。若与图 12.2 对比，不难发现，在天气尺度上，云聚集在总柱臭氧高值区的下游(即东部)区域。在相同的纬度带上，有云地区的总柱臭氧较低。台风玛莉亚似乎起源于 7 月 1 日～4 日的一个热带波动脊点区，该位置总柱臭氧有一个低值异常。7 月 5 日～6 日，当玛莉亚发展成 1 级飓风时，总柱臭氧较低的中心已从热带波动系统中分离出来，成为一个独立的低值系统。

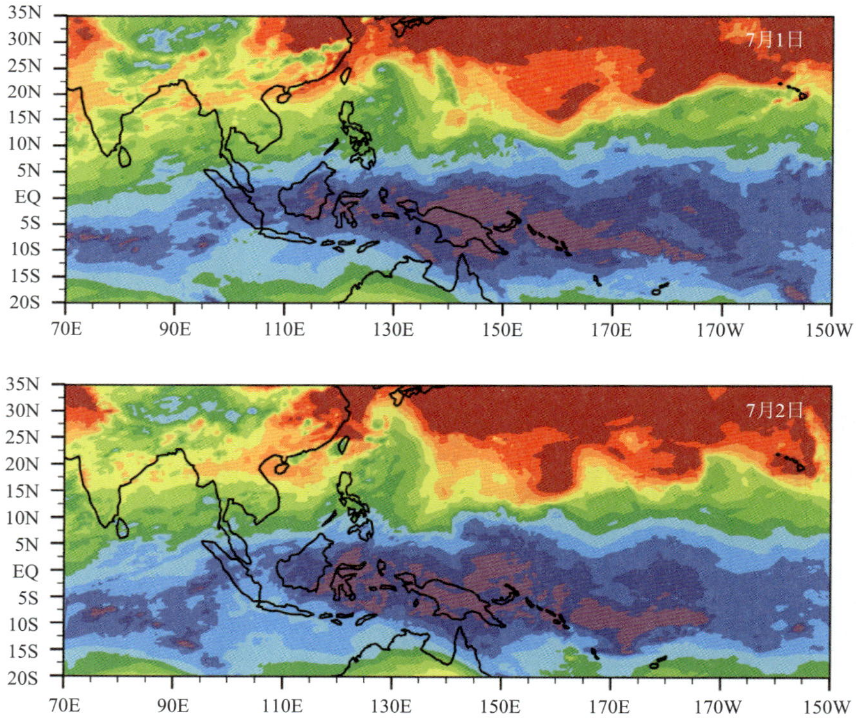

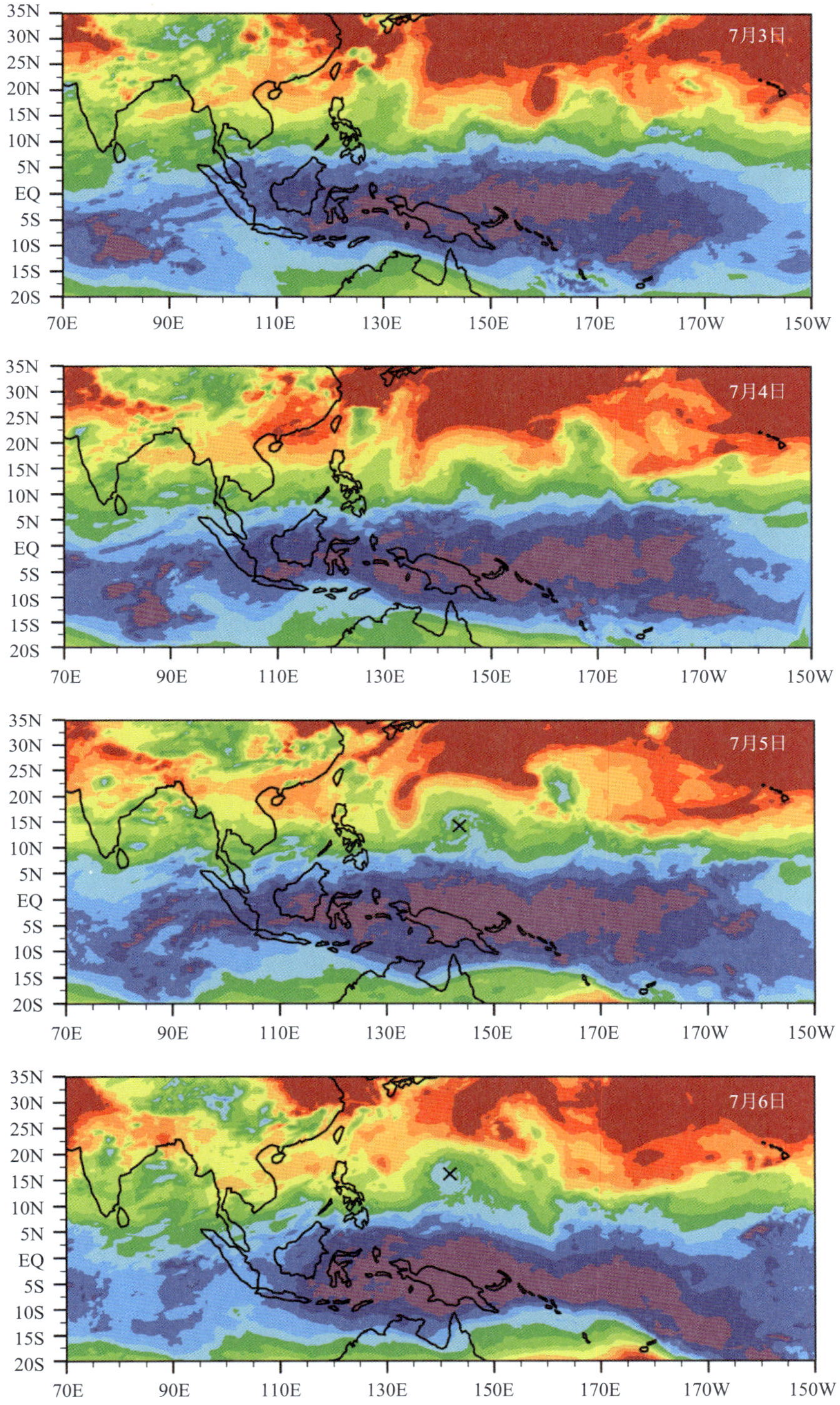
7月3日
7月4日
7月5日
7月6日
35N
30N
25N
20N
15N
10N
5N
EQ
5S
10S
15S
20S
70E
90E
110E
130E
150E
170E
170W
150W

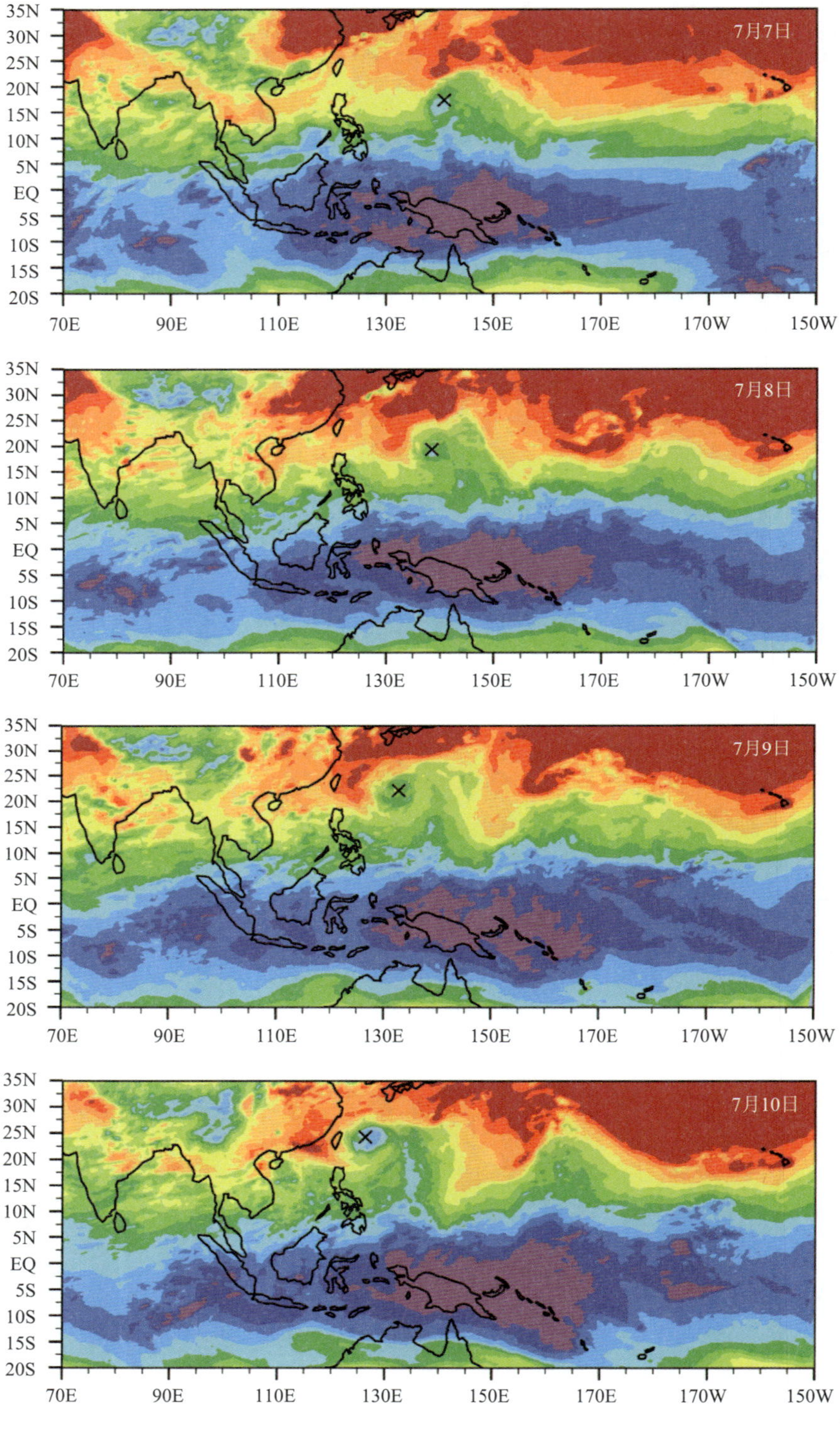
7月7日
7月8日
7月9日
7月10日
35N
30N
25N
20N
15N
10N
5N
EQ
5S
10S
15S
20S
70E
90E
110E
130E
150E
170E
170W
150W

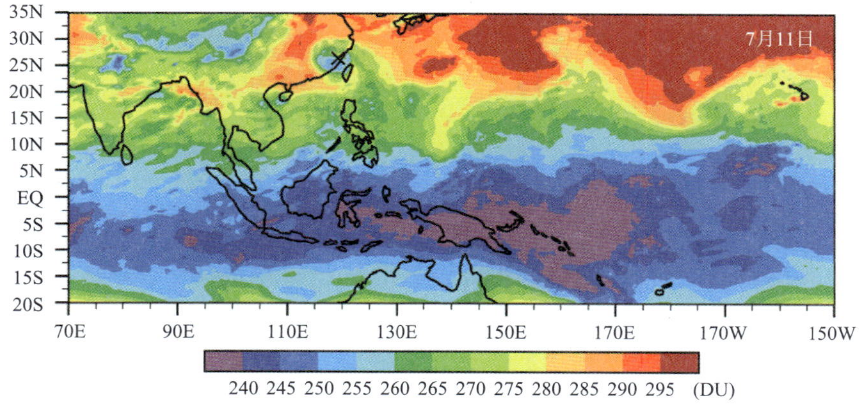

图 12.41　在台风玛莉亚的生命期 2018 年 7 月 1 日～11 日期间每日 0300 UTC 的 S-NPP OMPS 总柱臭氧分布(单位：DU)

黑色“×”表示台风玛莉亚中心位置

图 12.42 提供了玛莉亚内部及其周围环境区域内两类资料叠画在一起的时间演变图，能更清晰地显示台风内部及其邻近地区 OMPS 总柱臭氧与 AHI 通道 2 反射率观测资料之间存在明显对应关系。7 月 1 日，在位于 150°E 和 10°N 附近的两个对流云区与总柱臭

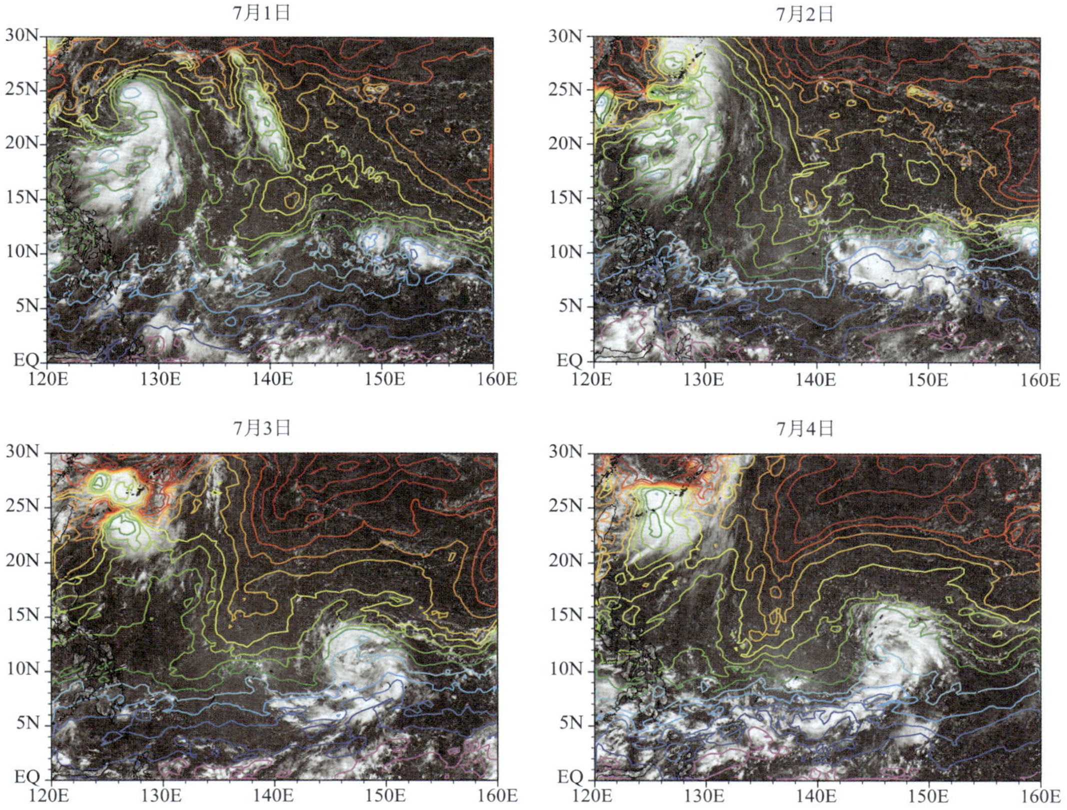

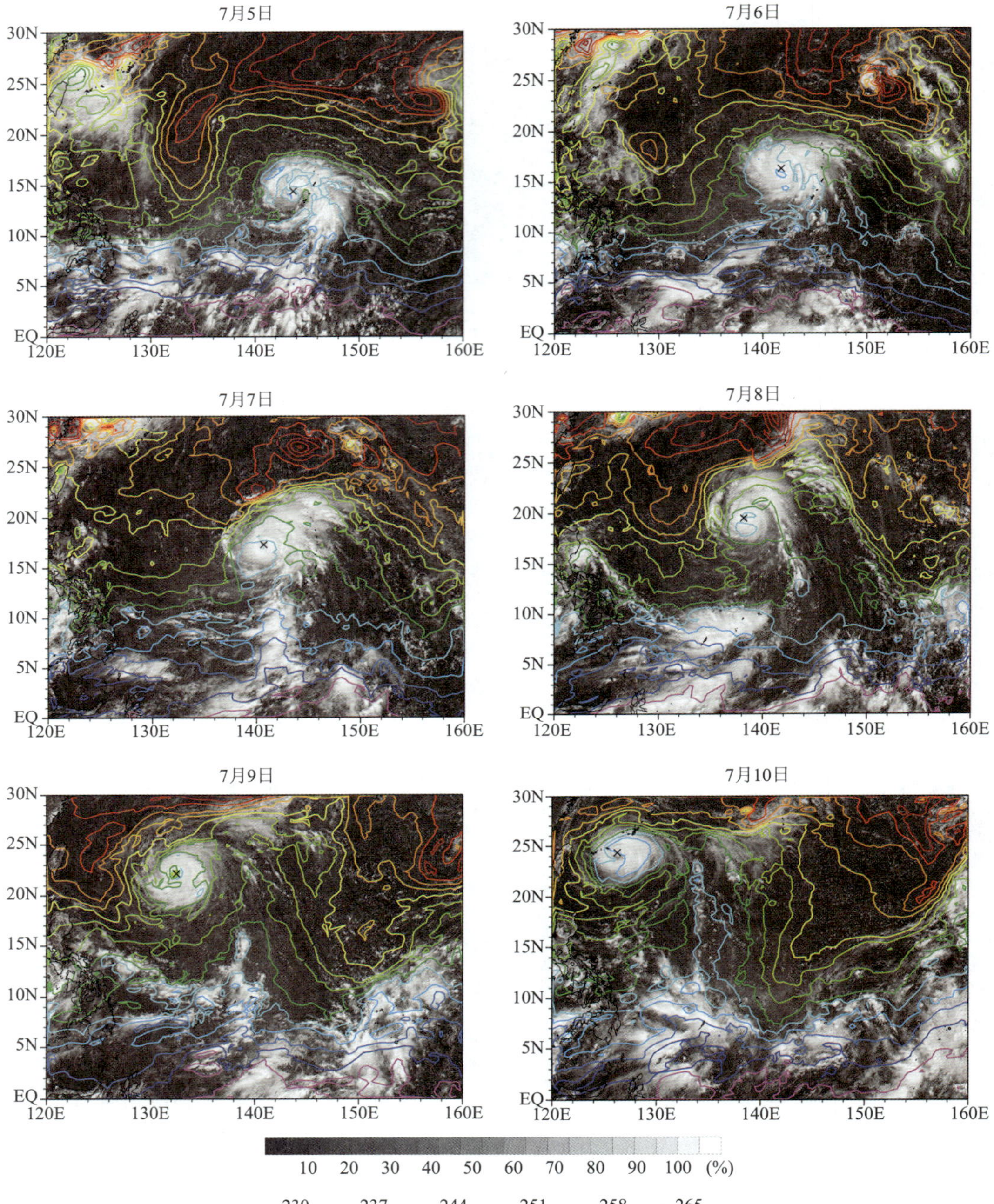

图 12.42　2018 年 7 月 1 日和 10 日 0300 UTC 台风玛莉亚附近地区 AHI 通道 2 亮温观测值(黑白阴影，单位：%)和 S-NPP OMPS 总柱臭氧(彩色等值线，单位：DU)的空间分布

黑色“×”字表示台风中心的位置

氧的两个低值中心重合。7 月 2 日之前发展起来的有组织的对流云系，恰好对应 140°E 和 152°E 之间的总柱臭氧的一个倒置低值槽。对流云系的西北部对应一个总柱臭氧高值脊。第二天，低值槽加强，高值脊减弱。在与槽有关的气旋环流的影响下，7 月 3 日的云系发展成了类似热带气旋的结构。7 月 3 日在赤道地区的热带对流云，到 7 月 4 日向北移至 5°N，同时总柱臭氧的经向梯度增加。7 月 5 日，玛莉亚达到了 1 级飓风强度。在台风玛莉亚继续向西北移动的过程中，总柱臭氧低值中心逐渐与热带对流云分离。7 月 8 日，总柱臭氧受到了位于中纬度总柱臭氧槽下游的云系影响，低纬度的影响逐渐减弱。7 月 9 日～10 日，总柱臭氧槽切断，台风区是一个孤立总柱臭氧低值区。在台风内核区，由于对流层顶较高，总柱臭氧始终是个低值区。这与 Stear(1965)和 Koteswaram(1967)的推测一致。

仅根据飞行观测，Penn(1965)发现 1963 年的飓风“金妮”(Ginny)中心是一个臭氧高值区，并暗示平流层侵入了飓风眼。在飓风中心存在一个局地臭氧高值区这个发现，说明有些飓风核心内的对流层顶不是一个简单的圆顶，而是一个中心向下凹陷的圆顶。非网格化 TOMS 总柱臭氧二级原始数据集分辨率较高，在星下点视场大小约为 40 km (McPeters 等, 1998)。Zou 和 Wu(2005)利用该数据集发现，2001 年 9 月 12 日，在飓风“艾琳”(Erin)为中心的较大范围内是总柱臭氧低值区，但是，在艾琳中心处有一个明显的局部最大值。但是，在通过克雷斯曼(Cressman)分析方法获得的 45 km 网格分辨率 TOMS 总柱臭氧数据中，由于 Cressman 分析方法的平滑作用，艾琳中心没有总柱臭氧局部最大值。在艾琳眼墙区，对流活动最强，对流层顶抬升作用最大，总柱臭氧观测值最低。

根据 S-NPP OMPS 中分辨率总柱臭氧资料，我们在 2017 年 9 月 8 日飓风“艾尔玛”(Irma)中心(图 12.43a)和 2017 年 9 月 19 日飓风“玛莉亚”(Maria)中心(图 12.44a)都发现总柱臭氧观测资料有局部最大值。2017 年 9 月 8 日，艾尔玛是 4 级飓风；2017 年 9 月 19 日，玛莉亚是 5 级飓风(Tian 和 Zou, 2018)。可以将图 12.43a 和 12.44a 与同样位于 S-NPP 卫星上的可见红外成像辐射仪套件(VIIRS)的昼/夜谱带(day and night band, DNB)亮温观测值(图 12.43b 和图 12.44b)进行比较。根据 VIIRS DNB 观测资料，飓风艾尔玛和飓风玛莉亚内的云分布是轴对称的。总柱臭氧低值区的形状(图 12.43a 和图 12.44a)与云区(图 12.43b 和图 12.44b)非常吻合。

若将热带气旋中的卫星总柱臭氧分布特征添加到虚假涡旋初始化程序中，有可能生成更真实的初始涡旋。如果同时利用卫星微波成像仪资料反演的海面温度、海面风速和液态水路径，总柱臭氧水平结构相关的对流层顶和对流层上层等熵位势高度结构，AMSU-A 和 ATMS 窗区通道反演的液态水路径，MSU-A 和 ATMS 探测通道反演的对流层上层台风暖核，MHS 和 ATMS 湿度窗区通道反演的冰水路径，以及红外和微波观测资料确定的台风中心位置，必将产生更为逼真的初始涡旋。这样的初始涡旋将有可能大大改进 6～12 h 预报时段的强度和路径预报水平。Gall 等(2013)指出，提高 6～12 h 预报精度仍然是飓风预报面临的一个挑战。

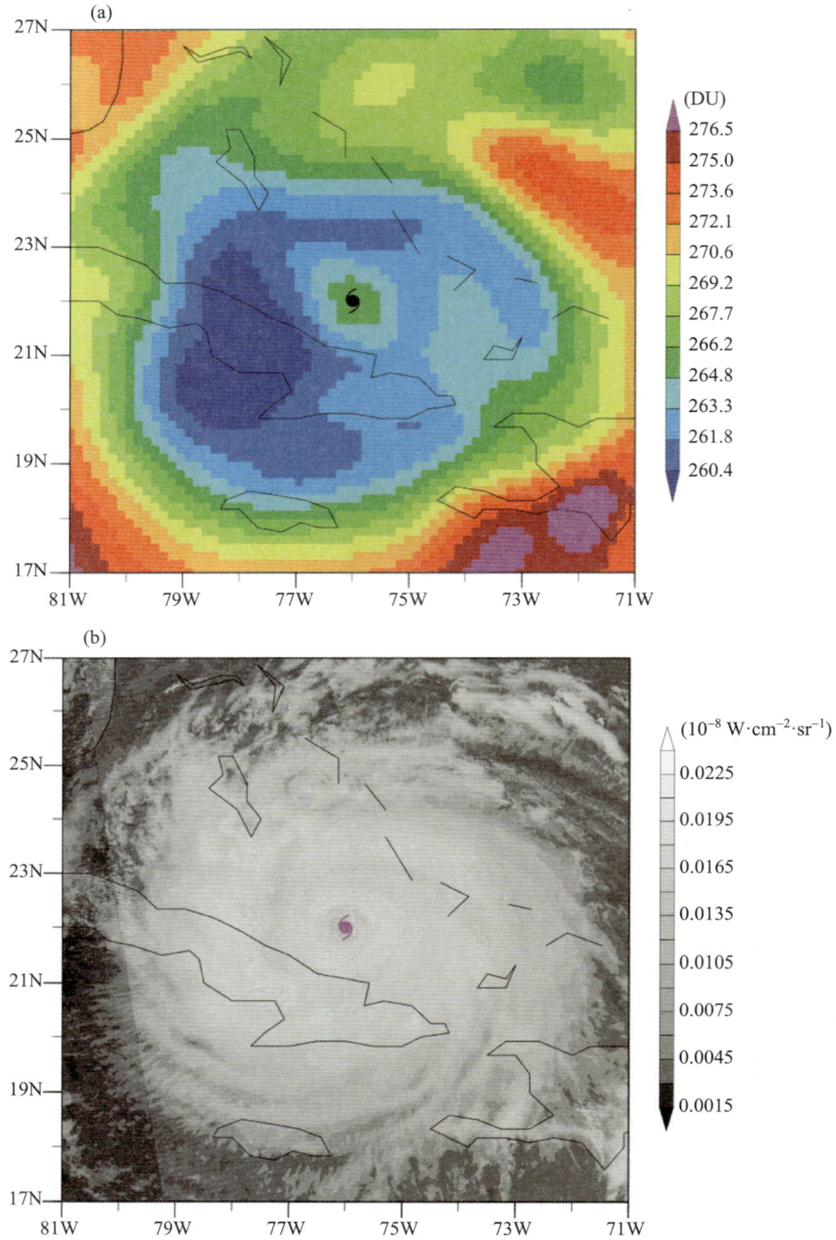

图 12.43　2017 年 9 月 8 日 4 级飓风艾尔玛中(a) S-NPP OMPS 总柱臭氧和(b) VIIRS 日夜波段辐射观测值的空间分布

艾尔玛的最佳路径位置由飓风符号指示

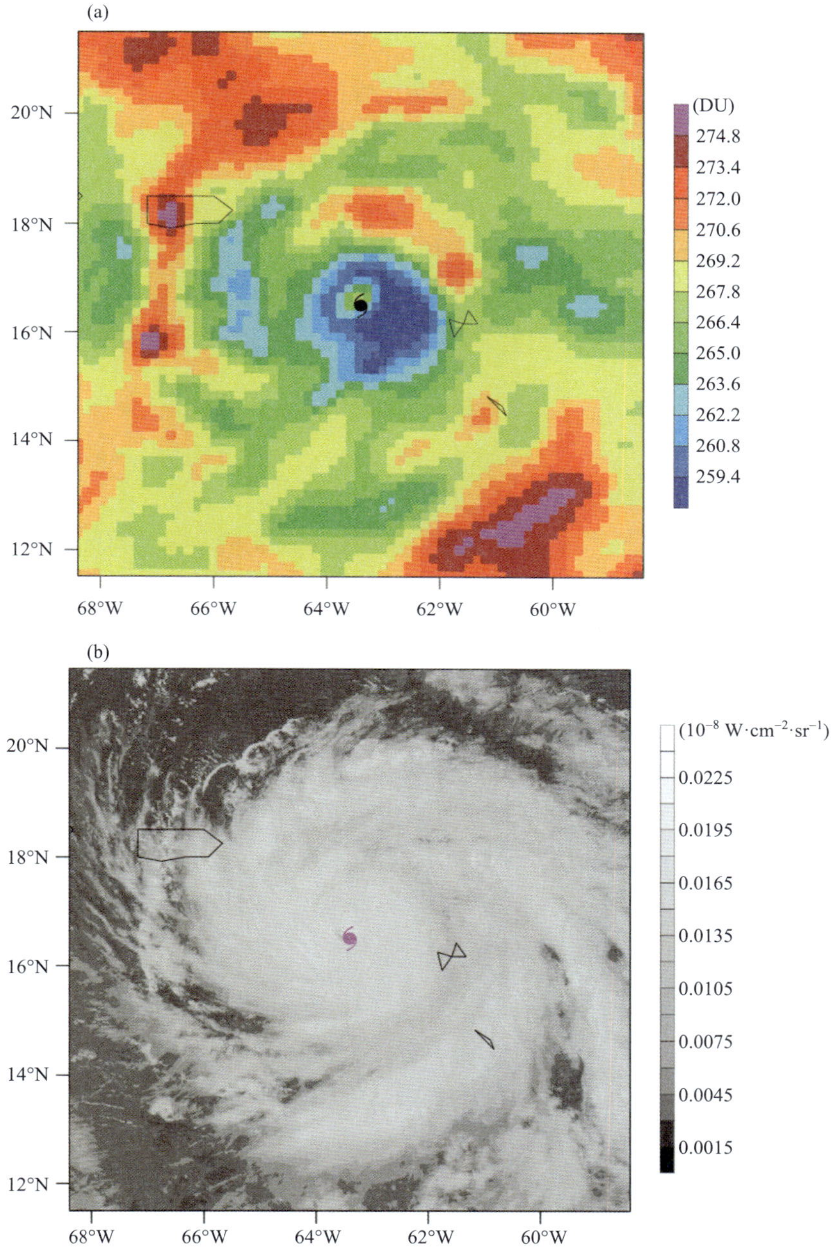

图 12.44　2017 年 9 月 19 日 5 级飓风玛莉亚中(a) S-NPP OMPS 总柱臭氧和(b) VIIRS 日夜波段辐射观测值的空间分布

玛莉亚的最佳路径位置由飓风符号指示

可以利用与天气尺度上垂直平均位涡的相关关系来进行卫星总柱臭氧资料同化。通过总柱臭氧资料同化改进环境气流分析场，从而改善飓风路径预报是可能的。Wu 和 Zou(2008)利用 TOMS 总柱臭氧资料和飓风预报模式，进行了这一尝试。他们发现，同化 TOMS 总柱臭氧资料，确实能改进飓风路径预报水平。他们还对 TOMS 总柱臭氧资料同化如何影响飓风艾琳的路径预报做了一个详细分析。在控制试验中，模式预报到 20 h 左右的时候发生了较大的路径误差。总柱臭氧资料同化增强了上游中纬度总柱臭氧大值槽，使其与下游低纬度总柱臭氧脊更接近，从而改变了引导台风气流的方向和大小，大大减小了模式预报到 20 h 左右时候发生的路径误差。

12.8　红外高光谱大气垂直探测仪 AIRS、IASI 和 CrIS

这节，我们简单介绍下面三种红外高光谱大气垂直探测仪：搭载在美国国家航空航天局(NASA)Aqua 卫星上的 AIRS(Aumann 等，2003)、搭载在 MetOp-A/B 卫星上的 IASI(Guidard 等, 2011)和搭载在 S-NPP 卫星上的 CrIS(Han 等, 2013)。这三种红外高光谱大气垂直探测仪有不同的通道总数和不同的光谱分辨率。AIRS 的光谱分辨率($\Delta v=v/1200$，其中 v 是中心波数)不是个定值，在光谱范围[650 cm^{-1}, 2700 cm^{-1}]内共有 2378 个通道。IASI 在光谱范围[600 cm^{-1}, 2800 cm^{-1}]内共有 8461 个通道，光谱分辨率是个恒定值 0.25 cm^{-1}。CrIS 共有 1305 个通道，在长波红外波段(LWIR)[650 cm^{-1}，1095 cm^{-1}]中的光谱分辨率为 0.625 cm^{-1}，在中波红外波段(MWIR) [1210 cm^{-1}, 1750 cm^{-1}]的光谱分辨率为 1.25 cm^{-1}，在短波红外波段(SWIR) [2155 cm^{-1}, 2550 cm^{-1}]的光谱分辨率为 2.5 cm^{-1}。接下来我们主要讨论 CrIS。

CrIS 共有 1305 个通道，包含大量冗余且相关的信息。在 NWP 应用中，为了降低计算成本和通道间相关性，只选择了 399 个通道(Gambacorta 和 Barnet, 2013)。这 399 个通道中有 184 个长波红外通道、128 个中波红外通道和 87 个短波红外通道。选择这些通道是基于它们对某些大气成分(如 CO_2、O_3、H_2O、CH_4、CO 和 N_2O)的高敏感度、对地表敏感、垂直分辨率高(即权重函数形状较窄)。短波红外通道是不被直接同化的，只起到监测作用。图 12.45a、b、c 分别显示了这 184 个长波红外通道、128 个中波红外通道和 87 个短波红外通道的权重函数垂直廓线。184 个长波红外通道的权重函数密集地分布在从地表到大约 10 hPa 的高度范围内。87 个短波红外通道的权重函数几乎均匀地分布在从地表到大约 10 hPa 的高度范围内。128 个中波红外通道的权重函数主要分布在 200 hPa 以下，它们对大气中的水汽含量比较敏感。

CrIS 是一个跨轨扫描仪。随着 S-NPP 卫星轨道从南向北运行时，CrIS 在跨轨方向从西向东总共观测 30 个关注域(field of regard, FOR)，每个 FOR 由 9 个视场组成。CrIS 的光束宽度为 0.963°，星下点视场直径为 14 km。在 CrIS 刈幅边缘，视场在跨轨和沿轨方向的直径分别约为 39 km 和 25 km。Li 和 Zou(2017)利用晴空资料，表征了 NWP 选定的 399 个 CrIS 通道观测亮温和模拟亮温之间的偏差随扫描角和纬度的变化特征。CrIS 晴空视场是根据可见红外成像辐射计套件(VIIRS)的云罩反演产品来选择的，模式模拟亮温是由 CRTM 和 TIROS 业务垂直探测器(RTTOV)产生的，输入是 ECMWF 分析场，

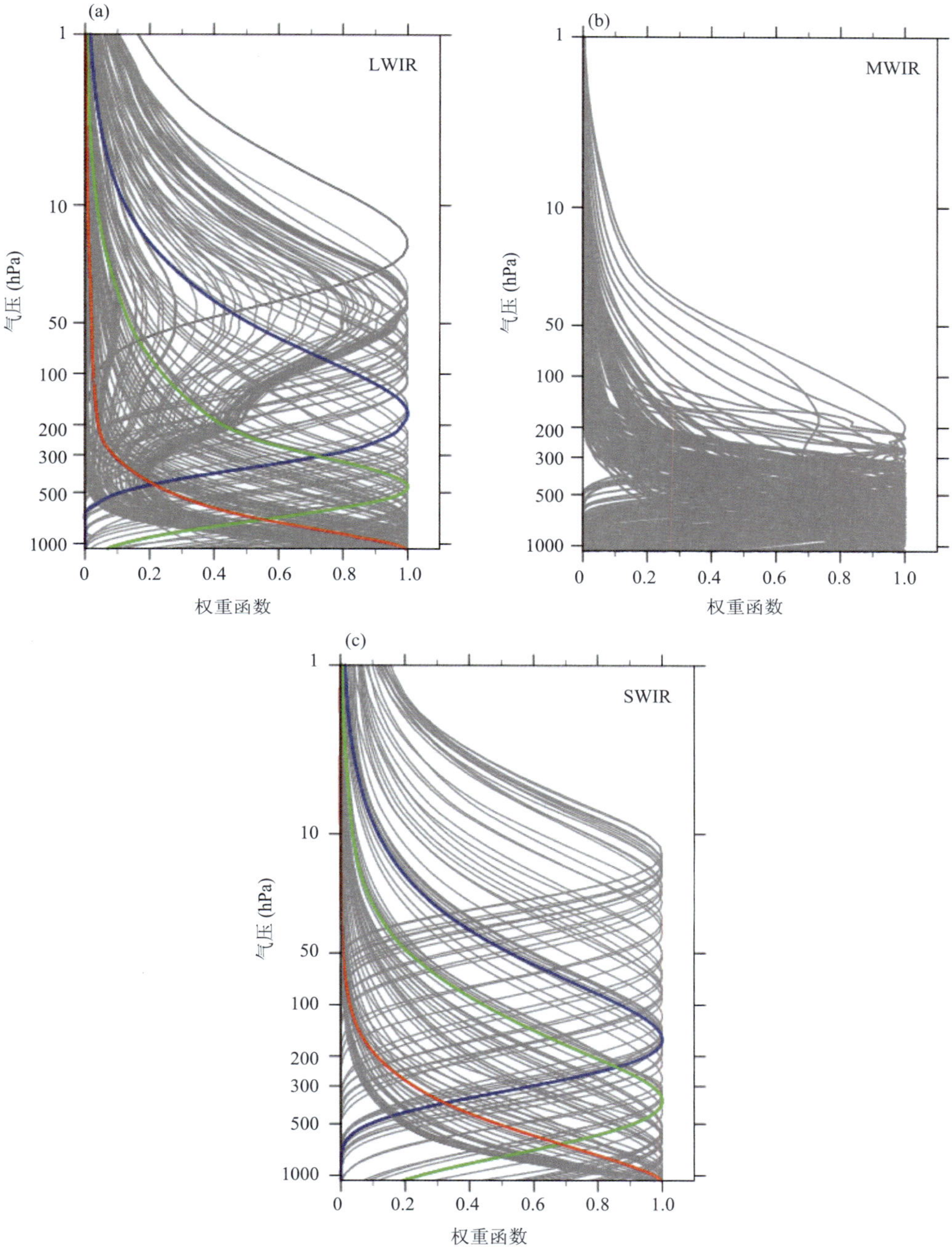

图 12.45　CrIS (a) 长波红外 (LWIR) 通道 (共 184 个)、(b) 中波红外 (MWRI) 通道 (共 128 个) 和 (c) 短波红外 (SWIR) 通道 (共 87 个) 的权重函数

图中还显示了第 5 对 (蓝色曲线，长波红外通道 21 和短波红外通道 349)、第 9 对 (绿色曲线，长波红外通道 32 和短波红外通道 30) 和第 19 对 (红色曲线，长波红外通道 74 和短波红外通道 12) 通道的权重函数

数据是 2015 年 6 月 30 日～7 月 31 日和 2015 年 11 月 30 日～12 月 31 日这两个月中的 CrIS 晴空观测资料及其模拟，其中 ECMWF 分析场的水平分辨率为 0.25°×0.25°，从地表到～0.01 hPa 共有 91 个垂直模式层。超过 390 个通道的全球平均偏差在±1 K 以内。所有通道的偏差随扫描角的变化均小于±0.4 K。模式模拟中考虑了短波红外 CO_2 通道受到的平流层上部非局部热力平衡(NLTE)以及窗区通道受到的太阳闪烁光影响，受非局部热力平衡影响通道的偏差在白天比在夜间高 0.5～1 K，与太阳闪烁效应有关的短波红外窗区通道在第 6～15 FOR 的偏差比其他扫描位置更小。

长波红外通道对云的敏感性低于短波红外通道。通过把 CrIS 长波红外通道与短波红外通道配对，Lin 等(2017)提出了一种依赖于高度的云检测新算法。首先根据权重函数峰值高度和对云的敏感性，把长波与短波红外通道进行配对，根据配对成功的两个通道的亮温观测资料，可以生成一个云发射和散射指数(CESI)，用于检测分布在权重函数峰值高度以上的云。不同高度的配对放在一起，构成一组 CESI，便可检测不同高度上的云。具体而言，考虑长波红外波段 670～750 cm^{-1} 和短波红外波段 2200～2400 cm^{-1} 内的 CO_2 通道，要求配成一对的长波和短波红外通道之间的权重函数峰值所在高度差小于 50 hPa，对云不敏感的高度差小于 50 hPa。这里，对云不敏感层定义为这样一个高度层，低于该高度的权重函数的尾巴部分较小，可以忽略该高度层以下的大气辐射影响。云不敏感层的定量定义是

$$\left|\frac{R_{\text{clear}}^{\text{LWIR}}-R_{\text{cloudy}}^{\text{LWIR}}}{R_{\text{clear}}^{\text{LWIR}}}\right| \leqslant 0.01, \quad \left|\frac{R_{\text{clear}}^{\text{SWIR}}-R_{\text{cloudy}}^{\text{SWIR}}}{R_{\text{clear}}^{\text{SWIR}}}\right| \leqslant 0.1 \tag{12.13}$$

其中，R_{cloudy} 代表假定 p 气压层有不透明云的有云亮温模拟，R_{clear} 是晴空亮温模拟。除了没有云以外，计算 R_{clear} 的所有其他输入与计算 R_{cloudy} 的相同。气压层 p 从 150 hPa 逐步变化到地表。

将长波和短波 CO_2 红外通道配对后，再得出每两个配对通道之间的一个亮温线性回归关系：

$$T_{\text{b,SWIR}_i}^{\text{regression,clear}} = \alpha_i T_{\text{b,LWIR}_i}^{\text{clear}} + \beta_i \tag{12.14}$$

其中，下标 i 表示长、短波通道之间的配对数，α_i 和 β_i 是回归系数，它们的值是通过一个最小二乘拟合获得的，代价函数定义为

$$J(\alpha_i,\beta_i) = \sum_j \left((\alpha_i T_{\text{b,SWIR}_i}^{\text{clear-simulation}} + \beta_i) - T_{\text{b,SWIR}}^{\text{clear-simulation}} \right)^2 \tag{12.15}$$

下标“j”代表晴空廓线样本。在晴空条件下，配成对的长波和短波通道亮温之间的线性相关性很高，线性回归方程(12.14)是这种线性关系的一个量化表示。

最后，定义 CESI 为回归方程计算得到的亮温($T_{\text{b,SWIR}_i}^{\text{regression}} = \alpha_i T_{\text{b,LWIR}_i}^{\text{obs}} + \beta_i$)与短波通道观测亮温($T_{\text{b,SWIR}_i}^{\text{obs}}$)之差：

$$\text{CESI}_i = T_{\text{b,SWIR}_i}^{\text{regression}} - T_{\text{b,SWIR}_i}^{\text{obs}} = (\alpha_i T_{\text{b,LWIR}_i}^{\text{obs}} + \beta_i) - T_{\text{b,SWIR}_i}^{\text{obs}} \tag{12.16}$$

用上述 CESI 指数进行云检测的基本假设是，长波红外通道观测值($T_{\text{b,LWIR}_i}^{\text{obs}}$)不受光学厚度薄的云的散射影响，根据线性回归关系，可以用长波红外通道观测值估算短波红外

亮温的晴空模拟值。从云顶以上观测到的短波红外亮温值与从长波红外通道观测值估算出的晴空短波红外亮温模拟值（$T_{b,SWIR_i}^{regression}$）之差反映了云的影响，包括薄的卷云。Lin 等(2017)的研究表明，在白天和夜间，权重函数峰值高度在 231～280 hPa 的长、短波配对通道得到的 CESI 的全球分布，与 AIRS 第 6 版反演数据集中的冰云光学厚度的全球分布十分吻合。

图 12.46a 和图 12.46b 分别显示了一对长波红外通道 21(699.375 cm^{-1})和短波红外通道 349(2262.5 cm^{-1})的 CrIS 亮温观测值的全球分布，观测时间是 2018 年 7 月 6 日 0000～2354 UTC。这两个通道的权重函数峰值位于 229 hPa 附近。图 12.47a 和图 12.47b 分别给出了同一时间段内的另一对位于 1057 hPa 附近的长波红外通道 74(756.25 cm^{-1})和短波红外通道 338(2400.0 cm^{-1})的 CrIS 亮温观测值的全球分布。台风玛莉亚的中心位于(16.2°N, 140.2°E)，时间在 2018 年 7 月 6 日 1440 UTC(0520 LST)左右。跨轨辐射计的临边效应在所有四个通道的亮温观测资料全球分布图中都很明显(图 12.46a, b，图 12.47a, b)，星下点附近的亮温高于大扫描角处的亮温。在云顶气压(图 12.46d)低于 700 hPa 的云区，观测亮温比晴空区低几十度。根据短波和长波红外通道之间的亮温观测差(图 12.46c 和图 12.47c，短波减去长波红外通道)，我们注意到，在多云的地区，短波比长波红外通道的亮温高几度。长波和短波红外通道之间的这种差别，是把 CrIS 长、短波双 CO_2 配对来捕获云的全球分布的物理原因。

玛莉亚是 2018 年发生在西太平洋上空的第一个台风。在 2018 年 7 月 6 日 0331 UTC (1804 LST)，台风玛莉亚中心位于(16.0°N, 141.6°E)。上面四个通道的亮温观测值均在玛莉亚中心附近较低(图 12.46a, b，图 12.47a，b)，但在眼墙区，短波红外亮温比长波红外亮温高几度(图 12.46c，图 12.47c)。

图 12.48 中显示了三对长、短波通道的 CESI 在台风玛莉亚内的分布结构，观测时间是 2018 年 7 月 6 日 0331 UTC。第 1 对涉及的是长波红外通道 21(699.375 cm^{-1})和短波红外通道 349(2262.5 cm^{-1})(图 12.48a)；第 2 对是长波红外通道 32(712.5 cm^{-1})和短波红外通道 342(2230.0 cm^{-1})(图 12.48b)；第 3 对是长波红外通道 74(756.25 cm^{-1})和短波红外通道 388(2400.0 cm^{-1})(图 12.48c)。这三对中的六个通道的权重函数分别由图 12.45 中的蓝色、绿色和红色曲线表示。第 1、2 和 3 对中的通道权重函数峰值分别位于约 229、487 和 1057 hPa。CESI 分布图显示出了台风玛莉亚的眼区、眼墙和雨带特征。这三对 CESI 位于三个不同高度，所以，从它们的分布中可以看到云分布结构在垂直方向的连续性，高度越低，CESI 反映的云覆盖范围越广。第 1 对的 CESI(～229 hPa，图 12.48a)空间分布与 2018 年 7 月 6 日 0348 UTC 的冰云光学厚度的空间分布(图 12.49a)的可比性较好，后者来自 AIRS 版本 6 反演数据集。第 2 对的 CESI(～487 hPa，图 12.48b)在玛莉亚中心附近与高云的云顶气压分布(图 12.49b)的可比性较好。第 3 对的 CESI 反映近地面的情况(图 12.48c)，它的空间分布显示了一个有组织的雨带结构。大多数冰云位于 230 hPa 以上。高度越低，CESI 值越高。换句话说，基于 CrIS CO_2 双通道、权重函数峰值在 229、487 和 1057 hPa 附近的 CESI 分布，与冰云光学厚度、云顶气压和雨带的分布非常吻合。

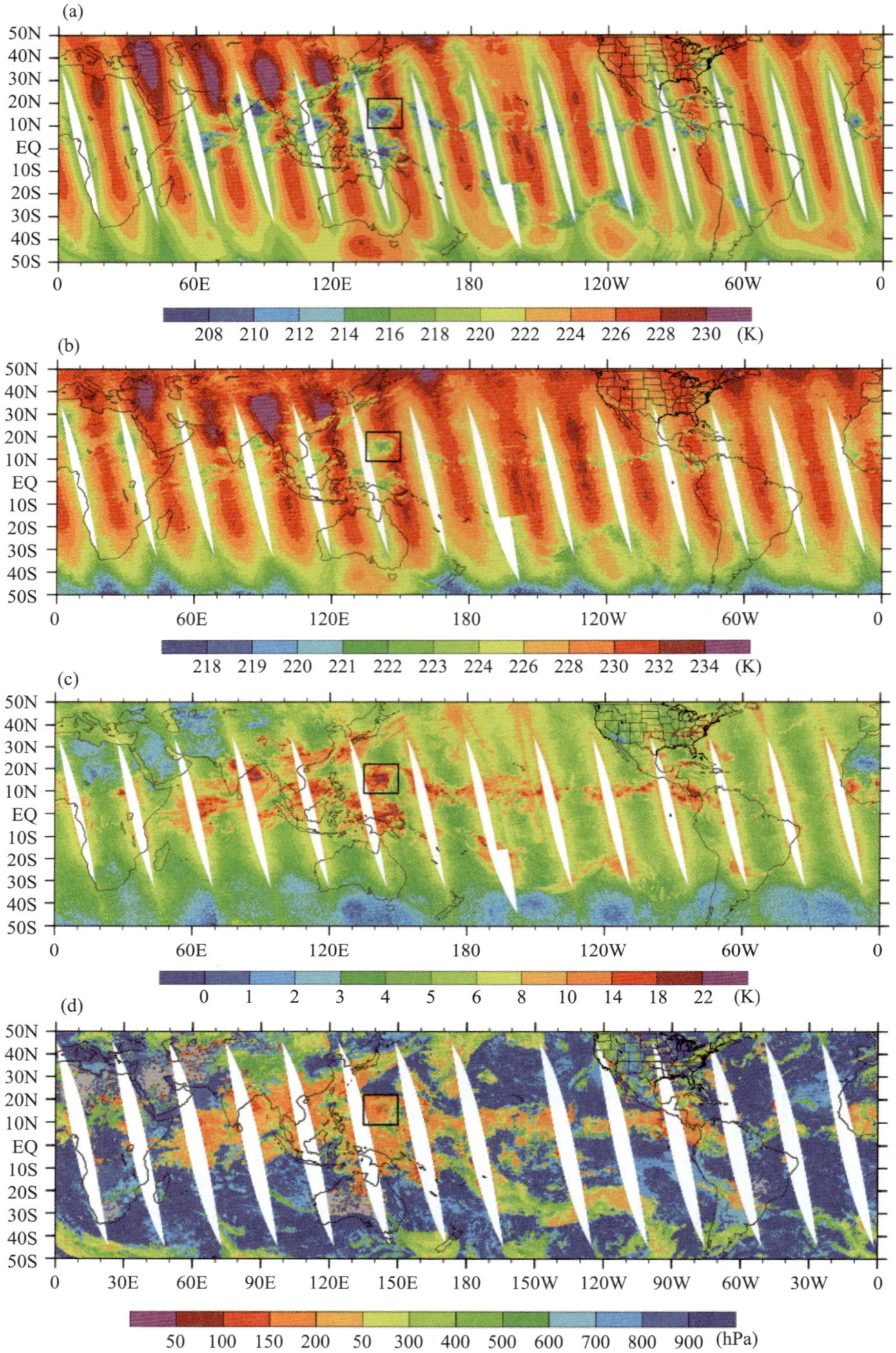

图 12.46　2018 年 7 月 6 日 CrIS 升轨观测的第 5 对通道(229 hPa)的亮温(单位：K)全球分布：(a)红外长波通道 21(699.375 cm^{-1})、(b)红外短波通道 349(2262.5 cm^{-1})和(c)红外短波减红外长波的亮温差；(d) 2018 年 7 月 6 日 AIRS 升轨观测资料反演得到的云顶气压的全球分布(单位：hPa)

CrIS 升轨观测资料经过位于(16.0°N, 141.6°E)的台风玛莉亚中心的时间是 7 月 6 日 0331 UTC (1804 LST)，每个图中的黑色矩形显示台风玛莉亚所在位置

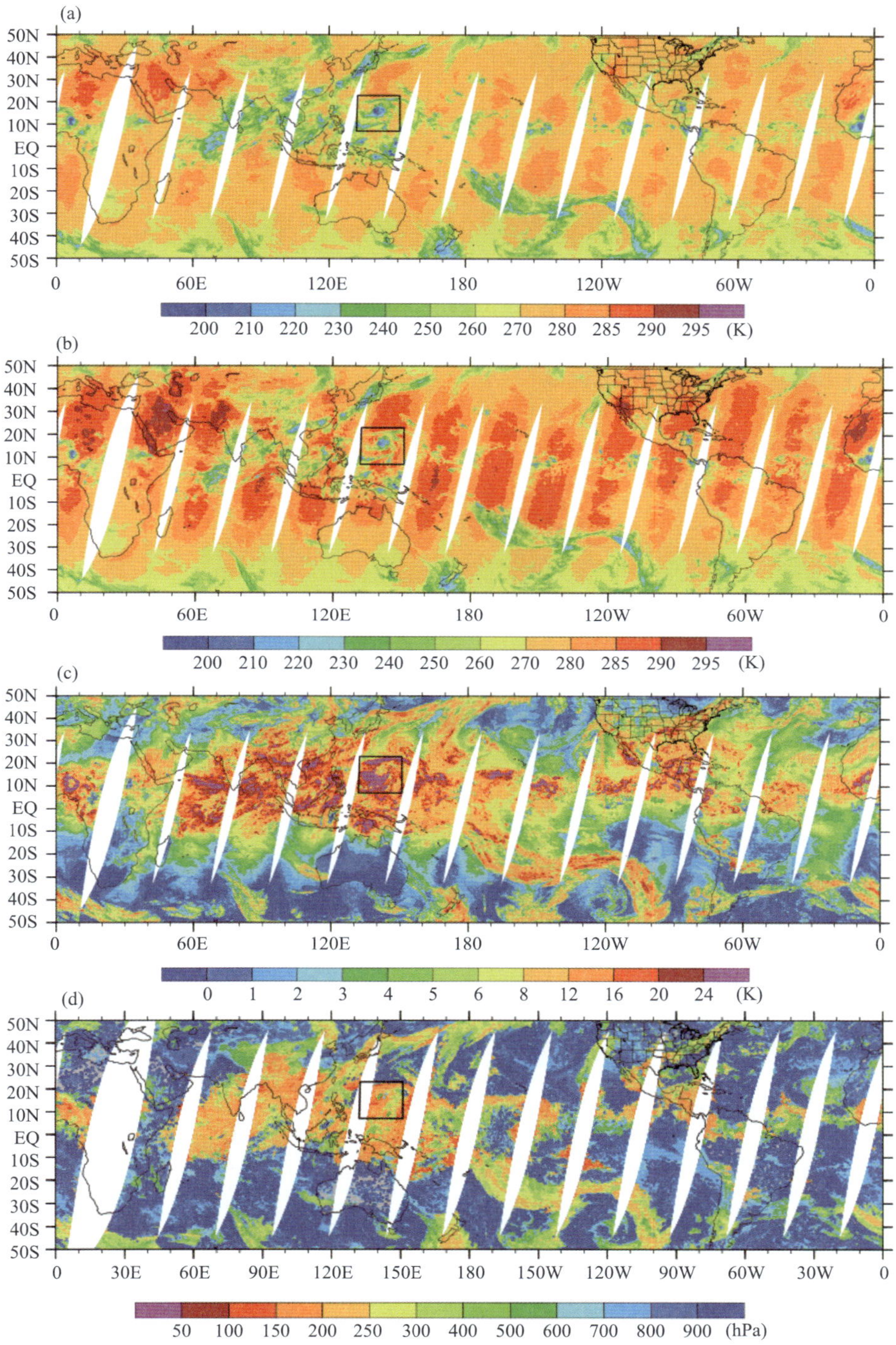

图 12.47　2018 年 7 月 6 日 CrIS 降轨观测的第 19 对通道(1057 hPa)的亮温(单位：K)全球分布：(a)红外长波通道 74(756.25 cm^{-1})、(b)红外短波通道 388(2400.0 cm^{-1})和(c)红外短波减红外长波的亮温差；(d) 2018 年 7 月 6 日 AIRS 降轨观测资料反演得到的云顶气压的全球分布(单位：hPa)

CrIS 升轨观测资料经过位于(16.2°N, 140.2°E)的台风玛莉亚中心的时间是 7 月 6 日 1440 UTC (0520 LST)，每个图中的黑色矩形显示台风玛莉亚所在位置

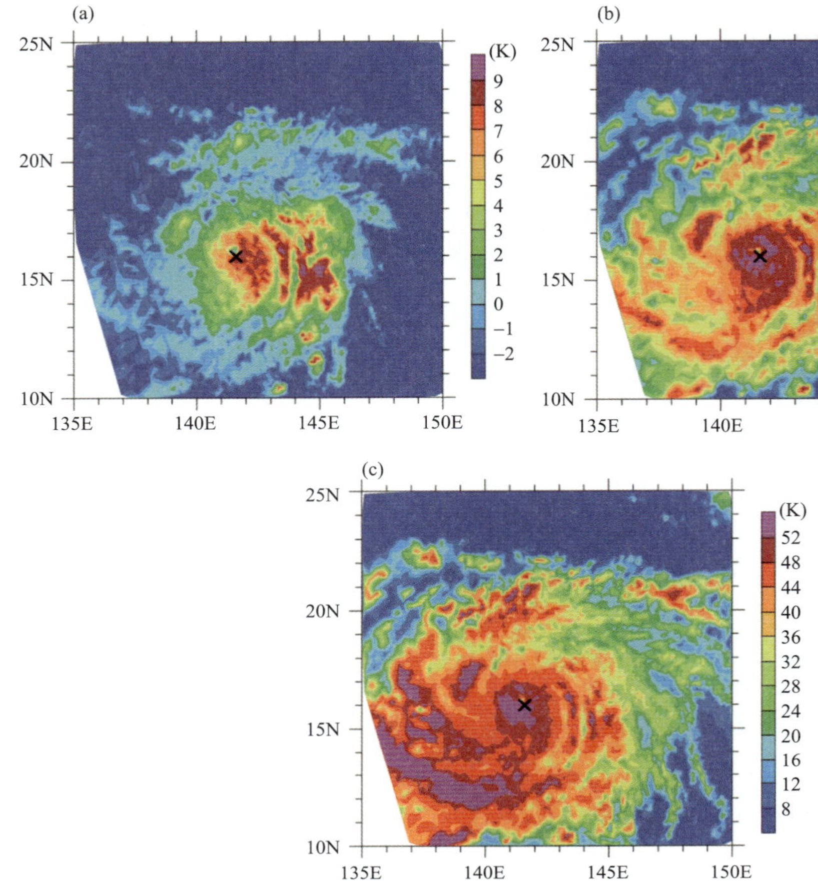

图 12.48　2018 年 7 月 6 日 0331 UTC 台风玛莉亚区域(a)第 1 对、(b)第 2 对、(c)第 3 对的 CESI

黑色“×”显示台风玛莉亚的中心位置

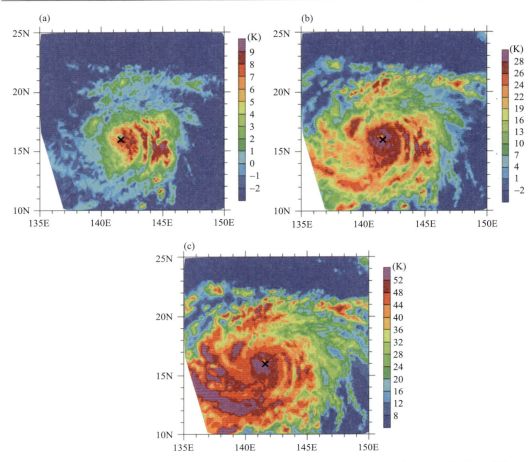

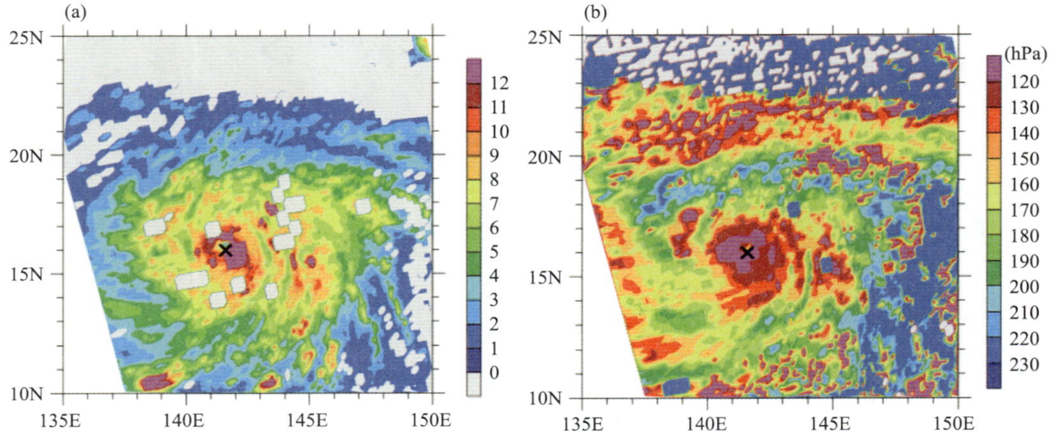

图 12.49　2018 年 7 月 6 日 0348 UTC AIRS V6(a)冰云光学厚度和(b)云顶气压(单位：hPa)

黑色“×”显示台风玛莉亚的中心位置

12.9　涡旋初始化

在影响热带气旋大尺度分析/再分析资料和预报水平准确性的众多因素中，涡旋初始化是其中一个重要因素。需要进行涡旋初始化的原因如下：①全球大尺度分析场、再分析场和背景场(即 6 h 模式预报场)中的热带气旋中心位置、大小和强度误差较大(Cangialosi 和 Franklin, 2011；Gall 等, 2013)；②卫星资料同化效果在很大程度上依赖于模式中的台风涡旋位置是否正确、大小和强度是否接近实际(Zou 和 Xiao, 2000；Zou 等, 2015b)；③由于云雨对观测资料的污染和模式模拟云亮温的不确定性较大等问题，真正被同化的资料不仅对热带气旋的时空覆盖不全，而且没有所有大气状态变量的信息；　④热带气旋路径和强度预报水平，尤其是在模式预报最初的 12 h 内，在很大程度上依赖于模式初始条件中有没有包含真实的初始涡旋。通常，大尺度分析和模式预报场能较好地描述范围较大的强风暴，但不能很好地表示小或弱热带风暴。如果在 6 h 的模式预报背景场中的涡旋太弱，有关热带气旋的实际大小、强度和结构不清晰，则需要生成虚假(bogus)涡旋并将其添加到模式初始条件中。涡旋初始化的一般准则如下(Kurihara 等, 1993)：①初始涡旋的动力和热力结构保持一致；②风场和质量场必须保持平衡，同时要有一个相关的湿度场；③反映实际热带气旋的大小和强度；④表示实际风暴在其自身环境条件下所具有的独特大小和强度；⑤初始涡旋与预报模式的分辨率和物理过程兼容；⑥抑制初始误差的快速增长。当然，某一个涡旋初始化方案并不满足上述所有要求。使用来自多种仪器的卫星遥感观测数据进行涡旋初始化，可能是改进涡旋初始化早期方案并尽可能多地满足上述要求的一个途径。

在涡旋初始化早期方集中，经验地生成一个虚假涡旋，先经验指定一个模式变量的水平变化，再根据动力约束得出其他模式变量在三维空间的分布。不同热带气旋的强度、大小和三维结构都不会相同。热带预报中心(TPC)提供了几个表征热带气旋强度和大小方面的关键参数，例如最大持续风速(v_{max})、最大风速半径(R_{max})、台风中心海平面气压(p_c)、34 kt 风速半径和(R_{34kt})以及强度类别(TD、TS、H1～H5)。在经验指定虚假初始涡旋中的变量分布时，会用到以上数个参数，以便生成一个与实际台风有关的初始涡旋。不同虚假涡旋初始化方案中采用的动力约束不同，有非线性平衡方程、梯度风平衡关系、地转平衡关系、静力方程和散度质量方程。虚假涡旋初始化方法可以分为两大类：一类是指定风场(Kurihara 等, 1990, 1993；Lord, 1991；Trinh 和 Krishnamurti, 1992)，另一类是指定质量场(Fujita, 1952；Zou 和 Xiao, 2000；Xiao 等, 2000a)。

Kurihara 等(1993)研发了一个先指定风场的最经典涡流初始化方法，称为美国地球物理流体动力学实验室(GFDL)方法。GFDL 方法的几个关键步骤可以简要总结如下。首先去除大尺度分析场中的涡旋，以获得热带涡旋环境场，为嵌入将要生成的虚假涡旋做好准备。第二步，根据 TPC 参数，经验指定轴对称切向风场。第三步，把经验指定的轴对称切向风分量作为约束条件，积分轴对称飓风预报模式，获得所有模式变量场。第四步，把轴对称涡旋作为初始条件，积分简化正压涡度方程，获得风场的非对称分量。第五步，将对称和不对称风场分量相加得到总风场，用它作为输入，求解忽略了时间趋势的散度诊断方程，获得质量场。GFDL 涡流初始化方法周全缜密。大量数值试验表明，该方法能提高飓风的路径和强度预报水平(例如，Bender 等, 1993)，可以极大地缓解在预报开始阶段的旋涡调整期经常发生的台风不规则路径和三维结构变化。

美国飓风预报改进计划(HFIP)是美国国家海洋和大气管理局(NOAA)支持的一个十年计划(2008～2018)。HFIP 的主要目标是提高飓风预报的准确性和可靠性，增加飓风预报的精度和时间提前度，改善公众反应和减少生命财产损失。下面简单介绍飓风天气研究和预报(HWRF)模式中的涡旋初始化。首先使用 GFDL 方法将所有模式层上的 NCEP GFS 场分解为基本场(h_B)、非飓风扰动分量(h_N)和飓风分量($h_{GFS\text{-}vortex}$)：

$$\underbrace{h}_{\text{NCEP GFS}} = \underbrace{h_B}_{\text{基本场}} + \overbrace{\underbrace{h_N}_{\text{非飓风扰动分量}} + \underbrace{h_{GFS\text{-}vortex}}_{\text{飓风分量}}}^{h_D,\text{扰动场}} \tag{12.17}$$

然后基于 850 hPa 的扰动场($h_D=h_N+h_{GFS\text{-}vortex}$)，确定涡旋的外边界(即大小)。再在确定的 850 hPa 涡旋区域内，去除不同模式层上大尺度分析场内的飓风分量($h_{GFS\text{-}vortex}$)，以获得剩余飓风分量($h_{GFS\text{-}vortex}^{residual}$)：

$$h_{GFS\text{-}vortex}^{residual} = h_{GFS\text{-}vortex}，\quad \text{当} r > \Omega_{850hPa}，\quad h_{GFS\text{-}vortex}^{residual} = 0，\quad \text{当} r \leqslant \Omega_{850hPa} \tag{12.18}$$

最后，把一个对称的 HWRF 涡旋(h_V)与基本场、非飓风扰动分量和剩余飓风分量相加，得到模式初始条件：

$$\underbrace{h'}_{\text{模式初始条件}} = h_B + h_N + \underbrace{h_{GFS\text{-}vortex}^{residual}}_{\text{剩余飓风分量}} + \underbrace{h_V}_{\text{HWRF涡旋}} \tag{12.19}$$

HWRF 模式系统中有提供两个虚假初始涡旋(Janjic 等, 2001; Janjic, 2003)，以数据形式存储。一个用于深厚热带气旋，另一个用于浅层和中层热带气旋(Zou 等, 2013a、b, 2015a、b)。加入了虚假初始涡旋的模式初始条件的定义式(12.19)中的 h_V 选自这两个虚假初始涡旋。HWRF 给出的深、浅虚假初始涡旋的切向风、温度、径向风和水汽混合比如图 12.50 所示。深厚热带涡旋的特征是对流层上部有强暖核，对流层低层水汽有湿异常，从地表到大约 150 hPa 高度范围内还有很强的切向风，气流在对流层下层流入，在对流层上部有较强的流出。浅层热带气旋具有类似的特征，但强度较弱且高度较低。

针对需要进行初始化的热带涡旋具体例子，选择好或深或浅的 HWRF 虚假初始涡旋后，再根据 TPC 最外封闭等压线半径(R_{out}^{obs})、最大风速(V_{max}^{obs})和最大风速半径(R_{max}^{obs})，把所选择的虚假涡旋的风和温度分布做一个大小上的伸缩和强度上的调整。具体而言，先把初始涡旋大小做一个经验性的缩放，把修改后的初始涡旋的径向距离($r^{rescaled\text{-}vortex}$)与 HWRF 指定虚假初始涡旋($r^{stored\text{-}vortex}$)按下面的关系联系起来：

$$r^{rescaled\text{-}vortex} = \alpha r^{stored\text{-}vortex} + \frac{\beta (r^{stored\text{-}vortex})^2}{2} \tag{12.20}$$

其中，α 和 β 是两个经验参数，它们的值由以下两个方程确定：

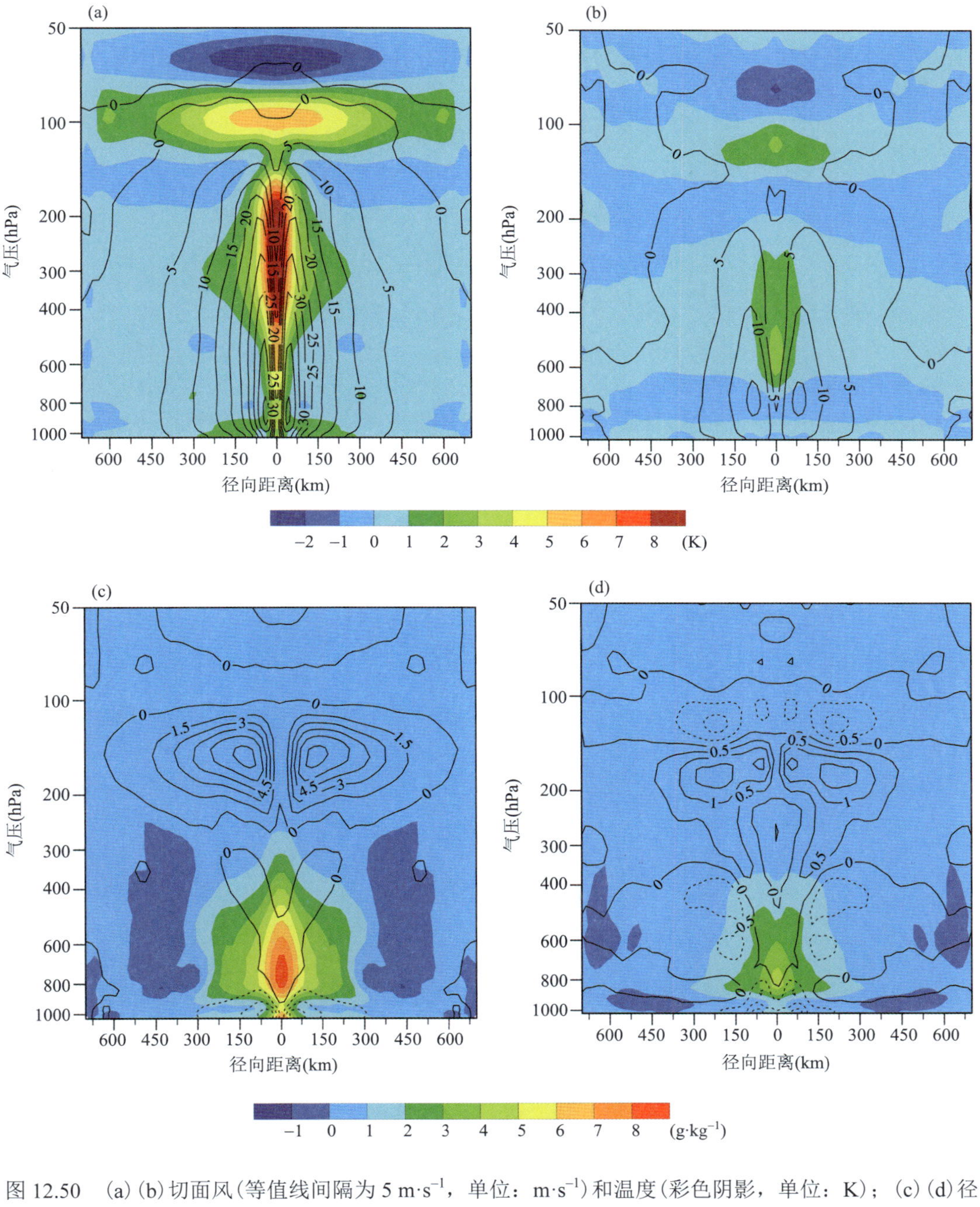

图 12.50　(a)(b)切面风(等值线间隔为 5 m·s^{-1}，单位：m·s^{-1})和温度(彩色阴影，单位：K)；(c)(d)径向风((c)的等值线间隔为 1.5 m·s^{-1}，(d)的等值线间隔为 0.5 m·s^{-1})和水汽混合比(彩色阴影，单位：g·kg^{-1})

(a)(c)是 HWRF 深厚热带气旋，(b)(d)是 HWRF 浅层热带气旋

$$\begin{cases} R_{\text{max}}^{\text{rescaled-vortex}} \triangleq R_{\text{max}}^{\text{obs}} \\ R_{\text{out}}^{\text{rescaled-vortex}} \triangleq R_{\text{out}}^{\text{obs}} \end{cases} \Rightarrow \alpha, \beta \tag{12.21}$$

把初始涡旋强度也做一个经验性的调整。将 HWRF 存储的虚假涡旋水平风乘以一个因子(γ)来修改风场强度：

$$\begin{cases} u^{\text{rescaled-vortex}} = \gamma u^{\text{stored-vortex}} \\ V^{\text{rescaled-vortex}} = \gamma V^{\text{stored-vortex}} \end{cases} \tag{12.22}$$

其中，参数 γ 的值是通过下述条件决定的：

$$V_{\text{max}}^{\text{rescaled-vortex}} \triangleq V_{\text{max}}^{\text{obs}} \Rightarrow \gamma \tag{12.23}$$

在相对湿度不变的约束下，根据调整后的温度，修改虚假初始涡旋的水汽混合比。

图 12.51 给出一个示例，展示在 HWRF 存储的涡旋上进行大小缩放和强度调整后的结果。图 12.51a 显示 HWRF 存储的浅层热带气旋的切向风和温度剖面图，图 12.51b 是根据 TPC 对 2018 年 10 月 24 日 0000 UTC 飓风“桑迪”(Sandy)提供的关键参数进行缩放后的切向风场和温度场的剖面图。飓风桑迪的最大风速($V_{\text{max}}^{\text{obs}}$)、最大风速半径($R_{\text{max}}^{\text{obs}}$)和最外封闭等压线的半径($R_{\text{out}}^{\text{obs}}$)分别为 26m·s^{-1}、148 km 和 556 km。可以看出，HWRF 储存的虚假浅涡旋强度很弱，经过重新缩放后的初始涡旋强度增加。利用 HWRF 系统，Zou 等(2013a、b)的研究表明，上述 HWRF 涡流初始化有益于 ATMS 亮温资料同化，对 2012 年四个大西洋登陆飓风(即桑迪、艾萨克、“黛比”(Debby)和“贝丽尔”(Beryl))的路径和强度预报产生了一致性的正影响。

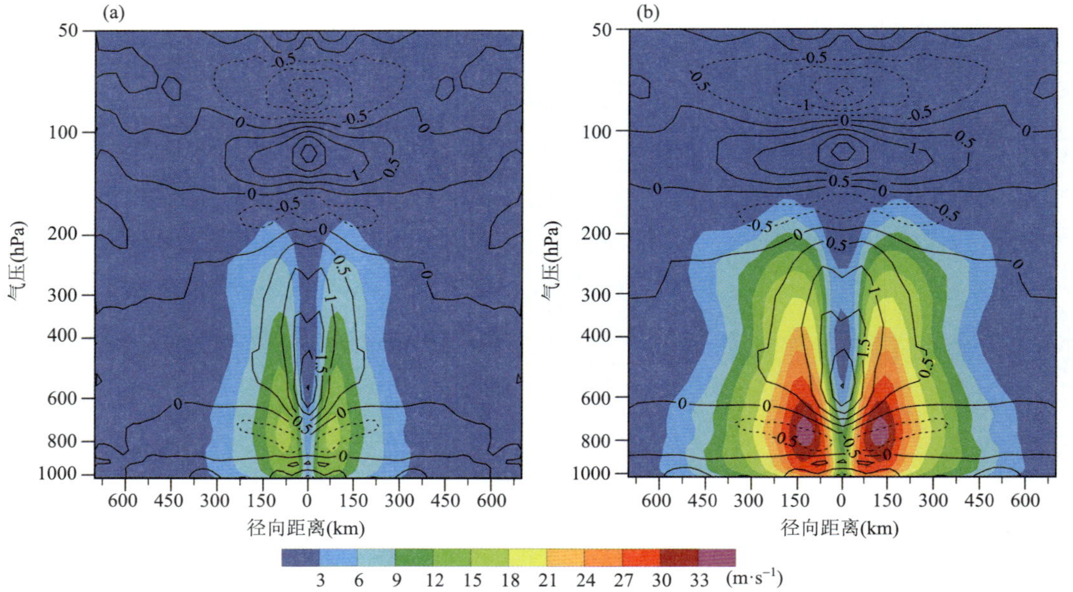

图 12.51　(a) HWRF 储存的虚假浅涡旋中的温度(等值线间隔为 0.5 K)和切向风(彩色阴影，单位：m·s^{-1})剖面图，(b)针对 2018 年 10 月 24 日 0000 UTC 的飓风桑迪的最佳路径参数对虚假浅涡旋进行缩放后的温度(等值线间隔为 0.5 K)和切向风(彩色阴影，单位：m·s^{-1})剖面图

台风玛莉亚的 $V_{\text{max}}^{\text{obs}}$、$R_{\text{max}}^{\text{obs}}$和$R_{\text{out}}^{\text{obs}}$ 的值分别为 56 m·s^{-1}、37 km 和 370 km

HWRF 系统中的虚假涡旋是对称的，重新缩放后仍然是对称的。因此，缺少在热带涡旋运动中起重要作用的非对称结构。产生涡旋不对称分量的主要原因是涡旋内对称流对行星涡旋的平流作用。由于 β 效应，从对称涡旋初始化起报的模式涡旋，需要 1～2 天预报时间，才能表现出准稳态传播。因此，Zou 等(2015a、b)根据 2012 年热带风暴黛比的关键参数，对 HWRF 储存的初始旋涡重新缩放，添加不对称分量，按照 GFDL 方法，把非对称初始涡旋替换到大尺度分析场中，作为模式预报的初始条件。具体做法是先把对称流初始化涡旋作为初始条件，对简化正压涡度方程积分 48 h，获得 48 h 风场预报。针对 2012 年 6 月 23 日 1800 UTC 的黛比风暴，图 12.52a 和图 12.52b 分别显示对称和非对称涡旋的流函数。把非对称涡旋重新移位到初始观测位置后，与对称涡旋之间的流函数和风矢量的差异见图 12.52c，对称涡旋的切向风分布见图 12.52d，非对称涡旋的切向风分布见 图 12.52e。注意，非对称涡旋和对称涡旋之间的差异(图 12.52c)显示出在黛比风暴中心的东北和西南方向，分别有反气旋和气旋环流。最靠近中心的两个正、反气旋环流一致从东南向西北方向运动，给黛比风暴路径移动增加了约 3 $m·s^{-1}$ 的西北分量。最大切向风位于东北象限。

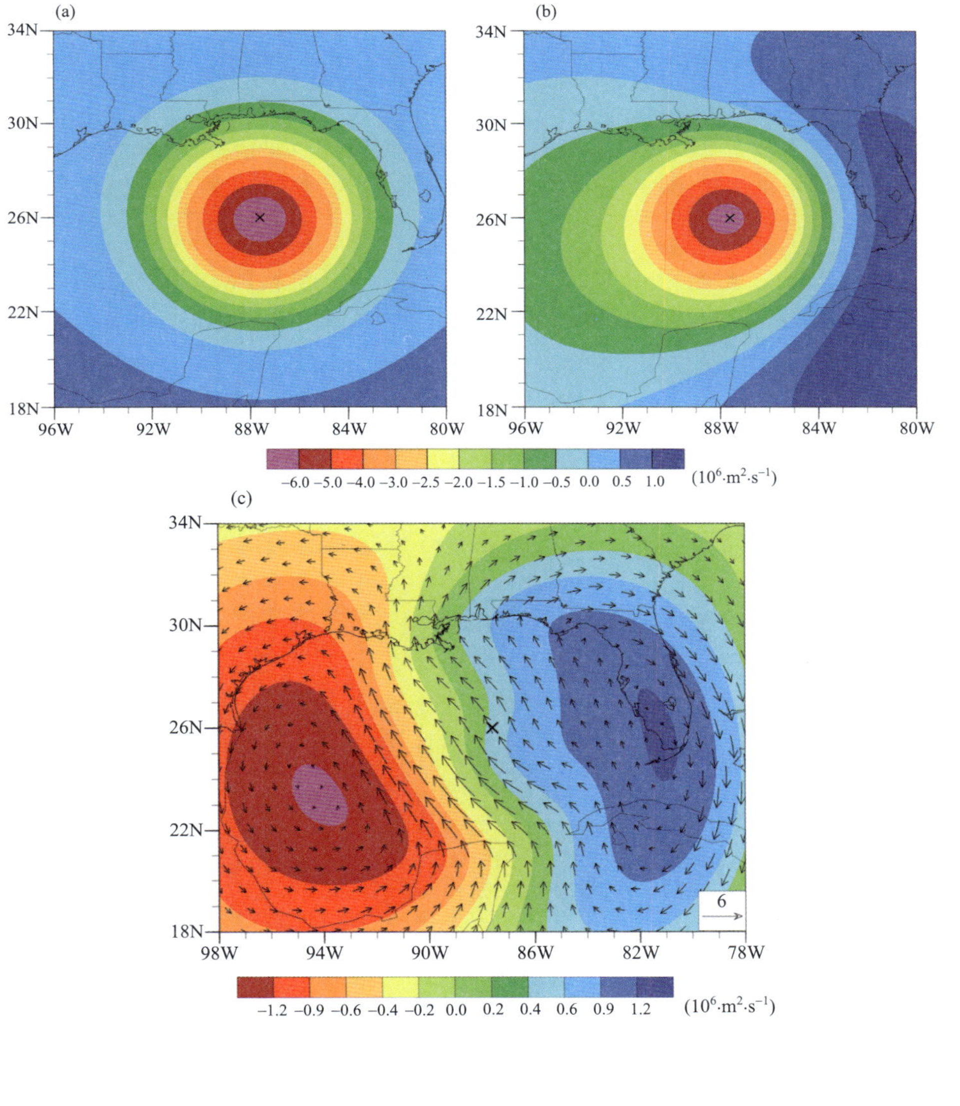

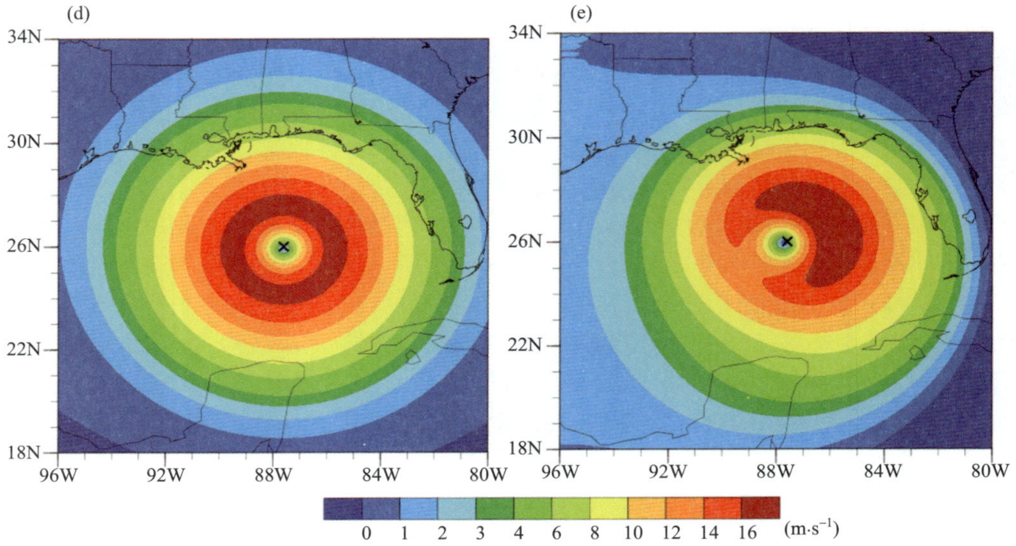

图 12.52　(a) 对称虚假涡旋和 (b) 非对称虚假涡旋的流函数；(c) 非对称与对称虚假涡旋的流函数和风矢量差；热带风暴黛比在 2012 年 6 月 23 日 1800 UTC 的 (d) 对称和 (e) 非对称虚假涡旋的切向风

然后，利用散度方程和静力方程，从非对称风场分量获得非对称质量场 (Φ, T, $\ln p_s$)。首先，对散度方程采用深层平均算子 ([·])，得到近似飓风运动的大尺度气流的深层平均值 ($\boldsymbol{v}_B$)。散度方程为

$$-\frac{\partial D}{\partial t}+\nabla\cdot\left\{-(\boldsymbol{v}\cdot\nabla)\boldsymbol{v}-\dot{\sigma}\frac{\partial \boldsymbol{v}}{\partial \sigma}-\left(f+\frac{\tan\varphi}{a}u\right)(\boldsymbol{k}\times\boldsymbol{v})+F\right\}=\nabla^2\Phi+\nabla\cdot(RT\nabla\ln p_s) \tag{12.24}$$

假定 $\left[\frac{\partial D}{\partial t}\right]\approx\frac{\partial D_d}{\partial t}\approx-[\boldsymbol{v}_B]\cdot\nabla D_d$，其中 D_d 表示散度的深层平均值，对式 (12.24) 进行垂直积分，我们得到下面的静态 (或平衡) 方程：

$$[\boldsymbol{v}_B]\cdot\nabla D_d+\nabla\cdot\left\{-(\boldsymbol{v}\cdot\nabla)\boldsymbol{v}-\dot{\sigma}\frac{\partial \boldsymbol{v}}{\partial \sigma}-\left(f+\frac{\tan\varphi}{a}u\right)(\boldsymbol{k}\times\boldsymbol{v})+F\right\}=\nabla^2\Phi+\nabla\cdot(RT_d\nabla\ln p_s) \tag{12.25}$$

上述等式的左边是风矢量 ($\boldsymbol{v}$) 的函数，为简洁起见，将其表示为 $G(\boldsymbol{v})$。在行星边界层 (PBL) 顶，方程 (12.25) 可以写为

$$G_d(\boldsymbol{v})=\nabla^2\Phi_d^0+\nabla\cdot(RT_d^0\nabla\ln p_s) \tag{12.26}$$

其中，上标 “0” 代表行星边界层高度。对于已知的 $\boldsymbol{v}$，求解式 (12.26)，得到非对称海平面气压 (p_s)。然后，根据已知的 $\boldsymbol{v}$ 和 $\ln p_s$，求解式 (10.25)，获得位势场 (Φ)

$$G_d(\boldsymbol{v})=\nabla^2\Phi+\nabla\cdot(RT_d^0\nabla\ln p_s) \tag{12.27}$$

最后，根据 Φ 的值，利用以下静力方程，获得温度 (T) 的值：

$$\frac{\partial\Phi}{\partial\ln\sigma}=-RT \tag{12.28}$$

使用了非对称涡旋初始化后，GOES 成像仪亮温资料同化对热带风暴黛比路径和强度的五天预报水平的改进程度，远大于使用对称涡旋初始化得到的改进(Zou 等，2015a、b)。

利用 4D-Var 伴随模式系统进行涡旋初始化是一个捷径(Zou 和 Xiao，2000)。首先把 Fujita 给出的二维海平面气压场经验公式(Fujita, 1952)作为虚假初始涡旋的海平面气压：

$$p_s^{\text{bogus}}(r)=p_\infty-\frac{p_\infty-p_c}{\left(1+\left(\dfrac{r}{\sqrt{2}R_0}\right)^2\right)^{1/2}},\quad 当 r<R_{\text{out}} \tag{12.29}$$

其中，R_0 是海平面气压最大径向梯度离气旋中心的距离，R_{out} 是最外封闭等压线半径，p_∞ 表示在离热带涡旋中心无限远距离处的海平面气压估算值。由于 TPC 参数没有包含 R_0，Zou 和 Xiao(2000)假设了 $R_0=R_{\max}^{\text{obs}}$。后来，Park 和 Zou(2004)研发了一个经验线性模型，根据 TPC 34 kt 风半径($R_{34\text{kt}}^{\text{obs}}$)，确定 R_0 的值：

$$R_0-0.38\times R_{34\text{kt}}^{\text{obs}}-3.8 \tag{12.30}$$

Holland(1980)提出了另外一个常用海平面气压的径向廓线公式，适用于成熟飓风：

$$p_s^{\text{bogus}}(r)=p_c+(p_\infty-p_c)e^{-\frac{A}{r^B}},\quad 当 r<R_{\text{out}} \tag{12.31}$$

其中，A 和 B 是缩放参数。可从式(12.31)得出气旋风速(v_c)：

$$v_c^{\text{bogus}}(r)=\left(\frac{AB(p_\infty-p_c)e^{-\frac{A}{r^B}}}{\rho r^B}\right),\quad 当 r<R_{\text{out}} \tag{12.32}$$

其中，ρ 是空气密度(ρ=1.15 kg·m^{-3})。令最大气旋风速($v_{c,\max}^{\text{bogus}}$)和最大径向距离($R_{c,\max}^{\text{bogus}}$)分别等于 TPC 关键参数 $v_{\max}^{\text{obs}}$ 和 $R_{\max}^{\text{obs}}$，可以确定缩放参数 A 和 B 的值(Park 和 Zou, 2004)。使用 MM5 伴随模式系统，将半径 R_{out} 内根据经验指定的海平面气压场作为假想观测资料，与其他卫星观测资料一起进行 4D-Var 同化。MM5 模式作为一个强约束条件，生成的初始虚假涡旋具有动力和物理上的一致性，初始虚假涡旋与环境场自动合并，也完全适用于台风预报的模式 MM5。如 Zou 和 Xiao(2000)的研究所示，4D-Var 产生的 1995 年飓风“费利克斯”(Felix)的虚假初始涡旋中，有许多热带气旋的理想结构特征，包括对流层中上层的暖核异常，眼墙、台风眼周围的饱和上升运动，眼区的下沉或弱上升，螺旋云雨带等。Park 和 Zou(2004)的研究表明，相比取 $R_0=R_{\max}^{\text{obs}}$，使用回归方程(12.30)得到的 R_0，使 1998 年的飓风“邦妮”(Bonnie)的强度预报更精确。这是因为，虚假初始涡旋的大小决定了控制强度变化的热量和水汽的表面通量、角动量和凝结潜热释放。

12.10 附 加 说 明

不同卫星遥感仪器可以观测到台风的各种有趣特征。这些特征包括台风中心位置、水平和垂直方向的云结构、各种热力和动力特征的大小、总柱臭氧、暖核温度异常、液态水路径、冰水路径、海面温度、海面风速、总可降水量等。许多卫星观测信息尚未完全应用于飓风预报的涡旋初始化和资料同化中。创新性地综合使用不同光谱(微波、红外、近红外、可见光)卫星亮温观测资料和一系列卫星反演产品,将促进台风理论研究和更准确、更精确、时效更长的台风数值预报。希望本章所展示的与台风有关的卫星资料讨论内容,能启发学生和初学者亲自动手,利用卫星观测资料去研究飓风和其他天气系统的演变规律。

参 考 文 献

Adem, J., Lezama, P., 1960. On the motion of a cyclone embedded in a uniform flow. Tellus 12, 255–258.

Adler, R.F., Rodgers, E.B., 1977. Satellite-observed latent heat release in tropical cyclones. Mon. Weather Rev. 105, 956–963.

Ahlberg, J.H., Nilson, E.N., Walsh, J.L., 1967. The theory of splines and their applications. Math. Comput. 38, 281.

Aires, F., Prigent, C., Bernardo, F., Jimenez, C., Saunders, R., Brunel, P., 2011. A tool to estimate land-surface emissivities at microwave frequencies (TELSEM) for use in numerical weather prediction. Q. J. R. Meteorol. Soc. 137, 690–699. Available from: https://doi.org/10.1002/qj.803.

Alishouse, J.C., Snyder, S.A., Vongsathorn, J., Ferraro, R.R., 1990. Determination of oceanic total precipitable water from the SSM/I. IEEE Trans. Geosci. Remote Sens. 28, 811–816.

Allan, D.W., 1987. Should the classical variance be used as a basic measure in standards metrology? IEEE Trans. Instrum. Meas. 36 (2), 646–654.

Amerault, C., Zou, X., 2003. Preliminary steps in assimilating SSM/I brightness temperatures in a hurricane prediction scheme. J. Atmos. Oceanic Technol. 20, 1154–1169.

Amerault, C., Zou, X., 2006. Comparison of observed and model-simulated microwave radiance in hurricane environment and estimate of background error covariances for hydrometeor variables. Mon. Weather Rev. 134, 745–758.

Amerault, C., Zou, X., Doyle, J., 2008. Test of an adjoint mesoscale model with explicit moist physics. Part I: Idealized tests on the cloud scales. Mon. Wea. Rev. 136, 2120–2132.

Amerault, C., Zou, X., Doyle, J., 2009. Assimilation of rain-affected radiances with adjoint of an explicit moist physics. J. Appl. Remote Sens. 3 (1), 033531, 1–20.

Andersson, E., Pailleux, J., The´paut, J.-N., Eyre, J.R., McNally, A.P., Kelly, G.A., et al., 1994. Use of cloud-cleared radiances in three/four-dimen- sional variational data assimilation. Q. J. R. Meteorol. Soc. 120 (517), 627–653.

Andersson, E., et al., 1998. The ECMWF implementation of three-dimensional variational assimilation (3D-Var). III: Experimental results. Q. J. R. Meteorol. Soc. 124, 1831–1860.

Anthes, R.A., 1974. Data assimilation and initialization of hurricane prediction models. J. Atmos. Sci. 31, 702–719.

Anthes, R.A., 1977. A cumulus parameterization scheme utilizing a one-dimensional cloud model. Mon. Weather Rev. 105, 270–286.

Anthes, R.A., et al., 2008. The COSMIC/FORMOSAT-3 mission: early results. Bull. Am. Meteorol. Soc. 89, 313–333.

Atkinson, N., 2011. Annex to AAPP scientific documentation: pre-processing of ATMS and CrIS. Document (NWPSAF-MO-UD-027). Brueske, K. F., & Velden, C. S. (2003). Satellite-Based Tropical Cyclone

Intensity Estimation using the NOAA-KLM Series Advanced Microwave Sounding Unit（AMSU）. Monthly Weather Review 131（4）, 687–697.

Aumann, H.H., Coauthors, 2003. AIRS/AMSU/HSB on the aqua mission: design, science objectives, data products, and processing systems. IEEE Trans. Geosci. Remote Sens 41, 253–264. Available from: https://doi.org/10.1109/tgrs.2002. 808356.

Bai, W., Liu, C., Meng, X., 2018. Evaluation of atmospheric profiles derived from single- and zero-difference excess phase processing of BeiDou radio occultation data from the FY-3C GNOS mission. Atmos. Meas. Tech. 11（2）, 819–833.

Barsby, J., Diab, R.D., 1995. Total ozone and synoptic weather relationships over southern Africa and surrounding oceans. J. Geophys. Res. Atmos. 100（D2）, 3023–3032.

Barnes, S.L., 1964. A Technique for maximizing details in numerical weather map analysis. J. Appl. Meteorol. 3（4）, 396–409.

Bassiri, S., Hajj, G.A., 1993. Higher-order ionospheric effects on the Global Positioning System observables and means of modeling them. Manuscripta Geodaetica 18, 280–289.

Bauer, P., Mugnai, A., 2003. Precipitation profile retrievals using temperature-sounding microwave observations. J. Geophys. Res. 108（D23）, 4730. Available from: https://doi.org/10.1029/2003JD003572.

Bender, M.A., Ross, R.J., Tuleya, R.E., Kurihara, Y., 1993. Improvements in tropical cyclone track and intensity forecasts using the GFDL initializa- tion system. Mon. Wea. Rev. 121, 2046–2061.

Bender, M.A., Ginis, I., 2000. Real-case simulations of hurricane-ocean interaction using a high-resolution coupled model: effects on hurricane inten- sity. Mon. Weather Rev. 128, 917–946.

Berendes, T.A., Mecikalski, J.R., MacKenzie Jr., W.M., Bedka, K.M., Nair, U.S., 2008. Convective cloud identification and classification in daytime satellite imagery using standard deviation limited adaptive clustering. J. Geophys. Res. 113, D20207. Available from: https://doi.org/10.1029/ 2008JD010287.

Bergthorsson, P., Döös, B.R., 1955. Numerical weather map analysis. Tellus 7, 329–340.

Bessho, K., Coauthors, 2016. An introduction to Himawari-8/9—Japan's new-generation geostationary meteorological satellites. J. Meteor. Soc. Japan 94, 151–183. Available from: https://doi.org/10.2151/jmsj.2016-009.

Beyerle, G., Wickert, J., Schmidt, T., Reigber, C., 2004. Atmospheric sounding by global navigation satellite system radio occultation: an analysis of the negative refractivity bias using CHAMP observations. J. Geophys. Res. 109, D01106. Available from: https://doi.org/10.1029/2003JD003922.

Beyerle, G., Grunwaldt, L., Heise, S., Köhler, W., König, R., Michalak, G., et al., 2011. First results from the GPS atmosphere sounding experiment TOR aboard the TerraSAR-X satellite. Atmos. Chem. Phys. 11（13）, 6687–6699.

Black, P.G., Anthes, R.A., 1971. On the asymmetric structure of the tropical cyclone outflow layer. J. Atmos. Sci. 28, 1348–1366.

Blackadar, A.K., 1976. Modeling the nocturnal boundary layer. In: Proceedings of the Third Symp. on Atmospheric Turbulence, Diffusion, and Air Quality. Amer. Meteor. Soc. Raleigh, NC, pp. 46–49.

Blackadar, A.K., 1978. Modeling pollutant transfer during daytime convection. In: Proceedings of the Fourth Symp. on Atmospheric Turbulence, Diffusion, and Air Quality. Amer. Meteor. Soc. Reno, NV, pp. 443–447.

Blackadar, A.K., 1979. High resolution models of the planetary boundary layer. In: Pfafflin, J., Ziegler, E. (Eds.), Advances in Environmental Science and Engineering, vol. 1. Gordon and Breach, New York, pp. 50–58.

Blackwell, W., Allen, G., Galbraith, C., Hancock, T., 2012. Nanosatellites for earth environmental monitoring: the MicroMAS project. In: IEEE International Geoscience and Remote Sensing Symposium. pp. 206–209.

Blackwell, W.J., Barrett, J.W., Chen, F.W., Leslie, R.V., Rosenkranz, P.W., Schwartz, M.J., Staelin, D.H., 2001. NPOESS Aircraft Sounder Testbed- Microwave (NAST-M): instrument description and initial flight results. IEEE Trans. Geosci. Remote Sens 39 (11), 2444 2453. Available from: https://doi.org/10.1109/36.964981.

Blayo, E., Bocquet, M., Cosme, E., Cugliandolo, L.F., 2015. Advanced Data Assimilation for Geosciences. Oxford Univ. Press, p. 584. Bohren, C.F., Albrecht, B.A., 1998. Atmospheric Thermodynamics. Oxford University Press, p. 416.

Borbas, E.E., Hulley, G., Knuteson, R., Feltz, M., 2017. MEaSUREs Unified and Coherent Land Surface Temperature and Emissivity (LST&E) Earth System Data Record (ESDR): The Combined ASTER and MODIS Emissivity Database over Land (CAMEL). *NASA Tech. Doc.* 30 pages. https://lpdaac.usgs.gov/sites/default/files/public/product_documentation/ cam5k30_v1_user_guide_atbd.pdf.

Bonnedal, M., Christensen, J., Carlstrm, A., Berg, A., 2010. Metop-GRAS in-orbit instrument performance. GPS Solutions 14, 109–120.

Bormann, N., Fouilloux, A., Bell, W., 2013. Evaluation and assimilation of ATMS data in the ECMWF system. J. Geophys. Res. Atmos. 118 (23). Available from: https://doi.org/10.1002/2013JD020325.

Boukabara, S.A., Weng, F., Liu, Q., 2007. Passive microwave remote sensing of extreme weather events using NOAA-18 AMSUA and MHS. IEEE Trans. Geosci. Remote Sens. 45 (7), 2228–2246.

Breaker, L.C., Ruzmaikin, A., 2011. The 154-year record of sea level at San Francisco: extracting the long-term trend, recent changes, and other tid- bits. Clim. Dyn 36, 545–559. Available from: https://doi.org/10.1007/s00382-010-0865-4.

Brodlie, K.W., Gourlay, A.R., Greenstadt, J., 1973. Rank-one and rank-two corrections to positive definite matrices expressed in product form. IMA J. Appl. Math. 11 (1), 73–82.

Cacuci, D.G., 1981. Sensitivity theory for nonlinear systems. I: nonlinear functional analysis approach. J. Math. Phys. 22, 1794–2802. Cangialosi, J.P., Franklin, J.L., 2011. 2010 National Hurricane Center forecast verification report. NOAA/NHC Tech. Rep. 77pp.

Cahoy, K., et al., 2015. Development of the microwave radiometer technology acceleration (MiRaTA) CubeSat for all-weather atmospheric sounding. In: IEEE Geoscience and Remote Sensing Symposium. pp. 5304–5307.

Carr III, L.E., Elsberry, R.L., 1990. Observational evidence for predictions of tropical cyclone propagation relative to environmental steering. J. Atmos. Sci. 47 (4), 542–546.

Carrier, M., Zou, X., Lapenta, B., 2008. Comparing vertical structures of weighting Function and adjoint sensitivity of radiance and verifying meso- cale forecasts using AIRS radiance observations. Mon. Wea. Rev. 136, 1327–1348.

Challa, M., Pfeffer, R.L., 1980. Effects of eddy fluxes of angular momentum on model hurricane development. J. Atmos. Sci. 37, 1603–1618.

Chedin, A., Scott, N.A., 1983. Sea surface temperature measured from satellites: validation and accuracy. Adv. Space Res. 2, 35–41.

Chen, Y., Weng, F., Han, Y., Liu, Q., 2008. Validation of the community radiative transfer model by using cloudsat data. J. Geophys. Res. 113, D00A03. Available from: https://doi.org/10.1029/2007JD009561.

Chen, H., Zhang, D.-L., 2013. On the rapid intensification of Hurricane Wilma（2005）. Part II: convective bursts and the upper-level warm core. J. Atmos. Sci. 70, 146–162.

Chen, X., Zou, X., 2014. Post-launch calibration of AMSU-A upper-air sounding channels using GPS RO data. J. Geophys. Res 119, 3924–3941. Available from: https://doi.org/10.1002/2013JD021037.

Chen, H., Zou, X., Qin, Z., 2018. Effects of diurnal adjustment on biases and trends derived from inter-sensor calibrated AMSU-A data. Front. Earth Sci 12（1）, 1–6. Available from: https://doi.org/10.1007/s11707-017-0671-y.

Choudhury, J.B., Dorman, J.T., Hsu, A.Y., 1995. Modeled and observed relations between the AVHRR split window temperature difference and atmo- spheric perceptible water over land surfaces. Remote Sens. Environ. 51, 281–290.

Christy, J.R., Spencer, R.W., 2003. Reliability of satellite data sets. Science 301, 1046–1047.

Christy, J.R., Spencer, R.W., Lobl, E., 1998. Analysis of the merging procedure for the MSU daily temperature time series. J. Clim. 11, 2016–2041.

Christy, J.R., Spencer, R.W., Braswell, W.D., 2000. MSU tropospheric temperatures: data set construction and radiosonde comparisons. J. Atmos. Oceanic Tech. 17, 1153–1170.

Christy, J.R., Spencer, R.W., Norris, W.B., Braswell, W.D., Parker, D.E., 2003. Error estimates of Version 5.0 of MSU/AMSU bulk atmospheric tem- peratures. J. Atmos. Oceanic Tech. 20, 613–629.

Clough, S.A., Shephard, M.W., Mlawer, E.J., Delamere, J.S., Iacono, M., Cady-Pereira, K.E., et al., 2005. Atmospheric radiative transfer modeling: a summary of the AER codes. J. Quant. Spectrosc. Radiat. Transfer 91, 233–244.

Courtier, P., Talagrand, O., 1990. Variational assimilation of meteorological observations with the direct and adjoint shallow-water equations. Tellus A 42, 531–549.

Courtier, P., Derber, J., Errico, R., Louis, J., Vukicevic, T., 1993. Important literature on the use of adjoint, variational methods and the Kalman filter in meteorology. Tellus A 45（5）, 342–357.

Courtier, P., Theépaut, J.-N., Hollingsworth, A., 1994. A strategy for operational implementation of 4D-Var, using an incremental approach. Quart. J. Roy. Meteor. Soc. 120, 1367–1388.

Courtier, P., Andersson, E., Heckley, W., Pailleux, J., Vasiljevic, D., Hamrud, M., et al., 1998. The ECMWF implementation of three dimensional var- iational assimilation（3DVar）. Part 1: Formulation. Q. J. R. Meteorol. Soc. 124, 1783–1807.

Cressman, G.P., 1959. An operational objective analysis system. Mon. Weather Rev. 87（10）, 367–374.

Daley, R., 1991. Atmospheric Data Analysis. Cambridge University Press.

Danielsen, E.F., 1968. Stratospheric-tropospheric ex-change based on radio activity, ozone, and potential vorticity. J. Atmos. Sci. 25, 502–518.

Davies, H.C., Turner, R.E., 1977. Updating prediction models by dynamic relaxation: an examination of the technique. Q. J. R. Meteorol. Soc. 103, 225–245.

Davis, C., Low-Nam, S., Shapiro, M.A., Zou, X., Krueger, A.J., 1999. Direct retrieval of wind from total ozone mapping spectrometer (TOMS) data: examples from FASTEX. Q. J. R. Meteorol. Soc. 125, 3375–3391.

Dee, D.P., da Silva, A.M., 2002. The choice of variable for atmospheric moisture analysis. Mon. Weather Rev. 131 (1), 155–171.

Demuth, J.L., DeMaria, M., Knaff, J.A., Vonder Haar, T.H., 2004. Evaluation of advanced microwave sounding unit tropical-cyclone intensity and size estimation algorithms. J. Appl. Meteorol. 43, 282–296.

Demuth, J.L., DeMaria, M., Knaff, J.A., 2006. Improvement of advanced microwave sounding unit tropical cyclone intensity and size estimation algo- rithms. J. Appl. Meteorol. Climatol 45, 1573–1581.

De Pondeca, M., Zou, X., 2000. A case study of the variational assimilation of GPS zenith delay observations into a mesoscale model. J. Appl. Meteorol. 40, 1559–1576.

De Pondeca, M., Zou, X., 2001. Moisture retrievals from simulated zenith delay "observations" and their impact on short-range precipitation forecasts. Tellus 53A, 192–214.

Derber, J.C., Parrish, D.F., Lord, S.J., 1991. The new global operational analysis system at the National Meteorological Center. Weather Forecasting 6, 538–547.

Derber, J.C., Wu, W., 1998. The use of TOVS cloud-cleared radiances in the NCEP SSI analysis system. Mon. Weather Rev. 126, 2287–2299.

Dickey, T., et al., 1998. Upper-ocean temperature response to Hurricane Felix as measured by the Bermuda testbed mooring. Mon. Weather Rev 126, 1195–1201.

Dobson, G.M.B., Harrison, D.N., Lawrence, J., 1929. Measurements of the amount of ozone in the earth's atmosphere and its relation to other geo-physical conditions. Proc. Royal Society London A 122, 456–486.

Dolling, K., Barnes, G.M., 2012. Warm core formation in Tropical Storm Humberto (2001). Mon. Wea. Rev. 140, 1177–1190.

Dong, C., Coauthors, 2009. An overview of a new Chinese weathersatelliteFY-3A. Bull. Amer. Meteor. Soc. 90, 1531–1544.

Dragosavac, M., 2007. BUFR user's guide, ECMWF technical note. Available at: http://www.wmo.int/pages/prog/gcos/documents/gruanmanuals/ECMWF/bufr_user_guide.pdf.

Dudhia, J., 1993. A nonhydrostatic version of the Penn State NCAR mesoscale model: validation tests and simulation of an Atlantic cyclone and cold front. Mon. Weather Rev. 121, 1493–1513.

Dunion, J.P., Thorncroft, C.D., Velden, C.S., 2014. The tropical cyclone diurnal cycle of mature hurricanes. Mon. Wea. Rev. 142, 3900–3919.

Dunn, C., et al., 2003. Instrument of GRACE: GPS augments gravity measurements. GPS World 14 (2), 16–28.

Elsberry, R.L., 1995. Recent advancements in dynamical tropical cyclone track predictions. Meteor. Atmos. Phys. 56, 81–99.

Emanuel, K.A., 1986. Some dynamical aspects of precipitating convection. J. Atmos. Sci. 43, 2183–2198.

Emanuel, K.A., 1988. The maximum intensity of hurricanes. J. Atmos. Sci. 45, 1143–1155.

Emanuel, K.A., 1995. Sensitivity of tropical cyclones to surface exchange coefficients and a revised steady-state model incorporating eye dynamics. J. Atmos. Sci. 52, 3969–3976.

English, S.J., Hewison, T.J., 1998. A fast generic millimeter-wave emissivity model. In: Hayasaka, T., et al., (Eds.), Microwave Remote Sensing of the Atmosphere and Environment, 3503. International Society for Optical Engineering, SPIE, pp. 288–300.

Evensen, G., 1994. Sequential data assimilation with a nonlinear quasi-geostrophic model using Monte Carlo methods to forecast error statistics. J. Geophys. Res. 99, 10143–10162.

Eyre, J.R., 1991. A fast radiative transfer model for satellite sounding systems. In: ECMWF Tech. Memo 176.

Eyre, J.R., 1992. A bias correction scheme for simulated TOVS brightness temperatures. In: ECMWF Tech. Memo. 186, 28 pp.

Eyre, J.R., Kelly, G.A., McNally, A.P., Andersson, E., Persson, A., 1993. Assimilation of TOVS radiance information through one-dimensional varia- tional analysis. Q. J. R. Meteorol. Soc. 119 (514), 1427–1463.

Flattery, T.W., 1970. Spectral models for global analysis and forecasting. In: Air Weather Service Technical Report 242.

Flynn, L., Long, C., Wu, X., Evans, R., Beck, C.T., Petropavlovskikh, I., et al., 2014. Performance of the Ozone Mapping and Profiler Suite (OMPS) products. J. Geophys. Res. 119, 6181–6195.

Flynn, L., Zhang, Z., Mikles, V., Das, B., Niu, J., Beck, C.T., et al., 2016. Algorithm Theoretical Basis Document for NOAA NDE OMPS Version 8 Total Column Ozone (V8TOz) Environmental Data Record (EDR) Version 1.0. Available at https://www.star.nesdis.noaa.gov/jpss/documents/ ATBD/ATBD_OMPS_TC_V8TOz_v1.1.pdf.

Fujita, T., 1952. Pressure distribution within a typhoon. Geophys. Mag. 23, 437–451.

Gall, R., Franklin, J., Marks, F., Rappaport, E.N., Toefer, F., 2013. The hurricane forecast improvement project. Bull. Am. Meteorol. Soc. 94, 321–343. Available from: https://doi.org/10.1175/ BAMS-D-12-00071.1.

Gallacher, P.C., Rotunno, R., Emanuel, K.A., 1989. Tropical cyclogenesis in a coupled ocean–atmosphere model. In: Preprints. 18th Conf. on Hurricanes and Tropical Meteorology, Amer. Meteor. Soc. San Diego, CA, pp. 121–122.

Gambacorta, A., Barnet, C.D., 2013. Methodology and information content of the NOAA NESDIS operational channel selection for the Cross-track Infrared Sounder (CrIS). IEEE Trans. Geosci. Remote Sens. 51, 3207–3216.

Gentry, R.C., Rodgers, E.B., Steranka, J., Shenk, W.E., 1980. Predicting tropical cyclone intensity change using satellite measured equivalent black- body temperatures of cloud tops. Mon. Weather Rev. 108, 445–455.

Gilchrist, B., Cressman, G.P., 1954. An experiment in objective analysis. Tellus 6, 97–101.

Goerss, J.S., Velden, C.S., Hawkins, J.D., 1997. The impact of multispectral GOES-8 wind information on Atlantic tropical cyclone track forecasts in 1995. Part II: NOGAPS forecasts. Mon. Weather Rev. 126 (5), 1219–1227.

Golub, G.H., Van Loan, C.F., 1989. Matrix Computations. The Jonhs Hopkins University Press, p. 728.

Gorbunov, M.E., 2002. Canonical transform method for processing radio occultation data in the lower troposphere. Radio Sci. 37 (5), 1076–1086. Available from: https://doi.org/10.1029/2000RS002592.

Gorbunov, M.E., Sokolovskiy, S.V., 1993. Remote sensing of refractivity from space for global observations of atmospheric parameters. In: Tech. Rep. 119. Max Planck Inst. for Meteorol., Hamburg, Germany.

Gorbunov, M.E., Lauritsen, K.B., 2004. Analysis of wave fields by Fourier Integral Operators and their application for radio occultations. Radio Sci. 39, 1–15. Available from: https://doi.org/10.1029/2003RS002971.

Gorbunov, M.E., Gurvich, A.S., Bengtsson, L., 1996. Advanced algorithms of inversion of GPS/MET satellite data and their application to reconstruc- tion of temperature and humidity. In: Tech. Rep. 211, Max Planck Inst. for Meteorol. Hamburg, 40 pp.

Gorbunov, M.E., Lauritsen, K.B., Rhodin, A., Tomassini, M., Kornblueh, L., 2006. Radio holographic filtering, error estimation and quality control of radio occultation data. J. Geophys. Res. Atmos 111, D10105. Available from: https://doi.org/10.1029/2005JD006427.

Gorbunov, M.E., Shmakov, A.V., Leroy, S.S., Lauritsen, K.B., 2011. COSMIC radio occultation processing: cross-center comparison and validation. J. Atmos. Oceanic Tech. 28, 737–751.

Gravelle, C.M., et al., 2016. Demonstration of a GOES-R satellite convective toolkit to "bridge the gap" between severe weather watches and warnings: an example from the 20 may 2013 Moore, Oklahoma, tornado outbreak. Bull. Am. Meteorol. Soc. 97 (1), 69–84.

Greenwald, T.J., Stephens, G.L., Vonder Haar, T.H., Jackson, D.L., 1993. A physical retrieval of cloud liquid water over the global oceans using Special Sensor Microwave/Imager (SSM/I) observations. J. Geophys. Res. Atmos. 98 (D10), 18,471-18,488. Available from: https://doi.org/ 10.1029/93JD00339.

Grell, G.A, Dudhia, J., Stauffer, D.R., 1994. A description of the fifth generation Pen State/NCAR Mesoscale Model (MM5). In: NCAR Tech. Note NCAR/TN-398+STR, 138 pp.

Grody, N.C., Ferraro, R.R., 1992. A comparison of passive microwave rainfall retrieval methods. Proceedings of the Sixth Conference on Meteorology and Oceanography. American Meteorological Society, Boston, MA, pp. 60–65.

Grody, N., Zhao, J., Ferraro, R., Weng, F., Boers, R., 2001. Determination of precipitable water and cloud liquid water over oceans from the NOAA 15 advanced microwave sounding unit. J. Geophys. Res. 106 (D3), 2943–2953.

Guan, L., Zou, X., Weng, F., Li, G., 2011. Assessments of FY-3A microwave humidity sounder (MWHS) measurements using NOAA-18 Microwave Humidity Sounder (MHS). J. Geophys. Res 116, D10106. Available from: https://doi.org/10.1029/2010JD015412.

Guidard, V., Fourrié, N., Brousseau, P., Rabier, F., 2011. Impact of IASI assimilation at global and convective scales and challenges for the assimila- tion of cloudy scenes. Quart. J. Roy. Meteor. Soc. 137, 1975–1987. Available from: https://doi.org/10.1002/qj.928.

Gustafsson, N., et al., 1999. Three-dimensional variational data assimilation for a high resolution limited area model (HIRLAM). In: Swedish Meteorological and Hydrological Institute Tech. Rep. 40, 74 pp.

Hack, J.J., Schubert, W.H., 1986. Nonlinear response of atmospheric vortices to heating by organized cumulus convection. J. Atmos. Sci. 43, 1559–1573.

Hajj, G.A., Kursinski, E.R., Romans, L.J., Bertiger, W.I., Leroy, S.S., 2002. A technical description of atmospheric sounding by GPS occultation. J. Atmos. Sol. Terr. Phys. 64, 451–469. Available from: https://doi.org/10.1016/S1364-6826(01)00114-6.

Hajj, G.A., Ao, C.O., Iijima, B.A., Kuang, D., Kursinski, E.R., Mannucci, A.J., et al., 2004. CHAMP and

SAC-C atmospheric occultation results and intercomparisons. J. Geophys. Res. 109, D06109. Available from: https://doi.org/10.1029/2003JD003909.

Hall, F.G., Sellers, P.J., 1995. First International Satellite Land Surface Climatology Project (ISLSCP) field experiment (FIFE). J. Geophys. Res. 100 (D12), 25,383–25,395. Available from: https://doi.org/10.1029/95JD03300.

Haltiner, G.J., Williams, R.T., 1980. Numerical Prediction and Dynamic Meteorology. John Wiley and Sons, p. 496.

Hamill, T.M., Snyder, C., 2000. A hybrid ensemble kalman filter–3d variational analysis scheme. Mon. Wea. Rev. 128 (8), 2905–2919.

Hamming, R.W., 1983. Digital Filters, third ed. Dover Publications, Inc, Mineola, NY, p. 351.

Han, K.S., Viau, A.A., Kim, Y.S., Roujean, J.L., 2005. Statistical estimate of the hourly near-surface air humidity in eastern Canada in merging NOAA/AVHRR and GOES/IMAGER observations. Int. J. Remote Sens. 26 (21), 4763–4784.

Han, Y., Weng, F., Liu, Q., van Dulst, P., 2007. A fast radiative transfer model for SSMIS upper atmosphere sounding channels. J. Geophys. Res. Atmos 112 (D11). Available from: https://doi.org/10.1029/2006JD008208.

Han, Y., et al., 2013. Suomi NPP CrIS measurements, sensor data record algorithm, calibration and validation activities, and record data quality. J. Geophys. Res. Atmos. 118. Available from: https://doi.org/10.1002/2013JD020344.

Han, Y., Zou, X., Yang, H., Weng, F., 2015. Cloud and precipitation features of super Typhoon Neoguri revealed from dual oxygen absorption band sounding instruments on board FengYun-3C satellite. Geophys. Res. Lett. 42, 916–924. Available from: https://doi.org/10.1002/2014GL062753.

Hardy, K.R., Hinson, D.P., Tyler, G.L., Kursinski, E.R., 1992. Atmospheric profiles from active space-based radio measurements. In: Proc. of the Sixth Conference on Satellite Meteorology and Oceanography. January 5–10.

Hargens, U., 1992. Remote sensing of cloud liquid water during ICE'89. Paper presented at the Third Specialist Meeting on Microwave Radiometry and Remote Sensing Applications, Boulder, CO.

Harris, B.A., Kelly, G., 2001. A satellite radiance-bias correction scheme for data assimilation. Q. J. R. Meteorol. Soc. 127, 1453–1468.

Hawkins, H.F., Rubsam, D.T., 1968. Hurricane hilda, 1964: II. structure and budgets of the hurricane on october 1, 1964. Mon. Wea. Rev. 96, 617–636.

Hawkins, H.F., Imbembo, S.M., 1976. The structure of a small, intense hurricane—Inez 1966. Mon. Wea. Rev. 104, 418–442.

Healy, S., Thépaut, J.-N., 2006. Assimilation experiments with CHAMP GPS radio occultation measurements. Q. J. R. Meteorol. Soc. 132, 605–623.

Healy, S., Eyre, J., Hamrud, M., Thépaut, J.-N., 2007. Assimilating GPS radio occultation measurements with two-dimensional bending angle observa-tion operators. Q. J. R. Meteorol. Soc. 133, 1213–1227.

Heidinger, A.K., 2011. ABI cloud mask. Version 2.0, NOAA/NESDIS/Center for Satellite Applications and Research Algorithm Theoretical Basis Doc., 93pp.

Heidinger, A., Straka III, W.C., 2013. Algorithm theoretical basis document: ABI cloud mask. In:

NOAA/NESDIS Center for Satellite Applications and Research Tech. Rep., 93 pp. http://www.star.nesdis. noaa.gov/goesr/docs/ATBD/Cloud_Mask.pdf.

Heidinger, A.K., Foster, M.J., Walther, A., Zhao, X., 2014. The pathfinder atmospheres-extended AVHRR climate dataset. Bull. Am. Meteorol. Soc. 95 (6), 909–922.

Hewison, T.J., 2001. Airborne measurements of forest and agricultural land surface emissivity at millimeter wavelengths. IEEE Trans. Geosci. Remote Sens. 39 (2), 393–400.

Hewison, T.J., English, S.J., 1999. Airborne retrievals of snow and ice surface emissivity at millimeter wavelengths. IEEE Trans. Geosci. Remote Sens. 37 (4), 1871–1879.

Hocking, J., Francis, P.N., Saunders, R., 2011. Cloud detection in Meteosat Second Generation Imagery at the Met Office. Meteorol. Appl. 18 (3), 307–323.

Hoffmann, L., et al., 2018. From ERA-Interim to ERA5: considerable impact of ECMWF's next-generation reanalysis on Lagrangian transport simula- tions. Atmos. Chem. Phys. 19, 3097–3124.

Hoke, J.E., Anthes, R.A., 1976. The initialization of numerical models by dynamic initialization technique. Mon. Weather Rev. 104, 1551–1556.

Holland, G.J., 1980. An analytic model of the wind and pressure profiles in hurricanes. Mon. Wea. Rev. 108, 1212–1218.

Holland, G.J., 1983. Tropical cyclone motion: environmental interaction plus a beta effect. J. Atmos. Sci. 40, 328–342.

Hollingsworth, A., Lönnberg, P., 1986. The statistical structure of short-range forecast errors as determined from radiosonde data. Part I: The wind field. Tellus A 38 (2), 111–136.

Hong, S.Y., Pan, H.L., 1996. Nonlocal boundary layer vertical diffusion in a medium-range forecast model. Mon. Weather Rev. 124, 2322–2339.

Holton, J.R., 2003. An Introduction to Dynamic Meteorology. Elsevier Academic Press, Burlington USA, 535pp.

Houtekamer, P.L., Mitchell, H.L., 1998. Data assimilation using an ensemble kalman filter technique. Mon. Wea. Rev. 126 (3), 796–811.

Huang, N.E., Wu, Z., 2008. A review on Hilbert-Huang transform: method and its applications to geophysical studies. Reviews of Geophysics 46, RG2006.

Huang, N.E., et al., 1998. The empirical mode decomposition and the Hilbert spectrum for nonlinear and non-stationary time series analysis. Proc. R. Soc. London, Ser. A 454, 903–995.

Janjic, Z.I., Gerrity Jr., J.P., Nickovic, S., 2001. An alternative approach to non-hydrostatic modeling. Mon. Wea. Rev. 129, 1164–1178.

Janjic, Z.I., 2003. A non-hydrostatic model based on a new approach. Met. Atmos. Phy. 82, 271–285.

Jensen, A.S., Lohmann, M.S., Benzon, H., Nielsen, A.S., 2003. Full spectrum inversion of radio occultation signals. Radio Sci. 38 (3), 1040. Available from: https://doi.org/10.1029/2003RS002763.

Jensen, A.S., Lohmann, M.S., Nielsen, A.S., Benzon, H., 2004. Geometric optics phase matching of radio occultation signals. Radio Sci. 39, RS3009. Available from: https://doi.org/10.1029/2003RS002899.

Jang, Kun-Il, Zou, X., De Pondeca, M.S.F.V., Shapiro, M., Davis, C., Krueger, A., 2003. Incorporating TOMS ozone data into the prediction of the Washington January 2000 winter storm. J. Appl. Meteorol. 42, 797–812.

Jorgensen, D.P., 1984a. Mesoscale and convective scale characteristics of nature hurricanes. Part I: General observations by aircraft. J. Atmos. Sci. 41, 1268–1285.

Jorgensen, D.P., 1984b. Mesoscale and convective scale characteristics of nature hurricanes. Part II: Inner core structure of Hurricane Allen (1980). J. Atmos. Sci. 41, 1287–1311.

Kachi, M., Imaoka, K., Fujii, H., Coauthors, 2009. Long-term observations of water and climate by AMSR-E and GCOM-W. Sensors, Systems, and Next-Generation Satellites XIII. Proc. SPIE 7474, 1–9. Available from: https://doi.org/10.1117/12.831253.

Kalnay, E., and Pu, Z.-X., 1997. Using an adjoint model and/or a quasi-inverse linear model to target weather observations. *Research Activities in Atmospheric and Oceanic Modeling*, Ed. A. Staniforth. CAS/JSC/WGNE, WMO/TD-No. 792.

Kalnay, E., 2003. Atmospheric Modeling, Data Assimilation and Predictability. Cambridge University Press, 341 pp.

Karbou, F., Aires, F., Prigent, C., Eymard, L., Pardo, J., 2004. Atmospheric temperature and humidity profiles over land from AMSU-A and AMSU-B data. In: Microrad04. Roma, Italy.

Karbou, F., Prigent, C., Eymard, L., Pardo, J.R., 2005. Microwave land emissivity calculations using AMSU measurements. IEEE Trans. Geosci. Remote Sens. 43 (5), 948–959. Available from: https://doi.org/10.1109/TGRS.2004.837503.

Kawanishi, T., Coauthers, 2003. The Advanced Microwave Scanning Radiometer for the Earth Observing System (AMSR-E), NASDA's contribution to the EOS for global energy and water cycle studies. IEEE Trans. Geosci. Remote Sens 41, 184–194.

Kigawa, S., Mo, T., 2002. An algorithm for correction of lunar contamination in AMSU-A data. In: NOAA Tech. Rep. NESDIS 111.

Knaff, J.A., Seseske, S.A., DeMaria, M., Demuth, J.L., 2004. On the influences of vertical wind shear on symmetric tropical cyclone structure derived from AMSU. Mon. Wea. Rev. 132, 2503–2510.

Knuteson, R.O., et al., 2014. A unified and coherent land surface emissivity earth system data record. In: AGU Fall Meeting.

Komaromi, W.A., Doyle, J.D., 2017. Tropical cyclone outflow and warm core structure as revealed by HS3 dropsonde data. Mon. Wea. Rev. 145, 1339–1359.

Köpken, C., Kelly, G., Thépaut, J.N., 2004. Assimilation of Meteosat radiance data within the 4d-var system at ECMWF: assimilation experiments and forecast impact. Q. J. R. Meteorol. Soc. 130 (601), 2277–2292.

Koteswaram, P., 1967. On the structure of hurricanes in the upper troposphere and lower stratosphere. Mon. Wea. Rev. 95, 541–564.

Kravtsov, Y.A., Orlov, Y.I., 1990. Geometrical Optics of Inhomogeneous Media. Springer-Verlag, New York, 312 pp.

Kreiss, H.O., 1980. Problems with different time scales for partial differential equations. Commun. Pure Appl. Math. 33, 399–439.

Krishnamurti, T.N., Xue, J.-S., Bedi, H.S., Ingles, K., Oosterhof, D., 1991. Physical initialization for numerical weather prediction over the tropics. Tellus B 43 (4), 53–81.

Kuo, H.L., 1965. On formation and intensification of tropical cyclones through latent heat release by cumulus convection. J. Atmos. Sci. 22, 40–63.

Kuo, H.L., 1974. Further studies of the parameterization of the influence of cumulus convection on large-scale flow. J. Atmos. Sci. 31, 1232–1240.

Kuo, Y.-H., Reed, R.J., Liu, Y.-B., 1996a. The ERICA IOP 5 storm. Part III: Mesoscale cyclogenesis and precipitation parameterization. Mon. Weather Rev. 124, 1409–1434.

Kuo, Y.-H., Zou, X., Guo, Y.-R., 1996b. Variational assimilation of precipitable water using a nonhydrostatic mesoscale adjoint model. Part I: Moisture retrieval and sensitivity experiments. Mon. Weather Rev. 124, 122–147.

Kuo, Y.-H., Bresch, J.F., Cheng, M.-D., Kain, J., Parsons, D.B., Tao, W.-K., et al., 1997a. Summary of a mimiworkshop on cumulus parameterization for mesoscale models. Bull. Am. Meteorol. Soc 78, 475–491.

Kuo, Y.-H., Zou, X., Huang, W., 1997b. The impact of GPS data on the prediction of an extratropical cyclone: an observing system simulation experi- ment. J. Dyn. Atmos. Oceans 27, 439–470.

Kuo, Y.-H., Wee, T.-K., Sokolovskiy, S., Rocken, C., Schreiner, W., Hunt, D., et al., 2004. Inversion and error estimation of GPS radio occultation data. J. Meteorol. Soc. Jpn. 82, 507–531.

Kurihara, Y., Tuleya, R.E., 1974. Structure of a tropical cyclone developed in a three-dimensional numerical simulation model. J. Atmos. Sci. 31, 893–919.

Kurihara, Y., Bender, M.A., Tuleya, R.E., Ross, R.J., 1990. Prediction experiments of Hurricane Gloria (1985) using a multiply nested moveable mesh model. Mon. Wea. Rev. 118, 2185–2198.

Kurihara, Y., Bender, M.A., Ross, R.J., 1993. An initialization scheme of hurricane models by vortex specification. Mon. Wea. Rev. 121, 2030–2045.

Kursinski, E.R., Hajj, G.A., Schofield, J.T., Linfield, R.P., Hardy, K.R., 1997. Observing Earth's atmosphere with radio occultation measurements using the Global Positioning System. J. Geophys. Res. 102, 23429–23465.

Kursinski, E.R., Healy, S.B., Romans, L.J., 2000. Initial results of combining GPS occultations with ECMWF global analyses within a 1DVar frame- work. Earth, Planets Space 52 (11), 885–892.

La Seur, N.E., Hawkins, H.F., 1963. An analysis of hurricane cleo (1958) based on data from research reconnaissance aircraft. Mon. Wea. Rev. 91, 694–709.

Landecker, P., and Coauthors, 2009. *GOES n series data book*. California, CDRL PM-II-03.

Langland, R.H., et al., 1999. The North Pacific experiment (NORPEX-98): targeted observations for improved North American weather forecasts. Bull. Am. Meteorol. Soc. 80 (7), 1363–1384.

Lanzante, J.R., 1996. Resistant, robust and nonparametric techniques for the analysis of climate data: theory and examples, including applications to historical radiosonde station data. Int. J. Climatol. 16, 1197–1226.

Lauritson, L., 1979. Data extraction and calibration of TIROS-N/NOAA radiometers. In: NOAA Technical Memorandum MESS, 107.

LeDimet, F.X., Talagrand, O., 1986. Variational algorithms for analysis and assimilation of meteorological observations: theoretical aspects. Tellus 38A, 97–110.

Lemaréchal, C., 1977. Bundle methods in nonsmooth optimization. C. Lemarechal, R. *Proc. of IIASA Workshop, Laxenburg, Austria*. 3, 79–109.

Lemaréchal, C., 1978. Nonsmooth optimization and descent methods. In: Research Report 78-4. IIASA,

Laxenburg, Austria.

Lemaréchal, C., 1989. Nondifferentiable optimization. In: Nemhauser, G.L., Rinnooy Kan, A.H.G., Todd, M.J. (Eds.), Optimization. Handbooks in Operations Research and Management Science, Vol. 1. North-Holland Publishing Co., North-Holland, Amsterdam, ISBN: 0-444-87284-1pp. 529–572. Available from: https://doi.org/10.1016/S0927-0507(89)01008-X, MR 1105106.

Lemaréchal, C., Sagastizabal, C., 1997. Variable metric bundle methods: from conceptual to implementable forms. Math. Programm. 76, 393–410.

Leppert III, K.D., Cecil, D.J., 2016. Tropical cyclone diurnal cycle as observed by TRMM. Mon. Wea. Rev. 144, 2793–2808.

Li, X., Zou, X., 2017. Bias characterization of CrIS measurements for 399 selected channels. Atmos. Res. 196, 164–181. Available from: https://doi. org/10.1016/j.atmosres.2017.06.007.

Li, L., Gaiser, P.W., Bettenhausen, M., Johnston, W., 2006. WindSat radio-frequency interference signature and its identification over land and ocean. IEEE Trans. Geosci. Remote Sens. 44 (3), 530–539.

Li, Y., Le Dimet, F.-X., Ma, J., Vidard, A., 2017. A level-set-based image assimilation method: potential applications for predicting the movement of oil spills. IEEE Trans. Geosci. Remote Sens. 55 (11), 6330–6343.

Li, X., Zou, X., Zeng, M.J., 2019. An alternative bias correction scheme for CrIS data assimilation in a regional model. Mon. Weather Rev 147, 809–839. Available from: https://doi.org/10.1175/MWR-D-18-0044.1.

Liao, M., Zhang, P., Yang, G.-L., Bi, Y.-M., Liu, Y., Bai, W.-H., et al., 2016. Preliminary validation of the refractivity from the new radio occultation sounder GNOS/FY-3C. Atmos. Meas. Tech. 9, 781–792. Available from: https://doi.org/10.5194/amt-9-781-2016.

Lin, L., Zou, X., Anthes, R.A., Kuo, Y.-H., 2010. COSMIC GPS cloudy profiles. Mon. Weather Rev 138, 1104–1118. Available from: https://doi.org/ 10.1175/2009MWR2986.1.

Lin, L., Zou, X., Weng, F., 2017. Combining CrIS double CO_2 bands for detecting clouds located in different vertical layers of the atmosphere. J. Geophys. Res. 122 (3), 1811–1827. Available from: https://doi.org/10.1002/2016JD025505.

Liu, D.C., Nocedal, J., 1989. On the limited memory BFGS method for large scale optimization. Math. Programm. 45 (1–3), 503–528.

Liu, H., Zou, X., 2001. The impact of NORPEX targeted dropsondes on the 2-3 day forecasts of a landfalling pacific winter storm using NCEP 3D- Var and 4D-Var systems. Mon. Weather Rev. 129, 1987–2004.

Liu, H., Zou, X., 2003. Improvements to a forward GPS raytracing model and their impacts on assimilation of bending angle. J. Geophys. Res. 108, D17, 4548.

Liu, H., Zou, X., Anthes, R.A., Chang, J.C., Tseng, J.-H., Wang, B., 2001. The impact of 837 GPS/MET bending angle profiles on assimilation and forecasts for the period June 20-30, 1995. J. Geophys. Res. 106, 31771–31786.

Liu, Q., Weng, F., English, S.J., 2011. An improved fast microwave water emissivity model. IEEE Trans. Geosci. Remote Sens. 49 (4), 1238–1250. Available from: https://doi.org/10.1109/TGRS.2010.2064779.

Liu, H., Kuo, Y.-H., Sokolovskiy, S., Zou, X., Zeng, Z., Hsiao, L.-F., et al., 2018. A quality control procedure based on bending angle measurement uncertainty for radio occultation data assimilation in the tropical lower troposphere. J. Atmos. Oceanic Technol. 35, 2117–2131. Available from: https://doi.org/10.1175/JTECH-D-17-0224.1.

Lönnberg, P., Hollingsworth, A., 1986. The statistical structure of short-range forecast errors as determined from radiosonde data Part II: The covari- ance of height and wind errors. Tellus A 38 (2), 137–161.

Lorenz, E.N., 1963. Deterministic non-periodic flow. J. Atmos. Sci. 20, 130–141.

Lorenc, A.C., 1981. A global three-dimensional multivariate statistical interpolation scheme. Mon. Weather Rev. 109 (4), 701–721.

Lorenc, A.C., Bell, R.S., Macpherson, B., 1991. The meteorological office analysis correction data assimilation scheme. Q. J. R. Meteorol. Soc. 117, 59–89.

Lord, S.J., 1991. A bogusing system for vortex circulations in the National Meteorological Center global forecast model. Preprints, *19th Conf. on Hurricanes and Tropical Meteorology*, Miami, FL, Amer. Meteor. Soc. 328–330.

Luntama, J.-P., et al., 2008. Prospects of the EPS GRAS mission for operational atmospheric applications. Bull. Am. Meteorol. Soc. 89, 1863–1875.

Lyne, W.H., Swinbank, R., Birch, N.T., 1982. A data assimilation experiment and the global circulation during FGGE special observing periods. Q. J. R. Meteorol. Soc. 108, 575–594.

Ma, Y., Zou, X., Weng, F., 2017. Potential applications of small satellite microwave observations for monitoring and predicting global fast evolving weathers. IEEE J-STARS 10 (6), 2441–2451. Available from: https://doi.org/10.1109/JSTARS.2017-2663335.

Machenhauer, B., 1977. On the dynamics of gravity oscillations in a shallow water model, with applications to normal mode initialization. Beitr. Phys. Atmos. 50 (1), 210–215.

Mahfouf, J.F., Rabier, F., 2000. The ECMWF operational implementation of four-dimensional variational assimilation. Part II: Experimental results with improved physics. Q. J. R. Meteorol. Soc. 126, 1171–1190.

Malkus, J.S., Riehl, H., 1960. On the dynamics and energy transformations in steady state hurricanes. Tellus 12, 1–20.

Marks Jr., F.D., Houze Jr., R.A., 1987. Inner core structure of Hurricane Alicia from airborne Doppler radar observations. J. Atmos. Sci. 44, 1296–1317.

McMillin, L.M., Crone, L.J., Kleespies, T.J., 1995. Atmospheric transmittance of an absorbing gas. 5. Improvements to the OPTRAN approach. Appl. Opt. 34, 8396–8399.

Mears, C.A., Schabel, M.C., Wentz, F.J., Santer, B.D., Govindasamy, B., 2002. Correcting the MSU middle tropospheric temperature for diurnal drifts. IEEE International Geoscience and Remote Sensing Symposium 3, 1839–1841.

Mecikalski, J.R., Bedka, K.M., 2006. Forecasting convective initiation by monitoring the evolution of moving cumulus in daytime goes imagery. Mon. Weather Rev. 134 (134), 49–78.

Mecikalski, J.R., Paech, S.J., Bedka, K.M., Litten, L.A., 2008. A statistical evaluation of GOES cloud-top properties for nowcasting convective initia- tion. Mon. Wea. Rev. 136, 4899–4914. Available from: https://doi.org/10.1175/2008MWR2352.1.

Mecikalski, J.R., Williams, J.K., Jewett, C.P., Ahijevych, D., Leroy, A., Walker, J.R., 2015. Probabilistic 0-1-h convective initiation nowcasts that combine geostationary satellite observations and numerical weather prediction model data. J. Appl. Meteorol. 54 (5), 1039–1059.

Melbourne, W.G., Yunck, T.P., Young, L.E., Hager, B.H., Lindal, G.F., Liu, C., et al., 1988. GPS geoscience instrument for EOS and Space Station. In: GGI Proposal submitted to NASA. July 15.

Melbourne, W.G., et al., 1994. The Application of Spaceborne GPS to Atmospheric Limb Sounding and Global Change Monitoring. JPL-Publication 94-18, Jet Propulsion Laboratory, California Institute of Technology, Pasadena, CA.

Menke, W., 1984. Geophysical Data Analysis: Discrete Inverse Theory. Academic Press.

Merrill, R.T., 1984. A comparison of large and small tropical cyclones. Mon. Weather Rev. 112, 1408–1418.

McNally A.P., E. Andersson, G. Kelly, R.W. Saunders, 1999: The use of raw TOVS/ATOVS This article is protected by copyright. All rights reserved. radiances in the ECMWF 4D-Var assimilation system. In: *Technical Proceedings of the 10th International TOVS Study Conference*, pp. 377-384. 27 Jan - 5 Feb 1999; Boulder, Colorado, USA. Published by BMRC, Melbourne, Australia.

McPeters, R.D., Bhartia, P.K., Krueger, A.J., Herman, J.R., 1998. Earth probe Total Ozone Mapping Spectrometer (TOMS) data products user's guide. NASA Tech. Publ 1998-206895, 70pp.

Mie, G., 1908. Considerations on the optics of turbid media, especially colloidal metal sols. Ann. Phys. 25, 377–442.

Miller, B.I., 1958. On the maximum intensity of hurricanes. J. Meteorol. 15, 184–195.

Mo, T., 1999. Calibration of the advanced microwave sounding unit-A radiometers for NOAA-L and NOAA-M, NOAA Tech. Rep. NESDIS, 92, 53pp.

Molinari, J., Vollaro, D., 1989. External influences on hurricane intensity. Part I: Outflow layer eddy momentum fluxes. J. Atmos. Sci. 46, 1093–1105.

Molinari, J., Skubis, S., Vollaro, D., 1995. External influences on hurricane intensity. Part III: Potential vorticity structure. J. Atmos. Sci. 52, 3593–3606.

Montenbruck, O., et al., 2008. Tracking and orbit determination performance of the GRAS instrument on MetOp-A. GPS Solutions 12 (4), 289–299.

Montgomery, M.T., Kallenbach, R.J., 1997. A theory for vortex Rossby waves and its application to spiral bands and intensity changes in hurricanes. Q. J. R. Meteorol. Soc. 123, 435–465.

Montgomery, M.T., Enagonio, J., 1998. Tropical cyclogenesis via convectively forced vortex Rossby waves in a three-dimensional quasigeostrophic model. J. Atmos. Sci. 55, 3176–3207.

Mote, P.W., Holton, J.R., Wallace, J.M., 1991. Variability in total ozone associated with baroclinic waves. J. Atmos. Sci. 48, 1900–1903.

Morland, J.C., Grimes, D.I., Dugdale, G., Hewison, T.J., 2000. The estimation of land surface emissivities at 24 GHz to 157 GHz using remotely sensed aircraft data. Remote Sens. Environ. 73 (3), 323–336.

Nash, S., Sofer, A., 1996. Linear and Nonlinear Programming. McGraw-Hill, New York.

Navon, I.M., Zou, X., Derber, J., Sela, J., 1992. Variational data assimilation with an adiabatic version of the NMC spectral model. Mon. Weather Rev. 120, 1433–1446.

NCEP, 2000. NCEP FNL operational model global tropospheric analyses, continuing from July 1999. In: Research Data Archive at the National Center for Atmospheric Research. Computational and Information Systems Laboratory, Boulder, CO. Available online at: <https://doi.org/ 10.5065/D6M043C6> (accessed 12.07.19.).

Nieman, S.J., et al., 1997. Fully automated cloud-drift winds in NESDIS operations. Bull. Am. Meteorol. Soc. 78 (78), 1121–1133.

Niu, Z., Zou, X., 2019. Development of a new algorithm for identifying clear sky MSU data using AMSU-A data for verification. IEEE Trans. Geosci. Remote Sens. 57 (2), 700–708. Available from: https://doi.org/10.1109/TGRS.2018.2859744.

Njoku, E.G., Jackson, T.J., Lakshmi, V., Coauthers, 2003. Soil moisture retrieval from AMSR-E[J]. IEEE Trans. Geosci. Remote Sens 41 (2), 215–229.

Normand, C., 1953. Atmospheric ozone and the upper-air conditions. Quart. J. Roy. Meteor. Soc. 79, 39–50.

Ohring, G., Muench, H.S., 1960. Relationships between ozone and meteorological parameters in the lower stratosphere. J. Atmos. Sci. 17, 195–206.

Ohring, G., Wielicki, B., Spencer, R., Emery, B., Datla, R., (Eds.), 2004. Satellite instrument calibration for measuring global climate change. In: Report of a Workshop, NIST Publication NISTIR 7047, 101 pp.

Ohring, G., Wielicki, B., Spencer, R., Emery, B., Dalta, R., 2005. Satellite instrument calibration for measuring global climate change. Bull. Am. Meteorol. Soc. 86 (9), 1303–1313.

Olsen, M.A., Gallus Jr., W.A., Stanford, J.L., Brown, J.M., 2000. Fine-scale comparison of TOMS total ozone data with model analysis of an intense midwestern cyclone. J. Geophys. Res. 105, 20,487–20,495.

Orlanski, I., Marino, M., Menendez, C., Katzfey, J.J., 1989. The role of cyclones in the daily variability of Antarctic ozone. Proc. Third International Conference on Southern Hemisphere Meteorology and Oceanography. Amer. Meteorol. Soc, Buenos Aires, pp. 416–420.

Orsolini, Y.J., Stephenson, D.B., Doblas-Reyes, F.J., 1998. Storm track signature in total ozone during Northern Hemisphere winter. Geophys. Res. Lett. 25, 2413–2416.

Pailleux, J., Heckley, W., Vasiljevic, D., Thépaut, J.-N., Rabier, F., Cardinali, C., et al., 1991: Development of a variational assimilation system. In: ECMWF Tech. Memo. 179.

Palmen, E., Riehl, H., 1957. Budget of angular momentum and energy in tropical cyclones. J. Meteorol. 14, 150–159.

Palmer, P.I., Barnett, J.J., 2001. Application of an optimal estimation inverse method to GPS/MET bending angle observations. J. Geophys. Res. 106 (D15), 17147–17160. Available from: https://doi.org/10.1029/2001JD900205.

Pan, C., Coauthors, 2014. Performance monitoring of the S-NPP ozone mapping and profiler suite's sensor data records. IEEE J. Sel. Top. Appl. 7 (5), 1763–1770.

Panofsky, H.A., 1949. Objective weather map analysis. J. Meteorol. 6, 386–392.

Park, K., Zou, X., 2004. Toward developing an objective 4D-Var BDA scheme for hurricane initialization based on TPC observed parameters. Mon. Weather Rev. 132, 2054–2069.

Park, K., Zou, X., Le Dimet, F.X., 2009. Testing a simple objective method for estimating horizontal diffusion coefficient when model resolution is increased. Trans. Atm. Sci 32, 339–350.

Parrish, D.F., 1988. The introduction of Hough functions into optimum interpolation. Extended abstracts. In: Eighth Conf. on Numerical Weather Prediction. Amer. Meteor. Soc. Baltimore, MD.

Parrish, D.F., Derber, J.C., 1992. The National Meteorological Center's spectral statistical interpolation analysis system. Mon. Weather Rev. 120, 1747–1763.

Payne, V.H., Mlawer, E.J., Cadypereira, K.E., Moncet, J., 2011. Water vapor continuum absorption in the microwave. IEEE Trans. Geosci. Remote Sens. 49（6）, 2194–2208.

Peaceman, D.W., Rachford, H.H., 1955. The numerical solution of parabolic and elliptic differential equations. J. Soc. Ind. Appl. Math. 3, 28–41.

Peng, S.Q., Zou, X., 2002. Assimilation of NCEP multi-sensor hourly rainfall data using 4D-Var approach: a case study of the squall line on 5 April 1999. J. Meteorol. Atmos. Phys. 81, 237–255.

Peng, S.Q., Zou, X., 2004. Assimilation of ground-based GPS zenith total delay and raingage precipitation observations using 4D-Var and their impact on short-range QPF. J. R. Meteorol. Soc. Jpn. 82, 491–506.

Peng, S.Q., Zou, X., 2010. Impact on QPFs from 4D-Var rainfall data assimilation with a modified digital filter in favor of mesoscale gravity waves: a case study. J. Geophys. Res 115, D23111. Available from: https://doi.org/10.1029/2010JD013993.

Penn, S., 1964. A case study using ozone to determine structure and air motions at the tropopause. J. Appl. Meteorol. 3, 581–586.

Penn, S., 1965. Ozone and temperature structure in a hurricane. J. Appl. Meteorol. 4, 212–216.

Penn, S., 1966. Temperature and ozone variations near tropopause level over hurricane Isabell Oct. 1964 J. Appl. Meteorol. 5, 407–410.

Persing, J., Montgomery, M.T., 2003. Hurricane superintensity. J. Atmos. Sci. 60, 2349–2371.

Petty, G.W., 2004. A First Course in Atmospheric Radiation. Sundog Publishing, pp446.

Pfeffer, R.L., 1958. Concerning the mechanics of hurricanes. J. Meteorol. 15, 113–120.

Pierrehumbert, R.T., 1986. An essay on the parameterization of orographic gravity wave drag. Seminar/Workshop on 1986 Observation, Theory and Modeling of Orographic Effects. ECMWF Shinfield Park, Reading UK, pp. 251–282.

Pierrehumbert, R.T., 1987. An essay on the parameterization of orographic wave drag. In: Presented at the ECMWF Workshop on Observation, Theory and Modelling of Orographic Effects 1, pp. 251–282.

Poli, P., Joiner, J., Kursinski, E.R., 2002. 1DVAR analysis of temperature and humidity using GPS radio occultation refractivity data. J. Geophys. Res. 107（D20）, 4448–4468. Available from: https://doi.org/10.1029/2001JD000935.

Prigent, C., Rossow, W.B., Matthews, E., 1997. Microwave land surface emissivities estimated from SSM/I observations. J. Geophys. Res. 102（D18）, 21867–21890. Available from: https://doi.org/10.1029/97JD01360.

Prigent, C., Chevallier, F., Karbou, F., Bauer, P., Kelly, G., 2005. AMSU-A land surface emissivity estimation for numerical weather prediction assim- ilation schemes. J. Appl. Meteorol. 44, 416–426. Available from: https://doi.org/10.1175/JAM2218.1.

Prigent, C., Aires, F., Rossow, W.B., 2006. Land surface microwave emissivities over the globe for a decade. Bull. Am. Meteorol. Soc. 87, 1573–1584. Available from: https://doi.org/10.1175/BAMS-87-11-1573.

Purser, R.J., Wu, W., Parrish, D.F., Roberts, N.M., 2003. Numerical aspects of the application of recursive filters to variational statistical analysis. Part I: spatially homogeneous and isotropic Gaussian covariances. Mon. Weather Rev. 131, 1524–1535.

Qin, Z., Zou, X., 2016a. Development and evaluation of a new index for MHS cloud detection over land. J. Meteorol. Res 30（1）, 12–37. Available from: https://doi.org/10.1007/s13351-016-5076-4.

Qin, Z., Zou, X., 2016b. Uncertainty in FengYun-3C Microwave Humidity Sounder measurements at 118 GHz with respect to simulations from GPS RO data. IEEE Trans. Geosci. Remote Sens. 54 (12), 6907–6918. Available from: https://doi.org/10.1109/TGRS.2016.2587878.

Qin, Z., Zou, X., 2018. Direct assimilation of ABI infrared radiances in NWP models. IEEE J-STARS 11 (6), 1–12. Available from: https://doi.org/ 10.1109/IGARSS.2017.8126952.

Qin, Z., Zou, X., 2019. Impact of AMSU-A data assimilation over high terrains on QPFs downstream of the Tibetan Plateau. J. Meteorol. Soc. Jpn. 97. Available from: https://doi.org/10.2151/jmsj.2019-064.

Qin, Z., Zou, X., Weng, F., 2012. Comparison between linear and nonlinear trends in NOAA-15 AMSU-A brightness temperatures during 1998–2010. Clim. Dyn. 39, 1763–1779.

Qin, Z., Zou, X., Weng, F., 2013a. Analysis of ATMS and AMSU striping noise from their earth scene observations. J. Geophys. Res. 118, 13214–13229. Available from: https://doi.org/10.1002/2013JD020399.

Qin, Z., Zou, X., Weng, F., 2013b. Evaluating added benefits of assimilating GOES imager radiance data in GSI for coastal QPFs. Mon. Weather Rev. 141 (1), 75–92.

Qin, Z., Zou, X., Weng, F., 2017. Impacts of assimilating all or GOES-like AHI infrared channels radiances on QPFs over eastern China. Tellus A: Dyn. Meteorol. Oceanogr. 69 (1), 1–17. Available from: https://doi.org/10.1080/16000870.2017.1345265.

Rabier, F., Courtier, P., Talagrand, O., 1992. An application of adjoint models to sensitivity analysis. Beitr. Phys. Atmosph. 65, 177–192.

Rabier, F., McNally, A., Anderson, E., Courtier, P., Unden, P., Eyre, J., et al., 1998. The ECMWF implementation of three-dimensional variational assimilation (3DVar). II: Structure functions. Q. J. R. Meteorol. Soc. 124, 1809–1829.

Rabier, F., Jarvinen, H., Klinker, E., Mahfouf, J.F., Simmons, A., 2000. The ECMWF operational implementation of four-dimensional variational assimilation. Part I: experimental results with simplified physics. Q. J. R. Meteorol. Soc. 26, 1143–1170.

Rao, P.A., Velden, C.S., Braun, S.A., 2002. The vertical error characteristics of GOES-derived winds: description and experiments with numerical weather prediction. J. Appl. Meteor. 41, 253–271.

Raytheon, 2000. Special Sensor Microwave/Imager (SSM/I) User's Interpretation Guide. UG32268-900, Revision C. p. 96.

Reed, R.J., 1950. The role of vertical motion in ozone-weather relationships. J. Meteorol. 7263–7267.

Reising, S.C., et al., 2015. Overview of temporal experiment for storms and tropical systems (TEMPEST) CubeSat constellation mission. In: International Microwave Symposium, pp. 1–4.

Reuter, G.W., Yau, M.K., 1986. Numerical modeling of cloud development in a sheared environment. Beitr. Phys. Atmos. 60, 65–80.

Ricciardulli, L., Wentz, F., 2015. A scatterometer geophysical model function for climate-quality winds: QuikSCAT Ku-2011. J. Atmos. Oceanic Technol. 32, 1,829–1,846. Available from: https://doi.org/10.1175/JTECH-D-15-0008.1.

Richardson, L.F., 1922. Weather Prediction by Numerical Process. Cambridge University Press, xii+236 pp.

Riishøjgaard, L.P., Källén, E., 1997. On the correlation between ozone and potential vorticity for large-scale Rossby waves. J. Geophys. Res. 102, 8793–8804.

Rodgers, E.B., Adler, R.F., 1981. Tropical cyclone rainfall characteristics as determined from a satellite passive microwave radiometer. Mon. Weather Rev. 109, 506–521.

Rodgers, E.B., Chang, S.W., Stout, J., Steranka, J., Shi, J.-J., 1991. Satellite observations of variations in tropical cyclone convection caused by upper- tropospheric troughs. J. Appl. Meteorol. 30, 1163–1184.

Rosenthal, S.L., 1978. Numerical simulation of a tropical cyclone development with latent heat release by the resolvable scales. I: Model description and preliminary results. J. Atmos. Sci 35, 258–271.

Rossow, W.B., Schiffer, R.A., 1991. ISCCP cloud data products. Bull. Am. Meteorol. Soc. 72, 2–20.

Rossow, W.B., Garder, L.C., 1993a. Cloud detection using satellite measurements of infrared and visible radiances for ISCCP. J. Clim. 6, 2341–2369. https://doi.org/10.1175/1520-0442(1993)006 <2341: CDUSMO> 2.0.CO;2.

Rossow, W.B., Garder, L.C., 1993b. Validation of ISCCP cloud detections. J. Clim. 6, 2370 2393. https://doi.org/10.1175/1520-0442(1993) 006 <2370:VOICD> 2.0.CO;2.

Rotunno, R., Emanuel, K.A., 1987. An air'sea interaction theory for tropical cyclones. Part II: Evolutionary study using a nonhydrostatic axisymmet- ric numerical model. J. Atmos. Sci. 44, 542–561.

Ruggiero, F.H., Michalakes, J., Nehrkorn, T., Modica, G.M., Zou, X., 2006. Development and tests of a new distributed-memory MM5 adjoint. J. Atmos. Oceanic Technol. 23, 424–436.

Rutherford, I.D., 1972. Data assimilation by statistical interpolation of forecast error fields. J. Atm. Sci. 29, 809–815.

Schade, L.R., Emanuel, K.A., 1999. The Ocean's effect on the intensity of tropical cyclones: results from a simple coupled atmosphere-ocean model. J. Atmos. Sci. 56, 642–651.

Schmit, T.J., Griffith, P., Gunshor, M.M., Daniels, J.M., Goodman, S.J., Lebair, W.J., 2017. A closer look at the ABI on the GOES-R series. Bull. Am. Meteorol. Soc. 98 (4).

Schubert, S.D., Munteanu, M.J., 1988. An analysis of tropopause pressure and total ozone correlation. Mon. Wea. Rev. 116, 569–582.

Schubert, W.H., Montgomery, M.T., Taft, R.K., Guinn, T.A., Fulton, S.R., Kossin, J.P., et al., 1999. Polygonal eyewalls, asymmetric eye contraction, and potential vorticity mixing in hurricanes. J. Atmos. Sci. 56, 1197–1223.

Sela, J.G., 1980. Spectral modeling at the National Meteorological Center. Mon. Weather Rev. 108, 1279–1292.

Sela, J.G., 1982. The NMC spectral model. In: NOAA Technical Report NWS-30, 36 pp.

Semazzi, F.H.M., Navon, I.M., 1986. A comparison of the bounded derivative and the normal-mode initialization methods using real data. Mon. Weather Rev. 114, 2106–2121.

Shang, H., Chen, L., Letu, H., Zhao, M., Li, S., Bao, S., 2017. Development of a daytime cloud and haze detection algorithm for Himawari-8 satellite measurements over central and eastern China. J. Geophys. Res. 122 (6), 3528–3543.

Shao, H., Zou, X., 2002. On the observational weighting and its impact on GPS/MET bending angle assimilation. J. Geophys. Res. 107, 1–28. ACL 19.

Shao, H., Zou, X., Hajj, G.A., 2009. Test of a non-local excess phase delay operator for GPS RO data assimilation. J. Appl. Remote Sens. 3 (1), 033508, 16 pages.

Shen, Y., Zhao, P., Pan, Y., Yu, J., 2014. A high spatiotemporal gauge-satellite merged precipitation analysis over China. J. Geophys. Res. 119 (6), 3063–3075.

Shi, J.-J., Chang, S.W.-J., Raman, S., 1990. A numerical study of the outflow layer of tropical cyclones. Mon. Weather Rev. 118, 2042–2055.

Simmons, A.J., Hollingsworth, A., 2002. Some aspects of the improvement in skill of numerical weather prediction. Q. J. R. Meteorol. Soc. 128, 647–677. Available from: https://doi.org/10.1256/003590002321042135.

Simmons, A., et al., 2007. ERA-Interim: new ECMWF reanalysis products from 1989 onwards. ECMWF Newslett. 110, 25–39.

Simpson, R.H., Riehl, R.H., 1958. Mid-tropospheric ventilation as a constraint on hurricane development and maintenance. In: Proc. Tech. Conf. on Hurricanes, Miami Beach, FL, Amer. Meteorol. Soc. pp. D4.1–D4.10.

Smith, E.K., Weintraub, S., 1953. The constants in the equation for the atmospheric refractive index at radio frequencies. Proc. IRE 41 (8), 1035–1037.

Smith, R.C., Booth, C.R., Star, J.L., 1984. Oceanographic bio-optical profiling system. Appl. Opt. 23, 2791–2797.

Soden, B.J., Velden, C.S., Tuleya, R.E., 2001. The impact of satellite winds on experimental GFDL hurricane model forecasts. Mon. Weather Rev. 129 (4), 835–852.

Sokolnikoff, I.S., Redheffer, R.M., 1958. Mathematics of Physics and Modern Engineering. McGraw-Hill, New York.

Sokolovskiy, S., 2001a. Modeling and inverting radio occultation signals in the moist troposphere. Radio Sci. 36 (3), 441–458.

Sokolovskiy, S., 2001b. Tracking tropospheric radio occultation signals from low Earth orbit. Radio Sci. 36 (3), 483–498.

Sokolovskiy, S., et al., 2009. Postprocessing of L1 GPS radio occultation signals recorded in open-loop mode. Radio Sci. 44, 1–13.

Sokolovskiy, S., Rocken, C., Schreiner, W.S., Hunt, D.C., 2010. On the uncertainty of radio occultation inversions in the lower troposphere. J. Geophys. Res. Atmos 115, D22111. Available from: https://doi.org/10.1029/2010JD014058.

Su, X., Derber, J., Jung, J., Tahara, Y., Keyser, D., Treadon, R., 2003. The usage of GOES imager clear-sky radiance in the NCEP global data assimi- lation system. Preprints, 12th Conf. on Satellite Meteorological and Oceanography, Long Beach, CA, Amer. Meteor. Soc. [Available online at http://ams.confex.com/ams/pdfpapers/56361.pdf.]

Stanford, J.L., Ziemke, J.R., 1996. A practical method for predicting total column ozone from operational forecast temperature fields. J. Geophys. Rev. 101, 28,769–28,774.

Stauffer, D.R., Seaman, N.L., 1990. Use of four-dimensional data assimilation in a limited-area mesoscale model. Part I: Experiments with synoptic- scale data. Mon. Weather Rev. 118, 1250–1277.

Stear, J.R., 1965. Sounding in the eye of hurricane Arlene to 108,760 feet. Mon. Weather Rev. 93, 380–382.

Stengel, M., Undén, P., Lindskog, M., Dahlgren, P., Gustafsson, N., Bennartz, R., 2010. Assimilation of SEVIRI infrared radiances with HIRLAM 4D-Var. Q. J. R. Meteorol. Soc. 135 (645), 2100–2109.

Steranka, J., Rogers, E.B., Gentry, R.C., 1986. The relationship between satellite measured convective bursts and tropical cyclone intensification. Mon. Weather Rev. 114, 1539–1546.

Stowe, L.L., Davis, P.A., McClain, E.P., 1999. Scientific basis and initial evaluation of the CLAVR-1 global clear/cloud classification algorithm for the Advanced Very High Resolution Radiometer. J. Atmos. Oceanic Technol. 16, 656–681.

Susskind, J., Rosenfield, J., Reuter, D., Chahine, M.T., 1984. Remote sensing of weather and climate parameters from HIRS2/MSU on Tiros-N. J. Geophys. Res. 89（D3）, 4677–4697. Available from: https://doi.org/10.1029/JD089iD03p04677.

Szyndel, M.D.E., Kelly, G., Thépaut, J.N., 2005. Evaluation of potential benefit of assimilation of SEVIRI water vapour radiance data from Meteosat- 8 into global numerical weather prediction analyses. Atmos. Sci. Lett. 6（2）, 105–111.

Tabata, T., et al., 2016. Himawari-8/AHI latest performance of navigation and calibration. SPIE Asia-Pac. Remote Sens. 9881, 98812J.

Tang, F., Zou, X., 2017. Cloud liquid water path retrieval over ocean using FengYun-3C Microwave Radiation Imager（MWRI）measurements. J. Meteorol. Res 31（6）, 1109–1122. Available from: https://doi.org/10.1007/s13351-017-7012-7.

Tang, F., Zou, X., 2018. Diurnal variation of liquid water path derived from two polar-orbiting FengYun-3 microwave radiation imagers. Geophys. Res. Lett 45, 6281–6288. Available from: https://doi.org/10.1029/2018GL077857.

Tarantola, A., 1987. Inverse Problem Theory: Methods for Data Fitting and Model Parameter Estimation. Elsevier Science Publishers, Amsterdam and New York, 1987, 613 pp, ISBN 0444427651.

Temperton, C., 1988. Implicit normal mode initialization. Mon. Weather Rev. 116, 1013–1031.

Temperton, C., 1989. Implicit normal mode initialization for spectral models. Mon. Weather Rev. 117, 436–451.

Thayer, D., 1974. An improved equation for the radio refractive index in air. Radio Sci. 9, 803–807.

Thépaut J.N., 1992. Application des methodes variationnelles pour l'assimilation quadridimensionnelle des observations meteorologiques. Paris 6.

Tian, M., Zou, X., Weng, F., 2015. Uses of Allan deviation for characterizing Advanced Technology Microwave Sounder（ATMS）Noise Equivalent Differential Temperature（NEDT）. IEEE Trans. Geosci. Remote Sens. Let. 12, 2477–2480.

Tian, X., Zou, X., 2016a. An empirical model for television frequency interference correction of AMSR2 data over ocean near U. S. and Europe. IEEE Trans. Geosci. Remote Sens. 54（7）, 3856–3867. Available from: https://doi.org/10.1109/TGRS.2016.2529504.

Tian, X., Zou, X., 2016b. ATMS and AMSU-A derived warm core structures using a modified retrieval algorithm. J. Geophys. Res. 121, 12,630–12,646. Available from: https://doi.org/10.1002/2016JD025042.

Tian, X., Zou, X., 2016c. Detection of television frequency interference in AMSR2 K-band measurements over land with snow cover. IEEE Trans. Geosci. Remote Sens. Lett. 13（11）, 1621–1625. Available from: https://doi.org/10.1109/LGRS.2016.2598058.

Tian, X., Zou, X., 2018. Polar-orbiting satellite microwave radiometers capturing size and intensity changes of Hurricane Irma and Maria（2017）. J. Atmos. Sci. 75, 2509–2522. Available from: https://doi.org/10.1175/JAS-D-17-0315.1.

Tian, X., Zou, X., 2019a. Mitigation of striping noise in ATMS calibration counts by symmetric filters. J.

Atmos. Oceanic Technol. Available from: https://doi.org/10.1175/JTECH-D-18-0191.1.

Tian, X., Zou, X., 2019b. A comprehensive 4D-Var vortex initialization using a nonhydrostatic axisymmetric hurricane model. Tellus A: Dyn. Meteorol. Oceanogr. Available from: https://doi.org/10.1080/16000870.2019.1653138.

Tian, X., Zou, X., Yang, S., 2018. A limb correction method for MWTS-2 and its applications. Adv. Atmos. Sci. 35, 1547–1552.

Tomassini, M., Kelly, G., Saunders, R., 1999. Use and impact of satellite atmospheric motion winds on ECMWF analyses and forecasts. Mon. Weather Rev. 127（6）, 971–986.

Trigo, I.F., Boussetta, S., Viterbo, P., Balsamo, G., Beljaars, A., Sandu, I., 2015. Comparison of model land skin temperature with remotely sensed estimates and assessment of surface- atmosphere coupling. J. Geophys. Res. Atmos. 120, 12096–12111. Available from: https://doi.org/10.1002/ 2015JD023812.

Trinh, V.T., Krishnamurti, T.N., 1992. Vortex initialization for typhoon track prediction. Meteor. Atmos. Phys. 47, 117–126.

Uppala, S.M., et al., 2005. The ERA-40 re-analysis. Q. J. R. Meteorol. Soc 131, 2961–3012. Available from: https://doi.org/10.1256/qj.04.176.

Velden, C.S., Olander, T.L., Wanzong, S., 1996. The impact of multispectral GOES-8 wind information on Atlantic tropical cyclone track forecasts in 1995. Part I: dataset methodology, description, and case analysis. Mon. Weather Rev 126（5）, 1202–1218.

Velden, C.S., Hayden, C.M., Nieman, S.J., Menzel, W.P., Wanzong, S., Goerss, J.S., 1997. Upper-tropospheric winds derived from geostationary satel- lite water vapor observations. Bull. Am. Meteorol. Soc. 78（2）, 173–195.

Velden, C.S., Olander, T.L., Wazong, S., 1998. The impact of multi- spectral GOES-8 wind information on Atlantic tropical cy- clone track forecasts in 1995. Part I: Dataset methodology, description, and case analysis. Mon. Wea. Rev. 126, 1202–1218.

Vinnikov, K.Y., Grody, N.C., 2003. Global warming trend of mean tropospheric temperature observed by satellites. Science 302, 269–272.

Vinnikov, K.Y., Grody, N.C., 2003. Global warming trend of mean tropospheric temperature observed by satellites. Science 302, 269–272.

Wang, Y., 1998. On the bogusing of tropical cyclones in numerical models: the influence of vertical structure. Meteorol. Atmos. Phys. 65, 153–170.

Wang, L., Cao, C., Ciren, P., 2007. Assessing NOAA-16 HIRS radiance accuracy using simultaneous nadir overpass observations from airs. J. Atmos. Oceanic Technol. 24, 1546–1561. Available from: https://doi.org/10.1175/JTECH2073.1.

Wang, X., Zou, X., Weng, F., You, R., 2012. An assessment of the FY-3A microwave temperature sounder using the NCEP numerical weather predic- tion model. IEEE Trans. Geo. Remote Sensing 50（12）, 4860–4874.

Wang, X., Zou, X., 2012. Quality assessments of Chinese FengYun-3B Microwave Temperature Sounder（MWTS）measurements. IEEE Trans. Geo. Remote Sensing 50（12）, 4875–4884.

Ware, R., 1992. GPS sounding of Earth's atmosphere. GPS World 3（8）, 56–57.

Ware, R., Businger, S., 1995. Global positioning finds applications in geosciences research. EOS, Trans. Am.

Geophys. Union 76 (18), 187.

Ware, R., et al., 1996. GPS sounding of the atmosphere from low earth orbit: preliminary results. Bull. Am. Meteorol. Soc. 77, 19–40.

Watson, M., 2005. A Recalculation of MPI using Upper-Ocean Depth-Averaged Temperatures: Climatology and Case Studies (M.S. thesis), Dept. of Meteorology, The Florida State University, 112 pp.

Weinreb, M.P., Fleming, H.E., McMillin, L.M., Neuendorffer, A.C., 1981. Transmittances for the TIROS operational vertical sounder. In: NOAA Tech. Rep. NESS 85. p. 69.

Weng, F., Grody, N.C., 1994. Retrieval of cloud liquid water using the special sensor microwave imager (SSM/I). J. Geophys. Res. Atmos 99 (D12), 25535–25551.

Weng, F., Zou, X., 2013. Errors from Rayleigh-Jeans approximation in satellite microwave radiometer calibration systems. Appl. Opt. 52 (3), 505–508.

Weng, F., Yan, B., Grody, N.C., 2001. A microwave land emissivity model. J. Geophys. Res. 106 (D17), 20,115–20,123. Available from: https://doi. org/10.1029/2001JD900019.

Weng, F., Zhao, L., Ferraro, R., Poe, G., Li, X., Grody, N.C., 2003. Advanced microwave sounding unit cloud and precipitation algorithms. Radio Sci. 38 (4), 8068–8080. Available from: https://doi.org/10.1029/2002RS002679.

Weng, F., Yang, H., Zou, X., 2013a. On convertibility from antenna to sensor brightness temperature for advanced technology microwave sounder (ATMS). IEEE Geophys. Remote Sens. Lett. 10, 771–775.

Weng, F., Zou, X., Sun, N., Blackwell, W.J., Leslie, V., Yang, H., et al., 2013b. Calibration of suomi national polar-orbiting partnership (NPP) advanced technology microwave sounder (ATMS). J. Geophys. Res. 118, 11,187–11,200. Available from: https://doi.org/10.1002/jgrd.50840.

Wentz, F.J., 1997. A well-calibrated ocean algorithm for special sensor microwave imager. J. Geophys. Res. 102 (C4), 8703–8718. Available from: https://doi.org/10.1029/96JC01751.

Wickert, J., et al., 2001. Atmosphere sounding by GPS radio occultation: first results from CHAMP. Geophys. Res. Lett. 28, 3263–3266.

Wu, X., Smith, W.L., 1997. Emissivity of rough sea surface for 8–13 μm: modeling and verification. Appl. Opt. 36 (12), 2609–2619.

Wu, Y.-H., Zou, X., 2008. Numerical test of a simple approach for using total ozone data in hurricane environment. Q. J. R. Meteorol. Soc. 134, 1397–1408.

Wu, W., Purser, R.J., Parrish, D.F., 2002. Three-dimensional variational analysis with spatially inhomogeneous covariances. Mon. Weather Rev. 130, 2905–2916.

Wu, Z., Huang, N., Wallace, J., Smoliak, B., Chen, X., 2011. On the time-varying trend in global-mean surface temperature. Clim. Dyn. 37 (3), 759–773.

Wu, X., et al., 2014. Evaluation of the sensor data record from the nadir instruments of the Ozone Mapping Profiler Suite (OMPS). J. Geophys. Res. Atmos 119. Available from: https://doi.org/10.1002/2013JD020484.

Xiao, Q., Zou, X., Wang, B., 2000a. Initialization and simulation of a landfalling hurricane using a variational bogus data assimilation scheme. Mon. Weather Rev. 128, 2252–2269.

Xiao, Q., Zou, X., Kuo, Y.-H., 2000b. Incorporating the SSM/I derived precipitable water vapor and rain rate into a numerical model: a case study for ERICA IOP-4 cyclone. Mon. Wea. Rev. 128, 87–108.

Xiao, Q., Zou, X., De Pondeca, M., Shapiro, M., Velden, C., 2001. Impact of GMS-5 and GOES-9 satellite-derived winds on the prediction of a mid- pacific-ocean cyclone. Mon. Weather Rev. 130, 507–528.

Xu, X., Zou, X., 2019. A modified ice water path retrieval algorithm applicable to the ATMS. Tellus A: Dyn. Meteorol. Oceanogr. 71（1）, 1–14. Available from: https://doi.org/10.1080/16000870.2018.1550323.

Xu, X., Zou, X., 2020. Comparison of MetOp-A/-B GRAS radio occultation data processed by CDAAC and ROM. GPS Solution 24, 34. Available from: https://doi.org/10.1007/s10291-019-0949-5.

Yan, B., Weng, F., 2008. Applications of AMSR-E measurements for tropical cyclone predictions part I: retrieval of sea surface temperature and wind speed. Adv. Atmos. Sci. 25, 227–245. Available from: https://doi.org/10.1007/s00376-008-0227-x.

Yanenko, N.N., 1971. The Method of Fractional Steps（M. Holt, trans.）. Springer-Verlag, New York.

Yang, S., Zou, X., 2012. Assessments of cloud liquid water contributions to GPS RO refractivity using measurements from COSMIC and CloudSat. J. Geophys. Res 117, D06219. Available from: https://doi.org/10.1029/2011JD016452.

Yang, S., Zou, X., 2013. Temperature profiles and lapse rate climatology in altostratus and nimbostratus clouds derived from GPS RO data. J. Clim. 26, 6000–6014.

Yang, H., Zou, X., 2014. Optimal ATMS remapping algorithm for climate research. IEEE Trans. Geosci. Remote Sens. 52（11）, 7290–7296. Available from: https://doi.org/10.1109/TGRS.2014.2310702.

Yang, S., Zou, X., 2017a. Dependence of positive *N*-bias of GPS RO cloudy profiles on cloud fraction along GPS RO limb tracks. GPS Solutions 21, 499–509. Available from: https://doi.org/10.1007/s10291-016-0541-1.

Yang, S., Zou, X., 2017b. Lapse rate characteristics in ice clouds inferred from GPS RO and CloudSat observations. Atmos. Res. 197, 105–112. Available from: https://doi.org/10.1016/j.atmosres.2017.06.024.

Yang, H., Weng, F., Sun, N., 2015. On-orbit antenna reflector loss measurements for Advanced Technology Microwave Sounder（ATMS）calibration. In: IEEE International Geoscience and Remote Sensing Symposium（IGARSS）, pp. 4754–4756. https://doi.org/10.1109/IGARSS.2015.7326892.

Yang, S., Zou, X., Ray, P.S., 2018. Comparison of TC temperature and water vapor climatologies between Atlantic and Pacific Oceans from GPS RO observations. J. Clim. 31, 8557–8571. Available from: https://doi.org/10.1175/JCLI-D-18-0074.1.

Zehr, R.M., 1988. Satellite diagnostics of tropical cyclones. In: Preprints, Third Conf. on Satellite Meteorology and Oceanoraphy. Anaheim, Amer. Meteorol. Soc. pp. 241–246.

Zhang, S., Zou, X., Ahlquist, J., Navon, I.M., Sela, J.G., 2000. Use of differentiable and nondifferentiable optimization algorithms for variational data assimilation with discontinuous cost functions. Mon. Weather Rev. 128, 4031–4044.

Zhang, S., Zou, X., Ahlquist, J., 2001. Examination of numerical results from tangent linear and adjoint of discontinuous nonlinear models. Mon. Weather Rev. 129, 2791–2804.

Zhang, W., Xu, J., Dong, C., Yang, J., 2006. China's current and future meteorological satellite systems. In: Qu, J.J., Gao, W., Kafatos, M., Murphy, R.E., Salomonson, V.V.（Eds.）, Earth Science Satellite Remote Sensing. Springer, Berlin, Heidelberg.

Zhang, P., Yang, J., Dong, C., Lu, N., Yang, Z., Shi, J., 2009. General introduction on payloads, ground segment and data application of Fengyun 3A. Front. Earth Sci. China 3, 367–373.

Zhang, K.X., Zhou, L.H., Goldberg, M., Liu, X.P., Wolf, W., Tan, C.Y., Liu, Q.H., 2017. A methodology to adjust ATMS observations for limb effect and its applications. J. Geophys. Res. Atmos 122 (21), 11347–11356.

Zhao, J., Zou, X., Weng, F., 2013. Detection of radio-frequency interference signal over Greenland and Antarctic from WinSat Microwave Radiation Imager using a double PCA approach. IEEE Trans. Geosci. Remote Sens. 51 (9), 4830–4839.

Zhu, Y., Rosenfeld, D., Yu, X., Liu, G., Dai, J., Xu, X., 2014. Satellite retrieval of convective cloud base temperature based on the NPP/VIIRS imager. Geophys. Res. Lett. 41, 1308–1313. Available from: https://doi.org/10.1002/2013GL058970.

Zhuge, X., Zou, X., 2016. Test of a modified infrared only ABI cloud mask algorithm for AHI radiance observations. J. App. Meteorol. Climatol. 55, 2529–2546. Available from: https://doi.org/10.1175/JAMC-D-16-0254.1.

Zhuge, X., Zou, X., 2018. Summertime convective initiation nowcasting over southeastern China based on Advanced Himawari Imager Observations. J. R. Meteorol. Soc. Jpn. 96, 339–353. Available from: https://doi.org/10.2151/jmsj.2018-041.

Zhuge, X., Zou, X., Wang, Y., 2017a. A fast cloud detection algorithm applicable to monitoring and nowcasting of daytime cloud systems. IEEE Trans. Geosci. Remote Sens. 55, 6111–6119. Available from: https://doi.org/10.1109/TGRS.2017.2720664.

Zhuge, X., Zou, X., Wang, Y., 2017b. A comparison among three surface type data sets adopted by the Community Radiative Transfer Model. Remote Sens. Lett. 8 (8), 801–810. Available from: https://doi.org/10.1080/2150704X.2017.1328142.

Zou, X., 1997. Tangent linear and adjoint of "on-off" processes and their feasibility for use in 4-dimensional variational data assimilation. Tellus A 49, 3–31.

Zou, X., 1998. Reply to "Comments on 'tangent linear and adjoint of on-off processes and their feasibility for use in four-dimensional variational data assimilation" by Qin Xu. Tellus A 50, 657–664.

Zou, X., Kuo, Y.-H., 1996. Rainfall assimilation through an optimal control of initial and boundary conditions in a limited-area mesoscale model. Mon. Weather Rev. 124, 2859–2882.

Zou, X., Xiao, Q., 2000. Studies on the initialization and simulation of a mature hurricane using a variational bogus data assimilation scheme. J. Atmos. Sci. 57, 836–860.

Zou, X., Wu, Y.-H., 2005. On the relationship between TOMS ozone and hurricanes. J. Geoph. Res 110. Available from: https://doi.org/10.1029/ 2004JD005019No. D6, D06109.

Zou, X., Zeng, Z., 2006. A quality control procedure for GPS RO data. J. Geoph. Res. 111, D02112. Available from: https://doi.org/10.1029/ 2005JD005846.

Zou, C.Z., Gao, M., Goldberg, M.D., 2009. Error structure and atmospheric temperature trends in observations from the microwave sounding unit. J. Climate 22 (7), 1661–1681.

Zou, X., Da, C., 2014. An objective regional cloud mask algorithm for GOES imager radiances with pixel-dependent thresholds. J. Geophys. Res 119. Available from: https://doi.org/10.1002/2014JD021455.

Zou, X., Tian, X., 2018. Hurricane warm core retrievals from AMSU-A and remapped ATMS measurements with rain contamination eliminated. J. Geophys. Res . Available from: https://doi.org/10.1029/

2018JD028934.

Zou, X., Tian, X., 2019. Striping noise analysis and mitigation for Microwave Temperature Sounder (MWTS)-2 observations. Adv. Atmos. Sci. 36. Available from: https://doi.org/10.1007/s00376-019-9009-x.

Zou, X., Navon, I.M., Le Dimet, F.X., 1992a. Incomplete observations and control of gravity waves in variational data assimilation. Tellus A 44, 273–296.

Zou, X., Navon, I.M., Le Dimet, F.X., 1992b. An optimal nudging data assimilation scheme using parameter estimation. Q. J. R. Meteorol. Soc. 118, 1163–1186.

Zou, X., Navon, I.M., Berger, M., Phua, K.H., Schlick, T., LeDimet, F.X., 1993a. Numerical experience with limited-memory quasi-Newton and truncated-Newton methods. SIAM J. Optim. 3, 582–608.

Zou, X., Navon, I.M., Sela, J., 1993b. Control of gravity oscillations in variational data assimilation. Mon. Weather Rev. 121, 272–289.

Zou, X., Navon, I.M., Sela, J., 1993c. Variational data assimilation with moist threshold processes using the NMC spectral model. Tellus A 45, 370–387.

Zou, X., Barcilon, A., Navon, I.M., Whitaker, J., Cacuci, D.G., 1993d. An adjoint sensitivity study of blocking in a two-layer isentropic model. Mon. Weather Rev. 121, 2833–2857.

Zou, X., Kuo, Y.-H., Guo, Y.-R., 1995. Assimilation of atmospheric radio refractivity using a nonhydrostatic adjoint model. Mon. Weather Rev. 123, 2229–2249.

Zou, X., Vandenberghe, F., Pondeca, M., Kuo, Y.-H., 1997. Introduction to Adjoint Techniques and the MM5 Adjoint Modeling System. In: NCAR Technical Note NCAR/TN-435+STR. <https://doi.org/10.5065/D6F18WNM>.

Zou, X., Huang W., Xiao Q., 1998. A user's guide to the MM5 adjoint modeling system. In: NCAR Technical Note, 1997, NCAR/TN-437+IA, p. 92.

Zou, X., Vandenberghe, F., Wang, B., Gorbunov, M.E., Kuo, Y.-H., Sokolovskiy, S., et al., 1999. A raytracing operator and its adjoint for the use of GPS/MET refraction angle measurements. J. Geoph. Res. 104, 22,301–22,318.

Zou, X., Wang, B., Liu, H., Anthes, R.A., Matsumura, T., Zhu, Y.-J., 2000. Use of GPS/MET refraction angles in 3D variational analysis. Q. J. R. Meteorol. Soc. 126, 3013–3040.

Zou, X., Liu, H., Derber, J., Sela, J.G., Treaton, R., Navon, I.M., et al., 2001a. Four-dimensional variational data assimilation with a full-physics version of the NCEP spectral model: system development and preliminary results. Q. J. R. Meteorol. Soc. 127, 1095–1122.

Zou, X., Xiao, Q., Lipton, AlanE., Modica, George D., 2001b. A numerical study of the effect of GOES sounder cloud-cleared brightness temperatures on the prediction of hurricane Felix. J. Appl. Meteorol 40, 34–55.

Zou, X., Sriskandarajah, K., Xiao, Q.-N., Yu, W., Zhang, S.-Q., 2001c. A note on eliminating finite-amplitude non-physical oscillations from the solution of an adjoint of finite-difference model. Tellus 53A, 578–584.

Zou, X., Liu, H., Anthes, R.A., 2002. A statistical estimate of errors in the calculation of radio occultation bending angles caused by a 2D approximation of raytracing and the assumption of spherical symmetry of the atmosphere. J. Atmos. Oceanic Technol. 19, 51–64.

Zou, X., Liu, H., Anthes, R.A., Shao, H., Chang, J.C., Zhu, Y.-J., 2004. Impact of CHAMP occultation observations on global analysis and forecasts in the absence of AMSU radiance data. J. Roy. Meteorol. Soc. Jpn. 82, 533–549.

Zou, X., Wang, X., Weng, F., Li, G., 2011a. Assessments of Chinese FengYun Microwave Temperature Sounder (MWTS) measurements for weather and climate applications. J. Oceanic Atmos. Technol. 28, 1206–1227.

Zou, X., Qin, Z., Weng, F., 2011b. Improved coastal precipitation forecasts with direct assimilation of GOES 11/12 imager radiances. Mon. Weather Rev. 139, 3711–3729.

Zou, X., Zhao, J., Weng, F., Qin, Z., 2012a. Detection of radio-frequency interference signal over land from FY-3B Microwave Radiation Imager (MWRI). IEEE Trans. Geosci. Remote Sens. 50 (12), 4986–4993.

Zou, X., Yang, S., Ray, P., 2012b. Impacts of ice clouds on GPS radio occultation measurements. J. Atmos. Sci. 67 (12), 3670–3682.

Zou, X., Qin, Z., Weng, F., 2013a. Improved quantitative precipitation forecasts by MHS radiance data assimilation with a newly added cloud detection algorithm. Mon. Weather Rev. 141, 3203–3221.

Zou, X., Weng, F., Zhang, B., Lin, L., Qin, Z., Tallapragada, V., 2013b. Impact of ATMS radiance data assimilation on hurricane track and intensity forecasts using HWRF. J. Geophys. Res. 118, 11558–11576. Available from: https://doi.org/10.1002/2013JD020405.

Zou, X., Lin, L., Weng, F., 2014a. Absolute calibration of ATMS upper level temperature sounding channels using GPS RO observations. IEEE Trans. Geosci. Remote Sens. 52 (2), 1397–1406.

Zou, X., Weng, F., Yang, H., 2014b. Connecting the time series of microwave sounding observations from AMSU to ATMS for long-term monitoring of climate change. J. Oceanic Atmos. Tech. 31, 2206–2222.

Zou, X., Tian, X., Weng, F., 2014c. Detection of television frequency interference with satellite microwave imager observations over oceans. J. Ocean Atmos. Tech. 31, 2759–2776.

Zou, X., Chen, X., Weng, F., 2014e. Diagnosis of polarization signatures from two window channels of MicroWave Humidity Sounder (MWHS) onboard Chinese FengYun-3. J. Front. Earth Sci. 8, 625–633.

Zou, X., Weng, F., Lin, L., Zhang, B., Wu, C., Qin, Z., et al., 2015a. Satellite data assimilation of upper-level sounding channels in HWRF with two different model tops. J. Meteorol. Res. 29, 1–27. Available from: https://doi.org/10.1007/s13351-015-4108-9.

Zou, X., Qin, Z., Zheng, Y., 2015b. Improved tropical storm forecasts with GOES-13/15 imager radiance assimilation and asymmetric vortex initialization in HWRF. Mon. Weather Rev 143, 2485–2505. Available from: https://doi.org/10.1175/MWR-D-14-00223.1.

Zou, X., Qin, Z., Weng, F., 2016a. Impact of dawn dusk-satellite AMSU-A data on quantitative precipitation forecasts and the implications for three-orbit constellation. Chin. J. Atmos. Sci. 1, 46–62. Available from: https://doi.org/10.3878/j.issn.1006-9895.1508.15137.

Zou, X., Zhuge, X., Weng, F., 2016b. Characterization of bias of Advanced Himawari Imager infrared observations from NWP background simulations using CRTM and RTTOV. J. Atmos. Oceanic Technol 33, 2553–2567. Available from: https://doi.org/10.1175/JTECH-D-16-0105.1.

Zou, X., Qin, Z., Weng, F., 2017. Impacts from assimilation of one data stream of AMSU-A and MHS radiances on quantitative precipitation forecasts. Q. J. R. Meteorol. Soc. 143 (703), 731–743. Available from: https://doi.org/10.1002/qj.2960.

Zou, X., Liu, H., Kuo, Y.-H., 2019. Occurrence and detection of impact multipath simulations of bending angle. Q. J. R. Meteorol. Soc. 145（721）, 1690–1704. Available from: https://doi.org/10.1002/qj.3520.

Zupanski, M., 1993. Regional four-dimensional variational data assimilation in a quasi-operational forecasting environment. Mon. Weather Rev. 121（8）, 2396–2408.

索　　引

注：页码后面的“*f*”和“*t*”分别代表图片和表格。

A
阿伏伽德罗常数，7
阿伏伽德罗定律，7
阿根廷科学应用卫星(SAC-C)，206

B
伴随敏感性，104-107
伴随模式，85, 89-90
　伴随数值模式的计算程序，90
　常微分方程，85-86
　计算程序，99
　　与切线模式代码比较，102
　　DO 循环，101-103
　计算顺序，99-100
　解析形式，89
　快速傅里叶变换(FFT)，103-104
　　逆变换，103-104
　有限差分伴随方法(AFD)，90
　正确性，90
伴随模式的计算程序编写，99-104
伴随微分方程系数矩阵，93
　一维浅水波模式的伴随微分方程，98
　L_2-范数空间中的线性浅水波模式的伴随微分方程，94-97
伴随相对敏感性，104-107
伴随有限差分(FDA)模式，90, 98
饱和水气压，9
北斗，205
背景场，44-46
本征模态函数(IMF)，66-69, 69*f*
比容(α)，6-7
变分空气质量偏差订正，179
变换的特征函数，56
标量函数，15
标量函数的极值，73-74
标准模态初始化(NMI)技术，193
不可微函数，71
不平衡(快速)质量函数，162

C
插值，27, 29
常微分方程(ODE)，85
　线性，85
超定，31
超高分辨率辐射计(AVHRR)，253-254
超相位延迟的切线连接观测算子，221
赤道波模态，94
穿透深度，119

D
大气层顶(TOA)，122-124
　MSU、AMSU-A 和 ATMS 通道的辐射，126-129
大气电磁辐射，109
　大气吸收和发射，117-119
大气控制方程，86-87
大气密度(ρ)，7
大气温度(T)，6
大气折射率，215
大气中的水汽变量，8
大气状态变量，27, 127
大气资料分析，42
　高度和风的二维水平分析场，42-43
　误差方差，43
代价函数，16, 31
带修正系数，124-126
单色辐射，117
单位高度局地辐射吸收，122
低轨(LEO)卫星，204-208
　轨道特征，205-208
　GPS 和 LEO 之间的几何距离，209
第 k 次迭代，75-76
第 k 个权重函数，29-30

地球表面，218
　大气层，123-124
　向下大气辐射，124-125, 128
地表发射率，128-129
地表反射的太阳辐射，124
递归滤波器，65-66
　构造 *B* 矩阵，165-168
　　平滑参数，166-167
　　数值，165-166
　　四阶，167
地面气压增量，165
地球静止业务环境卫星(GOES)，248*f*, 249*f*, 250*f*
　成像仪，244
　　资料同化，267
　地球静止气象卫星，245*t*, 246, 247*f*
　光谱分辨率，250
　同时同化，268-276
　卫星高度，244
　卫星计划和瞬时几何视场特性，245-250
地球视场亮温，139*f*, 143*f*
对称滤波器的谱响应函数，59-60
多路径现象的发生与检测，222-226
多项式函数拟合，27-30
　方法，27-28
　分析变量，29
　局部拟合，30-37
　两个未知系数的值，28
　区域拟合，37-44
　全域拟合，28
　三个步骤，28
　数学基础，27
　系数，28
多项式基函数，29-30

F
泛函，71
　一阶变分，71-72
　与函数极值的等价性，73
泛函极值，70-73
范数，15
方差，56-57
　波振幅，57
非递归滤波器，58-61
　对称的，59-60
　响应函数，60
非线性两点定标方程，120-121
非线性模式，86-87
分析误差协方差矩阵，20, 157
风云三号卫星微波温度计，147-149
辐射传输方程，124-126
辐射传输模式，109, 245-246
辐射计传递函数，119-120
辐射强度，117, 123-124
辐射吸收和发射权重函数，122-124
傅里叶变换，55-56
傅里叶展开系数，55
复指数，56

G
概率密度函数(PDF)，158-159
干空气气体常数(R_d)，8
高空气球无线电探空仪网络，42
高斯分布，17-18, 18*f*
　值，18
高斯函数，166-167
高斯滤波器，166-167
功率谱密度(PSD)分布，144
共轭梯度法，77-79
构造 *B* 矩阵
　递归滤波器，165-168
　NMC 方法，160-164
观测亮温，139*f*, 140*f*
观测误差方差，53

H
海-气耦合中尺度预报系统(COAMPS)，197-170
焓(*h*)，10-11
韩国多用途卫星-5(KOMPSAT-5)，206-207
函数拟合
　多项式(参见多项式函数拟合)
　引入背景场，44-46
　　近似值，45-46
　　权重函数，45-47
黑体发射出的单色辐射强度，117-118
黑体吸收系数，117-118
恒定滤波器系数，59

红外大气探测干涉仪(IASI)，338-344
后向时间积分，98
后验概率密度函数，158-160
后验权重，5-6, 29-30
互协方差矩阵，52-54
混合集合卡尔曼滤波和三维变分，5-6
混合集合卡尔曼滤波和四维变分，5-6
混淆，55, 57-58

J

积云对流参数化，1
极轨环境卫星(POES)，109-110, 204, 278
　轨道特点，112-117
　　倾角，112
　过赤道局地时间(LECT)，114
　欧洲气象卫星开发组织(EUMETSAT)，110-111, 110*f*
　太阳同步，114
　探测仪器，4
　同时同化，268-276
　携带微波温度计，110-111
　运行时间，111*t*
　指定卫星的轨道平面，112-113
极小化
　数学方法，70
　无约束，70
极小化迭代，75-77
　流程，84*f*
假位置法，82
假相对湿度，165
降水定量预报(QPF)，155
交替方向有限差分格式，218
解析伴随模式方程，92-98
近似函数，73
经验集合模态分解(EEMD)，55, 66-69, 141
静力方程，124-126
局部多项式函数拟合，30-37
　标准差变化，35, 36*f*
　超定问题，31
　大气科学，34
　观测误差方差，34-35
　权重和数据的选择，35
　权重函数值，32, 33*f*
　一阶导数，31-32
　NCEP FNL 再分析资料，35, 36*f*, 37*f*
飓风 Bonnie，SSM/I 观测，4
飓风 Ginny，335
飓风 Gordon，QuikSCAT 观测，2
飓风 Irma，335
飓风 Isaac，184*f*
飓风天气研究和预报(HWRF)系统，267
飓风预报改进计划(HFIP)，346

K

卡尔曼滤波(KF)，5-6, 155
　集合卡尔曼滤波(EnKF)，5-6, 202-203
　扩展卡尔曼滤波(ExKF)，5-6, 202-203
　与 3D-Var 比较，168-169
科里奥利力，13
可见红外成像辐射仪套件(VIIRS)，335
空气质量偏差订正，178
控制变量，74
控制重力波振荡的惩罚方法，193-194
跨轨红外高光谱探测仪(CrIS)，278, 338-344
　长、中、短波段通道，338
　　CO_2 通道，338-340
　跨轨扫描仪器，338
　亮温观测，341, 342*f*, 343*f*
　偏差，338
　权重函数，339*f*
跨轨扫描微波辐射温度计，121
括号法，82

L

拉格朗日乘子，23-24, 85, 91
　伴随变量，92
　零边界条件，92
拉格朗日方法，85, 94
拉格朗日函数，25, 63, 91
冷空观测亮温，144*f*
离散，55-57
离心力，13
立体角，117-118
连续函数，57
两点定标方程和观测资料误差，119-122
亮温偏差估计和订正，172-183

陆地地表发射率，128
滤波，55
滤波器的阻尼带，63
滤波器设计，61-65, 68*f*
　对称滤波器，62
　滤波器系数的解，61-62
　谱响应函数，62
　权重系数，63-64
　误差方差，63-65
　五点低通对称滤波器，62-63
　五点对称滤波器，61-62
　响应函数，62
　约束条件说明，63
　最优权重，64

M
美国国家海洋和大气管理局(NOAA)，170
　极轨卫星，110, 112, 115*f*
　空间分布，181
　亮温，179
美国国家环境卫星、数据和信息服务(NESDIS)，268
美国国家环境预报中心(NCEP)，90
　谱统计插值(SSI)，162
　FNL，2
美国国家气象中心(NMC)，90
　构造 *B* 矩阵方法，160-164
美国空军通信/导航中断预测系统(C/NOFS)卫星，206
敏感性向量，107

N
内积和伴随，15
拟合函数，20
　方差，20
　误差随机变量和误差协方差矩阵，20
拟合误差，20-21
逆问题，1
牛顿第二运动定律，12
牛顿法，77, 82-83

O
欧拉格式，1
欧拉-拉格朗日方程，72
欧洲中期天气预报中心(ECMWF)，257-258, 263*t*
　ERA5 再分析，2
　ERA-40 再分析，129

P
普朗克函数，117-119, 124-126, 128
　近似，118
　瑞利-金斯近似，118
普朗克函数的瑞利-金斯近似，118

Q
气压的数学表达式，6
前向时间积分，98
欠采样，58
强约束极小化问题，91
切线模式，87-89
　等效线性映射，89
　计算程序，99
　　代码，100
　　DO 循环，101
　计算机程序代码序列，101
　计算顺序，99
　接近单位值，89
　解析，89, 92-98
　开发的主要规则，101
　离散，88
　　一阶近似，89
　数值，88
　正确性检验，89
切线微分方程，94, 97-98
区域多项式函数拟合，37-44, 42*f*
　插值函数，38
　近似，45
　拉格朗日函数，39-40
　平滑条件，38
　三次多项式函数，38
　误差方差，38
　线性方程组，39-40
全球变化观测一号水卫星(GCOM-W1)，278
全球定位系统(GPS)，4
　超相位延迟，209-210
　传播延迟，210

大气温度、气压和密度的垂直廓线，232-235, 233*f*, 234*f*, 235*f*
电离层效应，211
多路径现象的发生与检测，222-226, 223*f*, 224*f*
弯角观测，223
折射率垂直梯度分布，222, 223*f*
俄罗斯，205
观测误差源，226-228
波动光学变换信号，227
反演误差，226
时钟误差，226
系统误差，226
局地观测算子，214-217
美国，205
弯角的射线追踪观测算子，218-220
弯角和影响参数，211-213, 212*f*
卫星发射后的数据校正，235-242
相位延迟和多普勒频移，208-211
信噪比垂直廓线，225, 226*f*
星座，205
液态云和冰云的影响，228-231
折射指数，208
中国，205
总折射指数，209
GPS 和 LEO 之间的几何距离，209
全球定位系统(GPS)无线电掩星(RO)技术，204-205
计划，205-208, 207*f*
弯角差，219-220
折射率观测值，221
全球卫星导航系统(GNSS)，205
全域多项式函数拟合，28
权重系数，17

R
热带气旋，244, 278
概述，279-282
热力学变量，6-12
热力学第二定律，13
热力学第一定律，10-12
能量守恒，13
热容，9-11
任意线性算子，56
瑞利近似，170-171, 215

S
三次多项式函数拟合，42
三维变分(3D-Var)方法，155, 156*f*
和卡尔曼滤波比较，168-169
解析表达式，157
确定性数学公式，155-158
统计数学公式，158-160
矩阵恒等式，159-160
误差协方差矩阵，157
优势，158
湿空气，8
收敛速度，76-77
数据集 CAMEL_HSRemis，258
数学中的逆问题理论，2
数学中的正问题，1
数值天气预报(NWP)模式，1, 76, 85, 87, 99, 162, 189
静止卫星成像仪辐射资料应用，254
模式输入变量，100
逆问题，1
相对敏感性，107
正问题，1
AMSU-A 资料同化，110
数值天气预报中的干空气状态方程，8
比容(α)，6-7
表达式，6-12
湿空气表达式，9
水汽表达式，8
水平背景场误差协方差矩阵，52
水汽气体常数，8
水汽守恒，13-14
瞬时几何视场(IGFOV)，244
四维变分(4D-Var)同化方法，189
背景场项和观测项，190-191
参数估计，198-200
侧边界条件(LBC)，199
代价函数，190, 195, 198
开关过程，194-195
控制重力波振荡的惩罚方法，193-194
利用伴随模式的梯度计算，189-192
强迫项，191

完整物理过程 4D-Var 全球同化系统，195-196
物理过程参数化方案，194-195
与扩展卡尔曼滤波和集合卡尔曼滤波方法的比较，202-203
增量 4D-Var，200-202
资料同化，2
最优，198-199
搜索方向
线搜索方法，82-84
秩二更新公式，80
秩一更新公式，79-80
向量外积和内积，79-80
速度势，165

T
台风玛莉亚，282-296, 283*f*
CESI 的分布结构，341, 344*f*
特殊传感器微波成像仪(SSM/I)，4, 129
梯度向量，74, 156
天气预报，12-14
挑战性小卫星载荷(CHAMP)，206
通道的整层透过率，124-126
通道辐射量，124-125
通用辐射传输模式(CRTM)，257*t*
通用气体常数，7
透过率，118
透过率系数，127

W
外推，29
弯角，211-213
完整物理过程 4D-Var 全球同化系统，195-196
完整物理过程区域伴随模式系统，196-197
网格点统计插值(GSI)业务系统，178
微波湿度计，319-328
微波温度计(MWTS)，109
同化，109
位势场的背景误差协方差，51-54
结构，54
互协方差矩阵，53
协方差矩阵，161-163, 168
涡旋初始化，345-351
无约束极小化问题，91
五对角系数矩阵，42
误差协方差矩阵，20, 159
物理定律，14

X
吸收的辐射总量，122
吸收气体积分量，126-127
先进红外高光谱探测器(AIRS)，150
先进基准成像仪(ABI)，244, 250-252, 251*t*, 258
偏差特征，261*f*, 261-266, 262*f*, 264*f*, 265*f*
先进技术微波探测仪(ATMS)109, 204
传递函数，119-120
对流层中部通道，187
功率谱密度(PSD)分布，144, 145*f*
观测视场大小和分布，135
跨轨扫描，133-135
亮温，236
亮温观测，136-137, 139-145, 140*f*, 141*f*, 142*f*
暖目标计数模式，146*f*
偏差，237, 238*f*
偏差估计和订正，176-177
全球分布，115-116, 116*f*
权重函数，137
数据范围，115
随机误差，121
探测通道，132
天线方向图，137*f*
条带噪声，142-145
条带噪声分析和减噪，138-147
条带噪声去除方法，145
通道数、中心频率和带宽，133*t*
星下点观测值和与之匹配的掩星模拟值之差，237-242, 240*f*
星下点权重函数，241*f*
刈幅分布，112-113, 113*f*
中心频率，129-132
主成分分析(PCA)，139-140
S-NPP，236
先进葵花成像仪(AHI)，244,250-252，251*t*, 258, 263*t*
空间分布，286*f*, 287*f*, 289*f*, 296*f*
台风玛莉亚，282-296, 283*f*
先进微波温度探测仪-A(AMSU-A)，109, 155, 204

传递函数，119-120
地表发射率，150*f*
第五个预测因子，181*f*, 183*f*
观测视场大小和分布，135
空间分布，181*f*, 185*f*, 269*f*, 271*f*, 272*f*
跨轨扫描，133
亮温观测，136-137, 180*f*, 184-185, 271, 272*f*
亮温相对敏感性，149-153, 151*f*, 152*f*, 153*f*
暖核反演，296-305
偏差估计和订正，176-178
权重函数，137, 138*f*
数据点分布，134*f*
数据范围，268-270
随机误差，121
探测通道，131
通道对应的中心频率、带宽，131*t*
液态水路径反演和云检测，169-171
中心频率，129-131
资料同化对定量降水预报的影响，183-187
先进微波锥形扫描辐射计 2(AMSR2)，278, 305-306
线搜索(方法)，75-77, 76*f*, 82-84
线性变换，16
线性代数，15
线性代数中的伴随算子，105
线性多项式函数，29-31
线性回归，21-22
线性加权分析方案，32
线性映射的伴随映射，15, 26
相对敏感性定义，107
响应函数形式，104-105
响应函数敏感性，107
向量的欧拉乘积，156
向下观测卫星传感器，124-125
行星边界层过程，1
虚温(T_v)，9, 163

Y
掩星几何，211-212
影响参数，211-213
有限差分伴随方法(AFD)，90, 98-101
有限内存 BFGS(L-BFGS)方法，77, 81- 84
预报方程组，86
云检测，253-261
云卫星(CloudSat)云廓线雷达(CPR)，217
云罩算法，253-254
半透明云像素检测，255
薄云检测，257
不透明云检测，255
对流层顶检测，254
发射率(M-EMISS4)测试，256
红外时间差(TEMPIR)测试，256
卷云水汽检测(CIRH2O)，256
均匀低层测试(M-ULST)，256
相对热对比度检测，254
14 减 15 测试，255

Z
噪声等效温差(NEDT)，109, 121, 131*t*, 145, 147*f*
微波辐射温度计的灵敏度，121
折射率反演，213-214
正交基函数，73
正态分布(见高斯分布)
质量守恒，12-13
质量吸收系数，126
质量吸收系数的自然对数，126-127
中国风云三号 C 星(FY-3C)GNSS 掩星探测器(FY-3C/GNOS)，206
重力恢复与气候实验(GRACE)，206
逐步订正，46-48
分析变量，47
优点，48
K 个近似值，47
驻点，70
准垂直偏振天线温度，121
准水平偏振天线温度，121
资料同化，15
大气，6
飓风“佛罗伦斯”(Florence)的海平面气压分布，2, 2*f*
目的，1-6
三维变分(3D-Var)，5-6
四维变分，5-6
原因，5
增量四维变分，5-6
自协方差矩阵，52

总质量函数，162-164
总柱臭氧图谱仪(TOMS)，329-338
  热带气旋观测，329
  S-NPP OMPS 总柱臭氧观测资料空间分布，330, 333*f*, 334*f*, 336*f*, 337*f*
最大似然估计，19-20
最近，32
最速下降法，77
最小二乘法，21-22
最小二乘拟合，16-17, 19, 26
最小方差估计，24-25
  误差方差，25
  有约束极小化问题，25
  K 个观测值，24
最优，1
最优插值，48-51
最优权重，64

其他

Abel 变换，214
  积分方程，217
Abel 逆变换，214
Allan 标准差，122
Arakawa-Schubert 积云参数化方案，195
Barnes 分析，47
BFGS 方法，77
CMORPH，268
COSMIC，206, 210-211, 215, 233*f*
  超位相延迟观测资料，211*f*
  多路径现象的发生与检测，222
  弯角垂直廓线，219, 219*f*
  折射率廓线，215-216, 216*f*, 220*f*
  COSMIC CDAAC 二级数据产品，233
Cressman 分析，47
Cressman 权重函数，30, 47
Davidon-Fletcher-Powell(DFP)公式，77
delta 函数，91
EUMETSAT-MetOp 系列，207
FASTEM-4，128
Fibonacci 方法，83
Fibonacci 搜索法，82
Fujita 经验公式，2
FY-3B 和 FY-3C 卫星，278
GNSS 大气探测接收器(GRAS)，206
GPS/MET，205
Gram 矩阵，28, 32
Hesse 矩阵，74, 77
  逆矩阵，77
Jacobi 矩阵算子，88
Köppen-Geiger 气候分类系统，266*f*
Lorenz 模式，92-93
  伴随微分方程，93, 97-98
  Jacobi 矩阵，93
MetOp-A 和 MetOp-B，206
MHS，278, 319-328
MM5 伴随模式系统，196, 199
  源代码，197
MonoRTM，130-133
MSU，109, 131*t*, 204
  观测视场大小和分布，135, 136*f*
  跨轨扫描，133
  亮温观测值，136-138
  偏差估计和订正，176-178
  权重函数，137
  随机误差，121
  中心频率，129-133
MVIRI，246
MWHS2，319-328, 320*t*
MWRI，278, 305-318
NCEP 再分析资料，22, 22*f*
NOAA-15，187
N 维空间，75
OMPS，278, 329-338
QuikSCAT 观测，3-4, 3*f*
Snell 定律，213
S-NPP，278
TELSEM，129
TerraSAR-X，206
1 mol 气体，7